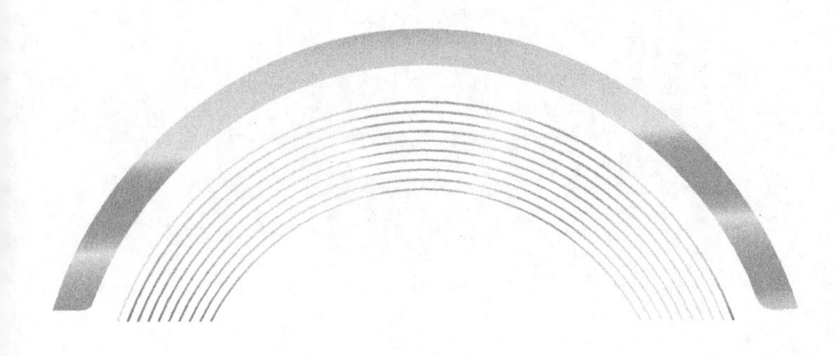

齐宝森　王忠诚　编著

高性能
金属材料

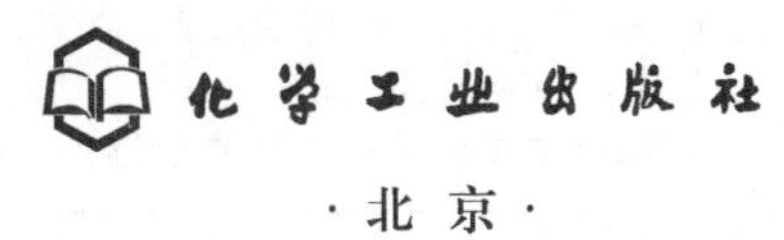

·北京·

内容简介

本书系介绍高性能金属材料的科普读物，编著者将与读者一同畅游高性能金属材料世界，领略高性能金属材料的概念、奇妙的性能及应用领域。本书集新颖性、知识性和趣味性于一体，虽然呈现的仅仅是高性能金属材料这座冰山上的一角，但编著者力图用通俗易懂的语言，揭开高性能金属材料的神秘面纱，引领读者步入高性能金属材料知识的广阔殿堂。

本书适合大、中专学生与相关领域广大科技工作者以及渴望了解高性能金属材料知识的读者。

图书在版编目（CIP）数据

高性能金属材料/齐宝森，王忠诚编著．—北京：化学工业出版社，2022.5

ISBN 978-7-122-40879-2

Ⅰ.①高…　Ⅱ.①齐…②王…　Ⅲ.①金属材料-功能材料　Ⅳ.①TG14

中国版本图书馆 CIP 数据核字（2022）第 034922 号

责任编辑：邢　涛　　　文字编辑：孙月蓉　陈小滔
责任校对：边　涛　　　装帧设计：张　辉

出版发行：化学工业出版社（北京市东城区青年湖南街 13 号　邮政编码 100011）
印　　装：北京科印技术咨询服务有限公司数码印刷分部
787mm×1092mm　1/16　印张 18¼　字数 462 千字　　2022 年 7 月北京第 1 版第 1 次印刷

购书咨询：010-64518888　　售后服务：010-64518899
网　　址：http://www.cip.com.cn
凡购买本书，如有缺损质量问题，本社销售中心负责调换。

定　　价：128.00 元

前 言

材料是人类社会存在和发展的物质基础，是科技创新和技术进步的先导，是影响人们行为方式和生活质量的重要因素。而高性能金属材料系指生产工艺、组织特征和使用性能等方面明显有别于传统金属材料，应用先进的制造技术制造出来的具有高洁净度、高均匀度和超细晶粒等特征的金属材料，它一般应具有以下一种或多种优良品质：低成本、高强韧性、细晶粒、长寿命、复相组织、柔性化、节省能源资源、易回收等。随着现代科学技术的飞速发展，高性能金属材料的发展更是日新月异。

为了更好地普及高性能金属材料基础知识，满足广大人民群众包括编著者自我对科技知识的渴求，在编写《新型金属材料——性能与应用》基础上，又拓展编写了此书。学无止境，终身学习！时代在进步，读书伴前行！愿与广大读者共勉。

本书的编写，力求体现高性能金属材料的特点，以各类高性能金属材料的概念、性能和应用为重点，充分反映其先进性、技术性、实用性和广泛性，在内容编排上，力求新颖、实用而不追求面面俱到，在文字叙述上力求通俗易懂而避免过多的理论推导，以适应广大学生、工程技术人员以及求知者的需求。

全书共分7章，第4章由王忠诚编写，其余各章均由齐宝森编写，全书由齐宝森统稿。本书可作为大学生科技素质教育的科普读物，同时也可作为大、中专学生及研究生、广大工程科技人员等的学习参考书籍。本书内容新颖、信息量大，注重知识性、通俗性与趣味性，可读性强。在本书编写过程中参阅了大量的科技书籍、研究论文和报刊资料等，谨此向这些作者们表示衷心的感谢！

由于“高性能金属材料基础”内容广泛、涉及面广、信息量大，加之高性能金属材料与科技新技术不断涌现，更由于编者水平有限，疏漏之处，敬请广大读者批评斧正。

编著者

目录

第1章 金属材料基础 1

第2章 回顾长江铁路钢结构桥梁建设历程，看我国高性能桥梁用钢发展 34

第1章

金属材料基础

1.1 金属材料及其分类

1.1.1 金属材料的概念及分类

（1）金属材料的概念

由金属元素或以金属元素为主形成的具有金属特性的材料，统称为金属材料。它包括纯金属及其合金，金属间化合物以及金属基复合材料等。

工业上把金属及其合金分成黑色金属和有色金属两大部分：黑色金属包括铁、铬、锰及其合金，作为工业材料使用的主要是铁及铁基合金（钢、铸铁和铁合金等）；有色金属指黑色金属以外的所有金属及其合金。

（2）金属材料的分类

① 按颜色 通常可分为黑色金属材料（指铁、铁合金和钢，常称为钢铁材料），有色金属材料（包括除铁、铬和锰以外的金属及其合金）和特种金属材料（包括各种新型不同用途的金属结构材料和功能材料）。

② 按性能特征 可分为**金属结构材料**（着重于利用其力学性能的一大类金属材料）、**金属功能材料**（系指除强度之外，还具有其他功能即侧重于以特殊的物理、化学性能为主的金属材料）**和金属基复合材料**（指以金属或合金为基体，与一种或几种金属或非金属增强体组成，即在金属或合金基体中加入一定体积分数的纤维、晶须或颗粒等增强相经人工复合而成的材料）。

③ 钢的常用分类方法 见图1.1。

④ 常用的有色金属及其合金 见表1.1。

表1.1 常用的有色金属及其合金

分类名称		说明
纯金属		铜(纯铜)、铝、镁、锌、铅、锡、镍等
铜合金	黄铜	普通黄铜(铜锌合金)
		特殊黄铜(含有其他合金元素的黄铜)；如铝黄铜、硅黄铜、锰铅黄铜、锡黄铜等
	青铜	锡青铜(铜锡合金，一般还含有磷或锌、铅等合金元素)
		特殊青铜(无锡青铜)；如铝青铜(铜、铝合金)、铍青铜(铜、铍合金)、硅青铜(铜、硅合金)等
	白铜	普通白铜(铜、镍合金)
		特殊白铜(含有其他合金元素的白铜)；如锰白铜、铁白铜、锌白铜等

续表

分类名称		说明
铝合金	变形铝合金	防锈铝(铝、锰或铝、镁合金)
		硬铝(铝、铜、镁或铝、铜、锰合金)
		超硬铝(铝、铜、镁、锌合金)
		锻铝(铝、铜、镁、硅合金)
	铸造铝合金	铝硅合金、铝铜合金、铝锌合金、铝稀土合金等
钛合金	α型钛合金	主要合金元素为钛、铝和锡
	β型钛合金	合金中含有一定数量的β稳定元素，如铁、铜、镁、锰、铬等
	α+β型钛合金	主要合金元素为钛、铝、钒、锡等
镍合金		镍硅合金、镍锰合金、镍铬合金、镍铜合金等
锌合金		锌铜合金、锌铝合金
铅合金		铅锑合金
镁合金		
轴承合金	铅基轴承合金	铅锡轴承合金、铅锑轴承合金
	锡基轴承合金	锡锑轴承合金
硬质合金		钨钴合金、钨钴钛合金、铸造碳化钨

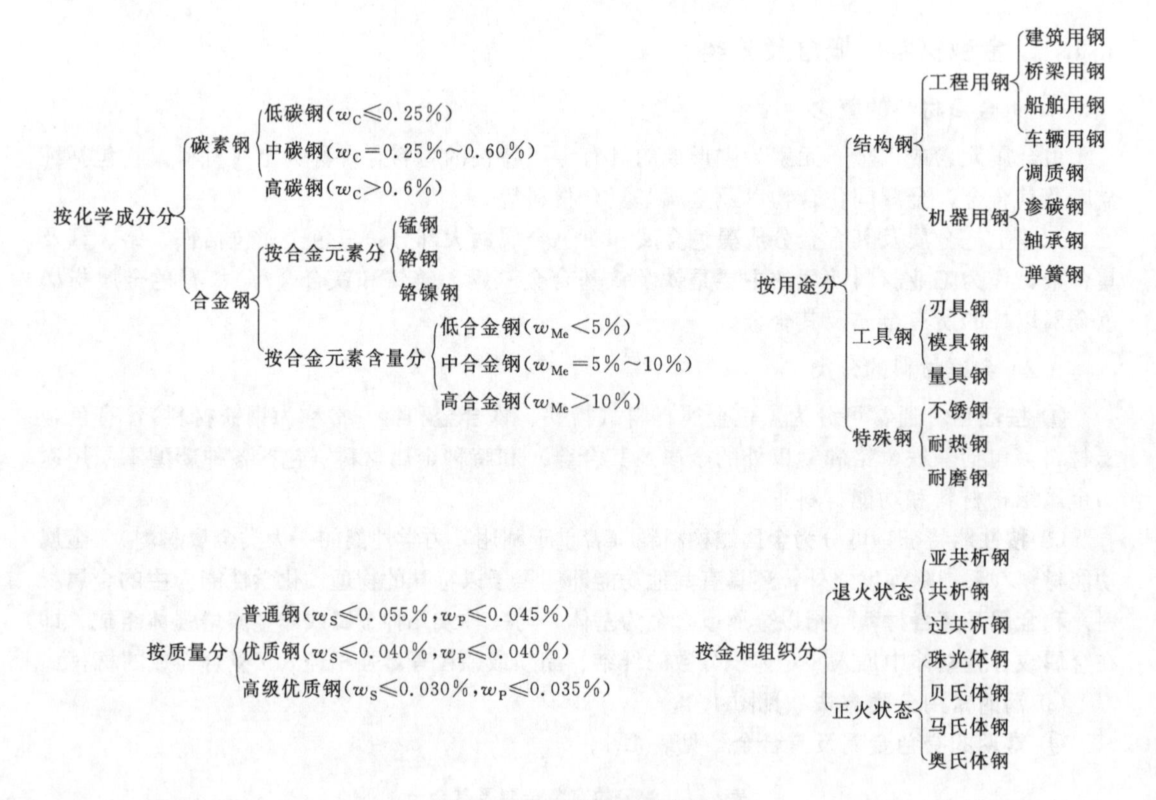

图 1.1 钢的常用分类方法

1.1.2 钢铁产品牌号表示方法

我国的钢材编号采用化学元素符号、汉语拼音字母和阿拉伯数字并用原则。

(1) 碳素钢和低合金高强度钢

碳素钢和低合金高强度钢的牌号表示方法及示例，见表 1.2。

表1.2 碳素钢和低合金高强度钢的牌号表示方法及示例

分类	牌号表示方法	示例
普通碳素结构钢	其牌号由代表屈服点的拼音字母、屈服强度值、质量等级符号及脱氧方法等四部分组成。牌号中Q表示"屈";A、B、C、D表示质量等级,它反映了碳素结构钢中有害杂质(S、P)含量的多少,C、D级S、P含量最低,质量好;脱氧方法用符号F代表沸腾钢、b表示半镇静钢,Z表示镇静钢,TZ表示特殊镇静钢	Q215AF,表示普通碳素结构钢,屈服强度≥215MPa(试样尺寸≤16mm)、质量级别为A的沸腾钢
优质碳素结构钢	其钢号用两位数字表示,表示平均碳质量分数的万分之几,例如45钢等。但应注意: ①含Mn量较高的钢,须将Mn元素标出,如w(C)=0.50%、w(Mn)=0.70%~1.00%的钢,其钢号表示为"50锰"或"50Mn"; ②沸腾钢、半镇静钢及专门用途的优质碳素结构钢,应在钢号后特别标出	"20锅"或"20g",表示w(C)=0.20%的锅炉专用钢
碳素工具钢	在钢号前加"碳"或"T"表示碳素工具钢,其后跟以表示碳质量分数的千分之几的数字。但应注意: ①含Mn量较高者,在钢号后标以"锰"或"Mn",如T8Mn; ②如为高级优质碳工钢,则在其钢号后加"高"或"A"	T8Mn,表示w(C)=0.8%的较高锰含量碳素工具钢; T10A,表示w(C)=1.0%的高级优质碳素工具钢
低合金高强度钢	牌号表示方法,同普通碳素结构钢。但其都是镇静钢或特殊镇静钢,故其牌号中无表示脱氧方法的符号	Q345C,表示屈服强度≥345MPa、质量级别为C的低合金高强度钢

(2)合金钢

其编号一般原则,在我国合金钢是按碳含量、合金元素的种类和数量及质量级别来编号的。合金钢的牌号表示方法见表1.3。

表1.3 合金钢的牌号表示方法

分类	碳含量	合金元素符号及含量	特例
合金结构钢	为表明用途,规定结构钢以万分之一为单位的数字(两位数)表示碳含量	用化学元素符号表明钢中主要合金元素,含量由其后的数字表明,当合金元素平均质量分数小于1.5%时不予标数,平均质量分数为1.5%~2.49%、2.5%~3.49%…时,相应地标以2、3…数字	对专用铬滚动轴承钢,应在钢号前注明"滚"或"G",其后为Cr+数字,数字表示铬含量的平均值为千分之几。如GCr15,表示w(C)=1%、w(Cr)=1.5%的滚动轴承钢
合金工具钢	以千分之一为单位的数字(一位数)来表示碳含量,而且工具钢的w(C)≥1%时,碳含量不予标出	同合金结构钢	对高速钢,一般不标碳含量,只标合金元素含量平均值的百分之几。如W6Mo5Cr4V2钢中碳质量分数实际为0.8%~0.9%
不锈钢和耐热钢	其碳质量分数≥0.04%时以万分之一为单位的数字(两位数)表示,而≤0.03%时以十万分之一为单位的数字(三位数)表示	合金元素含量以化学元素符号及阿拉伯数字表示,表示方法同合金结构钢。钢中有意加入的铌、钛、锆等合金元素,虽然含量很低,也应在牌号中标出。例如:碳含量≤0.08%,铬含量18.00%~20.00%,镍含量8.00%~11.00%的不锈钢,牌号为06Cr19Ni10	①先规定碳含量上限值,当碳含量上限≤0.10%时,以其上限的3/4表示碳含量;当碳含量上限>0.10%时,以其上限的4/5表示碳含量。例如碳含量上限为0.08%,碳含量以06表示,如牌号06Cr18Ni18;碳含量上限为0.15%,碳含量以12表示,如12Cr23Ni13。 ②对超低碳不锈钢(即碳含量≤0.030%),用三位阿拉伯数字表示碳含量最佳控制值(以十万分之几计)。如碳含量上限为0.030%时,其牌号以022表示,如022Cr19Ni10。 ③规定上、下限者,以平均碳含量×100表示。如碳含量为0.16%~0.25%时,其牌号中碳含量以20表示,如20Cr25Ni20

1.1.3 有色金属及合金产品牌号表示方法

(1) 铸造有色金属及合金加工产品牌号表示方法

① 铸造有色纯金属牌号 其由“Z”和相应纯金属的化学元素符号及表明产品纯度百分含量的数字或用一短横线如顺序号组成。牌号示例：

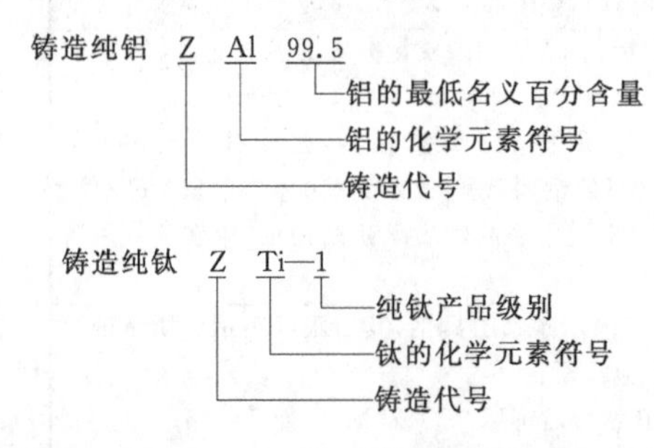

② 铸造有色金属合金牌号 其由“Z”和基体金属化学元素符号、主要合金元素符号（其中混合稀土元素符号统一用 RE 表示）以及表明合金化学元素名义百分含量的数字组成，优质合金在牌号后面注大写字母“A”。牌号示例：

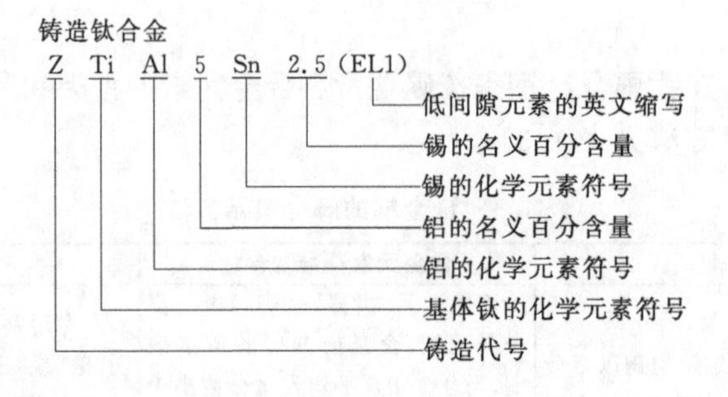

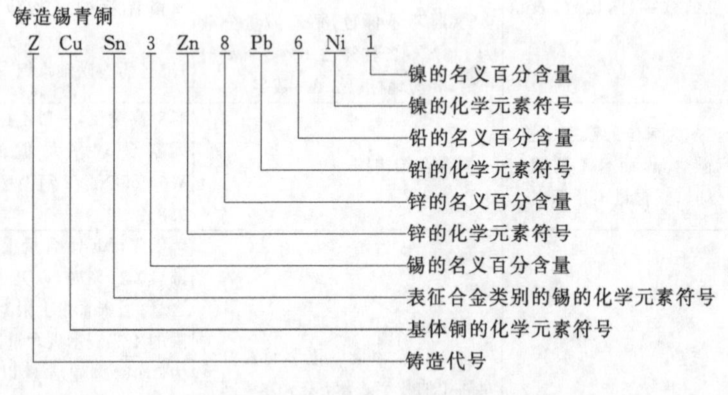

(2) 变形有色金属及合金加工产品牌号表示方法（见表 1.4）

表 1.4 变形有色金属及合金加工产品牌号表示方法

分类	牌号表示方法	举例	
		名称	牌号
变形铝及铝合金	根据 GB/T 16474—2011《变形铝及铝合金牌号表示方法》的规定，变形铝及铝合金牌号用四位字符体系表示，牌号的第 1、3、4 位为阿拉伯数字，第 2 位为英文大写字母（C、I、L、N、O、P、Q、Z 8 个字母除外）。第 1 位数字表示铝及铝合金的组别，用 1 ～9 表示，如右所示；牌号的	纯铝（Al 的质量分数不小于 99.00%）	1×××
		以铜为主要合金元素的铝合金	2×××

续表

分类	牌号表示方法	举例	
		名称	牌号
变形铝及铝合金	第 2 位字母表示原始纯铝或铝合金的改型情况。如果第 2 位字母为 A，则表示为原始纯铝或原始合金；如果是 B～Y 的其他字母（按字母表顺序），则表示为原始纯铝或原始合金的改型。纯铝牌号的最后两位数字表示铝的最低质量分数，当铝的最低质量分数精确到 0.01% 时，最后两位数字就是小数点后的两位数字。铝合金牌号的最后两位数字仅用于区别同一组中不同的铝合金	以锰为主要合金元素的铝合金	3×××
		以硅为主要合金元素的铝合金	4×××
		以镁为主要合金元素的铝合金	5×××
		以镁、硅为主要合金元素，并以 Mg_2Si 相为强化相的铝合金	6×××
		以锌为主要合金元素的铝合金	7×××
		以其他合金元素为主要合金元素的铝合金	8×××
		备用合金组	9×××
加工铜及铜合金	Q　Al　10-3-1.5 添加元素量——以百分之几表示：① 纯铜、一般黄铜、白铜无此数字；② 三元以上黄铜、白铜为第二添加元素合金；③ 青铜为第二主添加元素含量 主添加元素——以百分之几表示：① 纯铜为顺序号；② 黄铜为铜含量；③ 白铜为 Ni 或（Ni＋Co）含量；④ 青铜为第一主添加元素含量 主添加元素符号：① 纯铜、一般黄铜、白铜不标；② 三元以上黄铜、白铜为第二主添加元素（第一主添加元素分别为 Zn、Ni）；③ 青铜为第一主添加元素 分类代号：T— 纯铜；TU— 无氧铜；TP— 脱氧铜；H— 黄铜；Q— 青铜；B— 白铜	纯铜	T1、T2、TU1、TU2
		黄铜	H62、HSn90-1
		青铜	QSn4-3、QSn4-4-2.5、QAl10-3-1.5
		白铜	B30、BMn3-12
钛及钛合金	钛及钛合金用“T”加表示金属或合金组织类型的字母及顺序号表示 TA　1 顺序号——金属或合金的顺序号 分类代号——表示金属或合金组织类型：TA—α 型钛及合金；TB—β 型钛合金；TC—α＋β 型钛合金	一号 α 型钛	TA1
		四号 α＋β 型钛合金	TC4
		二号 β 型钛合金	TB2
变形镁及镁合金	镁合金牌号以英文字母加数字再加英文字母组成。前面的英文字母是其最主要的合金组成元素代号，此元素代号符合下表的规定，其后的数字表示其最主要合金组成元素的大致含量，最后的英文字母为标识代号，用以标识各具体组成元素相异或元素含量有微小差别的不同合金	纯镁	Mg99.00

续表

<table>
<tr><th rowspan="2">分类</th><th rowspan="2">牌号表示方法</th><th colspan="2">举例</th></tr>
<tr><th>名称</th><th>牌号</th></tr>
<tr><td>变形镁及镁合金</td><td>
<table>
<tr><td>元素代号</td><td>元素名称</td><td>元素代号</td><td>元素名称</td><td>元素代号</td><td>元素名称</td><td>元素代号</td><td>元素名称</td></tr>
<tr><td>A</td><td>铝</td><td>F</td><td>铁</td><td>M</td><td>锰</td><td>S</td><td>硅</td></tr>
<tr><td>B</td><td>铋</td><td>G</td><td>钙</td><td>N</td><td>镍</td><td>T</td><td>锡</td></tr>
<tr><td>C</td><td>铜</td><td>H</td><td>钍</td><td>P</td><td>铅</td><td>W</td><td>镱</td></tr>
<tr><td>D</td><td>镉</td><td>K</td><td>锆</td><td>Q</td><td>银</td><td>Y</td><td>锑</td></tr>
<tr><td>E</td><td>稀土</td><td>L</td><td>锂</td><td>R</td><td>铬</td><td>Z</td><td>锌</td></tr>
</table>
A Z 9 1 D
D——标识代号
1——表示 Zn 的含量(质量分数)＜1%
9——表示 Al 的含量(质量分数)大致为 9%
Z——代表名义含量次高的合金元素 Zn
A——代表名义含量最高的合金元素 Al
</td><td>镁合金</td><td>AZ91D、AZ31B</td></tr>
</table>

注：GB/T 340—1976 有色金属及其合金牌号表示方法已列入废止标准，因此，本表未编入。

1.2 金属材料的组织、结构与性能

1.2.1 贯穿《高性能金属材料》的“纲”

金属材料的主要**任务**就是**从金属材料的应用角度出发**，**阐明**常用金属材料的化学成分、组织结构、加工工艺与性能之间的相互关系及其变化规律，**揭示**通过变更金属材料化学成分和加工工艺来控制内部组织结构，从而提高材料的性能或开发高性能金属材料**等基本知识**。

贯穿《高性能金属材料》的“纲”，见图 1.2。

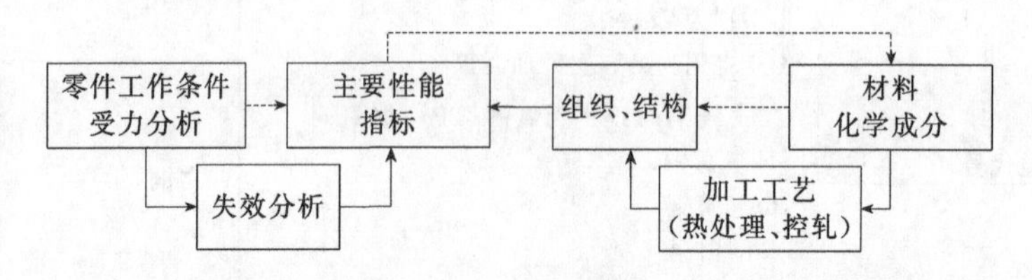

图 1.2 贯穿《高性能金属材料》的“纲”

金属材料是研究各种金属材料的成分、组织结构、性能和应用之间的关系及其变化规律的一门科学，它包含四个基本要素：金属材料的合成与制备，金属材料的成分与组织结构，金属材料的特性和使用性能。材料的合成与制备着重研究获取金属材料的手段，以工艺技术的进步为标志；金属材料的成分与组织结构反映材料的本质，是认识金属材料的理论基础；金属材料的特性表征着材料固有的力学性能等，是选用金属材料的重要依据；使用性能可以用金属材料的加工和使用条件相结合来考察材料的使用寿命，它往往成为金属材料科学与工程的最终目标。

1.2.2 金属材料的晶体结构特点

(1) 典型金属的晶体结构特点

在已知的 80 余种金属元素中，大多属于体心立方、面心立方或密排六方晶格中的一种

（见表 1.5 及图 1.3～图 1.6）。

表 1.5　三种典型金属晶体结构特点

晶格类型	代表符号	晶格常数	晶胞原子数	原子半径	致密度	配位数	密排图	密排方向	举例说明
体心立方	BCC(bcc)	a	2	$\frac{\sqrt{3}}{4}a$	0.68	8	(110)	(111)	α-Fe，W，Mo，V
面心立方	FCC(fcc)	a	4	$\frac{\sqrt{2}}{4}a$	0.74	12	(111)	(110)	γ-Fe，Pb，Sn，Au，Ag
密排六方	HCP(hcp)	c/a	6	$\frac{1}{2}a$	0.74	12	六方底面	底面对角线	Zn，Mg，Be，Cd

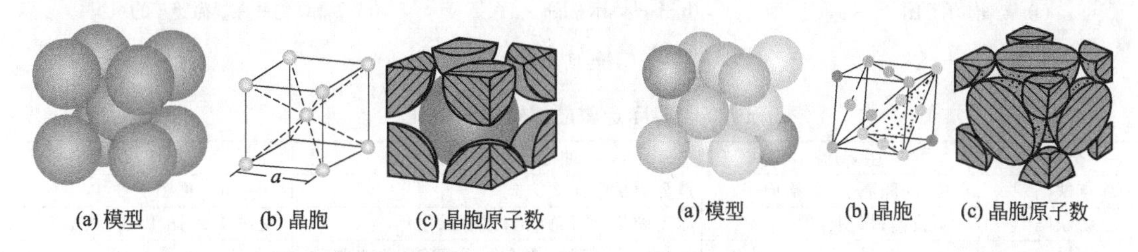

(a) 模型　(b) 晶胞　(c) 晶胞原子数

图 1.3　体心立方晶胞示意图

(a) 模型　(b) 晶胞　(c) 晶胞原子数

图 1.4　面心立方晶胞示意图

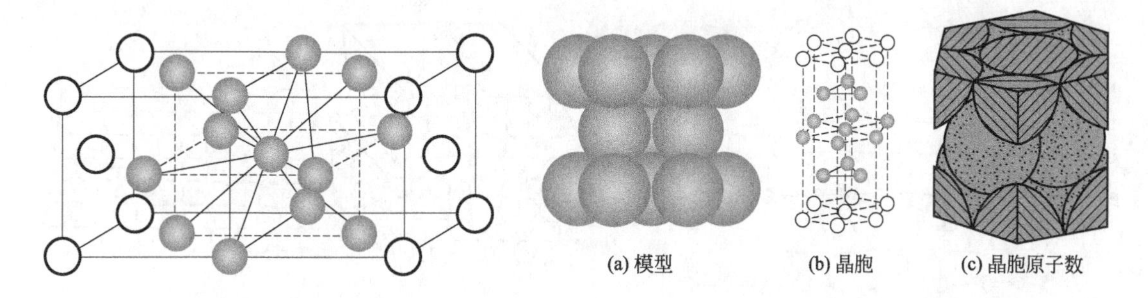

图 1.5　面心立方晶格的配位数

(a) 模型　(b) 晶胞　(c) 晶胞原子数

图 1.6　密排六方晶胞示意图

（2）实际金属的结构特征

前述晶体结构都是理想结构，而它们只有在特殊条件下才能得到。实际上晶体在形成时，常会遇到一些不可避免的干扰，造成实际晶体与理想晶体（即单晶体）的一些差异。例如，处于晶体表面的离子与晶体内部的离子就有差别。又如，晶体在成长时，常常是在许多部位同时发展，结果得到的不是单晶体，而是由许多细小晶体按不规则排列组合起来的多晶体（见图 1.7）。所谓材料的组织系指各种晶粒的组合特征，即各种晶粒的尺寸大小、相对量、形状及其分布特征等。而实际应用的晶体材料的结构特点是，总是不可避免地存在着一些原子偏离规则排列的不完整性区域，这就是晶体缺陷。

尽管实际晶体材料中所存在晶体缺陷的原子数目至多占原子总数的千分之一，但是这些晶体缺陷不但对晶体材料的性能，特别是对那些结构敏感的性能如强度、塑性、电阻等产生重大影响，而且还在扩散、相变、塑性变形和再结晶等过程中扮演着重要角色。例如，工业金属材料的强度随缺陷密度的增加而提高，而导电性则下降。又如，晶体缺陷可用于提高陶瓷材料的导电性。由此可见，研究实际晶体（即晶体缺陷）的特点具有重要的实际意义。

按照实际金属晶体（晶体缺陷）的几何特征，可将其分为点缺陷、线缺陷和面缺陷三大类（见表 1.6）。

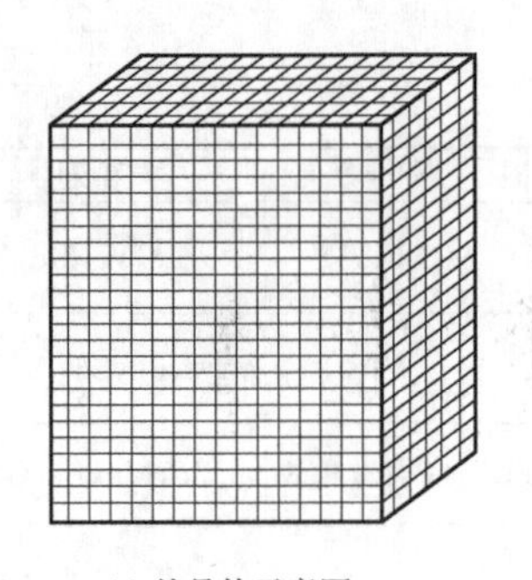

(a) 单晶体示意图

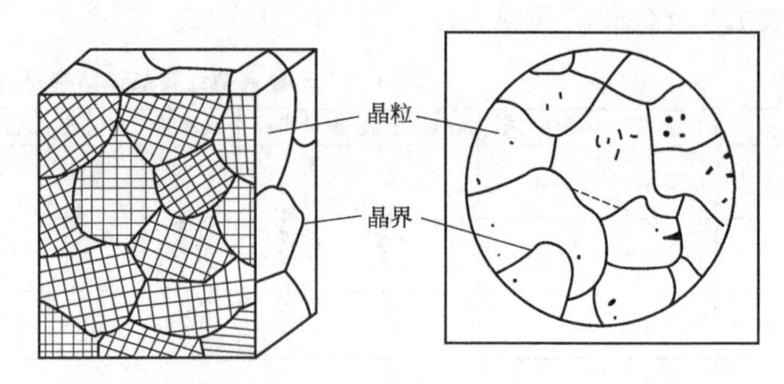

(b) 多晶体示意图　　(c) 多晶体纯铁在显微镜下的组织

图 1.7　单晶体与多晶体示意图

表 1.6　实际金属晶体缺陷的特征

分类	主要形式	对材料性能的影响	图例
点缺陷	空位;间隙原子;置换原子	是金属扩散主要方式	见图 1.8
线缺陷	刃型位错;螺型位错	加工硬化;固溶强化;弥散强化	见图 1.9、图 1.10、图 1.11
面缺陷	晶界;亚晶界	易腐蚀,易扩散,熔点低,强度高,细晶强化	见图 1.12

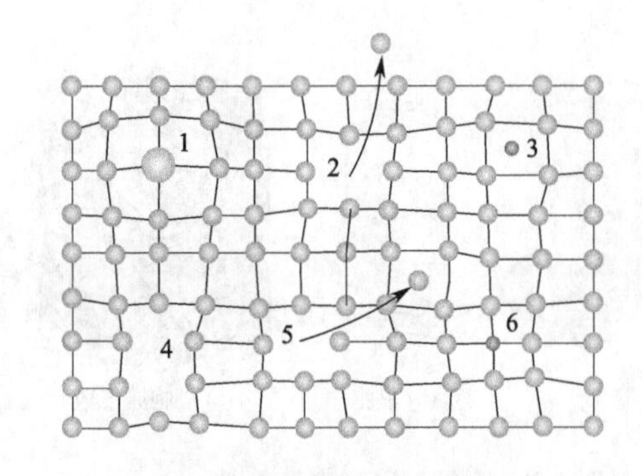

图 1.8　晶体中的各种点缺陷

1，6—置换原子；3—间隙原子；2，4，5—空位

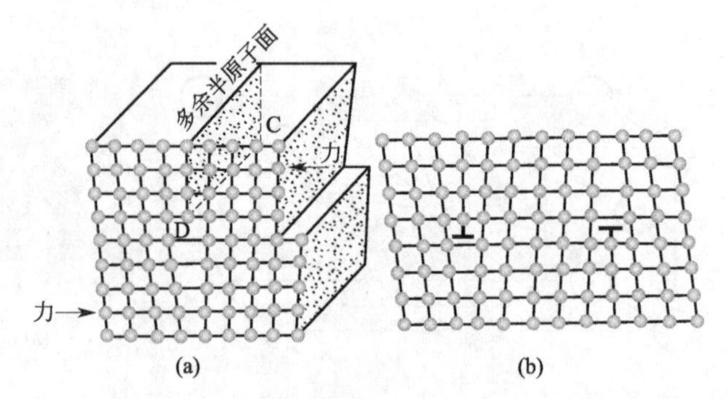

图 1.9　刃型位错示意图

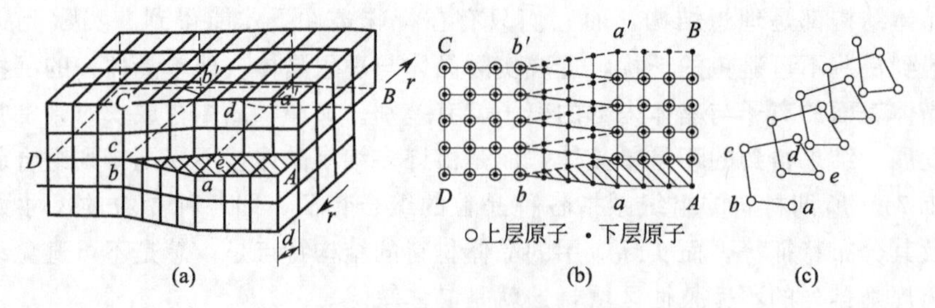

图 1.10　螺型位错示意图

(3) 金属材料的基本相结构

金属材料品种成千上万，**相**（系指具有同一聚集状态、同一化学成分、同一结构并与其他部分有界面分开的均匀组成部分）的种类极为繁多。依据**相结构**（指的是相中原子的具体排列规律，即相的晶体结构）的特点，可将其划分为两大类，即固溶体和金属化合物（见表 1.7）。

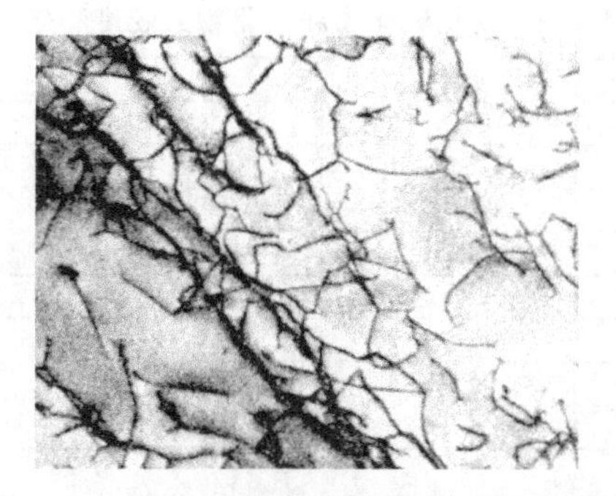

图 1.11　透射电镜下观察到钛合金中的位错

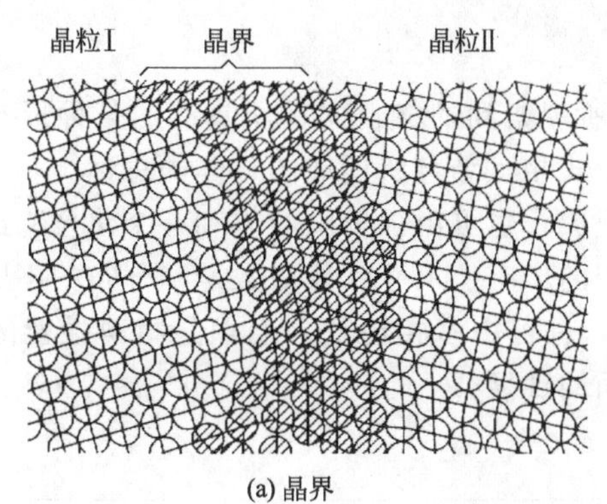

(a) 晶界

(b) 亚晶及亚晶界

图 1.12　晶界及亚晶界示意图

表 1.7　金属材料基本相的结构特点

相结构类型	分类	在合金中位置及所起作用	力学性能特点
固溶体(见图 1.13)	间隙固溶体 置换固溶体	基体相 提高合金的塑、韧性	塑、韧性好，强度比纯金属高
金属化合物	正常价化合物 电子化合物 间隙相 具有复杂晶格的间隙化合物(见图 1.14)	强化相 提高合金的强度、硬度和耐磨性等	熔点高，硬度高但脆性大。一些碳化物的硬度和熔点见表 1.8

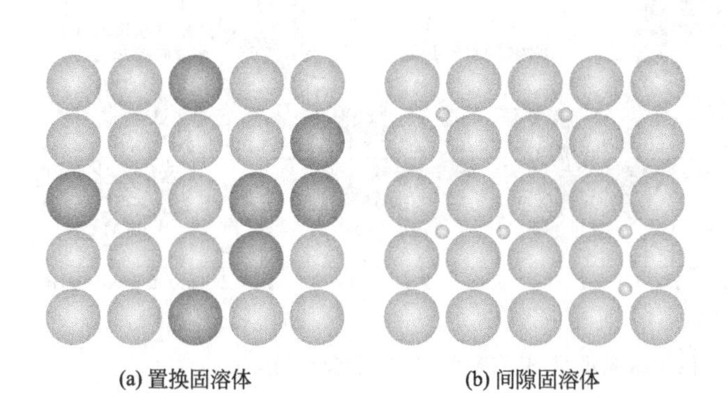

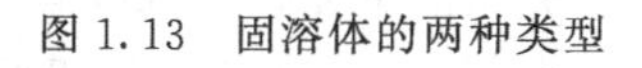

(a) 置换固溶体　(b) 间隙固溶体

图 1.13　固溶体的两种类型

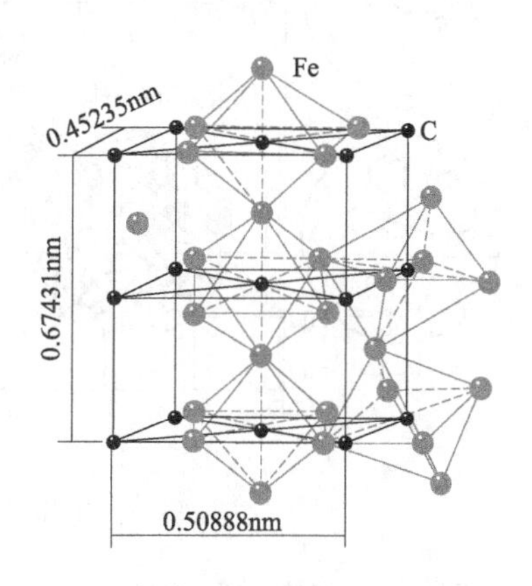

图 1.14　渗碳体的晶体结构

表 1.8 常见碳化物和氧化物的硬度和熔点

名称	硬度(HV)	熔点/℃	名称	硬度(HV)	熔点/℃
TiC	2900～3200	3180～3250	B_4C	2400～3700	2350～2470
ZrC	2600	3175～3540	SiC	2200～2700	3000～3500
VC	2800	2810～2865	TiO_2	1000	1855～1885
TaC	1800	3740～3880	ZrO_2	1300～1500	2900
NbC	2400	3500～3800	Al_2O_3	2300～2700	2050
WC	2400	2627～2900	Cr_2O_3	2915	2309～2359
Cr-C	1663～1800	1518～1895	Ta_2O_5	890～1290	1755～1815
Mo-C	1499～1500	2680～2700	HfO_2	940～1100	2780～2790

1.2.3 钢铁材料（铁碳合金）的组织与性能

（1）组织的概念及与相之间的关系

“组织”一般系指用肉眼或在显微镜下所观察到的材料内部所具有的某种形态特征或形貌图像。实质上它是一种或多种相按一定方式相互结合所构成的整体的总称。

合金的组织可由单相固溶体或化合物组成，也可由一个固溶体和一个化合物或两个固溶体和两个化合物等所组成。正是由于这些相的形态、尺寸、相对数量和分布的不同，才会形成各式各样的组织。即**组织可由单相组成，也可由多相组成。组织是材料性能的决定性因素。在相同条件下，不同的组织对应着不同的性能。**

（2）铁碳合金相图（见图 1.15）

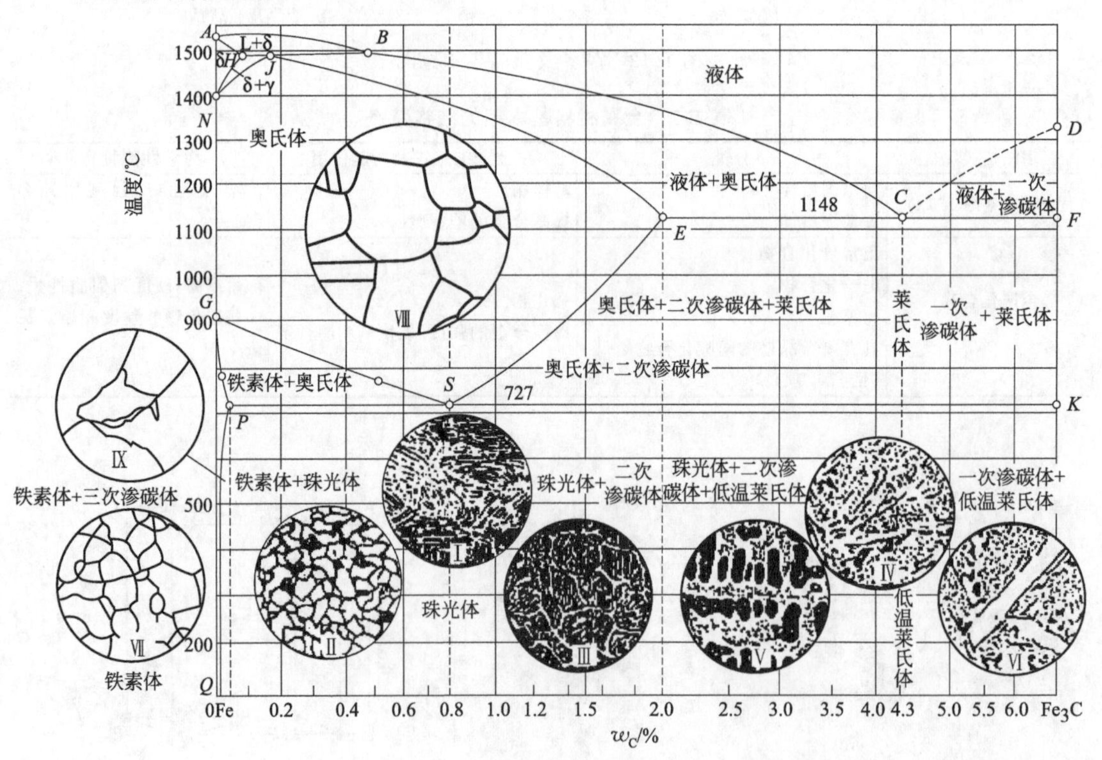

图 1.15 以组织组分（包括组织示意图）表示的铁碳合金相图

它是研究钢铁材料的成分、组织（相）与性能之间关系的重要理论基础与有力工具。铁碳合金相图中的各特性点和特性线的含义，见表 1.9。由图 1.15 中的各种组织示意图可以看出铁碳合金中的五种不同组织中的渗碳体的组织形态特征等，详见表1.10。

表1.9 铁碳合金相图中的特性点和特性线的符号及含义

特性点	温度/℃	w_C/100%	含义	特性线	含义
A	1538	0	纯铁的熔点	*AB*	δ相液相线,液相开始结晶出δ固溶体
B	1495	0.53	包晶转变时液态合金成分	*BC*	γ相液相线,液相开始结晶出γ固溶体
C	1148	4.3	共晶点	*CD*	液相脱溶线,液相开始脱溶出 Fe_3C_{I}
D	～1227	6.69	渗碳体的熔点	*AH*	δ相的固相线
E	1148	2.11	碳在奥氏体中的最大溶解度	*HN*	碳在δ相中的溶解度线
F	1148	6.69	渗碳体的成分	*JE*	γ相的固相线
G	912	0	α-Fe⇔γ-Fe转变点	*JN*	(δ+γ)相区与γ相区的分界线
H	1495	0.09	碳在δ-Fe中的最大溶解度	*GS*	奥氏体转变为铁素体开始线,即 A_3 线
J	1495	0.17	包晶点	*GP*	奥氏体转变为铁素体终了线
K	727	6.69	渗碳体的成分	*ES*	脱溶线,奥氏体脱溶出 Fe_3C_{II},即 A_{cm} 线
N	1394	0	γ-Fe⇔δ-Fe转变点	*PQ*	脱溶线,铁素体开始脱溶出 Fe_3C_{II}
P	727	0.0218	碳在铁素体中最大溶解度	*PSK*	共析转变线,$\gamma_s \Leftrightarrow \alpha_p + Fe_3C$,即 A_{I} 线
S	727	0.77	共析点	*HJB*	包晶转变线,$L_g + \delta_H \Leftrightarrow \gamma_J$
Q	600	0.0057	碳在铁素体中的溶解度	*ECF*	共晶转变线,$L_c \Leftrightarrow \gamma_g + Fe_3C$

注：本表是指冷却过程中相变的含义。

表1.10 铁碳合金中的五种渗碳体的特征

名称	符号	母相	形成温度/℃	组织形态.	分布情况	对性能的影响
一次渗碳体	Fe_3C_{I}	L	＞1148	粗大板条状	在莱氏体上	增加硬脆性
二次渗碳体	Fe_3C_{II}	A	1148～727	网状	在A或P晶界上	严重降低强度和韧性
三次渗碳体	Fe_3C_{III}	F	＜727	短条状	数量极少(沿晶界)	降低塑、韧性(常忽略不计)
共晶渗碳体	$Fe_3C_{\text{共晶}}$	Lc	1148	块、片状	是莱氏体的基体相	产生硬脆性
共析渗碳体	$Fe_3C_{\text{共析}}$	As	727	细片状	与片状F构成层片状P	提高综合力学性能

(3)铁碳合金中的基本组织特点(见表1.11)

表1.11 铁碳合金中的基本组织特点

名称		符号	晶体结构	组织类型	定义	w_C/%	存在温度范围/℃	组织形态特征	主要力学性能
铁素体		F	BCC	间隙固溶体	C溶于α-Fe中	≤0.0218	≤912	块状,片状	塑、韧性良好
奥氏体		A	FCC	间隙固溶体	C溶于γ-Fe中	≤2.11	≥727	块状,粒状	塑、韧性良好
渗碳体	一次	Cm_{I}	具有复杂晶格的金属化合物	间隙化合物	从L中首先结晶出	6.69	≤1227	粗大片、条状	硬而脆
	二次	Cm_{II}			由A中析出		＜1148	网状	硬而脆(耐磨性提高,但强度明显下降)
	三次	Cm_{III}			由F中析出A		＜727	片状(断续)	增加脆性,降低塑性
珠光体		P	两相组织	机械混合物	$F+Fe_3C$	0.77	≤727	层片状(或粒状)	良好的综合力学性能(强度较高,具有一定塑、韧性)
莱氏体	高温	Ld	两相组织	机械混合物	$A+Fe_3C$	4.3	727～1148	点状、短杆状或鱼骨状	硬而脆
	低温	Ld′	两相组织	机械混合物	$P+Fe_3C_{\text{II}}+Fe_3C$	4.3	≤727	点状、短杆状或鱼骨状	硬而脆

(4)铁碳合金的分类、平衡组织与性能

根据铁碳合金成分的不同，可分为3大类7种见表1.12。

表 1.12 铁碳合金的分类、平衡组织与性能

合金种类	工业纯铁	碳钢			白口铸铁		
		亚共析钢	共析钢	过共析钢	亚共晶白口铸铁	共晶白口铸铁	过共晶白口铸铁
w_C/%	<0.0218	0.0218～0.77	0.77	0.77～2.11	2.11～4.3	4.3	4.3～6.69
室温组织	F	F+P	P	$P+Fe_3C_{II}$	$P+Fe_3C_{II}+Ld'$	Ld'	Fe_3C_I+Ld'
室温组织形态	F	F P	P	Fe_3C_{II} P	Ld P	Ld′	Ld′ Fe_3C_I
力学性能	软	塑、韧性好	综合力学性能好	硬度大	硬而脆		

（5）碳的质量分数对铁碳合金平衡组织与力学性能的影响（见图 1.16）

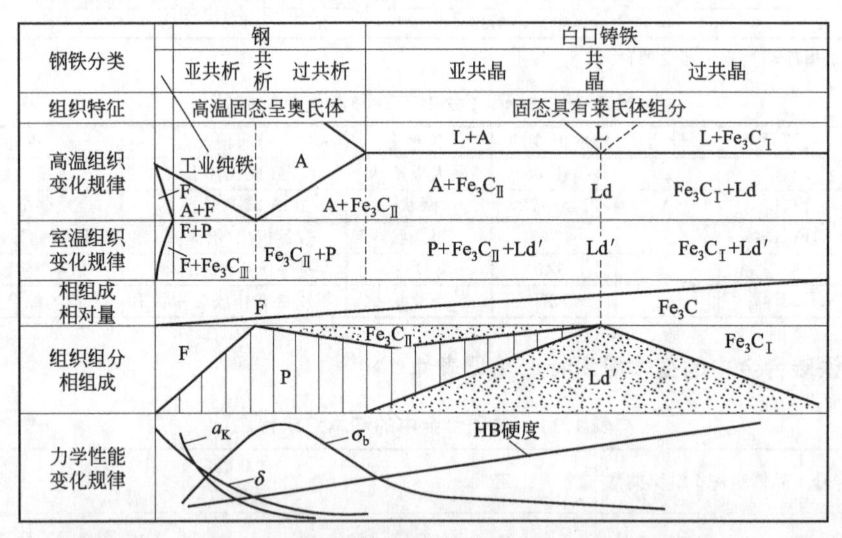

图 1.16 碳的质量分数对铁碳合金平衡组织与力学性能的影响

可以看出，随碳的质量分数的增加，铁碳合金的组织按下列顺序变化：

$(F) \rightarrow F+P \rightarrow P \rightarrow P+Fe_3C_{II} \rightarrow P+Fe_3C_{II}+Ld' \rightarrow Ld' \rightarrow Ld'+Fe_3C_I \rightarrow (Fe_3C)$

组织的变化必将对合金的力学性能产生重大影响（见图 1.16）。

（6）碳的质量分数对工艺性能的影响（详见表 1.13 及图 1.17）

表 1.13 碳的质量分数对铁碳合金工艺性能的影响

序号	工艺性能名称	对工艺性能的影响
1	切削加工性	低碳钢（w_C≤0.25%）中含有大量 F，硬度低、塑性及韧性好，切削时产生的切削热大、易粘刀，且切屑不易折断，影响工件表面粗糙度，故切削加工性差。高碳钢（w_C>0.6%）中 C_m 较多，当 C_m 呈片状或网状分布时，刀具易磨损，故切削加工性也差。中碳钢（w_C=0.3%～0.60%）中 F 和 C_m 比例适当，硬度和塑性较适中，切削加工性能较好。一般认为钢的硬度大致为 170～250HBW 时切削加工性最好。 白口铸铁中由于存在以 C_m 为基体的 Ld′组织，硬度太高，很难进行切削加工
2	可锻性	钢加热到高温可得到塑、韧性良好的单相 A 组织，因此其可锻性良好。另外，碳含量低的钢较碳含量高的钢可锻性好。 白口铸铁无论在低温或高温，其固态组织中都含有硬而脆的 Ld′，所以不能锻造

续表

序号	工艺性能名称	对工艺性能的影响
3	铸造性	合金的铸造性能首先与液相线温度，液、固相线之间的距离大小有关(见图 1.17)。碳钢由于液相线温度高、熔点高，流动性差，收缩大，易形成分散缩孔，热裂倾向大，所以钢的铸造性比铸铁差。铸铁由于液相线温度低，熔点比钢低，特别是共晶成分的铸铁熔点最低，各项铸造性在铁碳合金中均为最佳，所以在铸铁中一般均选择共晶点附近成分的合金
4	可焊性	低碳钢塑性好，可焊性好。随碳含量增加，钢的塑、韧性明显下降，可焊性变坏。所以，焊接用钢主要是低碳钢或低碳合金钢
5	热处理工艺性	热处理工艺如各种退火、正火、淬火等的加热温度都是依据图 1.17 铁碳相图确定的。可依据铁碳相图确定碳钢淬火、正火、退火加热时的温度区间

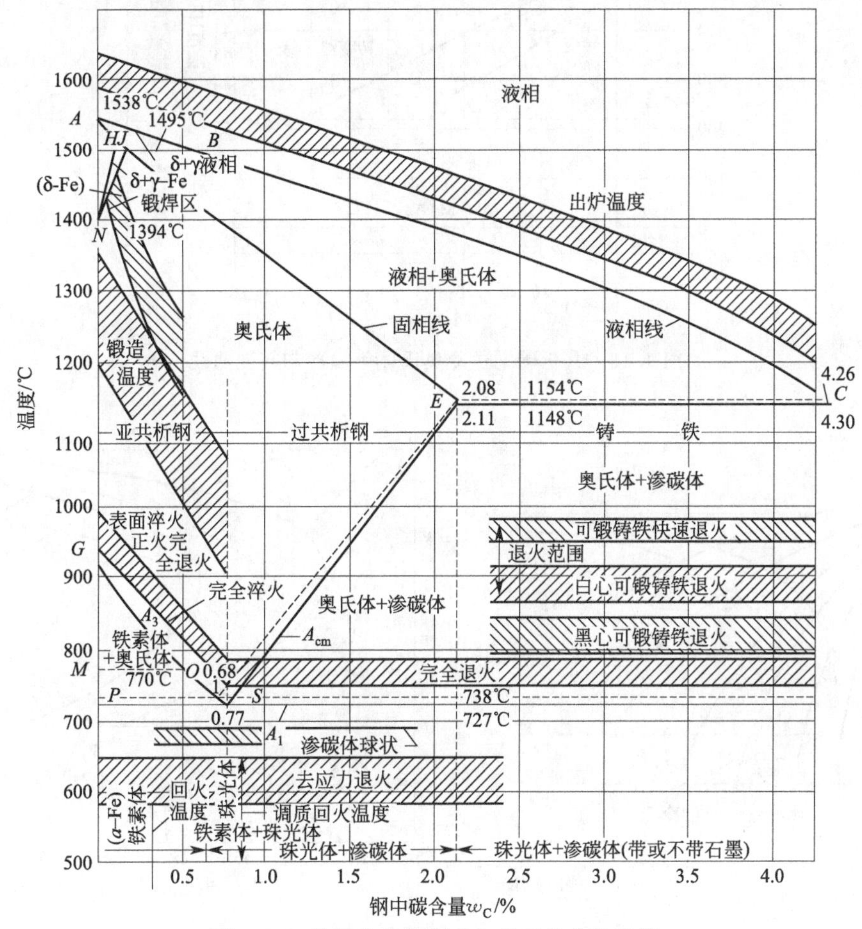

图 1.17 铁碳合金相图在加工工艺中的应用

1.2.4 钢铁材料中的不平衡组织

钢铁材料中的不平衡组织有奥氏体、铁素体、珠光体、贝氏体、马氏体、莱氏体、魏氏组织，具有金属特性的碳化物、氮化物、硼化物，金属间化合物，非金属夹杂物等。以下将重点介绍不平衡条件下的基本组织特征。

(1) 钢铁热处理的基本原理

① 钢加热转变的理论依据——铁碳合金相图(见图 1.15) 依据变化了的铁碳合金相图来确定钢奥氏体化的温度范围。

② 钢（以共析碳钢为例）在不同冷却条件下，所获得的组织则依靠 C 曲线（钢的过冷奥氏体等温冷却转变曲线）或 CCT 曲线（钢的过冷奥氏体连续冷却转变曲线），见图 1.18、图 1.19。C 曲线与 CCT 曲线的比较，则见图 1.20。

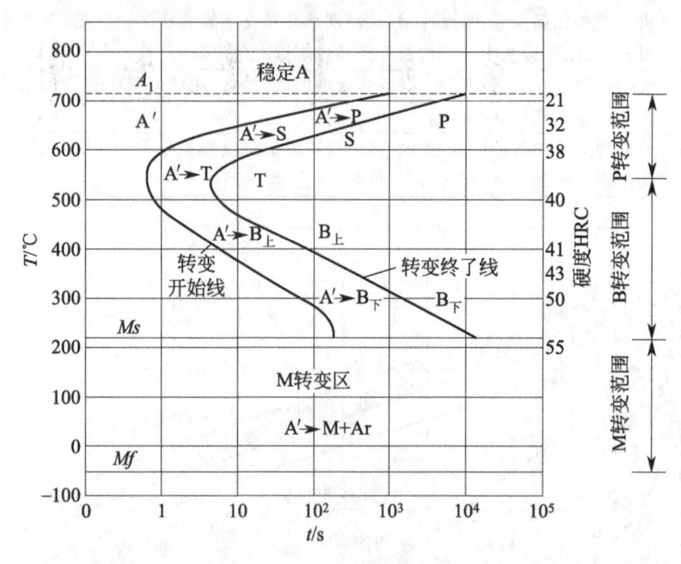

图 1.18　共析碳钢过冷奥氏体等温冷却转变曲线

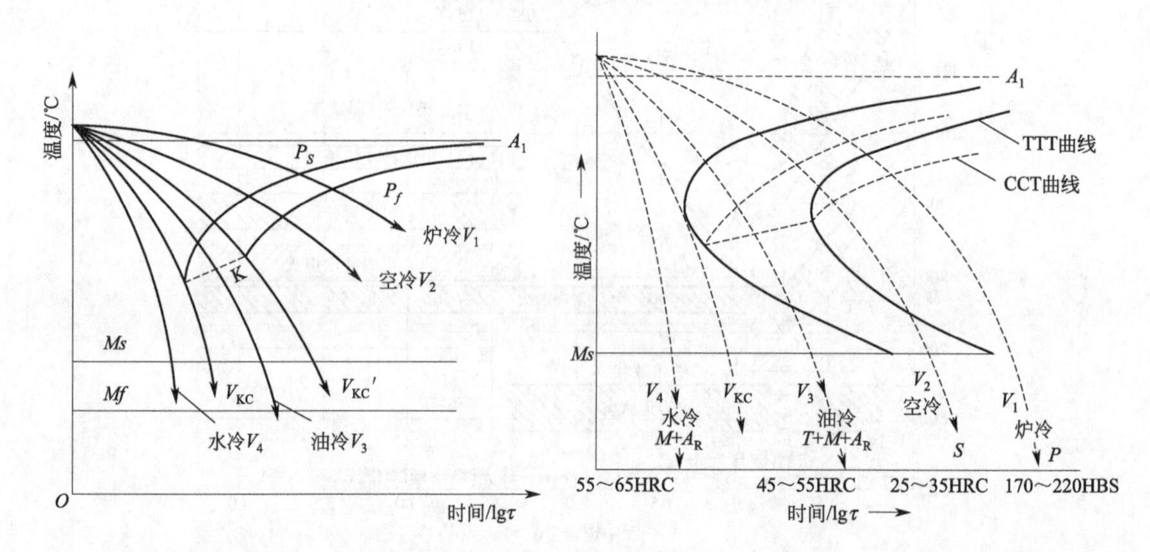

图 1.19　共析碳钢过冷奥氏体连续冷却转变曲线　　图 1.20　共析碳钢的 CCT 曲线与 C 曲线的比较

（2）共析碳钢过冷奥氏体等温冷却转变类型产物、形成温度、组织特征及性能特点

见表 1.14 及图 1.21～图 1.27。

表 1.14　共析碳钢过冷奥氏体等温冷却转变类型产物、形成温度、组织特征、性能特点等

转变类型产物		形成温度/℃	转变机制	显微组织特征	形成特点	硬度(HRC)	性能特点	获得工艺
珠光体型	珠光体 P	A_1～650	扩散型	粗片状 F 与 Cm 相间分布	片层间距 0.6～0.8μm，500×分清	10～20	随片层间距减少，强度、硬度提高，塑性、韧性也有改善	退火（图 1.19 和图 1.20 中炉冷）

续表

转变类型产物		形成温度/℃	转变机制	显微组织特征	形成特点	硬度(HRC)	性能特点	获得工艺
珠光体型	索氏体S	650～600	扩散型	细片状F与Cm相间分布	片层间距0.25～0.4μm,1000×分清	25～30	随片层间距减少,强度、硬度提高,塑性、韧性也有改善	正火(图1.19和图1.20中空冷)
	托氏体T	600～550		极细片状F与Cm相间分布	片层间距0.1～0.2μm,2000×分清	30～40		等温处理
贝氏体型	上贝氏体$B_上$	550～350	半扩散型	羽毛状(光镜下),短杆状Cm不均匀分布在过饱和F条间(电镜下)	粗大、平行密排F条间,不均匀断续分布着粗大短杆Cm	40～50	脆性大,性能差,无实用价值	等温处理
	下贝氏体$B_下$	350～M_S		针片状(光镜下),在过饱和F针内均匀分布(与针轴成55°～65°)排列的小薄片ε碳化物(电镜下)	过饱和F针细小,其内部呈一定方向析出的ε碳化物薄片更细小	50～60	较高的强韧性(较高强、硬度,一定塑韧性)	等温淬火
马氏体型	针状马氏体$M_针$	M_S～M_f(240～－50)	无扩散型	针状(光镜下),双凸透镜状、其内部含高密度的孪晶(电镜下)	变温形成;高速长大;转变的不完全性、碳含量≥0.5%钢中存在A_R;M的硬度主要取决于碳含量	64～66	硬而脆	淬火(指大于V_{KC}的冷却方式,如水淬)
	板条状马氏体$M_条$			板条状(光镜下),M板条内存在有高密度的位错、构成胞状亚结构(电镜下)		30～50	高强韧性(即较高硬、强度,足够的塑韧性)	淬火(指大于V_{KC}的冷却方式,如水淬)

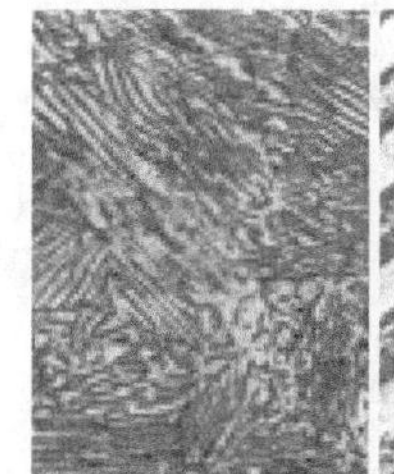
(a) 光镜(500×)

(b) 电镜(8000×)

图1.21 珠光体的显微组织

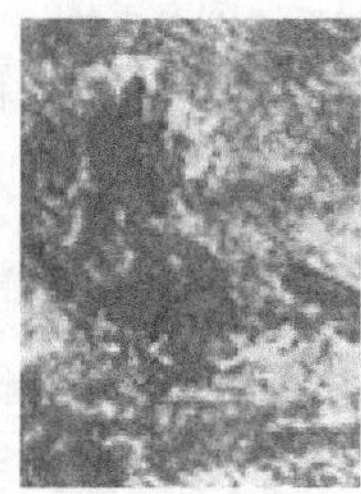
(a) 光镜(1000×)

(b) 电镜(19000×)

图1.22 索氏体的显微组织

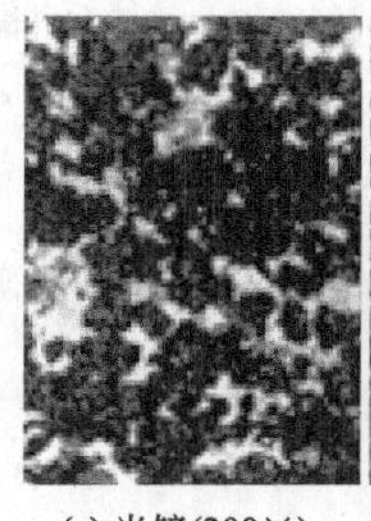
(a) 光镜(200×)

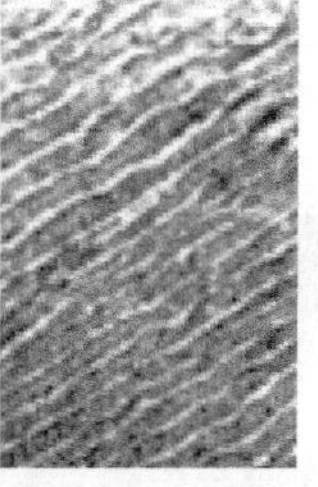
(b) 电镜(19000×)

图1.23 托氏体的显微组织

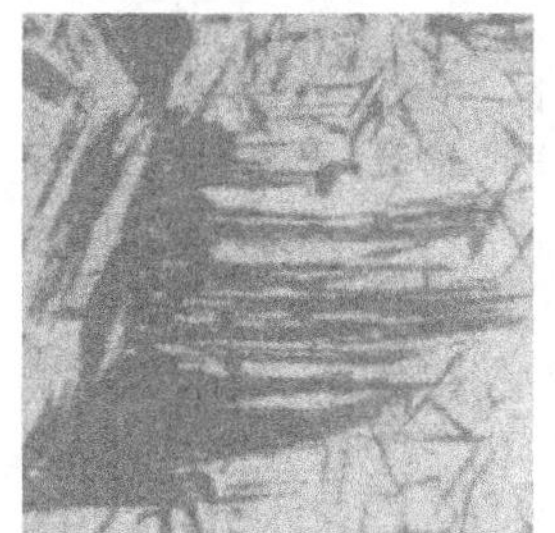

(a) 光镜组织(500×) (b) 电镜组织(4000×)

图1.24 上贝氏体显微组织形貌

(a) 光镜组织(500×)

(b) 电镜组织(10000×)

图1.25 下贝氏体显微组织形貌

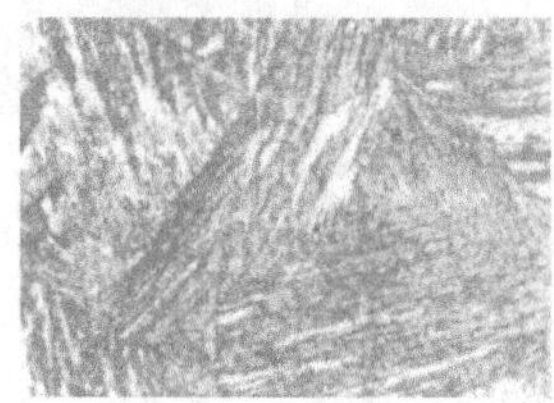

(a) 光学金相组织

(b) 透射电镜组织

图 1.26　板条马氏体的显微组织

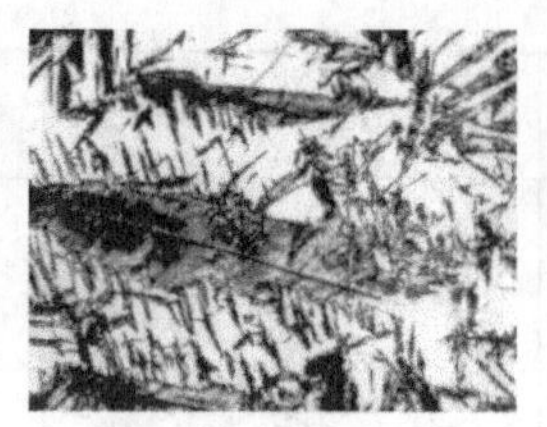
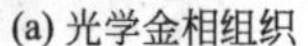

(a) 光学金相组织

(b) 透射电镜组织

图 1.27　针片状马氏体的显微组织

1.2.5　金属材料的主要力学性能和工艺性能

表 1.15 系金属材料的主要力学性能的名称、含义及符号，而化学性能、工艺性能则分别见表 1.16、表 1.17 及表 1.18。

表 1.15　金属材料主要力学性能的名称、含义及符号

性能名称及符号	单位	含义说明
比例极限 σ_p	MPa	金属材料应力与应变成正比例关系的最大应力，即拉伸图上开始偏离直线时的应力称为比例极限 σ_p，$\sigma_p=P_p/A_0$。式中，P_p 为比例极限负荷，N；A_0 为试样原始截面积，mm^2。比例极限精确测定困难，标准规定以拉伸曲线的切线与负荷轴间夹角的正切值较弹性直线部分之值增加 50%作为偏离值，其应力称为规定比例极限，也可将偏离值为 25%或 10%分别以 σ_{p25} 或 σ_{p10} 表示
弹性极限 σ_e	MPa	金属在弹性变形范围内，试样不产生塑性变形时所能承受的最大应力称为弹性极限 σ_e，$\sigma_e=P_e/A_0$。式中，P_e 为弹性极限负荷，N；A_0 为试样原始截面积，mm^2。弹性极限精确测定困难，标准规定以残余伸长为 0.01%的应力作为规定弹性极限，弹性极限和比例极限数值很相近，常以规定的 σ_p 值代替 σ_e
弹性模量 E	MPa	金属在弹性变形阶段，其应力和应变成正比例关系（即符合胡克定律）. 其比例系数称为弹性模量。拉伸时：$E=\dfrac{\sigma}{\varepsilon}=Pl_0/(A_0\Delta l)$。式中，$\sigma$ 为正应力，MPa；ε 为应变，用百分数表示；P 为垂直力，N；A_0 为试样原始截面积，mm^2；l_0 为试样原长，mm；Δl 为绝对伸长，mm；E 为弹性模量。剪切时：$G=\dfrac{\tau_b}{\gamma}=ML_0/[(\varphi_1-\varphi_2)l_p]$。式中，$\tau_b$ 为切应力，MPa；γ 为切应变，即相对扭转滑移；M 为扭转力矩；L_0 为试样计算长度；φ_1 和 φ_2 为计算长度两端的扭转角度；l_p 为扭转时试样截面相对于轴线的截面二次极矩；G 为切变模量。弹性模量可视为衡量材料产生弹性变形难易程度的指标，其值越大，使材料发生一定弹性变形的应力也越大，即材料刚度越大，亦即在一定应力作用下，发生弹性变形越小
屈服强度、上屈服强度 R_{eH}、下屈服强度 R_{eL}	MPa	当金属材料呈现屈服现象时，在试验期间达到塑性变形发生但力不增加的应力点称为屈服强度。GB/T 228.1—2010《金属材料　拉伸试验　第 1 部分》将屈服强度区分为上屈服强度和下屈服强度（旧标准 GB/T 228—1987 规定为屈服点 σ_s、上屈服点 σ_{sU} 和下屈服点 σ_{sL}） 试样发生屈服而力首次下降前的最高应力称为上屈服强度 R_{eH} 在屈服期间，不计初始瞬时效应时的最低应力称为下屈服强度 R_{eL}
规定非比例延伸强度 R_p（例如 $R_{p0.2}$）	MPa	非比例延伸率等于规定的延伸计标距百分率时的应力，称为规定非比例延伸强度 R_p。使用的符号应附以下脚注说明所规定的百分率，例如 $R_{p0.2}$ 表示规定非比例延伸率为 0.2%时的应力
规定总延伸强度 R_t（例如 $R_{t0.2}$）	MPa	总延伸率等于规定的延伸计标距百分率时的应力，称为规定总延伸强度 R_t，使用的符号应附以下脚注说明所规定的百分率，例如 $R_{t0.5}$ 表示规定总延伸率为 0.5%时的应力

续表

性能名称及符号	单位	含义说明
规定残余延伸强度 R_r(例如 $R_{r0.2}$)	MPa	卸除应力后残余延伸率等于规定的引伸计标距百分率时对应的应力,称为规定残余延伸强度 R_r。使用的符号应附以下脚注说明所规定的百分率,例如 $R_{r0.2}$:表示规定残余延伸率为0.2%时的应力
抗拉强度 R_m	MPa	与试样在屈服阶段之后所能抵抗的最大力 F_m 相应的应力,称为抗拉强度 R_m(GB/T 228—1987 旧标准规定抗拉强度符号为 σ_b)
抗弯强度 σ	MPa	金属材料弯曲断裂前的最大应力称为抗弯强度。对于脆性材料,$\sigma_{bb}=M_b/W$。式中,M_b 为断裂弯曲力矩,(N·mm);W 为试样截面系数,mm^2
抗剪强度 τ_b	MPa	材料能经受的最大剪切应力称为抗剪强度。在剪切试验中,抗剪强度是用剪切试验中的最大试验力除以试样的剪切面积所得的应力来表示
抗扭强度 τ_m	MPa	相应最大扭矩的切应力称为抗扭强度
抗压强度 R_{mc}	MPa	材料试样压至破坏过程中的最大应力称为抗压强度
持久强度 $\sigma_{b/时间}$	MPa	在规定温度下,材料试样达到规定时间而不断裂的最大应力称为持久强度
蠕变强度 $\sigma_{\frac{温度}{应变量/时间}}$	MPa	金属材料在高于一定温度下受到应力作用,即使应力小于屈服强度,试件也会随着时间的增长而缓慢地产生塑性变形,此种现象称为蠕变。在给定温度下和规定的使用时间内,使试样产生一定蠕变变形量的应力称为蠕变强度,例如 $\sigma_{\frac{500}{1/100000}}=100MPa$,表示材料在500℃温度下,$10^5$h后应变量为1%的蠕变强度为100MPa。蠕变强度是材料在高温长期负荷下对塑性变形抗力的性能指标
布氏硬度(HBW)		对一定直径的硬质合金球施加试验力 F 压入试件表面,经规定保持时间后,卸除试验力,测量试件表面压痕的直径。布氏硬度与试验力除以压痕表面积的商成正比。即布氏硬度=常数×试验力 F/压痕表面积=$0.102\times2F/[\pi D(D-\sqrt{D^2-d^2})]$。式中,$D$ 为球直径;d 为压痕平均直径 表示方法举例:①350HBW5/750 表示用直径5mm的硬质合金球,在7.355kN的压力下,保持10~15s测定的布氏硬度值为350。②600HBW1/30/20 表示用直径1mm的硬质合金球,在294.2N的压力下,保持20s测定的布氏硬度值为600(详见GB/T 231.1—2009)
洛氏硬度(HRA、HRB、HRC、HRD、HRE、HRF、HRG、HRH、HRK、HRN、HRT)	无量纲	采用金刚石圆锥体或一定直径的淬火钢球作压头,压入金属材料表面,取其压痕深度计算确定硬度的大小,这种方法测量的硬度为洛氏硬度。GB/T 230.1—2018《金属材料洛氏硬度实验 第1部分:试验方法》中规定了A、B、C、D、E、F、G、H、K、N、T等标尺,以及相应的硬度符号、压头类型、总试验力等。由于压痕较浅,工件表面损伤小,适于批量、成品件及半成品件的硬度检验,对于晶粒粗大且组织不均的零件不宜采用。采用不同压头和试验力,洛氏硬度可以用于较硬或较软的材料,使用范围较广 硬度标尺A,硬度符号为HRA,顶角为120°的圆锥金刚石压头,总试验力为588.4N,HRA主要用于测定硬质材料,如硬质合金、薄而硬的钢材及表面硬化层较薄的材料等 HRB的压头为1.5875mm直径的钢球,总试验力为980.7N,适用于测定低碳钢,软金属、铜合金、铝合金及可锻铸铁等中,低硬度材料的硬度 HRC的压头为顶角120°的金刚石圆锥体、总试验力为1471N,适用于测定一般钢材、硬度较高的铸件、珠光体可锻铸铁及淬火回火的合金钢等材料硬度 HRN和HRT为表面洛氏硬度,HRN压头为金刚石圆锥体,HRT压头为直径1.5875mm的淬硬钢球,两者试验载荷均为147.1N、294.2N和441.3N,将载荷加注于符号之后,如HRN15、HRT30。表面洛氏硬度只适用于钢材表面渗碳、渗氮等处理的表层硬度.较薄、较小的试件硬度测定(有关内容详见GB/T 230.1—2018)
维氏硬度(HV)	一般不标注单位	维氏硬度试验是用一个相对面夹角为136°的正四棱锥体金刚石压头,以规定的试验力(49.03~980.7N)压入试样表面,经规定时间后卸除试验力,以其压痕表面积除试验力所得的商,即为维氏硬度值 维氏硬度试验法适用于测量面积较小、硬度值较高的试样和零件的硬度,各种表面处理后的渗层或镀层以及薄材的硬度,如0.3~0.5mm厚度金属材料、镀铬、渗碳、氮化、碳氮共渗层等的硬度测量(详见GB/T 4340.1—2009)

续表

性能名称及符号	单位	含义说明
断面收缩率 Z		断裂后试样横截面积的最大缩减量与原始横截面积之比的百分率，称为断面收缩率 Z。旧标准 GB/T 228—1987 规定为断面收缩率 ψ
断后伸长率 A、$A_{11.3}$、$A_{x\mathrm{mm}}$		断后标距的残余伸长与原始标距之比的百分率，称为断后伸长率 A。对于比例试样，若原始标距不为 $5.65\sqrt{S_0}$（S_0 为平行长度的原始横截面积），符号 A 应附以下脚注，说明所使用的比例系数。例如，$A_{11.3}$ 表示原始标距为 $11.3\sqrt{S_0}$ 的断后伸长率。对于非比例试样，符号 A 应附以下脚注，说明所使用的原始标距，以毫米(mm)表示。例如，$A_{80\mathrm{mm}}$ 表示原始标距为 80mm 的断后伸长率。（旧标准 GB/T 228—1987 规定为伸长率 δ_5、δ_{10}、$\delta_{x\mathrm{mm}}$）
断裂总伸长率 A_t		断裂时刻原始标距总伸长（弹性伸长加塑性伸长）与原始标距之比的百分率，称为断裂总伸长率
最大力总伸长率 A_{gt}、最大力非比例伸长率 A_g		最大力时原始标距的伸长率与原始标距之比的百分率，称为最大力伸长率，应区分最大力总伸长率 A_{gt} 和最大力非比例伸长率 A_g
屈服点延伸率 A_e		呈现明显屈服（不连续屈服）现象的金属材料，屈服开始至均匀加工硬化开始之间引伸计标距的延伸与引伸计标距之比的百分率，称为屈服点延伸率
冲击韧度 a_K	J/cm^2	在摆锤式一次试验机上，将一定尺寸和形状的标准试样冲断所消耗的功 A_K 与断口横截面积之比值称为冲击韧度 a_K。按国标规定，a_{K1} 为夏比 U 形缺口试样冲击韧度值，A_{KU} 为夏比 U 形缺口试样冲击时所消耗的冲击吸收功，J；a_{KV} 为夏比 V 形缺口试样冲断时所消耗的冲击韧度值，A_{KV} 为夏比 V 形缺口试样冲断时所消耗的冲击吸收功，J
冲击吸收功 A_K	J	
疲劳极限 σ_{-1}，σ_{-1n}	MPa	金属材料在交变负荷作用下，经无限次应力循环而不产生断裂的最大循环应力称为疲劳极限。国标规定，对于钢铁材料，应力循环次数采用 10^7 次，对于有色金属材料采用 10^8 或更多的周次。σ_{-1} 表示光滑试样的对称弯曲疲劳极限；σ_{-1n} 表示缺口试样的对称弯曲疲劳极限

注：GB/T 228—2010《金属材料拉伸实验》代替 GB/T 228—2002《金属材料室温拉伸试验方法》、GB/T 228—1987《金属拉伸试验方法》、GB/T 3076—1982《金属薄板（带）拉伸试验方法》、GB/T 6397—1986《金属拉伸试验试样》，相关术语和性能定义符号全部采用 ISO 6892：2009 的规定，本表所列有关金属室温拉伸的性能名称、符号及含义说明均符合 GB/T 228—2010 的规定。对于尚未修订的某些标准，目前仍按 GB/T 228—1987 的规定。本篇按国内目前的通常办法，在某些资料中仍保留旧标准的名词和符号。拉伸试验方法新、旧标准性能名称、符号对照，见附表，供查对之用。

附表

新标准(GB/T 228.1—2010)		旧标准(GB/T 228—1987)		新标准(GB/T 228.1—2010)		旧标准(GB/T 228—1987)	
性能名称	符号	性能名称	符号	性能名称	符号	性能名称	符号
断面收缩率	Z	断面收缩率	ψ	上屈服强度	R_{eH}	上屈服点	σ_{sU}
断后伸长率	A $A_{11.3}$ $A_{x\mathrm{mm}}$	断后伸长率	δ_5 δ_{10} $\delta_{x\mathrm{mm}}$	下屈服强度	R_{eL}	下屈服点	σ_{sL}
				规定非比例延伸强度	R_p 如 $R_{p0.2}$	规定非比例伸长应力	σ_p 如 $\sigma_{p0.2}$
最大力总伸长率	A_{gt}	最大力下的总伸长率	δ_{gt}	规定总延伸强度	R_t 如 $R_{t0.5}$	规定总伸长应力	σ_t 如 $\sigma_{t0.5}$
最大力非比例伸长率	A_g	最大力下的非比例伸长率	δ_g	规定残余延伸强度	R_r 如 $R_{r0.2}$	规定残余伸长应力	σ_r 如 $\sigma_{r0.2}$
屈服点延伸率	A_e	屈服点伸长率	δ_e				
屈服强度	—	屈服点	δ_s	抗拉强度	R_m	抗拉强度	σ_b

表 1.16　金属材料的化学性能

名称	量的符号	单位符号	含义
耐蚀性			金属材料抵抗周围介质（大气、水、水蒸气及其他有害气体，酸、碱、盐溶液等）腐蚀作用的能力
腐蚀速度		mg/(m^2·d)	单位面积的金属材料在单位时间内经腐蚀之后的失重

续表

名称	量的符号	单位符号	含义
腐蚀率	R	mm/a	金属材料在单位时间内腐蚀掉的深度
抗氧化性		mg/(m^2·d)	金属材料在室温或高温下抵抗氧化的能力，称抗氧化性，其性能可用氧化速度表示
化学稳定性			金属材料耐蚀性和抗氧化性的总称。金属材料在高温下的化学稳定性也称热稳定性

表 1.17　金属材料的工艺性能

名称	说明
铸造性能	它是指金属材料能用铸造方法获得合格铸件的性能，包括流动性、收缩性、偏析倾向等。流动性是指液态金属充满铸模的能力，流动性越好，越易铸造细薄精致的铸件；收缩性是指铸件凝固时，体积收缩的程度，收缩不利于金属铸造，它将使铸件产生缩孔、缩松、变形等缺陷；偏析是指铸件凝固后，出现化学成分和组织上不均匀的现象，偏析越严重，铸件各部位的性能越不均匀。 从二元相图上液-固相线间距越小、越接近共晶成分的合金均具有较好铸造性能，故铸造铝和铜合金的铸造性能优于铸铁和铸钢，而铸铁又优于铸钢；在钢的范围内，中、低碳钢的铸造性能又优于高碳钢，故高碳钢较少用做铸件。因此，对于承载不大、受力简单而结构复杂，尤其是有复杂内腔结构的零部件，如机床床身，发动机气缸等，常选用铸件
压力加工（锻压）性能	它是指金属材料在压力加工时，能改变形状而不产生裂纹的能力。它包括在冷、热压力加工时的塑性和变形抗力及可热塑性加工的温度范围、抗氧化性和加热、冷却要求等。变形铝合金和铜合金、低碳钢和低碳合金钢的塑性好，有较好的冷压加工性，铸铁和铸铝合金完全不能进行冷、热压力加工，高碳合金钢如高速钢，Cr12MoV 钢等不能进行冷压力加工，其热压力加工性能也较差，高温合金的热压力加工性能则更差
焊接性能	它是指金属在特定结构和工艺条件下通过常用焊接方法获得预期质量要求的焊接接头的能力。一般来说，导热性过高或过低、热膨胀性大、塑性低或焊接时容易氧化、吸气的金属，其焊接性较差。钢中碳含量和合金元素含量越高，可焊性越差，所以低碳钢、低碳低合金钢的可焊性好，碳含量＞0.45%的碳钢或＞0.38%的合金钢可焊性较差。灰铸铁的可焊性比碳钢差很多，一般只对铸件进行补焊，球墨铸铁的可焊性更差。铜、铝合金的可焊性一般都比碳钢差，由于其导热性大，故需功率大而集中的热源或采取预热，如铝合金可焊性不好，一般采用氩弧焊
切削加工性能	它是指金属材料经切削加工而成为合乎要求工件的难易程度。一般用切削抗力、加工零件表面粗糙度、排屑的难易程度和刀具磨损量等来衡量。它不仅与材料本身的化学成分、组织和力学性能有关，而且与刃具的几何形状、耐用度、切削速度、切削力等因素有关。通常是用硬度和韧性作为切削加工性好坏的大致判断。 以钢为例，当化学成分一定时，可通过热处理改变钢的组织和性能来改善钢的切削加工性能。钢的硬度在 170～230(250)HBW 时，适宜进行切削加工，硬度在 250HBW 时可改善切削表面粗糙度，但刀具磨损较严重；粗加工选其下限，精加工选其上限为宜。若钢的硬度＜170HBW 时，在机加工前应正火，使硬度提高至规定范围，若钢硬度＞230～250HBW 时，在切削加工前应进行退火或调质处理，使其硬度降至规定范围。铝合金切削加工性能最好，钢中以易削钢的切削加工性最好，而奥氏体不锈钢及高碳高合金钢如高速钢的切削加工性最差
热处理工艺性能	它是指金属材料接受热处理的难易程度和产生热处理缺陷的倾向，用淬透性、淬硬性、回火脆性，氧化脱碳、变形开裂倾向等指标评价，见表 1.18。大多数钢和铝合金都可进行热处理强化，铜合金只有少数能进行热处理强化。对于需热处理强化的金属材料（尤其是钢），热处理工艺性能特别重要。合金钢的热处理工艺性能比碳钢好，故结构形状复杂或尺寸较大且强度要求高的重要机械零件都用合金钢制造

表 1.18　衡量金属材料热处理工艺性能主要指标的名称、含义及评定方法

名称	含义	评定方法	说明
淬硬性	淬硬性是指钢在正常淬火条件下，以超过临界冷却速度所形成的马氏体组织能够达到的最高硬度	通过淬火加热时固溶于钢的高温奥氏体中的含碳量及淬火后所得到的马氏体组织的数量来确定，一般用 HRC 硬度值来表示	淬硬性主要与钢中的含碳量有关，固溶在奥氏体中的碳越多，淬火后的硬度值也越高。但在实际操作中，工件尺寸、淬火冷却介质的冷却速度以及加热时所形成的奥氏体晶粒度会影响淬硬性

续表

名称	含义	评定方法	说明
淬透性	淬透性是指钢在淬火时能够得到的淬硬层深度。它是衡量各个不同钢种接受淬火能力的重要指标之一 淬硬层深度也叫淬透层深度，是指由钢的表面到钢的半马氏体区(组织中马氏体占50%，其余50%为珠光体类型组织)组织处的深度(也有个别钢种如工具钢、轴承钢是从表面到90%或95%的马氏体区组织处)。钢的淬硬层深度越大，就表明这种钢的淬透性越好	(1)测定钢淬透性的方法　在我国通常采用以下三种方法 ①结构钢末端淬透性试验法 ②碳素工具钢淬透性试验法 ③计算法 (2)淬透性的表示方法 ①用淬透性值 $J=\frac{\mathrm{HRC}}{d}$ 来表示。HRC指钢中半马氏体区域的硬度值，d 指淬透性曲线中半马氏体硬度值区距水冷端处的距离，单位为mm ②用淬硬层深度 h 来表示。h 指钢件表面至半马氏体区组织的距离，单位为mm ③用临界(淬透)直径 D_1 或 D_C 来表示 D_1 指淬冷裂度 $H=\infty$ 时，中心获得半马氏体组织的直径(单位为mm)，通常称为理想临界直径。 D_C 指淬冷裂度 $H<\infty$ 时，即在水、油或其他冷却介质中冷却时，中心获得半马氏体组织的直径(单位为mm)，通常称为实际临界直径	淬透性主要与钢的临界冷却速度有关。临界冷却速度越低，淬透性一般越高。值得注意的是：淬透性好的钢，淬硬性不一定高，而淬透性低的钢可能具有高的淬硬性 钢的淬透性指标在实际生产中具有十分重要的意义：一方面可以供机械设计人员考核钢件经热处理后的综合力学性能能否满足使用性能的要求；另一方面为热处理工艺人员在淬火过程中判断能否形成裂纹及减少变形等提供理论根据
淬火变形或开裂趋势	当钢件的内应力(包括机械加工应力和热处理应力)达到或超过钢的屈服强度时，钢件将发生变形(包括尺寸和形状的改变)；而当钢件的内应力达到或超过钢的破断抗力时，钢件将产生裂纹或导致钢件破断	热处理变形程度常常通过特制的环形试样或圆柱形试样来测量或比较 钢件的裂纹分布及深度一般通过特制的仪器(如磁粉探伤仪或超声波探伤仪)来测量或判断	淬火变形是热处理的必然趋势，而开裂则往往是可能趋势。如果钢材原始成分及组织质量良好、工件形状设计合理、热处理工艺得当，则可减少变形及避免开裂
氧化及脱碳趋势	当钢件在炉中加热时，炉内的氧、二氧化碳或水蒸气与钢件表面发生化学反应而生成氧化铁皮的现象叫氧化。同样，在这些炉气的作用下，钢件表面的含碳量比内层降低的现象叫脱碳。在热处理过程中，氧化与脱碳往往都是同时发生的	对钢件表面氧化层的评定，目前尚无具体规定；脱碳层的深度一般都采用金相法测量，并按GB/T 224—2008的规定执行	钢件氧化不仅会使钢材表面粗糙不平，增加热处理后的清理工作量，而且会影响淬火时冷却速度的均匀性；钢件脱碳不仅降低淬火硬度，而且容易产生淬火裂纹。所以，进行热处理时应对钢件采取保护措施，以防止氧化及脱碳
过热及过烧敏感趋势	在高温加热时，钢中奥氏体晶粒粗大的现象叫过热。同样，在更高的温度下加热，不仅奥氏体晶粒粗大，而且晶粒间界因氧化而出现氧化物或局部熔化的现象叫过烧	钢件的过烧无需评定，过热趋势则用奥氏体晶粒度的大小来评定，奥氏体晶粒度在1号以上的钢属于过热钢	过热与过烧都是钢在超过正常加热温度的情况下形成的缺陷。钢件热处理时的过热不仅增加淬火裂纹的可能性，而且会显著降低钢的力学性能。所以对过热的钢，必须通过适当的热处理加以挽救，而过烧的钢件无法再挽救，只能报废
耐回火性	在淬火钢进行回火时，合金钢与碳素钢相比，随着回火温度的升高，硬度值下降缓慢，这种现象称为耐回火性	耐回火性可用不同回火温度的硬度值(即回火曲线)来加以比较和评定	合金钢与碳素钢相比，当含碳量相近时，淬火后如果要得到相同的硬度值，则其回火温度要比碳素钢高，也就是它的耐回火性比碳素钢好。所以合金钢的各种力学性能全面地优于碳素钢

续表

名称	含义	评定方法	说明
回火脆性	淬火钢在某一温度区域回火时的冲击韧度会比其在较低温度回火时的冲击韧度低的现象叫回火脆性 在250～400℃回火时出现的回火脆性叫第一类回火脆性。它出现在所有钢种中，而且在重复回火时不再出现，又称为不可逆回火脆性 在450～570℃回火时出现的回火脆性叫第二类回火脆性。它出现在某些合金钢中，而且在回火后缓冷时出现，如果快冷则不会出现，故又称为可逆回火脆性	回火脆性一般采用淬火钢回火后快冷与缓冷以后常温冲击试验的冲击值之比来表示，即 $\Delta=\frac{a_K(\text{回火快冷})}{a_K(\text{回火缓冷})}$ 当$\Delta>1$时，该钢具有回火脆性。其值越大，则该钢的回火脆性倾向越大	由于无法抑制钢的第一类回火脆性，所以在热处理过程中，应尽量避免在这一温度范围内回火 第二类回火脆性可通过合金化或采用适当的热处理规范来加以防止
时效趋势	纯铁或低碳钢件经淬火后，在室温或低温下放置一段时间，其硬度及强度增高而塑性、韧性降低的现象称为时效	时效趋势一般用力学性能或硬度在室温或低温下随着时间的延长而变化的曲线来表示	钢件的时效趋势往往带来很大的危害，如精密零件不能保持精度、软磁材料失去磁性、某些薄板在长期库存中发生裂纹等。所以，对其必须足够重视，并采取有效的预防措施

1.3 金属材料的强韧化

1.3.1 严把金属的冶炼与质量控制第一关

金属材料的化学成分（包括有害杂质和夹杂物等）主要是由冶炼来保证的。现代新的冶炼和浇注（如真空冶炼和浇注、电渣重熔等）技术，主要目的在于确保材料的规定成分和纯洁度。采用电渣熔炼、真空除气、真空自耗重熔和各种炉外精炼技术等，可提高钢的洁净度、显著提高钢的韧性而不损失强度。随着科学技术的进步，对金属材料性能和质量提出越来越高的要求，进一步减少钢中非金属夹杂物（主要是氧化物、硫化物）含量、提高钢的纯净度是21世纪发展的方向。

洁净钢是指对钢中非金属夹杂物进行严格控制的钢种，主要包括：使钢中总氧含量低，非金属夹杂物数量少、尺寸小、分布均匀、脆性夹杂物少以及夹杂物形状合适。

而**纯净钢**是指除对钢中非金属夹杂物进行严格控制之外，钢中其他杂质元素含量也少的钢种：一是钢中杂质元素要超低量，即钢中S、P、O、N、H甚至包括C应超低量；二是要严格控制钢中非金属夹杂物的数量和形态。

目前国内外已建立大规模生产纯净钢IF深冲汽车钢板生产体系，运作正常，钢中C、S、P、N、H、O质量分数之和不大于100×10^{-6}。而将超纯净钢界定为S、P、O、N、H质量分数之和不大于40×10^{-6}。

钢材中随C、N、P质量分数增加，冲击吸收功下降，韧脆转变温度T_K升高且范围变宽。钢材中偏析、白点、夹杂物、微裂纹等缺陷增多，韧性降低。钢中加入Ni和少量Mn可提高韧性，并降低T_K。故降低有害杂质（P、S、N、H、O、As、Sb等）含量，降低C

含量，用 Ni、Cr、Mo、Mn 等进行合金化可提高钢材韧性。

在微合金化高强度低合金钢中，采用的是现代冶金生产流程生产的高技术钢铁产品，通过高纯度的冶炼工艺（脱气、脱硫及夹杂物控制等）炼钢，如广泛采用的氧气炼钢使钢中氮量降低，再加上用铝脱氧并固定氮，形成 AlN，对细化钢的晶粒，减少应变时效，起了良好作用。用铝脱氧，还保证了微合金化元素钛、铌、钒的收得率。

钢中夹杂物最理想的形态是球状，最坏的是共晶体的棒状物。往钢中加入钙，可改变硫化物与氧化物的形态，并可降低钢中夹杂物含量。加入 RE 元素可强烈降低氧和硫在钢液中的溶解度，硫化物、氧化物夹杂在凝固前可上浮，因而使钢去硫，并强化了硫化物。

炉外冶炼新技术的发展，如钢液真空处理，钢包精练等，使得能很好地脱气和脱硫，可生产出高质量的纯净钢。

1.3.2 牢牢掌握 TMCP 和多元微合金化两大核心技术

（1）新一代控制轧制、控制冷却（TMCP）技术

随着冶炼和轧制工艺的不断发展，特别是 20 世纪 80 年代开发的热机械控制工艺(thermo mechanical control processing，TMCP)，为高性能钢的开发提供了必要的技术手段。该工艺通过在热轧过程中控制加热温度、轧制温度和压下量，再实施空冷或控制冷却及加速冷却技术，可以实现在不添加过多合金元素，也不需复杂的后续热处理的条件下生产出高强度高韧性的钢材。该工艺的流程见图 1.28，由两种工艺生产出来的钢材晶体组织对比(图 1.29) 结果可知：新工艺制造出来的钢材具有明显更小的组织结构。

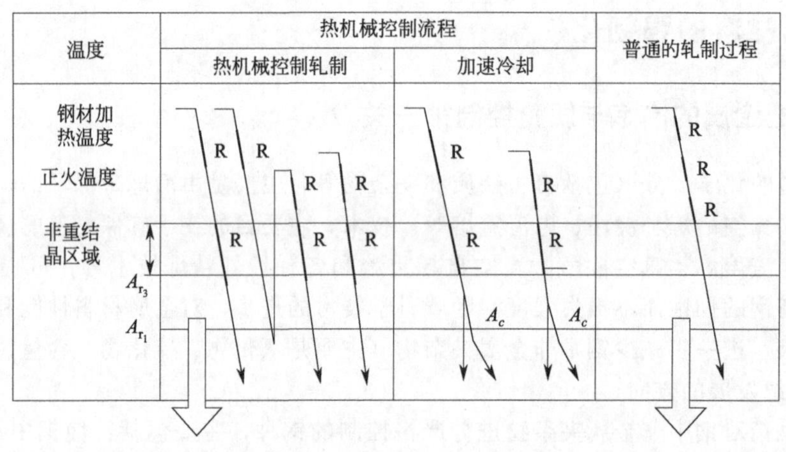

图 1.28 热机械控制工艺流程

R—轧制；A_c—加速冷却；A_{r_1}—冷却时奥氏体向珠光体转变的开始温度；A_{r_3}—冷却时奥氏体向铁素体转变的开始温度

① 何谓 TMCP（控制轧制、控制冷却）？ TMCP，热机械控制工艺即控制轧制和控制冷却技术，其目标是实现晶粒细化和细晶强化。

所谓控制轧制，是对奥氏体硬化状态的控制，即通过变形在奥氏体中积累大量的能量，在轧制过程中获得处于硬化状态的奥氏体，为后续的相变过程中实现晶粒细化做准备。硬化的奥氏体内存在大量“缺陷”，例如变形带、位错、孪晶等，它们是相变时铁素体形核的核心。这种“缺陷”越多，则铁素体的形核率越高，得到的铁素体晶粒越细。

控制轧制的基本手段是“低温大压下”和添加微合金元素。所谓“低温”是在接近相变点的温度进行变形，由于变形温度低，可抑制奥氏体的再结晶，保持其硬化状态；所谓“大

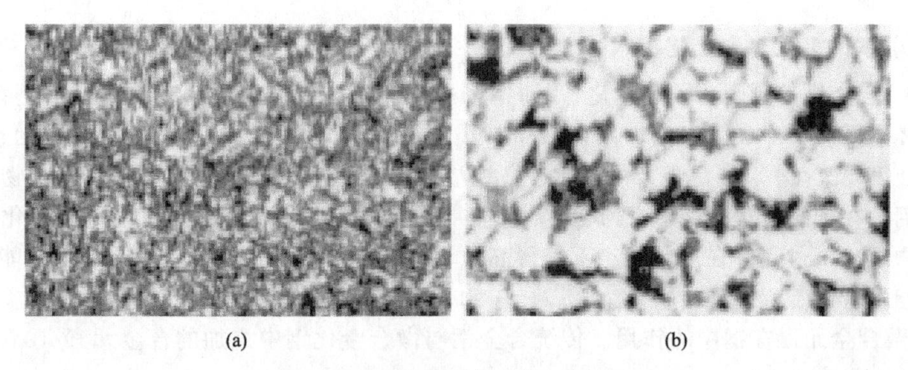

图 1.29　两种钢材的显微组织对比

(a) 热机械控制流程生产的钢材；(b) 普通轧制钢

压下”是指施加超出常规的大压下量，这样可增加奥氏体内部储存的变形能，提高硬化奥氏体程度；增加微合金元素，例如 Nb，是为提高奥氏体的再结晶温度，使奥氏体在较高温度下仍处于未再结晶区，因而可增大奥氏体在未再结晶区的变形量，实现奥氏体的硬化。

控制冷却的核心思想，是对处于硬化状态奥氏体相变过程进行控制，以进一步细化铁素体晶粒，甚至通过相变强化得到贝氏体等强化相，进一步改善材料的性能（见图 1.30）。然而，目前控制冷却上存在的主要问题是高冷却速率下材料冷却不均而发生较大残余应力、甚至翘曲的问题；另外，微合金元素的加入、甚至合金元素的加入，会大幅度提高材料的碳当量，这又会恶化材料的焊接性能等。从节能环保、低成本、可循环等方面考虑，科技工作者研发了以超快冷技术为核心的新一代 TMCP 技术。

② 新一代 TMCP 与传统 TMCP 究竟有何不同？　见图 1.31，与传统的低温大压下 TMCP 相比，新一代 TMCP 在高温区进行大压下后，进行快冷，而后控制冷却路径，实现减量化轧制以及性能的多样化控制。新一代 TMCP 技术的两大特点见表 1.19。

表 1.19　新一代 TMCP 技术的两大特点

名称	进一步说明
中心思想	①在奥氏体区间适于变形的温度区间完成连续大变形和应变积累，得到硬化的奥氏体； ②轧后立即进行超快冷（对 3mm 厚钢板的冷却速度可达 400K/s 以上），使轧件迅速通过奥氏体相区，保持轧件奥氏体硬化状态； ③在奥氏体向铁素体相变的动态相变点终止冷却； ④后续依照材料组织和性能的需要进行冷却路径的控制（见图 1.31）
技术要点	在现代连轧过程提供加工硬化奥氏体的基础上，以超快速冷却为核心，对轧后硬化奥氏体进行超快速冷却，并在动态相变点终止冷却，随后进行冷却路径控制。利用这项技术可获得具有优良性能、节省资源和能源、利于循环利用的钢铁材料

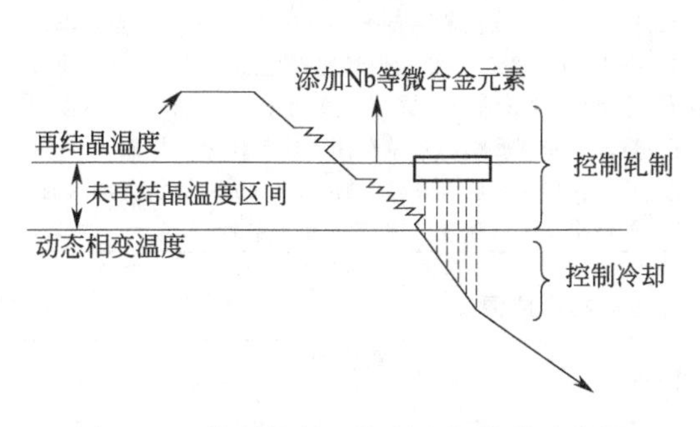

图 1.30　控制轧制和控制冷却技术示意图

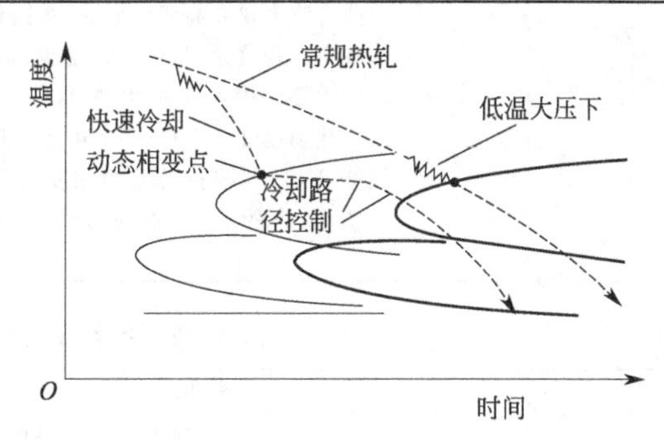

图 1.31　新一代 TMCP 与传统 TMCP 生产工艺的比较

(2) 钢的多元微合金化技术

① 微合金化 所谓“微合金化”，即指采用现代冶金生产流程生产的高技术钢铁产品。它是在普通低碳 C-Mn 钢中添加微量（通常小于 0.1%）的强碳（氮）化物形成元素（如：Nb、V、Ti 及 N 等）进行合金化，通过高纯洁度的冶炼工艺（脱气、脱硫及夹杂物形态控制）炼钢，在加工过程中施以 TMCP 新工艺，通过控制细化钢的晶粒和碳（氮）化物沉淀强化的物理冶金过程，在热轧状态下获得高强、高韧、高可焊接性、良好的成形性能等最佳力学性能配合的工程结构材料。

② 微合金元素在钢中的作用 传统合金钢与微合金化钢中添加的合金元素（Me）添加量的对比，见表 1.20。

表 1.20 微合金化钢与传统合金钢中 Me 添加量比较

微合金化钢	传统合金钢
微合金元素是指添加量很少，一般均小于 0.1%（最多不超过 0.25%），即能对钢的某一性能或多种性能产生明显有利的变化	合金元素的添加量一般以%为单位，大都在 1%以上，在某些高合金钢中甚至高达 30%以上

以下仅结合表 1.21，对微合金元素在微合金高强度钢和微合金非调质钢中的作用，作一简要说明。V、Ti、Nb、Al 等是微合金钢常用的主要元素，其含量大致为 0.01%～0.20%（质量分数），系强碳（氮）化物形成元素，在高温下优先形成稳定的碳（氮）化物。每种元素的作用都与析出温度有关，而析出温度又受到各种化合物平衡条件下的形成温度、相变温度以及轧制温度的制约。各种碳（氮）化物及其形成温度，见表 1.22。

表 1.21 微合金元素在钢中的作用

微合金元素	在钢中作用	微合金高强度钢	微合金非调质钢
Mn、Mo、Cr、Ni 等	影响钢相变	起降低钢的相变温度、细化晶粒等作用，并且对相变过程或相变后析出的碳（氮）化物也起到细化作用。例如，Mo 和 Nb 的共同加入，引起相变中出现针状 F 组织；加入 Ni 改变了基体组织的亚结构，从而提高了钢的韧性	降低 C 含量，增加 Mn 或 Cr 含量，也有利于钢韧性的提高。当 Mn 含量从 0.85%增至 1.15%～1.3%（质量分数）时，在同一强度水平下非调质钢的吸收能量（A_K）提高 30J，即可达到经调质处理的非合金钢的 A_K 水平（见图 1.32）
V、Ti、Nb、Zr 等	形成碳（氮）化物	VN 在缓慢冷却条件下自 A 中析出，VC 是在相变过程中或相变后形成，两者形成温度是不同的。这样，V 能起到阻止晶粒长大、细化组织的作用，而且也对沉淀硬化做出有效贡献。而 Ti 的化合物主要在高温下形成，在钢相变过程中或相变后析出量非常少，因此 Ti 的主要作用在于细化 A 晶粒。Nb 的碳化物也在 A 中形成，阻止了高温形变 A 再结晶，在随后的相变过程中将析出 Nb 的碳（氮）化物，产生沉淀硬化	非调质钢具良好强韧性配合，此效果主要是通过强碳（氮）化物沉淀析出，并通过细化晶粒、细化珠光体组织及其数量的控制等方法得到的。强碳化物形成元素的作用程度及其含量变化对非调质钢屈服强度有显著影响，见图 1.33。常规锻造加热温度下，V 基本上都溶解于 A 中，一般在 1100℃则完全溶解，然后在冷却过程中不断析出，大部分 V 的碳化物是以相间沉淀形式在 F 中析出。V 的强化效果要比 Ti、Nb 大。Ti 完全固溶温度在 1255～1280℃，它能很好地阻止形成 A 再结晶，可细化组织。Nb 的完全固溶温度为 1325～1360℃，所以需热锻的非调质钢不宜单独用 Nb 合金化。然而当 Ti 和 V 复合加入可显著改善钢的韧性；Nb 和 V 复合加入时，既可提高钢的强度，又能改善钢的韧性

表 1.22 各种碳（氮）化物及其形成温度

化合物	碳化物			氮化物			
	VC	NbC	TiC	VN	NbN	AlN	TiN
开始形成温度/℃	719	1137	1140	1088	1272	1104	1527

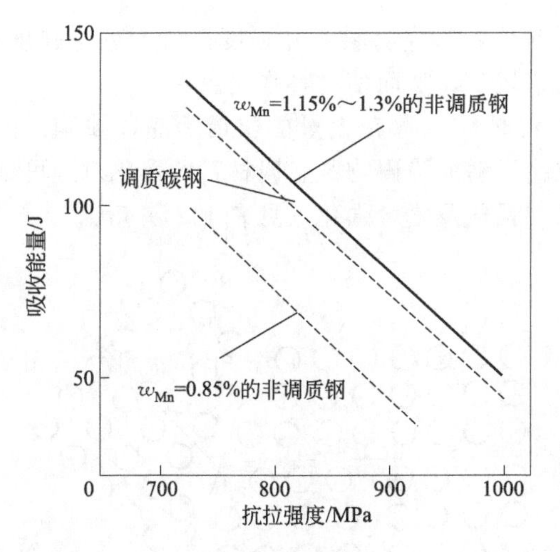

图1.32 Mn对非调质钢吸收功（A_K）的影响

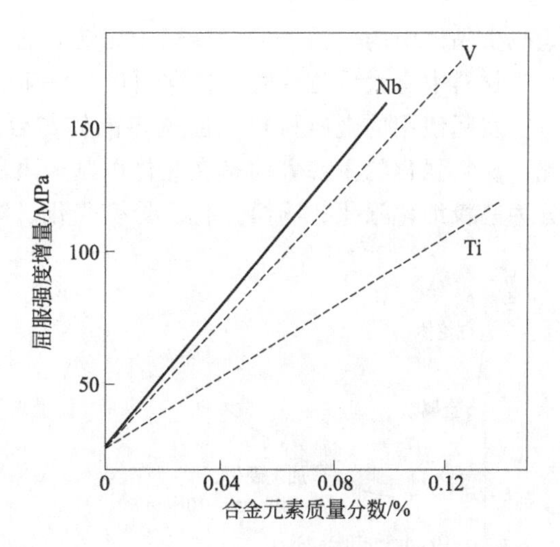

图1.33 V、Ti、Nb对非调质钢屈服强度的影响

（3）多元微合金化必须与新一代TMCP技术相结合，才能发挥强韧化作用

应强调指出，多元、复合、微合金化必须与新一代TMCP技术相结合，才能发挥其强韧化作用。即多元、复合微合金化的成分特点，必须在新型控制轧制、控制冷却状态下才能获得高强度、高韧性、高可焊性、良好的成形性能等最佳力学性能配合的微合金化高强度低合金钢。微合金化钢的两个显著特点，见表1.23。

表1.23 微合金化钢的两个显著特点

特点	详细说明
1	微合金元素的复合加入量，质量分数一般控制在0.01%～0.2%时，其强韧化效果最好
2	多元微合金化，必须和新一代TMCP技术相结合，才能充分发挥强韧化效果。因此，新一代TMCP技术也是现代钢铁材料强韧化的基础

1.3.3 金属材料的强化与韧化

强度（主要指标是屈服强度和抗拉强度）表征材料抵抗变形和断裂的能力，是对金属材料的最基本要求。塑性则表示材料塑性变形能力的好坏，工件抗过载能力和安全性的高低。而韧性（主要指标为冲击吸收能量和断裂韧度）则反映了材料对外来冲击能量的吸收能力，它要求材料应具一定的阻止其内部微裂纹扩展的能力，是衡量工件可靠性的标准。提高金属材料可靠性依赖于韧化，而韧性又是强度和塑性的综合表现。一般而言，金属材料的强度与塑性、韧性往往是矛盾的，提高强度将导致塑、韧性的降低，反之亦如此。因此，在金属材料的选择和使用中，不能单纯片面追求强度，而强韧化（即要在保证高强度的前提下尽可能提高或保证足够韧性，使之达到强度和韧性的良好配合）是对金属材料提出的一个综合性、全面而实用的性能要求，有利于节约材料、降低成本、增加其在使用过程中的可靠性和延长服役寿命，对构建和谐社会、实现可持续发展均具重要意义。

（1）金属材料强化机理

金属材料的强度与其内部组织、结构，以及不同的加工成形工艺（见图1.2）都有着密切关系。通过改变化学成分，进行塑性变形及热处理等，均可提高强度。使材料强度提高的过程称为**工程材料的强化**。金属材料的塑性变形是通过位错运动实现的。位错密度ρ与变形抗力R_m（σ_b）之间的关系见图1.34。可以看出，晶体材料的强化途径主要有二：①尽可能地减少晶体中的位错，使其接近于无缺陷的完整晶体，这样材料实际强度接近于理论强度；②当材料中有大量位错时，则尽可能设法阻止位错运动，从而使材料强化。

实际使用的金属材料一般是多晶体与合金，晶体中均存在大量的位错等晶体缺陷。因此，材料强化的主要方向是在晶体内制造阻碍位错运动的障碍物。金属材料的强化机理可细分为晶粒细化强化、固溶强化、形变强化、第二相强化及复合强化（见表 1.24）等。

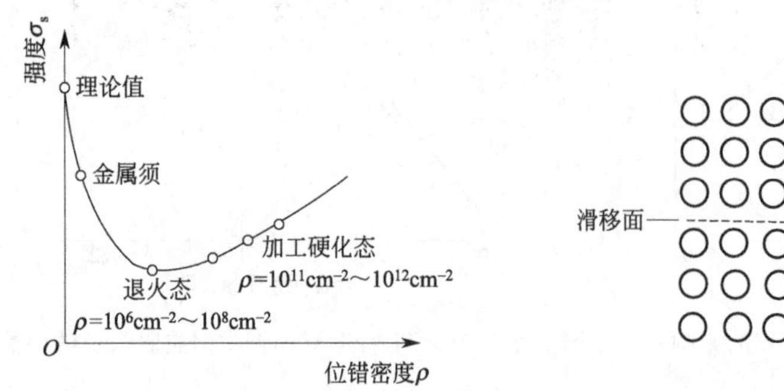

图 1.34　金属强度与位错密度的关系　　　　图 1.35　相邻晶粒的晶界对位错运动的阻碍示意图

表 1.24　各种强化方法的主要机理及应用举例

强化方法	主要机理	应用举例
晶粒细化强化	其强化作用有二：①它是位错运动的障碍；②它又是位错聚集的地点。故晶粒愈细小，则晶界面积（图 1.35）愈增加，阻碍位错运动的障碍愈多，ρ 也愈增大且愈聚集，从而导致强度升高。晶粒大小（或亚晶粒大小）与金属下屈服强度 R_{eL} 的关系如式 $R_{eL}=R_i+Kd^{-1/2}$。式中，R_i 为位错在单晶体中运动的摩擦力、是不受晶粒大小影响的常数；d 为晶粒直径；K 为常数（与材料有关但与晶粒大小无关的常数）。细晶强化，不但可提高材料的强度、硬度，还可改善其塑性和韧性。这是因在金属晶体中的夹杂物多在晶界处出现，特别是低熔点金属形成的夹杂物，更易从晶界中析出，从而显著降低材料的塑性。合金经细化晶粒后，单位体积内的晶界面积增加，在夹杂物量相同情况下，经细化晶粒的合金晶界上偏析的夹杂物相对减少，从而使晶界结合力提高，即晶粒愈细小，一定变形可分散到更多晶粒中进行，这样不仅变形均匀，且降低应力集中，推迟了裂纹形成和扩展，故材料的塑性提高。此外，由于晶界既是位错运动的阻力，又是裂纹扩展的障碍，因此晶粒愈小，晶界愈弯曲，愈不利于裂纹的传播，从而使材料在断裂前能承受较大变形，表现出高的塑、韧性。因此，细晶强化是提高金属材料力学性能的最佳途径。它在提高材料强度、硬度的同时，也使材料的塑、韧性得到改善，尤其使材料的韧脆转变温度 T_K 降低，这是其他强化方法无法比拟的。 但细化晶粒不适用于某些高温高强度材料。高温蠕变主要是沿晶界滑动，过细的晶粒会使单位体积的晶界面积增多，对高温性能如蠕变极限、持久强度等不利	循环热处理，磁场热处理，控制轧制等工艺得到的超细晶粒钢等
固溶强化	它是指由于晶格内溶入异类原子而使材料强化的现象。溶质原子作为位错运动的障碍，增加了塑性变形抗力。产生固溶强化的主要原因，一是溶质原子的溶入，使固溶体晶格畸变，对在滑移面上运动着的位错有阻碍作用；二是在位错线附近偏聚的溶质原子，降低了位错的易动性，若使位错线运动，就需更大外力，从而增加其塑性变形抗力（见图 1.36）。几乎所有金属材料都不同程度地利用了固溶强化。但单纯固溶强化所达到的效果十分有限，只要适当控制固溶体中溶质含量，材料仍可保持相当好的塑、韧性	如一般工程构件用钢，铝锌合金，单相黄铜合金等
形变强化	金属形变强化的原因，可归结为：伴随着塑性变形量的不断增大，位错密度 ρ 不断增加，产生位错塞积，位错之间的交互作用不断增强；同时亦使晶粒变形、破碎而形成许多胞状亚结构，它们极大地阻碍了位错运动，因而产生应变硬化，强度提高（见图 1.37，图 1.38）。如滚压、喷丸等表面形变强化工艺，不仅能强化金属表层，而且能使表层产生很高的残留压应力，可有效地提高零件的疲劳强度。但形变强化后，金属的塑性和韧性下降	弹簧钢丝冷拔后强度＞2800MPa；喷丸表面强化等
第二相强化	它是指利用合金中存在的第二相进行强化的现象。 ①分散强化。金属材料通过基体中分布有细小、弥散的第二相质点而产生强化的方法。第二相质点如碳化物、氮化物，可借助于过饱和固溶体的时效沉淀析出而获得（称为沉淀强化或时效强化），或在粉末冶金时加入（称为弥散强化）。其机理：位错切过和绕过第二相质点机制，均增加位错运动的阻力，使	

续表

强化方法	主要机理	应用举例
第二相强化	材料强化。a. 切过机制：若第二相为可变形质点，由于质点本身强度较低且与母相保持紧密关系，当位错运动到第二相质点处将受阻，只有继续增加外力，才能使位错切过质点并随基体一起变形。b. 绕过机制：当第二相质点与母相的晶格无联系，而且质点本身强度很高，为不可变形质点时，位错线在运动过程中因受质点阻挡而发生弯曲，随外力的继续加大，位错线变形部分在质点后方会合，形成一位错环包围着质点；位错线的其余部分绕过质点继续前进(见图1.39)。 ②双相合金中的第二相强化。当两相的体积和尺寸相差不大，结构、成分和性能相差较大(如碳钢中的铁素体和渗碳体)时，欲使第二相起强化作用，应使第二相呈层片状，最好呈粒状分布。这种双相合金中，屈服强度与层片间距成正比。而粒状第二相比层片状第二相的强化作用大，特别是对塑、韧性的不利影响来得小，这是因为粒状第二相对基体相的连续性破坏小，应力集中不明显。其强化机理可部分地理解为与细晶强化相似	沉淀强化型合金如镍基高温合金、铝铜合金，粉末冶金铝等
复合强化	实际使用的金属材料，多数情况下是综合了几种强化机制的共同作用。例如马氏体强化，就是复合强化的结果。其理由：①固溶强化。碳原子过饱和固溶于 α-Fe 中引起的剧烈晶格畸变，从而形成的固溶强化。②沉淀硬化。马氏体中过饱和碳原子沿晶体缺陷和内表面偏聚或沉淀析出而产生的沉淀硬化。③形变强化。马氏体转变过程中有无扩散切变和容积变化产生的滑移变形，使位错密度 ρ 急剧增加，具有明显形变强化效果。④细晶强化。马氏体转变时，在原奥氏体晶粒内形成几个不同位向板条马氏体束和细板条或互成一定角度的马氏体针，它们之间分别以大角度和小角度晶界方式产生的晶界强化。故马氏体强化是钢铁材料最经济而又最重要的一种强化途径	如马氏体强化，碳纤维增强金属基复合材料等

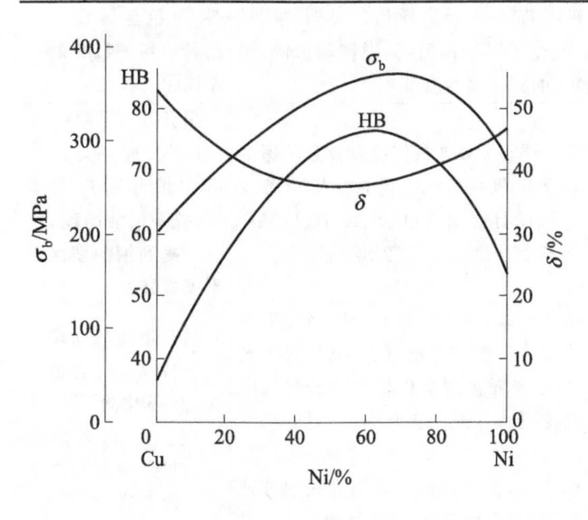

图1.36 铜镍合金固溶体的力学性能与成分关系

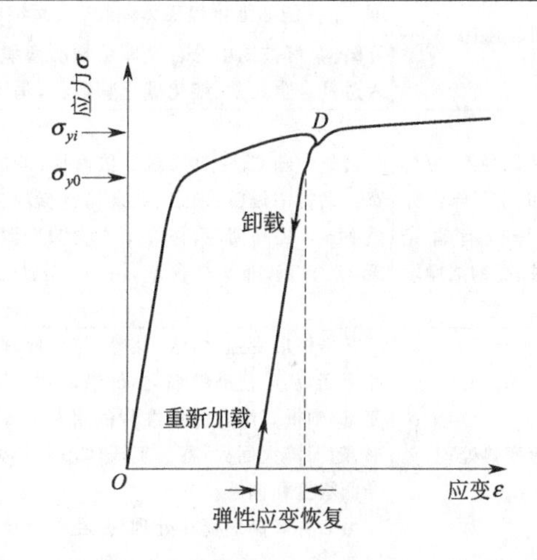

图1.37 金属塑性变形后弹性恢复及加工硬化示意图

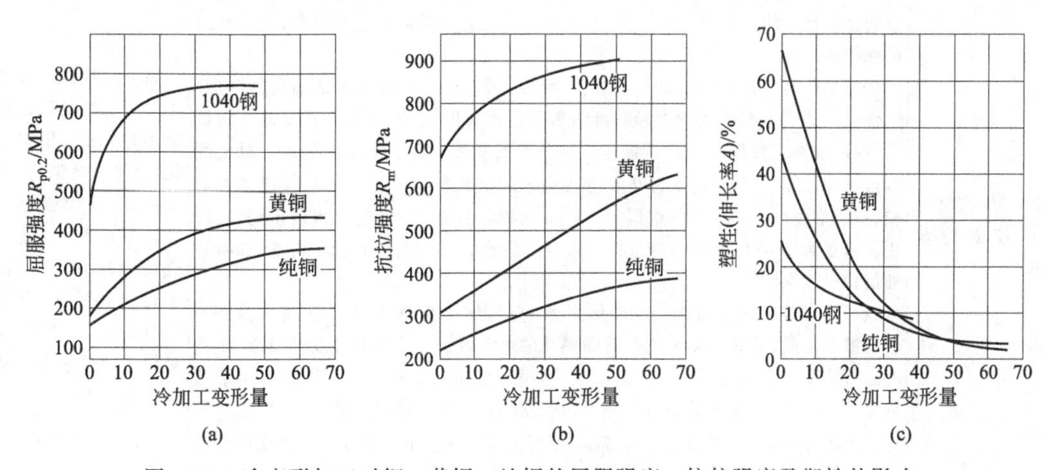

图1.38 冷变形加工对钢、黄铜、纯铜的屈服强度、抗拉强度及塑性的影响

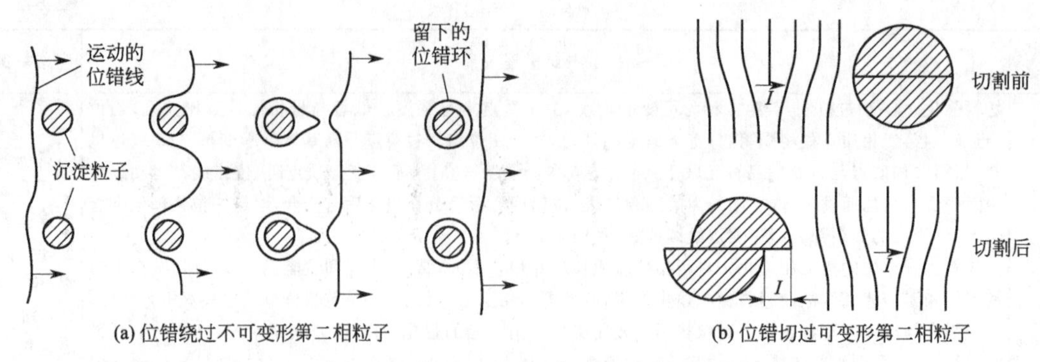

(a) 位错绕过不可变形第二相粒子　　(b) 位错切过可变形第二相粒子

图 1.39　合金中的第二相粒子对位错运动的阻碍作用示意图

(2) 金属材料强韧化的方法

金属材料的主要强韧化方法列举于表 1.25。

表 1.25　金属材料的主要强韧化方法

强韧化名称	主要特点	应用
细晶强化	晶粒细小均匀，不仅使材料强度高，而且塑、韧性好，同时还可降低韧脆转变温度 T_K。例如细化奥氏体晶粒，从而细化铁素体晶粒；由马氏体相变得到的位错亚结构，可被细小的合金碳化物所塞积，从而细化了亚结构，达到增韧的目的；加入适量合金元素、细化碳化物颗粒，消除晶界上的碳化物薄膜等	细晶强化是钢铁材料、有色金属合金等金属材料的最有效的强韧化途径之一
采用特殊冶炼法和调整合金元素，降低有害杂质，提高钢洁净度	钢材中随 C、N、P 质量分数增加，冲击吸收功下降，韧脆转变温度升高且范围变宽。钢材中偏析、白点、夹杂物、微裂纹等缺陷越多，韧度越低。钢中加入 Ni 和少量 Mn 可提高韧性，并降低韧脆转变温度。故降低有害杂质（P、S、N、H、O、As、Sb 等）含量，降低 C 含量，用 Ni、Cr、Mo、Mn 等进行合金化可提高钢材韧性	采用电渣熔炼、真空除气、真空自耗重熔和炉外精炼技术等，提高钢洁净度，可显著提高钢的韧性而不损失强度
形变热处理	它是将形变强化（锻、轧等）与热处理强化结合起来，使金属材料同时经受变形和相变，从而使晶粒细化，位错密度 ρ 增加，细小碳化物的弥散强化，晶格发生畸变，达到提高综合力学性能的目的。最常用的是对亚稳定奥氏体区进行塑性变形，随即淬火回火，称为奥氏体形变热处理，其主要特点是在提高强度的同时，不降低塑性和韧性。 另一种高温形变热处理，是在稳定奥氏体区形变，再淬火回火。形变是热轧或锻造，前者可视为控轧的一种变态，后者可利用锻造余热淬火，工艺简便	高温形变热处理可用于较高合金含量的钢，其强化效果虽不及奥氏体形变热处理，但塑、韧性和疲劳强度均较好
新一代控制轧制与控制冷却技术	它是在控制奥氏体（A）状态基础上再对被控制的 A 进行相变控制。其目的不仅要获得预期的形状和表面质量，而且要通过工艺控制细化晶粒组织，提高材料的强韧性。 ①控制轧制。其主要有如图 1.40 所示的三个阶段：a. 高温再结晶区的变形。它使粗大 A 晶粒经多道次变形和再结晶而得到细化，但此时由 A 转变而来的铁素体（F）晶粒仍较粗大。b. 低温未再结晶区的变形。它发生在紧靠 Ar_3 以上的温度范围，此时在伸长而未再结晶的 A 内形成变形带，F 在变形带和 A 晶界上形核，从而形成细小晶粒的 F 组织。c. $\gamma+\alpha$ 两相区的变形。此时 F 也发生变形、产生位错亚结构，在随后的冷却过程中未再结晶的 A 转变为等轴的 F 晶粒，F 中的亚结构得以保留。 新一代 TMCP 的关键是 DIFT（形变诱导铁素体相变）发生在 A 未再结晶区的较低温度范围（见图 1.41），它与普通热轧的最大区别在于轧制温度低，轧后要及时进行冷却。它在现有轧钢设备上即可实现。该工艺在初轧段可利用 A 再结晶细化，在 A 未再结晶区轧制可为随后的相变细化及析出强化创造条件，在 Ad_3～Ar_3 之间可发生 DIFT，对过冷奥氏体 A′可发生形变强化 F 相变。轧后冷却可控制晶粒尺寸和相组成。这为开发新钢种，设计新工艺，改造和新建生产线提供了	新一代控制冷却技术已可提供良好的控制手段，通过相变强化，再与固溶强化、细晶强化、析出强化等手段互相配合，新一代的 TMCP 将在提高材料的强度、改善综合性能、满足人类对材料的要求方面发挥重要作用

续表

强韧化名称	主要特点	应用
新一代控制轧制与控制冷却技术	技术支撑。在b.阶段未再结晶控制轧制过程中，当轧制形变温度接近于钢的Ar_3温度时，由于形变A晶粒内的形变储能不能通过再结晶而释放，而这种形变储能将促进γ→α相变，使相变温度升高至Ad_3（Ad_3为存在形变储能时钢材的γ→α相变温度，$Ad_3>Ar_3$且形变储能越大，二者之间差别越大），这就使得γ→α相变将有可能在轧制变形过程中进行，而若形变储能足够大，则必将发生DIFT。发生DIFT时，F晶粒将在A晶界和晶内形变带上突发式形核且形核率非常高，由此限制了F晶粒的长大过程；在形变储能的驱动下，不断地形核相变，最终完成γ→α相变。 ②控制冷却。它是在A相变的温度区间进行某种程度的快速冷却，使相变组织比单纯控制轧制更加微细化，获得更高的强度。新一代控制冷却技术的核心，是对硬化A的相变过程进行控制，以进一步细化F晶粒，以及通过相变强化得到贝氏体(B)等强化相，进一步改善材料的性能。其包括：a.超快速冷却技术。它可对钢材实现几百摄氏度每秒的超快速冷却，因此可使材料在极短的时间内，迅速通过A相区，将硬化A"冻结"到动态相变点附近，这就为保持A的硬化状态和进一步进行相变控制提供了重要基础条件。b.超快速冷却终止点的精确控制。轧后钢材由终轧温度急速快冷，迅速穿过A区，达到快速冷却条件下的动态相变点。在轧件达到预定的温度控制点后，应立即停止超快速冷却。由于超快速冷却的终止点对后续相变过程的类型和相应的相变产物有重要影响，故需精确控制超快速冷却的终止点。通过控制冷却装置的细分和精细调整手段的配置，以及高精度的预控数学模型，可保证终止温度的精确控制。c.冷却路径的控制。实施超快速冷却后的钢材还要依据所需要的组织和性能要求，进行冷却路径控制，这就为获得多样化的相变组织和材料性能提供了广阔的空间。利用这一特点，有可能利用简单的成分设计获得不同性能的材料，实现柔性化的轧制生产，提高炼钢和连铸的生产效率。图1.42为几种典型的超高强度钢(AHSS)，即双相钢、TRIP、贝氏体(B)钢的冷却工艺路径图。在冷却的开始阶段，利用前部加速冷却（或超快速冷却）将A冷却到F相变开始温度，随后进入保温状态，即材料处于空冷状态，以利于F的析出。当析出一定体积分数的F之后，例如85%，对材料进行第二次加速冷却（或超快速冷却），如终冷温度在马氏体点以下，则剩余A全部转变为M，这样便得到以软相F+硬相M组成的复相组织，即双相钢；如冷却的终冷温度是处于300～500℃的B转变温度区间，则剩余A可全部或部分转变为B；如剩余A部分转变为B，则得到以F+B+残余A组成的TRIP钢；如剩余A全部转变为B，则得到F+B组成的贝氏体钢。关于前部和后部具体是采用常规加速冷却还是超快速冷却的问题，超快速冷却具有一定优点，应当是首选。前部超快冷有利于铁素体晶粒的细化，同时也有利于F的快速析出，这对于缩短热连轧机输出辊道的长度是有利的。后部超快冷更有利于M相变	新一代控制冷却技术已可提供良好的控制手段，通过相变强化，再与固溶强化、细晶强化、析出强化等手段互相配合，新一代的TMCP将在提高材料的强度、改善综合性能、满足人类对材料的要求方面发挥重要作用
马氏体(M)强韧化（主要指低碳M强韧化）	获得M是复合强化的结果。 ①对中、高碳钢而言，由于淬火M性脆，需要进行回火以调整强韧性。 ②低碳M的强韧化。低碳M，其亚结构由高密度的位错胞所构成，因而是一种既有高强度又具有韧性的相。获得位错型板条M组织	低碳M强韧化是钢材强韧化的一条重要途径。如汽车轮胎螺栓，原使用40Cr调质钢，改用低碳M强化的20Cr后，产品质量和寿命得到提高（见表1.26）
下贝氏体($B_下$)强韧化	高碳M一般经低温回火后使用，硬度虽高，但仍较脆。研究发现，在等强条件下$B_下$比回火M韧性更好一些。经等温淬火获得$B_下$组织，既可减少工件变形开裂，又使之具有足够的强、韧性	下贝氏体强韧化亦是钢铁材料强韧化的一条重要途径
相变诱发塑性，简称TRIP	TRIP是能同时提高钢的强度和塑性的一种强韧化方法。金属材料在相变过程中都具有较大的塑性，20世纪80年代以来，研究发现F-M（或贝氏体B）-残留A(AR)钢中会显示出TRIP效应，因而出现了低合金Si-Mn系TRIP钢的研究	TRIP钢，是一种很有前途、廉价的高强韧性材料

续表

强韧化名称	主要特点	应用
超细晶钢	伴随我国经济建设的快速、可持续发展，各行业对钢铁材料提出高强度、长寿命、轻量化的要求，新一代钢铁材料的深入研究和应用开发正成为21世纪钢铁材料界的历史使命。在此背景下超细晶钢应运而生。它具有三个主要特征：超细晶；高洁净度，以能满足使用要求为准；高均匀性，以现代新型冶炼技术予以保障。在现有生产条件基础上，通过微合金化和新型TMCP技术相结合，发展了系列高强高韧钢，该技术领域成为钢铁材料30年来最活跃的领域	其典型代表钢种如超细晶铁素体-珠光体(F/P)钢，超细组织低(超低)碳贝氏体(B)钢等
往复相变细化技术	细化晶粒及亚晶粒，可获得细小晶粒组织。通过相交相变反复形核，以获得细小晶粒。例如，10Ni5CrMoV钢常规淬火所获得的晶粒度为9级，对应的屈服强度1071MPa，抗拉强度1274MPa	10Ni5CrMoV常规淬火后，将其以9℃/s速度加热至774℃后再淬火可使其晶粒度提高至14～15级，屈服强度、抗拉强度提高到1407MPa、1463MPa
利用纳米尺度共格界面强化材料	中科院金属研究所卢柯等人研究发现，纳米尺度孪晶界面具备强化界面的3个基本结构特征，他们成功制备出具有高密度纳米尺度的孪晶结构(孪晶层片厚度<100nm)。当高密度纳米尺度的孪晶结构的孪晶层片厚度为15nm时，拉伸屈服强度接近1.0GPa(它是普通粗晶铜的10倍以上)，拉伸均匀伸长率达13%。当孪晶层片在纳米尺度时，位错与大量孪晶相互作用，使强度不断提高；同时在孪晶界上产生大量可动不全位错，其滑移和储存为样品带来高塑性和高加工强化。由此可见，利用纳米尺寸孪晶可使金属材料强化的同时提高塑性韧性	利用纳米尺度共格界面强化金属材料已成为一种提高金属材料综合性能的新途径，表现出巨大的发展潜力和广阔的应用前景

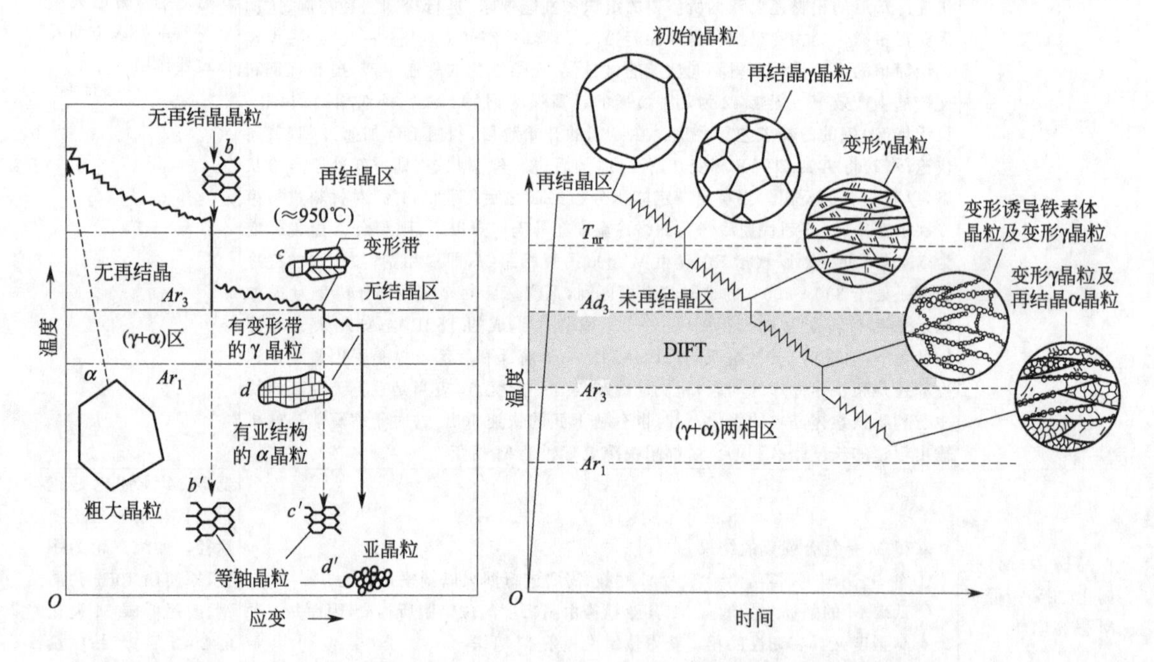

图1.40 控制轧制的三个阶段示意图　　图1.41 形变诱导F相变与传统热轧的关系

表1.26 低碳马氏体钢20Cr与40Cr调质钢的性能对比

钢种	热处理工艺	$R_{r0.2}$/MPa	R_m/MPa	A/%	Z/%	α_k/(J·cm^{-2})
20Cr	900℃油淬+200℃回火空冷	637	931	19	57	107.8
40Cr	850℃油淬+560℃回火油冷	≥800	≥1000	≥9	≥45	≥60

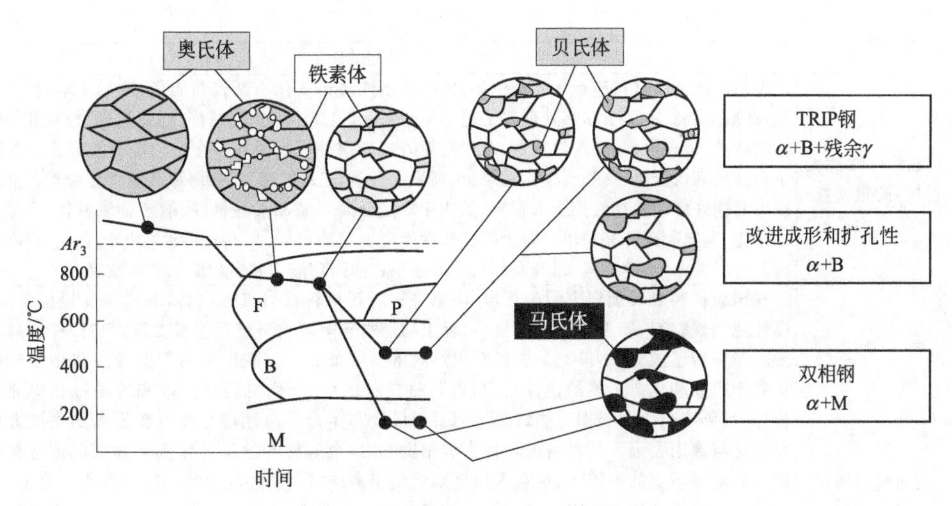

图 1.42 冷却路径对 AHSS 钢组织的影响

1.4 高性能金属材料及其发展前景

1.4.1 高性能金属材料及其发展

从表 1.27 所列的三方面加以说明。

表 1.27 高性能金属材料及其发展需强调的三点

序号	项目	需强调的三点
1	何谓高性能金属材料?	金属材料包括金属和以金属为基的合金,其原子间的结合键基本上为金属键。由于金属键的特性,金属具有良好的塑性、较高的强度和硬度,即具有良好的综合力学性能,适合作为受力的结构材料,特别是可通过不同成分配制、不同工艺方法改变其内部组织结构,来满足不同结构及零件的使用性能要求,是应用面最广泛、用量最大、承载能力最高的结构材料,在机械设备中约占所用材料的 90%以上,其中钢铁材料占比例最大。 高性能金属材料是指近十几年发展起来并得到广泛应用的金属材料,它是在当今最先进的冶金技术装备下完成的。“高性能”是指此类金属材料不但强度高、韧性好,而且具良好的工艺性能(如易焊接、易冲压等),同时还具有耐腐蚀、易维护、寿命长的特点和一些特殊力学性能(如高强度与高延性即 TRIP、抗震性能、耐候性能等)。高性能金属材料是正在世界范围冶金企业生产并被广泛应用的金属材料,由于其生产具备低合金添加、低成本、低能耗、流程短且易行的特点,其产品具备高强度、高韧性、寿命长特点,因此是一种环境友好、节约资源、利于可持续发展的金属材料
2	发展高性能金属材料的重要性	高性能金属材料是发展高新技术的基础和先导,世界各国纷纷将其研究开发列为 21 世纪优先发展的关键领域之一。我国十分重视发展材料工业,特别是高性能金属材料产业和材料科学技术,已建立了较为完整和规模庞大的材料工业体系。我国早已成为第一产钢大国,我国常用 10 种有色金属产量已连续多年居世界第一。高性能金属材料已成为我国国民经济高速、稳定发展的保障,也奠定了我国世界材料大国的地位。近年来,我国高性能金属材料产业和材料工程以惊人的速度发展,取得了辉煌的成就。 在可预见的将来,金属材料特别是高性能金属材料仍将占据材料工业的主导地位,这是因为高性能金属材料工业已具有一整套相当成熟的生产技术和庞大生产能力,并且质量稳定,供应方便,在性价比上也占据一定优势,在相当长时期内,高性能金属材料的资源也是有保证的。其最重要和根本原因还在于高性能金属材料具有其他材料所不能完全取代的独特性质和使用性能。例如,高性能金属具有比高分子高得多的模量,有比陶瓷材料高得多的韧性及具有磁性和导电性等优异的物理性能。在陶瓷和高分子材料日新月异的发展过程中,金属材料也在不断推陈出新,

续表

序号	项目	需强调的三点
2	发展高性能金属材料的重要性	许多高性能金属材料应运而生。例如，传统的钢铁材料正在不断提高质量、降低成本、扩大品种规格，在冶炼、浇注、加工和热处理等工艺上不断创新，出现了如炉外精炼、连铸连轧、控制轧制等新工艺新技术，微合金钢、超高强度钢、双相钢等诸多新钢种不断涌现。在有色金属及合金方面则出现了高纯高韧铝合金、高强高模铝锂合金、高温铝合金，先进的高强、高韧和高温钛合金等。此外还涌现出其他许多新型高性能金属材料，如快速冷凝金属非晶和微晶材料、纳米金属材料、有序金属间化合物、定向凝固柱晶和单晶合金等。高性能金属功能材料，如高性能形状记忆合金、可降解生物医用金属镁合金、锌材料，以及高熵合金等也正在向高功能化和多功能化方向发展
3	迈向科技强国，高性能金属材料的发展是重要基础	我国新材料发展规划中明确指出，国家将实施新材料重大工程项目，对高强度轻型合金材料、高性能钢铁材料、新型动力电池材料、稀土功能材料等新材料进行重点支持。高性能金属材料的发展和应用已成为21世纪金属材料工业的重要特征之一。我国的材料产业应将生态环境意识贯穿于产品和生产工艺的设计之中，提高材料利用率、降低材料在生产和使用过程中的环境负担，并且要用全生命周期思想统筹考虑材料设计与生产。高性能金属材料发展的主流方向是少合金化与通用合金。从材料的环境影响角度考虑，金属材料的强韧化应强调在保持金属材料性能指标基本不变的前提下，尽量采用地球储量丰富或对生态环境影响小的元素作为合金化组元；同时尽量降低金属材料中强韧化元素的含量或减少合金元素的种类；另外尽量采用同类元素作为强韧化复合合金化的第二组元，如F(铁素体)-M(马氏体)双相钢等。从日本开发“超级钢”开始，高性能钢铁材料的发展正朝着“高洁净、均匀化、超细晶”方向发展。例如，高层建筑使用的R_{eL}≥500MPa的钢材，R_{eL}≥980MPa的大跨度重载桥梁用钢，地下和海洋设施用的耐蚀低合金钢和微合金结构钢等。开发高性能有色金属结构材料亦是当务之急，例如，将高性能Al-Li合金，Al-Sc合金以及快速凝固铝合金的强度和耐热性能推向更高。 金属功能材料是现代工业高技术发展的重要物质基础和支撑材料，将向着更加精细、微型和高功能化方向发展。稀土功能材料的多功能和高功能化特性，使其在电子和信息产业发挥着重要作用，是有待于开发的宝库

1.4.2 高性能金属材料的发展前景（见表1.28）

表1.28 高性能金属材料的发展前景

序号	名称	发展前景
1	发展方向	高纯净度，高均匀性，超细晶粒；应当在保证产量的同时，大力提高高性能金属材料的质量，做到高质量、多品种；在生产和利用中，必须最大限度地降低资源和环境压力
2	高度重视资源和环保	伴随着现代科学技术的发展，将形成绿色生态材料体系。我国的材料产业应将生态环境意识贯穿于产品和生产工艺的设计之中，提高材料利用率、降低材料在生产和使用过程中的环境负担，并且要研究其评价体系。用全生命周期思想考虑材料设计与生产是必然趋势。要开发与人们生活、工作密切相关的绿色材料及环境友好材料，在设计中优先选用环境兼容性好的材料
3	发展的主流是少合金化与通用合金	①金属材料的强韧化应强调在保持金属材料性能指标基本不变前提下，尽量采用地球储量丰富或对生态环境影响小的元素作为合金化组元；同时，尽量降低金属材料中强韧化元素的含量或减少合金元素的种类；另外，尽量采用同类元素作为强韧化复合合金化的第二组元，如铁素体-马氏体双相钢等。即在设计材料时，不仅要考虑材料的使用性能，且要充分考虑材料对环境的影响和资源负担。 ②现在世界各国都在研究通用型合金钢、简单合金钢和节约型合金钢。在很多情况下，对现有合金钢的成分设计和使用的合理性可重新进行审查。 ③走循环经济可持续发展的道路，材料的全过程要逐步形成资源-材料-环境良性循环的产业
4	材料品种发展要符合现代经济发展和国防需求	我国正在发展“高洁净、均匀化、超细晶”的高性能金属材料。如高层建筑应使用的R_{eL}≥500MPa的钢材，R_{eL}≥980MPa的大跨度重载桥梁用钢，地下和海洋设施用耐蚀低合金钢和微合金结构钢等。主要有三类钢材产品值得关注： ①能参与国际市场竞争的产品，其特点是高质量、高附加值、高技术难度、高使用要求的钢材，重点品种有轿车用面板、不锈钢光亮板、桥梁用钢板、耐候钢板、海洋与石油用钢板等； ②满足国内市场需求为主的产品，重点品种有普通机械用钢板、客货汽车用钢板、农业及运输机械用钢板、锅炉和容器等用钢板等； ③代替落后的叠轧薄板和窄带钢板的产品，重点品种有小五金及家电用板带、金属家具用板带、一般民用板材等

续表

序号	名称	发展前景
5	开发高性能有色金属材料及先进工艺方法	钛合金被称为“空间金属”以及“未来的钢铁”。钛合金的比强度是最高的，在高温和低温下都能保持高的强度，而且其耐蚀性也是无可匹敌的。钛在地球中的含量也不少，约为0.6%，目前不能广泛使用的原因是提炼工艺复杂。钛合金是21世纪为人类做重要贡献的金属材料之一。高温结构钛合金将向不断提高使用温度的方向发展，金属间化合物如TiAl、Ti_3Al等大有取代镍基高温合金的趋势。例如将高性能Al-Li合金、Al-Sc合金以及快速凝固铝合金的强度和耐热性推向更高
6	工业发展的重要物质基础和支撑	其将向更加精细、微型和高功能化方向发展。高性能稀土功能材料的多功能和高功能化特性，使其在电子和信息产业发挥着重要作用，而且是有待开发的宝库

第2章

回顾长江铁路钢结构桥梁建设历程，看我国高性能桥梁用钢发展

2.1 由我国长江铁路桥梁标志性工程建设，看桥梁用钢发展

回顾中华人民共和国成立以来，从引进来到走出去，“中国桥梁”既支撑着我国道路交通的建设发展，又是一个重要载体，由“逢山开路、遇水架桥”的奋斗精神引领，在大江大河、大山大地间激昂回荡，展现出世界文明创造跨山越海的大国篇章。以下仅就我国长江铁路桥梁建造史上标志性的桥梁建设，看桥梁用钢的发展。

2.1.1 “一桥飞架南北，天堑变通途”——武汉长江大桥

武汉长江大桥是中华人民共和国成立后修建的第一座公铁两用大桥，也是新中国70年桥梁史诗的宏大开篇。历史绵延，长江虽多次出现因军事目的而搭建的浮桥，但从未有过“既便利两岸往来，又不阻挡水上原有交通”的真正意义上的永久性桥梁。1950年初，修建有“国之重器”之称的武汉长江大桥被列为国家“一五”计划的重点建设项目之一。图2.1所示系武汉长江大桥，被称为万里长江第一桥，其全长1156m，公铁两用，大桥主跨结构采用3联3×128m平弦菱形连续钢桁梁。1955年9月开工建设，技术上采纳了苏联专家提出的管柱基础的建议，经过中苏技术人员的反复试验与技术攻关，解决了一系列技术难题。毛泽东主席曾三次亲临工地视察，并写下了**“一桥飞架南北，天堑变通途”**的壮丽诗篇。

1957年10月15日，武汉长江大桥铁路和公路同时正式通车。武汉长江大桥钢结构使用的是由苏联进口的低碳钢A3（Q235q，屈服强度≥235MPa）建造，它是我国桥梁史上第一座里程碑。该桥的建设中，借助苏联专家的技术和材料，培养了中国第一批钢桥设计、施工、制作、研究的科学技术人员，为中国钢桥事业的发展奠定了基础。

2.1.2 中国人自主建造的“争气桥”——南京长江大桥

南京长江大桥1958年规划兴建，1968年9月30日铁路通车，同年12月29日公路通车。它是我国第一座从材料、设计、制作、施工建造依靠自己的力量完成的公铁两用大桥。正桥钢梁全长1576m、由3联3×160m等跨连续梁和1孔128m简支梁组成，主跨160m，铁路桥全长6772m、公路桥全长4588m。它标志着我国的建桥技术进入到一个独立自主的新水平，获国

家科技进步特等奖。南京长江大桥的建成成为我国桥梁史上第二座里程碑（见图 2.2）。

图 2.1　武汉长江大桥（建桥史上第一座里程碑）

图 2.2　南京长江大桥（建桥史上第二座里程碑）

20 世纪 60 年代，为了连通京沪铁路，决定修建南京长江大桥以取代南京轮渡。为解决无低合金结构钢料的困难，鞍山钢铁集团有限公司（鞍钢）于 1963 年研制成功 16Mnq（Q345q，屈服强度≥345MPa）低合金高强度桥梁钢，保证了大桥的建设，因此该钢被称为“争气钢”。但 Q345q 钢板采用 U 形缺口冲击，韧性指标偏低。同时也反映其板厚效应严重，铁路桥仅能用到 32mm 厚，超过此厚度后冶金质量难以保证。

南京长江大桥是长江上第一座由中国自行设计和建造的双层式铁路、公路两用桥梁。在中国桥梁史和世界桥梁史上具有重要意义，是中国经济建设的重要成就，具有极大的经济意义、政治意义和战略意义。南京长江大桥桥墩深水基础采用了多种新形式，做出了开拓性贡献，标志着我国桥梁深水基础技术进入世界先进行列。南京长江大桥开创了我国自力更生建设大型桥梁的新纪元，使火车过江时间由原依靠轮渡的 1.5h 缩短为 2min，故大桥被称为“争气桥”。它是新中国技术成就与现代化的象征，承载了中国几代人的特殊情感与记忆。南京长江大桥上层为公路桥，车行道宽 15m，可容 4 辆大型汽车并行，两侧各有 2m 多宽的人行道；下层为双轨复线铁路桥，宽 14m，连接津浦铁路与沪宁铁路干线，是国家南北交通要津和命脉。大桥建设历时 8 年，使用 $38.41\times10^4m^3$ 混凝土、6.65×10^4t 钢材。长江大桥是南京的标志性建筑、江苏的文化符号、中国的辉煌，也是南京的著名景点，“天堑飞虹”被列为新金陵四十八景。南京长江大桥曾作为“世界最长的公铁两用桥”被载入《吉尼斯世界纪录大全》，2014 年 7 月入选不可移动文物，2016 年 9 月入选首批中国 20 世纪建筑遗产名录。

2.1.3　我国建桥史上第三座里程碑——九江长江大桥

九江长江大桥，1973 年由国家铁道部大桥工程局勘察设计，于 1993 年 1 月建成通车，大桥为双层双线铁路、公路两用桥。大桥正桥全长 1806.7m，主跨为 180m＋216m＋180m 的刚性梁柔性拱，首次采用双壁钢围堰大直径钻孔基础，其结构雄伟壮观，桥形秀丽。该桥焊接构件最大板厚度达 56mm，建成了 4 车道公路最大跨度达 216m 的栓焊梁，也是少焊多栓，从此铆接钢桥退出了新建铁路钢桥的历史舞台。它不仅是 20 世纪 90 年代中期中国长江上规模最大的公路、铁路两用桥梁，而且也是当时世界最长的铁路、公路两用的钢桁梁大桥，高强厚板的焊接技术获重大突破。它的建成是继武汉长江大桥和南京长江大桥之后，中国建桥史上又一新的里程碑（见图 2.3）。

九江长江大桥首次采用我国鞍钢自主研发的 15MnVNq（Q420q，屈服强度≥420MPa）低合金高强度桥梁钢新钢种。该钢采用添加微合金元素 V、N 来提高钢的强度，这是因为 V、N 沉淀速度快，弥散度细，析出温度低，沉淀颗粒细，而且不易聚积长大。在焊接时采用大线能量的自动焊，热影响区不会形成贝氏体脆性组织。因而允许采用大功率焊接，工艺简单、工作效率高、成本低。但存在的主要问题是V的析出强化会导致钢板低温韧性和焊接性较差，给桥梁制造带来很多困难，故大桥建成后该钢种一直未能得到推广应用，它已成为制约铁路桥梁发展的一个突出矛盾。

图 2.3　九江长江大桥（建桥史上第三座里程碑）

图 2.4　芜湖长江大桥（跻身世界大跨重载铁路桥梁先进行列）

2.1.4　我国跻身世界大跨重载铁路桥梁先进行列——芜湖长江大桥

1997年3月～2000年9月，芜湖长江公铁路大桥（见图2.4）工程规模居中国长江大桥之首。由于航运与空运的净空限制，大桥采用大跨低塔斜拉连续钢桁梁桥桥型，主桁为无竖杆三角形桁架，桁高12m，节间长度14m，主跨为180m＋312m＋180m，最大跨度312m，正桥全长2193.7m，其加劲梁为钢筋混凝土板与钢桁梁结合共同受力的结合钢桁梁新型结构。其结构用钢11万t，工程总量及规模均超过了武汉和南京两座公路、铁路两用桥的总和，是中国当时公铁两用桥跨度最大的桥梁。大桥工程采用了10多项新技术、新结构、新材料、新工艺，大大提高了中国公铁两用桥梁设计、制造、安装水平，该桥的科技含量、工程规模和建造质量，居国际一流，国内领先。有14项刷新了全国建桥纪录，荣获2001年中国建筑工程最高荣誉——鲁班奖。

为了桥梁工程的安全性和加工制造的方便，需要重点解决钢板的低温韧性和焊接性等问题。为此，大桥局和武钢联合共同开发了大跨度铁路桥梁用钢14MnNbq（Q370q，屈服强度≥370MPa），由于采用了Q370q正火桥梁钢，且这种钢强度高、塑性和韧性优及可焊性好，实现了厚板（50mm）焊接整体节点的栓焊梁，达到了多焊少栓的焊接桥梁，为全焊无栓的铁路桥梁奠定了基础。该桥与之前栓焊结构比较，展现了我国钢铁及钢结构焊接制造业的进步。它可加快施工速度，降低成本，提高工程质量。

14MnNbq（Q370q）钢，它在16Mnq的基础上采用降低C含量，加入微合金元素Nb和采用超纯净冶炼法来提高钢材的纯净度与内部质量，保证了在屈服强度≥370MPa的基础上，具有优异的－40℃低温冲击韧度（芜湖桥标准要求－40℃，A_{KV}≥120J）。同时焊接性能也大大提高，解决了板厚效应问题，可大批量供应32～50mm厚钢板。芜湖长江大桥46000t的供货统计数据表明：所供10～50mm钢板冲击韧性平均实物质量达到－40℃时A_{KV}＝223J的优异水平。芜湖长江大桥建设后的10年时间里，Q370q钢全面满足了铁路桥梁建设的需要，并获得极为广泛应用。2000年14MnNb钢纳入桥梁钢国家标准，成为Q370q钢。

2.1.5　我国铁路桥梁史上又一座里程碑——南京大胜关长江大桥

2011年建成的京沪高铁南京大胜关长江大桥（图2.5和图2.6），是沪汉蓉铁路与新建南京铁路枢纽的重要组成部分，同时搭载南京市双线地铁。四线铁路与南京双线地铁同桥过江，充分利用了越江桥位资源。大桥位于既有南京长江大桥上游约 20km，距下游南京三桥约 1.5km。大桥全长 9.3km，其中两岸长江大堤之间的正桥与南岸引桥共 3.7km，按六线铁路设计、是世界首座六线铁路大桥，双跨连拱为世界同类级别高铁大桥中跨度最大的，被誉为“世界铁路桥之最”。南京大胜关长江大桥，是我国铁路桥梁史上又一座里程碑，设计时速 300km/h，是京沪高铁的控制性工程。该桥跨度 108m＋192m＋336m＋336m＋192m＋108m，主桥采用 2 个主跨为 336m 的钢桁拱结构，桁宽 30m，桁外两侧悬臂各 5.5m，拱矢高 84m，3 片主桁，它是我国第一条大跨度高速铁路桥梁，具有大跨、重载、高速三大特点，处于世界先进水平。主桁构件最大轴力高达 9 万千牛，中主墩最大支座反力 15 万千牛。大桥采用双联拱的造型，刚劲有力又优美流畅，在众多铁路桥梁给人以体量庞大、结构粗壮的印象中脱颖而出，宛如京沪高速铁路线上的一朵奇葩。

图 2.5 南京大胜关长江大桥图

图 2.6 吊杆横断面实物图

国家标准中桥梁用结构钢的 Q420q 结构钢原指 15MnVN 钢，与 Q370q 相比强度增加有限且韧性与焊接性能欠佳，九江长江大桥之后很少再使用。为适应南京大胜关长江大桥的使用需求，制定了 60mm 厚板的屈服强度要达到 420MPa 级别、－40℃时冲击功不低于 120J、具有良好焊接性能的研制目标，研制目标确定的材料性能达到国标中 Q460q、韧性与焊接性能要求又高得多。如继续使用传统 14MnNbq 钢，则最大板厚须使用到 120mm，这将会给设计施工带来极大困难。为此，中铁大桥勘测设计院与武汉钢铁研究院于 2005 年底开始，历时近 2 年进行了高性能 WNQ570（Q420qE，屈服强度≥420MPa）结构钢的系统研究。该钢种采用与传统桥梁所用低合金高强度钢完全不同的超低碳贝氏体为设计主线，进行微合金化 Mo、Ni、V、Cu 等成分设计、首次采用 TMCP 工艺组织生产并充分利用组织（使原传统铁素体＋珠光体组织而改变为低碳贝氏体组织）细化、组织均匀等关键技术，使该钢种具有高强度、高韧性、优异的焊接性及良好耐候性能等。其屈服强度值达 460MPa，－40℃的 A_{KV} 达 240J，T_K＜－60℃，以满足国家“十一五”重点工程——京沪高铁南京大胜关长江大桥的工程需要。该钢种的研发应用成功，代表了我国在桥梁建设和建筑材料研究领域的最高水平，为今后修建更大跨度和荷载的铁路桥梁提供了强有力的技术支持，也使我国高强度结构用钢的发展达到国际先进水平。与已有桥梁钢相比，**Q420qE**（WNQ570）钢有以下特点：强度明显提高，T_K＜－60℃，不区分板厚效应，在 12～68mm 范围内，均要求焊缝强度 R_m≥570MPa。而 15MnVNq 钢和 14MnNbq 钢在板厚为 68mm 时，仅为 R_m≥530MPa 或 R_m≥490MPa。由于采用一系列精炼技术，同时随着轧制力的提高，钢板由传统的最大使用板厚为 50mm 扩展到 68mm。在焊接材料上，传统的 C-Mn、Si-Mn 系焊材的焊缝强度仅在 500MPa 级别以下、焊缝低温－30℃时 A_{KV} 仅达 48J；而研制的新型针状铁素体型桥梁用钢的手工焊、气保焊、埋弧焊焊接材料，焊缝强度＞570MPa、同时－40℃ A_{KV} 可达180J，焊接接头具有良好的综合力学性能。

2.1.6 世界首座超千米公铁两用斜拉桥——沪苏通长江公铁大桥

2014年开工建设、2020年7月1日正式通车运营的沪苏通长江公铁大桥（见图2.7），上层为6线公路，下层为4线铁路。大桥由主航道桥、天生港航道桥、横港沙水域桥、跨长江大堤桥梁及两岸引桥组成。沪苏通长江公铁大桥线路全长11.072km，包括两岸大堤间正桥长5827m，北引桥长1876m，南引桥长3369m，其中公铁合建桥梁长6989m。大桥主航道桥是主跨1092m的公铁两用钢桁梁双塔斜拉桥，跨径总体布置为（142＋462＋1092＋462＋142）m，见图2.8。主航道桥6个墩（26～31号）均采用倒圆角的沉井基础，沉井上部为钢筋混凝土结构，下部为钢结构。斜拉索采用平行钢丝斜拉索，最大索长576.5m，索重84t。沪苏通长江公铁大桥所跨越的区域是我国经济最发达地区，长江航运非常繁忙，为保障航运能力和航行安全，主通航孔按单孔双向通航的要求设计，主通航孔跨度应能满足大型船舶、船队的航行要求。为充分利用桥区河段的可通航水域，在主通航孔南、北两侧也需相应布置1个跨度为462m的副通航孔，使通航孔覆盖范围达到2000m。为使斜拉桥结构受力更合理并减小梁端转角，两侧各增加了142m的辅助跨。

图2.7　沪苏通长江公铁大桥

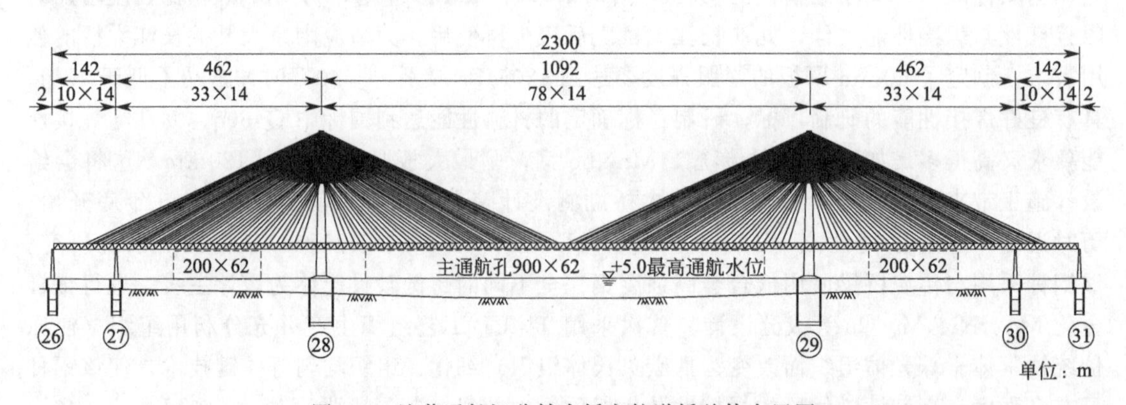

图2.8　沪苏通长江公铁大桥主航道桥总体布置图

作为主跨度1092m的公铁两用桥，钢桁梁斜拉桥主桁杆件轴力超大，钢材屈服强度必须达到500MPa级，原有材料很难满足设计要求。之前，南京大胜关长江大桥使用的是Q420qE钢材，我国钢铁生产企业还不能生产比之更高强度级别的桥梁钢。自主研发高性能钢材，迫在眉睫。为此，中铁大桥勘测设计院集团有限公司牵头，开展“Q500qE级高强度桥梁结构钢”研究工作，组织国内独特钢结构专家研讨攻关，联合鞍钢、武钢及相关缆索厂组织实施。2015年8月，他们终于试制出了第一批Q500qE级高强度桥梁结构钢。试验结果表明满足国家标准和国际标准的要求，完全可以用于沪苏通长江公铁大桥的建设。同时，2000MPa斜拉索已完成相关研究工作，编制了技术条件。

沪苏通长江公铁大桥钢板使用量达30余万吨，屈服强度级别为370～500MPa，其中

500MPa 级桥梁钢为现有桥梁建设使用的最高级别，而且钢板性能和版型的要求也更高。针对轴压力较大的区域适当采用选择不同强度等级钢材种类，其中 30 个节间采用 Q500qE 钢材，22 个节间采用 Q420qE 钢材，112 个节间采用 Q370qE，所有横联均采用 Q370qE 钢材。

高强度桥梁用钢 Q500qE（R_{eL}＝528～573MPa，R_m＝659～730MPa）系超低碳贝氏体钢，是在 Q420qE 钢基础上采用微调成分（在钢中添加微合金元素 Ti、Nb、B 等）和组织结构设计与生产工艺，通过低碳（碳含量＜0.07%）与 TMCP 特别是控制冷却的晶粒细化措施，获得了较高的强度和良好的低温韧性（−40℃时 A_{KV} 仍＞120J）和焊接性能。

沪苏通长江公铁大桥建成投入使用后，将成为沿海重要的铁路、公路过江通道，对尽快实现沿海铁路全线贯通，进一步完善区域交通运输结构，提高过江通道运输能力，促进长三角社会经济一体化，具有重要意义。沪苏通长江公铁大桥工程规模之大，施工难度之大，创造了世界桥梁和中国桥梁建设的多个之最。

2.1.7　纵观中国长江钢结构桥梁建设历程，就是桥梁用钢发展史

由以上分析可以看出，我国桥梁结构用钢及主体结构使用钢材的发展，大体经历了六个阶段（见图 2.9），第一阶段武汉长江大桥使用了苏联引进的 A3（Q235q）钢；随着微合金化和 TMCP 工艺技术的进步，从第二个阶段开始国产化。我国铁路桥梁经历了 1957 年建成的武汉长江大桥、1968 年建成的南京长江大桥 16Mnq（Q345q），1993 年建成的九江长江大桥 15MnVNq（Q420q），2000 年建成的芜湖长江大桥 14MnNbq（Q370q），2011 年建成的南京大胜关长江大桥 WNQ570（Q420qE），以及 2014 年开工建设、2020 年 7 月 1 日通车的沪苏通长江公铁大桥 Q500qE、Q420qE 及 Q370qE 等 6 个标志性阶段，各阶段都代表了一个时期桥梁技术和冶金技术的发展水平。铁路桥梁由铆接、栓焊发展到芜湖长江大桥的整体焊接，钢梁的主跨度也由 128m 发展到 1092m。

图 2.9　中国桥梁用钢的发展历程

由中国桥梁建造史上的六座标志性里程碑，可看出自中华人民共和国成立以来我国的桥梁建设事业有了长足发展，新设计、新材料、新工艺的广泛采用，使我国桥梁的设计建造水平不断提高，同时桥梁主体结构用钢品种的进步也促进了钢结构大桥综合性能的提升。桥梁的建设量越来越多，对桥梁载重、抗震、耐蚀等性能要求越来越高。因此要求桥梁用钢不仅具有高的强韧性，好的焊接性，还要具有良好的抗震性、抗疲劳性及耐蚀性等。

它表明，我国自建国、特别是改革开放四十余年来，我国桥梁建设，由他国援建到模

仿、跟跑到领跑，我国桥梁技术已迈向世界先进行列，同时也推动着我国桥梁用钢的发展、钢材品质的提升。可以看出，我国桥梁用钢的历史，表现出一条“低碳钢——低合金钢——高强度钢——高性能钢”的发展轨迹。至此我国桥梁用钢走向了高性能的发展道路。

2.2 钢桥与桥梁用钢的特点

桥梁是供人、车辆、渠道、管线等跨越天然和人工障碍区（如河流、山谷或其他交通线路）的架空构筑物，是现代交通系统中的重要元素。钢结构桥梁（钢桥）具有构件自重轻、强度高、便于运输吊装等优点。钢材有良好的塑性和韧性，其抗震和抗风性能也更好。钢结构加工简易迅速，施工占地面积小，易于装配，施工周期短。由于钢桥的安装方式和钢结构构件精度高的特点容易使钢桥质量稳定，钢桥在使用过程中也更易进行加固、接高，又易于循环利用，绿色环保。基于这些优点，伴随钢铁行业的高速发展、钢材品质的不断提升，钢桥已成为桥梁设计、建设的不二之选。

2.2.1 钢桥的主要类型

钢桥按力学体系可分为梁、拱、索三大基本体系；梁式体系以承受弯矩为主，拱式体系以承受压力为主，悬索体系以承受拉力为主。按基本结构体系钢桥又可分为梁式桥，拱式桥，斜拉桥，悬索桥和组合体系桥梁（详见表 2.1）等。

表 2.1 钢桥按主要承重结构的受力体系分类

序号	桥梁名称	作用及功用
1	梁式桥	它是主要由梁来承受荷载作用的一类桥梁，主要以其抗弯能力来承受荷载，在竖向荷载作用下，支点处不会产生水平反力即其支承反力也是竖直的，见图 2.10(a)、(b)。外力作用方向与承重结构的轴线接近垂直，与同等跨度其他结构体系相比，梁内的弯矩相对来说最大，因此主梁通常需用抗弯、抗拉能力较强材料(钢、配筋混凝土等)来建造。简支梁结构只受弯剪作用，不承受轴向力。对于中小跨径桥梁，当前应用最广的是标准跨径的钢筋混凝土简支梁桥。这种梁桥结构简单，施工方便，简支梁对地基承载力的要求也不高，其常用跨径通常在 25m 以下；当跨径较大时，需采用预应力混凝土简支梁桥，但跨径一般不超过 50m。为改善受力条件和使用性能，地质条件较好时，中小跨径梁桥均可修建连续梁桥，见图 2.10(c)；对于很大跨径的大桥和特大桥，可采用预应力混凝土梁桥、钢桥和钢-混凝土组合梁桥，见图 2.10(d)、(e)
2	拱式桥	它是以曲线拱(拱圈)或拱肋(拱圈横截面设计成分离形式时称为拱肋)为主要承受荷载的桥梁，外形酷似彩虹卧波十分美观，具有受力合理、跨越能力大、适用范围广等诸多优点，一般在跨径 500m 以内均可作为必选方案。与梁式桥有所不同的是，拱桥结构在竖向荷载作用下，桥墩或桥台将承受水平推力，见图 2.11(b)。同时，这种水平反力可大大减小荷载在拱内的弯矩，拱桥弯矩与变形比同跨度的梁桥小很多。拱桥结构截面主要受压，因此通常可用抗压性能好的圬工材料(如砖、石、混凝土)和钢筋混凝土等来建造。拱式桥按照桥面行车道位置的不同又可分为上承式拱桥(桥面在拱肋的上方)、中承式拱桥(桥面一部分在拱肋上方，一部分在拱肋下方)和下承式拱桥(桥面在拱肋的下方)三种，分别见图 2.11(a)、(c)、(d)，“承”代表承受车辆荷载的位置，即行车道位置，“上”“中”“下”分别代表车道位置位于主拱圈的上部、中部和下部。 应注意的是，为确保拱桥安全，下部结构和地基(特别是桥台)必须能承受很大的水平推力作用(系杆拱桥除外)。与梁式桥不同，由于拱圈(或拱肋)在合龙前自身不能维持平衡，因而拱桥在施工过程中的难度和危险性要远大于梁式桥。对于特大跨径的拱桥，也可建造钢桥或钢-混凝土组合截面的拱桥，由自重较轻但强度很高的钢拱首先合龙并承担施工荷载，这可降低整个拱桥施工的难度和风险。在地基条件不适合修建具有很大推力的拱桥的情况下，也可建造水平推力由受拉系杆来承受的系杆拱桥，系杆可由钢、预应力混凝土或高强度钢筋做成，见图 2.11(d)。近年来发展了一种所谓“飞雁式”三跨自锚式微小推力拱桥，见图 2.11(e)，即在边跨的两端施加强大的水平预加力 H，通过边跨梁传至拱脚，以抵消主跨拱脚处的巨大水平推力

续表

序号	桥梁名称	作用及功用
3	斜拉桥	斜拉桥由塔柱、主梁和斜拉索组成。其结构形式多样(见图2.12)，造型优美壮观。其基本受力特点是:受拉的斜拉索将主梁多点吊起，并将主梁的恒载和车辆等其他荷载传至塔柱，再通过塔柱基础传至地基。塔柱基本上以受压为主。跨度较大的主梁犹如一条多点弹性支承(吊起)的连续梁一样工作，从而使主梁内的弯矩大大减小。由于同时受到斜拉索水平分力的作用，主梁截面的基本受力特征是偏心受压构件。斜拉桥的主梁所受弯矩大小与斜拉索的初张力密切相关，存在着一定最优的索力分布，使主梁在各种状态下的弯矩(或应力)最小。由于受到斜拉索的弹性支承，弯矩较小，因此主梁尺寸大大减小，结构自重显著减轻，大幅度提高了斜拉桥的跨越能力。此外，由于塔柱、拉索和主梁构成稳定的三角形，斜拉桥的结构刚度较大，抗风能力较悬索桥要好得多。常用的斜拉桥是双塔三跨式结构见图2.12(b)，但独塔双跨形式也常见见图2.12(a)，具体形式及布置的选择应根据河流、地形、通航、美观等要求加以论证确定。在横桥向，斜拉索一般按双索面布置，也有采用中央布置的单索面结构
4	悬索桥 (也称吊桥)	见图2.13，它是以通过索塔悬挂并锚固于两岸(两端)的缆索为上部结构主要承重构件的桥梁。桥面支承于悬索或用吊杆挂在悬索(通称主缆)上。在桥面系竖向荷载作用下，通过吊杆使缆索承受很大拉力，缆索锚于悬索桥两端的锚碇结构中。现代悬索桥广泛采用高强度钢丝成股编制成钢缆，以充分发挥其优良性能。桥梁承载系统包括缆索、塔柱和锚碇三部分，其结构自重较轻，能跨越其他桥型无法达到的特大跨度。悬索桥的另一特点是，受力简单明了，成卷的钢缆易于运输，在将缆索架设完成后，便形成一强大稳定的结构支承系统，施工过程中的风险相对较小。图2.13(a)为单跨式悬索桥，图2.13(b)为三跨式悬索桥。悬索桥的结构构件较轻，便于运输。悬索桥常用于山区和受山洪泥石流威胁的地区，这时修建其他桥梁可能会有困难，可考虑采用悬索桥。 在所有桥梁体系中，悬索桥刚度最小，属柔性结构，在车辆荷载作用下会产生较大变形，如跨度1000m悬索桥，在车辆荷载作用下，$L/4$区域的最大挠度可达3m左右
5	组合体系桥梁	见图2.14，其承重结构系由两种或多种基本结构形式组合而成，这种结构形式的桥梁通称组合体系桥梁。如:①实腹梁与桁架组合——俄罗斯的全焊钢桥(图a);②梁与拱的组合——兰新铁路的新疆昌吉河桥(图b)与九江长江大桥(图c);③梁与悬吊系统的组合——丹东中朝边界上的鸭绿江大桥(图d);④梁与斜拉索的组合——芜湖长江大桥(图e);⑤悬索与斜拉索的组合——纽约布鲁克林大桥(图f)

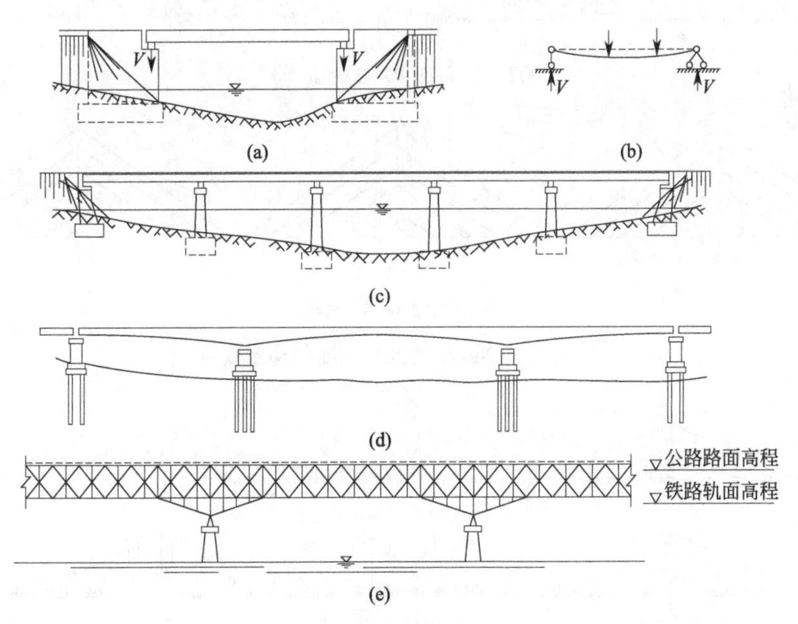

图2.10 梁式桥结构示意图

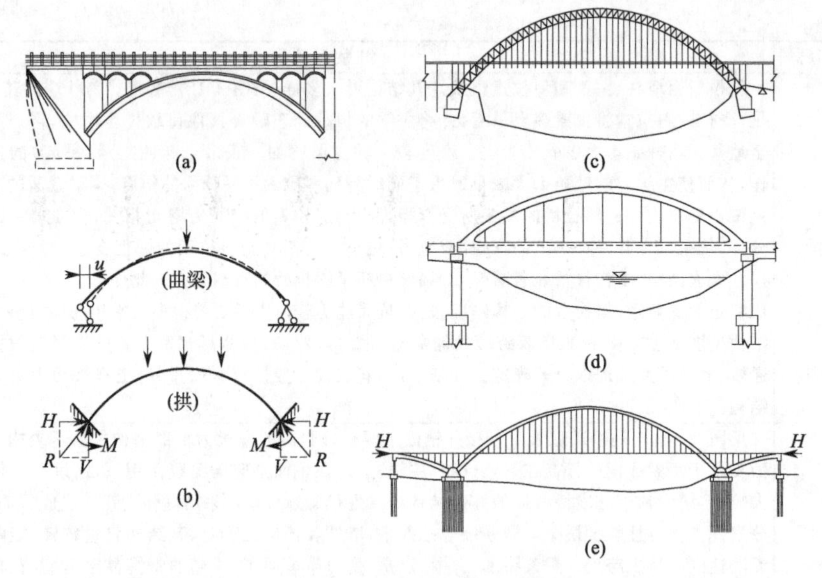

图 2.11　拱式桥结构示意图

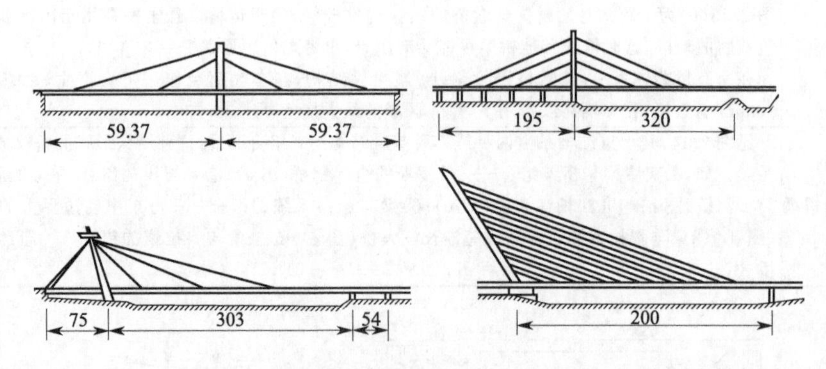

(a) 独塔式斜拉桥(尺寸单位：m)

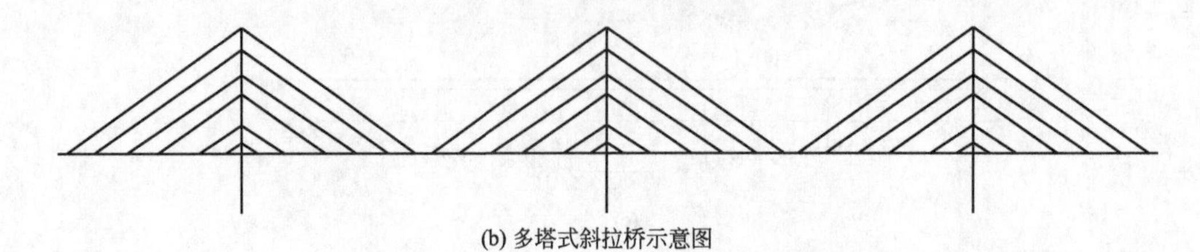

(b) 多塔式斜拉桥示意图

图 2.12　斜拉桥的几种主要结构示意图

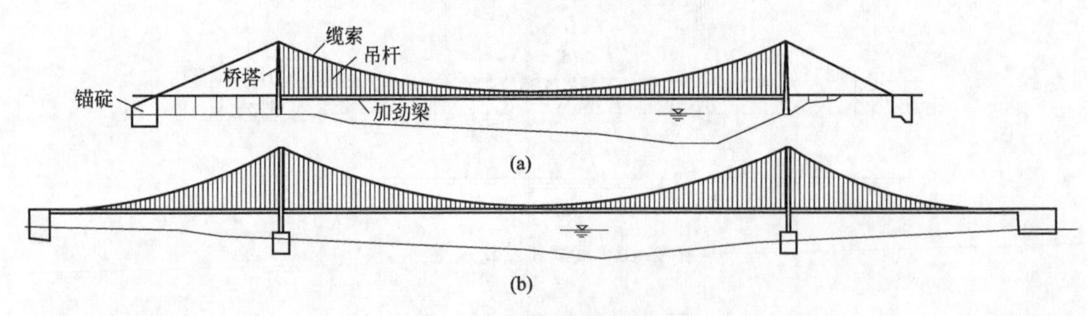

图 2.13　悬索桥结构示意图

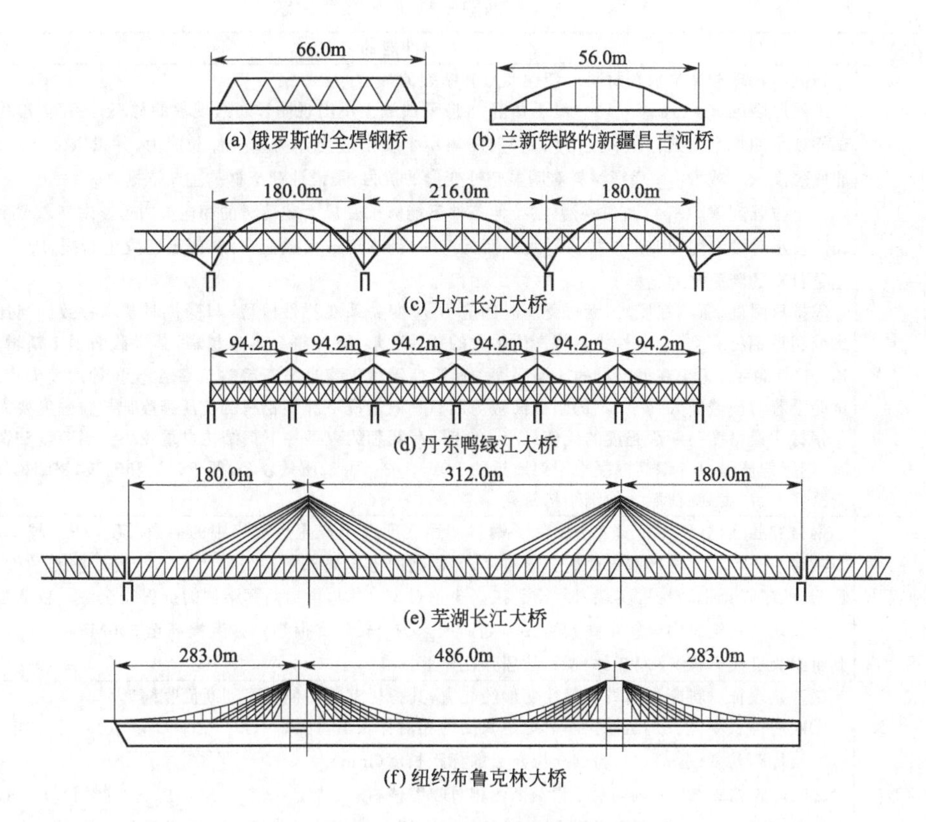

图 2.14 不同组合体系桥梁的结构简图

2.2.2 桥梁用钢的分类及其特点

桥梁用钢是指专用于架造铁路桥梁或公路桥梁的钢材。其要求有较高的强度、韧性以及能承受机车车辆的载荷和冲击，且要有良好的抗疲劳性、一定的低温韧性和耐大气腐蚀性等。我国桥梁用钢的主体包括铁路桥梁、公路桥梁和跨海大桥等。

（1）桥梁用钢常见分类方法（见表 2.2）

表 2.2 桥梁用钢的常见分类方法

序号	分类方法	进一步说明
1	按工作环境和承受荷载分类	可分为铁路桥梁用钢，公路桥梁用钢及跨海大桥用钢等三大类
2	按化学成分分类	分为碳素钢[可按碳含量高低细分为低碳钢（碳含量≤0.25%）、中碳钢（0.25%<碳含量≤0.60%）和高碳钢（碳含量>0.60%）]和合金钢[又可按合金元素总含量多少细分为低合金钢（合金元素总含量≤5%）、中合金钢（5%<合金元素总含量≤10%）和高合金钢（合金元素总含量>10%）]两大类

（2）主要力学性能要求

桥梁技术的发展离不开材料，就钢桥发展来说，桥梁用钢应具有较高的强度、韧性和一定的耐大气腐蚀性，还应具有较好的抗冲击和抗疲劳性能等，详见表 2.3。

表 2.3　桥梁用钢的主要力学性能要求

序号	名称	力学性能的说明
1	高强度	强度的物理意义是表征材料对塑性变形和断裂的抗力。 ①屈服强度 R_{eL}(σ_S 或 σ_{eL})。对于在应力-应变曲线上不出现明显屈服现象的材料，国家标准中规定以试样残余伸长率为其标距长度的 0.2%时材料所承受的应力作为残余伸长应力，并以 $R_{p0.2}$($\sigma_{0.2}$)表示。屈服强度 R_{eL} 或 $R_{p0.2}$ 表征材料对明显塑性变形的抗力，是设计和选材的主要依据之一。 ②抗拉强度 R_m(σ_b)。它是材料在拉伸条件下能够承受最大载荷时的相应应力值。对于塑性材料，R_m(σ_b)表示对最大均匀变形的抗力。对脆性材料，一旦达到最大载荷，材料便迅速发生断裂，所以 R_m(σ_b)也是材料的断裂抗力指标。 ③抗压强度(压缩强度)。钢材受压时的应力-应变关系在弹性阶段，与受拉时基本一致。当压应力达到或超过钢材 R_{eL} 后，塑性钢材将产生很大的塑性变形，试样将会越来越扁，其横截面积不断增大，试样不会产生断裂，无法获得钢材的压缩强度。而脆性钢材压缩时的断后伸长率 A 比拉伸时要大得多，最终试验沿着与横截面大约呈 55°的斜截面被剪断。一般情况下脆性钢材的抗压强度比抗拉强度要大得多。 钢材质量密度与屈服强度的比值最小，在相同荷载和约束条件下钢结构自重较小。当跨度和荷载相同时，钢屋架质量只有钢筋混凝土屋架质量的 1/4～1/3。由于质量较轻，便于运输和安装，钢结构特别适用于跨度大、高度高、荷载大的钢结构桥梁
2	低屈强比	钢材的屈强比(R_{eL}/R_m)大小反映了钢材塑性变形时不产生应变集中的能力。R_{eL}/R_m 越低，表明材料破坏前产生稳定塑性变形的能力就越高，即使结构出现局部超载失稳也不至于发生突然的倒塌断裂。目前，低屈强比钢结构可实现 R_{eL}/R_m 在 0.60～0.85 之间，可提高钢结构的抗震安全性。较低强度的钢(如 Q345)，其组织中含较多铁素体(F)，因而 R_{eL}/R_m 较低。但当钢强度提高至 590MPa 和 780MPa 时，其组织为贝氏体(B)＋马氏体(M)，故屈强比显著提高
3	好的塑性	塑性是表征材料断裂前具有塑性变形的能力，其指标有断后伸长率和断面收缩率。 ①断后伸长率 A。是试样拉断后标距长度的相对伸长值，即 $A=(L_u-L_0)/L_0\times100\%$。式中 L_0 为试样原始标距长度(mm)；L_u 为试样拉断后的标距长度(mm)。 ②断面收缩率 Z。是断裂后试样截面的相对收缩值，按公式 $Z=(S_0-S_u)/S_0\times100\%$ 计算。S_0 为试样原始截面积，S_u 为试样断裂后的最小截面积。断面收缩率不受试样尺寸影响，能可靠地反映材料的塑性。 钢材的 A、Z 数值高，表示其塑性加工性能好。但它们不能直接用于零件设计计算。一般认为零件在保证一定强度前提下，A、Z 指标高，零件安全可靠性大
4	良好的韧性	①冲击韧度(α_k)。它是反映钢材在冲击荷载作用下断裂时吸收机械能的能力，即对外来冲击荷载的抵抗能力。在工程上常用冲击荷载作用下折断试样所需能量来表示，即 $\alpha_k=A_K/A$，单位为 J/cm^2 或 kJ/m^2。α_k 值取决于材料及其状态，同时与试样形状、尺寸有很大关系。α_k 值对材料内部结构缺陷、显微组织的变化很敏感，如夹杂物、偏析、气泡、内部裂纹、淬火钢的回火脆性、晶粒粗化等都会使 α_k 值明显降低；同种材料试样，缺口越深、越尖锐，缺口处应力集中程度越大，越易变形和断裂，α_k 值越低，预示材料表现出的脆性就越高。故不同类型和尺寸试样，其 α_k 值不能直接比较。 钢材的 α_k 随温度改变而变化。当温度降低时，钢材的 α_k 将显著降低；当温度升高时，钢材 α_k 增大，但过高的温度会使钢材软化失稳而无法继续承受荷载。故对特殊环境下建造的桥梁，所用钢材除满足常温 α_k 外，还应根据使用的极端环境情况满足低温或高温的 α_k。常用桥梁用钢的 α_k 见表 2.4～表 2.6。 ②冲击吸收能量(K)。它表示钢在冲击载荷作用下抵抗变形和断裂的能力。K 数值大小表示钢的韧性高低，见图 2.15。可以看出，BCC(体心立方)金属或合金在低于某临界温度(即韧脆转变温度)的条件下，韧性急剧降低、材质变脆。 ③韧脆转变温度(T_K)。由图 2.15 可看出，冲击吸收能量(冲击韧度)随温度的降低而减小，且在某温度范围，冲击吸收能量发生急剧降低，该现象称为冷脆，此温度范围即称 T_K(韧脆转变温度)。因此在低温条件下服役的桥梁用钢，要依据钢的 T_K 值来确定其最低使用温度，以防钢件低温脆断。例如，在低温下服役的桥梁、船舶等结构件的使用温度应高于其 T_K。 ④断裂韧度。它是衡量钢材阻止宏观裂纹失稳扩展即瞬时断裂能力，是材料固有特性，只与材料本身、热处理及加工工艺等有关(见表 2.7)。 钢材的韧性表示钢材在塑变和断裂过程中吸收能量的能力。韧性越好，预示发生脆断可能性越小。评定钢材韧性的好坏看其冲击韧度和断裂韧度的好坏。塑、韧性好的钢材在静和动载作用下有足够应变能力，既可减轻结构脆性破坏倾向，又能通过较大塑变调整局部应力，使应力得到重分布，提高构件延性，提高结构抗震和抵抗重复荷载作用的能力

续表

序号	名称	力学性能的说明
5	耐低温性	为适应低温工况，低温钢的技术要求一般是在低温下钢材具有足够的强度和韧性，并有良好的工艺、加工性能等。随着气候变化加剧，为提高钢结构安全性，根据不同温度条件，结构中广泛应用耐低温钢，以提高其低温条件下钢结构的性能。 对于桥梁主要受力构件桥梁用结构钢，其常、低温 α_k 值普遍比碳素结构钢和一般低合金高强度结构钢要高，说明桥梁用钢的耗能性能好，不易发生脆断，在地震作用下相比于其他钢材具有更好的抗震性能
6	高疲劳强度	钢材在交变载荷的反复作用下，往往在应力远小于屈服点时，发生突然的脆性断裂，这就要求其具有高的耐疲劳性即具有高的疲劳强度(见表 2.8)

表 2.4　桥梁用结构钢的冲击韧度（GB/T 714—2015）

钢材型号	Q345q			Q370q			Q420q			Q460q			Q500q			Q550q			Q620q			Q690q		
质量等级	C	D	E	C	D	E	D	E	F	D	E	F	D	E	F	D	E	F	D	E	F	D	E	F
试验温度/℃	0	−20	−40	0	−20	−40	−20	−40	−60	−20	−40	−60	−20	−40	−60	−20	−40	−60	−20	−40	−60	−20	−40	−60
冲击吸收能量 KV_2/J	120			120			120		47	120		47	120		47	120		47	120		47	120		47

注：* 此处的冲击吸收能量用 V 形缺口，2mm 摆锤刀刃半径下（KV_2）的冲击功表示。

表 2.5　碳素结构钢的冲击韧度（GB/T 700—2006）

钢材型号	Q195	Q215		Q235				Q275			
质量等级	—	A	B	A	B	C	D	A	B	C	D
试验温度/℃	—	—	+20	—	+20	0	−20	—	+20	0	−20
冲击吸收能量 KV_2/J	—	—	≥27	—	≥27			—	≥27		

表 2.6　夏比（V 形缺口）冲击试验的温度和冲击吸收能量

牌号		以下试验温度的冲击吸收能量最小值 A_{KV}/J									
钢级	质量等级	20℃		0℃		−20℃		−40℃		−60℃	
		纵向	横向	纵向	横向	纵向	横向	纵向	横向	纵向	横向
Q355、Q390、Q420	B	34	27	—	—	—	—	—	—	—	—
Q355、Q390、Q420、Q460	C	—	—	34	27	—	—	—	—	—	—

表 2.7　断裂韧度的有关概念及对钢桥性能的影响

序号	名称	对钢桥的影响
1	低应力脆性断裂	通常，人们认为零件在许用应力下工作不会发生塑性变形，更不会发生断裂事故。然而在实际生产运行中，时常发生高压容器的爆炸和桥梁、船舶、大型轧辊、发电机转子的突然折断等事故，其工作应力虽然远低于 σ_s，但会突然发生低应力脆断。大量的断裂事故分析表明，这种低应力脆断是由材料本身存在裂纹和裂纹扩展引起的。实际上，机件及其材料本身不可避免地存在着各种冶金和加工缺陷，它们即相当于裂纹或在使用中发展为裂纹。在应力作用下，这些裂纹进行扩展，一旦达到失稳扩展状态，便会发生低应力脆断
2	裂纹尖端的应力场强度因子	试验研究指出，由于裂纹存在，材料中的应力分布不能再看作是均匀的。在裂纹尖端前沿产生了应力集中，且具特殊的分布，形成了一个裂纹尖端的应力场。按断裂力学观点分析，这一应力场强弱程度可用应力场强度因子 K_I 值来描述。K_I 值大小与裂纹尺寸($2a$)、加载方式、材料特性和外加应力(σ)有关，可表达为： $K_I=Y\sigma\sqrt{a}$ ($MN/m^{3/2}$ 或 $MPa/m^{1/2}$) 式中，Y 为与裂纹形状、加载方式及试样几何尺寸有关的无量纲系数(具体数值可根据试样条件查手册)；σ 为外加应力，单位 MN/mm^2；a 为裂纹的半长，单位 m
3	断裂韧性(K_{IC})的含义	由上式可见，随应力 σ 的增大，K_I 不断增大，当 K_I 增大至某一定值时，即可使裂纹尖端前沿的内应力大到足以使材料分离，从而导致裂纹突然失稳扩展而发生断裂。此应力场强度因子 K_I 的临界值，即称为材料的断裂韧性，用 K_{IC} 表示。它反映了材料在有裂纹存在时，抵抗脆性断裂的能力。K_{IC} 可通过试验来测定，它是材料本身的特性。K_{IC} 与裂纹的形状、大小无关，也和外加应力无关，只决定于材料本身的成分、热处理条件及加工工艺等情况

续表

序号	名称	对钢桥的影响
4	桥梁用钢的 K_{IC}	桥梁用钢在钢桥服役过程中产生的疲劳裂纹，会危及桥梁结构的安全。裂纹萌生的时间及扩展速度与钢材 K_{IC} 大小有一定关系。故在钢桥设计中，钢材的 K_{IC} 应纳入桥梁用钢的基本性能中，并在设计中予以考虑。应注意的是在选择 K_{IC} 试验条件，或选用 K_{IC} 数据时，必须尽可能接近实际工作条件和环境

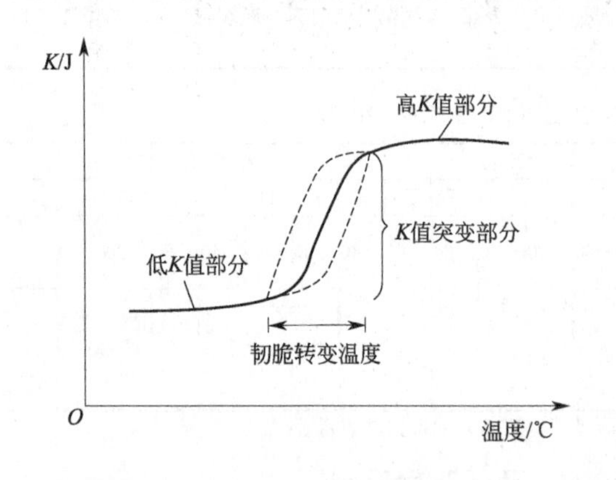

图 2.15　冲击吸收能量与温度变化曲线

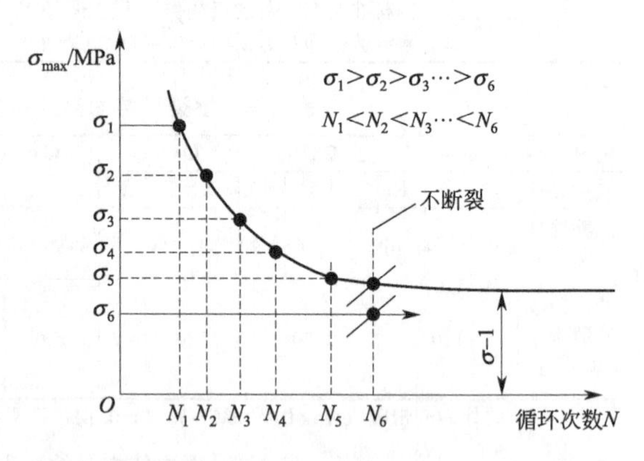

图 2.16　疲劳曲线示意图

表 2.8　疲劳及疲劳强度的重要性

序号	名称	疲劳及疲劳强度的概念及其重要性
1	疲劳现象	许多零件都是在交变应力(即大小、方向随时间变化而变化的应力)下工作的，如轴、齿轮、弹簧等。它们工作时所承受的应力，通常都低于材料的 σ_s。零件在这种交变载荷作用下经过较长时间工作而发生断裂的现象称为疲劳破坏。据统计，机械零件断裂失效中有 60%～70%是属于疲劳断裂性质(图 2.16)
2	疲劳断裂	它是一裂纹形成和扩展过程，微裂纹往往起源于零件表面，有时也可在零件内部某一薄弱部位首先产生裂纹，随时间增加，裂纹不断向截面深处扩展，以致在某一时刻，当剩余截面承受不了所加应力时，便产生突然裂纹失稳扩展而断裂。疲劳断裂时不产生明显塑变，往往是突然断裂，故是一种危险的脆断。因此，研究材料的疲劳破坏，提高疲劳抗力，对于发展国民经济有着重大实际意义
3	疲劳强度 R_{-1}	在不同交变应力下试验，测定各应力下试样发生断裂的循环周次 N，绘制出 σ_{max} 及 N 之间关系曲线，即疲劳曲线，见图 2.17。由图可知，当应力低于某数值时，即使循环周次 N 无穷多也不发生断裂，此应力值称疲劳强度或疲劳极限。用 R_{-1}(或 σ_{-1})表示，单位为 MPa。一般规定钢铁材料的循环基数为 10^7；有色金属、某些超高强度钢和许多聚合物材料的循环基数为 10^8
4	R_{-1} 与 R_m 的关系	材料的 $R_m(\sigma_b)$ 愈高，$R_{-1}(\sigma_{-1})$ 也愈高。当工件表面处于残余压应力时，材料表面的 $R_{-1}(\sigma_{-1})$ 提高。在其他条件相同情况下，材料的 R_{-1} 随 R_m 的提高而增加。如碳钢的 R_{-1} 约为其 R_m 的 40%～50%，有色金属约为 25%～50%。改善零件 R_{-1} 可通过合理选材、改善材料的结构形状、避免应力集中、减少材料和零件的缺陷、改善零件表面粗糙度、对零件表面进行强化等方法解决
5	钢桥的疲劳问题不容忽视	由于桥梁的活荷载大，且随交通量的不断增加及服役年限的增加，钢桥的疲劳问题成为目前面临的主要问题之一，尤其是大跨径桥梁。钢材在反复的车辆荷载作用下，局部应力集中部位会产生疲劳裂纹，裂纹一旦产生，便会危及桥梁结构的安全。因此一定要引起足够重视

(3) 良好的冷、热加工性、耐腐蚀性及时效等(见表 2.9)

表 2.9　桥梁用钢的工艺性、耐蚀性及时效等性能

序号	名称	各种性能的说明
1	冷加工与加工硬化	钢材经冷加工产生一定塑性变形后，其屈服强度、硬度提高，而塑性、韧性及弹性模量降低，这种现象即称为"加工硬化"。钢材的冷加工方式有冷拉、冷拔和冷轧。以钢筋的冷拉为例(见图 2.17)，图中 OBCD 为未经冷拉时的应力-应变曲线；而 $O'K_1C_1D_1$ 为经冷拉时效后的应力-应变曲线。冷拉钢筋冷拉后屈服强度可提高 15%～20%，冷拔后屈服强度可提高 40%～60%。冷拔是将外形为光

续表

序号	名称	各种性能的说明
1	冷加工与加工硬化	圆的盘条钢筋从硬质合金拔丝模孔中强行拉拔(见图 2.18)，由于模孔直径小于钢筋直径，钢筋在拔制过程中既受拉力又受挤压力，使其强度大幅度提高但塑性则显著降低。 冷轧是将圆钢在轧钢机上轧成断面按一定规律变化的钢筋，可增大钢筋与混凝土间的黏结力，提高钢筋的屈服强度。钢筋在冷轧时，纵向与横向同时产生变形，因此能较好地保持塑性性质及内部结构的均匀性
2	冷弯性能	它是指钢材在常温下承受弯曲变形的能力，是反映钢材内部组织不均匀、内应力和夹杂物等缺陷和塑性的一重要工艺性能。图 2.19 系钢材冷弯试验，在台虎钳式弯曲装置上，按《金属材料　弯曲试验方法》(GB/T 232—2010)所规定要求进行。通过测定试样外层材料不产生裂纹时最小弯曲半径 R_{min}，将其与试样基本厚度 a 比值(即最小相对弯曲半径 R_{min}/a)作为弯曲成形性能指标。最小相对弯曲半径越小，弯曲成形性能越好。 它实质反映了钢材在不均匀变形下的塑性，在一定程度上比伸长率更能反映钢内部组织状态及内应力、杂质等缺陷；同时也能对钢材焊接质量进行严格检验，揭示焊件受弯表面是否存在未熔合、裂缝及夹杂等缺陷。故可用冷弯法来检验钢的质量
3	可焊性和大线能量焊接性	目前，桥梁钢结构多采用钢板焊接而成，包括应用于桁架、节点的各类焊接 H 型钢。随着钢板价格涨势增大，考虑材料切损、焊接成本及流程增长因素，如继续全部采用钢板焊接加工，桥梁钢结构总体造价将大幅上涨。相比而言，整体成形热轧 H 型钢在抵抗疲劳、缩短周期及降低成本方面更具优势，越来越受到桥梁钢结构制造企业的青睐，在设计时逐步开始考虑采用热轧 H 型钢。 绝大多数钢结构、钢筋骨架、接头及连接等都采用焊接方式。焊接质量除与焊接工艺有关外，还与钢材可焊性有关。可焊性是指在一定材料、工艺和结构条件下，钢材适应焊接工艺和方法的能力。可焊性好的钢材适应焊接工艺和方法的能力强，可采用常用焊接工艺与焊接方法焊接。可焊性差的钢材焊接时，应注意焊后可能出现的变形、开裂等现象。当碳的质量分数超过 0.3%后，钢的可焊性变差。硫能使钢的焊接处产生热裂纹而硬脆；锰可克服硫引起的热脆性。沸腾钢的可焊性较差。其他杂质含量增多，也会降低钢的可焊性。在低合金高强度结构钢中，所含合金元素对焊接性有不利影响，按国际焊接学会(IIW)规定，采用碳当量(CE)来衡量低合金钢的可焊性，其计算公式为 $$\mathrm{CE}=\mathrm{C}+\frac{\mathrm{Mn}}{6}+\frac{\mathrm{Cr}+\mathrm{Mo}+\mathrm{V}}{5}+\frac{\mathrm{Ni}+\mathrm{Cu}}{15}$$ 其中 C、Mn、Cr、Mo、V、Ni、Cu 分别为碳、锰、铬、钼、钒、镍和铜的质量分数。当 CE 不超过 0.38%时，钢材的焊接性很好，如 Q345 钢；当 CE 大于 0.38%但不超过 0.45%时，钢材变硬倾向逐渐明显，需采取一定的预热措施并控制施焊工艺；当 CE 大于 0.45%时，钢材变硬倾向更加明显，需严格控制施焊工艺和预热措施以获得合格的焊缝质量。 为适应钢结构大型化后提高焊接效率的要求，大线能量焊接(≥50kJ/cm)技术应运而生。该技术的采用，给传统的高强度低合金钢带来了新课题，即焊接热影响区(heat affected zone，HAZ)的性能恶化问题。学者们对 HAZ 韧性变差的主要原因进行了大量研究，认为 HAZ 韧性变差主要是受钢 $B_{上}$(上贝氏体)中生成的岛状 M(马氏体)-A(奥氏体)组元的硬化组织所支配，根据其生成机理，为改善大线能量焊接时 HAZ 韧性，重要的是要减少 M-A 的数量。利用氧化物冶金原理，添加合金元素，使其在钢中形成大量弥散分布的高熔点第二相质点，使钢板在大线能量焊接下的热影响区仍具高强度和高韧性。因此，钢材应适应冷、热加工，具有良好的冷弯及焊接性等，不致因加工而对结构的强度、塑性和韧性等造成较大的不利影响
4	耐候性(耐大气腐蚀性能)	大气腐蚀是金属材料失效主要原因之一，耐大气腐蚀钢(即耐候钢)是指通过添加少量合金元素，使其在大气中具有良好耐腐蚀性能的低合金高强度钢。耐候钢耐大气腐蚀性能为碳素结构钢的 2～8 倍，且使用时间愈长，耐蚀作用愈突出。耐候钢除应有良好耐候性外，还要有优良的力学、焊接等使用性能。在钢桥结构中，一方面可采用耐腐蚀钢材，另一方面也可根据结构的需要增加耐蚀涂层材料。耐候钢生产成本较一般钢材提高不多，但可依靠其自身性能抵抗一般环境下的侵蚀，甚至可做到免涂装，大幅降低后期养护成本。美国、日本的钢结构桥梁已开始广泛推广耐候钢，截至 2014 年年底，美国约有 1 万座免涂装耐候钢结构桥。 从近年来桥梁设计和询价单情况看，国内耐候桥梁钢的研究和应用明显增多。以往阻碍耐候钢实际应用的主要是成本，耐候钢和普通钢差价与刷防腐涂料间的成本权衡等问题正在解决，用耐候钢节约综合成本的观念逐渐为业内接受。故开发适应各种气候环境的耐候钢必将成为桥梁钢另一重要发展方向。我国大型钢企已研发了桥梁用耐候钢，最高强度达 690MPa，已具备耐候钢生产能力，并开始向国外出口。

续表

序号	名称	各种性能的说明
4	耐候性(耐大气腐蚀性能)	耐候结构钢主要分为普通喷涂型、无喷涂型和沿海地区使用的高耐候钢三个系列。在我国东部发达地区工业大气和海洋大气气氛较重,对钢材耐腐蚀性有较高要求,而南部潮湿地区和易积水地区也需使用耐候性较好的钢。为满足建筑结构经济、环保、寿命长的要求,需减少喷涂,可开发无喷涂型耐候结构钢,赋予钢材良好的耐候性能
5	钢材时效	钢经冷加工后,随时间延长,钢材屈服极限和强度极限逐渐提高而塑、韧性逐渐降低的现象,称为时效。经冷拉的钢筋在常温下存放15~20d(天),或加热至100~200℃并保持一定时间,这个过程即称为时效处理,前者为自然时效,后者为人工时效。一般强度较低的钢材采用自然时效,而强度较高的钢材则采用人工时效

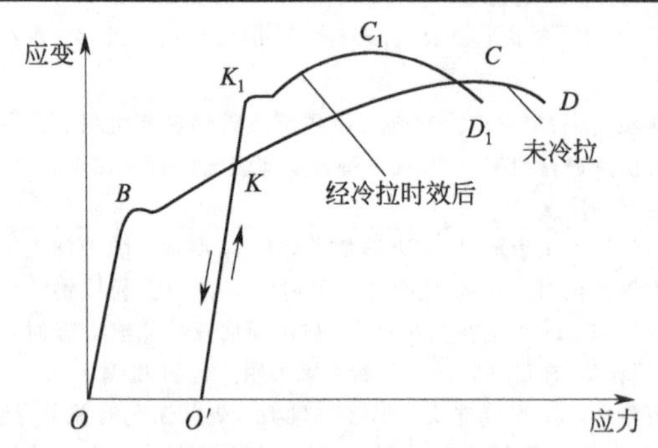

图 2.17　钢筋冷拉时效后应力-应变曲线变化图

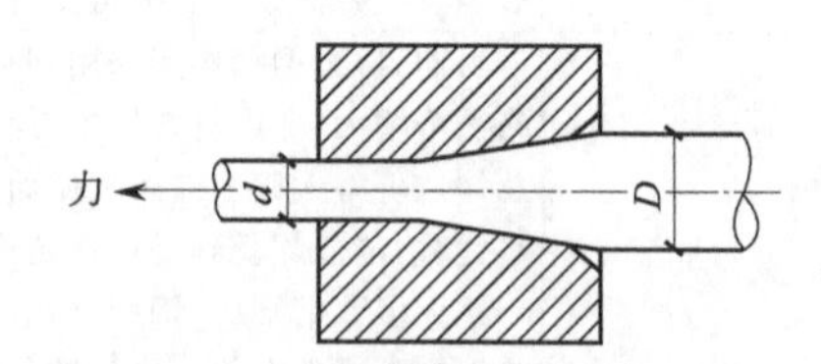

图 2.18　冷拔模孔示意图

2.2.3 桥梁用结构钢的炉外精炼与牌号表示方法

(1) 优质钢的炉外精炼

为获更高质量、更多品种的高性能钢，需采用炉外精炼方法。钢水的炉外精炼就是把转炉及电炉初炼过的钢液转移到钢包或其他专用容器中进一步精炼的炼钢过程，也称“二次精炼”。实施炉外精炼可提高钢的冶金质量，缩短冶炼时间，降低成本，优化工艺过程。炉外精炼可完成脱碳、脱硫、脱氧、去气、去除夹杂物及成分微调等任务。在现代炼钢生产过程中，为获得高质量产品，从转炉和电弧炉中出来的钢水几乎都要经炉外精炼处理，使最后的产品达到所要求的最大限度的纯净度。

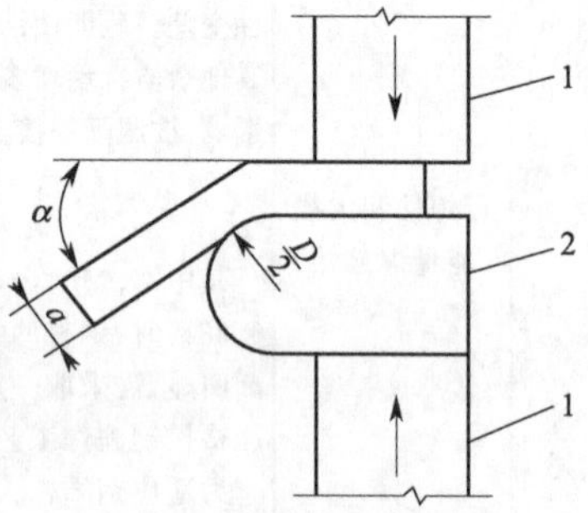

图 2.19　台虎钳式冷弯试验法

1—台虎钳；2—弯曲压头；

a—试样厚度或直径；

D—弯曲压头直径；

α—弯曲角度

(2) 牌号表示方法

桥梁专用钢材可根据参考的设计规范主要分为三大类：《桥梁用结构钢》(GB/T 714—2015)，《碳素结构钢》(GB/T 700—2006)，《低合金高强度结构钢》(GB/T 1591—2018)。所设计的桥梁依不同设计要求选择钢材时，须满足上述规范要求，且优先选用强度较高、韧性较好钢材，实现桥梁用钢选材上的经济性。

① 碳素结构钢和低合金结构钢的牌号表示方法及示例　按国标《低合金高强度结构钢》(GB/T 1591—2018) 生产的钢材共有 Q295MPa、Q355MPa、Q390MPa、Q420MPa 和 Q460MPa 等 5 种牌号。板材厚度不大于 16mm 的相应牌号钢材的屈服强度分别为 295、355、390、420 和 460MPa。这些钢碳含量均不大于 0.20%，强度的提高主要依靠添加少量几种合金元素来达到，其总量低于 5%，故称低合金高强度钢。钢牌号由代表屈服强度“屈”字的汉语拼音首字母 Q、规定的最小上屈服强度数值、交货状态代号、质量等级符号

(B、C、D、E、F) 四部分组成。交货状态为正火或正火轧制状态时，交货状态代号均用 N 表示。

② 碳素结构钢　根据我国现行《钢结构设计标准》(GB 50017—2017) 推荐钢材宜采用碳素结构钢中的 Q235 钢。

③ 桥梁用低合金高强度结构钢　它是在普通碳素钢的基础上，添加少量的一种或几种合金元素而成低合金高强度结构钢。常用的合金元素有 Si、Mn、V、Ti、Nb、Cr、Ni、RE 等元素。目的是提高钢的屈服强度、抗拉强度、耐磨性、耐蚀性及耐低温性能等。其综合性能较为理想，尤其在大跨度、承受动荷载和冲击荷载的结构中更适用，与使用碳素钢相比，可节约钢材 20%～30%，但其成本并不很高。桥梁用低合金结构钢的主要力学性能，见表 2.10；《低合金高强度结构钢》(GB/T 1591—2018) 给出了热轧钢材的力学及工艺性能要求，见表 2.11～表 2.14。

表 2.10　桥梁用低合金结构钢的主要力学性能 (GB/T 714—2015)

钢材类型	质量等级	屈服强度 R_{eL}/MPa			抗拉强度 R_m/MPa	断后伸长率 A/%
		厚度/mm				
		≤50	>50～100	>100～150		
		不小于				
Q345q	C	345	335	305	490	20
	D					
	E					
Q370q	D	370	360	—	510	20
	E					
	F					
Q420q	D	420	410	—	540	19
	E					
	F					
Q460q	D	460	450	—	570	18
	E					
	F					
Q500q	D	500	480	—	630	18
	E					
	F					
Q550q	D	550	530	—	660	16
	E					
	F					
Q620q	D	620	580	—	720	15
	E					
	F					
Q690q	D	690	650	—	770	14
	E					
	F					

表 2.11　低合金高强度结构钢热轧钢材的拉伸性能

钢级	质量等级	公称厚度或直径/mm									抗拉强度 R_m/MPa			
		≥10	>10～40	>40～60	>60～80	>80～100	>100～150	>150～200	>200～250	>250～400	≤100	>100～150	>150～250	>250～400
Q355	B,C	355	345	325	325	315	295	285	225	—	470～630	450～600	450～600	—
	D									285①				450～600②

续表

钢级	质量等级	公称厚度或直径/mm									抗拉强度 R_m/MPa			
		≥10	>10~40	>40~60	>60~80	>80~100	>100~150	>150~200	>200~250	>250~400	≤100	>100~150	>150~250	>250~400
Q390	B,C,D	390	380	360	240	340	320	—	—	—	490~650	470~620	—	—
Q420①	B,C	420	410	390	370	370	350	—	—	—	320~390	300~650	—	—
Q460①	C	460	450	420	410	410	350	—	—	—	550~720	770~700	—	—

表 2.12　低合金高强度结构钢热轧钢材的伸长率

牌号		公称厚度或直径/mm						
		不小于						
钢级	质量等级	试验方向	≤40	>40~60	>60~100	>100~150	>150~250	>250~400
Q355	B,C,D	纵向	22	21	20	18	17	17①
		横向	20	19	18	18	17	17①
Q390	B,C,D	纵向	21	20	20	19	—	—
		横向	20	19	19	18	—	—
Q420①	B,C	纵向	20	19	19	19	—	—
Q460②	C	纵向	18	17	17	17	—	—

表 2.13　低合金高强度结构钢的冲击吸收能量值

牌号		以下试验温度的冲击吸收能量最小值 A_{KV}									
钢级	质量等级	20℃		0℃		−20℃		−40℃		−60℃	
		纵向	横向	纵向	横向	纵向	横向	纵向	横向	纵向	横向
Q355、Q390、Q420	B	34	27	—	—	—	—	—	—	—	—
Q355、Q390、Q420、Q460	C	—	—	34	27	—	—	—	—	—	—
Q355、Q390	D	—	—	—	—	34	27	—	—	—	—

表 2.14　低合金高强度结构钢的弯曲试验

试验方向	180°压弯试验 D=压弯头直径；σ=试样直径 公称厚度或直径/mm	
	<15	>15~100
对于公称宽度不小于 600mm 的钢棒或钢带选择横向试样，其余选纵向试样	$\theta=2\sigma$	$\theta=3\sigma$

钢桥的主要受力构件一般采用 Q345q 钢，对于次要的辅助构件可选用强度等级较低的钢材。而当构件受力过大或采用低强度钢材设计的板厚过厚时，可考虑采用高强度的钢材。对于中小跨径桥梁而言，可依据上述原则进行钢材强度的选择；而大跨径桥梁的柔性较大，尤其是悬索桥，除了要考虑受力安全外，还需进行抗疲劳设计。在满足受力条件后往往还会在一定程度上增加板厚，使其局部的应力满足设计需求，从而导致实际桥梁的板厚相对较厚。故《桥梁用结构钢》（GB/T 714—2015）提出了各牌号钢厚度大于 15mm 时的方向性能要求，以 S 元素含量的高低进行控制，见表 2.15。

表 2.15　厚度方向性能级别

Z 向性能级别	Z15	Z25	Z35
S 元素含量/%	≤0.010	≤0.007	≤0.005

钢材的厚度方向性能是对钢材抗层状撕裂能力提供的一种量度，通常采用厚度方向拉伸试验的断面收缩率来评定。表 2.15 中的 Z15、Z25、Z35 表示钢材厚度方向性能级别及所对应的断面收缩率的平均值。当设计要求钢材厚度方向性能时，则在上述规定的牌号后分别加上代表厚度方向（Z 向）性能级别的符号，例如 Q345qDZ15，表示屈服强度 345MPa、质量等级为 D 级、厚度方向断面收缩率平均值为 15%的钢材。

2.3 现代钢结构桥梁用钢的发展

桥梁是跨越天然和人工障碍区的载体，是现代交通系统中的重要元素。钢桥（钢结构桥梁）具有构件自重轻、强度高、塑性及韧性好、抗震和抗风性能好以及便于运输吊装等优点，而且钢结构桥梁加工简易迅速、施工占地面积小、易于装配、施工周期短；由于钢桥的安装方式和钢结构构件精度高的特点容易使钢桥质量稳定，钢结构桥梁在使用过程中也更易进行加固、接高，又易于循环利用、绿色环保。基于这些优点，伴随钢铁行业的高速发展、钢材品质的不断提升，钢结构桥梁已经成为现代桥梁设计、建设的不二之选。

2.3.1 我国现代钢结构桥梁的应用与发展

改革开放以来，特别是最近十余年来，在国家经济快速发展推动下，中国桥梁以每年 3 万多座的速度递增，目前我国公路桥梁数量约 83.25 万座，全国桥梁总数约 100 万座，已成为世界第一桥梁大国，并且，建成了一大批世界级的重大桥梁。在世界排名前 10 位的各类型桥梁中，中国均占据半数以上。中国桥梁取得的这些成就得到了国际同行的认可，中国桥梁积极申请各项国际桥梁大奖，仅 2002～2018 年间就先后荣获了国际咨询工程师联合会、美国土木工程师协会、国际桥梁与结构工程协会、国际桥梁大会、英国结构工程师学会、国际路联等国际工程组织的各类奖项 34 项（见表 2.16）。国际奖项的获得，极大地鼓舞了中国桥梁界的信心，对中国桥梁的发展起到了重要促进作用，表明中国桥梁已跻身国际先进行列。

表 2.16 中国桥梁获得的各类国际大奖（2002～2018 年）

序号	桥名	获奖时间	颁奖机构	奖项
1	苏通大桥	2013	国际咨询工程师联合会(FIDIC)	FIDIC 百年杰出土木工程奖
2	天兴洲大桥	2013		杰出项目奖
3	杭州湾大桥	2014		杰出项目奖
4	泰州大桥	2014		杰出项目奖
5	西堠门大桥	2015		杰出项目奖
6	马鞍山大桥	2016		杰出项目奖
7	甬江特大桥	2016		杰出项目奖
8	嘉绍大桥	2017		杰出项目奖
9	卢浦大桥	2008	国际桥梁与结构工程协会(IABSE)	杰出结构工程奖(Winner)
10	苏通大桥	2010		杰出结构工程奖(Finalist)
11	昂船洲大桥	2011		杰出结构工程奖(Finalist)
12	西堠门大桥	2012		杰出结构工程奖(Finalist)
13	泰州大桥	2014		杰出结构工程奖(Winner)
14	大胜关大桥	2015		杰出结构工程奖(Finalist)
15	矮寨大桥	2015	国际路联(IRF)	全球道路施工成就奖
16	嘉绍大桥	2016		全球道路设计成就奖
17	苏通大桥	2010	美国土木工程师学会(ABCE)	杰出工程成就奖

续表

序号	桥名	获奖时间	颁奖机构	奖项
18	泰州长江公路大桥	2013	美国结构工程师学会(ICE)	卓越结构奖
19	苏通大桥	2010	国际结构混凝土协会(FIB)	混凝土结构杰出贡献奖
20	江阴大桥	2002	国际桥梁大会(IBC)	尤金·菲戈奖
21	卢浦大桥	2004		尤金·菲戈奖
22	天津大沽桥	2006		尤金·菲戈奖
23	南京三桥	2007		古斯塔夫·林德撒尔奖
24	苏通大桥	2008		乔治·里查德森奖
25	天兴洲大桥	2010		乔治·里查德森奖
26	西堠门大桥	2010		古斯塔夫·林德撒尔奖
27	胶州湾大桥	2013		乔治·里查德森奖
28	步行桥"南京眼"	2015		亚瑟·海顿奖
29	马鞍山大桥	2016		乔治·里查德森奖
30	嘉绍大桥	2016		古斯塔夫·林德撒尔奖
31	芜湖二桥	2018		乔治·里查德森奖
32	北盘江第一桥	2018		古斯塔夫·林德撒尔奖
33	鸭池河大桥	2018		古斯塔夫·林德撒尔奖
34	张家界大峡谷玻璃桥	2018		亚瑟·海顿奖

(1) 斜拉桥

截至 2019 年，世界上已建成跨度超 400m 的斜拉桥共有 114 座，中国占 59 座，其中主跨径世界排名前十的斜拉桥中国占 7 座（见表 2.17）。

上海闵浦大桥（见图 2.20）采用主跨跨径 708m 双层桥面斜拉桥，跨径大，桥面宽，车道数量大是该桥的显著特点，最初选择主梁的结构形式正是考虑到混凝土结构和钢-混凝土结构自重大，都需较大边跨予以平衡，基础规模大，且主梁悬拼施工时需现浇混凝土，施工速度较慢，故该桥中跨主梁采用全钢结构。为适应双层桥面需要，其主梁结构采用钢桁梁形式且是一种板桁结合钢箱梁，正交异性钢桥面板与主桁共同参与总体受力，具表 2.18 所示的优点。

表 2.17　世界大跨度斜拉桥

序号	桥梁名称	主跨径/m	所属国家	建成时间
1	Ostrov Russki Bridge	1104	俄罗斯	2012
2	沪苏通长江大桥	1092	中国	2020
3	苏通长江大桥	1088	中国	2008
4	昂船洲大桥	1018	中国	2009
5	武汉青山长江大桥	938	中国	2019
6	鄂东长江大桥	926	中国	2010
7	嘉鱼长江公路大桥	920	中国	2019
8	多多罗大桥	890	日本	1999
9	诺曼底大桥	856	法国	1995
10	九江二桥	818	中国	2013

表 2.18　上海闵浦大桥的优点

序号	上海闵浦大桥建造优点
1	钢桥面板相当于增加了主桁弦杆的面积，可显著降低主桁的用钢量
2	斜拉桥是以轴压力为主的结构体系，特别适合于钢桥面板与主桁共同受力
3	钢桥面板与主桁连为一体，增加了钢桁梁的总体刚度，减小了各杆件的受力程度
4	上下弦杆与钢桥面板相连后，提高了弦杆的压屈稳定性，相应地降低了弦杆的刚度要求，从而节省了用钢量、降低了造价

图 2.20　上海闵浦大桥

（2）悬索桥

世界上已建成跨度超 400m 的悬索桥共有 110 座，中国占 34 座，其中世界主跨排名前十的悬索桥中国占 6 座。截至 2019 年，主跨径世界排名前十的悬索桥（包括在建），见表 2.19。

表 2.19　大跨径悬索桥的世界前十名（2019 年数据）

序号	桥梁名称	主跨径/m	所属国家	建成时间
1	明石海峡大桥	1991	日本	1998
2	南京仙新路过江通道	1760	中国	在建
3	六横大桥	1756	中国	在建
4	杨泗港大桥	1700	中国	2019
5	南沙大桥	1688	中国	2019
6	深中通道伶仃洋大桥	1666	中国	在建
7	西堠门大桥	1650	中国	2009
8	Great Belt Bridge	1624	丹麦	1998
9	Izmir Bridge	1550	土耳其	在建
10	Guangyang Bridge	1545	韩国	2012

（3）钢或组合结构拱桥

截至 2019 年，主跨径世界排名前十的钢拱桥（包括在建）见表 2.20。例如，重庆朝天门长江大桥（见图 2.21）采用了板桁结合钢桁梁的结构形式，主桥采用中承式连续钢桁系杆拱桥，南北引桥均为预应力混凝土连续箱梁桥。钢结构的使用减轻了主梁的自重，同时也增加了跨越能力，并且设计出的桥型美观，与周围的景色相映衬，因此朝天门长江大桥也成了重庆的又一道亮丽的风景线。

表 2.20　世界大跨度拱桥（2019 年数据）

序号	桥梁名称	主跨径/m	所属国家	建成时间	主拱形式
1	平南三桥	575	中国	在建(2020 年建成)	钢管混凝土拱
2	朝天门长江大桥	552	中国	2009	钢桁架拱
3	卢浦大桥	550	中国	2003	钢拱
4	波司登长江大桥	530	中国	2012	钢管混凝土拱
5	香溪长江大桥	519	中国	2019	钢箱桁架推力拱
6	新河峡谷大桥	518	美国	1977	钢桁架拱

续表

序号	桥梁名称	主跨径/m	所属国家	建成时间	主拱形式
7	合江长江公路桥	507	中国	在建(2021年建成)	钢管混凝土拱
8	贝尔桥	504	美国	1931	钢桁架拱
9	悉尼港大桥	503	澳大利亚	1932	钢拱
10	巫山长江大桥	492	中国	2005	钢管混凝土拱

图 2.21 重庆朝天门长江大桥

钢桁系杆拱桥作为国内一种新兴的桥梁结构，具有外形雄伟壮观、跨越能力大、承载能力高等优点。钢桁架拱桥和钢斜拉桥相比，它的刚度更大，稳定性和抗震性均更好。钢桁架拱桥是一种传统的桥梁结构。它以其刚劲的桁拱与柔细的吊杆构造组合，形成刚柔相济、相得益彰的建筑效果，具有较佳的建筑景观。

(4) 跨海大桥

随着我国经济的快速发展，公路网建设不断走向深入，桥梁建设也由内陆逐步走向外海。最近十多年以来，我国已成为跨海大桥建设的焦点，截至 2019 年，全长世界排名前 10 位的跨海大桥（见表 2.21）中，我国占 7 座。建成了诸如港珠澳大桥（见图 2.22）、杭州湾大桥（见图 2.23）、青岛胶州湾大桥（见图 2.24）等一批代表性工程。

表 2.21 世界前十的跨海大桥（截至 2019 年）

序号	桥名	全长/km	国家	建成时间
1	港珠澳大桥	50	中国	2018
2	美国庞恰特雷恩湖桥	38.35	美国	1969
3	青岛胶州湾大桥	36.48	中国	2011
4	杭州湾大桥	36	中国	2008
5	东海大桥	32.5	中国	2005
6	大连湾跨海工程	27	中国	在建
7	法赫德国王大桥	25	巴林	1986
8	舟山大陆连岛工程	25	中国	2009
9	深中通道工程	24	中国	在建
10	赤壁湾大桥	19.7	美国	1964

2018 年 10 月 24 日，举世瞩目的港珠澳大桥经 6 年筹备、9 年建设，正式开通。港珠澳大桥（见图 2.22）跨越伶仃洋，以公路桥的形式连接香港、珠海及澳门的大型跨海通道。截至 2021 年，它是世界上里程最长（全长 55km）、寿命最长（设计使用寿命 120 年）、钢结构最大、施工难度最大、沉管隧道最长、技术含量最高、科学专利和投资金额最多的跨海大桥。其中，工程量最大、技术难度最高的是长约 29.6km 的桥-岛-隧集群的主体工程。主体工程“海中桥隧”长 35.578km，其中海底隧道长约 6.75km。人工岛和隧道设计施工要解

决一系列世界级难题，为此，国家交通运输部组织的“港珠澳大桥跨海集群工程建设关键技术研究与示范”项目正式列入国家科技支撑计划，并有 41 位中外桥梁、隧道专家被聘为港珠澳大桥技术专家组成员。港珠澳大桥岛隧工程是国内第一例、世界第二例先铺法施工的外海沉管隧道工程，规模大、工艺新、难度高，首节沉管的成功安装实现了核心工艺和施工组织方法自主研发、自主创新。2017 年 5 月 2 日，世界最大的沉管隧道——港珠澳大桥沉管隧道顺利合龙。2017 年 7 月 7 日，港珠澳大桥主体工程贯通。

大桥工程的技术及设备规模创造了多项世界纪录，获《美国工程新闻纪录》（ENR）评选的 2018 年全球最佳桥隧项目奖。作为中国从桥梁大国走向桥梁强国的里程碑之作，该桥被业界誉为桥梁界的“珠穆朗玛峰”，被英媒《卫报》称为“现代世界七大奇迹”之一。它不仅代表中国桥梁先进水平，更是中国国家综合国力的体现，是中国走向世界的又一张新名片。原珠海到香港 3.5h 的路程，缩短为 0.5h。

图 2.22　世界超级工程——港珠澳大桥

图 2.23　杭州湾大桥

图 2.24　青岛胶州湾大桥

（5）世界最高大桥——北盘江大桥

北盘江大桥（见图 2.25）位于贵州省六盘水市水城县都格镇，是杭瑞高速贵州省毕节至都格（黔滇界）公路的三座大桥之一。大桥跨越云贵两省交界的北盘江大峡谷，与云南省的杭瑞高速普立至宣威段相接。大桥由云、贵两省合作共建，全长 1341.4m，桥面到谷底垂直高度 565m，相当于 200 层楼高，超越之前世界第一高桥四渡河特大桥的 560m，成为目前世界最高的大桥。

北盘江大桥作为一座世界级桥梁，建设中面临五大难题：山区大体积承台混凝土温控；超高索塔机制砂高性能混凝土泵送；山区超重钢锚梁整体吊装；边跨高墩无水平力的钢桁梁顶推；大跨钢桁梁斜拉桥合龙。在 2016 年 9 月 10 日，随着北盘江大桥实现合龙，这些难题都被中国的技术和工程团队顺利克服。2016 年 12 月 29 日，北盘江大桥建成通车。大桥通车后，云南宣威城区至贵州六盘水的车程将从此前的 5h 左右，缩短为 1h。

图 2.25　世界最高大桥——北盘江大桥

图 2.26　美国新海湾大桥——旧金山-奥克兰海湾大桥

（6）把大桥建到国外——我国桥梁建设占全球市场一半

中国桥梁建造企业，除了在国内建设了众多大桥，还积极走出去，负责设计建造了多座其他国家的桥梁，比如塞尔维亚泽蒙－博尔察大桥、马来西亚槟城二桥、马尔代夫跨海大桥、巴拿马运河三桥、韩国仁川二桥、美国旧金山-奥克兰海湾大桥等。在国际桥梁大舞台上，中国建造的桥梁已占全球市场的一半左右。

2011 年 9 月，旧金山-奥克兰海湾大桥（见图 2.26）正式通车。据了解，这样一座世界同类钢结构桥梁中技术难度最高、造价最高的钢桥项目，其 4.5 万吨钢结构的建造全部由中国的振华重工完成，这也是中国企业首次承担如此大规模的国际复杂钢构桥梁的建造。“桥塔加工的精度，美国人要求垂直度 1/2500，我们精度提高了 1 倍，达到了 1/5000。”回忆起振华重工历时 6 年的努力，交通运输部原总工程师凤懋润感慨万千。“我们做的所有钢结构一共有 146 万个螺栓孔，部件运到美国对接时，没有一个孔出现问题。”

（7）智能桥梁是我国桥梁建设的发展方向

根据我国的交通规划，桥梁建设的需求仍然旺盛，从沿海联通、内陆延伸，走向外海、走进山区，建设条件更复杂，建设难度更大，这亟需我们突破建设技术。同时，中国已建成的桥梁总数已达 100 万座，随着时间的推移，养护需求越来越大，桥梁养护技术也亟需突破。如何实现“智能建造”“有效管养”“长效服役”是中国桥梁未来发展面临的三大挑战。

传统桥梁工程与现代信息和智能技术的结合将会推动第三代桥梁工程的发展，发展第三代桥梁的核心是“智能桥梁”。它包含 3 个基本要素，即建养技术、信息技术和智能技术；并且具有三个基本特征，即工业化、信息化和智能化。

智能桥梁的发展需要技术、平台、机制三个方面的支撑。为此，我国已提出以智能桥梁为主题的“中国桥梁 2025”科技计划，覆盖了桥梁建养全产业链，包括 3 个项目群，初步布局了约 30 个项目。目前，已建立一个国家级的桥梁建养科技创新平台——桥梁国家工程研究中心，配有多个实验室和先进的试验设备。同时，还考虑基于共享理念，通过整合创新资源，组建中国桥梁产业技术创新战略联盟，以支撑智能桥梁科技计划的实施。并且，计划通过三个阶段来推动“智能桥梁”科技计划，显著提升桥梁的工业化、信息化和智能化水平。

2.3.2　我国现代钢结构桥梁用钢的发展

（1）高性能桥梁用钢的应用，是我国从桥梁大国到桥梁强国的必然选择

桥梁建设过程中面临着恶劣的服役条件，因此对桥梁结构用钢在力学性能、工艺性能和耐候性能等方面的要求逐渐提高，国内桥梁结构用钢沿着“碳素钢→低合金钢→高强度钢→

高性能钢”的发展轨迹，大致经历了六代产品的更迭（见表2.22）。我国在桥梁结构用钢的化学成分、工艺控制、实物性能等方面已开展了深入研究，朝着具有高强度、优良低温韧性、良好的耐蚀性及抗疲劳性的HPS（高性能钢）方向发展。自2010年，国内桥梁结构用钢发展更加注重安全与绿色的理念，从桥梁服役安全性、施工维护便捷性及全生命周期经济性方面考虑，高性能桥梁结构用钢受到越来越多的青睐，这也将是桥梁工程建设用钢的发展主流，具有有广阔的市场前景。

表2.22　我国桥梁结构用钢发展过程中的典型产品

桥梁钢	钢种	代表钢号	典型工程应用示例
第一代	碳素钢	Q235q(A3)	武汉长江大桥
第二代	低合金钢	Q345q(16Mnq)	南京长江大桥
第三代	低合金钢	Q420q(15MnVNq)	九江长江大桥
第四代	低合金钢	Q370q(14MnNbq)	芜湖长江大桥
第五代	高强度钢	Q420qE(WNQ570)	南京大胜关长江大桥
第六代	高性能钢	Q500qE、Q370qE、Q420qE	沪苏通长江公铁大桥

目前我国已应用屈服度在500～700MPa之间的高强度桥梁用钢，最大钢板厚度达100mm。桥梁钢结构多采用钢板焊接而成，包括应用于桁架、节点的各类焊接H型钢。随着钢板价格涨势增大，考虑材料切损、焊接成本及流程增长因素，如继续全部采用钢板焊接加工，桥梁钢结构总体造价将大幅上涨。相比而言，整体成形的热轧H型钢在抵抗疲劳、缩短周期及降低成本方面更具有优势，越来越受到桥梁钢结构制造企业的青睐，在设计时逐步开始考虑采用热轧H型钢。当前，国内桥梁结构用热轧H型钢的规格配套及钢种匹配还不完善，尤其是大高度及宽翼缘的规格需求缺口很大，限制了热轧H型钢在桥梁钢结构的广泛应用。另外，环氧涂层钢筋、不锈钢钢筋及高性能耐候钢等也逐步得到应用。在缆索材料方面，1770MPa钢丝、1860MPa钢绞线已实现国产化并在工程中应用，2000MPa钢丝也已研发成功并开展应用。

（2）钢结构用钢标准化与系列化

国内最新的桥梁结构用钢执行标准是GB/T 714—2015《桥梁用结构钢》，参照ASTM A709/A709M及EN 10025等标准。在保证质量要求及生产便捷性的前提下，推广应用新工艺、新技术、新方法，有关耐蚀性能方面的规定参照ASTM A709/A709M。

在最新版GB/T 714标准中，将所有桥梁钢的冲击功值提高到120J，且首次将屈强比作为推荐值纳入规范，从另一方面反映了中国桥梁钢未来发展的趋势和方向。从国内几座在建大桥用钢板的订货要求看，由中铁大桥局集团主导的桥梁设计已经将低C_{EV}（碳当量）和低P_{cm}（冷裂敏感指数）、低屈强比、高冲击韧度作为桥梁用钢的基本设计要求。如沪苏通长江公铁大桥、平潭大桥使用的Q370qD/E、Q420qD/E和Q500qE钢板，成分均要求低C_{EV}低P_{cm}，交货状态为TMCP或者TMCP＋回火，冲击功不低于120J，屈强比≤0.85，抗拉强度下限比国家标准高出20～30MPa，同时要求良好的板型质量，不平度≤3mm/m。因此，综合易焊接、高强度、高韧性、低屈强比等性能已经成为桥梁钢发展的主流，也是与国际桥梁钢接轨的必然要求。开发适应各种气候环境的耐候桥梁钢必将成为桥梁钢的另一个重要发展方向。

（3）桥梁用钢向高性能化方向发展

桥梁技术的发展都离不开材料，就钢桥发展来说，应向高强度、易焊接性、耐候性等高性能化方向发展（见表2.23），以保障桥梁的耐久性、安全性，缩短工程周期，降低工程造价与维修费用，从而取得竞争上的优势。

表 2.23　桥梁用钢的高性能化

序号	名称	高性能化的说明
1	高强度	它是指采用微合金化和TMCP技术生产出的具有高强度(强度等级≥460MPa)、良好延性、韧性及加工性能的结构钢材，称为高强度钢。屈服强度>690MPa的钢材称为超高强度钢。高强度钢，不仅可降低结构自重，而且能降低成本。研究表明，高强度钢代替普通强度钢材，可使节省钢材30%左右。钢材单位质量随屈服强度增大而升高，因此高强度钢单位强度成本要低于普通强度钢。我国典型钢材的牌号有Q460、Q500、Q550、Q690等。高强度是国内外桥梁钢发展的一必然方向，美、日、韩、欧等国早在2000年左右就开发了690MPa级桥梁钢，且美国在2003年就已实现工程应用。而我国桥梁用钢板经历六代发展，最高强度级别Q500qE已应用于沪苏通长江公铁大桥，690MPa级桥梁钢已研发完成。随着微合金化技术的应用与发展，研究发现，通过使Nb微合金元素在针状铁素体组织的高温析出，可显著提高钢的高温强度。Nb-V-Ti微合金复合作用也可提高钢的高温强度。研究证实，通过钢中加入RE及Nb-V-Ti微合金化元素与少量耐热性良好的Cr、Mo等元素的复合使用，可达到最佳高温强化效果
2	易焊接性	目前，桥梁钢结构多采用钢板焊接而成，包括应用于桁架、节点的各类焊接H型钢。随着钢板价格涨势增大，考虑材料切损、焊接成本及流程增长因素，如继续全部采用钢板焊接加工，桥梁钢结构总体造价将大幅上涨。相比而言，整体成形的热轧H型钢在抵抗疲劳、缩短周期及降低成本方面更具有优势，越来越受到桥梁钢结构制造企业的青睐，在设计时逐步考虑采用热轧H型钢
3	低屈强比	屈强比(R_{eL}/R_m)越低，材料破坏前产生稳定塑性变形的能力就越高，即使结构出现局部超载失稳也不至于发生突然的倒塌断裂。钢铁结构材料可实现R_{eL}/R_m在0.60～0.85之间，可提高钢结构的抗震安全性。日本在建筑法规中对所用结构材料作了新规定：要求钢材产品的R_{eL}/R_m和冲击值；采用大输入量焊接方法和采用冷成形钢构件，应用热影响区具有高韧性钢材，要求钢材有良好冲击韧度。隔震、减震各类消能装置比较广泛地应用于包括预制装配框架结构在内的民用建筑中，这些要求，对于高性能钢材的开发使用和钢结构抗震设计起到了推动作用。低屈服点钢、高强度钢、耐火钢、耐候钢等新品种有诸多开发和应用
4	耐候性	近年来，钢铁行业在提高钢材抵抗自然环境腐蚀方面做出了大量努力，耐候钢就是典型成果之一。耐候钢生产成本较一般钢材提高不多，但可依靠其自身性能抵抗一般环境下的侵蚀，甚至可做到免涂装，大幅降低后期养护成本。美国、日本的钢结构桥梁已经开始广泛推广耐候钢，截至2014年年底，美国约有1万座免涂装耐候钢结构桥。我国大型钢企已研发了桥梁用耐候钢，最高强度达620MPa，已具备耐候钢的生产能力，并开始向国外出口。从近几年的桥梁设计和询价单情况看，国内耐候桥梁钢的研究和应用明显增多。以往阻碍耐候钢实际应用的主要是成本，耐候钢和普通钢差价与刷防腐涂料之间的成本权衡等问题正在解决，用耐候钢节约综合成本的观念逐渐为业内所接受。因此，开发适应各种气候环境的耐候桥梁钢必将成为桥梁钢的另一个重要发展方向
5	耐低温性	体心立方金属或合金在低于某个临界温度的条件下，韧性急剧降低、材质变脆。为了适应低温工况，低温钢的技术要求一般是在低温下钢材具有足够强度和韧性，并有良好的工艺性能、加工性能等。随着气候变化的加剧，为了提高钢结构的安全性，根据不同的温度条件，结构中广泛应用了耐低温钢，以提高其低温条件下钢结构的性能，钢铁行业应为下游用户提供优质的低温用结构材料
6	信息化	具有显著优势的BIM技术、模块化建筑，对于提高工程质量、缩短工期、节约人力物力、解决环保等问题必将得到广泛推广。因此，钢结构用钢的发展需适应BIM技术及模块化建筑的需求，实现平台经济的制造模式、实现用BIM技术指导工厂的模块化生产

2.3.3 钢结构桥梁用高性能钢

(1) 何谓“高性能钢”?

高性能钢（HPS）有狭义和广义之分，狭义的HPS为集良好强度、延性、韧性、可焊性等力学性能于一体的钢种；广义的定义则为具有某一种或多种特殊力学性能的钢材，如我国的耐火钢和耐候钢等。

HPS是指通过减少C、S等元素含量以改善钢材的可焊性，同时通过TMCP技术与添加微合金元素等手段，提高钢材的强度、断裂韧度与冷弯性能，具有良好的抗疲劳性能的钢。各个国家对于HPS的定义也有所不同。随着结构对钢材力学性能要求的提高以及国内炼钢技术的进步，我国开发了新型的高性能建筑结构用钢（GJ钢）。

（2）高性能钢及其特点

高性能钢主要包括（超）高强度钢、耐候钢等。发展高性能桥梁用钢不仅是钢铁企业自身发展的需要，也是改变目前我国桥梁用钢普遍资源浪费大、品种少、技术含量低、附加值低、标准要求低的现实需要。这是因为钢的强度级别每提高100MPa，可少用钢材10%～20%。从理论上分析，335MPa钢升级为460MPa可节材27%以上，400MPa升级为460MPa可节材13%。更重要的是在实现强度等级的同时，不需消耗大量微合金化元素的资源，有利于科学发展。桥梁结构用高性能钢具有表2.24所示的优点。

表2.24　桥梁结构用高性能钢的使用优点

序号	使用优点
1	减轻自重，易于处理和运输，且减小在顶推施工中悬臂段的弯矩，降低施工和运输成本
2	可降低梁高，使结构更美观
3	增加跨度，减少了桥墩数量或主梁数量
4	减少了焊接中的制造成本，且因为板厚减小，焊接体积减小同时预热要求降低
5	提高的断裂韧度减小了由脆断引起的突然破坏的可能，增加了裂缝容忍能力，提高了结构的安全系数和可靠性
6	良好的耐腐蚀性，使桥梁在长期的使用阶段免于涂装
7	延长了桥梁使用寿命，减少了桥梁的全寿命周期成本
8	绿色环保，符合可持续发展和循环经济理念。与混凝土桥梁相比，其更有利于生态环保，故被称为现代社会的绿色桥梁

总之，HPS结构具有自重轻、强度高、空间利用率高、施工周期短、抗风抗震、可工厂化生产、施工建设与使用过程环境污染少、可回收循环使用等特点，提高了环境保护和资源综合利用水平，节能降耗，符合可持续发展和循环经济理念。

（3）（超）高强度钢

伴随着钢结构工程在跨度、空间、高度等方面需求的不断增加，带动了结构钢材的发展。自20世纪60年代超高强度钢开始在实际工程中得到应用以来，世界各国越来越多的建筑结构和桥梁结构开始采用超高强度钢。

①（超）高强度钢的分类（见表2.25）。

表2.25　（超）高强度钢的分类

序号	依据	详细的分类
1	国际对高强度钢的研究	将屈服强度＜460MPa的钢称为低强度钢；屈服强度≥460MPa范围内的钢称为高强度钢(HSS)；而将屈服强度＞690MPa的钢称为超高强度钢(DHSS)
2	按照强化机理分类	可分为传统(普通)高强度钢(HSS)和先进高强度钢(AHSS)。 ①HSS钢板多是以固溶、析出和细化晶粒等为主要强化手段，常见的主要有碳-锰(C-Mn)钢、高强度低合金(HSLA)钢、各向同性(IS)钢、含磷(P)钢、高强度无间隙原子(IF)钢和烘烤硬化(BH)钢等。 ②AHSS则是指主要通过相变进行强化的钢种，组织中含有马氏体、贝氏体和残留奥氏体。如双相(DP)钢、马氏体(M)钢、复相(CP)钢、相变诱发塑性(TRIP)钢、孪生诱发塑性(TWIP)钢以及淬火和再分配(Q&P)钢等。AHSS的屈服强度则包含了HSS和DHSS的范围。AHSS的强度和塑性配合与HSS钢相比更加优越，且具高强度和良好的成形性，特别是加工硬化指数高，利于提高碰撞过程中对能量的吸收，对于实现车身减重的同时保证安全性十分有利

②先进（超）高强度钢的发展概况　其发展历程大致分为三个阶段，对应典型钢种的性能分布见图2.27。第一代AHSS的基体组织主要为BCC的铁素体和马氏体，如DP钢、TRIP钢、CP钢、M钢等。虽然第一代AHSS可满足不同强度级别的钢种需求，但其塑性随着强度的提高急剧下降，难以在保证高强度的同时满足复杂成形的塑性要求。在此背景

下，研究者提出了第二代 AHSS，即孪晶诱导塑性（TWIP）钢的概念，该类钢中添加了20%以上的 Mn 元素，可实现在室温下的全奥氏体基体，另外 Mn 的添加能促进钢材的轻量化。此类钢利用室温奥氏体基体在变形时的 TWIP 效应提高整体塑性，最终表现出优异的均匀伸长率（50%～90%）和高强度（600～1000MPa）。然而，因高合金元素的添加导致成本高，生产难度大，同时还存在延迟开裂等缺陷，因此应用难度很大。

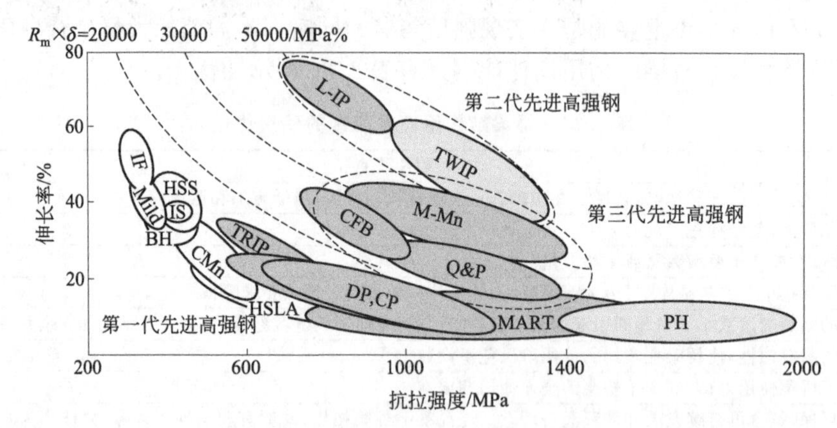

图 2.27 先进（超）高强钢的发展概况

为同时满足低成本、高工业适应性和高性能要求，第三代 AHSS 的概念应运而生。其设计思路是在低合金化基础上，利用残留奥氏体在变形过程中的 TRIP 效应，改善软硬相间的变形协调能力，从而使材料最终拥有良好的强塑性匹配。例如 Q&P 钢、中锰钢和无碳化物贝氏体钢等。

③ 钢结构采用超高强度钢的优势 相对于普通钢材，钢结构采用超高强度钢具有如表 2.26 所示优势。

表 2.26 钢结构采用超高强度钢的优势

序号	名称	进一步说明
1	良好的经济效益	它能减小构件尺寸和结构重量，相应地减少焊接工作量和焊接材料用量，减少各种涂层（防锈、防火）的用量及其施工工作量，使得运输和施工安装更加容易，降低钢结构的加工制作、运输和施工安装成本；同时在建筑物使用方面，减小构件尺寸能够创造更大的使用净空间；特别是能减小所需钢板的厚度，从而相应减小焊缝厚度，改善焊缝质量，提高结构疲劳使用寿命
2	降低钢材用量	它能降低钢材用量，从而大大减少铁矿石资源的消耗、焊接材料和各种涂层（防锈、防火）用量的减少，也能大大减少其他不可再生资源的消耗；同时能减少因资源开采对环境的破坏，这对于我国实施可持续发展战略，改变“高资源消耗”的传统工业化发展模式，充分利用技术进步建立资源节约型和环境友好型国民经济体系都有极大的促进作用
3	节能降耗	它能大大减少钢材冶炼的能源消耗，最终降低单位面积建筑产品的能源消耗，有利于实现降低能源消耗的发展目标

④（超）高强度钢结构主要适用范围

a. 承受竖向和水平荷载非常大的超高层建筑底层柱；b. 大跨屋盖结构，采用超高强度钢能减轻结构自重，减小下部结构的受力；c. 大跨桥梁结构，可明显提高桥梁疲劳使用寿命；d. 军用越障安装桥梁；e. 海洋平台结构等。

⑤（超）高强度钢 我国结构钢主要分为碳素结构钢和高强度低合金钢（见表 2.10）。在 GB/T 714—2015《桥梁中结构钢和型钢》中，规定了 8 个强度级别的高强度低合金钢：Q345q，Q370q，Q420q，Q460q，Q500q，Q550q，Q620q 和 Q690q，通常把屈服强度在

460MPa 以上钢材称为高强钢。我国将 C_{EV}（碳当量）和 P_{cm}（焊接裂纹敏感性系数）作为衡量可焊性的指标，根据轧制工艺把 C_{EV} 控制在 0.45～0.55，其计算式如下：

$$C_{EV}=m(C)+\frac{m(Mn)}{6}+\frac{m(Ni)+m(Cu)}{15}+\frac{m(Cr)+m(Mo)+m(V)}{5}$$

$$P_{cm}=m(C)+\frac{m(Si)}{30}+\frac{m(Mn)}{20}+\frac{m(Cu)}{20}+\frac{m(Ni)}{60}+\frac{m(Cr)}{20}+\frac{m(Mo)}{15}+\frac{m(V)}{10}+5m(B)$$

然而，当采用厚钢板时（板厚 $t>50$mm），高强度低合金钢的屈服强度会出现显著下降。按照 GB 50011—2010《建筑抗震设计规范》，地震区的建筑结构用钢的屈强比不应大于 0.85，且应有明显的屈服平台，同时伸长率不低于 20%。

中国建筑结构用钢板即 GJ 钢，是具有高强度、良好的延性与焊接性能及厚度效应低的综合性能优越的钢材，其力学性能见表 2.27。在 GB/T 19879—2005《建筑结构用钢板》中，将强度等级分为 Q235GJ（B、C、D、E 级）、Q345GJ（B、C、D、E 级）、Q390GJ（C、D、E 级）、Q420GJ（C、D、E 级）、Q460GJ（C、D、E 级）5 个等级。以成功应用到我国工程中的 Q460GJ 为例，当钢板厚度从 16mm 增至 100mm 时，钢材的屈服强度从 460MPa 降到 440MPa。同时，GJ 钢通过严格控制 C_{EV} 和 P_{cm}，以保证良好的可焊性及冲击韧度；GJ 钢有很高伸长率保证了良好延性；GJ 钢的屈强比≤0.85，有良好的安全储备，满足要求。另外，对厚度超过 15mm 钢板，还可通过控制断面收缩率来保证其厚度方向的抗撕裂性能（Z15、Z25、Z35）。这里，Z 向性能即指钢板在厚度方向具有抗层状撕裂的性能，一般可用厚度方向钢板的断面收缩率 ψ_Z 进行衡量。Z 向钢板一般也是在低碳钢或低合金钢中加入 Nb、V、Al 等合金元素进行微合金化处理，并大幅度降低有害元素 S、P 的含量，因此钢材的纯洁度高，综合性能好。

表 2.27　我国高性能建筑结构用钢的力学性能

牌号	质量等级	不同钢板厚度下的屈服强度/MPa				抗拉强度/MPa	伸长率/%	不同温度下纵向冲击功		不同钢板厚度下的180°弯曲试验		屈强比
		6≤t≤16	16<t≤35	35<t≤50	50<t≤100			温度/℃	冲击功/J	t≤16	t>16	
Q345GJ	B C D E	≥345	345～465	335～455	325～445	490～610	≥22	20 0 −20 −40	≥34	$d=2a$	$d=3a$	≤0.83
Q390GJ	C D E	≥390	390～510	380～500	370～490	490～650	≥20	0 −20 −40	≥34	$d=2a$	$d=3a$	≤0.85
Q420GJ	C D E	≥420	420～550	410～540	400～530	520～680	≥19	0 −20 −40	≥34	$d=2a$	$d=3a$	≤0.85
Q460GJ	C D E	≥460	460～600	450～590	440～580	550～720	≥17	0 −20 −40	≥34	$d=2a$	$d=3a$	≤0.85

注：d 为弯心直径；a 为试样厚度；t 为钢板厚度；单位为 mm。

（4）耐候钢浅析

钢结构的耐腐蚀性很差；与建筑结构相比，桥梁结构的使用环境更加恶劣；另外，普通钢结构需要隔一定时间就重新涂装，维护费用较高。此时，耐候钢应运而生。

耐候钢一般是在低碳钢或低合金钢中添加少量合金元素，如 Cu、P、Cr、Ni、Nb、Ti、All 等，使其在钢基体表面形成保护层，以提高钢材的抗腐蚀性能。在大气作用下，耐候钢表面可形成致密的稳定锈层，以阻绝氧气和水的渗入而产生的电化学腐蚀过程。

20 世纪 30 年代，由美国最先研发出耐腐蚀、高强度含铜低合金钢——Croten 钢。我国对于耐候钢的研究起步较晚，于 20 世纪 60 年代初试制成功并应用于铁路。通过之后长时间的试验研究及数据积累，逐渐形成比较完善的体系，并制定了相关技术标准。

在我国，耐候钢主要分为高耐候钢和焊接耐候钢。高耐候钢主要分为 Q265GNH、Q295GNH、Q310GNH、Q355GNH 四种。焊接耐候钢主要分为 Q235NH、Q295NH、Q355NH、Q415NH、Q460NH、Q500NH、Q550NH 七种。目前，耐候钢已应用到许多建筑和桥梁结构中，但高耐候钢的焊接性能相对较差，而焊接耐候钢的耐大气腐蚀性能性能相对较差；高耐候钢的钢板厚度有限（小于 40mm），高强度焊接耐候钢（如 Q415NH、Q460NH、Q500NH、Q550NH）的钢板厚度也受到限制（小于 60mm）。由于存在这一系列问题，使得耐候钢工程应用受到限制。

2.4 高性能耐候桥梁钢的应用与发展

2.4.1 腐蚀现象与耐候钢的概念

（1）腐蚀及其危害

腐蚀是钢铁材料服役过程中普遍存在的失效问题。据不完全统计，每年由于钢结构腐蚀造成的经济损失占国内生产总值（GDP）的 2%～4%。目前，钢结构桥梁同样也存在耐腐蚀性能较差问题，全世界钢结构腐蚀造成的经济损失达数万亿美元。金属材料暴露于空气中，与空气中水汽和氧等的化学或电化学作用产生的破坏称为大气腐蚀，大气腐蚀是桥梁耐候钢的主要破坏形式之一。据统计，材料因大气腐蚀所造成的经济损失约占总腐蚀损失的 50%，给国民经济造成重大损失。钢铁在大气中发生腐蚀的主要原因是钢材表面覆盖有一层性质类似电解液的水膜。水膜提供了钢铁表面电化学腐蚀反应的外部条件，其厚度直接决定了钢铁腐蚀快慢。钢材腐蚀是一种不均匀破坏，腐蚀发展过程很快，一旦在表面发生，腐蚀的蚀坑会由坑底向纵深迅速发展，使钢材产生应力集中，而应力集中又会加快钢材的腐蚀，这是一种钢材腐蚀的恶性循环。全世界每年因金属腐蚀造成的直接经济损失约 7000 亿美元，是地震、水灾、台风等自然灾害损失的 6 倍。

（2）研发耐候钢，迫在眉睫

为了解决钢材在大气中的腐蚀问题，伴随着科技的进步和经济的快速发展，研究并开发具有良好的耐大气腐蚀性能的耐候桥梁钢迫在眉睫，也是是一种趋势。通过添加少量合金元素的低合金高强度钢，在其表面形成致密、稳定的氧化锈层，防止腐蚀的进一步发生，其综合作用是“以锈止锈”。其服役时间愈长，耐蚀效果愈明显。在桥梁建设领域，其主要经济优势是降低修复防腐蚀保护系统的相关费用，与传统的防腐蚀系统所保护的结构相比，耐候钢结构的制造和维护成本通常低 2%～10%，因此被广泛应用于桥梁建设。目前，耐候钢主要有三种使用方式：裸露使用、涂装使用、锈层稳定化处理后使用。此外，向耐候钢中加入 Nb 等微合金元素可发挥其固溶强化、细晶强化、析出强化及提高钢耐蚀性能的作用，也是当前研究的热门。

（3）何谓“耐候钢”？

耐候钢，即耐大气腐蚀钢。通过添加少量的合金元素 Cu、Cr、Ni、P 等，使其在金属基体表面上形成保护层，以提高钢材耐大气腐蚀性能的钢称为耐候钢。它是介于普通钢和不锈钢之间的低合金高强度钢系列，由普碳钢添加少量耐腐蚀合金元素而成，形成奥氏体，具有极高点阵结构，致密度高，能够提高钢的强韧、塑延、成形、焊割、耐磨蚀、耐高温、抗疲劳等特性。

耐候钢不是不发生锈蚀，它在使用阶段初期与普通钢材一样产生锈蚀，但其生锈后的锈蚀速度比普通钢材低。随着时间的延长（3～5 年），耐候钢会通过钢材表面与腐蚀大气接触，经电化学作用转而形成一层致密、连续且与基体金属黏附性强的合金元素 Cu、Cr、Ni、P 等富集的非晶态尖晶石内锈氧化层，凭借该表层锈的保护，能阻止大气中的氧和水向基体渗入、减缓腐蚀，使之在大气中具有良好耐腐蚀性能。随着使用时间的延续，其耐蚀作用愈加显著；凭借该层锈的保护，其显示出良好的耐大气腐蚀性能。

耐候钢的耐大气腐蚀性能为普通碳素钢的 2～8 倍，并且使用时间愈长，耐蚀作用愈突出。

（4）耐候桥梁钢的优点

与普通钢相比，在适宜的环境中采用耐候钢建造钢桥具有表 2.28 所示优点。

表 2.28　耐候桥梁钢的优点

序号	优点名称	进一步说明
1	初期成本低	同普通钢加涂装相比，大大减少了涂装费用，节约初期成本
2	全寿命成本低，符合可持续发展战略要求	耐候钢桥可降低钢结构桥梁服役过程中维修养护的要求，不仅大大减小直接维护费用，而且可减少包括中断交通的间接费用，并延长使用寿命，同时还能保护环境，符合可持续发展战略要求
3	减少涂装	减少现场和工厂涂装工序，加快了建造速度
4	绿色环保，安全性好	桥梁钢涂装会释放挥发性有机物，而耐候钢可避免或减少涂装，对环境影响小，对工人不产生健康与安全问题

（5）耐候钢的分类与表示方法

我国目前生产的耐候钢分为高耐候钢和焊接耐候钢两种。其分类及用途见表 2.29。

表 2.29　耐候钢的分类、牌号表示方法、生产方式及用途

类别	牌号	生产方式	用途
高耐候钢	Q295GNH、Q355GNH	热轧	车辆、集装箱、建筑、塔架或其他结构件等结构用，与焊接耐候钢相比，具有较好的耐大气腐蚀性能
	Q265GNH、Q310GNH	冷轧	
焊接耐候钢	Q235NH、Q295NH、Q355NH、Q415NH、Q460NH、Q500NH、Q500NH	热轧	车辆、桥梁、集装箱、建筑或其他结构件等结构用，与高耐候钢相比，具有较好的焊接性能

由表 2.29 可见，耐候钢的牌号由“屈服强度”“高耐候”“耐候”的汉语拼音首位字母“Q”“GNH”或“NH”、屈服强度的下限值以及质量等级（A、B、C、D、E）组成。其化学成分与力学性能分别符合表 2.30～表 2.32 的规定。

表 2.30　耐候结构钢的化学成分

牌号	化学成分(质量分数)/%								
	C	Si	Mn	P	S	Cu	Cr	Ni	其他元素
Q265GNH	≤0.12	0.10～0.40	0.20～0.50	0.07～0.12	≤0.020	0.20～0.45	0.30～0.65	0.25～0.50	①,②
Q295GNH	≤0.12	0.10～0.40	0.20～0.50	0.07～0.12	≤0.020	0.25～0.45	0.30～0.65	0.25～0.50	①,②
Q310GNH	≤0.12	0.25～0.75	0.20～0.50	0.07～0.12	≤0.020	0.20～0.50	0.30～1.25	≤0.65	①,②
Q355GNH	≤0.12	0.25～0.75	≤1.00	0.07～0.15	≤0.020	0.25～0.55	0.30～1.25	≤0.65	①,②

续表

牌号	化学成分(质量分数)/%								
	C	Si	Mn	P	S	Cu	Cr	Ni	其他元素
Q235NH	≤0.13	0.10～0.40	0.20～0.60	≤0.030	≤0.030	0.25～0.55	0.40～0.80	≤0.65	①,②
Q295NH	≤0.15	0.10～0.50	0.30～1.00	≤0.030	≤0.030	0.25～0.55	0.40～0.80	≤0.65	①,②
Q355NH	≤0.16	≤0.50	0.50～1.50	≤0.030	≤0.030	0.25～0.55	0.40～0.80	≤0.65	①,②
Q415NH	≤0.12	≤0.65	≤1.10	≤0.025	≤0.030	0.20～0.55	0.30～1.25	0.12～0.65	①,②,③
Q460NH	≤0.12	≤0.65	≤1.50	≤0.025	≤0.030	0.20～0.55	0.30～1.25	0.12～0.65	①,②,③
Q500NH	≤0.12	≤0.65	≤2.0	≤0.025	≤0.030	0.20～0.55	0.30～1.25	0.12～0.65	①,②,③
Q550NH	≤0.16	≤0.65	≤2.0	≤0.025	≤0.030	0.20～0.55	0.30～1.25	0.12～0.65	①,②,③

① 为改善钢的性能，可添加一种或一种以上的微量合金元素，如添加质量分数分别为0.015%～0.060%的Nb、0.02%～0.12%的V、0.02%～0.10%的Ti，≥0.020%的Al。若上述元素组合使用，则应至少保证其中一种元素的质量分数达到上述化学成分的下限规定。

② 可添加下列合金元素：Mo的质量分数小于或等于0.30%，Zr的质量分数小于或等于0.15%。

③ 添加Nb、V、Ti三种合金元素总的质量分数不应超过0.22%。

表2.31 耐候结构钢的部分力学性能

牌号	拉伸试验①									180°弯曲试验 弯心直径		
	下屈服强度 R_{eL} 不小于/(N/mm³)				抗拉强度 R_m /(N/mm²)	断后伸长率 A 不小于/%						
	≤16	>16～40	>40～60	>60		≤16	>16～40	>40～60	>60	≤6	>6～16	>16
Q235NH	235	225	215	215	360～510	25	25	24	23	a	a	$2a$
Q295NH	295	285	275	255	430～560	24	24	23	22	a	$2a$	$3a$
Q295GNH	295	285	—	—	430～560	24	24	—	—	a	$2a$	$3a$
Q355NH	355	345	335	325	490～630	22	22	21	20	a	$2a$	$3a$
Q355GNH	355	345	—	—	490～630	22	22	—	—	a	$2a$	$3a$
Q415NH	415	405	395	—	520～680	22	22	20	—	a	$2a$	$3a$
Q460NH	460	450	440	—	570～730	20	20	19	—	a	$2a$	$3a$
Q500NH	500	490	480	—	600～760	18	16	15	—	a	$2a$	$3a$
Q550NH	550	540	530	—	620～780	16	16	15	—	a	$2a$	$3a$
Q265GNH	265	—	—	—	≥410	27	—	—	—	a	—	—
Q310GNH	310	—	—	—	≥450	26	—	—	—	a	—	—

① 当屈服现象不明显时，可以采用 $R_{p0.2}$。

注：a 为钢材厚度。

表2.32 耐候结构钢的冲击性能

牌号	V形缺口冲击试验①		
	试验方向	温度/℃	冲击吸收能量 KV_1/J
A		—	—
B		20	≥47
C	纵向	0	≥34
D		−20	≥34
E		−40	≥27②

① 冲击试样尺寸为10mm×10mm×55mm。

② 经供需双方协商，平均冲击能量值可以≥60J。

耐候桥梁钢具有使构件抗腐蚀延寿、减薄降耗，省工节能等特点，能够很大程度上降低桥梁工程造价和维护费用（见表2.33）。

表2.33 某桥分别采用耐候钢和普碳钢造价对比示例 单位：万元

项目	材料	架设	工厂涂装	现场涂装	总计
耐候钢	1138	91	6	2	1237
普通钢	1081	91	74	105	1351

2.4.2 高性能桥梁钢的发展方向之一——耐候桥梁钢

(1) 国外耐候桥梁钢的发展

耐候桥梁钢的发展在国外相对较早，20世纪初，欧美等国家就开始对钢材的耐大气腐蚀性能进行研究，注重不同合金元素（例如Cu元素可改善钢材在大气中的抗腐蚀性能）对钢材耐大气腐蚀能力的作用。20世纪30年代，美国钢铁公司（U.S.Steel）成功研制出高强度耐腐蚀含Cu低合金钢（Corten钢），其中最普遍应用的是高P、Cu+Cr、Ni的Corten A系列钢和以Cr、Mn、Cu合金化为主的Corten B系列钢，Corten钢的力学性能比普碳钢提高30%，耐腐蚀性能显著提高。美国研发的第一座钢桥——Eads桥的建成标志着美国进入了用钢材建造桥梁的新时代。随着时间的推移，人们对桥梁用钢的使用环境和各方面性能的要求越来越高，桥梁用钢正发生巨大的改变。到了20世纪70年代，美国研制并开始使用免涂装耐候钢，由于其维护成本低，得到各国研究者的广泛关注。1992年，美国联邦（FHWA）、美国钢铁协会（AISI）及美国海军共同开发了高性能钢（high performance steel，HPS）用于桥梁建筑。HPS通过降低C、P及S含量提高可焊接性能、提高Mn含量上限改善断裂韧度及屈服强度、形成保护性锈层来提高耐腐蚀能力，已研发出强度高、韧性好、焊接性能好、耐蚀性能好的HPS250W、HPS270W、HPS2700W等系列高性能钢，并广泛应用于福特城大桥、马丁河克里克湾大桥、斯奈德桥（斯奈德桥系1997年美国建成的第一座高性能钢桥梁，该桥为46m简支梁桥，由5片板梁构成、板梁高度198.12cm，采用了HPS70W钢材，见图2.28）等桥梁。到2005年，美国已有200座桥梁采用了高性能钢（见图2.29）。

从美国引进耐候钢以后，日本的第一座耐候性桥梁钢桥——爱知县知多2号桥于1967年建成。1968～1974年间，日本每年桥梁用耐候钢量为4万～6万吨，这期间三分之一是涂漆桥梁，其余裸露使用和锈层稳定化处理使用，如1973年建成通车的关门大桥（它是一座悬索跨海大桥，全长1068m，主跨712m，大桥连接了本州岛的下关市和九州岛的北九州市，是日本的交通要道之一，见图2.30）；1998年以后，日本年均使用8万吨以上耐候钢用于建造桥梁。截至2016年，在桥梁建造中共使用了193万吨耐候钢，累计耐候钢桥7173座。国外研究价格低廉的Si-Al系列耐候钢，利用Al形成稳定的尖晶石型复杂氧化物$FeAl_2O_4$，使锈层具备阳离子选择性抑制Cl^-的侵入，Si也与Fe及O形成稳定的复合氧化物Fe_2SiO_4，日本在Si-Al系列低成本耐候钢的研发上已取得突破。

表2.34列出了国外相关产品的化学成分。表2.35列出了国外耐候钢桥的发展情况。耐候钢在欧美、日本等地的桥梁、建筑设施、车辆等方面都得到广泛应用。世界各工业发达国都非常重视开发耐大气腐蚀性能的钢铁材料技术，耐候钢作为高性能桥梁钢的一个发展方向，在国外得到了较为迅速的发展。表2.36系国外几种耐候桥梁用钢的化学成分。

图 2.28 美国建成的第一座高性能桥梁——斯奈德桥

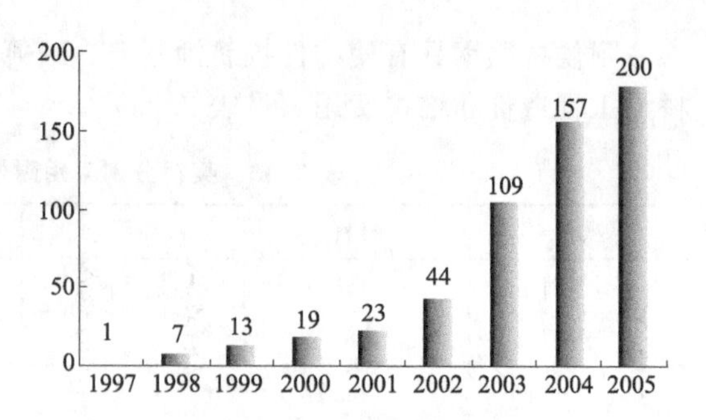

图 2.29 美国高性能钢桥公开投入使用数量统计

图 2.30 日本于 1973 年建成通车的关门大桥

表 2.34 国外相关产品的化学成分 单位:%

钢种	C	Si	Mn	P.S	Cu	Cr	Ni	V
Corten B	0.10～0.19	0.15～0.30	0.90～1.25	≤0.040	0.25～0.40	0.40～0.65	≤0.65	0.02～0.10
SMA400	≤0.18	0.15～0.65	≤1.25	≤0.035	0.3～0.5	0.45～0.75	0.05～0.30	
SMA490	≤0.18	0.15～0.65	≤1.40	≤0.035	0.3～0.5	0.45～0.75	0.05～0.30	

表 2.35 国外耐候钢桥的发展

年份	记述
1964	新泽西建成第 1 座免涂装耐候钢(UWS)桥,密歇根和爱荷华几乎同时建造类似桥梁
1967	日本开始使用裸露耐候钢,建成第 1 座裸钢桥(日本知多 2 号桥),截止到 2005 年,免涂装耐候钢桥占总数 20%
1968	加拿大建成第 1 座耐候桥。目前,新建桥梁 90%采用耐候钢
1969	德国建成第 1 座耐候桥
1970	英国建成第 1 座耐候桥
1992	韩国建成第 1 座耐候桥,现有 20 座耐候桥
1997	美国 HPS70W 钢首次应用于桥梁,HPS70W 纳入 A709 标准
2002	美国研制成功 HPS100W,首次在桥梁上采用 HPS100W 钢
2014	运输部调研 UWS 桥耐久性能,调查 52 个州(区),9492 座 UWS 桥,最长服役期 50a

表 2.36 国外几种耐候桥梁用钢的化学成分 单位:%

钢种	C	Si	Mn	P	S	Cu	Cr	Ni	Nb	Mn
HPS50W/70W	≤0.11	0.30～0.50	1.10～1.35	≤0.020	≤0.006	0.30	0.45～0.70	0.30		0.02～0.08
HPS100W	≤0.08		0.95～1.50	≤0.015	≤0.006	0.90～1.20	0.40～0.65	0.65～0.90	0.01～0.03	0.40～0.65
SBHS500W	≤0.11	0.15～0.55	≤2.00	≤0.020	≤0.006	0.30～0.50	0.45～0.75	0.05～0.30		
SBHS700W	≤0.11	0.15～0.55	≤2.00	≤0.015	≤0.006	0.30～0.50	0.45～1.20	0.05～0.20		

（2）我国耐候桥梁钢的发展

我国在耐候钢方面的研究应用起步较晚，于 20 世纪 60 年代起开始进行相关研究，1965 年首次试制出 09MnCuPTi 型耐候钢，1984 年制定了耐候钢的国家标准，随后加大对耐候钢的开发力度，组织开展了长达 20 年的数据累计工作，开发了许多新钢种（如 08CuPVRE 系列、09CuPTi 系列、09MnNb 等），表 2.37 列出了国内几种耐候钢的化学成分。中国“七五”和“八五”期间，还进行了配套焊材研制、焊接性研究等基础科研工作，均取得很大成果。1989 年开始设计、1992 年 10 月通车，架设在京广线武汉分局地段的巡司河上的桥梁（见图 2.31）采用的是武钢生产的 NH35q，各项性能达到 Corten B 钢水平，这是国内开发的第一个耐大气腐蚀桥梁专用钢。表 2.38 列出了 20 世纪耐候钢的发展历程。

表 2.37　我国几种耐候钢的化学成分　　单位：%

钢种	C	Si	Mn	P	S	Cu	Cr	Ni	V	Re
09CuPCrNi	≤0.12	0.25～0.75	0.20～0.50	0.07～0.12	≤0.040	0.25～0.45	0.30～0.65	0.25～0.65		
NH35q	≤0.15	0.15～0.65	0.80～1.40	≤0.035	≤0.010	0.25～0.45	0.40～0.7	≤0.30	0.02～0.1	
09CuPRE	≤0.12	0.17～0.37	0.50～0.80	0.07～0.12	≤0.045	0.24～0.30				≤0.15

巡司河桥

图 2.31　巡司河上架设的耐候钢桥梁

表 2.38　20 世纪耐候钢的发展历程一览表

年份	记述
1900	美国开始了含铜钢——早期耐候钢的研究和开发
1933	美国 U. S. Steel 公司推出 Coxten A 型低合金耐候钢
1955	日本开发耐候钢
1959	美国开始使用裸耐候钢
1961	中国开始试制 16MnCu 钢
1965	中国试制出 09CuPTi 薄钢板 日本建成第一座耐候钢大桥(涂漆)
1967	中国首次用于试验车辆 日本建成第一座裸耐候钢桥(知多 2 号桥)
1968	日本制定 JIS 63114《焊接构造用耐候性热轧钢材》，即 SMA 钢材标准化
1969	德国开始使用裸耐候钢
1972	英国开始使用裸耐候钢
1980	日本建成第三大川桥(最初用于桥梁的桁架)
1983	日本制定出将 Smaoot 作为涂装用耐候钢 Smaoot 作为不涂装用耐候钢的 ils 标准用于志染川桥(Ⅱ型钢架)
1984	中国制定高耐候性结构钢国家标准
1988	中国初步试制出 NH35q 桥用耐候钢
1990	中国建成国内第一座裸耐候钢桥
1999	中国试制出 JT 系列塔桅高耐候性结构钢

2000年以后，铁道部提出铁路车辆高速、重载的发展要求，联合宝钢、鞍钢、武钢、攀钢、本钢等企业开展了高性能耐候钢的开发。近年来我国耐候钢进入迅速发展阶段，从早期主要仿制美国的钢，之后为充分利用我国的矿产资源，发展了Cu系、P-V系、P-RE系及P-Nb-RE系等成分的耐候钢，并在桥梁、建筑、汽车、铁道车辆等行业得到了广泛应用，如咸阳渭河公路桥、沈阳后丁香大桥、大连16号路跨海桥、官厅水库特大桥、川藏线拉林铁路雅鲁藏布江大桥、河北路桥工程等。目前，国内耐候桥梁钢如Q355NH、Q345qNH、Q420qNH、Q460qNH、Q420qE、Q500qE等，已开展室内加速腐蚀试验研究，并在不同环境条件下进行了长期暴晒试验。据相关资料显示，上述钢种的耐腐蚀性能是普通Q235钢的2～8倍甚至更优。在我国耐候钢需求量最大的市场是集装箱市场，为使运输车辆减轻自重，集装车制造业已经开始使用600～700MPa的高强度耐候钢生产集装箱。由中铁山桥承建的第一座免涂装耐候钢公路桥——跨官厅水库特大公路大桥（见图2.32）和由中铁宝桥承建的第一座免涂装耐候钢铁路桥——川藏线拉林铁路藏木雅鲁藏布江特大桥，分别在2019年和2020年通车。大桥所采用的最高级别耐候桥梁钢为Q420qENH，为推动我国高性能耐候钢在免涂装耐候钢桥上的应用、缩短与国外同类技术的差距发挥了极为重要示范作用。我国耐候钢的应用及耐候钢桥的发展情况，详见表2.39。

图2.32　第一座免涂装耐候钢公路桥——跨官厅水库特大公路桥

表2.39　我国耐候钢及耐候钢桥的发展情况

建成时间	发展历程
1965	中国试制出09MnCuPTi耐候钢，并制造了我国第一辆耐候钢铁路货车；经过“六五”“七五”攻关，研制出以09CuPTiRE、09CuPCrNi为代表的耐候钢，且已大规模生产，仍然应用于铁路车辆
1989	中国武钢钢研所成功研制出了桥梁用耐候钢NH35q
1990	我国第一座耐候钢桥武汉京广线巡司河桥建成
2005	中国鞍钢试制成功420级别高性能耐候桥梁钢
2008	中国鞍钢试制成功500级别高性能耐候桥梁钢
2011	中铁山桥中标美国阿拉斯加铁路桥，开启了中国企业制造耐候钢桥的新篇章；同时也为中国耐候钢发展奠定基础
2012	中信金属设立“耐候桥梁钢的研制及应用”项目，致力于推广含Nb耐候钢
2013	中国制造第一座耐候公路桥（沈阳后丁香大桥，5427t，Q345qENH钢，半涂装使用）
2014	中国首座免涂装耐候钢桥陕西眉县常兴二号桥开工建设
2015	陕西眉县常兴二号桥建成通车，西延高速免涂装耐候钢跨线桥建成通车，拉林铁路雅鲁藏布江免涂装耐候钢管混凝土拱桥（430m）开工建设，免涂装耐候钢波折腹板矮塔斜拉桥运宝黄河大桥开工建设
2016	首座免涂装耐候钢-混组合悬索桥怀来县城市道路工程跨官厅水库大桥（720m）开工建设，采用高韧性高耐候Q420qFNH的中俄黑龙江公路大桥开工建设
2017	福州洪塘大桥引桥钢-混组合梁耐候钢桥开工建设，西藏墨脱公路（达国大桥和西莫河大桥）钢主梁更换为耐候钢。《公路桥梁用耐候钢技术标准》由公路学会评审通过立项
2018	拉林铁路雅鲁藏布江钢管混凝土拱桥主拱圈合龙，怀来县城市道路工程跨官厅水库大桥主桥合龙，国内各大设计院持续开展耐候钢桥设计、研究工作，大量耐候钢桥开工建设

全寿命周期的经济性是耐候钢桥被推广的主要原因，例如跨官厅水库耐候钢桥采用免涂装的经济效益分析见表2.40，可以看出采用免涂装耐候钢主梁，建设初期成本节约12%，采用普通钢材全寿命周期成本是采用免涂装耐候钢的2.2倍。又如表2.41比较了我国三座已建成耐候钢箱梁桥的经济效益，若首次使用时都进行涂装，相比采用普通钢材，三座桥梁采用耐候钢建造的初期成本提高约4.7%～6.4%，但全寿命周期成本降低22.3%～26.3%。若这三座桥均采用锈层稳定化技术进行表面处理，采用免涂装，则经济效益更为可观。表2.40和表2.41计算经济效益时，未计入耐候钢桥建成初期养护时增加的低压水冲洗工序及全寿命周期内检查评定所需费用，对于普通钢材没有考虑再次涂装时产生的环境问题及对桥下交通的影响导致的间接成本，但综合分析可看出，耐候钢桥潜在经济效益是巨大的。

表2.40　免涂装使用耐候钢桥经济效益比较

钢种	项目	用钢量/t	面积/m^2	单价/元	总价/万元	全寿命周期费用合计/万元
Q345qE	钢材	7237	—	3885	2812	8341
	焊丝	181	—	8500	154	
	涂装	—	127986	105	5375	
Q345NHqE	钢材	7237	—	4785	3463	3762
	焊丝	181	—	13000	235	
	涂装	—	127986	5	64	

注：全寿命周期内需涂装4次。

表2.41　涂装使用耐候钢桥经济效益比较

钢材	桥梁	钢种	用钢量/t	单价/t	总价/万元	涂装面积/m^2	涂装类型	涂装单价/元	全寿命周期涂装次数	涂装费用/万元	全寿命周期费用/万元
普通钢材	A	Q370qE	101	13500	136	1050	长效型	130	5	68	205
	B	Q345qE	15960	15000	23940	122760	长效型	130	5	7979	44558
		Q420qE	4020	15600	6271	121290	长效型	105	5	6368	
	C	Q345qE	5239	13000	6811	15007	长效型	130	5	975	10158
						45187	长效型	105	5	2372	
耐候钢材	A	Q370NHqE	101	14300	144	1050	普通型	105	1	11	155
	B	Q345NHqE	15960	15700	25057	122760	长效型	130	1	1596	34600
		Q420NHqE	4020	16600	6673	121290	长效型	105	1	1274	
	C	Q345NHqE	5239	13700	7177	5585	长效型	125	1	70	7491
						9422	普通型	115	1	108	
						45187	锈层稳定处理	30	1	136	

在获得进步的同时，中国耐候钢与国外发达国家相比，冲击韧度和焊接性能的稳定性较差；高强度耐候钢在中国桥梁领域应用较少，相关研究不足，还需研究和解决其抗腐蚀性能、焊接性能和腐蚀疲劳性能等问题。

在国内桥梁缆索用钢主要采用锌铝钢丝，其特点是强度高、松弛低、直线性好、缆索成形性很好，且缆索服役后的钢丝蠕变较少。桥梁镀锌钢丝企业不再采购日本盐浴淬火（DLP）盘条，使国内钢厂得到更多的机会持续改善盘条品质。国内锌铝合金镀层钢丝目前在桥梁应用已有5座以上，例如2007年苏通长江公路大桥（见图2.33）采用了ϕ7.0mm 1770MPa级的桥索钢丝。随着城镇化建设的深入，特别是黄河、长江、珠江等流域城市群的建设及“一带一路”背景下海外基建市场的陆续启动，预计锌铝合金镀层技术的应用前景将非常广阔。

通过升高碳含量实现强度的提高，会造成盘条塑性明显下降，高强度钢丝扭转、弯曲、缠绕性能遇到极大挑战；桥索的缠绕弯曲扭转特性、工艺性能和强度指标尚有待进一步研究；此外，国外线材制品的技术保护使得相关技术的国产化需求迫在眉睫。

图 2.33　苏通长江公路大桥

2.4.3　耐候钢的腐蚀机理及锈层稳定化技术

钢在大气中的腐蚀，主要以电化学腐蚀为主。其在潮湿、含氧或是含盐（Cl^-）的环境中，会发生锈蚀，钢材表面与水、氧气和盐分接触的程度直接影响锈蚀速率。钢材腐蚀（指均匀腐蚀）后，其表面形成一层锈蚀层，阻止钢材直接与外界接触，减缓钢材锈蚀速率，一定时间后锈蚀层脱落，钢材再次直接与外界环境接触，再次发生上述锈蚀过程，形成钢材的循环腐蚀现象，钢材腐蚀不断循环直至破坏。

耐候钢前期也会有类似的锈蚀现象，但是特殊合金元素（如 Cr、Cu、Ni、P 等）在钢材表面形成一层稳定致密的锈蚀层，隔绝钢材与外界环境的接触，阻止其进一步腐蚀，与传统碳素钢相比，极大降低了钢材锈蚀速率。普通低碳钢和耐候钢腐蚀曲线，见图 2.34。

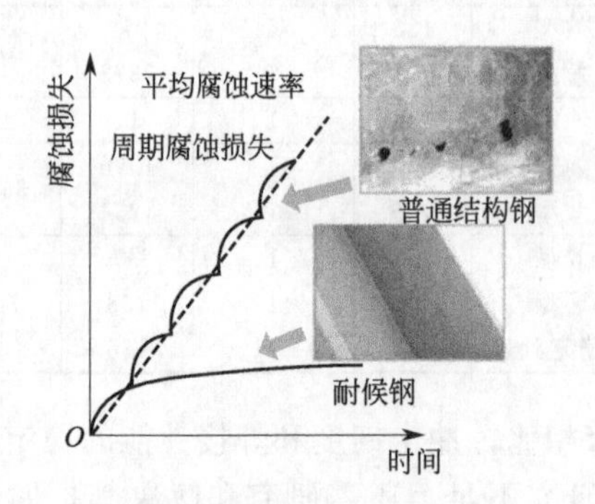

图 2.34　耐候钢和普通低碳钢腐蚀损失对比

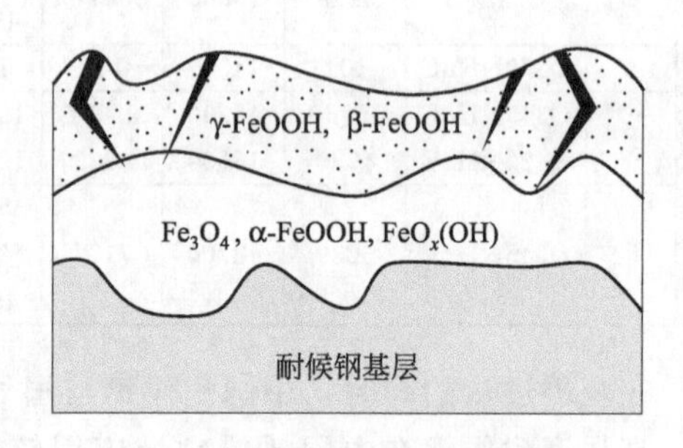

图 2.35　耐候钢锈层示意图

（1）锈层组成成分

研究人员普遍认为在大气中长期暴露后产生的锈层可分为内外两层（见图 2.35），即由疏松的外锈层与致密的内锈层构成。内锈层主要由 Fe_3O_4、α-FeOOH 及无定形的羟基氧化物［$FeO_x(OH)$，$x=0\sim1$］构成，而 γ-FeOOH 及 β-FeOOH 存在于外锈层。研究表明：耐候钢表面锈蚀层中的 α-FeOOH 是最稳定和致密的，能够帮助阻隔外界环境；γ-FeOOH 很不稳定，会转化成 Fe_3O_4；Fe_3O_4 不致密且容易脱落；在耐候钢表面内锈蚀层中 α-FeOOH 的含量极高；Cu 和 Cr 元素更有利于钢材表面 α-FeOOH 的形成。耐候钢在使用过程中的耐蚀性是碳素结构钢的 4～8 倍。

耐候钢具有良好的耐腐蚀能力，合金元素起到决定性作用，主要体现在 3 个方面：

a. 合金元素降低锈层的导电性能，影响锈层中物相结构和种类；b. 加速钢均匀溶解，促进 Fe^{2+} 向 Fe^{3+} 转化，推迟锈的结晶；c. 阻塞裂纹，减少相关缺陷。耐候钢裸露在大气环境下，最初会形成与普碳钢一样的锈层，但经过 3～5a 的环境腐蚀，靠近基体的锈层不断溶解再析出形成较为致密的非晶态羟基氧化物。最终经过多年后，耐大气腐蚀钢形成稳定的锈层，其中起主要保护作用的内锈层是富集了 Cr、Cu、Ni、P 等元素的 α-FeOOH，见图 2.36。

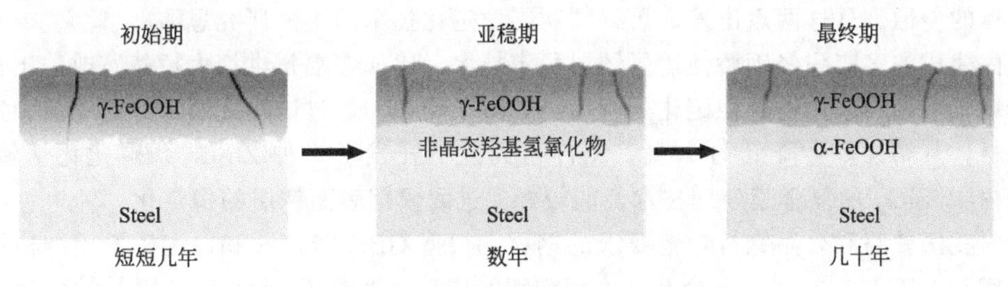

图 2.36　耐候钢锈层转变示意图

（2）锈层保护机理

现在主要有 3 种观点：a. 认为稳定锈层具有物理阻挡作用。因耐候钢锈层的孔洞比普通钢小，锈层致密且与钢基体之间的附着力强，形成的纳米网状结构能有效隔绝水或空气，从而阻止钢的腐蚀。b. 认为稳定锈层具有电化学作用，耐候钢锈层电阻高，基体的腐蚀电位高，使得钢阳极容易钝化。c. 认为稳定锈层具有离子选择性，由于耐候钢中添加了各种合金元素（Cu、Cr、Ni 等），其可通过取代铁锈中的铁化合物而使得锈层具有阳离子选择性，从而抑制了 Cl^- 和 SO_4^{2-} 等腐蚀性阴离子的侵入。

在腐蚀过程中，耐候钢中的 Cu 元素在钢基体和锈层中间析出，由于其惰性大于 Fe，可减缓锈层的生长速度，抑制钢表面与 O_2 的反应，并有效降低锈层的导电性，在腐蚀初期减缓了锈层的晶体化进程并在腐蚀过程中促进了致密锈层的形成；P 元素可促进 α-FeOOH 的形成，但其含量较高会导致钢基体的可塑性、可焊性、低温韧性降低，因此在耐候钢中 P 的质量占比为 0.08%～0.15%时，其耐蚀性最佳；Cr 元素的活性强于 Fe 元素，故会先于 Fe 元素发生氧化反应，会在锈层中快速消耗并在钢表面加速扩散，Cr 元素仅在锈层内层被发现，说明 Cr 元素促进了 α-FeOOH 的形成，降低了锈层的导电性，提高了钢基体的耐蚀性，其在耐候钢中的质量分数常采用 0.4%～1.0%、最高不超过 1.3%；Ni 通常以二价氧化物形式存在于锈层的尖晶石中，它的存在可提高锈层的密度，Ni 对锈层的促进作用体现在锈层生长后期，大气暴露试验结果表明，当钢材中 Ni 的占比为 1%～3%时，能提高耐候钢在海洋环境中的耐腐蚀性；通常 Al 和 Si 元素分别以 Al^{3+} 和 Si^{2+} 生成中间产物的形式存在于内锈层中，认为它们可通过促进 Fe 元素在外锈层产生纳米复合氧化物延缓腐蚀进程。

可见，不同元素对锈层的影响作用各不相同，同时会对耐候钢桥的耐腐蚀行为及机理产生影响。在耐候钢桥设计选材时，应依据桥位环境条件决定选用适合的耐候钢化学成分。

（3）锈层稳定化技术

裸露使用虽是耐候钢独特的使用方式，但其在自然环境中完成锈层的稳定化过程需相当长时间，而且在形成稳定化锈层之前常常出现锈液流挂与飞散的现象。针对这一问题，一方面人们不断研制新钢种，缩短或加速耐候钢的稳定化过程，改善其外观，提高其耐蚀性；另一方面，研究与开发出耐候钢表面快速形成稳定锈层的处理技术，即在一开始就对构件表面进行处理，以缩短耐候钢稳定化锈层的形成过程，既可避免耐候钢使用初期出现黄色锈液流挂的现象，同时又能形成稳定锈层。通过表面化学处理（如化学转化膜、氧化物涂膜、磷酸盐底漆处理等），耐候钢表面会形成一层可透气透水的膜，腐蚀过程在该膜下面进行并形成稳定锈层。稳定锈层主要是α-FeOOH组成，因此锈层中累积大量的α-FeOOH是技术的关键，另外有些合金元素及其化合物容易在锈层裂纹和缺陷处富集析出，阻止外界腐蚀离子对钢材基体的侵蚀。从这两点出发，可得到锈层稳定化技术的主要研究思路。

国内建成的多座耐候钢桥使用了锈层稳定技术，比如在福州洪塘大桥拓宽改建工程中的引桥钢箱梁表面，采用锈层稳定化处理措施进行了处理。通过试验证明，经过锈层稳定化处理的钢材，其腐蚀率会降低约50%。国内研究人员开发了一种Zn-Ca系磷化化学转化膜-丙烯酸树脂/SiO_2的复合膜处理技术，能较好促进耐候钢表面锈层的稳定化。

针对我国铁路和公路钢桥规范要求的钢材，根据GB/T 714—2015《桥梁用结构钢》中对耐候钢和GB/T 1591《低合金高强度结构钢》中对各牌号C级和D级钢材的化学成分的要求，参照ASTM G101对耐大气腐蚀指数计算要求，得到各种钢材的耐大气腐蚀指数，见表2.42。

表2.42 各质量等级钢材耐大气腐蚀指数

钢材牌号	质量等级	耐腐蚀指数上限	耐腐蚀指数下限
Q345qNH/Q370qNH	D/E/F	7.47	5.43
Q420qNH/Q460qNH	D/E/F	7.47	5.43
Q500qNH/Q550qNH	D/E/F	7.53	5.49
Q345/Q390	C/D	7.13	0.93
Q420	C/D	7.56	0.93
Q460	C/D	7.71	0.93
Q500	C/D	8.07	0.93
Q550	C/D	8.31	0.93
Q620/Q690	C/D	8.55	0.93

2.4.4 高性能耐候钢的合金化

与普通碳素钢相比，耐候钢具有良好的抗大气腐蚀能力。这是因为合金元素起到了降低锈层的导电性能、阻碍腐蚀产物快速生长等作用。耐蚀特点表现为经长期使用后才呈现出显著的耐蚀效果。

（1）提高钢耐大气腐蚀性能的合金元素应满足的三个条件

① 在铁中的溶解度大于在锈层中的溶解度；

② 可与铁形成固溶体；

③ 可提高钢的电极电位。

（2）耐候钢中合金化特点

研究结果表明，耐候钢中加入的合金元素（Me）对其耐大气腐蚀性能的影响不尽相同，详见表2.43。合金元素能显著增强桥梁钢的耐腐蚀能力。在不同腐蚀腐环境中，各类合金成分提高桥梁钢的耐腐蚀性能的作用机理也各不相同。近年来，利用合金化来提高桥梁钢耐腐蚀性的机理已成为一个重要的研究方向。

表 2.43　耐候钢中加入的合金元素（Me）及其对耐大气腐蚀性能的影响

序号	Me 名称	Me 对耐大气腐蚀性能的影响
1	C	它对钢的耐大气腐蚀性能不利，同时 C 对钢的焊接性能、冷脆性能和冲压性能有影响。通常，耐候钢中 C 的质量分数被控制在 0.12%以下
2	Cu、S	Cu 是耐候钢中使用最普遍且最有效的 Me，其对改善钢的耐大气腐蚀性能的作用机理主要有两个：一是 Cu 能促进钢阳极钝化，降低腐蚀速率；二是 Cu 在基体与锈层间富集，形成以 Cu、P 为主与基体紧密结合的保护层。但 Cu 易在钢板表面富集，轧制过程中会产生热裂纹，发生“铜脆”现象，而添加少量 Ni 可有效阻止“铜脆”现象。当钢中加入 $w(Cu)=0.2\%\sim0.4\%$时，无论在乡村大气、工业大气或海洋大气中，都比普通碳素钢的耐蚀性能优越。值得注意的是，铜抵消钢中 S 的有害作用效果很明显，其作用特点是，钢中 S 含量愈高，Cu 降低腐蚀速率的相对效果愈显著。这是因为 Cu 与 S 生成了难溶硫化物。若使钢中残余 S 的质量分数降至 0.01%，则可使碳素钢的耐候性提高到接近 Corten B 的水平，使一般合金钢达到 Corten A 的耐候性
3	P	P 是提高钢耐大气腐蚀性能最有效的合金元素之一。P 元素作为阳极去极化剂，与 Cu 配合，可加速钢的均匀溶解，促进 Fe^{2+} 向 Fe^{3+} 转化，有助于形成均匀的锈层。但若 P 含量过高，易形成偏析而产生“冷脆”现象，影响钢的焊接和低温冲击韧度。S 不仅恶化钢的耐大气腐蚀性能，而且还可能对钢板造成“热脆”危害，其中硫化物夹杂严重降低钢的力学性能。因此需对元素 P、S 加以严格控制，采用超低 P、S 含量设计。P 在钢中能均匀溶解，有助于在钢表面形成致密的保护膜，使其内部不被大气腐蚀。通常钢中 $w(P)=0.08\%\sim0.15\%$时，其耐蚀性最佳
4	Cr	Cr 元素能显著加速电化学腐蚀产物向热力学稳定状态的发展，它会富集在锈层中，能使锈层组织更细化，能形成超细组织的 α-FeOOH，有效抑制腐蚀性 Cl^- 的侵入，因而减缓锈层生长速度；当同时添加 Cu、Cr 元素时，效果尤为显著。通常，耐候钢中 $w(Cr)=0.4\%\sim1.0\%$（最高 1.3%）
5	Ni	它是一种比较稳定元素，加入 Ni 能使钢的自腐蚀电位向正方向变化，增加钢的稳定性。大气暴露试验结果表明，$w(Ni)\approx4\%$时，能显著提高耐候钢的抗大气腐蚀性能
6	Ca	加入微量 Ca 不仅可显著改善钢的整体耐大气腐蚀性能，而且可有效避免耐候钢使用时出现的锈液流挂现象。钢中加入微量 Ca 可形成 CaO 和 CaS 溶解于钢表面的电解液薄膜中，使腐蚀界面碱性增加，降低其侵蚀性，促进锈层转化呈致密、保护性好的 α-FeOOH 相
7	Mn	多数学者认为，Mn 能提高钢对海洋大气的耐蚀性，但对在工业大气中的耐蚀性几乎无影响。通常，耐候钢中 $w(Mn)=0.5\%\sim2.0\%$
8	Mo	钢中 $w(Mo)=0.4\%\sim0.5\%$时，在大气腐蚀环境下（尤其是在工业大气中），其腐蚀速率可降低 50%以上
9	Nb	细化晶粒，通过在晶界上析出 NbC、减少晶界析出碳化铬含量的方式，有效降低晶间腐蚀，且在模拟除冰盐腐蚀环境中，含 Nb 的 Q345qNH 钢比无 Nb 的 Q345qNH 钢形成的锈层更加稳定、致密
10	Ti 及 V	其加入，更多是通过形成 TiN 或者 V 的碳氮化物，抑制晶粒长大，从而提高耐大气腐蚀钢的析出强化和晶粒细化强化效果
11	RE	它是不含 Cr、Ni 耐候钢的添加元素之一。通常 RE 的加入量≤0.2%（质量分数）。RE 是极其活泼的元素，是很强的脱氧剂和脱硫剂，主要对钢起净化作用。RE 可细化晶粒，改变钢中夹杂物的性质、形态和分布，减少有害夹杂物的数量，降低腐蚀源点，从而提高钢的抗大气腐蚀性能。它也可有效提高 P、S、Cu 等元素溶质非平衡分配系数。我国稀土资源丰富，如在 Q460NH 耐候钢中添加 RE 后的点蚀不会发生在金属夹杂物附近的基板基体上，而是在 2 种夹杂物中间开始的。当减少金属材料中硫化物含量时，稀土硫氧化物溶解后，桥梁钢的腐蚀电位可以提高。水解后能以沉淀型缓蚀剂的形式附着在阴极极化区域提高桥梁钢的耐蚀性

总之，耐候钢具有良好耐腐蚀能力，合金元素起到了决定性作用。主要体现在 3 方面：a. 合金元素降低锈层的导电性能，影响锈层中物相结构和种类；b. 加速钢均匀溶解，促进 Fe^{2+} 向 Fe^{3+} 转化，推迟锈的结晶；c. 阻塞裂纹，减少相关缺陷等。

2.4.5　高性能耐候钢的组织特点

关于耐候桥梁钢，目前大体有三种研制路线：

① 传统的调质生产工艺路线［即淬火（离线或在线）+回火工艺］　ASTM A709/A709M 标准中，除了 250MPa 级的所有钢均可进行淬火+回火工艺生产。如美国桥梁用结构钢标准中

的 HPS70W，其对焊接工艺要求较高，需要焊前预热，因此生产周期较长，成本较高。

② 低碳 TMCP 工艺路线 经过多年的发展，TMCP 工艺已经是一种比较成熟的工艺，这种工艺具有很多优点，可以通过控轧控冷有效提高钢的强度并降低钢中的合金成分，降低碳当量来提高冲击韧性和焊接性能。其钢中碳含量一般在 0.07%～0.11%。这种钢虽然不用进行调质处理，但由于碳含量仍相对较高，在应用中还存在一些问题。如钢板愈厚其焊接敏感性系数愈高，在焊接时需预热；在采用大线能量焊接时，还存在韧性降低的问题。

③ 超低碳贝氏体钢路线（TMCP＋回火工艺） 通过这种工艺，可以使控冷温度降得更低，结合成分设计，最终得到超低碳贝氏体（该钢的碳含量需严格控制在很低即小于 0.07%的范围）组织。在具有高强韧性的同时，兼具极佳的焊接性。所得到的板条贝氏体组织细小、均匀性较好，微区间电极电位差较小，增强了耐蚀能力。由于其不需调质处理，降低了生产成本，缩短了生产周期，是当前高强耐候桥梁钢的发展趋势。

上述三种研制路线中，目前要求比较多的是超低碳贝氏体钢路线（TMCP＋回火工艺）。通过工艺的实施，在保证强度的前提下可有效降低钢中碳含量，提高钢的韧性和焊接性能；通过回火可降低钢板残留应力，提高钢的应用性。国内钢铁企业以超低碳贝氏体为设计主线，并充分利用 TMCP 等使组织细化、组织均匀等关键技术。通过控制碳含量在 0.03%～0.07%，并优化组合 Cu、Ni、Cr、Mo、Ti、Nb 等化学元素，提高钢的韧性并降低冷裂纹敏感性和焊接热影响区硬度，使该钢种具有良好的焊接性能；通过控制铁素体、贝氏体组织转变，提高钢的强度、塑性和韧性；通过均匀的铁素体、贝氏体组织和 Cu、Ni、Cr、Mo 的合理配置，使钢具有优良的耐大气腐蚀性能。

图 2.37 系 Q420qENH 典型规格钢板的金相组织，可见各规格钢板的组织类型都为铁素体＋贝氏体＋少量珠光体，所有钢板的组织都细小、均匀。铁素体属于软相组织，贝氏体和珠光体属于硬相组织，铁素体基体作为软相组织首先发生塑性变形，产生位错的积累和移动，当变形达一定量时易造成应力集中，此时硬相开始形变，承担了由软相传递的应力集中，推迟了局部集中应变的产生，从而提高了材料的均匀形变容量，降低了屈强比，使断裂不易发生，即材料从开始塑性变形到最后断裂所能经历的形变量较大，抗震性能好；同时，均匀细小的组织有利于阻碍裂纹的扩展，使钢具有良好的低温韧性。

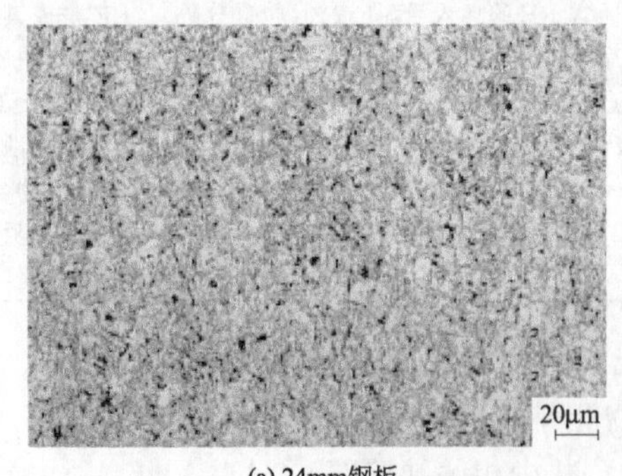

(a) 24mm钢板　　(b) 50mm钢板

图 2.37　高性能耐候桥梁钢板 Q420qENH 的金相显微组织形貌

2.4.6　我国高性能耐候桥梁钢的应用与发展

(1) 高强度耐候钢在桥梁建造过程中的应用

我国自 1960 年开始耐候钢的研发，并于 1991 年采用 NHq35 耐候桥梁钢建造了第一座免涂装耐候钢桥——京广铁路巡司河桥，但因环境腐蚀问题，投入使用2年后被迫进行了全桥涂装。2013年建成的沈阳绕城高速公路后丁香一、三、四号连续钢箱梁桥，跨径布置分别为（38+61+38)m、(38+61+61+48)m和（48+61+38)m，这3座桥是中国首批采用Q345qENH耐候钢建造的公路钢箱梁桥，耐候钢用量约5500t，采用顶推施工法安装；为避免含除雪剂的雪水飞溅影响桥梁的防腐效果，设计采用钢箱梁外侧表面涂装，内表面免涂装使用，并对内表面采用表面加速腐蚀稳定措施（见图2.38)，这座桥才是真正意义上的免涂装耐候钢桥梁。

(a) 钢箱梁外侧涂装

(b) 钢箱梁内部不涂装

图2.38　沈阳后丁香大桥

随着中国冶金技术的发展，我国已生产出一系列品质稳定的桥梁用高性能耐候钢种，并于2010年后将耐候钢桥逐渐应用于公路、铁路钢桥建设。中国中铁山桥集团有限公司于2013年在美国建造了阿拉斯加塔纳纳河铁路桥，该桥为免涂装使用。2015年建成通车的陕西黄延高速磨坊跨线桥，为2×28m的免涂装组合钢板梁桥，是中国首座免涂装高强高性能耐候钢连续组合板梁桥（见图2.39)，由长安大学王春生科研团队与陕西省交通规划设计研究院联合设计。该桥主梁采用3片焊接工字梁，钢梁高0.98m，上下翼板均宽0.5m，上翼板厚26mm，下翼板厚36mm，腹板厚14mm，现浇C40混凝土桥面板厚0.25m；主梁采用混合设计，下翼板采用Q500qENH高强高性能耐候钢，其余板件均采用Q345qENH高性能耐候钢，耐大气腐蚀性指数$I \geqslant 6.0$；钢梁整体免涂装使用，仅在邻近桥台伸缩装置的1.5倍梁高范围内对主梁、端横梁进行了涂装。耐候钢板梁工厂制造采用焊接连接，焊接材料采用与母材相匹配的耐候焊丝、焊剂。钢板梁工地接头采用非耐候高强摩擦型螺栓连接，螺栓接头及摩擦面均进行了局部涂装。该桥投入使用以来，技术状况良好，为中国内陆地区高速公路免涂装长寿命高性能耐候钢桥的建设储备了设计与建造技术经验。

(a) 桥梁全貌

(b) 耐候钢板梁

图2.39　陕西黄延高速磨坊跨线桥

图 2.40 系采用耐候钢于 2016 年 5 月开工建设的雅鲁藏布江特大桥，其中桥面系为免涂装使用，拱肋为涂装使用，也是目前国内跨度最大的铁路钢管混凝土拱桥。其效果图和锈层稳定化处理前、后图，分别见图中（a）、（b）、（c）。大桥主材首次采用了 Q345qENH 和 Q420qENH 免涂装耐候钢，该钢材“裸露”在自然环境下，外表面会自动形成氧化保护层，可起到长期的防腐效果。

(a) 效果图

(b) 稳定处理前

(c) 稳定处理后

图 2.40　我国第一座免涂装铁路桥——雅鲁藏布江特大桥

近年来，中国已有多座应用耐候钢建造的高性能钢桥（见表 2.44）。研究表明，免涂装耐候钢桥梁可以节约 20%以上的全寿命周期成本。根据统计，中国建成耐候钢桥梁中，免涂装耐候钢桥梁为数不多。结果表明，与发达国家相比，中国高强度耐候钢桥梁的应用存在较大差距，并且还处于萌芽阶段，对于其认识较为薄弱，尚需要大量的研究和实践完善相应指南和规范。

表 2.44　中国自主建造的耐候钢桥（截至 2020 年）

桥名	桥梁用途	结构形式	跨径组成/m	涂装情况	主要构件材质	开通时间
京广铁路武汉巡司河桥	铁路桥	钢箱梁桥	3×19、3	钢梁免涂装	NHq35	1991
沈阳后丁香大桥	公路桥	钢箱梁桥	38＋61＋38、38＋61＋61＋48、48＋61＋38	箱内免涂装	Q345qENH	2013
陕西眉县常兴二号桥	公路桥	管翼缘组合梁桥	54	全桥免涂装	下翼缘 Q500qDNH、其余 Q345qDNH	2014
陕西黄延高速磨坊跨线桥（K16＋322.607）	公路桥	钢板梁桥	2×28	全桥免涂装	下翼缘 Q500qENH、其余 Q345qENH	2015
陕西黄延高速磨坊跨线桥（K18＋496.141）	公路桥	管翼缘组合梁桥	2×28	全桥免涂装	下翼缘 Q500qENH、其余 Q345qENH	2015
西藏墨脱达国大桥	公路桥	钢桁架悬索桥	81	主桁免涂装	Q345qDNH	2015
西藏墨脱西莫河大桥	公路桥	钢桁架悬索桥	126	主桁免涂装	Q345qDNH	2015
台州内环路立交桥	公路桥	钢箱梁桥	45～61	箱内免涂装	Q345qDNH	2017
拉林铁路雅鲁藏布江特大桥	铁路桥	中承式钢管混凝土提篮拱桥	430	桥面以上钢管拱免涂装	主钢管 Q420qENH、其余 Q345qDNH	2019

续表

桥名	桥梁用途	结构形式	跨径组成/m	涂装情况	主要构件材质	开通时间
官厅水库特大桥	公路桥	双塔单跨悬索桥	210＋720＋210	主桥加劲钢板梁免涂装	Q345qENH	2019
G109线改建工程跨柳忠高速高架桥	市政桥	钢管翼缘斜弯组合梁桥	51＋61＋51	全桥免涂装	下翼板Q500qENH、其余Q345qENH	2020

试验结果表明，中国耐候钢与高性能钢都具有较好的疲劳性能，能够满足规范要求，但焊材匹配和焊接工艺对疲劳性能影响较大。在此基础上，需要提出腐蚀环境中免涂装耐候钢桥梁的设计方法，才能更好地推广中国耐候钢桥梁。

港珠澳大桥是连接香港、珠海和澳门的超大型跨海通道，是粤港澳3地首次合作共建的超大型跨海交通工程，主体工程由海上桥梁、海底隧道及连接两者的人工岛3部分组成。桥隧全长55km，其中主桥29.6km、香港口岸至珠澳口岸41.6km。港珠澳大桥经过6年的筹备，于2009年12月15日正式开工建设，历时近9年后成功贯通，总投资额达1269亿元。港珠澳大桥的建设创造了多项世界纪录：世界上最长的跨海大桥、世界上最长的海底沉管隧道、世界上最大断面的大的起重船、世界上最大橡胶隔震支座。这些世界之最的成就，离不开中国智造，离不开新材料。港珠澳大桥作为世界上最大的钢结构桥梁，仅主梁钢板用量就达到了42万吨，相当于10座鸟巢，或者60座埃菲尔铁塔的质量。

在港珠澳大桥的建设中，我国众多钢企都贡献了自己力量。例如河北钢铁集团提供含钒高强抗震螺纹钢筋及精品板材产品约24万吨，其中13.5万吨高强抗震螺纹钢筋用于海底隧道巨型沉管建设。河北钢铁集团舞阳公司提供桥梁用优质平台钢订单共4万余吨，包括D36(Z35)、Q355NHD、Q345D等高端钢种，均用于大桥钢箱梁等承重关键部位的建造，此外还包括6mm超薄钢板和4100mm超宽钢板等特殊规格钢材。河北钢铁集团邯郸公司提供200t SGH440高强热镀锌板用于服务区钢结构板房建设。河北钢铁集团承德公司累计供应多种规格含钒高强抗震钢筋14.68万吨，90%用于海底隧道建设，占该工程钢筋用量的40%以上。河北钢铁集团唐山公司提供1.9万吨不同规格的钢结构产品。湖南华菱湘潭钢铁公司供应桥梁钢板4万多吨。湖南华菱涟源钢铁公司提供低合金桥梁钢3000t，用于桥梁护栏矩形管；提供低合金结构钢2万余吨，用于钢管桩。鞍钢集团公司提供近17万吨桥梁钢，用于大桥主体。武汉钢铁公司供应11.6万吨的管桩钢及5.4万吨U肋钢。广西柳州钢铁公司提供5.23万余吨的柳钢产品用于建设港珠澳大桥，主要包括管线钢和建筑钢材。其中使用到柳钢热轧卷和中厚板分别有Q235B、S275JO、S355JO、Gr.B、以及HRB300E和HRB400E抗震螺纹钢等。太原钢铁公司双相不锈钢钢筋被应用于大桥的承台、塔座及墩身等多个部位，其用量超过了8200t。马钢集团提供4000多吨H型钢，用于桥梁工程、土建工程及组合梁施。

港珠澳大桥处于高温高湿的海洋气候环境中，必然要求金属材料具备苛刻的防腐蚀性能，而耐候钢可以用稳定的锈层来防止腐蚀，满足港珠澳大桥120年设计寿命的要求。针对耐候钢焊接冶金质量难以控制、焊缝的腐蚀性能难以保障等问题，燕山大学亚稳材料制备技术与科学国家重点实验室和国家冷轧板带装备及工艺工程技术研究中心先进钢铁材料研究团队王青峰课题组与中铁山桥集团有限公司合作，将耐候钢应用于港珠澳大桥索塔锚固箱的焊接制造。课题组优化了焊接材料、焊接工艺，使焊接冶金质量、接头力学性能和耐腐蚀性能都达到设计要求，保证了关键构件120年不腐蚀的卓越性能。这也是耐候钢首次在国内跨海桥工程中得到使用。

桥梁防腐涂装技术的未来发展趋势将遵循高性能、长寿命、绿色环保的原则，向多元化方向发展以适应不同腐蚀环境、不同防腐部位，并要考虑施工技术及维护方案，还要考虑材料成本控制和人文景观的要求。

（2）耐候钢的发展——高性能稀土耐候钢

① 稀土（RE）元素在钢中的应用 我国RE资源丰富，研究表明：钢中加入La、Ce、Y等RE元素能显著提高其耐蚀性能且成本低，生产和应用前景光明。钢中加入RE元素可使钢液脱氧净化，使硫化物夹杂球化，减小材料的各向异性，特别是提高轧材的横向冲击性能。RE还可作为微合金化元素对材料微观组织演变产生影响，见表2.45。

表2.45 RE微合金元素对材料微观组织演变产生的影响

序号	RE微合金元素对钢材微观组织演变产生的影响
1	在奥氏体晶界、相界面偏聚，降低碳的扩散系数。在晶界和相界偏聚的RE元素可降低界面的自由能，减轻界面高能量导致的腐蚀。而偏聚在自由表面的RE元素将起到钝化锈层的作用
2	稳定奥氏体，降低M_S温度，减少淬火钢的残留奥氏体量
3	细化铸态组织，细化奥氏体晶粒，细化珠光体和板条马氏体组织
4	阻止淬火马氏体自回火，提高材料的高温强度
5	减少磷的晶界偏聚以及与钢中其他合金元素的相互作用等
6	与氧硫化合物结合形成RE复合夹杂物，可改善材料的塑性和韧性，同时降低与基体的电极电位差，阻碍由夹杂物导致的点蚀发生

② 稀土耐候钢研究进展 RE能促进Si、Cu、P在内锈层富集和$Fe_2O_3 \cdot H_2O$的生成，SiO_3^{2-}、PO_4^{3-}等均有缓蚀作用，有利于形成致密、连续、厚且黏附性好的含Si-Cu-RE的复合锈层，从而提高其耐大气腐蚀性能。研究者研究了钢中加入RE促使夹杂物细化、球化且弥散分布对耐候钢腐蚀行为的影响，结果表明：微米级弥散分布的RE夹杂取代了条状硫化锰夹杂，可减弱钢中微区电化学腐蚀，抑制点蚀的发生和扩展，诱发均匀腐蚀，促进钢表面均匀致密保护性锈层的生成。Cu-P耐候钢中加入适量RE可提高其点蚀电位和耐点蚀性能，降低耐候钢的腐蚀速率，提高其耐蚀性能。此外，对10PCuRE钢的耐候性的研究发现，RE有利于锈层中稳定腐蚀产物α-FeOOH的形成。

从上述研究结果可看出，RE提高钢的耐蚀性与3个因素有关：a. 促进锈层内Cu、P、Si等元素的富集；b. 改变与钢表面接触的内锈层腐蚀产物的化学组成，提高其致密性并增加其厚度；c. 促进夹杂物球化、细化和弥散分布，减弱钢中微区电化学腐蚀。

采用周期浸润腐蚀实验，实验溶液为0.01mol/L $NaHSO_3$水溶液，实验温度为45℃，相对湿度为70%。周期浸润循环时间为60min，其中浸润时间为12min，暴露时间为48min，腐蚀时间为24、48、96及144h。见图2.41，RE合金化后的Q235及09CuPCrNi钢的腐蚀速率均有明显降低，其中Q235钢加入RE后的腐蚀速率与未加RE的09CuPCrNi钢腐蚀速率相当。仅仅在普碳钢中加入少量RE就可达到与加入多种耐蚀元素的耐候钢相近的抗腐蚀效果，而RE合金化后的Q235RE钢的经济成本显著低于09CuPCrNi钢，因此RE对钢耐蚀性能的提高作用不可忽视。

实验结果表明，RE使钢耐腐蚀性能显著提高，而RE在钢中的赋存状态和踪迹也至关重要。由于RE与Fe的原子半径相差较大，RE作为表面活性物质时，主要偏聚于晶界处，能显著降低界面张力、晶界能以及晶界迁移驱动力。以Ce原子为例（见图2.42），通过在深冷条件下制备了沿晶断口，采用俄歇电子探针（auger electron probe，AES）从晶界向晶内进行深度溅射，观察RE特征峰的变化。结果表明，在溅射初期（溅射时间为零和

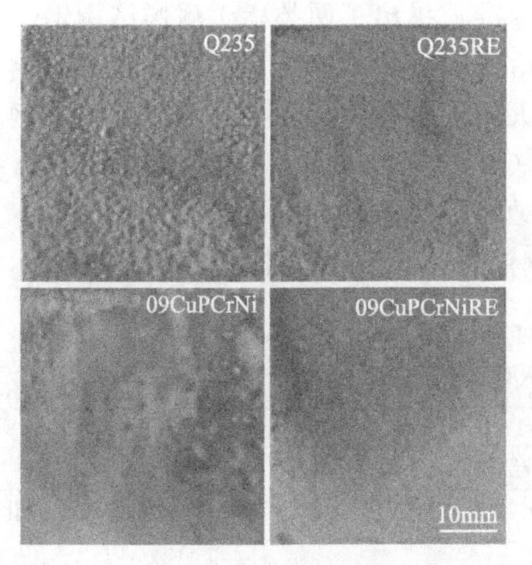

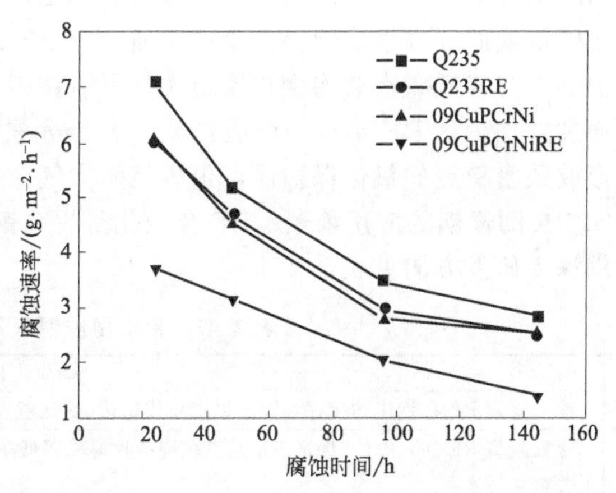

图 2.41　添加 RE 前后的 Q235 和 09CuPCrNi 钢周期浸润腐蚀 144h 后的样品形貌及腐蚀速率

0.5min 时），断口表面由于轻微氧化，O 含量较高但并未发现 Ce 原子富集现象。当溅射时间为 1min 时，O 含量明显下降，表明溅射束已穿透氧化层到达晶界，同时出现了较明显的 Ce 原子的特征峰值。随着溅射时间继续延长，Ce 原子的特征峰值再次消失，此时已经溅射到晶界内。因此证明 Ce 原子确实向晶界偏聚，偏聚层非常薄，根据离子溅射参数估算，RE 原子的偏聚层只有几个原子层的厚度。

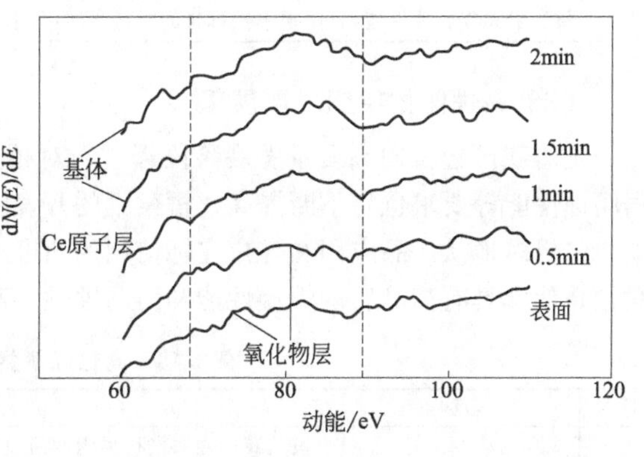

图 2.42　09CuPCrNiRE 钢中 Ce 元素的 AES 谱

除此以外，对盐雾实验 72h 后的锈层通过电子探针微区分析（electron probe microanalysis，EPMA）进行元素分析，发现在锈层与基体的界面处出现了 RE 元素的聚集。说明在耐大气腐蚀钢锈层的形成过程中，RE 原子会向锈层与基体结合的界面处迁移，提高了锈层和基体的结合力，增强了锈层的致密性，阻碍腐蚀性 Cl^- 进入，减缓基体的进一步腐蚀。但 RE 原子究竟是存在于锈层中还是基体中尚需要深入研究。

③ 常用 RE 耐候钢的牌号及化学成分（见表 2.46）。

表 2.46　T/CSM12—2020 中常用耐候钢的化学成分（质量分数）　　单位：%

耐候钢牌号	C	Si	Mn	P	S	Cu	Ni	Cr	RE
Q235RE	≤0.22	≤0.35	≤1.40	≤0.045	≤0.050	—	—	—	0.010～0.045
Q355RE	≤0.24	≤0.55	≤1.60	≤0.035	≤0.035	≤0.040	≤0.03	≤0.03	0.010～0.045
Q355GNHRE	≤0.12	≤0.75	≤1.00	≤0.150	≤0.020	≤0.550	≤0.65	≤1.25	0.010～0.045
Q235NHRE	≤0.13	≤0.40	≤0.60	≤0.030	≤0.030	≤0.055	≤0.65	≤0.80	0.010～0.045
Q355NHRE	≤0.16	≤0.50	≤1.50	≤0.030	≤0.030	≤0.055	≤0.65	≤0.80	0.010～0.045
Q500NHRE	≤0.12	≤0.65	≤2.00	≤0.025	≤0.015	≤0.055	≤0.65	≤1.25	0.010～0.045
Q550NHRE	≤0.12	≤0.65	≤2.00	≤0.025	≤0.015	≤0.055	≤0.65	≤1.25	0.010～0.045

本标准对 RE 耐候结构钢进行了分类，包括 RE 耐候钢Ⅰ类 Q235RE、Q355RE 和 RE 耐候钢Ⅱ类（高耐候）Q355GNH，及 RE 耐候钢Ⅱ类（焊接耐候）：Q235NHRE、Q355NHRE、Q390NHRE、Q420NHRE、Q460NHRE、Q500NHRE、Q550NHRE。本标

准是国际上首个对稀土耐候结构钢进行明确规定的标准。提出了两类稀土耐候结构钢，一类是在普碳钢或低合金钢基础上，通过添加少量RE元素，在金属基体表面形成致密稳定的氧化保护层，与普通碳素结构钢相比耐大气腐蚀性能大幅度提高；另一类是在传统耐候钢基础上，通过添加少量RE元素，可适当减少合金元素Cu、P、Cr、Ni等的含量，在金属基体表面形成致密稳定的氧化保护层，仍满足耐大气腐蚀性能要求。

④ RE耐候钢的应用前景 RE合金化是提高钢铁材料耐腐蚀性能的有效方法之一，RE耐候钢深入研发方向见表2.47。

表2.47 稀土耐候钢深入研发的方向

序号	研发方向
1	深入探索RE在钢中的赋存与踪迹以及作用机理，这是亟需解决的基础科学问题
2	探索新型RE加入方法，保证RE元素在钢中收得率不低于70%，保证生产过程连续顺行，才能形成工业化的稀土合金化技术
3	积极推进经济型耐候耐蚀稀土钢的研发，使RE耐候钢提高耐蚀性以致免涂装、少维护、防腐经济性等多方面寻求最佳平衡点。结合中国富余的La、Ce、Y稀土资源，在量大面广的普碳钢中通过RE合金化，普遍低成本地提高钢材的耐大气腐蚀性能，可实现钢铁材料的减量化使用，形成具有中国特色的钢铁材料技术

（3）高性能桥梁钢发展展望

随着我国经济向高质量发展阶段迈进，对桥梁结构的荷载能力、抗震性能、抗疲劳性能、耐腐蚀性能等要求也将不断提高。桥梁钢的开发除了要保证其具备良好的力学性能和抗疲劳性能，将更多地从产品应用和客户实际使用的角度出发，通过应用技术研究，研发出高性能的桥梁钢，使其具有高品质的焊接性能和耐腐蚀性。高性能耐候桥梁钢发展展望见表2.48。

表2.48 高性能耐候桥梁钢发展展望

序号	名称	发展展望
1	应更加重视对其适应性评价	虽然我国在耐候桥梁钢的研发和应用中做了深入的研究，但现在供货应用的大部分是内陆地区的工程，而沿海腐蚀环境下的应用案例比较少。耐候桥梁钢的耐蚀设计主要是通过腐蚀余量来提高其使用寿命安全性，不能实时跟踪耐候桥梁钢的腐蚀使用寿命。因此，应加强对耐候桥梁钢桥构造形式进行优化，使其在实际推广、应用中更加迅速、经济、方便
2	需进一步加强其基础性研究	美、日等经多年在耐候钢桥梁建造方面的探索、总结和积累，形成了完善的标准体系。而我国耐候钢桥建设时间还很短，对于耐候钢桥建设的力学性能、暴露腐蚀试验、表层处理方式、设计细节、制造工艺及锈层评价方法研究等还相对较少，因此应加大研究力度，进一步提高我国的耐候钢桥应用水平
3	需尽快建立高性能钢桥设计、制造及维护的标准规范	应更加关注耐候桥梁钢综合成本问题，及时建立相关的耐腐蚀蚀设计的国家及行业标准等。耐候桥梁钢的研发将针对大气腐蚀环境、海洋环境、高温高湿环境、极地寒冷地区等不同特殊环境，通过腐蚀机理的研究，优化合金成分设计，提高桥梁钢本质耐腐蚀性，采用焊前不预热、焊后无需热处理等技术简化优化焊接工艺，节约生产和使用维修成本，较好地满足桥梁工程服役要求，以保证工程的设计寿命和全生命周期的安全稳定性
4	充分运用大数据、人工智能，助推其发展	高性能耐候桥梁钢的飞速发展，为其腐蚀寿命预测提供了新的技术支撑。材料腐蚀寿命的预测将进一步加强对腐蚀作用机理的深入研究，综合使用多种模型，提升寿命预测结果的精确性；建立实时监测、多功能全集成的系统，提高寿命预测的时效性和系统性
5	耐候高强度螺栓需进一步深入研究	螺栓连接是钢桥重要的连接方式，我国耐候螺栓应用时间较短，螺栓本身可靠性有待进一步验证。此外高强螺栓连接面的处理方式仍然与普通钢桥一致，这一短板将在一定程度上制约我国耐候钢桥的应用范围并影响其技术经济性

总之，随着人们环境保护意识的增强，桥梁钢的生产商和用户逐渐认识到耐候桥梁钢在生产及应用端的综合成本优势。因此，开发高性能、高耐候、无涂装、低成本的高性能桥梁用钢将具有非常显著的经济和社会效益。

第3章

由飞机起落架用材，见证超高强度机械结构钢进展

3.1 飞机起落架的特点及用材分析

3.1.1 飞机起落架及其特点

（1）飞机起落架的概念及其重要性

起落架是飞机实现起飞、着陆这一功能，即飞机在地面停放、滑行、起飞、着陆、滑跑

(a) C919大型喷气式客机

(b) C919飞机主起落架

(c) C919飞机前起落架

图 3.1 我国自主研发的 C919 大型喷气式客机及主、前起落架实图

时用于承受飞机重量、吸收撞击能量的一个关键部件，是为飞机提供滑行操纵和制动力的起飞着陆装置。图3.1所示即为我国自主研发的C919大型喷气式客机及起落架实图，C919是单通道干线飞机，最大起飞重量近80t，在起飞和着陆时全靠3个起落架。C919起落架总重量为1800kg左右，也就是说一个平均600kg左右的起落架要在高速起落条件下支承起自身重量40倍的飞机，其刚性可见一斑。

起落架是飞机上极其重要的关键受力部件，它是唯一的一种支承整架飞机重量的部件，少了它，飞机便不能在地面移动。飞机的起飞、降落、滑行、地面转弯、刹车等都需要由起落架来完成。例如飞机着陆时的冲击能量主要是由起落架吸收的，飞机在路面滑跑时由于跑道的不平整而会导致机身振动，这些振动都会严重影响飞机的稳定性和安全性，降低飞行员和乘客的舒适度、甚至导致飞机事故。飞机起落架结构受力大、工作环境恶劣、故障率高，统计资料表明：飞机飞行事故中将近70%与起落架有直接或间接的关系。

(2) 飞机起落架的主要作用

①飞机在地面时支承飞机；②吸收并耗散飞机着陆及滑行时的颠簸和撞击能；③提供刹车功能；④地面运动时使飞机转弯。

(3) 飞机起落架配置形式及其特点

飞机起落架配置形式指的是起落架在飞机上的位置、数目及布置特点，常用的四种起落架配置形式及其特点见表3.1。

表3.1 常用的四种飞机起落架配置形式及其特点

序号	配置形式	特点
1	后三点式	这种起落架有一个尾轮和两个主起落架，尾轮在机身尾部离重心较远处，主起落架在飞机重心稍靠后处。这种形式的起落架结构简单，适合于低速飞机，在20世纪40年代以前得到广泛应用，现代飞机上除一些装有活塞式发动机的轻型、超轻型低速飞机外，基本不会使用这种配置形式的起落架
2	前三点式（见图3.1）	它有一个前起落架和两个主起落架，并且飞机重心在主起落架之前。这是目前现代高速飞机最常见的起落架配置形式，因与后三点式相比，它有很多优点：a. 着陆简单，安全可靠。重心在主起落架之前，着陆时不会发生后三点式起落架那样的“跳跃”现象。b. 有良好的方向稳定性，侧风着陆时较安全，地面滑行时，操纵转弯较灵活。c. 不会发生倒立危险。d. 在停机、起飞、着陆滑跑时，飞机处于水平或接近水平，向下的视界较好。e. 喷气式飞机上发动机排出的燃气不会直接喷向跑道，对跑道影响较小。 但其也有缺点：a. 前起落架布置较困难，尤其是发动机在机头的小型飞机，机身前部空间非常紧张；b. 前起落架承受载荷大、尺寸大，相比后三点式的尾轮构造更复杂，质量更大；c. 着陆滑跑时处于小迎角状态，不能充分利用空气阻力减速；d. 会产生前轮摆振现象，需要有防止摆振的减摆器或其他防摆措施；e. 因前起落架承受载荷大，起飞时抬前轮相对困难
3	自行车式	它除了在飞机重心前后各有一主起落架外，还在飞机左、右机翼下各有一较小辅助轮。它主要适用于一些机身较小，机翼单薄的飞机。这些飞机起落架如用前三点式，机身没有足够空间收容起落架或起落架布置不能满足侧翻角等要求，单薄的机翼也没有空间收起落架，于是采用了这种自行车式起落架。其优点就是可解决起落架收容问题，另外，它不能采用主轮差动刹车转弯，只能通过前主轮转弯操纵机构实现地面转弯。目前只有很少数飞机采用这种起落架配置形式
4	多支柱式	它与前三点式类似，可看作是前三点式起落架的衍生形式。飞机重心在主起落架之前，但其有多个主起落架支柱，主要用于大型飞机上（如波音747、A380以及苏联的伊尔86飞机的起落架均采用多支柱式）。采用多支柱式、多机轮，可减小飞机着陆时的过载，减小起落架对跑道的压力，使飞机乘坐起来更安全舒适

在这四种布置形式中，前三种是最基本的飞机起落架形式，多支柱式可看作是前三点式的改进形式。目前，在现代飞机中应用最为广泛的飞机起落架布置形式就是前三点式。

(4) 飞机起落架的结构形式

常见的飞机起落架结构形式及其特点见表3.2。

表 3.2 常见的飞机起落架结构形式及其特点

序号	结构形式	特点
1	构架式	它通过承力构架将机轮与机翼或机身相连。承力构架中的杆件及缓冲器都是相互铰接的。它们只能承受轴向力而不承受弯矩，故此结构起落架构造简单，质量也较小，但难以收放，现代高速飞机基本上不采用，只有一些小型低速飞机在用
2	支柱式	缓冲器与承力支柱合二为一，机轮直接固定在缓冲支柱上。对收放式起落架，收放作动筒可兼作撑杆。扭矩通过扭力臂传递，亦可通过活塞杆与缓冲支柱的圆筒内壁采用花键连接来传递。此起落架构造简单紧凑、易于收放，而且质量较小，是现代飞机上广泛采用的形式之一。其缺点：活塞杆不但承受轴向力，且承受弯矩，因而容易磨损及出现卡滞现象，使缓冲器的密封性能变差，不能采用较大的初压力
3	摇臂式	机轮通过可转动的摇臂与缓冲器的活塞杆相连。缓冲器亦可兼作承力支柱。这种形式的缓冲器只承受轴向力，不承受弯矩，因而密封性能好，可增大缓冲器的初压力以减小缓冲器的尺寸，克服了支柱式的缺点，在现代飞机上得到了广泛的应用。但其缺点是构造较复杂，接头受力较大，因此在使用过程中的磨损亦较大
4	非常规	一般飞机都在混凝土跑道起降，有些特殊飞机会在草地、雪地、水上起降，因使用环境不同，便产生了一些非常规的起落架，如滑橇、雪橇、气垫、浮筒式起落架等。 ①滑橇式起落架。一般包括一个小车或滚棒装置用于起降，起飞装置在飞机起飞后会留在地上。滑橇式起落架重量轻，与地面接触面积大，适合在软地面上使用。 ②雪橇式起落架。就是起落架是类似于雪橇的装置，使用这种起落架，飞机可在雪地上着陆。为使飞机在无雪地面上也能使用，飞机也常装有机轮，当需要时可将机轮放在雪橇下面或上面。在雪地上着陆时，机轮沉陷到雪橇支承住飞机为止。 ③气垫式起落架。有一气垫体位于飞机下部，由发动机向气垫体供气，空气通过气垫体下表面一系列带有角度的孔向外排出，排出的空气在飞机下方形成气垫，将飞机与地面隔开。刹车时使用滑橇或滑橇垫，当施加刹车压力时，它们被压向地面。 ④浮筒式起落架。系指飞机下部安装有两个浮筒，使飞机可以在水上起降、停留。这种形式起落架一般出现在陆基飞机改装成水上起降的飞机上

（5）飞机起落架的组成

不同结构形式的飞机起落架组成会有所不同，这里以常见的大型客机起落架来说明。其基本组成及功用见表 3.3。

表 3.3 飞机起落架的基本组成及功用

序号	基本组成	功用
1	缓冲支柱或缓冲器	应用最广泛的是油气式缓冲器。当缓冲器压缩时，气体的作用相当于弹簧，油液以极高速度穿过小孔，吸收大量能量并转化为热能，使飞机很快平稳下来
2	扭力臂	它由上、下两臂组成，上臂连接支柱外筒，下臂连接支柱内筒，主要承受、传递扭转力矩
3	机轮轮胎	为适应飞机起飞、着陆滑跑和地面滑行的需要，起落架的最下端装有带充气轮胎的机轮。它使飞机可在地面滑行，着陆时轮胎也吸收一部分撞击能
4	刹车装置	为缩短着陆滑跑距离，主机轮上装有刹车装置。为使飞机减速，一些飞机也可通过主轮差动刹车使飞机转弯
5	撑杆	根据飞机需要可设置航向撑杆、侧向撑杆，用于承受飞机地面滑行时的航向或侧向载荷。一些飞机的起落架收放作动筒兼做撑杆
6	收放机构	收放机构的核心部件是收放作动筒，通过液压压力使收放作动筒伸缩，再通过连杆、转轴等一整套收放机构将起落架收起或放下
7	前轮转弯机构	大型飞机上多设有前轮转弯机构，驾驶员通过直接对前轮转弯机构的操纵使飞机在地面转弯，也有飞机设置前轮转弯机构的同时通过主轮差动刹车转弯
8	锁机构	起落架在收起或放下后需用锁机构将其锁定在预定位置。上位锁多为挂环式，将起落架挂在收起位置。下位锁形式多样，有撑杆锁、作动筒锁、插销锁等

应当强调，飞机起落架对飞机的飞行安全至关重要，特别是在飞机起飞及降落阶段，一旦起落架发生故障，可能危及乘客生命安全，所以飞机起落架设计时首要考虑的是它的安全

性、可靠性。经过一百多年的发展，飞机起落架设计已经比较成熟，安全性、可靠性也完全满足适航等各方面要求。随着新材料、新技术不断出现并在飞机起落架上应用，飞机起落架将会出现更多新的形式，也会变得更安全可靠，会使得飞机乘坐起来更舒适。

3.1.2 飞机起落架用材的发展

飞机起落架是飞机最重要的结构件之一，其性能与飞机的飞行安全密切相关。因此，随着飞机安全性和舒适性要求的提高，对飞机起落架材料组织、综合性能的提高和新的生产技术将会促进其使用寿命的延长，这是航空业的基础、共性和关键技术之一。如空中客车公司将超大型整体锻件锻造技术、新型气氛保护热处理技术和高速火焰喷涂技术运用于 A380 飞机起落架的生产制造，起落架使用寿命进一步得到提高。对于具有高强度、刚性和良好韧性要求的关键受力构件飞机起落架，超高强度钢具有不可替代的重要地位，民机起落架用材料中超高强度钢材料有 4340 钢、300M 钢等。而随着技术的革新，航空业对飞机用材料比强度的要求越来越高，复合材料、钛合金因其较高的比强度在民航工业中的需求也越来越大，钛合金选材有 Ti-6Al-6V-2Sn、BT22 等。飞机起落架用钢的发展概况见表 3.4。

表 3.4 飞机起落架用钢的发展概况

范围	飞机起落架用钢的发展概况
国外	超高强度钢的研发是航空业的竞争热点，而起落架用钢则代表着超高强度钢的较高水平。低合金超高强度钢 4340 由美国研制成功，并于 1955 年将其用于飞机起落架批量制备。随着航空技术的不断发展，飞机起落架的用材和设计制造也在不断更新进步。在研制开发喷气式飞机的初期，高强度钢 4130、30XFCA 等材料被选为飞机起落架用材，其抗拉强度达 1176MPa。随着超高强度钢的发展，30CrMnSi2A 钢被大量应用在第二代飞机起落架上，其抗拉强度达 1635～1700MPa，寿命可达 2000h。到了近代，飞机机载设备增多，飞机的整体质量系数下降，对飞机起落架设计制造和材料提出了更高的要求，美国国际镍公司在 20 世纪 50 年代研发了一种抗拉强度达 1950MPa，寿命达 5000h 的 300M 钢，采用整体锻件制造工艺制成，如今已成为声誉最好、强度最高、综合性能最好、应用最广泛的起落架用材，是美国低合金超高强度钢的代表。并于 1966 年后作为美国主要民用飞机的起落架材料而获得广泛的应用。 随着航海的发展，人们对飞机在耐腐蚀环境中的寿命提出了更高的要求，美国于 1991 年又开发了一种新型低碳高合金超高强度钢 AerMet100，其被成功应用于美国 F-22 隐身战斗机和航母舰载机上；因其具有抗应力腐蚀性好、裂纹扩展速率低、断裂韧性高等优点被广泛应用在起落架、气体涡轮发动机主轴和机轮螺栓之类的紧固件上。“幻影”“协和号”等军用、民用飞机起落架均采用 35NCD16 钢，35NCD16 钢与 300M 相比其综合性能略低，合金元素含量略高、热处理工艺复杂，性价比稍差。 30XГCH2A 钢是苏联 50 年代研制成功的低合金超高强度钢，其各种型号军用、民用飞机起落架等重要承力件均采用该钢制造，含碳量较低，故焊接性能良好，从而使一些大型零件可采用焊接制造，降低了锻件制造成本；但是与 300M、35NCD16 钢相比，30XГCH2A 钢强度低，不利于起落架零件减重。近年来，俄罗斯又研制了新型低合金超高强度钢 35XCH3M1A(BKC-8)，其强度可达到 1980～2000MPa。 当前，低合金超高强度钢依然是世界各国应用最成功最广泛的起落架用材，其共同特点是高强度、高韧性、抗腐蚀和耐疲劳，满足飞机起落架设计研制的要求
国内	我国对于飞机起落架材料的研究相对较晚。超高强度钢的研究始于 20 世纪 50 年代，经历了引用、仿制到自行研制的发展历程。我国先后研制了 3 种飞机起落架用材，30 铬钢(30CrMnSiNiZA)是我国 50 年代研制的航空用低合金超高强度钢，其抗拉强度达到 1767MPa，作为飞机起落架等重要承力构件，现在依然有应用。1958 年我国开始研制 GC-4 钢(40CrMnSiMoVA)，其抗拉强度达到 1988MPa，曾一度用在歼-8 和强-5 飞机上，但由于冶金质量等原因，逐渐不再在起落架上应用。 我国在 20 世纪 80 年代，成功研制出 40 铬钢(40CrNi2Si2MoVA)，它的抗拉强度达到 1960MPa，有优良的塑性、韧性和抗疲劳、抗断裂性能，与美国的 300M 钢性能相当，使中国飞机起落架用超高强度钢从此走上了双真空高纯熔炼之路，进而使中国飞机起落架走上了长寿命、高可靠性之路，研制生产的 40 铬钢准 300mm 棒材的各项性能达到了当时美国宇航材料标准 AMS 6417B 的要求，并与美国进口实物性能相当，达到了国际先进水平。宝钢特钢有限公司以国际主流的制造工艺为目标，采用了电弧炉＋自耗工艺流程，逐步形成并固化了起落架用 40 铬钢(300M)的

续表

范围	飞机起落架用钢的发展概况
国内	生产工艺并成为国内首家通过中国商飞材料供应资格认证的企业，自主研制的飞机起落架用 40Cr 钢伴随国产大飞机 C919 翱翔天空。40Cr 钢生产成本低廉、生产工艺较简单，这些特点使得其已成为目前使用最为广泛的飞机起落架用钢，民用飞机起落架（包括波音飞机、空客飞机以及新舟 60 等）的外筒、活塞杆、轮轴等构件大多采用 40Cr 钢。40Cr 钢对制造工艺有较高要求，需优化 40Cr 钢大型锻件锻造过程中的锻造工艺、热处理工艺和表面处理等技术，满足大型民机高性能、高可靠性和长寿命锻件的要求

3.1.3 飞机起落架与超高强度钢

随着材料和制造技术的不断进步，各类军用、民用飞机起落架越来越轻量、可靠。减少飞机自身的重量意味着油耗量的减少，油耗量的减少也会降低排放量。因此，如何在满足强度与刚度的要求下，减少飞机起落架的自重已成为目前飞机领域中的研究热点。减轻构件的重量是航空设计的第一目标，如果构件的重量大，则升空的难度就增大，将会带来推力、结构等方面的一系列问题。因此，强度是所有的航空材料追求的指标，航空选材是以强度为第一指标、综合力学性能最佳的金属结构材料。目前世界上航空业发达的国家均已形成了起落架材料体系。我国自主开发的大飞机制造，其起落架结构尺寸更大，寿命更长（着陆次数一般为 6 万次）、可靠性要求更高。

飞机起落架制造技术发展与材料技术和制造技术的发展息息相关。喷气式飞机发展初期，起落架主承力构件主要由 1176MPa 级高强度钢 4130、30ХГСА 等材料经手工电弧焊等方法制造。随着减重和飞机机体内空间利用率的不断提高，也随着超高强度钢技术和构件制造技术的不断进步与完善，超高强度结构钢制造大型飞机起落架主承力构件成为必然的选择。起落架主承力构件采用比强度更高的 1578～1764MPa 级超高强度钢 30ХГСН2А、4330M、4340 采用焊接方法制造，随着大型压力机的使用，在西方国家，整体锻件制造工艺逐渐取代了拼焊结构。随着材料技术和制造技术的发展，强度级别 1900～2100MPa 的 300M 钢及其抗疲劳制造技术已成为美国飞机起落架的主导应用技术。

目前国外应用比较广泛的起落架用材为低合金超高强度钢，如美国的 300M、法国的 35NCD16 等，其显著特点是具有超乎一般的高强度。材料强度高可使起落架重量轻，减重一直是起落架设计所追求的重要指标。与此同时，材料要具有优良的综合性能，以保证起落架工作的可靠性。

3.1.4 超高强度钢概述

超高强度结构钢（简称超高强度钢），一般认为屈服强度超过 1500MPa 以上。其主要特点是具有很高的强度，足够的韧性，能承受很大应力，同时具有很大的比强度，使结构尽可能地减轻自重。它是航空、航天领域的关键结构材料，用作航空、航天结构的重要承力件。例如，飞机上高负荷的承力构件，如飞机起落架、机身骨架、大梁等以及固体火箭发动机壳体、高压容器等。

（1）超高强度钢及其主要特点

超高强度钢是为满足飞机、火箭等航空航天器结构上用的高比强度（强度/密度）材料而发展起落的一类结构钢，之后在常规武器的零件等方面也得到了应用。超高强度钢的含义、主要特点及优势等，见表 3.5。

表 3.5 超高强度钢的含义、主要特点及优势

序号	名称	内容
1	含义	目前国际上尚无统一规定，一般认为，抗拉强度 R_m>1470MPa 或屈服强度 R_{eL}>1380MPa，而且同时兼有适当韧性的特殊质量合金结构钢为超高强度钢。随着科技的发展，现已可生产 R_m 达 2400MPa 的超高强度钢
2	主要特点	其主要特点是具有很高的强度，足够的韧性，能承受很大应力，同时具有高的比强度，使结构尽可能地减轻自重。超高强度钢是航空、航天领域的关键结构材料，用作航空、航天结构的重要承力件，例如飞机上高负荷的承力构件（如起落架、大梁等）、战术导弹固体火箭发动机壳体等。伴随着现代科技和工业技术的迅猛发展，其应用范围正在不断扩大，如现代汽车工业、现代建筑钢结构，以及铁道运输行业的机车车辆的零部件制造等。 现在，超高强度钢已是钢中的一个小分支，它广泛应用于不同行业领域，如在建筑业、机械加工业中都使用超高强度钢。一般民用中超高强度钢的强度为 800MPa 左右，而航空超高强度钢是特殊定义的一类钢，是为了满足飞机结构需求的高比强度而研究和开发的一种结构材料，在航空、航天工程领域，超高强度钢是指屈服强度在 1400MPa 以上的高强度钢，抗拉强度在 1700～2000MPa，甚至更高。航空超高强度钢是钢中强度最高的钢，它与普通的超高强度钢的概念是不同的
3	优势	相对于普通钢材，钢结构采用超高强度钢具有如表 3.6 所示优势

表 3.6 钢结构采用超高强度钢的优势

序号	名称	进一步说明
1	良好的经济效益	它能减小构件尺寸和结构重量，相应地减少焊接工作量和焊接材料用量，减少各种涂层（防锈、防火）的用量及其施工工作量，使得运输和施工安装更加容易，降低钢结构的加工制作、运输和施工安装成本；同时在建筑物使用方面，减小构件尺寸能够创造更大的使用净空间；特别是能减小所需钢板的厚度，从而相应减小焊缝厚度，改善焊缝质量，提高结构疲劳使用寿命
2	降低钢材用量	它能降低钢材用量，从而大大减少铁矿石资源的消耗、焊接材料和各种涂层（防锈、防火）用量的减少，也能大大减少其他不可再生资源的消耗；同时能减少因资源开采对环境造成的破坏，这对于我国实施可持续发展战略，改变高资源消耗的传统工业化发展模式，充分利用技术进步建立资源节约型和环境友好型国民经济体系都有极大的促进作用
3	节能降耗	它能大大减少钢材冶炼的能源消耗，最终降低单位面积建筑产品的能源消耗，有利于实现降低能源消耗的发展目标

（2）超高强度钢的分类

按合金元素含量的多少和使用性能的不同，可将超高强度钢分为表 3.7 所示的三类。

表 3.7 超高强度钢的分类

名称	合金元素含量	使用温度范围或分类
低合金超高强度钢	2.5%～5%	主要在室温或 200℃以下使用
中合金超高强度钢	5%～10%	可在 300～500℃使用
高合金超高强度钢	>10%	又可分为二次硬化钢，M 时效钢和不锈钢。如 HP9Ni-4Co 钢、基体钢等

（3）超高强度钢简介

① 低合金超高强度钢 这类钢主要是在室温或略高于室温（低于 200℃）下使用的。它是在原有调质钢的基础上调整部分合金元素而发展起来的一类钢，其碳含量一般为 0.27%～0.45%，合金元素总含量通常不超过 5%。此类钢经淬火+低温回火或者等温淬火后使用，其生产成本较低廉，生产工艺较简单，在超高强度钢中发展最早且用量最大，广泛应用于各行各业。

我们面临着全球资源紧缺，少量的合金元素就能显著改善和提高钢的力学性能，超高强度钢降低了生产成本且生产工艺简单，这使其在市场上占据明显的优势。但是低合金高强度

钢的缺点是冲击吸收功和断裂韧度比较低、对内部缺陷敏感性较强等，因而该类钢的实际应用受到一定限制。未来，研究低合金超高强度钢的重点在于：a. 深入研究微观组织演变过程，总结微观组织演变规律；b. 研究低合金超高强度钢在强动力载荷下的动态失效机制，搭配合理的冶炼轧制技术和热处理工艺，改善微观组织；c. 采用新型的热处理和冶炼工艺来增强低合金超高强度钢力学性能。

② 中合金（二次硬化型）超高强度钢 这类钢是在热作模具钢4Cr5MoV1Si（H-13）和4Cr5MoVSi（H-11）的基础上改良而来的钢种，它系要求在较高温度（300～500℃）使用的超高强度钢，应该利用中合金钢在550～650℃回火时析出弥散的合金碳化物，以产生二次硬化效应来获得超高强度，其抗拉强度可达2750MPa。

它系中碳合金钢，钢中碳的含量控制在0.25%～0.55%，合金元素总量控制在5%～10%，其主要合金是Cr、Mo、W、V等碳化物形成元素，具有很高的淬透性，可以空冷淬火，工艺简单极大地节约了实际生产中的成本。其比强度在所有超高强度钢中是最高的；但若在室温下使用，其并不比低合金高强度钢有多大的长处。

③ 高合金超高强度钢 此类钢摒弃了用提高碳含量来提高强度的手段，主要是通过时效马氏体、金属间化合物产生的第二相强化等方式来实现强化效果的。由于工作条件不同，对许多场合还必须提出其他方面的要求，比如若在腐蚀介质和高温条件下使用的材料，除要求机械强度外，还须有良好的耐蚀性和抗氧化性，此时就要合理选择超高强度不锈钢。故高合金超高强度钢一般都具有某些方面的特殊优越性能，其合金元素含量高（合金元素总质量分数>10%）、合金化程度高，价格昂贵。按热处理强化机制可将高合金超高强度钢划分为表3.8所示的三类。

表3.8 高合金超高强度钢的三种类型

序号	名称	常用钢号等
1	二次硬化马氏体(M)钢	它包括9Ni-4Co、9Ni-5Co、10Ni-8Co(HY180)、10Ni-14Co(AF1410)、AM100等
2	马氏体时效钢	它包括18Ni(250)、18Ni(300)、18Ni(350)等
3	沉淀硬化不锈钢	如PH13-8Mo等。其中以二次硬化M钢系列综合性能最好

其特点是具有较佳的强韧性、高的屈强比、很好的焊接性能和可成形性，热处理工艺简单、有较好的尺寸稳定性等，常用于航空航天等特殊领域。

（4）超高强度钢的强韧化

对于大部分钢材料而言，其主要的塑性变形机制是位错滑移，因而通过各种方式阻碍位错的滑移就成为提高材料强度的主要措施。目前主要有如表3.9所示的几种强化机制，这些机制均与合金化相关。

表3.9 超高强度钢的强韧化机理

名称	适用范围	强化特点	强化原理
固溶强化	碳含量一般在中、低碳范围； 合金元素注意包括N、Co、Cr、Mo、W、Si、Mn等	在马氏体基体中，碳原子的间隙固溶造成了晶体点阵的不对称畸变，其所产生的应力场包括正和切应力场；合金元素则在α-Fe中的置换固溶造成点阵对称畸变，其弹性应力场是正应力场。 间隙固溶或置换固溶所产生的应力场，与位错的应力场间产生弹性交互作用所形成的Cottrell气团等，对位错具有很强的钉扎作用。 间隙固溶产生的点阵错配度远大于置换固溶，且与位错间可产生较强交互作用，故间隙固溶的强化效果比置换固溶高出1～2个数量级	固溶强化本质上是利用溶质原子与运动位错的相互作用，阻碍位错运动，引起塑变应力增加，从而产生固溶强化效果

续表

名称	适用范围	强化特点	强化原理
位错强化	固态相变或外力引起的塑性变形	钢在室温变形时，当变形量<1%时，位错线基本是平直的；当变形量>1%后，交滑移普遍发生，运动位错与其他位错交截时产生割阶，使位错弯曲。 运动受阻的位错开始相互连接形成位错缠结或产生位错塞积；当变形量达3.5%时，可看到胞状结构；当变形量达9%时，胞状结构大量形成，胞壁为缠结的位错，位错密度远高于胞内，约为平均位错密度的5倍。 胞尺寸随变形量增大而逐步减小，至1.5μm后基本保持稳定	金属经塑变（或固态相变）在内部产生大量位错，在其后的塑变过程中，运动位错与其他位错间将产生弹性交互作用，使位错运动受阻，从而提高了金属的流变抗力（即金属强度提高）
沉淀强化	淬火马氏体在回火过程中发生脱溶沉淀相变，产生与母相共格、半共格或非共格的沉淀相。典型的有ε相、Mo_2C等碳化物和Fe_2Mo、Ni_3Mo、Ni_3Ti、NiAl等金属间化合物	①位错切过沉淀相强化　当沉淀相与母相共格、尺寸较小时，运动位错可切过沉淀相粒子使合金强化。 ②位错绕过沉淀相强化　当沉淀相粒子硬度较高、尺寸较大、与母相部分共格或非共格时，位错不能切过而只能绕过沉淀相，位错绕过后在粒子周围留下一个位错环，而后恢复平直，继续前进。位错的能量与其长度呈正比，故当位错绕过沉淀相时，必须增高外加切应力以克服由于位错弯曲而引起的位错线张力的增加	塑性变形时，位错与沉淀相相互作用，产生了两种强化机制：位错切过沉淀相和位错绕过沉淀相
细晶强化（晶界强化）	①由于晶界两侧取向不同，一侧晶粒中的滑移带不能直接进入另一侧，要使相邻晶粒产生滑移须激发其自身位错源。 ②要满足晶界上形变的协调性，需多个滑移系统同时动作	在常温和低温下，由于晶界阻碍位错运动，当把晶粒进一步细化后，可使钢的强度大幅度提高。 对于板条马氏体而言，块区被认为是抵抗变形与断裂的有效晶粒度。马氏体细化强化可归结为原奥氏体晶粒细化强化，由于每个奥氏体晶粒内形成的马氏体板条束的数量基本不变，奥氏体晶粒细化将导致马氏体板条束减小。马氏体板条束使低碳马氏体钢的有效晶粒细化，马氏体板条束尺寸减小将产生细晶强化作用。例如超高强度不锈钢中加入少量Nb元素产生弥散分布的NbC粒子，钉扎奥氏体晶界，可有效抑制奥氏体晶粒长大。因此，通过特殊的热处理得到超细的马氏体板条，可保证钢具有较高的强度，同时还具有良好的塑性	由于晶界的存在，引起在晶界处产生弹性变形不协调和塑性变形不协调。其结果均会在晶界处诱发应力集中，以维持两晶粒在晶界处的连续性。结果是在晶界附近引起二次滑移，使位错迅速增多，形成加工硬化微区，阻碍位错运动

在实际生产中大多数钢铁材料都是采用多种强化机制产生复合强化作用。虽然每种强化机制的产生机理不尽相同，但在实际强化中往往是多种机制的复合强化，而非一种强化机制在起作用。见表3.10。

表3.10　残留奥氏体的三大增塑效应

序号	效应名称	特点
1	相变诱发塑性（TRIP）	金属及合金在发生相变过程中，在低于母相屈服强度的情况下会产生塑性变形的特性，被称为相变诱发塑性(transformation induced plasticity，TRIP)效应。奥氏体(FCC)因具12个易滑移系，形变过程中可与基体很好地相互协同作用。残留奥氏体在较高的应力应变状态下可发生应变诱发马氏体相变，提高强度的同时，可以松弛局部的应力集中，促使应力应变再分布，推迟裂纹的形成并延缓颈缩的产生，提高了均匀延伸率，进而获得更好的塑性。实际情况下，TRIP效应所提高的延伸率要大于理论预测值，约为15%～35%，其主要原因或许是奥氏体在高应力应变状态下发生了马氏体相变，使得其中各相的应力发生再分布，有效缓解了局部的应力集中，并能延迟和阻止裂纹的形成和扩展，进而提高了基体整体的变形能力，改善了材料的塑性。即在变形的初始阶段，软相残留奥氏体均匀变形吸收位错，使硬相马氏体基体呈未加工硬化态，马氏体形变能力增强，与奥氏体协调形变；随应变量的增加，局部出现应力集中，TRIP效应诱发马氏体相变使应力得到有效的松弛和释放，推迟裂纹的形成和扩展

续表

序号	效应名称	特点
2	阻碍裂纹扩展(BCP)	当应变量再增加时，高应力集中导致裂纹形成，裂纹需穿过马氏体条间的残留奥氏体，残留奥氏体阻碍裂纹的扩展，即阻碍裂纹扩展(blocking crack propagation，BCP)效应。研究证明，马氏体与残留奥氏体的界面趋向于平行马氏体的{110}面，在具有同样惯习面的一个马氏体束中，通常会沿着马氏体的{100}面发生解理断裂，而当裂纹扩展时需要跨越一系列马氏体板条。而板条间存在的残留奥氏体，可以分隔马氏体领域，减小有效晶粒尺寸，致使裂纹分叉或阻碍其不断扩展，同时不同的位向关系也可以改变解理面的方向和角度，进一步发挥增塑效应
3	残留奥氏体吸收位错(DARA)	随着应变量的增大，马氏体中的位错密度先是减小而后持续增大，直至均匀形变(约12%的应变)结束后才超过形变前状态，而奥氏体中的位错密度呈现单调性增大。这种异常现象即为残留奥氏体吸收位错(dislocation absorption by retained austenite，DARA)效应：即在形变过程中，马氏体中的位错可通过共格或半共格界面移动到邻近的奥氏体中，若残留奥氏体含量较大，则被残留奥氏体所"吸收"

DARA效应与TRIP效应和BCP效应共同构成了更为完整的残留奥氏体的增塑机制。故增强残留奥氏体的稳定性（热稳定性和机械稳定性）可显著提高先进高强钢的综合力学性能。

3.2 飞机起落架与低合金超高强度钢

3.2.1 飞机起落架构件的主要失效形式

起落架作为飞机结构中重要的一环，其性能直接影响到其起飞、飞行和着陆等过程。飞机起落架是用于飞机地面停放时支承重量和着陆时吸收撞击能量的装置，因此需要起落架具备质量轻，承载能力强，高效缓冲和抗坠毁等要求。目前飞机通常包括固定的起落架系统，如滑橇式、前三点式、后三点式、摇臂式和很少用的四轮式等，现以图3.2所示的摇臂式起落架为例说明之。

摇臂式起落架比三点式使直升机在缓冲性能上得到了大幅提升，由于其自身结构特点即机轮通过摇臂与缓冲器的相连，如图3.2所示，使此连接形式的缓冲器只承受轴向力，不承受横向弯矩，故缓冲器的密封性得到了保证，且克服了支柱式起落架既承受轴向力又承受弯矩的缺点。摇臂式起落架作为第四代直升机的重要特征之一，在我国武直-10、RAH-66，欧洲EH-101等直升机上均采用这种形式的起落架。

(a) 应用于中国武直-10

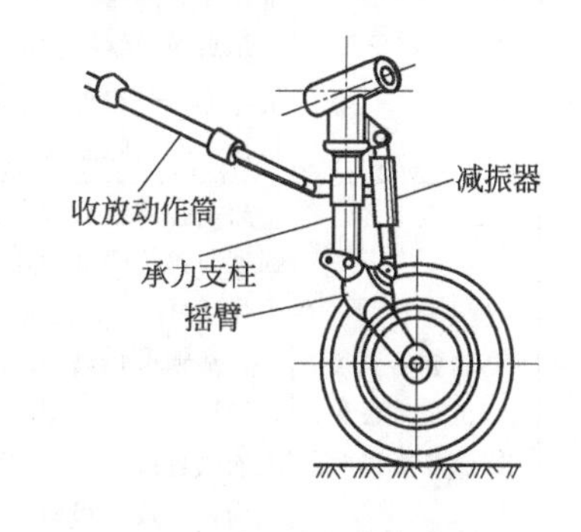

(b) 摇臂式起落架结构形式

图3.2 摇臂式起落架及其应用

飞机起落架其主要失效形式见表3.11。

表 3.11 飞机起落架构件的主要失效形式

序号	失效形式	进一步说明
1	缺口敏感性高	构件表面的微小缺口是产生应力集中的重要原因。如何降低其缺口敏感性,提高钢的断裂韧度就成了人们的努力方向
2	非金属夹杂物多	钢材中的非金属夹杂物少,化学成分和组织均匀。这就需采用特殊冶金技术,如电渣重熔等技术,来尽量减少钢中的非金属夹杂物
3	易产生低温回火脆性	由于超高强度钢是在淬火+低温回火后使用的,因此低温回火脆性即成了该钢生产和使用中的一个重要问题
4	耐蚀性较差	经常暴露于海洋环境的飞机起落架将面临更为苛刻的服役环境。而目前已工业化应用的飞机起落架材料多为高强度低合金钢,如 300M、AerMet100 等,其强韧性可达到设计要求,但耐蚀性较差,难以满足飞机起落架在海洋环境中对耐蚀性要求,因此通常采用表面涂层来改善其耐蚀性能。为解决传统高强钢只能依靠表面涂层改善耐蚀性能这一现状,新型超高强度不锈钢材料应运而生

飞机起落架是飞机四大关键部件之一，是飞机着陆、起飞时飞机上的关键受力部件，要承受十分大的载荷和猛烈的冲击，直接关系到飞机以及飞机乘驾人员的安全，对飞机的性能和安全有着十分重要的作用，因此，飞机起落架材料应具有较高的强度和良好的韧性。当今世界上 95%以上的飞机起落架都是以超高强度钢制造。超高强度钢属于材料科学研究热点，飞机起落架用超高强度钢是衡量一个国家钢铁工业技术水平的标志之一。

3.2.2 超高强度钢的主要性能要求（见表 3.12）

表 3.12 超高强度钢的主要性能要求

序号	性能名称	进一步说明
1	高强度	R_m>1470MPa,R_{eL}≥1380MPa,并应有足够的耐热性,以适应在气动力加热条件下工作
2	一定塑、韧性和尽可能小的缺口敏感性	零件工作时,在外力作用下,不可避免地会出现程度不同的应力集中。这就要求材料具有承受应力集中而不致发生脆性破坏的能力。常采用缺口试样进行拉伸试验,并将缺口试样的抗拉强度与光滑试样进行比较,以其比值衡量静拉伸下的缺口敏感度。 韧性良好的钢在缺口处易产生塑性变形,缓和了局部过载,并能在缺口处产生多向应力,故其缺口抗拉强度大于一般光滑试样的抗拉强度。钢的抗拉强度越高,引起的缺口敏感性往往越大,缺口抗拉强度会降低越多(见图 3.3)。钢的缺口敏感性增加的原因在于塑性与冲击韧性的恶化。因此应在提高抗拉强度的同时,必须兼顾其塑韧性。冲击韧度 α_k>50J/cm^2(梅式试样),塑性 δ≥8%、ψ≥35%。 提高钢的纯净度,降低杂质元素 S、P 等的含量,对夹杂物变性等是提高塑韧性的有效方法,特别是横向的塑韧性。 超高强度钢结构应以断裂韧度 K_{IC} 作为设计依据,只有当材料具有足够的 K_{IC} 值才能保证在实际上不可避免的宏观尺寸的裂纹源不发生扩张而导致脆性破坏时,材料的光滑试样拉伸强度指标才有实际意义
3	高的疲劳强度和抗过载疲劳破坏能力	超高强度钢的疲劳强度并不总是随抗拉强度的提高而呈比例地增加,有时抗拉强度越高,疲劳强度与抗拉强度的比值反而下降(见图 3.4)。此现象与高强度下缺口敏感性增加有关。在实际工作条件下,超高强度钢承受的载荷往往是交变的,因而疲劳极限是工程设计的重要指标。 一般强度钢的 σ_{-1}/σ_b=0.5,而超高强度钢的抗拉强度达 1800~2000MPa 时,σ_{-1} 为 600~700MPa,σ_{-1}/σ_b 比值仅为 0.34~0.40,而横向疲劳极限还会更低。许多超高强度钢是因疲劳损伤而断裂的。 为提高疲劳极限,一般采用提高钢的纯度,降低 S、P 含量,降低钢内非金属夹杂物的数量和级别的方法。提高零件表面的光洁度,用喷丸处理强化表面层,设计时减少缺口和截面过渡处的尖锐程度,以及提高表面的抗蚀性等,都对提高疲劳极限有显著效果
4	一定的耐蚀性	钢在腐蚀介质作用下,抗拉强度会显著降低,即应力腐蚀的敏感性较大。其强度越高,应力腐蚀的敏感性越大,故应注意其表面防护问题

续表

序号	性能名称	进一步说明
5	良好的工艺性能	如切削加工性、成形性、焊接性等。其焊后均需进行热处理，以改善焊接接头的性能
6	避免氢脆	"氢脆"是超高强度钢加工和使用中的重大问题。钢的抗拉强度值越高，因含氢而使塑韧性下降的程度越大，即氢脆的敏感性越高。因此，超高强度钢在加工过程中不允许有导致吸氢的工序，一般电镀防锈及酸洗清理是禁止使用的。由于超高强度钢的塑性一般较低，不允许有吸氢现象

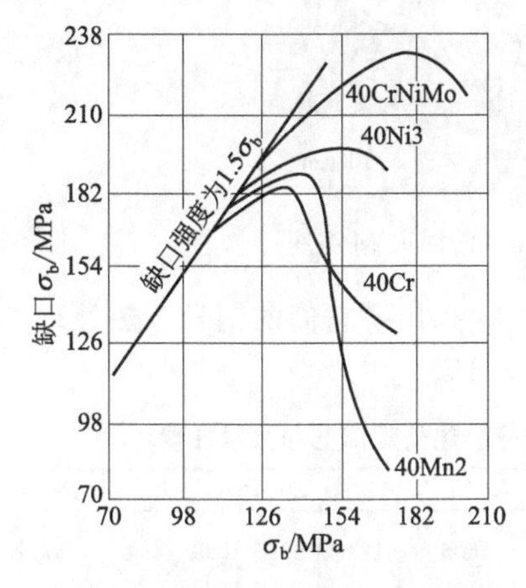

图 3.3 四种钢抗拉强度与缺口抗拉强度的比较

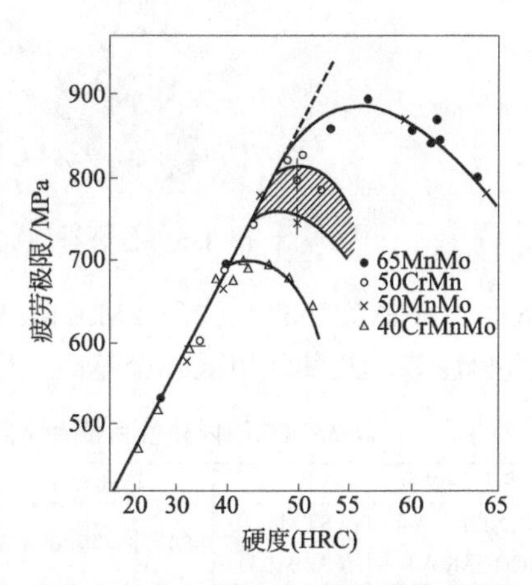

图 3.4 一些合金结构钢的疲劳极限与硬度的关系

3.2.3 低合金超高强度钢的成分、组织、性能及应用

低合金超高强度钢，在制造方面有着较为成熟的制备工艺和低廉的成本；性能方面具有较高的强度并兼具良好的韧性和塑性，拥有高的形变硬化指数和低的屈强比，广泛应用于工程领域。但其在特别苛刻条件下使用时，有断裂韧度和抗应力腐蚀能力较差以及疲劳强度低的缺点，这使得低合金超高强度钢的使用受到限制。

(1) 成分、热处理与组织、性能特点 (见表 3.13)

表 3.13 低合金超高强度钢的成分、热处理与组织特点

序号	名称	特点及应用
1	概述	该超高强度钢是从调质钢转化而来的，是超高强度钢中应用最早的一种钢，其生产成本最低廉，生产工艺较简单，其用量至今仍占超高强度钢总产量的大部分。其合金元素含量少，经济性好，强度高，但屈强比低，韧性相对较差。其研究目标在于保证高强度和高的断裂韧度。其要求：a. 足够的淬透性以保证截面组织性能的均匀；b. 马氏体相变临界点 M_S 不能太低，以避免淬火裂纹；c. 在满足强度前提下尽可能降低 C 含量，以保证塑韧性；d. 可在 300℃以上回火，以提高韧度；e. 少用贵重合金元素，以降低成本
2	成分特点	中碳(0.27%～0.45%)；合金元素种类多但含量低即多元少量的合金化原则。合金元素：Mn、Cr、Ni、微量 B，提高淬透性；Si、Cr、V、Mo，提高 M 的回火稳定性，Si 还有将低温回火脆性温度推向 350℃作用；V、Ti 等，细化 A 晶粒、减小钢过热敏感性
3	热处理与组织特点	最终热处理是淬火＋低温回火(或等温淬火)，获得的组织是回火 M(或 $B_下$)，图 3.5 系 30CrMnSi 钢的回火 M 组织。牺牲塑性以保证其超高强度
4	性能特点	a. 具有所要求的强度；b. 合适的塑性；c. 一定的冲击抗力和断裂韧度；d. 高的疲劳强度；e. 对某些特定的零部件还要求有适当的焊接性

(2) 常用钢种及其特点

常用钢种主要有 40CrNi2MoA (AISI4340)、40CrSi2Ni2MoVA (300M)、45CrNiMo1VA

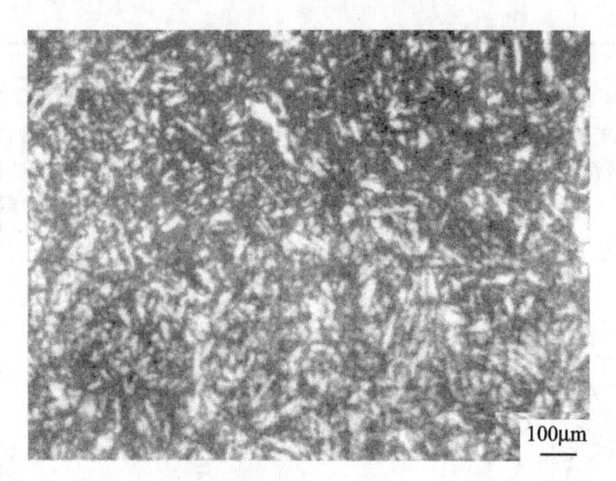

图 3.5　低合金超高强度钢 30CrMnSi 的回火 M 组织

(D6AC)、30CrMnSiNi2A、35Si2Mn2MoV 钢等，表 3.14 列出了它们的钢号、热处理工艺和室温力学性能。几种常用低合金超高强度钢简介见表 3.15。

表 3.14　国内外常用低合金超高强度钢的牌号、热处理工艺和力学性能

钢号或主要成分	代号	热处理工艺	R_m/MPa	R_{eL}/MPa	A_x/%	Z/%	KV_2/J	K_{IC}/(MPa·$m^{1/2}$)
40CrNi2MoA (40CrNiMoA)	ASTM4340 (A50403)	850℃油淬,200℃回火	1960	1605	12.0	39.5	60	67.7
30CrMnSiNi2A		900℃油淬,200℃回火	1795	1430	11.8	50.2	69	67.1
35Si2Mn2MoVA		920℃油淬,320℃回火	1810	1550	12.0	49.3	67.7	79.1
45CrNiMo1VA	D6AC	880℃油淬,550℃回火	1595	1470	12.6	47.4	51	99.2
40CrNi2Si2MoVA	300M	870℃油淬,300℃回火	1925	1630	12.5	50.6	61	85.1
0.30C-1Cr-0.2Mo	4130	860℃油淬,250℃回火	1550	1340	H	38		
0.40C-1Cr-0.2Mo	4140	845℃油淬,205℃回火	1965	1740	11	42	15	

表 3.15　几种常用低合金超高强度钢简介

序号	钢号	特点
1	40CrNi2MoA (AISI4340)	它是国内外广泛使用的航空结构钢,其中合金元素的配合有效地提高了钢的淬透性,韧性也较高。钢中 Cr、Ni 和 Mo 的复合加入可有效地提高淬透性,Ni 和 Mo 能很好地改善回火 M 的韧性
2	40CrSi2Ni2MoVA (300M)	它是在 40CrNi2MoA 钢基础上加入 V 和 Si 并提高 Mo 含量开发的,V 可细化 A 晶粒,Si 可提高钢的回火稳定性,将低温回火温度由 200℃提高至 300℃以上,以改善韧性。推荐的热处理工艺:927℃正火,870℃淬火+300℃两次回火。故 40CrSi2Ni2MoVA(300M)钢有高的淬透性和强韧性,特别是大截面钢材。该钢可用于制造大型飞机的起落架等重要结构件
3	35Si2Mn2MoVA	它是我国广泛使用的低合金超高强度钢,是一个不含 Cr、Ni,立足于国内资源的低合金超高强度钢。低合金复合加入能有效提高淬透性,同时各元素又都能发挥其本身的特性。加入 1.6%～1.9% Mn,Mn 是强烈提高淬透性元素,但又降低钢的 M_S 点,故一般应<2%;钢中加入约 0.4%Mo,除提高淬透性外,还可改善钢的韧度;加入约 1.5%Si,可有效增加回火稳定性,使第一类回火脆性温度由 250℃提高至 350℃以上;V 元素能显著细化晶粒

总之，低合金超高强度钢在超高强度钢中发展得最早，成本低廉，生产工艺较简单，抗拉强度已接近 2000MPa，因此其产量仍居超高强度钢总产量的首位。但随着强度的不断提高，塑韧性却不断下降。在使用过程中往往受到较大冲击载荷（如飞机起落架、炮筒、防弹钢板等），对疲劳强度要求较高，常因韧度不足而缩短使用寿命，或易发生脆断而影响安全。因此，构件在工作时必须有承受应力集中而不致发生脆性破坏的能力，防止发生突然脆性断裂事故。另外，低合金超高强度钢是中碳钢，有较大脱碳倾向，需在热处理设备和工艺上采

用保护措施；热处理后构件变形较大，不易校直，而且焊接性也不太好，因而需发展克服此类缺点的新型超高强度钢来弥补其不足。

3.2.4　热处理工艺对低合金超高强度钢的影响

为提升超高强度钢的整体性能，不仅可从材料的冶炼技术及微量合金元素的添加方面着手，更能通过热处理工艺的优化调整，研究热处理工艺后材料的微观显微结构，发挥出原有材料的最佳性能。热处理工艺有传统的淬火＋低温回火（quenching-tempering，Q&T）工艺，新型的淬火-碳配分（quenching-partitioning，Q&P）和淬火-碳分配-回火（quenching-partitioning-tempering，Q-P-T）工艺。

（1）传统的热处理工艺——淬火+ 低温回火（Q&T）工艺

马氏体钢的传统热处理工艺为淬火和回火，即Q&T工艺。该工艺中，钢的淬火是把钢加热至临界点A_{c_3}或A_{c_1}以上某一温度保温，然后以大于临界冷却速度的速度冷却到临界点以下温度，从而得到马氏体的热处理过程。回火是将淬火态钢在A_{c_1}以下温度保温，使其淬火M组织转变为稳定的回火组织，以适当方式冷却至室温的过程。通过Q&T工艺，得到M＋$A_{残留}$＋析出的K（碳化物）的混合组织，使钢兼具良好的综合力学性能。

（2）新型的淬火-碳配分（Q&P）工艺（见表3.16）

表3.16　Q&P热处理工艺的基础、工艺特点及与传统Q&T热处理工艺比较

序号	名称	内容
1	Q&P工艺基础	Matas和Hehemann最早发现了钢中碳原子可以从马氏体相分配到残留奥氏体相中的现象，后来G. Thomas等通过多次实验证明在淬火过程中，马氏体板条间的残留奥氏体会发生增碳（碳由马氏体板条向条间的残留奥氏体分配）。虽然碳元素从马氏体向残留奥氏体中分配的现象很早就被人们所熟知，但是由于最初的淬火温度较低，在回火时发生了其他相变，没有研发一种相应的能在室温下的组织中得以保留一定量的残留奥氏体的热处理工艺。 直到21世纪初，美国科罗拉多州立大学的Speer等将高碳和中碳含硅钢（9260钢和0.35C-1.3Mn-0.74Si）淬火后，再在M_S点以上的一定温度进行等温处理，使马氏体中的碳原子在等温过程中分配到奥氏体后，使奥氏体含碳量提高，稳定性提高，在室温下可以得到一定残留奥氏体＋板条马氏体的组织，进而得到具有优秀综合力学性能的钢。Speer等还提出Q&P工艺的热力学模型和动力学预测
2	Q&P工艺简介	Q&P热处理工艺过程见图3.6，工艺基本可以分四部分：a. 奥氏体化，这里将奥氏体化的温度简写为AT；b. 冷却到M_S和M_f间的某一适合温度，从而得到一定比例的马氏体和奥氏体，这个温度即为淬火温度，简写为QT；c. 升温至一个温度（该温度可高于M_S点），保温合适时间，使碳从马氏体中向奥氏体中扩散，从而提高奥氏体的稳定性，使奥氏体在室温下稳定存在，将这个温度称配分温度，简写为PT；d. 冷却到室温，在这一过程中，如奥氏体的稳定性不够，奥氏体将转变为马氏体，那么室温下得到的奥氏体将减少。 图3.6中，C_i、C_γ和C_m分别为原始合金中、奥氏体中以及马氏体中含碳量，QT和PT分别代表淬火温度和配分温度。含Si或（和）Al的原始钢材先加热到奥氏体化温度保温完全奥氏体化再淬火到M_S～M_f间的某一合适温度，这样就形成一定比例的马氏体和奥氏体，再升温至淬火温度甚至M_S以上某一温度保温一定时间，使碳从马氏体向残留奥氏体分配，这时马氏体中的含碳量下降，奥氏体中的含碳量升高，从而使碳在奥氏体中富集并能得到室温下稳定的奥氏体，最后可获得马氏体＋残留奥氏体的复合组织。 所以，Q&P热处理工艺能够有效地提高残留奥氏体的体积分数。含Si钢完全奥氏体化后可直接进行Q&P处理，也可在（α＋γ）两相区保温，进行不完全奥氏体化热处理，根据实际要求比例形成一定比例的铁素体和奥氏体后，然后进行Q&P热处理，前者被称为完全奥氏体的Q&P处理工艺，称后者为两相区的Q&P处理工艺，碳分配的温度以直接选择初始淬火温度，也可比初始淬火温度高。将在淬火温度进行配分的Q&P处理称为一步Q&P处理，将分配温度高于初始淬火温度Q&P处理称为两步Q&P处理

续表

序号	名称	内容
3	Q&P与Q&T工艺比较	Q&T热处理工艺要尽量减少室温组织中的残留奥氏体，而Q&P热处理工艺则要适量增加室温组织中的残留奥氏体；Q&T热处理工艺后碳主要以碳化物形式分布在马氏体基体中，而Q&P热处理工艺后碳主要存在于残留奥氏体中。在Q&P钢中，碳是使奥氏体得以在室温下稳定存在的主要因素，故Q&P热处理工艺要用不同的手段使碳由马氏体中扩散到奥氏体中。 与Q&T热处理工艺相比，由于Q&P过程是一种碳分配的过程，马氏体中的碳分配到奥氏体基体中，使得残留奥氏体更加稳定。存在一定量的残留奥氏体不仅可提高材料的塑性及韧性，还能够在钉扎位错中，起到细化晶粒和提升材料强度的作用，故经Q&P工艺热处理的制件将比Q&T工艺处理制件具备更好的强韧性

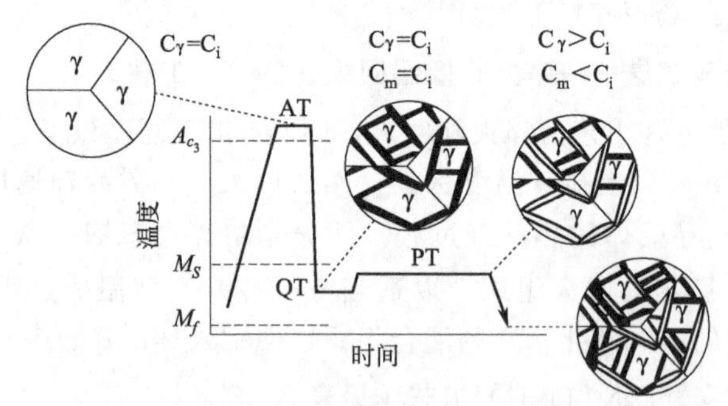

图 3.6　Q-P 热处理工艺示意图

（3）新型的淬火-碳分配-回火（Q-P-T）热处理工艺

在 Q&P 热处理工艺基础上，徐祖耀院士提出了淬火-分配-回火，即 Q-P-T 热处理新工艺（见图 3.7）。

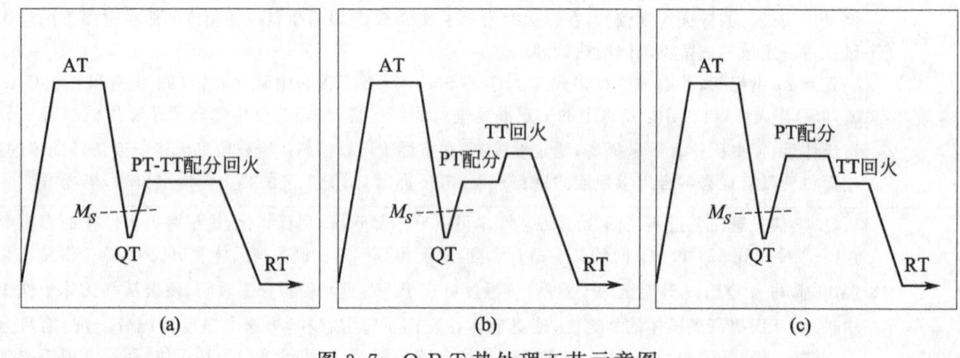

图 3.7　Q-P-T 热处理工艺示意图

① **何谓 Q-P-T 热处理工艺？** 从保护环境、节约能源角度出发，国家急需研发低成本且高强塑积的高性能超高强度钢。在 Q&P 工艺基础上，徐组耀院士充分利用回火配分过程中第二相析出功能，是在含一定量 Si 的钢中添加少量的可形成稳定碳化物析出相的 Nb、V、Ti、Mo 等微合金元素，于 2007 年提出了淬火-碳配分-回火（Q-P-T）热处理新工艺（见图 3.7）。首先将钢件加至热奥氏体化温度（AT）后，然后淬火至 $M_S \sim M_f$ 之间一定的温度（QT）后，再提升至一定温度（PT，高于 M_S）停留，使碳由马氏体扩散（配分）至残留奥氏体，使其稳定化，增加最后淬火至室温的奥氏体含量，再在一定温度保温时析出共格、弥散并能引起析出强化的碳化物，使其在保证超高强度钢高强度的同时，极大地改善钢件的强韧性。此即 Q-P-T 热处理工艺。

② **Q-P-T 热处理工艺流程** 淬火初期的马氏体含量决定了最终的强度，一般选择较低

的奥氏体化温度获得适量的马氏体组织，条状马氏体形成时会有碳自马氏体扩散至残留奥氏体当中，为使尽量多的奥氏体富碳而呈现稳定状态，在 M_S 温度以上的 PT 温度停留足够长时间进行碳分配，最后通过回火（TT 温度），析出强化相。形成的马氏体组织、残留奥氏体以及析出相等含量、分布等情况决定了材料最终的强韧性等性能。

③ Q-P-T 与 Q&P 的不同点　a. Q-P-T 钢加入了能形成稳定碳化物的合金元素如 Nb 或（和）Mo，这些合金元素的加入起到了细化原奥氏体晶粒和析出弥散碳化物而获得析出沉淀强化的作用；而 Q&P 工艺需要防止碳化物的析出。b. Q-P-T 在工艺上更加注重回火温度以获得最佳的析出强化效应，回火温度以及时间决定 C 的配分温度以及时间；而 Q&P 工艺仅重视 C 的充分分配，而 C 的配分温度以及时间均不固定。

由 Q-P-T 以及 Q&P 工艺区别可以看出，前者通过加入微合金元素而产生细晶强化以及析出强化作用，其强度远高于后者。

3.2.5　高性能 Q&P 钢和 Q-P-T 钢

（1） Q&P 钢的成分与热处理配分

① 成分特点　Q&P 钢的成分主要有硅锰系、低硅含铝系和低硅含磷系等，均依靠碳的配分富集来稳定残留奥氏体，依靠锰提高淬透性及残留奥氏体的稳定性，铝、硅及磷含量则依据冶炼、焊接及表面质量等因素综合考虑。

铝、硅及磷均可在促进铁素体生成的同时避免在配分过程中碳化物的析出，提高残留奥氏体的碳含量以实现在室温时的稳定。其中，铝和硅两种元素的作用相近且含量较多，铝会加大冶炼难度而硅则会降低表面质量，因此在成分设计时要控制好合理的加入量，含磷系的 Q&P 钢在适当添加硅时还需提高锰的含量以提高残留奥氏体的稳定性。合理的成分设计是实现 Q&P 优异强塑性匹配及良好应用性能的关键。

② 热处理配分工艺　Q&P 钢的生产工艺分一步配分及两步配分。一步配分时配分温度等于淬火温度，两步配分时配分温度高于淬火温度；退火温度多在奥氏体化温度以上，也有的学者选择研究在两相区退火，工艺曲线见图 3.8。

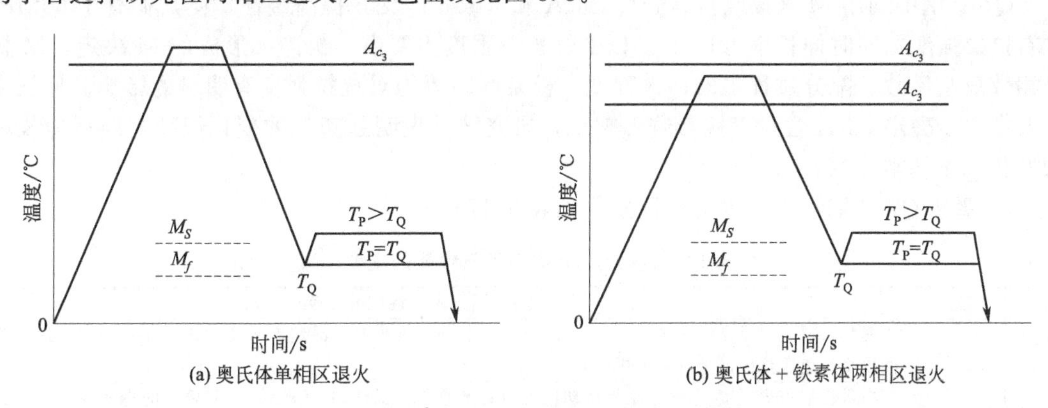

图 3.8　Q&P 钢生产（热处理）工艺曲线

在奥氏体化温度以上退火时，初始组织为奥氏体，淬火后组织为马氏体（M）＋残留奥氏体（RA），强度较高，塑性相对较差；

而在两相区退火时，初始组织为铁素体（F）及奥氏体，因存在部分 F，原始奥氏体中碳含量及合金含量相对更高，淬火后 M 中碳含量高于在奥氏体化温度以上退火时，在配分过程中有更多的碳向奥氏体中扩散，使得最终形成的 RA 更加稳定，同时由于 F 的引入，使其塑性进一步提高，因基体中含有 F 而导致 M 含量相对较少，因此强度偏低，最高只能达到 1200MPa 级，伸长率要高于在奥氏体化温度以上退火的 Q&P 钢。

③ Q&P 工艺的延伸 随着 Q&P 工艺的深入研究和对 Q&P 工艺的改进，Q&P 工艺适用的钢种也越来越广泛。改进的 Q&P 工艺主要有 I&Q&P 及 Q&P&B 工艺等。

a. I-Q-P 工艺。其首先在两相区保温使碳及合金元素向奥氏体内富集，并进行 Q&P 工艺处理，从而达到稳定更多 RA 的效果。其对应的组织见图 3.9。

b. Q-P-B 工艺。其在贝氏体区配分，配分阶段开始前得到较高体积分数的奥氏体组织，以弥补在贝氏体区配分时奥氏体向贝氏体的转变，最终得到无碳贝氏体（B）＋M＋RA 的三相组织，贝氏体的引入可协调变形能力进而提高整体塑性，材料整体强度的损失不会太大。其对应的金相组织见图 3.10。

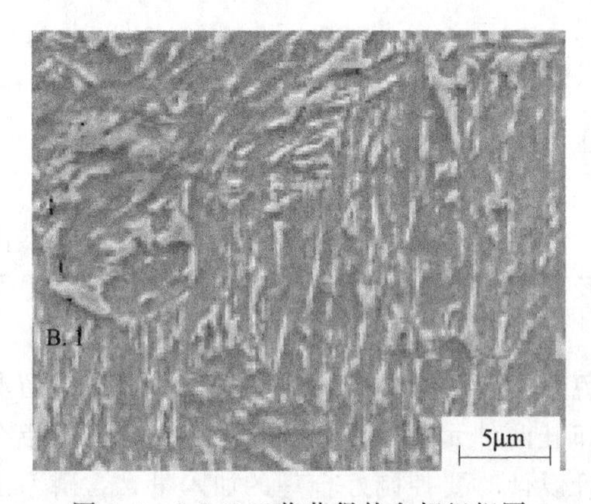

图 3.9 I-Q-P 工艺获得的金相组织图

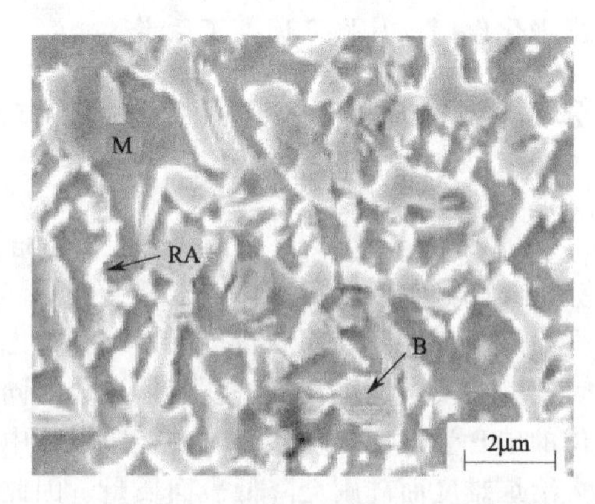

图 3.10 Q-P-B 工艺获得的金相组织图

（2） Q&P 钢的组织与性能

① Q&P 钢的组织特征 见图 3.9，经 I-Q-P 工艺所获得的组织为 F＋M＋RA；见图 3.10，经 Q-P-B 工艺而获得的组织为 M＋RA＋B。

Q&P 钢中利用 M 来提高抗拉强度，RA 和（或）F 及 B 提高塑性，使其拥有 1500MPa 左右抗拉强度的同时伸长率可达 20%以上。抗拉强度主要由一次淬火形成的 M 决定，M 析出相数量及尺寸、配分过程中的回火程度、板条间距等均对抗拉强度有明显的影响。伸长率主要由 RA 决定，RA 含量直接影响强塑积，研究结果表明强塑积的变化规律与断后伸长率的变化规律基本一致。

② 影响 Q&P 钢组织、性能的因素（见表 3.17）

表 3.17 影响 Q&P 钢组织与性能的主要因素

序号	名称	影响 Q&P 钢组织与性能的因素
1	退火温度	两相区退火时成品组织主要为 F＋M＋RA，奥氏体区退火时成品组织主要为 M＋RA，两相区退火塑性更高而奥氏体区退火则强度更高
2	冷却速度	在最佳的淬火温度下，大于临界冷却速度即满足原始奥氏体向 M 的转变，但更高的冷却速度则可提高奥氏体向 M 转变的驱动力，使其形核点增多的同时还可细化 M 板条间距进一步提高抗拉强度
3	淬火温度	影响最终得到的 M、B 及 RA 的比例，合理淬火温度的选择是获得良好力学性能的关键
4	配分温度	为保证 RA 的含量，配分温度不能过高，在配分温度过高的情况下奥氏体会发生分解，一次淬火 M 会发生回火软化，从而降低 Q&P 钢的伸长率及抗拉强度
5	配分时间	研究表明，有效配分时间在 10～100s，配分时间的延长虽有利于碳从 M 扩散到 RA，增加 RA 的稳定性有利于伸长率的提高，但一次淬火 M 中碳含量的降低则导致抗拉强度降低，因此合理的配分时间对于获得良好性能也非常关键

③ 具有更优的疲劳强度　通过对比其他先进高强钢 S-N 曲线和疲劳裂纹扩展速率曲线，Q&P 钢组织中部分 RA 随循环次数的增加逐渐转变为 M，转变速度和最终转变量和应力水平正相关，当应力水平降低到一定程度时，转变速度和最终转变量不再变化，表明 Q&P 钢具有更优的疲劳性能。

④ 焊接性能良好　关于 Q&P 焊接性能的研究表明，其熔核直径对点焊接头疲劳强度的影响很小，点焊接头拉剪疲劳性能与其他先进高强钢相近，焊接性能良好。

（3） Q&P 钢的生产与应用

目前宝钢为国内稳定供货 Q&P 钢的厂家，能够批量生产 1200MPa 级冷轧、热镀锌及锌铁合金产品。鞍钢 980MPa 及 1180MPa 级的 Q&P 钢也已经成功在国内率先生产出强度达 1400MPa 级的 Q&P 钢。唐钢实现了在传统连续退火生产线上生产出 Q&P980 产品。本钢和首钢等也对 Q&P 钢工艺、组织性能、成形性能及焊接性能等进行了深入研究。

随着国内外对 Q&P 钢研发力度加大，能够有效实现车身减重并提高汽车安全性的第三代汽车用钢典型代表之一的 Q&P 钢因其优异的强塑性能和适合工业化批量生产的技术特点而成为其中最为瞩目的“明星”。

（4） Q-P-T 钢的热处理配分与组织、性能

为进一步提升材料的抗拉强度，徐祖耀等人创新地通过加入 Ni、Mo 等稳定碳化物的合金元素结合回火实现析出强化效应，提出淬火-配分-回火（Q-P-T）工艺。经过 Q-P-T 处理后抗拉强度大于 2000MPa；Fe-0.25C-1.48Mn-1.20Si-1.51Ni-0.05Nb 的 Q-P-T 钢在－70～300℃下变形均具有良好的强塑性。钢铁研究总院研究了含大量残留奥氏体（约 27.3%）钒微合金化。

① 热处理配分工艺　见图 3.11，为得到一定的残留奥氏体以保证韧性，超高强度钢热处理工艺为：较低温度奥氏体化以得到细晶粒奥氏体组织；淬火至一定温度（QT）以获得适量的马氏体，马氏体量是决定钢最终强度的主要因素之一。再淬火至一定温度可能自马氏体内析出 ε（η）过渡碳化物。为使更多残留奥氏体富碳，并稳定至室温，常在 M_S 点以上停留，进行碳配分。特殊碳化物的沉淀可在配分温度（PT）进行，也可在 PT 较高温度或略低温度进行，最后水淬至室温（RT）。

② 成分设计　碳含量＜0.5%；为使钢能进行碳配分，宜含 1%～2%的 Si（或 1% Al），可以稳定 ε（η）碳化物，抑制渗碳体（Fe_3C）的形成；含 Mn、Ni 等稳定奥氏体元素，使 M_S 点下降；含适量的强碳化物形成元素，如 Mo 或 Nb，其生成的特殊碳化物可以沉淀硬化并细化奥氏体晶粒。

③ 组织设计　徐组耀院士提出超高强度钢的组织、成分和热处理设计原则。其显微组织宜为：a. 具有高位错密度的细条状马氏体，条厚最好为数十纳米；b. 马氏体上析出细小共格的特殊碳化物以进一步增加强度，避免析出渗碳体（Fe_3C）；c. 马氏体板条间含适量和一定碳含量的残留奥氏体，以提高钢的塑韧性；d. 原始奥氏体应具有细晶组织。

经 Q-P-T 热处理工艺后，其获得的金相组织为回火马氏体（$M_{回火}$）＋富碳的残留奥氏体（RA）＋合金碳化物（K），见图 3.11。

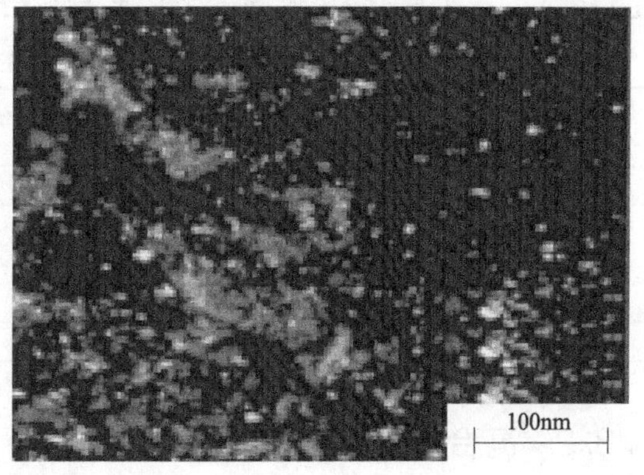

图 3.11　Q-P-T 热处理工艺获得的金相组织图

④ **性能** 某Q-P-T钢，其大致成分为：0.485%C、1.195%Mn、1.185%Si、0.98%Ni、0.21%Nb。其热处理工艺为：850℃奥氏体化300s，淬火至95℃盐浴，再经400℃保温10s，进行碳配分及碳化物沉淀后水淬至室温。其残留奥氏体量为4.1%，存在于几十纳米宽的马氏体板条间，宽度为几纳米，有含Nb的碳化物析出。钢的抗拉强度达2160MPa，强塑积达24GPa·%，并具有10%的伸长率。Fe-0.25C-1.48Mn-1.20Si-1.51Ni-0.05Nb的Q-P-T钢在−70～300℃下变形均具良好的强塑性。通过控制Q-P-T热处理工艺参数可影响马氏体量及其碳含量，残留奥氏体量及其碳含量，从而决定钢的强度、伸长率和韧性。

总之，Q-P-T热处理工艺为发展低合金超高强度钢提供新途径。

3.3 中、高合金超高强度钢的成分、组织与性能

3.3.1 中合金（二次硬化型）超高强度钢的特点

中合金（二次硬化型）超高强度钢的特点及应用，见表3.18。

表3.18 中合金（二次硬化型）超高强度钢

序号	名称	内容
1	概述	要求在较高温度(300～500℃)使用的超高强度钢，应该利用中合金钢在550～650℃回火时析出弥散的合金K，以产生二次硬化效应来获得超高强度。这类钢是从热作模具钢4Cr5MoV1Si(H-13)和4Cr5MoVSi(H-11)发展而来
2	合金化特点	中碳，一部分C存在于固溶体中产生间隙固溶强化，一部分C形成K引起二次硬化，两者都提高强度；但高于0.4%C将使钢的塑韧性大为降低，因此在保持强度前提下应尽可能降低C含量。Cr、Mo、W、V等较强K形成元素，细化晶粒、产生二次硬化，由于Cr含量较高，其还具较好抗氧化性和耐蚀性；Cr、Si、Ni、Co等，提高淬透性；Co产生固溶强化并促进形成细小弥散K沉淀，还与Ni复合增强二次硬化作用；一般2%～2.5% Mo可得到良好力学性能，V的加入量在0.5%以下，Si的加入量控制在0.75%以下
3	缺点	塑性差、断裂韧性较低，焊接性和冷变形性较差
4	热处理与组织特点	最终热处理工艺：淬火+500～600℃回火，获得组织是回火T+弥散细小特殊K。其特点是淬透性高，空冷即可实现淬火。在500～600℃回火时，M中析出弥散的M_7C_3、M_3C和MC特殊K，产生二次硬化。热处理后残留应力很小，具有高的室温和中温强度。其过冷A稳定性高，可采用中温形变热处理，以进一步提高其综合力学性能
5	常用钢及特点	见表3.19。其在400～500℃范围内使用时，钢的瞬时抗拉强度仍可保持在1300～1500MPa，屈服强度为1100～1200MPa。可用作超音速飞机中承受中温的高强度构件、轴类和紧固件(如螺栓)等零件。但应注意，自9Ni-4 Co类钢开始，已变为高合金超高强度钢(详见二次硬化马氏体超高强度钢)

表3.19 二次硬化型超高强度钢的牌号、热处理工艺和室温力学性能

牌号	热处理工艺	R_m /MPa	R_{eL} /MPa	A /%	Z /%	K_{IC} /(MPa·$m^{1/2}$)
4Cr5MoVSi(H11)	1010℃空冷，550℃回火	1960	1570	12	42	37
4Cr5MoV1Si(H13)	1010℃空冷，555℃回火	1835	1530	13	50	23
20Ni9Co4CrMo1V	850℃油冷，550℃回火	1380	1340	15	55	143
30Ni9Co4CrMo1V	840℃油冷，550℃回火	1530	1275	14	50	109
16Ni10Co14Cr2Mo	830℃空冷，−73℃冷处理，510℃回火	1635	1490	16.5	71	175

3.3.2 高合金超高强度钢的特点

(1) 二次硬化马氏体（M）超高强度钢

二次硬化性超高强度钢含有大量合金元素（高Co、Ni），可通过合理的调质处理工艺，

得到较高的强度和良好的强韧性匹配，同时还具有良好的抗腐蚀氧化能力和极好的焊接性能。其超高的强度主要来源：一是基体为具有高位错密度的板条马氏体组织；二是通过热处理在基体组织上析出碳化物，或者金属间化合物起到沉淀强化的效果。其典型的钢种有HY180、AF1410、AerMet100、AerMet340 等，主要应用在民用飞机的起落架、机身结构等主要承力构件上。

表 3.19 中的 9Ni-4Co 型超高强度钢最常用的是 20Ni9Co4CrMo1V 和 30Ni9Co4CrMo1V 钢，热处理后可获得高强度和高韧性，并且具有良好的热稳定性和焊接性，适于在 370℃以下长期使用。16Ni10Co14Cr2Mo 是 10Ni-14Co 型超高强度钢的典型钢种，可在 830℃奥氏体化后，在空冷条件下形成高位错密度的板条 M 组织，经 510℃时效析出弥散分布的特殊碳化物，获得高强度和高韧性。该钢的特点是抗应力腐蚀性能好，应力腐蚀开裂临界断裂因子 K_{ISCC} 值高达 84MPa・$m^{1/2}$，比一般超高强度钢高 3 倍以上。常用于制造飞机重要受力构件、海军飞机着陆钩等。

在航空、航天领域应用较多的高合金二次硬化 M 超高强度钢的成分及室温力学性能见表 3.20。10Ni-8Co（HY180）钢属于高 Co-Ni 合金体系的二次硬化马氏体超高强度钢，其强度和低温韧性可满足低温高压深水潜艇使用的要求，然而尚不能满足航空航天器对超高强度和高断裂韧性的要求，故长时间未能在航空航天结构件上应用。美国 General Dynamics 公司于 20 世纪 70 年代中期通过调整 HY180 合金成分使得强韧性匹配达到最佳状态，从而研制了具有比 HY180 更高强韧性匹配的超高强度 AF1410 钢，并在 1981 年收录于美国《宇航结构金属手册》之中，还曾计划应用在 A-12 飞行器结构件上。随着航空航天的发展，美国 Carpenter Technology 公司于 20 世纪 90 年代开发出了更高强度和优良断裂韧性的超高强度钢 AerMet100，其屈服强度达到 1750MPa 以上，断裂韧度 K_{IC} 约 135MPa・$m^{1/2}$，并应用在更高安全使用寿命的 F-22 和 F-35 飞机起落架结构件上，是新型战机和舰载机起落架结构件的首选材料。

2014 年，美国 QuesTek 公司的 Olson 等基于 CALPHAD 基础数据库系统采用计算材料设计方法开发出了相对低合金成本的超高强度 Ferrium M54 钢，其强度和断裂韧度达到了良好的平衡，屈服强度达 1965MPa，K_{IC} 达 110MPa・$m^{1/2}$。通过材料计算的方法设计高性能合金钢成为未来发展的一个新方向。

表 3.20　高合金二次硬化 M 超高强度钢的成分和室温力学性能

牌号	化学成分/%					力学性能				
	C	Ni	Cr	Mo	Co	R_m /MPa	R_{eL} /MPa	A /%	Z /%	K_{IC} /(MPa・$m^{1/2}$)
HY180	0.11	10.0	2.0	1.0	8.0	1413	1345	16	75	—
AF1410	0.16	10.0	2.0	1.0	14.0	1750	1545	16	69	154
AerMet100	0.24	11.5	2.9	1.2	13.4	1965	1758	14	65	115

（2）马氏体时效钢

马氏体时效钢最早开发于 20 世纪 50 年代，与传统超高强度钢不同，马氏体时效钢是在超低碳 Fe-Ni 马氏体基体上，利用金属间化合物的沉淀析出进行强化，因此具有优异的强韧性匹配。从 1960 年开始，国际镍公司研制了含质量分数为 18% Ni 的 C200、C250、C300 和 C350 马氏体时效钢，其中 C250 钢首次应用于制造火箭发动机壳体。C300 钢的屈服强度接近2000MPa，K_{IC}约110MPa·$m^{1/2}$，实现了强度和断裂韧性的良好匹配；然而C350钢虽然强度达2300MPa，但K_{IC}降低至50MPa·$m^{1/2}$以下，强韧性的不匹配使得C350钢不能保证结构件的安全可靠性。马氏体时效钢在时效硬化前易于机械加工，时效硬化处理后钢件尺寸变化小，并有着良好的焊接性，在1961～1965年间，马氏体时效钢开始在工具和模具钢中得到应用。到了20世纪80年代，为节省合金成本，开发了18Ni无钴马氏体时效钢，典型代表有T200、T250和T300钢，其性能接近同级别含钴18Ni马氏体时效钢，有着较好的发展前景。

马氏体时效钢不仅有很高的屈服强度，还具有良好的抗裂纹扩展能力和优良的综合性能，具有很高的工业应用价值。其特点是不仅强度高、韧性好、屈强比高，而且还具可焊接性和成形性良好、加工硬化系数低、热处理工艺较简单、尺寸稳定性好等优点，这些优点促使马氏体时效钢被广泛应用于制造航空航天器构件和冷挤、冷冲模具等。18Ni马氏体时效钢的特点及应用见表3.21。

表3.21 18Ni马氏体时效钢

序号	名称	内容
1	概述	它是一种以Fe-Ni为基础的高合金钢(见图3.12)。当Ni质量分数大于6%时，高温A冷却至室温时，将转变为M组织。当再加热至500℃，此M组织仍保持稳定(因必须加热到520℃时M才分解)，这种加热和冷却过程中的相变滞后现象是马氏体时效钢的组织基础。因加热到一定温度范围内，这种M仍保持不变，故有可能进行时效强化，以进一步提高钢的强度。它是以沉淀强化为主的马氏体时效钢
2	分类	可分为w(Ni)=18%，w(Ni)=20%，w(Ni)=25%三种类型。在w(Ni)=18%的一类钢中，按照钢的强度极限，又可细分为1400MPa、1750MPa和2100MPa三个级别，其时效强化作用的合金元素是Ti-Al-Co-Mo。几种典型的18Ni马氏体时效钢的牌号、成分、热处理和力学性能见表3.22、表3.23。而在w(Ni)=20%和w(Ni)=25%钢中，起强化作用的合金元素是Ti-Al-Nb
3	合金化特点	其基体成分是含w(C)≤0.03%，w(Ni)=18%～25%。其碳和其他杂质元素(Si、Mn、S、P)均有严格限制，目的改善钢的冶金质量，降低钢中非金属夹杂物含量，减少钢力学性能的方向性，降低缺口敏感性，保证超高强度钢有足够塑韧性。钢中加入少量Ca、B、Zr用于细化晶粒，改善组织。杂质对马氏体时效钢性能影响相当大，故对2100MPa强度级别的钢种，均规定采用真空熔炼。还加入Co、Ti、Al、Mo等产生时效强化的元素。Ni可以保证M的形成，并能降低其他合金元素在基体中溶解度，还有利于M中沉淀相的均匀析出来保证钢具良好塑变特性；Co固溶于基体可减少Mo固溶、促进含Mo金属间化合物(如Ni_3Mo、Fe_2Mo)的沉淀析出强化；Co和Mo的协同所获得的硬化大于其分别加入的强度增值总和，图3.13为Co和Mo元素对硬度的影响
4	热处理特点	①**加热** 使钢得到A组织，并使合金元素能溶入A中，进行固溶处理，然后淬火成M。 ②**时效** 借助时效处理达到最后要求的强度。对w(Ni)=18%钢的热处理：820℃固溶处理1h空冷+480℃时效处理3～6h空冷(见图3.14)。w(Ni)=18%马氏体时效钢时效处理析出相为Fe_2Mo、Ni_3Ti、Ni_3Mo等
5	性能与组织	马氏体时效钢强韧化机理主要有固溶强化、第二相强化和位错强化等，各种强化机制的贡献见图3.15。其具有优异的力学性能，是由于淬火得到的基体是超低碳的板条M，位错密度达10^{11}～$10^{12}cm^{-2}$，具有很高的塑性和韧性，在电镜下观察到的M形态为块状，故又称块状M。即使在低温下其塑韧性也很高；同时时效时，形成的金属间化合物有强烈的沉淀强化作用。另外，其工艺性能也很优良，此类钢固溶后为超低碳M，硬度不高、加工硬化率也低，故钢的冷变形性能和被切削加工性能很好。该钢在热处理时不存在脱碳问题，热处理变形较小，淬火时不需急冷，淬火开裂的危险性很小。典型18Ni马氏体时效钢的力学性能见表3.23
6	应用	此类钢的高合金度和生产工艺极其严格，这使得钢的生产成本很高。故主要用于要求比强度高、可靠性强、尺寸控制精确而其他超高强度钢难以满足要求的重要构件，如飞机上的某些部件、火箭发动机外壳、空间运载工具的扭力棒悬挂体、直升机的柔性转动轴、飞机起落架部件等，也可用于制造高压容器、紧固件和机枪弹簧、枪管、喷油泵零件、低温服役的零件及机械加工工具的指度盘等，还可用于压铸模、塑料模和一些冷成形模具的制造

表 3.22 几种典型马氏体时效钢的牌号与化学成分 单位：%

牌号	w_C	w_{Si}	w_{Mn}	w_{Ni}	w_{Co} 或 w_{Nb}	w_{Mo}	w_{Ti}	w_{Al}
Ni18Co9Mo5TiAl(18Ni)	≤0.03	≤0.10	≤0.10	17～19	Co8.5～9.5	4.7～5.2	0.5～0.7	0.05～0.15
Ni20Ti2AlNb(20Ni)	≤0.03	≤0.10	≤0.10	19～20	Nb0.3～0.5		1.3～1.6	0.15～0.30
Ni25Ti2AlNb(25Ni)	≤0.03	≤0.10	≤0.10	25～26	Nb0.3～0.5		1.3～1.6	0.15～0.30

表 3.23 几种典型马氏体时效钢的牌号、热处理和力学性能

牌号	热处理工艺	R_m /MPa	R_{eL} /MPa	A /%	Z /%	K_{IC} /(MPa·$m^{1/2}$)
Ni18Co9Mo5TiAl(18Ni)	815℃固溶 1h 空冷，480℃时效 3h，空冷	1400～1550	1350～1450	14～16	65～70	88～176
Ni20Ti2AlNb(20Ni)	815℃固溶 1h 空冷，480℃时效 3h，空冷	1800	1750	11.0	45.0	—
Ni25Ti2AlNb(25Ni)	815℃固溶 1h 空冷＋705℃时效 4h＋冷处理＋435℃时效 1h	2050	1970	12.0	35.0	—

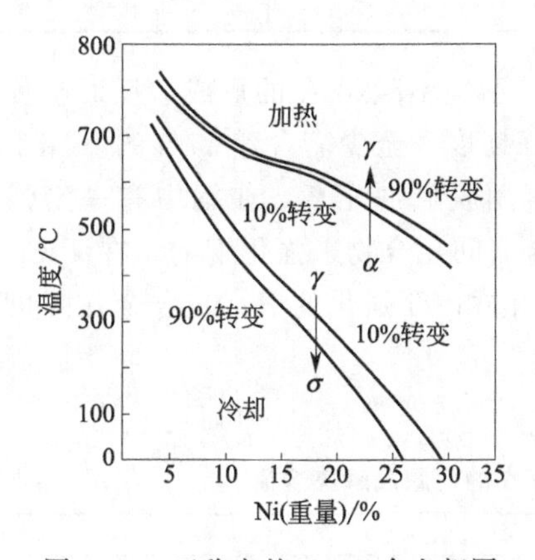

图 3.12 亚稳定的 Fe-Ni 合金相图

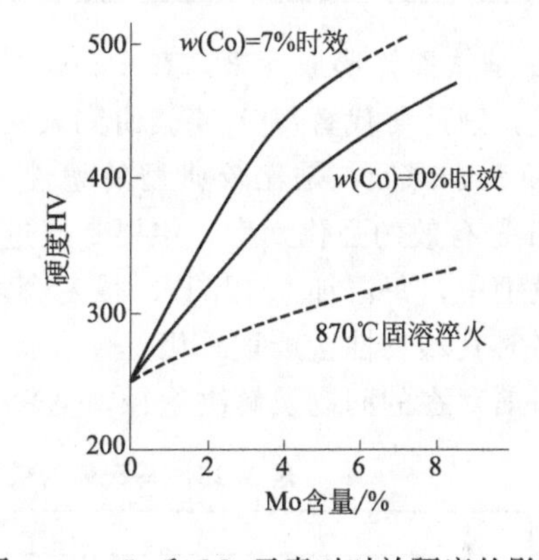

图 3.13 Co 和 Mo 元素对时效硬度的影响

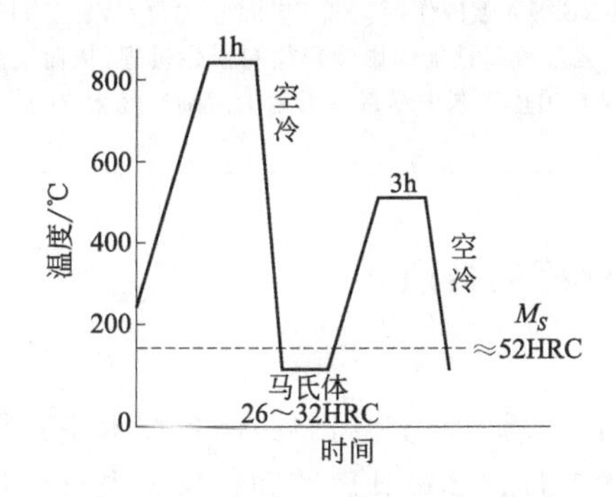

图 3.14 18Ni 马氏体时效钢的热处理工艺

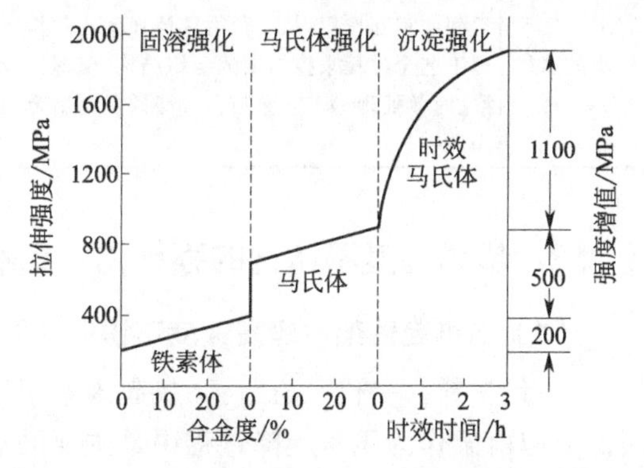

图 3.15 各种强化机制对马氏体时效钢强度的贡献

马氏体时效钢，典型钢种代表有 C200 和 C300 钢，这类钢种采用超低碳的 Fe-Ni-Co-Mo 合金体系，通过时效处理析出含 Mo 和 Ti 的金属间第二相 Ni_3（Mo，Ti）和 Laves 相等来提高强度；马氏体时效钢的低碳含量有助于获得良好的韧性和焊接性，但是提高强度，会降低冲击韧性和断裂韧性，因此其使用范围受到限制。

(3) 马氏体时效钢的发展

由于Co价不断上涨，促使无Co马氏体时效钢发展。一些国家研制出许多马氏体时效钢的变异钢种，特别是开发出不少具有良好性能的无Co马氏体时效钢，其性能十分接近相应强度水平的含Co马氏体时效钢。国内外研究开发的一些无Co马氏体时效钢见表3.24。

表3.24 部分国内外开发的无Co马氏体时效钢的牌号、成分与力学性能

国家	牌号	主要合金元素/%	$R_{p0.2}$ /MPa	A /%	Z /%	K_{IC} /(MPa·$m^{1/2}$)
美国	18Ni(250)	18.5Ni,7.5Cr,4.8Mo,0.4Ti,0.1Al	1760	11	58	135
美国	18Ni(300)	18.5Ni,9.0Cr,4.8Mo,0.6Ti,0.1Al	2000	11	57	100
美国	18Ni(350)	18.5Ni,12.0Cr,4.8Mo,1.4Ti,0.1Al	2340	7.3	52	61
美国	T250	18.5Ni,3.0Mo,1.4Ti,0.1Al	1750	10.5	56.1	100～123
韩国	W250	18.9Ni,1.2Ti,0.1Al,4.2W	1780	9.0	—	100
日本	14Ni3Cr3Mo1.5Ti	14.3Ni,3.2Mo,1.52Ti,2.9Cr	1750	13.5	65.0	130
印度	12Ni3.2Cr5.1Mo1Ti	12.0Ni,5.1Mo,1.0Ti,0.1Al,3.2Cr	1660	10.0	—	102
中国	Fe15Ni6Mo4Cu1Ti	15.0Ni,6.0Mo,1.0Ti,4.0Cu	1785	9.5	46.0	—
中国	Fe18Ni4Mo1.7Ti	18.0Ni,4.0Mo,1.7Ti	2078	9.0	—	70

Cr是铁素体形成元素，在Fe-Cr-Ni三元系中Cr不但不阻碍A的形成，反而会促进A的形成，因此可代替部分Ni。研究表明，要得到良好韧度，至少需含量17%的（Ni+Cr）。Cr也使M_S降低，是比较典型的塑性元素。Al是常用脱氧剂元素，在钢中有一定强化作用。Ti是有效的强化元素，主要是通过析出Ni_3Ti金属间化合物来强化钢的。在无Co马氏体时效钢中，每添加0.1%Ti，强度会增加54MPa。但由Ti强化的Fe-Ni合金在强度达较高水平时其塑韧性会严重恶化。

目前存在的问题及解决途径，见表3.25。

表3.25 马氏体时效钢的发展目前存在的问题及解决途径

项目	详细说明
存在问题	在强度进一步提高的同时，其塑韧性明显下降而导致材料无法实际应用
解决的途径	①材料成分的优化设计，首先可通过调节合金元素的含量，使其既能充分发挥自身作用，又能协调合金元素间的相互作用，从而获得整体强韧化效果。还可研究RE等元素的作用。②工艺过程优化，从轧制到热处理工艺全过程来控制钢的组织结构，应深入研究钢的工艺过程对性能的影响规律和强化机理，从而优化固溶、时效处理等工艺参数。③必须提高冶金质量，首先是在冶炼工艺中尽量降低钢中的杂质元素，生产超纯净的钢

3.3.3 超高强度不锈钢的强韧化、组织与强化相的特点

(1) 飞机起落架与超高强度不锈钢的开发

“一代材料，一代飞机”，飞机起落架用钢与飞机的设计理念和材料的制备技术是并行发展的。起落架作为飞机起降过程中最主要的承力结构部件，其设计思路和选材要求材料具有较高的比强度和比刚度。超高强度不锈钢是为适应航空和航天技术的需要而逐渐发展起来的一种高比强度/比刚度的结构材料。由于其具有超高的强度，良好的韧性、疲劳性能及耐蚀性能，采用它制造的飞机结构件体积小、稳定性高且使用寿命长，以上的诸多优点使其成为海洋、航空、航天、能源等高科技领域主承力部件的首选材料，例如飞机起落架、机翼大梁、火箭导弹壳体、高精密传动部件等。起落架在飞机起降的过程中需要承受静载荷、动载荷及重复载荷，其考核指标为飞机的起降次数，现代飞机要求起落架的使用寿命和飞机的额

定起降次数相同，为兼顾飞机整机的结构减重，其核心的设计思想是在保证安全使用的前提下尽量减轻质量并缩小使用体积。

对于在苛刻腐蚀环境下使用的沿海飞机，需考虑在防护层破损后材料的耐腐蚀性能，包括腐蚀速率、应力腐蚀断裂韧度、应力腐蚀裂纹扩展速率及腐蚀疲劳性能。由于腐蚀所引起的飞机起落架断裂往往会带来巨大的安全隐患和经济损失，例如 2002 年美国 F-14 舰载机前起落架外筒发生腐蚀断裂，导致机毁人亡的灾难性事故的发生，造成 156 架该机型飞机全面停飞；因此，在此背景下发展了超高强度不锈钢。

从 1958 年开始，我国开展了沉淀硬化不锈钢的研制工作。典型的钢号包括 0Cr17Ni4Cu4Nb，00Cr12Ni8Cu2AlNb，00Cr10Ni10Mo22Ti1，0Cr14Ni5Mo2Cu，0Cr15Ni5Cu2Ti，00Cr13Mo2Al，1Cr15Ni4Mo3N，0Cr17Ni5Mo3，00Cr15Ni5Cu4Nb 等，这类钢采用低碳、高铬设计，与传统的马氏体不锈钢相比具有更好的耐环境腐蚀性能和焊接性能；钢中主要的强化元素为 C、Nb、Cu、Ti 等，固溶淬火后获得细小的 M 板条组织，通过时效处理后又可在高位错板条 M 上析出细小的碳化物或金属间化合物，使钢具良好的强度及韧性。目前，主要用于制造 400℃以下使用的高强耐蚀承力结构件，例如宇航用紧固件、发动机承力构件、船用螺旋桨、阀门、泵部件、大型火电机组汽轮机用长叶片等。20 世纪 70 年代国内开始 M 时效不锈钢的研究工作，1998 年以来，开始超高强度不锈钢的研发工作，研发的超高强度不锈钢的极限抗拉强度超过 1900MPa，断裂韧度 75～100MPa・$m^{1/2}$，且具有良好的耐腐蚀性能。

（2）超高强度不锈钢的合金化特点（见表 3.26）

表 3.26　超高强度不锈钢的合金化特点

元素名称	超高强度不锈钢的合金化特点
C	C 是主要的碳化物形成元素，适宜的 C 含量可保证钢的基体组织为高位错密度的低碳板条马氏体基体，保证钢具有满意的强度和韧性水平。而随着 C 含量的增加，强度提高的同时会使钢的韧性降低，耐蚀性下降
N	N 在钢中以间隙原子存在，产生明显的固溶强化作用，同时保持较高的塑韧性。利用 N 的固溶强化以及与钢中 Nb、C 形成 Nb(CN) 析出，可大幅度提高钢的屈服强度
Cr	Cr 对钢的耐蚀性起着决定性作用，但是 Cr 是很强的铁素体形成元素，Cr 含量过高，会使基体中生成 δ-铁素体，从而导致钢的热塑性和横向韧性恶化、强度降低。在超高强度不锈钢中，Cr 会降低钢的 M_S 点，抑制钢中 Laves 相的析出，从而导致钢屈服强度的下降
Ni	Ni 是重要的韧化元素。Ni 可提高马氏体基体的抗解理断裂能力，降低韧-脆转变温度，保证钢具有足够的韧性。Ni 还可降低 δ-铁素体的含量，改善钢的纵、横向性能。此外，它可提高不锈钢的钝化倾向，改善马氏体不锈钢的耐气蚀和耐泥蚀性。在 PH13-8Mo 钢和 Custom465 钢中，Ni 会分别参与形成 NiAl 相和 Ni_3Ti 相提高钢的强度，但它在钢中的含量不能太高，卡内基梅隆大学研究了镍对超低碳马氏体沉淀硬化不锈钢强韧性的影响，在 4.5%～5.5%（质量分数，下同）的范围内，Ni 含量的增加会同时提高钢的屈服强度和韧性，而在 5.5%～6.0% 的极窄区间内，提高 Ni 含量则会导致钢屈服强度下降
Mo	Mo 的作用主要是增加回火稳定性和强化二次硬化效应，Mo 改善回火稳定性的机理是 Mo 的加入形成了细小的密排六方 M_2C 碳化物，Mo 合金化的 M_2C 具有极高的析出驱动力，并且 Mo 元素的扩散缓慢，使钢回火稳定性增强；Mo 在马氏体沉淀硬化不锈钢中可形成不同类型的析出相，在低碳的 Cr-Ni-Co-Mo 系不锈钢中主要析出 Fe_2Mo 型 Laves 相，在高碳的 Cr-Ni-Co-Mo 系不锈钢中通常会析出 Mo_2C 型的碳化物
W	W 与 Mo 的作用相似，主要用于增加钢的回火稳定性、红硬性和热强性；W 也是 M_2C 形成元素，但含 W 的 M_2C 碳化物的形成温度高于含 Mo 的 M_2C 碳化物，可延缓过时效，同时还能提高钢在高温下的蠕变抗力
Co	添加 Co 可以延缓马氏体位错亚结构回复，保持马氏体板条的高位错密度，从而为随后的沉淀相的析出提供更多的形核位置；另外，Co 的加入提高了 C 的活度，也提高了碳化物的析出驱动力，可促进更加细小弥散的 M_2C 碳化物析出；Co 元素还会促进钢中 Cr 元素的调幅分解，而 Cr 的调幅分解会导致钢耐蚀性能的下降
Cu	Cu 在时效过程中形成的细小、弥散分布的富 Cu 相，是含 Cu 不锈钢产生强化的主要原因；在腐蚀介质中，氧化层下的 Cu 富集层可阻止氧化铁的进一步深入，有利于马氏体沉淀硬化不锈钢在盐酸和硫酸中的耐蚀性与抗应力腐蚀能力

续表

元素名称	超高强度不锈钢的合金化特点
V	V可和C、N形成碳化物或氮化物从而引起晶粒细化与析出强化，同时提高钢的强度和韧性
Nb	Nb是强碳化物形成元素，其形成的NbC，Nb_4C_3具有极强的高温稳定性，对钢的蠕变极限、持久强度、临界转变温度、焊接性能等均有良好影响，且Nb能显著细化晶粒，细晶强化效果好
Ti	Ti在时效过程中形成Ni_3Ti强化相，但韧性损失较大，加上Ti的偏析的影响，使钢的断裂韧度明显下降

(3) 超高强度不锈钢的强韧化

① 强化方式 超高强度不锈钢的主要强化方式，见表3.27。

表3.27 超高强度不锈钢的主要强化方式

序号	名称	主要强化方式的特点
1	固溶强化	固溶强化作用的大小与溶质原子的量有关，按溶质的类别可分为两种：C，N等属于间隙固溶强化元素；Cr，Ni，Co，Mo等属于置换固溶强化元素
2	细晶强化	细化晶粒是目前已知唯一既可提高材料韧性又可提高材料强度的强韧化方式
3	位错强化	钢中位错密度的增加会显著提高钢的屈服强度，目前最新的研究结果表明，钢中可动位错密度的升高不仅可提高钢的强度还有利于提高钢的塑性
4	时效强化	合金在高温下存在单相固溶体，在低温下又是产生析出相的混合状态。这类合金从高温单相状态急冷，可获得溶质原子过饱和的固溶体，而这种状态在热力学上又是不稳定的，所以它们又具有向稳定状态转变的趋势，当对其进行适当的时效处理，就能析出性质不同的第二相。在马氏体沉淀硬化不锈钢中，经固溶处理后的过饱和的介稳马氏体在时效处理时析出弥散细小的析出相引起强化。析出相多在晶界、相界、滑移面和位错线等高能区域析出，析出相的尺寸和分布受时效温度和时间的影响，当时效温度较低时，在基体中以共格或半共格的形式析出弥散细小的第二相，具有较强的强化效果，当时效温度较高时第二相会以非共格形式析出，强化效果明显较低

② 韧化机制 主要包括：提高马氏体的本征韧性，细化晶粒尺寸，控制钢中奥氏体的含量及稳定性，降低钢中夹杂物含量。详见表3.28。

表3.28 超高强度不锈钢的韧化机制

序号	名称	超高强度不锈钢的韧化机制
1	M的本征韧性	超高强度不锈钢的基体组织均为含高密度位错的板条M，提高M的本征韧性即是提高M板条抵抗裂纹萌生和扩展的能力，在韧性断裂的过程中，空穴的萌生和扩展均与位错的滑移有关，而位错的滑移与基体中合金元素及析出相有关，例如C，N元素可钉扎位错，M板条具良好塑性，而应力集中可通过局部的塑性变形缓解，Ni元素是主要的韧化元素并可显著提高M板条的本征韧性，这是由于Ni元素可提高层错能，降低位错宽度，促进位错的交滑移，在18Ni钢的变形组织中便可观察到大量的交滑移台阶，此外，弥散分布的细小析出相可允许位错进行短程的滑移，这也是M板条具良好韧性的原因
2	细化晶粒尺寸	晶粒尺寸对钢的韧性有明显影响，细化晶粒一方面提高钢的脆断应力、使材料向韧性断裂过渡，另一方面能降低韧脆转变温度。细化晶粒提高钢的韧性可从以下三个方面考虑：a. 晶粒的细化使位错塞积群中的位错数减少，从而使应力集中降低；b. 晶粒细化使晶界的总面积增加，致使裂纹扩展的阻力增大；c. 晶界总面积增加可使晶界上杂质浓度降低，减轻沿晶脆性断裂倾向
3	控制钢中A含量及稳定性	M不锈钢中的奥氏体(A)相可明显改善钢的韧性。RA的含量取决于钢的M转变结束点，形成于固溶处理后的淬火冷却过程中。RA多以薄膜状存在于M板条之间，当裂纹由M板条扩展至RA区时，裂纹的扩展路径有两种：第一是继续扩展进入RA；第二是改变扩展路径而绕过RA。不管裂纹以上述何种方式扩展，都将引起裂纹扩展能量增加，断裂韧度提高。A在变形时会产生应变诱发A至M的相变。影响A稳定性的因素主要有两个：A合金成分和A晶粒尺寸。化学成分对室温下亚稳A的稳定性有很大作用，A中C，Ni和Mn元素的富集会极大提高其稳定性；晶粒细化通过抑制M相变也可提高RA的稳定性。与此同时，A中位错密度增大时，M相变动力学也会被有效延迟，这也将提高A的力学稳定性。RA分数及其稳定性共同影响了高强度不锈钢的断裂韧度
4	降低钢中夹杂物含量	当材料的基体组织非常细小时，钢中夹杂物的体积分数、类型、尺寸和分布决定了其断裂韧度的上限值。总之，钢中夹杂物的体积分数越大，塑性和断裂韧度越差；当钢中夹杂物的体积分数一定时，夹杂物的颗粒间距越大，钢的断裂韧度越好。同时，断裂韧度上限值还受到夹杂物与基体的界面结合强度的影响，例如TiCS与基体的界面结合力优于MnS、La_2O_2S与基体的界面结合力

（4）典型高强度不锈钢的组织与强化相

超高强度不锈钢的典型室温组织：细小的板条马氏体基体＋适量的残留（或逆转变）奥氏体＋弥散分布的沉淀强化相。a. 板条状马氏体由于其自身的高位错密度，具有很高的强度；b. 亚稳残留（逆转变）奥氏体可缓解裂纹尖端的应力集中，从而提高材料韧性；c. 时效处理过程中析出的纳米级强化相可进一步提高钢的强度。按照析出相的合金组成可将其分为3类，即碳化物（MC、M_2C）、金属间化合物（NiAl、Ni_3Ti）以及元素富集相（ε相、α′相）等，在超高强度不锈钢中，沉淀相的强化潜力取决于沉淀相的本质及其尺寸、密度、体积分数及空间分布情况等。能否获得最优性能主要取决于对沉淀相析出行为的热、动力学特性的掌控，进而指导合金成分的调控以及热处理工艺的制定。

典型高强度不锈钢的化学成分和力学性能见表3.29和表3.30。从表中可以看出，第一代高强度不锈钢（15-5PH、17-4PH）强度级别较低（1200～1400MPa），此类钢中的主要强化相为元素富集相，如ε-Cu相；第二代高强度不锈钢（PH13-8Mo、Custom465）中强度级别（1400～1700MPa）中，C含量普遍较低（不大于0.05%，质量分数，下同），主要强化方式为NiAl和Ni_3Ti等金属间化合物强化；作为第三代超高强度不锈钢、属于高强度级别（不小于1800MPa）的典型代表Ferrium S53钢的诞生得益于材料基因数据和计算机技术，将C的质量分数增加到0.21%，M_2C型碳化物的二次硬化作用使材料性能得到大幅度提升；国产USS122G钢采用了两相复合强化体系，相比于Ferrium S53钢具有更佳的强韧性匹配。

表3.29　典型的高强度不锈钢的合金成分（质量分数）　　单位：%

Steel	C	Cr	Ni	Ti	Mo	Al	Cu	Co	Mn	W	Fe
17-4PH	0.07	16.0	4.0	—	—	—	4.0	—	≤1.0	—	基
15-5PH	0.04	15.0	4.7	—	—	—	3.0	—	≤1.0	—	基
Custom450	0.04	14.9	8.5	—	—	—	1.5	—	—	—	基
PH13-8	0.03	12.6	7.9	—	1.7	1.0	—	—	—	—	基
Ultrafort401	0.02	12.0	8.2	0.8	2.0	—	—	5.3	—	—	基
Ultrafort403	0.02	11.0	7.7	0.4	4.4	—	—	9.0	—	—	基
IRK91	0.01	12.2	9.0	0.87	4.0	0.33	1.95	—	0.32	0.15	基
Custom465	0.02	11.6	11.0	1.5	1.0	—	—	—	—	—	基
USS122G	0.09	12.0	3.0	—	5.0	—	—	14.0	—	1.0	基
Ferrium S53	0.21	9.0	4.8	0.02	1.5	—	—	13.0	—	1.0	基

表3.30　典型的高强度不锈钢的力学性能

钢	$R_{p0.2}$/MPa	R_m/MPa	K_{IC}/(MPa·$m^{1/2}$)	A_{KU}/J	强化相
17-4PH	1262	1365	—	21	Cu
15-5PH	1213	1289	—	79	Cu
Custom450	1269	1289	—	55	Cu
PH13-8	1448	1551	—	41	NiAl
Ultrafort401	1565	1669	103	56	Ni_3Ti
Ultrafort403	1669	1689	60	34	Ni_3Ti
IRK91	1500	1700	58	27	Cu/Ni_3Ti
Custom465	1703	1779	71	—	Ni_3Ti
USS122G	1550	1940	90	—	Laves/α′
Ferrium S53	1551	1986	77	—	M_2C

注：$R_{p0.2}$—规定非比例延伸强度；R_m—拉伸强度；K_{IC}—断裂韧度；A_{KU}—冲击吸收功。

(5)超高强度不锈钢的分类、典型钢号及强化相特点(见表3.31)

表3.31　超高强度不锈钢的分类、典型钢号及强化相特点

级别	典型牌号	强化相特点
低强度	15-5PH	其合金化特点是:采用15%左右的Cr来保证钢的耐腐蚀性能;5%左右的Ni含量可起到平衡实验用钢的Cr-Ni当量,使钢在室温得到M组织,同时降低钢中δ-F;加入4%左右的Cu,起到了强化作用;少量Nb可与C形成MC相,起到了钉扎晶界、细化晶粒的作用。经550℃时效处理后,在M基体上析出大量FCC(面心立方)结构的富Cu相,富Cu相与M基体的取向关系满足K-S关系$(111)_{Cu}//(011)_M$,$[1\bar{1}0]_{Cu}//[1\bar{1}1]_M$。研究显示,15-5PH钢在时效过程中存在2种不同类型的Cu析出相,在低于500℃时效时,会首先形成BCC结构的簇状颗粒,这种簇状物会随后演变为9R结构,最后转变为FCC的沉淀析出相,对析出相萃取物的X射线微区分析结果显示,这种析出相实际上是富Cu相。在650～700℃时效时,FCC的富Cu相一开始与基体保持共格关系,随后转变为半共格的K-S关系
中强度	PH13-8Mo	其采用低碳的合金化设计;采用13%左右的Cr来保证钢的耐蚀性;8%左右的Ni可弥补由于低碳而引起Cr-Ni当量不平衡,降低δ-F含量,可使钢得到板条M组织;加入1%Al可在钢中形成强化相,起到强化基体的作用。研究者研究了Ti元素对时效过程中析出相演变规律的影响,结果表明,在未添加Ti元素的PH13-8Mo钢中,析出相仅为NiAl相,添加Ti元素后,钢中的析出相为G相和η相。在时效处理初期未添加Ti元素的PH13-8Mo钢中析出的是有序的金属间化合物NiAl,随着时效时间的延长,NiAl相中的合金元素逐渐趋于化学计量平衡并且硬度达到最大值。在添加Ti元素的钢中,在时效处理初期钢中析出一种富含Ni、Si、Al、Ti的析出相,钢的硬度在此时达最大值。随着时效时间的延长,钢中会形成椭球状的$Ni_{16}Si_7Ti_6$-G相和短杆状的$Ni_3(Ti,Al)$-η相
高强度 超高强度 不锈钢	F863	其在成分设计时,钢中Cr元素的含量约占12%,以保证其具有不锈性,同时Cr也是降低M相变温度M_S点的元素;5%的Ni可提高不锈钢的电位和钝化倾向,增加钢的耐蚀性,提高钢的塑韧性,特别是钢在超低温度下韧性;加入5%Mo主要是增加了二次硬化效应,Mo可使钢在不同固溶处理条件下均保持较高硬度,在时效过程中析出富Mo析出相起到了强化作用,同时能使钢保持良好的韧性,Mo还可提高不锈钢耐海水腐蚀性能;Co可抑制M中位错亚结构的回复,为析出相形成提供更多形核位置,Co可降低Mo在M基体中的溶解度,促进含Mo的析出相生成;另外在钢中加入少量的Ti会明显提高钢的强度,通过时效析出MC相+Laves相进行复合强化
	M沉淀硬化不锈钢	研究者研究了一种强度高达1900MPa的Cr-Ni-Co-Mo系的马氏体沉淀硬化不锈钢,超高强度的获得是由于多种强化相复合强化的结果。该钢名义成分为0.004C-13.5Cr-12.7Co-3.3Mo-4.4Ni-0.5Ti-0.2Al(原子分数,单位%),钢中的析出相主要有3种,η-$Ni_3(Ti,Al)$相、富Mo的R′相和富Cr的α′相,这些析出相分别是由时效初期富Ni-Ti-Al、富Mo和富Cr的簇状颗粒转变而来,时效过程中由于富Mo的R′相和富Cr的α′相的隔离作用使η-$Ni_3(Ti,Al)$相长大缓慢。2017年报道的由东北大学和中科院研发的13Cr-8Ni-7Co-3Mo-2Ti马氏体时效不锈钢,通过准确控制Co含量,在480℃时效后,达到抗拉强度1920MPa和断裂韧度80MPa·$m^{1/2}$。析出纳米尺寸Ni_3Ti和富Mo相,在含有少量残留奥氏体的软板条马氏体基体中形成弥散的纳米级金属间化合物,实现了高强度、高韧性的结合,耐腐蚀性能优于PH15-5钢

从高强度不锈钢的发展来看,随着强度级别的提升,由单一强化相强化逐渐向多相复合强化发展,相较于单一种类析出相的强化,复合强化更有利于钢强度的进一步提升。然而,合金成分和时效制度对于不同种类沉淀相的析出和长大行为的影响差异较大。考虑到不同合金成分和热处理制度在设计新钢种时可获得不同的多种的沉淀相,采用传统的试错法实验和基于数据积累的人工神经网络模拟在合金设计过程中仍存在不足,因此亟需一种新型的基于物理冶金的模型。研究者提出了一种基于机器学习的合金成分计算模型,此模型整合了合金成分和相应的热处理参数,实现了所需的性能在遗传框架内演变。此模型适用于设计以MC碳化物为强化相的超高强度钢,亦适用于Cu团簇、Ni_3Ti、NiAl沉淀相,也可用于设计一种由多种类强化相,包括MC碳化物、富Cu相和Ni_3Ti金属间化合物的共同强化合金。模型包括了对钢力学性能、耐蚀性能以及显微组织等相应参数的模拟,为合金的成分设计提供

了更为可靠的路径。

3.4 超高强度钢的应用与发展趋势

目前需求的超高强度结构钢要求具有优异的强度和韧性匹配，在交通运输、能源开采及国防安全等领域的应用潜力巨大，如飞机起落架、工程机械、航空航天、船舶、海洋平台、海军舰艇、火箭发动起壳体制造等，是21世纪高端制造和安全可靠的首选钢铁材料。

3.4.1 超高强度钢在航空领域中的应用

飞机需要具有最低的重量，但飞机的承力构件如平尾大轴、起落架、机翼主梁等又要求保证具有足够的强度、牢固性。并且飞机在高温潮湿环境下工作的构件，如梁、支臂、接头、对接螺栓等，除了保证高强度外，还要求有耐高温、抗腐蚀性能，在这种情况下，具有高比强度、高比模量的超高强度钢，得到了越来越广泛的应用，见表3.32。

表3.32 超高强度钢在飞机上的应用情况

材料牌号	应用部位
30CrMnSiNi2A	制造起落架梁、机翼主梁、中央翼的带板及缘条、对合接头、结合螺栓、涡轮喷气发动机压气机中机匣后段等
40CrMnSiMoVA	制造起落架、接头、结合螺栓和水平尾翼转轴等
40CrNi2Si2MoVA	用于多种飞机起落架
16Co14Ni10Cr2MoE	平尾大轴

飞机起落架系统主要承力构件，如前、主起横梁和支柱外筒等在早期通常采用自由锻件经机械加工、拼焊的制造方式。随着民航业的发展，这种制造方式已不能满足构件与机体同寿命的要求。近年来，通过大型模锻压机进行的整体模锻工艺已经在国外起落架系统主要承力构件的制备中得到广泛应用，波音、空客等民机起落架的使用寿命可达到7.5万次起降，起落架构件与机体同寿命的目标得以实现。大型模锻压机是衡量一个国家工业水平的重要指标，过去最大锻造等级为俄罗斯的7.5万吨。2003年，中国二重万航模锻有限责任公司30多人的专家组经过调研论证，并通过对空客、波音飞机的分析，最终将我国模锻压机压力量级定在8万吨，并成功进行了研发。2017年我国自主产权大飞机C919起落架的主起外筒和主起活塞杆就是通过中国二重研制出的8万吨大型模锻压机（这是目前世界上最大的模锻液压机，总高42米，设备总重2.2万吨）“一锤定形”的，一个起落架让C919材料国产化率提升了2%左右，也代表着我国形成了自己高水平的民航工业制造能力。

1980年我国开始仿制美国300M钢，从“六五”到“九五”期间，在赵振业院士的主持下钢铁研究总院和抚顺特殊钢股份有限公司在钢的纯净化方面做了大量的工作，国产300M钢（40CrNi2Si2MoVA）的研制成功使中国飞机起落架用超高强度钢从此走上了双真空高纯熔炼之路，进而使中国飞机起落架走上了长寿命、高可靠性之路，研制生产的300M钢准300mm棒材的各项性能达到了当时美国宇航材料标准AMS 6417B的要求，并与美国进口实物性能相当，达到了国际先进水平。宝钢特钢有限公司以国际主流的制造工艺为目标，采用了电弧炉＋自耗工艺流程，逐步形成并固化了起落架用300M钢的生产工艺并成为了国内首家通过中国商飞材料供应资格认证的企业，自主研制的飞机起落架用300M钢伴随国产大飞机C919翱翔天空（见图3.16）。300M钢的抗拉强度高达1860MPa

以上，且生产成本低廉、生产工艺较简单，这些特点使得其现已成为目前使用最为广泛的飞机起落架用钢，民用飞机起落架（包括波音飞机、空客飞机等）的外筒、活塞杆、轮轴等构件大多采用300M钢。我国自主产权大飞机C919起落架国产化代表着我国形成了自己高水平的民航工业生产能力，研制生产的准300mm300M钢棒材的各项性能达到了国际先进水平。

图 3.16　国产大飞机 C919 翱翔天空

3.4.2　超高强度钢在建筑钢结构领域中的应用

（1）超高强度钢在建筑钢结构中的应用

对于同一种类型的钢构件来说，用超高强度钢所制成的构件比用普通钢制成的构建尺寸更小，重量更轻。另外，超高强度钢材所制成的钢构件在焊接时消耗的材料少，工作人员的花费的体力也少，降低了安装和运输的难度，减轻了施工单位的成本负担。钢结构建筑当中大量运用超高强度钢材，能够营造出更加广阔的室内空间，有利于室内的布局设计，无形中增加了钢结构建筑的经济效益。

“鸟巢”是我国人民对位于北京的国家体育场的爱称，也是2008年北京奥运会的举办场所。鸟巢是由国际知名建筑设计师雅克·赫尔佐格、皮埃尔·德梅隆和我国建筑设计专家李兴刚等人共同设计的，由北京城建集团施工建设，总造价高达22.67亿元。鸟巢的结构类型复杂，其中钢结构部分大量采用Q460超高强度钢材。Q460钢材属于低合金高强度钢，是一种制造难度非常大的超高强度钢材。我国在鸟巢的钢结构施工中首次运用Q460钢材（见图3.17），极大增强了鸟巢钢结构的稳定性。

图 3.17　北京鸟巢钢结构

图 3.18　德国柏林的索尼中心大厦

德国是建筑行业、机械制造行业和汽车行业极为发达的欧洲国家。德国的许多著名建筑都采取了钢结构的结构类型，并且大规模应用了超高强度钢材。位于德国首都柏林的索尼中心大厦（Sony Center），就是钢结构建筑中的典型代表（见图3.18）。这座建筑占地面积26400m^2，由八座建筑组成，形成了每年能吸引约八百万游客的大型建筑群。该建筑群有一个亮点就是大楼的一小部分楼层是悬空挂在大楼屋顶的桁架上的，这个桁架长度达60m，高为12m，大楼采用了S460和S690钢材，使用这两种钢材既能够保证屋顶桁架在低温状态下的性能，又能够缩小构件的尺寸。这样在最大范围内减小了桁架的截面，该工程在施工过程中曾对建筑钢材的选用进行了多次试验，以确保建筑的安全性能。

（2）装配式钢结构建筑中，超高强度螺栓材料的应用

① 高强度螺栓　装配式钢结构建筑已经成为建筑行业发展的新方向和新趋势，其连接节点及结构体系的高效装配化是装配式钢结构建筑设计中的重点和难点之一。高强度螺栓连接作为 20 世纪 70 年代以来我国快速发展的一种钢结构施工技术，其拆装方便的特点很好地契合了装配式结构施工的特点，且具有节点刚度大、承载能力强、安全性能高等优点。近年来高强度螺栓的新品种、新技术、新工艺、新节点、新结构等不断涌现。随着高强度和高性能钢材在工程中的广泛应用，对高强度螺栓的设计和应用也提出了更高的要求。在材料方面，开发了 42CrMoVNb 等新螺栓钢种，在耐延迟性能和延性方面都得到了较大的改善；在性能研究方面，我国学者将 12.9 级螺栓应用在各种高强钢节点中进行研究，提出了高强度螺栓使的方法和建议。

对于 12.9 级以上的高强度螺栓，研究者在常用 42CrMo 钢基础上，研制出高强度螺栓钢，其在 1300MPa 级的强度水平下具有良好的耐延迟断裂性能，同时设计出 1500MPa 级的高强度螺栓钢 42CrMoVNb，可用作 14.9 级高强度螺栓钢。俄罗斯莫斯科市某超高层建筑采用了 12.9 级高强度螺栓连接，该建筑高 340m，94 层，主体结构采用钢筋混凝土剪力墙结构，32～36 层钢桁架连接节点全部采用 12.9 级高强度螺栓连接。

② 环槽铆钉　又称哈克铆钉或哈克螺栓，是根据胡克定律发明的一种连接副（见图 3.19）。采用专用的铆接工具铆固后，铆钉受轴向力拉伸会径向挤压套环，使套环内径金属流动到铆钉的环槽中，形成永久的金属塑性变形连接。环槽铆钉具有连接强度高，防松性能优异，抗疲劳强度高的特点。

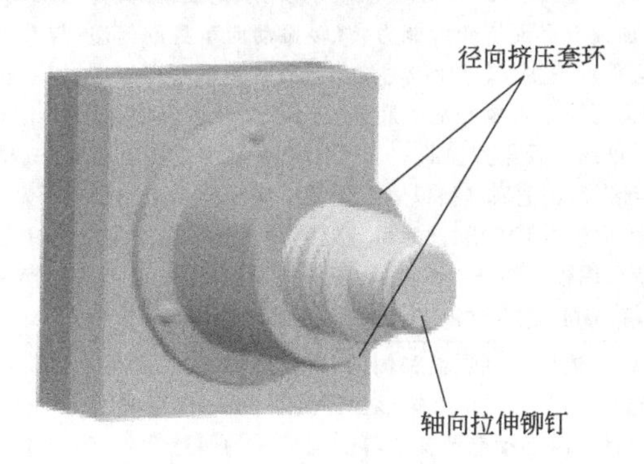

图 3.19　环槽铆钉示意图

图 3.20　雄安新区交通枢纽金属屋顶图

环槽铆钉现已成功应用在航空航天、铁路车辆、铁路轨道、重型汽车和建筑钢结构等领域，解决了紧固件在恶劣工况下的连接失效问题。例如，我国的天府机场高速公路钢混组合桥和廊坊跨京沪高铁光明公路立交桥以及中国现代五项赛事中心游泳击剑馆、宁波小学体育馆钢结构穹顶、北京嘉德艺术中心幕墙和雄安新区交通枢纽金属屋顶（见图 3.20）等。

3.4.3　超高强度钢在汽车行业中的应用

（1）超高强度钢在客车中的应用示例

汽车产业是钢铁行业的主要用户，超高强度钢由于成形性好及强塑性高等机械特性，有助于汽车轻量化设计，在现代汽车制造领域中的占比通常大于 45％且逐年提升。

① **示例1——客车底架和车身骨架用管材** 以某型客车为例，该型客车整车骨架用管材全部为Q345矩形管，由HC700与Q345两种材料的基本力学性能对比见表3.33，可以看出，超高强度钢HC700的屈服强度是低合金高强度钢Q345的两倍多，HC700的抗拉强度是Q345料的1.5倍左右，因此从材料强度看，HC700的力学性能大大优于Q345。针对两种材料的抗破坏能力，做了抗冲击变形仿真分析，分析结果见图3.21，从图中可明显看出，在承受相同冲击力情况下，Q345的变形远远大于HC700。

表3.33 Q345与HC700基本力学性能对比

性能	材料	
	Q345	HC700
屈服强度/MPa	345	≥700
抗拉强度/MPa	470～630	750～950
延伸率/%	≥20	≥12

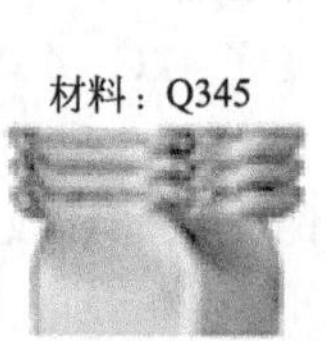

图3.21 两种材料抗冲击变形仿真分析

以下由表3.34说明底架和车身五大片替换应用的过程。

表3.34 客车底架和车身骨架用管材由Q345替换为超高强度钢HC700应用过程

序号	名称	应用过程
1	底架替换	HC700矩形管底架作为整车的主要承载部件和行驶系的安装连接结构，整体受力大且在客车行驶过程中局部时常会受到较大外力的冲击，因此底架的替换应用需重点考量前、后悬处结构承载整车且直接承受行驶中突然的冲击，所以该处不仅要有足够的强度，同时还需有一定抗变形能力以保证行驶稳定性，所以该两处在替换应用超高强度钢矩形管时可适当加强；发动机尾纵梁处既承担发动机的重量又承受发动机工作时传递的振动，所以该处可适当加强以保证抗变形能力，减轻振动向车身的传递；与推力座等厚壁实心部件相连接的矩形管在壁厚上应重点关注，以避免应力集中导致的矩形管壁撕裂；四七底连接纵梁为中段主梁且连接后悬，该主梁的加强可让人更放心地对底架其余部分特别是底架上部结构做减薄替换。见图3.22底架主视图，前后悬等处纵梁及第三、四、七、八、九截面梁中立柱由原3mm壁厚Q345矩形管替换为2.5mm壁厚HC700矩形管；四七底连接纵梁及发动机尾纵梁由2.5mm壁厚的HC700矩形管替换原3mm壁厚的Q345矩形管；底架中部纵梁、前后悬等处的斜撑及第五、六截面梁中立柱替换成2mm壁厚的HC700钢矩形管；底架上层纵梁及部分斜撑由原2mm壁厚的Q345矩形管替换为1.5mm壁厚的HC700矩形管。按照上述方案，底架可减重200kg以上，且强度和刚性均有一定提升
2	顶盖替换	HC700矩形管顶盖俯视图见图3.23，左、右通长边梁连接顶盖和侧围，对强度需求较高，但在总拼后侧围上会有纵梁和其并焊共同受力，故可用2mm壁厚的HC700矩形管替换原3mm壁厚的Q345矩形管；中间贯通连接中主梁不仅对强度需求高，而且还需连接空调支架等受力较大的厚壁零件，为防止应力集中导致的管壁撕裂，由原3mm壁厚的Q345矩形管替换为2.5mm壁厚的HC700矩形管；顶盖弯横梁由于靠近两端曲率太大，故无法用超高强矩形管予以替换；其余管型可减壁厚或减截面予以替换。按照上诉方案，顶盖可减重50kg以上，且强度和刚度没有下降
3	侧围替换	HC700矩形管侧围骨架的前门和中门处是整车中较为薄弱的环节，所以将前门和中门立柱及中门上大纵梁由强度更高的2.5mm壁厚HC700矩形管替换原3mm壁厚的Q345矩形管；窗立柱的强度关系到整车侧翻后的生存空间，由原3mm壁厚的Q345矩形管替换为2.5mm壁厚的HC700矩形管；由于舱立柱与底架相接强度可互补，故可由2mm壁厚的HC700矩形管替换原3mm壁厚的Q345矩形管；部分造型用大曲率弯管和腰梁处异性管材不替换，其余管型可减壁厚或减截面予以替换。按照上诉方案，侧围可减重50kg以上，且强度和刚度没有下降
4	前、后围替换	HC700矩形管前、后围左、右大立柱的强度关系到整车侧翻后的生存空间，可由原3mm壁厚的Q345矩形管替换为2.5mm壁厚的HC700矩形管；由于前、后围较大部分梁结构涉及造型，曲率较大、制作难度高，故该类型管材不替换；其余直管型可减壁厚或减截面予以替换。按照上诉方案，前、后围减重20kg左右，且强度和刚度没有下降

续表

序号	名称	应用过程
5	效益分析	综上分析，底架减重200kg、顶盖减重50kg、侧围减重50kg、前后围减重20kg，合计减重约320kg；原整车骨架所有管件部分重量约2250kg，相对减重占比14%，客车运行油耗预计降低1.5%；Q345矩形管材料价格约6650元/吨、HC700矩形管材料价格约7500元/吨，原整车骨架合计原材料成本14800元，替换后合计原材料成本14000元，单台车可降低原材料成本约800元

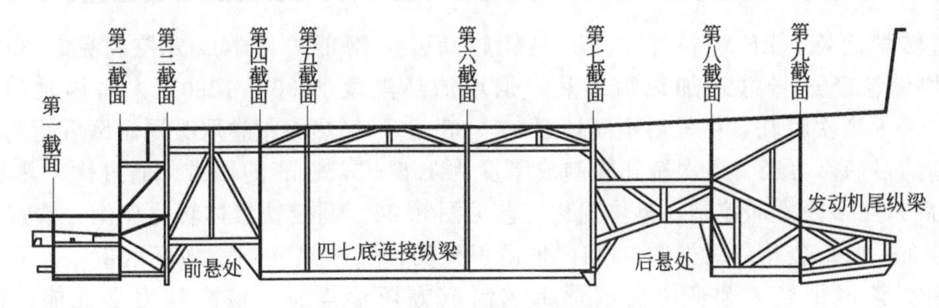

图3.22 某型号客车底架主视图

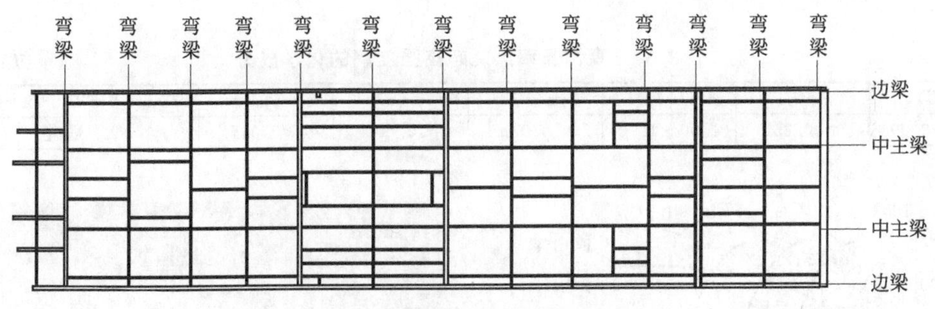

图3.23 某型号客车顶盖俯视图

② 示例2——客车车身骨架 它是客车的主要承载结构，客车车身骨架的质量占客车总质量的20%～40%。目前客车行业车身骨架绝大部分使用的是冷弯型钢方矩形管，少量高端出口车使用高强度钢。在保证客车安全性能的前提下，采用超高强度方矩形钢管，可显著减轻整个客车的质量，减少油耗。以超高强度钢替代普碳钢是未来精品级客车的发展趋势。轻量化客车车身主要采用经辊弯成形的方矩形管，目前使用的高强度钢材为冷轧HC700/980MS和热轧QStE700TM，厚度分为1.25mm、1.5mm、2.0mm、2.5mm和3.0mm五个规格。以某轻量化客车的车身骨架及其构件所用的方矩形管为例，制造用原材料和替代材料的性能参数对比见表3.35。某轻量化车型，采用材料QStE700TM替换后车辆减重效果计算结果见表3.36。由表3.36可见，采用QStE700TM材料后，车身骨架减重约32.6%，客车整体减重约7%。

表3.35 车身骨架制造用原材料和替代材料性能参数对比

材料名称	密度/(kg/m³)	弹性模量/GPa	屈服强度/MPa	泊松比	抗拉强度/MPa
20钢	7850	206	245	0.3	≥410
Q235	7858	210	235	0.3	≥370
510L(16MnL)	7860	210	355	0.28	≥510
QStE700TM	7850	210	700	0.29	≥750
HC700/980MS	7850	210	700	0.3	≥980

表 3.36 QStE700TM 替换后车辆减重效果

原材料	替换材料	原材料		替换材料		减重/kg
		质量/kg	体积/mm^3	质量/kg	体积/mm^3	
20 钢	QStE700TM	74.65	9509299	44.16	5625777	30.49
Q235	QStE700TM	647.73	82429810	374.92	47760538	272.81
510L	QStE700TM	1844.41	234657960	1311.81	167109234	532.60
合计		2566.79	326597069	1730.89	220495549	835.9

经过转炉冶炼、LF 炉精炼工序，热轧超高强度钢带的化学成分控制见表 3.37。对 200mm 厚铸坯经过步进式加热炉加热，钢坯加热温度 1230～1280℃，加热时间 180～240min。经 5 道次粗轧，粗轧后中间坯厚 32～38mm，经热卷箱卷取头尾颠倒后达到降低头尾温度差的目的。再经 7 道次精轧轧制成厚度为 1.5～3.5mm 的钢带。通过优化热轧 TMCP 控轧后采用多段冷却控制，具体优化工艺见图 3.24。调控铁素体转化比例、铁素体晶粒尺寸和分布后所得金相组织见图 3.25。最后得到高伸长率热轧超高强度钢带，其力学性能见表 3.38。该钢带经“圆变方”成形工艺制成方矩形焊管，检测其力学性能，结果见表 3.39。由表 3.39 可见，试制方矩形管的力学性能达到了客车骨架 QStE700TM 的性能要求

表 3.37 高伸长率热轧超高强度钢的化学成分 单位：%

w(C)	w(Si)	w(Mn)	w(P)	w(S)	w(Als)	w(Nb+V+Ti+Cr+Mo+B)
0.04～0.09	≤0.25	1.00～1.90	≤0.025	≤0.006	≥0.015	适量

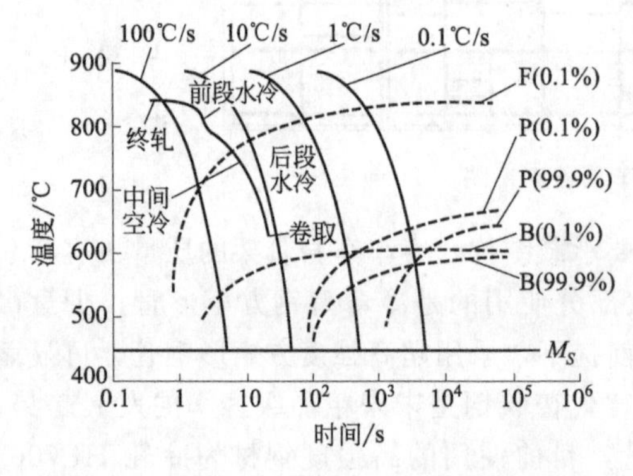

图 3.24 钢的 CCT 曲线和优化后冷却路径

图 3.25 QStE700TM 钢经 TMCP 及调控后的金相组织

表 3.38 高伸长率热轧超高强度钢带的力学性能

抗拉强度/MPa		屈服强度/MPa		断后伸长率/%		强塑积/GPa·%	
单值	均值	单值	均值	单值	均值	单值	均值
733～803	772	677～766	712	22～29.5	25.3	17～22	19.6

表 3.39 高伸长率热轧超高强度方矩形管的力学性能

抗拉强度/MPa	屈服强度/MPa	断后延伸率/%	
		单值	均值
830(均值)	760(均值)	≥13	15

(2) 超高强度钢在重型卡车中的应用示例

东风汽车在减轻东风商用汽车自重、提高有效载货量方面已经取得了一定成果，目前已

经采用含磷钢进行车身零件的试生产，如后围外板、后围内板、地板、后下横梁、前围隔板、门外板、挡泥板等零件（见表3.40）。奥威载货车的车架采用高强度合金钢板制作，其抗疲劳强度提高了43%。

表3.40 东风商用车高强度钢零件应用情况

部件	高强度钢用量/kg	零件数量/件	抗拉强度/MPa	占总质量/%
D310车身	86.3	160	冷轧板＞340	30.0
车架	534.0	4	热轧板＞510	74.0
车桥	250.0	1	＞590	30.5
合计	870.3	165	＞510	134.5

重型卡车车厢作为汽车的承载装置，传统材料一般选用Q235或Q345钢板，屈服强度相对较低，所用的钢板较厚（8～14mm），而且在用户使用过程中出现疲劳断裂、胀厢、抗冲击性能差等问题。采用屈服强度≥600MPa级超高强度车厢板来实现车厢的轻量化，不但可获得大的减重空间，并且可同时提高车厢的抗疲劳性能和安全性等，这将成为未来的研究热点之一。所开发的超高强度钢需具有良好的冷成形性和焊接性能，高的疲劳强度。

对于载重汽车车架使用超高强度钢，欧洲已应用屈服强度高于700MPa的钢板且大梁结构采用单梁结构。我国载重汽车车架用钢的屈服强度为345～440MPa，抗拉强度在510～610MPa。车架纵梁、衬梁、横梁通过铆焊加强板（大梁钢板厚度8mm，衬梁钢板厚度5mm），从而保证车架弯曲刚度、疲劳性能。目前采用双梁结构的主要原因包括制造水平偏低和用户超载使用的问题。700MPa的单梁仅极少企业在牵引车上使用，如一汽J6H型全挂牵引车的大梁采用宝钢的超高强度钢，B700L制造。每辆车的大梁钢板的超高强度钢板的质量为300～400kg。如应用屈服强度大于700MPa的超高强度钢，则可取消衬梁，车架重量可减轻20%～30%。

在重型卡车用车轮钢方面，国内车轮钢的强度水平相对较低，钢板较厚，国外同样尺寸的车轮比我国要轻15%～20%。目前应用于重型卡车上的车轮钢主要是Q235或Q345。从车轮钢的制造工艺和服役条件来看，车轮钢应具有良好的扩孔性能、疲劳性能和焊接性能。一般来说，抗拉强度为1000MPa以下的超高强度钢的疲劳强度是随着静态强度的提高而提高的。为了提高钢材的强度，都要适当提高钢中C的含量和合金元素的含量，那么必然会导致扩孔性能和焊接性能等有一定的程度的下降。目前，日本JFE公司以细晶铁素体为基体，通过其上面细小弥散的（Ti，Mo）C来提高钢板的强度，抗拉强度为780MPa，扩孔性能优良，扩孔率可达100%。国内，目前关于车轮钢DP600的研究也较多，与Q345相比，DP600制成的同样尺寸的车轮，可减重15%。从扩孔性能上来，铁素体＋贝氏体钢较铁素体＋马氏体的扩孔性能好。因此，开发高级别的车轮钢也是实现重载汽车轻量化的重要途径之一。

东北大学轧制技术及连轧自动化国家重点实验室基于重型卡车车厢的轻量化设计，开发了屈服强度600MPa的超高强度车厢板。首先，在国内某厂的热连轧机组上以低碳复合添加Nb和Ti为成分路线，成功开发出屈服强度≥600MPa、抗拉强度≥700MPa的高强度重型卡车用车厢板。车厢板的显微组织为细小的铁素体＋少量的珠光体和贝氏体，强化机制以细晶强化和析出强化为主。钢板具有良好的低温冲击韧性、冷成形性和焊接性能。利用所开发的600MPa级车厢板替代传统Q345板，可实现车厢20%左右的减重。

3.4.4 高性能超高强度钢的发展趋势

近年来，人类面临越来越棘手的环境、资源问题。能源、资源紧缺与环境保护问题愈发严峻，这给钢铁产业带来了不小的挑战。各国高度重视超高强度钢的研究，尤其是具有环境友好性、节能环保性等特点钢材的研究。超高强度钢以其优异的自身综合力学性能和轻量化的特点，大量应用于高压容器、飞机起落架、火箭发动机外壳、深海石油管线、装甲车量防护壳等诸多领域。超高强度钢应用环境通常气候较为恶劣、地质情况复杂，这就要求钢材能够经受住高压、轴向拉伸载荷、温差和腐蚀等多重考验。随着愈发高强度的应用领域，超高强度钢的产品品质和综合性能须向着表 3.41 所示的几个趋势和方向发展。

表 3.41 超高性能超高强度钢的发展趋势和方向

序号	名称	发展趋势和方向
1	超高强高韧性	一般情况下如提高钢材的强度，其材料硬度也会增加，继而提升缺口敏感性，这不仅会引起应力腐蚀开裂现象，同时还会降低钢材使用寿命。通常认为钢的塑韧性与其强度不可兼得，即两者具有不可容的关系特点，为得到超高强度，塑韧性必须做出一定让步。研究表明：纯净冶炼技术可保障钢材自身的高纯净度，提高此种材料的塑韧性。另外在超高强度钢组织中加入合金元素可对钢材的组织和综合性能产生较大影响，例如添加适量合理配比的合金元素，降低超高强度钢的马氏体相变起始点（M_S 点），增加得到室温组织中的残留奥氏体含量，能够显著改善塑韧性。一般可结合钢材的特点，引入新型热处理工艺，从而发挥出钢材中各合金元素的析出强化、细晶强化等作用，可提高钢材整体强韧性能。在超高强度钢目前的实际生产过程中，一般可通过热处理工艺获取高强高韧性，并细化回火马氏体组织，弥散分布细小的第二次相粒子，从而充分发挥合金钢中合金元素的强化作用
2	高抗腐蚀性	在超高强度钢的应用场景中往往存在各类腐蚀媒介，比如 H_2S 等。这些腐蚀媒介的存在会影响到超高强度钢服役寿命。在进行抗 H_2S 腐蚀超高强度钢选材时，应充分考虑钢材受 H_2S 影响而出现氢损伤的问题，其主要包括应力腐蚀开裂、阶梯裂纹、氢致开裂等。在深海环境服役时，海水中含有大量的 Cl^-，极易导致超高强度钢出现腐蚀的现象，其仅会形成较小的阳极阻力，因而为了提高套管的耐腐蚀性能，需要积极采取有效的措施提高阳极阻滞。当前考虑到各种腐蚀介质间存在各种错综复杂的关系，超高强度钢抗腐蚀性能优化方面研究尚不够深入与完善，非常有必要进一步纵深化工艺问题、理论问题研究。 现阶段相关领域为了提高超高强度钢的抗腐蚀性能，一般在钢中加入 Ni、Cr 等稳定性较强的合金元素。这些元素的加入虽能提高材料的抗腐蚀性，但由于合金元素本身的价格较高，故不符合经济效益的原则。如何采取有效措施让钢通过少量阻滞阳极或加入少量微量元素促进阴极过程的合金元素来提高抗腐蚀超高强度钢经济效益，就成为了研究的热点
3	高抗挤毁性	众所周知，超高强度结构钢在各类场景中得到应用，其包括塑性流动、高压等环境，由此对钢材的抗挤毁性能提出较高的要求。通常可通过增加壁厚或者提高钢级等方式解决此类问题。其中增加壁厚的方法会减少内部使用空间，增加整体重量，并会导致成本的大幅增加。因此，抗挤毁强度成为了超高强度钢的又一关键性能指标。通常情况下，具体可结合如下三种措施解决这一问题：其一是减少钢材残余应力；其二是提高钢材屈服强度；其三是改善产品尺寸精度。具体可视情况选择其中一种方法或者同时配合几种方法进行使用，以确实改善材料的抗挤毁强度。
4	几个发展方向	韧性随钢强度的提高而降低的趋势不会改变，但如何利用生产装备的改善和技术的突破，提高韧性和抗应力腐蚀性能，是超高强度钢发展的方向。具体见表 3.42 所示的几个方向

表 3.42　超高强度钢的几个发展方向

序号	超高强度钢的几个发展方向
1	以各种材料数据为基础，材料计算科学正不断地显示其优越性。进一步完善材料基础数据，提高预测准确性，是下一代超高强度钢发展的基础
2	对于多相组织中，各种纳米级第二相粒子的析出行为以及强化贡献，纳米复合析出相的热力学、动力学研究等，有待进一步深入研究
3	对于超高强度钢的强韧化机理仍需深入研究，特别是高 Ni 超高强度钢中亚稳态奥氏体含量、尺寸、形貌以及稳定性对低温断裂韧性和疲劳断裂的影响还需进一步研究
4	认真研究适合超高强度不锈钢的强韧化方式，是提高各类超高强度钢发展的重要方向
5	洁净钢技术的新突破。钢中夹杂对钢的韧性的影响是巨大的，"零夹杂"一直还是难题，洁净钢新技术的突破，是强韧性匹配更上一台阶重要的方向
6	定制化生产也是发展的一个重要方向。在特殊钢领域，材料生产和零件制造需要密切结合，越是特殊的原材料，越需实现定制化生产

第 4 章

熟悉塑料模服役条件，探讨高性能模具钢的应用与发展

随着塑料模具的发展，塑料制品的种类日益增多，用途不断扩大，塑料制品正向着精密化、大型化、复杂化、多腔化和成形高速化等领域发展。由于塑料模具结构日趋复杂，制造难度增大，因此对于模具材料的性能与选用提出了更高的要求。塑料模具形状复杂、尺寸精度和表面粗糙度要求很高，故对模具材料的机械加工性能、镜面抛光研磨性能、图案蚀刻性能、热处理变形好尺寸稳定性都有很高的要求，另外还需要模具材料具有一定的强韧性、耐磨性、耐蚀性和较好的焊补性能，图 4.1 为日本塑料的年生产量统计情况。

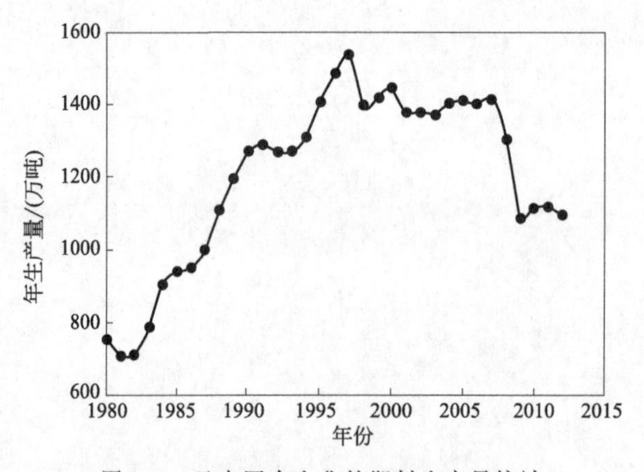

图 4.1　日本国内企业的塑料生产量统计

我国塑料工业的高速发展对于模具工业提出了越来越高的要求，2012 年，塑料模具在整个模具行业中所占比例已经上升到 48%左右，在随后的几年内仍保持着较高的发展速度，从塑料模具的整体市场来看，以注塑模具的需求量最大，其中的发展重点为工程塑料模具，有关资料表明，目前仅汽车行业需要各种塑料制品已达 36 万吨，另外电冰箱、洗衣机和空调的年产量超过了 5000 万台，彩电达到了 9000 万台，2021 年，在我国的建材行业，塑料门窗的占有量达到 51%，同样塑料管件的普及率达到 65%左右，因此对于塑料模具的需求量将大幅度提高，发展塑料模具工业，从某种意义上讲，会对带动整个国家经济的发展和技术的进步。

塑料模具按塑料零件的原材料性能与成形方法，塑料模具分为两大类：

① **热固性塑料模具**　主要用于压缩、传递和注塑成形制品零件，包括压缩模、传递模、注射模等三种类型。注射模用于热固性塑料件的成形，常用的热固性塑料有酚醛塑料（即胶木）、聚氨酯、环氧树脂、聚邻苯二甲酸二烯丙酯（PDAP）、有机硅塑料、硅酮塑料等。

② **热塑性塑料模具**　主要用于热塑性塑料注射成形和挤出成形，热塑性塑料主要有聚酰胺、尼龙、聚甲醛、聚乙烯、聚丙烯、聚碳酸酯等，一般不含有固体填料。这些塑料的特点是在一定压力下，模内成形冷却后可保持已经成形的形状，如果再次加热又可软化熔融再次成形。另外此类模具还包括中空吹塑模具、真空成形模具等，因此，塑料模具的种类较多，其应用的范围和领域扩展迅速，也对模具提出了新的要求。

按照成型模具的加工工艺与其他特点，又将其分为冷压成型模具、机械加工成型模具、调质热处理模具、时效硬化钢模具、易切削钢模具等。

4.1　塑料模具服役的条件与失效形式

4.1.1　塑料模具服役的条件

① **热固性塑料压缩模模具**　塑料模具的主要零件是成型零件，如凸模和凹模，它们构成了塑料模具的型腔。这些塑料的工作温度一般在160～300℃，工作时型腔承受单位注射压力大，周期性承受压力，一般为160～200MPa，闭型模则要达到300MPa或更高。成型塑料制件的各种表面直接与塑料模具接触，之间有一定的摩擦力作用。工作中型腔面易磨损、易腐蚀，脱模与合模时受到较大的冲击（敲击或碰撞）载荷。

该类模具压制各种胶木粉制品时，在原材料中加入一定量的粉末添加剂，在热压状态下成形。在服役过程中其热负荷和机械负载都较大，这会使模具型腔磨损严重。

② **热塑性塑料注射模具**　这类塑料模具的工作温度为150℃以下，承受的工作压力和磨损没有压缩模模具那么严重，但部分塑料在加热后的熔融状态下能分解出氯化氢或氟化氢气体，对于模具型腔有较大的压力和腐蚀性。

该类塑料模具在加热成形时，一般不含固体填料，要求入型腔时射流润滑，故对于模具的型腔磨损小，如含有玻璃纤维填料，则将加剧对流道和型腔面的磨损。

另外塑料制品的成型对模具有基本的要求。首先塑料制品的外观要求较高，则模具的成型面的表面粗糙度应在Ra0.2～0.025μm范围或更低，少量的磨损或腐蚀则可导致失效；其次，模具各成型零件的尺寸精度和相互配合的精度要求高，以保证接缝密封，避免溢料或使塑料表面出现接缝痕迹；另外，当塑料形状复杂时，模具的型腔的结构也相应地复杂，导致模具型腔局部应力状态复杂，有较大的应力集中，从而影响模具的承载能力。

表4.1为塑料模具的工作条件与特点汇总，可以看出两类模具的各有特点。

表4.1　热固性塑料压缩模和热塑性注射模的服役的条件及特点

模具名称	工作压力/MPa	工作温度/℃	摩擦状况	工作条件	特点
热固性塑料压缩模	2000～8000	150～250	摩擦磨损较大	受力大、易磨损和易侵蚀,有时有腐蚀	压制各种胶木粉,一般含大量固体填充剂,多以粉末直接放入压缩模,热压成行,受力较大,磨损较重

续表

模具名称	工作压力/MPa	工作温度/℃	摩擦状况	工作条件	特点
热塑性塑料注射模	2000～6000	150～250	摩擦磨损较小，当加入某些如玻璃纤维填料等固态填充料时，磨损增大	受热、受压、受磨损，但不严重，部分品种含有氯及氟，在压制时放出腐蚀性气体，侵蚀型腔表面，有时有腐蚀	通常不含固体填料，以软化状态注入型腔

4.1.2 塑料模具的失效形式

塑料模具在服役过程中，常见的失效形式有表面磨损（型腔磨损、表面粗糙度恶化等）、腐蚀、塑性变形、断裂、疲劳及热疲劳等，这些失效形式和塑料模具的服役条件和使用要求有密切的联系。

（1）型腔表面的磨损和腐蚀（或侵蚀）

① 一般而言，塑料熔融体以一定的压力在型腔内流动，凝固后的塑件从模具中脱出，均对模具的型腔表面造成摩擦而引起磨损。另外热固性塑料含有一定量的固体添加剂，即塑料中加入云母粉、硅砂、钛白粉、石英粉、玻璃纤维等各种无机物作填料时，将增加对模具的型腔的磨损。在加热后软化到熔融的塑料中而成为“硬质点”，其与模具型腔表面摩擦力增大，导致模具型腔表面出现拉毛、表面粗糙度变差、划痕等现象而失去光泽，从而影响塑料制品的外观质量。图 4.2 为塑料及填料不同时压缩模的磨损曲线，可见，随着模压次数的增加，其模具的磨损量增大，不同材料的磨损量具有较大的差异，这与塑料与填料有关。

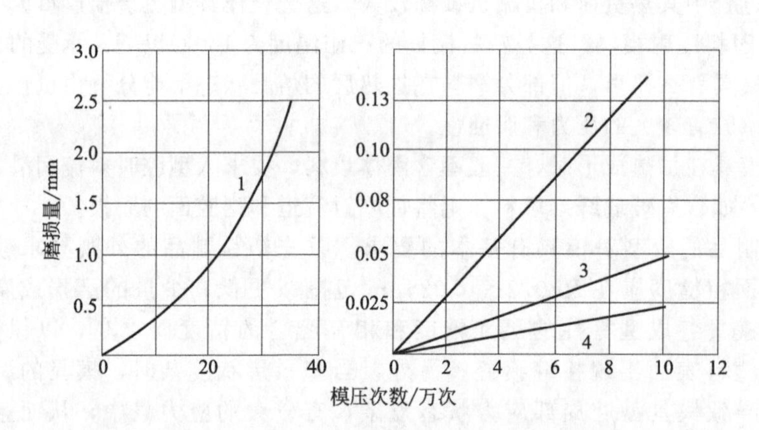

图 4.2 经渗碳淬火的纯铁模具压制不同塑料时的磨损曲线

1—含矿物质的聚氨酯；2—玻璃纤维增强复合材料；3—增强酚醛树脂；4—普通胶木粉

② 腐蚀（侵蚀） 由于不少塑料中含有氯、氟等元素，它们在被加热至熔融状态后会分解出氯化氢（HCl）或氟化氢（HF）等腐蚀性气体，造成模具型腔的腐蚀，这样使表面粗糙度增大、加剧了模具型腔表面的磨损，最终导致模具的早期失效。如果在腐蚀的同时又有磨损损伤，使型腔表面的镀层或其他防护层遭到破坏，又会加剧型腔的腐蚀过程，这两种损伤交叉作用的结果可想而知。

（2）塑性变形

塑料模具型腔在持续受压、受热下长期工作，可引起局部塑性变形而失效，尤其是当小模具在大吨位设备上工作时，则更容易产生超负荷的塑性变形。采用渗碳钢或碳工钢等制作的胶木模，在服役过程中，棱角处所承受的负荷最大，故通常塑性变形发生于受力较大的棱角处，表现形式为棱角塌陷，在型腔的其他部位可能出现凹陷、麻点、表面起皱等，或使模具的分型面变形间隙扩大，导致飞边的增大。

其他容易引起塑性变形的因素还有：型腔表面的强化层或硬化层太薄，经磨损后基体的硬度、抗压强度、变形抗力不足；模具热处理时回火温度低，造成回火不足，内部有部分残留奥氏体。在服役过程中，当工作温度超过回火温度，且长时间反复升温和降温，受热后继续回火转变而产生相变超塑性等，致使模具的组织不稳定或残留应力得不到消除，造成组织的内部转变。

实践证明，碳素工具钢热处理后的硬度在52～56HRC、渗碳钢的渗层在0.8mm以上，即可获得足够的变形抗力，有效防止塑性变形的早期失效。图4.3为其塑料模具型腔的失效示意图，供参考。

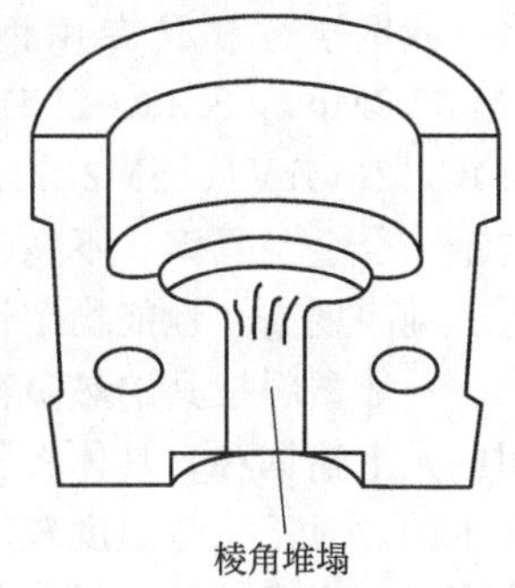

图4.3 塑料模具型腔的塑变失效示意图

（3）断裂

当塑料型腔结构比较复杂，同时承受的应力较大时，模具的型腔局部出现应力状态，加上结构因素等，在模具塑料模具的多处凹槽（角）、薄边等部位容易造成应力集中，而当韧性不足时，将导致模具的开裂。

大中型复杂模具型腔应具有高的强韧性，故优先采用渗碳钢制作是正确的，一般不用碳素工具钢。对于高碳合金工具钢制塑料模具，如果回火不充分，则容易引起模具的早期断裂。原因在于模具采用内部加热法保温时，模具内部贴近加热源处的温度可达250～300℃，有些高碳高合金钢（如9CrMn2Mo等）制模具淬火后，存在较多的残留奥氏体，因回火不足，在回火过程中未充分溶解，而在使用过程中继续转变为马氏体，从而引起局部体积的膨胀，在模具内部产生较大的组织应力而造成模具的开裂。

模具断裂的其他原因有模具的结构温差而产生的结构应力、热应力，模具的开裂是最为严重的失效形式，应当认真对待，同时从以上几个方面加以避免。建议选用韧性较好的模具钢制造塑料模具，对于大中型复杂型腔胶木模，应采用高韧性钢（渗碳钢或热作模具钢）制造。

（4）疲劳和热疲劳

塑料模在工作过程中的机械载荷是循环变化的。例如，注射模在充模保压阶段，其型腔一般承受高压塑料熔体的很大张力的作用，而在冷却和脱模过程中，外加载荷则完全解除，在这种重复的载荷作用下，模具的型腔表面承受脉动拉应力作用，引起模具的疲劳破坏。

塑料模的热负荷也是循环变化的，例如，进入注射模型腔的熔料温度一般在200℃左右或更高，而冷却后的温度在50℃左右，型腔表面在反复的受热和冷却条件下，可导致模具型腔应力集中处萌生热疲劳裂纹。另外，模具型腔表面上的脉动拉应力会使热疲劳裂纹向纵深扩展，成为断裂或疲劳断裂的裂纹源。

一般情况下，压缩模受力较大，容易产生疲劳开裂；注射模的温度变化比较急剧，容易产生热疲劳裂纹。

4.2 塑料模具用钢分析与选用

4.2.1 塑料模具用钢分析

我国塑料模具专用钢已经纳入标准，目前有SM45、SM48、SM50、SM53、SM55、SM3Cr2Mo、SM3Cr2Ni1Mo、SM2CrNi3MoAL1S、SM4Cr5MoSiV、SM4Cr5MoSiV1、SMCr12Mo1V1、SM2Cr13、SM4Cr13、SM3Cr17Mo等，它们是优质碳素结构钢、合金结构钢、合金工具钢、不锈钢等经特殊冶炼的加工而成的，与原钢种相比，这些钢的杂质含量低、纯净度高、性能稳定性好，能够很好地满足塑料模具的特殊性能要求。

一般塑料模具的热负荷不大，对于材料的热强性和热疲劳抗力的要求不高，因此通常采用的是上述钢种，具体钢种的选择主要是根据模具对硬度、耐磨性、强韧性及耐蚀性等要求确定的。对于工作温度较高的塑料模具，可选用强韧性较高的热作模具钢；对于要求高抗压强度和高耐磨性的塑料模具，则可选用中铬、高铬冷作模具钢以及节能的贝氏体模具钢；塑料模具对于材料加工性能的要求较高的，根据模具型腔的成形方法分为切削成形塑料模具用钢和冷挤压塑料模具用钢。

应用最为广泛的是塑料模具钢是中碳低合金钢一类，其热处理特点是预硬化处理，使用组织特点为回火马氏体或回火索氏体等。

对于塑料模具性能要求通常包括：良好的抛光性，型腔表面光滑，抛光时不会出现麻点和橘皮缺陷，表面粗糙度 Ra 低于 0.4μm；型腔表面具有良好的耐磨性、抗蚀性；具有良好的耐热性，在250℃左右长期工作下不软化、不氧化；具有良好的强韧性，长期工作状态下不变形、不断裂等。

4.2.2 塑料模具用钢的选用

在选用塑料模具的品种时，其基本原则为既要保证模具的使用性能和工艺性能的要求，又要满足价格低廉的要求。塑料模具的成本是由模具加工、模具材料和热处理等几部分构成，尽管塑料模具材料的价格在整个成本中所占比例不大，但为了获得良好的经济效益，降低生产成本，做到正确的利用材料的最佳性能，必须根据模具各类零件的作用与用途，合理选择模具材料，才能符合生产需要，更重要的是确保加工的塑料制品的尺寸与精度符合设计要求，因此模具材料的选用是要遵循一定的要求的，根据塑料制品的种类和外观质量要求选择材料的原则如下。

（1）根据塑料制品的种类和质量要求选用

① 对于要求型腔表面耐磨性好，芯部韧性强，但形状并不复杂的塑料注射模而言，可选用低碳结构钢和低碳合金结构钢等。该类钢退火后的特点为硬度低（85～135HBS）、塑性好，其变形抗力小，故具有良好的切削加工性。对于大中型且型腔较复杂的模具，则应选用优质的渗碳钢如LJ钢和12CrNi3A、12CrNi4A等，它们具有良好的热处理性，在渗碳、淬火、低温回火后，可确保模具的型腔有很好的耐磨性，而模具本身具有较高的强度和韧性。

② 对于聚氯乙烯或氟塑料及阻燃的ABS塑料制品，所选用的模具材料须具有较好的抗腐蚀性，它们在熔融状态下会分解出氯化氢（GCl）、氟化氢（HF）以及二氧化硫（SO_2）

等气体，对模具的型腔面具有一定的腐蚀性，则必须选用耐腐蚀的塑料模具钢，如PCR、AFC-77、18Ni、4Cr13等。

③ 对生产以玻璃纤维做填充剂的热塑性塑料制品的注射模及热固性塑料制品的压缩模等，应具有高的硬度、高的耐磨性、高的抗压强度和较高的韧性等，目的是防止塑料将模具型腔表面过早磨光或模具受到高压作用而产生局部的变形。故通常选用淬硬性塑料模具钢制造，其工艺特点为，经过普通的热处理淬火、回火后可容易获得所需要的技术指标，例如T8A、T10A、Cr6WV、Cr12、Cr12MoV、9Mn2V、9SiCr、CrWMn、GCr15等为常用的淬硬型塑料模具钢。

④ 制造透明塑料的模具，要求模具具有良好的镜面抛光性和高的耐磨性，故应选用时效型硬化钢，一是便于进行机械加工，二是通过适当的热处理（时效）后可获得较高的硬度。常选用的有18Ni系列、PMS、PCR等，另外也可选用P20系列和8CrMn、5NiSCa等预硬性模具材料。需要注意的是不同的塑料原材料制造不同大小及形状的塑料制品时，应根据使用条件与精度要求来合理选择。

⑤ 制造模具型腔复杂、精度要求高、寿命要求长的模具时，为防止模具型腔切削加工成形后因淬火处理导致过大的型腔变化，同时确保模具的精度和使用性能，应选用预硬型塑料模具钢。该类模具钢的特点是，在供应状态下已经进行了预硬处理，或在切削加工前进行了预硬调质处理，在切削加工后不再进行最终的热处理，可避免因热处理应力造成的模具的变形和开裂。选用40Cr、3Cr2Mo、SM2、4Cr5MoSiV等钢，如果生产批量较小，则可选用碳素结构钢，经过调质处理即可使用。表4.2为根据塑料制品的种类选用塑料模具钢的举例，可供设计模具选材时参考。

表4.2　根据塑料品种选用塑料模具钢

用途		代表的塑料及制品		模具要求	选用的材料
一般热塑性、热固性塑料	一般	ABS	电视机壳、音响设备	高强度、耐磨损	SM55、40Cr、P20、SM2、8CrM、SM2CrNi3MoAl1S
		聚丙烯	电扇扇叶、容器		
	表面有花纹	ABS	汽车仪表盘、化妆品容器	高强度、耐磨损、光刻性	PMS、SM2CrNi3MoAl1S、(SM2)
	透明件	有机玻璃、AS	唱机罩、仪表罩、汽车灯罩	高强度、耐磨损、抛光性	5NiSCa、SM2/PMS、P20
增强塑料	热塑料	POM、PC	工程塑料制件、电动工具外壳、汽车仪表盘	高耐磨性	65Nb、8CrMn、PMS、SM2
	热固性	酚醛树脂 环氧树脂	齿轮等		65Nb、8CrMn、16NiTi2Cr、06Ni6CrMoVTiAl
阻燃型物件		ABS 加阻燃剂	电视机机壳、收录机机壳、显像管罩	耐腐蚀	PCR
聚氯乙烯		PVC	电话机、阀门管件门把手	强度及耐腐蚀性	38CrMoAl、PCR
光学透镜		有机玻璃、聚苯乙烯	照相机镜头、放大镜	抛光性及防锈性	PMS、8CrMn、PCR

（2）根据塑料制品的生产批量选用

除了上述选择原则外，也可根据模具钢的品种和塑料制品的批量大小来选择模具材料。考虑到塑料件的生产批量大小差异，对于模具的耐磨性及使用寿命要求也不相同。为了降低模具的制造成本，通常选用普通的模具钢。一般根据塑料制品的生产批量而选择模具材料时，可参考表4.3。

表 4.3 按塑料制品的生产批量选用材料

生产批量/万件	选用的材料
<20	SM45、SM55
20～30	2Cr2Mo、P20、5CrNiMnMoVSCa、8Cr2MnWMoVS
>30～60	3Cr2Mo、P20、5CrNiMnMoVSCa、SM3Cr2Ni1Mo
>60～80	8Cr2MnWMoVS、SM3Cr2Ni1Mo
>80～120	SM2CrNi3MoAl1S、1Ni3Mn2MoCuAl
>120～150	0Cr16Ni4Cu3Nb、6Cr4W3Mo2VNb、7Cr7Mo3V2Si
>150	6Cr4W3Mo2VNb、06Ni6CrMoVTiAl、SM2CrNi3MoAl1S 渗氮

(3) 根据塑料模具的工作条件选用

前面已经介绍了塑料模具的工作条件、失效方式与特点，由于各种模具的性能与服役条件的差异，尤其是模具的结构的复杂程度不同，故对于模具的选用是有一定的要求的，这里是以模具的具体工作条件来进行选择的，具体参见表 4.4，供参考。

表 4.4 塑料模具钢工作条件与选用材料

工作条件	推荐材料牌号
生产塑料制品的批量较小，精度要求不高，尺寸不大的模具	SM45、SM55 或 10、20 钢渗碳
在使用过程中具有较大的动载荷，生产批量较大，磨损较严重的模具	12CrNi3A、20Cr、20CrMnMo、20Cr2Ni4A 钢渗碳
大型、结构复杂、批量较大、注射成形模或挤压成形模具	3Cr2Mo、4Cr3Mo3SiV、5CrNiMo、5CrMnMo、4Cr5MoSiV、4Cr5MoSiV1
热固形成形及要求高耐磨、高强度塑料模具	9Mn2V、7CrMn2WMo、CrWMn、MnCrWV、GCr15、Cr6WV、5Cr2MnWMoVS、Cr12MoV、Cr12
耐腐蚀和高精度塑料模具	4Cr13、9Cr18、Cr18MoV、Cr14Mo、Cr14Mo4V
复杂、精密、高耐磨性塑料模具	25CrNi3MoAl18Ni(250)、8Ni(300)、18Ni(350)

(4) 根据塑料制品形状的复杂程度选用

对于型腔复杂的注射模具，为减少模具热处理后产生变形与裂纹的概率，应选用加工性能好、热处理变形小的模具钢，如 40Cr、3Cr2Mo、4Cr5MoSiV、SM2 等模具钢；如果塑料制品的生产批量小，则可选用调质处理的 SM45、SM50、SM55 等钢。

(5) 塑料模具中其他零件的材料选用

塑料模具上的其他部件（如导柱、导套、衬套、顶杆、拉料杆、各种模板、顶出板、固定支架、型芯以及模具型腔件等），其抛光性、耐腐蚀性等要求较模具本身的要求低，一般可选用与模具本身材料相同或性能稍低的常用模具材料，经过合理的热处理即可满足其技术要求。

(6) 塑料模具的性能与应用特点

塑料模具用钢的种类较多，根据模具加工成形方式，一般而言通常可分为两类，即切削成形塑料模具和冷挤压成形模具，它们的整体的性能与应用范围是不同的，表 4.5 和表 4.6 分别列出了部分材料的性能与特点，可以看出，在设计塑料模具时，针对具体的模具应合理选用，同时了解其具体的性能有助于提前考虑到加工过程中有可能存在的问题，并提出预防和改善措施。

表 4.5　常用切削成形塑料模具用钢及其性能和应用特点

类型	钢号	韧性	淬火变形	铣削性能	变形抗力	淬火硬化后的耐磨性	应用特点
渗碳钢	20	高	大	好	低	低	简单模套，导引部件和淬火后可磨削的部件
	20Cr	高	中	优	低	中	淬火后难以加工的模套和一般中性模具
	12CrNi3A	高	小	中	中	中	大中型复杂型腔模具
碳素工具钢	T10A	低	大	优	中	中	是制造中小模具镶块的基本钢种，需要热浴淬火控制变形
	T7A	中	大	高	中	中	小型轻载模具、型芯、推杆等易者断部件
合金工具钢	9Mn2V	低	中	中	高	高	避免用于易脆断部件
	CrWMnV	低	中	中	高	高	中小型塑料模具基本钢种，优于 9Mn2V、CrWMn
	9CrWMn	低	中	中	高	高	
热作模具钢	5CrNiMo	高	中	中	高	高	适用于大中型模具
	5CrMnMo	高	中	中	高	高	
	4Cr5MoSiV	高	中	中	高	中	
	3Cr3Mo3VNb	高	中	高	高	中	
高耐磨材料	5CrW2Si9（渗碳）	中	中	低	高	优	具有高的耐磨性及抗压性能
	Cr12MoV	低	小	低	高	高	适于制作压制含有矿物填料的模具
	Cr6WV	中	小	中	高	高	
不锈钢	4Cr13	中	中	中	高	高	适于制造化学活性高的塑料及光学塑料模具

表 4.6　常用冷挤压成形塑料模具用钢及其性能与应用特点

钢号	冷挤压性能		淬硬能力	硬化后变形抗力	应用特点
	软化退火硬度(HBW)	冷挤压性能			
电工纯铁 DT1	80～90	优	低	低	冷挤压性好，心部强度低、适用于复杂型腔模具
20	≤131	高	低	低	适用于型腔简单的模具
20Cr	≤140	高	中	中	适用于型腔复杂的模具
12CrNi3A	≤163	中	中	高	适用于浅型腔复杂模具
40Cr	≤163	中	中	高	心部硬度高于 20Cr 材料
T7A	≤163	中	高	高	适用于形状简单、中等深度、比压较高的模具
Cr2/GCr15	≤179	较低	高	优	适用于浅型腔、工作比压高的模具

4.3　塑料模具用高性能钢的特点

4.3.1　非合金塑料模具钢及特点

塑料模具钢的种类较多，随着塑料产量的提高和应用范围的日益扩大，对于塑料模具提出了越来越高的要求，从而促进了塑料模具的进步与发展，目前塑料模具正朝着高效率、高精度和长寿命方向发展，迅速推动了国内外塑料模具材料的开发与研制，出现了许多新的塑料模具材料。

传统的优质碳素结构钢已广泛应用于没有要求的小型塑料模具，但存在的问题是应用寿命低，其原因在于这类钢有纯净度低、材质均匀性差、抛光效果不良等缺陷。故国内钢厂采用先进的冶炼工艺和加工方法，如进行的炉外冶炼、真空脱气、多向轧制和多向锻造技术，来生产出非合金塑料模具专用钢。目前已经纳入国家标准的有 SM45、SM48、SM50、SM53、SM55 等，另外还有非标准的微合金非调质塑料钢如 B20、B20H、B25、B30、B30H 等。

（1）SM45~SM55 塑料模具专用钢

与优质碳素结构钢相比，主要差异在于其非金属杂质 S、P 含量低，这样钢中的碳含量范围缩小，钢的纯净度提高，力学性能稳定性提高。该类钢的特点为可加工性好，在进行调质处理后可获得良好的综合力学性能，但缺点为淬透性差、热处理变形与开裂的倾向大，不能用于大型的或形状复杂的塑料模具的制造。该类钢可生产的中小型低档塑料模具，通常最终的热处理为调质处理，当然根据模具的具体要求，可以进行模具的中温或低温回火处理。该钢其临界点 $Ac_1=725℃$，$Ac_3=760℃$，$Ar_3=720℃$，$Ar_1=690℃$。表 4.7 为该类钢的化学成分，表 4.8 为该类钢的热处理工艺规范与技术要求。

表 4.7　非合金型塑料模具钢的化学成分（质量分数）　　单位：%

钢号	C	Si	Mn	P	S
SM45	0.42～0.48	0.17～0.37	0.50～0.80	≤0.030	≤0.030
SM48	0.45～0.51				
SM50	0.47～0.53				
SM53	0.50～0.53				
SM55	0.52～0.58				

表 4.8　非合金塑料模具钢的热处理工艺

钢号	预备热处理		最终热处理			
	退火/℃	正火/℃	淬火加热温度/℃	淬火硬度 HRC	回火温度/℃	回火硬度 HRC
SM45 SM48	820～850 炉冷	850～880 空冷	820～860 水冷 或水淬油冷	≥50	500～600 空冷	25～33
SM50 SM53	810～830 炉冷	820～870 空冷	820～850 水冷 或水淬油冷	≥52	200～650 空冷	23～56
SM55	790～810 炉冷	820～850 空冷	820～850 油冷	≥55	400～650 空冷	24～57

（2）微合金非调质塑料模具钢

这是国内钢厂最近开发的专利产品，其特点为碳的质量分数与低碳的优质碳素结构钢相近，不同之处在于加入了微量的合金元素 Cu、Ni、Mo、V 等，可采用控温轧制和控温冷却的方式得到，不需要进行调质处理，可获得具有良好的综合力学性能的机械结构钢，称为非调质钢（non-quenched and tempered stell）。

该类钢的优点为避免了因热处理而产生的畸变与开裂；改善了劳动环境；减少了热处理后的污染；降低了模具的制造成本，具有良好的社会效益和经济效益。

目前我国有代表性的钢种为 B20、B20H、B30、B30H、B30M、Y82 型、空冷 12 型以及 FT 钢等，这类钢与日本的 S45C～S55C 性能接近，在加工性、抛光性、焊接性以及耐蚀性等方面有了较大的改善，同时以非调质硬化状态供货，其采用了预硬化处理：B20、B20H 分别为 20～23HRC、24～27HRC；B30、B30M 为 28～32HRC；B30H 为 33～37HRC。文献［60］指出经过预硬化处理的组织和硬度均匀，在模具的制造过程中省略了热处理，且可以进行渗氮处理，可进一步提高了模具型腔的表面性能。

① **B20、B20H、B25**　这一组钢为上海宝钢研制和生产的微合金非调质塑料模具钢，以

预硬化型供货，是铁素体-珠光体类型的非调质钢，其化学成分见表 4.9。

表 4.9　B20、B20H、B25 钢的化学成分（质量分数）　　单位：%

钢号	C	Mn	Si	Cr	V
B20	0.30～0.40	≥1.20	0.20～0.60	≥0.30	≥0.05
B20H				≥1.00	
B25	≤0.40	≤2.00	≤0.50	—	≤0.20

该钢具有一定的焊接性，采用 J507 焊条时，应对于模具进行预热处理（300～400℃），焊后再回火处理［(300～400)℃×(2～4)h］，目的是消除焊接应力，避免模具的开裂。至于进行模具的改锻，则可参考 40Cr 钢的锻造工艺执行，锻后空冷至 300℃后缓冷，则无需热处理即可达到交货硬度的要求。其采用高速钢刀具进行模具型腔的铣削加工，性能良好，另外该类钢具有良好渗氮性能。

需要说明的是，B20、B20H、B25 钢用于要求不高的塑料模具零件与模架等，如家用电器的外壳、通信工具外壳以及汽车内板、仪表盘等。

② B30、B30H　它是上海宝钢的产品，为贝氏体型非调质钢，其化学成分见表 4.10，其供货硬度分为 28～32HRC、33～37HRC，其组织与硬度沿模块截面分布均匀，重新加工后的组织与性能基本不变，型腔加工后不再进行热处理，有利于模具的加工成形、抛光、修整一次完成。B30、B30H、B30M 钢具有良好的加工性与焊接性，极佳的抛光性能，较好的耐蚀性以及渗氮性能。B30H 比 B30 具有的组织与硬度更加均匀，用于制造高质量的大批量的塑料模具型腔。

表 4.10　B30、B30H 钢的化学成分（质量分数）　　单位：%

钢号	C	Si	Mn	Cr	Mo	V	Ni	Cu
B30	0.20～0.30	0.20	≥1.50	≥0.50	≥0.20	≥0.05	≥0.05	≥0.10
B30H	0.10～0.20	0.60	—	—	—	—	≥1.00	≥0.50

该类钢的热加工工艺参数为：锻造加热 1250℃，保温 2h，始锻温度 1200℃，终锻温度为 850℃。锻后空冷至 300℃后缓慢冷却到室温，最后进行（500～550)℃×(4～6)h 的高温回火，不用热处理仍可保持交货硬度。

B30、B30H 的加工可采用高速钢和硬质合金刀具进行模具型腔的铣削加工，模具预热到 300～400℃，采用 J107 焊条进行模具的焊接，焊后进行（300～400)℃×(2～4)h 的回火处理，该类钢进行软氮化处理后的硬度达到 650HV 以上。

③ FT 钢　该钢为首都钢铁公司研制生产的为非调质钢，在锻轧后空冷或控制空冷即可得到硬化，直径 100mm 的 FT 钢棒，空冷后硬度达到 30～35HRC，故无须进行调质处理，而钢中加入的 S、Ca 等易切削元素，可使钢成为空冷硬化易切削钢，其化学成分见表 4.11。

表 4.11　FT（25CrMnVTiSCaRE）钢的化学成分（质量分数）　　单位：%

C	Si	Mn	Cr	V	Ca	RE
0.23	0.21	1.94	1.00	0.18	0.08	0.012

④ Y82 钢　该钢系中碳 Si-Mn-B 系＋S＋Ca 非调质型易切削钢，是清华大学研制生产的，该钢的模块热加工后空冷处理，可获得贝氏体＋马氏体的复相组织，具有良好的强韧性配合与较高的空冷淬透性，在预硬化状态下仍具有良好的切削加工性，故适于制造型腔复杂、要求精度高、表面光洁度好的大中型塑料模具。

4.3.2 渗碳型塑料模具钢及特点

该类钢主要用于制作冷挤压成形的塑料模具，为便于冷挤压成形，该类钢在退火态须有较高的塑性和低的变形抗力，对于复杂的型腔的退火硬度应≤100HBW，当成型模具型腔浅时，则可放宽到160HBW。

根据以上硬度与成形加工的特点，要求该类钢有低的或超低的含碳量，同时内部加入能提高淬透性而可固溶强化铁素体效果较小的合金元素等，其中铬和镍是比较理想的合金元素，硅的含量应尽可能得低。为了提高钢的耐磨性，该类钢在冷挤压成型后进行渗碳和热处理，表面可获得58～62HRC的高硬度，而心部韧性好。

渗碳型钢主要制作要求耐磨性良好的塑料模具，其中碳钢用于型腔简单、生产批量较小的小型模具，合金钢用于型腔较为复杂、承载载荷较高的大中型模具。

国内的常用渗碳型钢种有工业纯铁（DT1、DT2）、20、20Cr、12Cr3NiA和08Cr4NiMoV（LJ）等，国外有此类专用钢种如美国的P2、P4、和P6，日本的CH1、CH2，德国的WE5、CNS2H，瑞典的8416等，其成分与组织的均匀化程度优于国产材料，这同冶炼方法和技术水平有关，表4.12为常见的渗碳型塑料模具钢的化学成分。

表4.12 常见的渗碳型塑料模具钢的化学成分

钢号	化学成分(质量分数)/%					
	C	Si	Mn	Cr	Ni	其他元素
10	0.07～0.12	0.17～0.37	0.35～0.65	≤0.15	≤0.30	Cu≤0.25
20	0.17～0.23		0.35～0.65	≤0.25	≤0.30	Cu≤0.25
20Cr	0.18～0.24		0.50～0.80	0.70～1.00		
12CrNi2	0.10～0.17		0.30～0.60	0.60～0.90	1.50～1.90	
12CrNi3	0.10～0.17		0.30～0.60	0.60～0.90	2.75～3.15	
12Cr2Ni4	0.10～0.16		0.30～0.60	1.25～1.65	3.25～3.65	
20Cr2Ni4	0.17～0.23		0.30～0.60	1.25～1.65	3.25～3.65	
20CrMnTi	0.17～0.23		0.80～1.10	1.00～1.30		Ti0.04～0.10
20CrMnMo	0.17～0.23		0.90～1.20	1.10～1.40		Mo0.20～0.30

渗碳型塑料模具钢的类型有以上几种，这里重点介绍新型冷成形用钢08Cr4NiMoV（LJ），12CrNi3A钢和渗碳型塑料模具钢SM1CrNi3钢。需要指出的是08Cr4NiMoV（LJ）钢为一种新型钢种，其冷成形性与工业纯铁相似，用冷挤压法成形的模具型腔具有轮廓清晰、光洁和精度高等优点，主要用于替代10、20钢及工业纯铁等冷挤压成形的精密塑料模具钢。由于渗碳淬硬层较深，基体硬度高，故不会出现型腔表面塌陷和内壁咬伤的缺陷，已经得到了广泛的应用。

（1）08Cr4NiMoV（LJ）钢

这是新型的冷成形模具钢，也是专用冷挤压成形塑料模具钢，其化学成分见表4.13。在成分的设计上采取了微碳主加Cr，附加Mo、V、Ni及限制Si与Mn含量的合金化方案，使钢具有优良的退火软化性能，确保了冷挤压成形制模工艺的要求。可以看出该钢的含碳量很低，故其具有优异的塑性和良好的变形能力，钢中主要元素为铬，辅助元素则为镍、钼、钒等，合金元素的主要作用是提高钢的淬透性和渗碳能力，增加渗碳层的硬度和表面耐磨性，以及赋予心部良好的强韧性。

表 4.13 LJ 钢的主要化学成分

元素名称	C	Mn	Si	Cr	Ni	Mo	V
质量分数/%	≤0.08	<0.3	<0.2	3.6～4.2	0.3～0.7	0.2～0.6	0.08～0.15

该钢的工艺性表现为具有良好的锻造性能和热处理性能，其锻造加热温度为 1230℃，始锻温度为 1200℃，终锻温度为 900℃，可见其锻造的温度范围较宽。锻后的退火为完全退火，加热温度为 880～900℃，保温 2h 后随炉缓慢冷却到 650℃，出炉空冷，此时的硬度在 100～105HBW。

成形后的模具进行渗碳、淬火、低温回火处理，最终保证了模具表面获得了高的硬度和耐磨性，而心部具有良好的强韧性，故该钢主要用于制造要求精度高、表面粗糙度好以及模具型腔复杂的塑料模具上。

该钢采用固体渗碳，其渗碳工艺为（920～940)℃×(6～8)h，渗碳后降温到（850～870)℃×(0.5～1)h 的保温加热，油冷淬火后进行（200～220)℃×(2～3)h 的低温回火处理，热处理后的硬度为 58～60HRC，心部硬度为 27～29HRC 符合模具的设计要求。需要说明的是，此材料的热处理变形小，渗碳速度快，同样时间内渗碳深度比 20 钢深 1 倍。

该钢作为新型的塑料模具渗碳钢，其具有与工业纯铁相似的冷成形性，加工后的模具具有轮廓清晰、光洁和精度高等特点，目前主要是替代 10、20 钢以及工业纯铁等冷压成形的精密塑料模具。由于渗碳淬硬层较深，而基体的硬度高，因此在模具工作过程中不会出现型腔表面塌陷和内壁咬伤等缺陷，故得到了极为广泛的应用。

① 该钢锻造加热温度为 1200℃，始锻温度为 1150℃，终锻温度为 900℃，锻后空冷即可，具有良好的锻造性能。

② 该钢的锻后退火为一般退火，即（870～890)℃×(2～3)h，以 40～80℃/h 速度冷却到 600～650℃出炉空冷，硬度在 87～105HBW，具有良好的冷挤压性能。

③ 该钢的渗碳采用 920～930℃气体渗碳，保温时间为 5～6h，渗碳层深 1.4～1.6mm，表面的碳含量为 1.8～2.0%，渗碳结束后冷至 850～860℃后吊入保温罐中缓慢冷却。

④ 最后进行模具的热处理（淬火+低温回火），加热温度为 860～880℃，回火在 200～250℃的井式炉或硝烟炉中进行，硬度为 60～62HRC。满足了模具的设计要求。图 4.4～图 4.7 为 LJ 钢渗碳后淬火、回火后的相应关系。

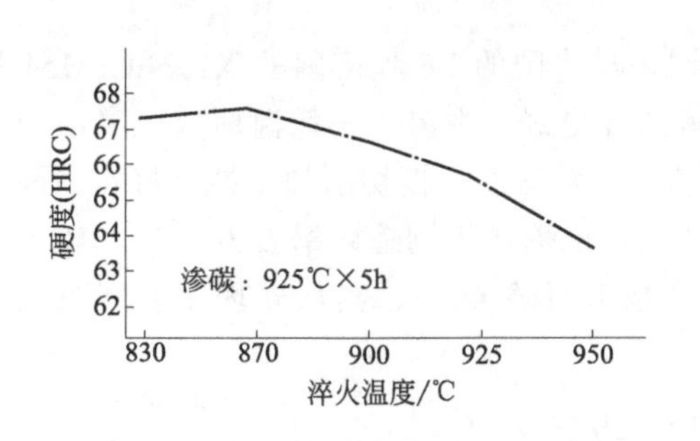

图 4.4 LJ 钢淬火温度与硬度的关系

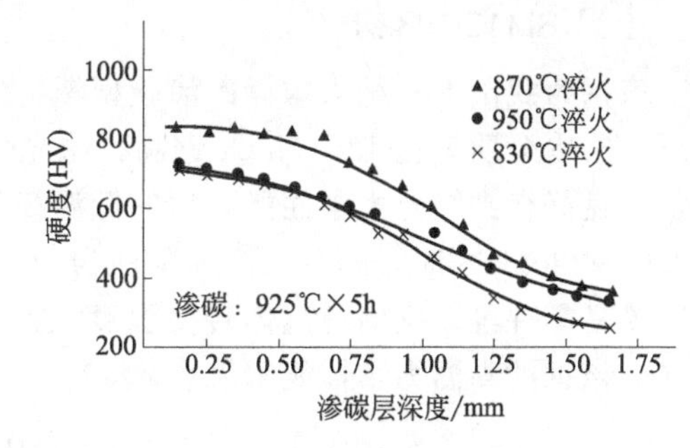

图 4.5 LJ 钢淬火温度对于渗碳层硬度梯度的影响

(2) 12CrNi3A 钢

该钢为传统的中淬透性合金渗碳钢，其化学成分见表 4.14。由于该钢的含碳量较低，镍和铬合金元素的加入，提高了该钢的淬透性和渗碳层的强韧性，需要指出的是镍在产生固溶强化的同时，明显增加了钢的塑性和韧性，该钢的冷成形性属于中等。

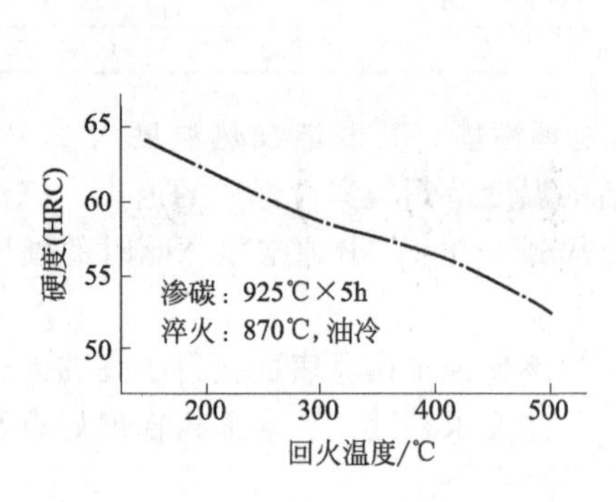

图 4.6　LJ 钢的回火温度与硬度的关系

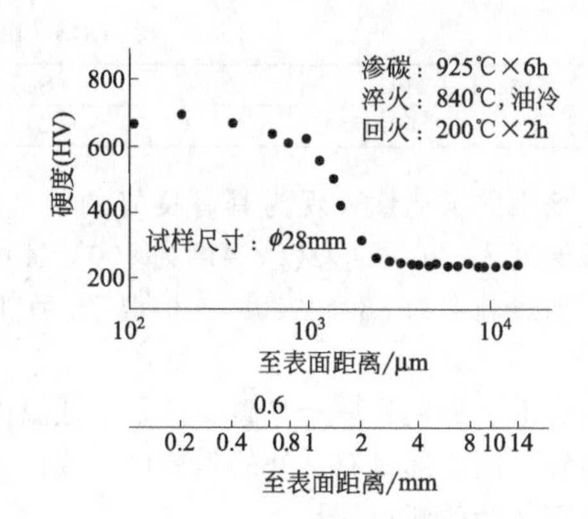

图 4.7　LJ 钢热处理后截面硬度分布状态

表 4.14　12CrNi3A 钢的主要化学成分

元素名称	C	Mn	Si	Cr	Ni	P、S
质量分数/%	0.09～0.16	0.30～0.60	0.17～0.37	0.60～0.90	2.75～3.25	各≤0.025

该钢的工艺性能为锻造加热温度为 1200℃，始锻温度为 1150℃，终锻温度为 850℃，锻后需要进行缓慢的冷却，且进行软化退火处理，具体工艺为（740～760)℃×(4～6)h，保温结束后以 5～10℃/h 的冷却速度缓冷到 600℃以下，再炉冷至室温，此时的毛坯退火硬度在 160HBW 以下，适于进行冷成形的加工。

该钢采用正火处理工艺为：(870～900)℃×(3～4)h 的保温加热后，迅速散开空冷，硬度在 229HBW 以下，具有良好的切削加工性能。

该钢需要进行渗碳处理，在热处理后可获得要求的表面硬度和芯部韧性，具体的工艺为渗碳（900～920)℃×(6～7)h，随后预冷到 800～850℃直接淬火油冷回火空冷，此时的渗碳层深度在 0.9～1.0mm，表面硬度可达 56～62HRC，心部硬度在 250～380HBS，模具的变形很小。

该钢主要用于制造形状复杂的冷挤压成形的浅型腔的塑料模具，以及大中型切削加工成形的塑料模具，为了改善材料的切削加工性，材料的锻坯应进行正火处理。

(3) SM1CrNi3 钢

该钢为我国唯一纳入国标的渗碳型塑料模具钢，与美国的 P6 和德国的 X19NiCrMo4 相接近，它冶金质量比 12CrNi3A 钢高，抛光性与淬透性更好，在淬火+低温回火或高温回火后都有良好得到综合力学性能，钢的低温韧度好和缺口敏感性、被切削加工性良好，在硬度为 260～320HBS 时，相对切削加工性为 60%～70%，该钢适于制造耐磨性好、尺寸较大的塑料模具零件等。钢的马氏体转变温度较高，化学成分见表 4.15、其热处理工艺规范见表 4.16，该钢的高温力学性能参见表 4.17。

表 4.15　SM1CrNi3 钢化学成分

化学元素	C	Si	Mn	Cr	Ni	P、S
质量分数/%	0.05～0.15	0.10～0.37	0.35～0.75	1.25～1.75	3.25～3.75	≤0.030

表 4.16　SM1CrNi3 钢热处理工艺规范

序号	工艺类别	加热温度/℃	冷却方式	最终处理后硬度	备注
1	退火	670～680	炉冷	≤229HBW	
2	正火	880～940	空冷	241～302HBW	

续表

序号	工艺类别	加热温度/℃	冷却方式	最终处理后硬度	备注
3	高温回火	670～680	空冷	≤229HBW	
4	淬火＋回火	850～870，回火按硬度要求选择温度	油冷；空冷		
5	渗碳	900～920	罐内冷	心部硬度 26～40HRC； 表面硬度≥58HRC	
	淬火＋低温回火	850～870；150～200	油冷；空冷		两种淬火加热温度，可供选择
	淬火＋低温回火	760～810；150～200	油冷；空冷		
6	渗碳	900～920	罐内冷	心部硬度 26～40HRC； 表面硬度≥58HRC	
	淬火＋低温回火	810～830 150～200	油冷；空冷		
	气体碳氮共渗	840～860	直接油冷		
	低温回火	150～180	空冷		

表 4.17　SM1CrNi3 钢的高温力学性能

热处理规范	温度/℃	R_m/MPa	R_{eL}/MPa	A_5/%	Z/%	a_k/(J/cm^2)
880～900℃正火，650℃×3h	20	560～590	400～450	26	73	240
	100	530	390	25.5	74.5	150～240
	200	525	380	22	72	230
	300	550	380	20	68	250
	400	475	345	20.5	75.5	210
	450	450	350	21	78.5	—
	500	355	310	20.5	83.5	150
	600	205	180	26	86	265
880～900℃油淬，500℃×3h	20	815	755	17	68.5	160
	200	810	740	14	61	200
	300	820	740	16	65	150
	400	640	600	17	75	120
	500	500	460	18	75	120

4.3.3　淬硬型塑料模具钢及特点

纳入冶金部标准中的淬硬型塑料专用模具钢有 SM4Cr5MoSiV、SM4Cr5MoSiV1 和 SMCr12Mo1V1 三个钢号，其中 SM4Cr5MoSiV 和 SM4Cr5MoSiV1 为热作模具钢，SMCr12Mo1V1 钢为冷作模具钢。该类钢是适应塑料模具对于抛光性、蚀刻性等特殊要求，均经过精密冶炼，钢的杂质含量大大降低，韧性和等向性明显提高。SM4Cr5MoSiV、SM4Cr5MoSiV1 钢适用于聚缩醛、聚酰胺树脂制品的注射成型模，SMCr12Mo1V1 则适于制造高耐磨性的大型、复杂和精密的塑料模具等。

除了上述淬硬型塑料模具钢外，还有碳素工具钢（T7A、T8A、T10A、T12A 等）、低合金冷作模具钢（9SiCr、9Mn2V、CrWMn、GCr15、7CrSiMnMoV 等）、高碳高铬工具钢（Cr12、Cr12MoV）、热作模具钢（5CrMnMo、5CrNiMo）、高速工具钢（W18Cr4V、W6MoCr4V2、W9Mo3Cr4V 等）及基体钢（6Cr4W3MoVNb、7Cr6Mo3V2Si、6Cr4Mo3Ni2WV、5Cr4Mo3SiMnVAl）等，这些钢制塑料模具在加工成形后，要经过最终热处理为淬火＋低温回火（少数中温或高温回火），热处理后的基体硬度范围为 45～50HRC，适用于受力大、易磨损，并受到周期性脱模冲击和碰撞的热固性塑料成型模。

淬硬型塑料模具钢具有较高的硬度，以及较好的耐磨性、抛光性和电加工性能，可以减少或避免模具在使用中的塌陷、变形和开裂等现象，其与渗碳钢相比，缺点为韧性低，热处理的变形、扭曲和产生裂纹的倾向大，因此不适于制造大型的塑料模具。

考虑到淬硬性钢的特点，需要注意的是对于形状比较复杂的塑料模具，应当在粗加工或半精加工后安排热处理工艺，随后进行最后的精加工（磨削、研磨等），一则确保模具的精度与尺寸符合要求，保证最小的热处理变形，二则有利于消除淬火加热过程中的表面缺陷。

塑料模具的型腔的表面有很高的表面粗糙度要求，目的是提高塑料制品的表面质量，因此如何保证模具在热处理淬火加热和冷却过程中，型腔表面不氧化、不脱碳、不腐蚀以及不过热等，成为模具热处理的重要技术指标。故模具的热处理应当在保护气氛或严格脱氧的盐浴炉中完成，有条件的最好在真空热处理炉进行模具的淬火处理。在冷却介质的选择方面，则应在保证模具的设计硬度和性能的前提下，选择冷却比较缓慢的冷却介质，控制好冷却速度，避免在淬火冷却过程中产生变形与开裂。综上所述，模具的冷却采用分级或等温淬火的形式是最佳的。

关于模具的回火温度的确定，应确保回火温度高于模具的工作温度，同时回火应及时和充分，具体应依据塑料模具的材料和截面尺寸来确定。

碳素工具钢适用于制作耐磨性较高、尺寸不大、受力较小、形状简单以及变形要求不严的塑料模具，一般用于制造表面耐磨而芯部有一定韧度的凹模；低合金冷作模具钢则用于尺寸较大、形状较复杂、生产批量大、耐磨性好和精度较高的塑料模具；Cr12 型钢用于制造高耐磨性（含有固态粉末或玻璃纤维）的大型、复杂、高寿命的精密的塑料模具；高速钢则用于制造强度高、耐磨性好的塑料模具；热作模具钢则用于制造强韧性较高、使用温度较高和有一定耐磨性的塑料模具。对于大型、精密、形状复杂的型腔及嵌件，以及要求热处理后具有优良耐磨性的模具，则应考虑基体钢。

因此，近年来研制的基体钢如 6CrNiMnMo（GD）钢等是一类淬硬型塑料模具钢，具有高的强韧性、淬透性和良好的耐磨性，淬火变形小，成本低，故多用于替代 Cr12MoV 钢或基体钢，制造大型、高耐磨、高精度、形状复杂的塑料模具型腔和嵌件，使用寿命提高 5 倍以上。该类基体钢的化学成分见表 4.18。

表 4.18　塑料模具钢用基体钢的化学成分（质量分数）　　单位：%

钢号	C	Si	Mn	Cr	Mo	W	V	其他
6CrNiMnMoV(GD)	0.64～0.74	0.50～0.90	0.60～1.00	1.00～1.30	0.30～0.60	—	—	Ni 0.70～1.00
6CrNiMnMoVNb(65Nb)	0.60～0.70	⩽0.40	⩽0.40	3.8～4.40	1.80～2.50	2.50～3.50	0.80～1.20	Nb 0.20～0.35
7Cr7Mo3V2Si(LD-2)	0.70～0.80	0.70～1.20	⩽0.50	6.5～7.5	2.00～3.00	—	1.70～2.20	—
6Cr4Mo3Ni2WV(CG-2)	0.55～0.64	⩽0.40	⩽0.40	3.80～4.40	2.80～3.30	0.90～1.30	0.90～1.30	Ni 1.80～2.20
5Cr4Mo3SiMnVAl(012Al)	0.47～0.57	0.80～1.10	0.80～1.10	3.80～4.30	2.80～3.40	—	0.80～1.20	Al 0.30～0.70

4.3.4　预硬型塑料模具钢及特点

预硬型塑料模具钢（预硬钢）材料供应前已经进行了热处理，并达到了模具的使用硬度的要求。该类钢的硬度在 30～40HRC，可直接进行车削成形、刨削、钻孔、铣削、雕刻以及精锉等加工，精密磨削或加工后，可直接使用从而避免了热处理变形等，提高了模具的制造精度。

目前该类钢大多以中碳钢作为基础，加入一定的 Cr、Mn、Ni、Mo、V 等合金元素，同时考虑较高硬度对于加工的影响，又加入了少量的 S、Ca、Pb、Sn 等元素，易于进行机械加工，有些预硬化钢在模具加工成形后进行渗氮处理，在不降低模具基体硬度的前提下，从而提高了模具型腔的表面硬度的和耐磨性，延长了模具的使用寿命。该类钢大体上可分三类，即中碳合金结构钢、预硬化型塑料模具专用钢和易切削预硬化型塑料模具钢，其中中碳合金结构钢的典型钢号为 40Cr、42CrMo 和 38CrMoAl 等，预硬化型塑料模具专用钢有 SM3Cr2Mo、SM3Cr2MnNiMo 等，而易切削预硬化型塑料模具钢主要有 5CrNiMnMoVSCa、8Cr2MnWMoVS、Y55CrNiMnMoVS、Y20CrNi3AlMnMoS、P20S、P20SRE、P20BSCa 等，下面分别介绍如下。

① 中碳合金结构钢　该类典型钢种有 40Cr、42CrMo 和 38CrMoAl 等，40Cr 钢调质处理后具有良好的综合力学性能，比相应的 40 钢强度高 20%左右，且具有良好的低温冲击韧度和低的缺口敏感性，适于制造中型塑料模具，另外该钢还可进行碳氮共渗处理，进一步提高其耐磨性和抗蚀性。

42CrMo 钢属于高强度钢，调制处理后具有高的强韧性，且具有较高的疲劳极限和抗多次冲击能力，低温冲击韧度好，适于制作具有一定强度和韧度的大中型塑料模具。

38CrMoAl 钢是典型的渗氮钢，在调质并进行渗氮处理后的表面硬度高（HV850 以上），并具有一定的抗蚀性，故适于制作聚氯乙烯、聚碳酸酯等有腐蚀气体产生的以及耐磨的注射模具等。

② 预硬化型塑料模具专用钢　目前国内外广泛采用的预硬化型塑料模具专用钢有 SM3Cr2Mo、SM3Cr2MnNiMo，该钢的化学成分见表 4.19，在国内已经批量生产的厂家有宝钢集团上海五钢有限公司、抚顺特钢公司、广重铸锻公司等，而国外也有众多的生产厂家。

表 4.19　SM3Cr2Mo、SM3Cr2MnNiMo 钢的化学成分（质量分数）　　单位：%

钢号	C	Si	Mn	Cr	Mo	Ni	P	S
SM3Cr2Mo(P4410)	0.28～0.40	0.20～0.80	0.60～1.00	1.40～2.00	0.30～0.55	0.85～1.15	≤0.030	
SM3Cr2MnNiMo(718)	0.32～0.40	0.20～0.40	1.10～1.50	1.70～2.00	0.25～0.40			

该类钢经过预硬化处理后的模块、扁钢或圆棒（硬度为 28～40HRC），可以直接进行切削加工成形使用，避免了钢热处理后造成的畸变、开裂、脱碳等致命缺陷，故提高了模具加工的精度，对于需要提高模面硬度的模具，则可进行火焰淬火或渗氮处理。

SM3Cr2Mo 钢可用于制作多种塑料的注塑、压缩和吹塑成形的模具，其提供的硬度在 28～36HRC 之间，其具有良好的加工性和抛光性，适于制作大中型和精密的塑料模具；SM3Cr2MnNiMo 钢为 3Cr2Mo 钢的改进钢种，加入镍后进一步提高了钢的淬透性、强韧性和抗腐蚀性，预硬化后的模块整体截面硬度均匀，适于制作特大型、大型塑料模具和精密塑料模具等。

下面介绍几种常见的典型预硬化型塑料模具专用钢的性能与特点。

（1）3Cr2Mo 钢

3Cr2Mo（美国的 P20）钢为具有代表性的塑料模具钢，也是 GB/T 1299—2014《工模具钢》中纳入的塑料模具钢。该钢在冶金厂已经完成了淬火与回火处理，随后加工成模具后则不需要再进行热处理，该钢的临界温度分别为：

$A_{c_1}=770℃$，$A_{c_3}=820℃$，$A_{r_1}=640℃$，$A_{r_3}=755℃$，$M_S=336℃$，$M_f=180℃$。该钢的化学成分见表 4.20。

表 4.20 各国 3Cr2Mo（P20）钢的化学成分（质量分数） 单位：%

标准号	国别	钢号	C	Mn	Si	Mo	P	S
ISO 4957:1980		35CrMo2	0.30～0.40	0.50～1.50	0.30～0.80	0.40～0.60	≤0.030	≤0.030
ASTM 681-87	美国	P20	0.28～0.40	0.60～1.20	0.20～0.80	0.30～0.55	≤0.030	≤0.030
GB/T 1299—2014	中国	3Cr2Mo	0.28～0.40	0.60～1.00	0.20～0.80	0.30～0.55	≤0.030	—
DIN 17350-1980	德国	40CrMnMoS86	0.35～0.45	1.40～0.60	0.20～0.40	0.15～0.25	≤0.035	—
NFA 35-590	法国	35CMD7	0.32～0.38	0.80～1.20	0.40～0.70	0.40～0.60	≤0.025	—

从表中可以看出，该钢为中碳合金钢，具有良好的工艺性能。

模具毛坯的锻造加热温度为 1100～1150℃，始锻温度为 1050～1100℃，终锻温度为 850℃，锻后空气中冷却。锻后的退火为等温退火即（840～860)℃×(2～4)h+(710～730)℃×(4～6)h，炉冷至 500℃出炉空冷，退火后硬度在 250HBW 以下，适于进行切削加工。

该钢的热处理为调质处理为 860～870℃加热，油冷后进行 570～650℃高温回火处理，此时的材料硬度即预硬态的硬度在 30～35HRC（即交货硬度 300HBW 左右）。钢材淬火后得到马氏体或贝氏体组织，回火后得到回火托氏体或回火索氏体组织，图 4.8 为 P20 塑料模具钢的淬火-回火组织（预硬化组织）。另外该钢具有良好的淬透性和一定的韧性，表面硬度将达到 65HRC，具有好的热硬性和耐磨性，提高了模具的使用寿命。表 4.21 为该钢的热处理工艺类别与工艺规范。

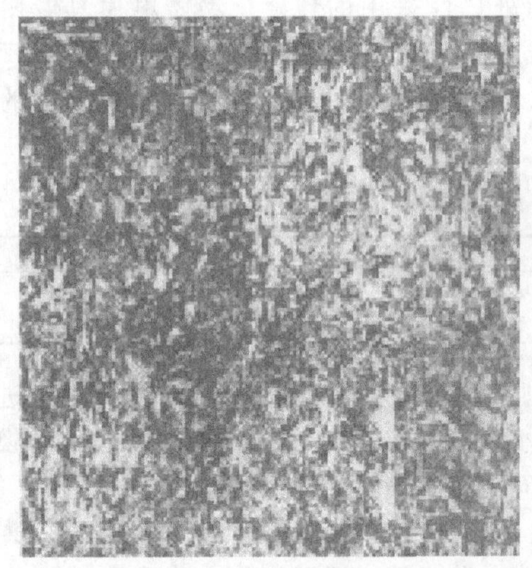

图 4.8 P20 塑料模具钢的预硬化组织

表 4.21 3Cr2Mo 钢的热处理工艺类别与工艺规范

工艺类别	预备热处理	最终热处理	
	退火	调质处理	硬度与回火温度的关系(供参考)
工艺规范	840～860℃×3～4h，炉冷至 550℃出炉空冷，硬度≤255HBW	840～860℃加热油冷，硬度 50～54HRC ①600～650℃回火，28～36HRC； ②620℃回火，34HRC	400～450℃回火 45～50HRC，550～600℃回火 40～45HRC，600～650℃回火 35～40HRC，680～710℃回火 25～30HRC
备注	硬度高于 30HRC 的模具型腔表面经切削加工并抛光，表面粗糙度达到 0.05～0.10μm，可达到镜面光亮要求		

3Cr2Mo 钢的力学性能见图 4.9 和图 4.10，可见，经过调质处理后的该钢具有良好的综合力学性能，便于进行机械加工和进行表面处理，可满足塑料模具的工作需要。

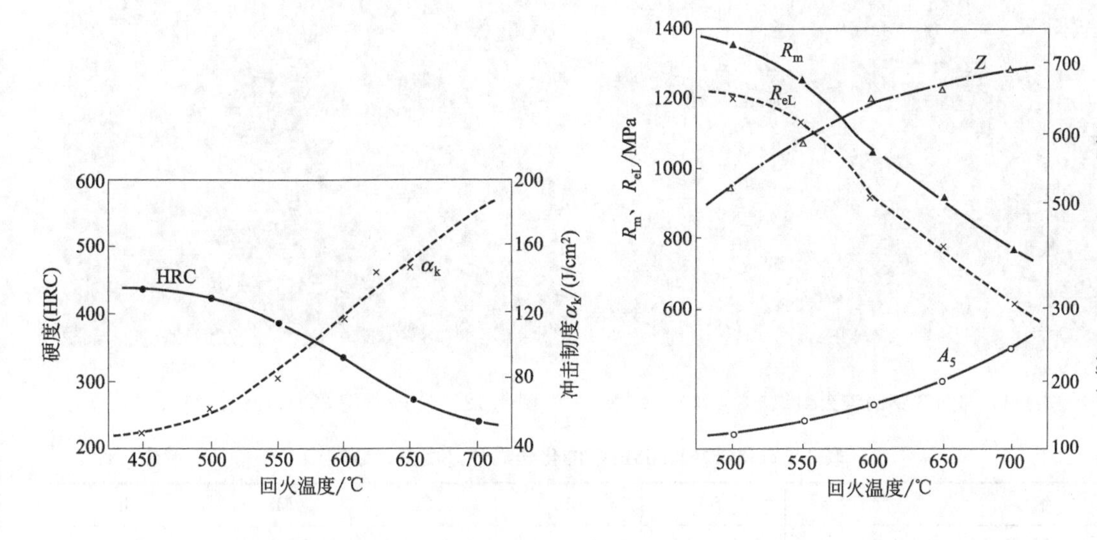

图 4.9 回火温度对 3Cr2Mo 钢硬度与冲击韧度的影响

图 4.10 回火温度对 3Cr2Mo 钢力学性能的影响

目前 P20 钢适宜制造电视机、大型音响的外壳以及洗衣机面板盖等大型塑料模具，其加工性能和抛光性能明显高于 45 钢等非合金塑料模具钢，在相同的抛光条件下，P20 的表面粗糙度比 45 钢低 1～3 级。

3Cr2MoS（P20S）钢在 3Cr2Mo 钢的基础上添加了 S、BS、SRE、BSCa 等，从而衍生了 P20S、P20BS、P20SRE、P20BSCa 等易切削预硬化型塑料模具钢，它改善了 3Cr2MoS 钢的切削加工性，降低了表面粗糙度。P20S 钢在调质处理到 30HRC 以上，并进行机械加工和抛光磨削等后，表面粗糙度明显改观。如果该钢在进一步渗碳、渗氮、氮碳共渗、离子渗氮等化学热处理后，再进行抛光，则其表面粗糙度可降低到 0.03μm，可见该钢适宜用于制作表面精度要求高的塑料制品。

P20S 钢中含有 0.08%～0.25%的硫，由于硫和锰的亲和力大于硫和铁的亲和力，增加锰含量，可确保硫与锰形成 MnS，防止形成 FeS 造成低熔点结晶和钢的热脆性的产生。原因在于 MnS 可改善钢的切削加工质量（光洁度），也可起到适当的润滑作用，硫钙复合加入并采用喷射冶金技术，可大大改善 MnS 的形态与分布，从而改变钢的等向性能。图 4.11 为单独加硫的 P20S 钢的硫化物形态与分布，可以看出钢中的硫化物细长并有明显的尖角且呈带状分布，图 4.12 为硫钙复合加入的 5NiSCa 钢中的硫化物形态与分布，淬火后组织中的硫化物呈椭圆状（纺锤形），形态和分布有所改善。需要注意的是，P20S 钢中含有质量分数为 0.08%左右的硫，同时增加了锰含量，淬火温度在 850℃左右，调质处理后的硬度达到 35HRC 以上，加工后的表面粗糙度很低。

3Cr2MnNiMo 钢为 GB/T 1299—2014 标准中的专用塑料模具钢，曾用 SM3Cr2Ni1Mo 钢号及 SM3Cr2NiMo 钢号表示，其中 SM3Cr2NiMo 为 P20 钢的改进型，该钢具有更高的淬透性、强韧性和耐蚀性等，几种钢的化学成分见表 4.22。

图 4.11 P20S 钢的淬火组织（500×）

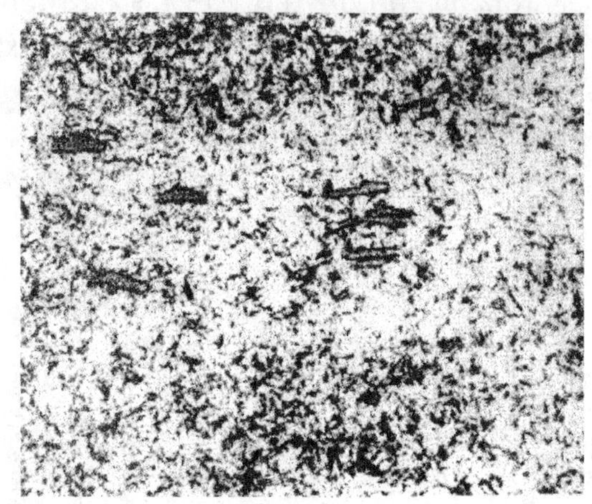

图 4.12 5NiSCa 钢 880℃淬火组织（500×）

表 4.22 3Cr2MnNiMo 钢的化学成分（质量分数） 单位：%

钢号	C	Si	Mn	Cr	Mo	Ni
3Cr2MnNiMo	0.32～0.40	0.20～0.40	1.10～1.50	1.70～2.00	0.25～0.40	0.85～1.15
SM3Cr2Ni1Mo	0.32～0.42	0.20～0.80	1.00～1.50	1.40～2.00	0.30～0.55	0.80～1.20
SM3Cr2NiMo	0.30～0.40	0.20～0.40	1.00～1.50	1.40～2.00	0.30～0.55	0.80～1.20

该钢的临界点为：$Ac_1=715℃$，$Ac_3=770℃$，该钢具有良好的淬透性。

SM3Cr2Ni1Mo 钢经过 860℃的淬火，650℃的高温回火后的力学性能见表 4.23，可见该钢的综合力学性能较好，表 4.24 为该钢的热处理工艺规范，该钢虽然不能用于有耐蚀性要求的塑料模具，但目前仍是应用最广泛的通用型塑料模具钢，适用于制造预硬化型截面大于 250mm 的塑胶模具，如大型塑料制品、电视机外壳以及洗衣机面板等。

表 4.23 SM3Cr2Ni1Mo 钢的力学性能

试验温度/℃	R_m/MPa	R_{eL}/MPa	A_5/%	Z/%	α_K/(J/mm^2)	硬度(HRC)
室温	1120	1020	16	61	96	35
200	1006	882	13.6	56	—	—
400	882	811	14.0	67	—	—

表 4.24 3Cr2MnNiMo 钢的热处理工艺规范

工艺类别	预备热处理	最终热处理
	等温退火	调质处理
工艺规范	840～860℃×2～3h＋690～710℃×4～5h，炉冷至 550℃出炉空冷，硬度≤255HBW	淬火：830～870℃加热。油冷或空气冷却，硬度为 45～52HRC；高温回火：550～650℃，回火后空冷，硬度为 35～40HRC

3Cr2MnNiMo 钢的回火温度对硬度和冲击韧度的影响，以及与力学性能的关系见图 4.13 和图 4.14。

（2）8Cr2MnWMoVS 钢

8Cr2MnWMoVS（8CrMn 或 8Cr2S）钢为易切削精密塑料成形模具钢，采用了高碳多元少量合金化的原则，以硫作为易切削元素，其具有良好的切削加工性和研磨抛光性，能进行模具的慎氮处理，多用于制作各种类型的精密塑料模、薄板无间隙冷冲裁模具、胶木模、陶土瓷料模以及印制版的冲孔模等。该钢的化学成分见表4.25，其钢的临界温度分别为：$A_{c_1}=770℃$，$A_{c_m}=820℃$，$A_{r_m}=710℃$，$A_{r_1}=660℃$，$M_S=170℃$。

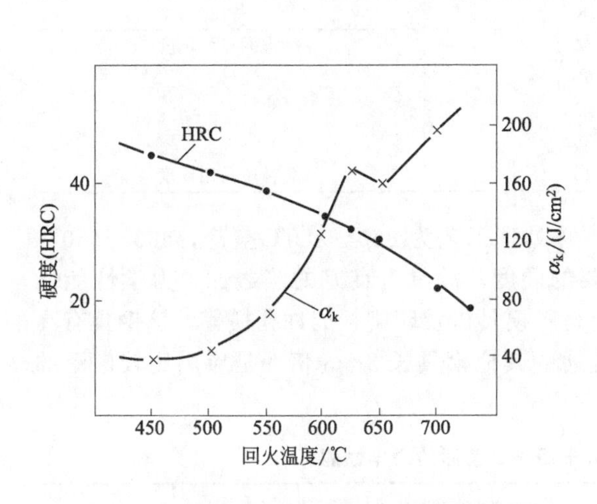

图4.13 回火温度对3Cr2MnNiMo钢的硬度和冲击韧度的影响

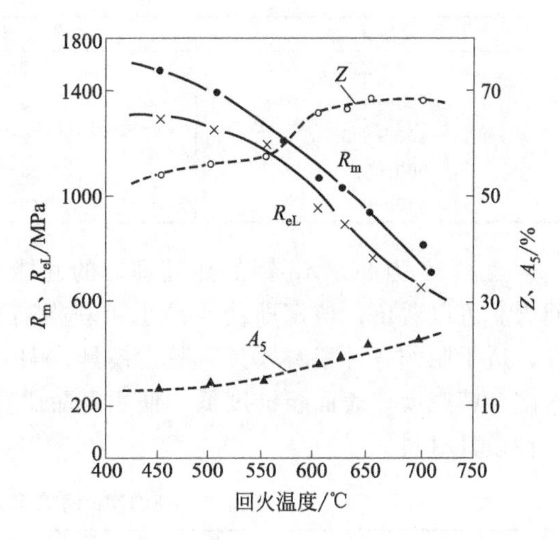

图4.14 回火温度对3Cr2MnNiMo钢的力学性能的影响

表4.25 8Cr2MnWMoVS（8CrMn）钢的化学成分

元素名称	C	Mn	Si	Cr	W	Mo	V	S	P
质量分数/%	0.75～0.85	1.3～1.7	≤0.4	2.32～2.60	0.7～1.0	0.5～0.8	0.1～0.25	0.06～0.15	≤0.03

该钢具有“一钢多用”的功能，其性能特点如下：

① 具有良好的切削加工性，退火后硬度为207～239HBW，当硬度在预硬态45～48HRC时，仍具有好的切削加工性，可采用高速钢或硬质合金刀具完成车、铣、刨、镗、钻等模具的加工。

② 镜面研磨抛光性好，采用相同的研磨加工方法，其表面粗糙度比一般合金工具钢低1～2级，最低表面粗糙度为0.1μm。

③ 在淬火＋低温回火时，可获得58～61HRC的高硬度，热处理变形量小，也是比较理想的薄板精冲模材料。

④ 易于进行表面处理，具有良好的渗氮性能，渗氮层深度在0.2～0.3mm。

由于8CrMn钢不含一次共晶碳化物，多元合金化保证了钢具有良好的淬透性，合金碳化物颗粒细小、分布均匀，合金元素的含量中等，故其具有小的锻造抗力，具有良好的锻造加工性。锻造工艺为缓慢加热到1100～1150℃，均匀透烧加热，始锻温度1060℃，终锻温度为900℃。锻后为了去除应力，应采用埋入木炭或热灰中缓冷的方法，否则容易引起锻件的纵向裂纹的产生。

该钢的热处理包括退火和淬火＋高温回火处理，其中退火处理采用等温球化退火工艺即(790～810)℃×(2～3)h＋(690～710)℃×(6～8)h，炉冷到550℃出炉空冷，退火后的材料硬度为207～229HBW，退火后组织为细粒状珠光体＋均匀分布的碳化物。如果采用一般的退火工艺即（790～810)℃×(4～6)h，炉冷到550℃出炉空冷，则硬度略高（240HBW左右）。

该钢的热处理工艺为：淬火温度为860～920℃加热，冷却方式有油冷、空冷和240～280℃硝盐等温淬火，硬度为62～64HRC。回火温度为640～660℃，空冷后硬度为30～

34HRC。该钢在不同回火温度下与硬度的对应关系见表4.26。

表4.26　8Cr2MnWMoVS钢不同回火温度下的硬度趋势

回火温度/℃	硬度(HRC)	备注
160～200	60～64	冷作模具用硬度
200～300	58～60	
400～500	50～55	
500～610	45～50	
610～640	40～45	塑料模具用硬度

表4.27为8CrMn钢的热处理后的性能。热处理工艺为860～880℃空冷，550～650℃回火。可以看出，该钢即使空冷也可获得需要的硬度，故具有良好的淬透性，力学性能优良，适于制作各种塑料模具、胶木模具、陶土材料模具以及印刷板的冲孔模等。该钢具有高的配合精密度，表面粗糙度低，使用寿命比普通的其他模具长2～3倍，是应用比较广泛的一种模具材料。

表4.27　8CrMn钢的淬火+回火工艺后的力学性能

硬度(HRC)	R_m/MPa	$\sigma_{0.2}$/MPa	f_k/mm	α_k/(J·cm^{-2})	σ_c/MPa	τ_b/MPa	$\tau_{0.2}$/MPa	Z_{max}/(°)
50～39	2570/3000	2080/2170	9.2/15.5	62/75	1860/1520	1270/1050	1090/880	73.3/143.3

(3) 5CrNiMnVSCa钢

5CrNiMnVSCa（5NiSCa）钢属于易切削高韧性的塑料模具钢，采用中碳加镍和少量多元合金化的基础钢，再加入S-Ca复合易切削元素，使其具有高的淬透性和强韧性。采用喷射冶金技术，改善了硫化物的形态与分布，以及钢的各向异性。在预硬态（35～45HRC的硬度）下具有良好的韧性和切削加工性，有镜面抛光性好、表面粗糙度低、花纹蚀刻性能好、表面清晰和逼真等优点，有良好的淬透性和高韧度，在高硬度（50HRC以上）下的热处理变形小和韧性好，具有较好的阻止裂纹扩展的能力，另外具有良好的补焊性。广泛用于制造型腔复杂、质量要求高的注射模、压缩模或畸变要求极小的大型塑料成形模、透明塑料模以及橡胶模等。该钢可渗氮或镀铬、镍等，进一步提高模具表面的硬度和抗蚀性。

该钢是在中碳合金钢中加入了部分镍而形成的新钢种，含有少量的Cr、Mn、Ni、Mo、V等元素，热塑性良好，变形后缓冷或及时回火处理，具体化学成分见表4.28。其临界温度为：$A_{c_1}=695$℃，$A_{c_3}=735$℃，$M_S=220$℃。

表4.28　5NiSCa钢的化学成分

元素名称	C	Mn	Mo	Cr	Ni	S	V	Ca
质量分数/%	0.50～0.60	0.80～1.20	0.30～0.60	0.80～1.20	0.80～1.20	0.06～0.15	0.15～0.30	0.002～0.008

该钢的工艺性能如下所述：

① 易于进行锻造成形，其含碳量适中，同时有少量的Cr、Mn、Ni、Mo、V等合金元素，故材料具有良好的热塑性和小的变形抗力，容易锻造加工。其主要工艺参数为：加热温度为1150℃以上，始锻温度为1050～1100℃，终锻温度为850℃，锻后砂冷。

② 锻后进行球化退火处理，退火后硬度低于241HBS，具有良好的切削加工性能，其最佳退火工艺规范为：(760～780)℃×(3～4)h+(650～670)℃×(6～8)h，炉冷至550℃出炉空冷，硬度为207～241HBS，退火组织良好，有利于模具的切削加工成形。

③ 该钢具有良好的热处理性能，其热处理工艺规范为：淬火温度为860～920℃，冷却

介质为油或用260℃的硝盐分级淬火处理，硬度为62～63HRC，回火温度为600～650℃，硬度为35～45HRC，表4.29为该钢不同回火温度与硬度的关系，表4.30为5NiSCa钢的热处理工艺对于钢的力学性能的影响。

表4.29　5NiSCa钢不同回火温度与硬度的关系

回火温度/℃	硬度(HRC)	回火温度/℃	硬度(HRC)
150～200	59～62	＞500～600	45～48
＞200～300	55～58	＞600～650	36～43.5
＞300～500	49～54		

表4.30　5NiSCa钢的热处理工艺对于钢的力学性能的影响

淬火温度/℃	回火温度/℃	力学性能					
		$\sigma_{0.2}$/MPa	R_m/MPa	σ_c/MPa	δ/%	ϕ/%	α_k/(J·cm^{-2})
860	575						37
	625	1144	1170	1197	8.6	42.7	43
	650	1015	1062	992	10.6	49.7	70
880	575	1352	1419	1456	8.1	37.3	38
	625	1266	1300	1297	8.8	42.1	47
	650	1029	1067	1032	9.0	45.3	58
900	575	1392	1450	1472	7.9	39.6	43
	625	1278	1318	1383	8.3	41.7	50
	650	1083	1107	1133	10.5	47.0	68

从表4.30中可以看出，该钢具有良好的淬透性和力学性能，故适于制作型腔复杂、型腔表面质量要求较高的注射模、压缩模、橡胶模和印刷板冲孔模等，应用十分广泛。

(4) Y55CrNiMnMoV钢

Y55CrNiMnMoV (SMI) 钢属于易切削调质型预硬化塑料模具钢，预硬度在35～40HRC，其具有良好的切削效果，性能稳定，综合性能优于45钢，同时还具有良好的耐蚀性和可渗氮性等。实践证明，该钢的镜面抛光性性能良好，表面粗糙度很低，模具的精度高。

该钢的化学成分如表4.31所示，该钢为中碳合金钢，钢中加入镍起到了固溶强化的作用，并增加了韧性，加入铬、锰、钼、镍等增加了淬透性，加入的钒用来细化晶粒。该钢的临界点为：$A_{c_1}=712$℃，$A_{c_3}=772$℃，$M_S=290$℃。

表4.31　Y55CrNiMnMoV (SM1) 钢的化学成分

元素名称	C	Mn	Mo	Cr	Ni	S	V	Si	P
质量分数/%	0.50～0.60	0.80～1.20	0.20～0.50	0.80～1.20	1.00～1.20	0.080～0.150	0.10～0.30	≤0.40	≤0.30

该钢的工艺性能如下：

① 具有良好的锻造性能，变形抗力小、毛坯容易锻造成形，无特殊的要求。

② 采用软化（球化）退火处理工艺，即（790～810)℃×(3～4)h＋(670～690)℃×(5～6)h，炉冷到550℃出炉空冷，硬度在235HBS以下，具有优良的切削加工性。

③ 热处理工艺为淬火＋高温回火（调质处理）：

a. 800～860℃加热油冷，最佳温度为830℃，淬火硬度为58～60HRC；600～650℃高温回火处理，硬度为35～48HRC。

b. 880～900℃加热油冷，淬火硬度为59～62HRC；500～520℃回火处理，硬度为40～42HRC。表4.32为该钢在一定的热处理条件下的力学性能。

表 4.32 Y55CrNiMnMoV（SM1）钢的力学性能

淬火温度/℃	回火温度/℃	力学性能					
		$\sigma_{0.2}$/MPa	R_m/MPa	硬度(HRC)	A_5/%	Z/%	α_k/(J·cm^{-2})
800～850	620	1020～1156	1049～1176	35～40	14.5～15.8	40.3～53	62～67.6

该钢的生产工艺流程简单，其具有稳定的性能和长的使用寿命，在电子、家电、玩具、日用五金等行业的塑料模具的制造中得到了广泛的应用，具有明显的经济效益和社会效益。

4.3.5 时效硬化型塑料模具钢及特点

该类钢的特点为含碳量低、合金度高，含有 Ni、Al、Ti、Cu、Mo 等合金元素，经过高温淬火后（固溶处理），形成单一的过饱和固溶体，时效后析出细小的弥散的金属化合物，从而使钢得到了强化和硬化，同时具有形状尺寸变化极小，在固溶后低硬度下加工成形，然后进行时效处理，这一过程引起的尺寸、形状变化极小，故则可获得要求的力学性能、尺寸以及形状精度等，时效后的硬度在 45～50HRC。通常该类钢是采用真空冶炼或电渣重熔，钢的纯净度高，故具有良好的抛光性能和光蚀性能，也可通过镀铬、渗氮、离子束强化等表面处理方法，来提高模具表面的耐磨性和耐蚀性。适于制造形状复杂、高精度及透明的塑料模具，时效硬化型钢基本上分为两大类：马氏体时效钢和析出硬化钢。

① 马氏体时效钢具有极高的强度以及良好的加工性、焊接性和热处理工艺性（热处理工艺简单、可进行渗氮处理，以提高模具的硬度和耐磨性）、良好的冷塑性变形成形能力、高的高温强度和硬度等，过去用于航天航空工业，目前用于制造塑料模具、冷作冲孔模、热作压铸模等。此类典型的钢种为含镍 18% 的高强度钢，即 00Ni18Co8Mo3TiAl、00Ni18Co8Mo5Al、00Ni18Co9Mo5TiAl 和 00Ni18Co12Mo4Ti2Al 等，分别相当于美国的 18Ni(200)、18Ni(250)、18Ni(300)、18Ni(350)，及日本日立公司的 YAG250、YASG300、YAG285、YAG350 等。另外近年来研制的低合金马氏体时效钢有 06Ni6MoVTiAl 等。

② 析出硬化钢的合金元素比马氏体时效钢少，其典型的代表为美国的 P21 钢、日本日立金属公司的 HPM1 等，我国研制的有 SM2CrNi3MoAlS（SM2）、25CrNi3MoAl、SM1Ni3Mn2MoCuAl（PMS）、SM0Cr16Ni4Cu3Nb（PCR）及 SM2CrNi3AlMnMo（SM2）等。这类钢的固溶状态硬度仅为 30HRC 左右，具有良好的加工性，经过时效处理后可获得 40HRC 的硬度，畸变小，是经济型精密塑料模具钢。

下面介绍几种常见的时效硬化型塑料模具钢。

（1）25CrNi3MoAl 钢

为低碳、低镍、含铝、无钴时效硬化钢，与 SM2CrNi3MoAl1S（SM2）钢的主要区别是不含硫，该钢是靠在时效温度范围内析出与基体共格的有序金属间化合物的超细结构 NiAl 等超细相而得到强化的，由于 NiAl 为 α-Fe 基体共格存在，因此其强化效果显著，又由于其点阵常数与基体的点阵常数很接近，故时效处理后的变形小，适于制作低变形率的高精密模具，该钢的化学成分见表 4.33。

表 4.33 25CrNi3MoAl 钢的化学成分

元素名称	C	Mn	Mo	Cr	Ni	Al	Si	S、P
质量分数/%	0.2～0.3	0.5～0.8	0.2～0.4	1.2～1.8	3.0～4.0	1.0～1.6	0.2～0.5	≤0.03

该钢为低碳含镍钢，具有良好的热塑性，其工艺性能如下：

① 该钢进行毛坯的锻造时，塑性好和变形抗力小，入炉的加热温度不受限制，加热温

度为1100～1170℃，始锻温度为1100～1050℃，终锻温度为850℃，锻后可采用空冷或箱式炉保温冷却，该钢锻造的温度范围较宽，也无缓慢冷却的要求。

② 退火处理工艺简单，即 (730～750)℃×(2～4)h+(680～700)℃×(2～6)h，出炉后进行空冷或水冷均可。

③ 该钢的热处理包括固溶处理、回火处理和时效处理，该钢的 $A_{c_1}=740℃$，$A_{c_3}=780℃$，$M_S=290℃$。

该钢固溶处理的目的是得到细小的板条马氏体，以提高其强韧性，固溶温度和保温时间对于淬火硬度的影响见表4.34，可以看出固溶温度越高或固溶保温时间越长，则淬火硬度越低。考虑到该钢奥氏体化后的奥氏体极不稳定，故冷却速度在1～160℃/min范围内，此时均发生马氏体的转变，得到板条马氏体组织。其不同温度下的固溶和时效硬度见表4.35。

表4.34　固溶温度和保温时间对于淬火硬度的关系

固溶保温时间/h	不同固溶温度下的淬火硬度(HRC)			
	860℃	920℃	960℃	1000℃
0.5	50.0	48.5	46.4	45.6
1	46.6	47.0	43.0	
2	44.5	42.7	40.7	

表4.35　25CrNi3MoAl钢的不同温度下的固溶与时效硬度

工艺	固溶				时效		
加热温度/℃	830	920	960	1000	500	520	540
硬度(HRC)	50	48.5	46.4	45.6	35.5～38	39～41	39～42

随着固溶温度的升高，硬度呈降低趋势，而时效温度升高时硬度呈稳步升高的趋势，可以看出其时效硬化效果是明显的。该钢在880℃固溶水冷或空冷，680℃回火，540℃时效8h后的力学性能为：硬度为39～42HRC、抗拉强度为1260～1350MPa、屈服强度为1170～1200MPa，延伸率为13%～16.8%，断面收缩率为55%～59%，冲击韧性为45～52J/mm^2。该钢时效处理是在模具机械加工完成后而进行的，模具的最终性能是通过时效处理而得到的，时效处理是在NiAl相脱溶温度范围内完成的，通常为500～580℃，540℃可获得最佳的强韧性配合，时效工艺对于硬度的影响见图4.15和图4.16。

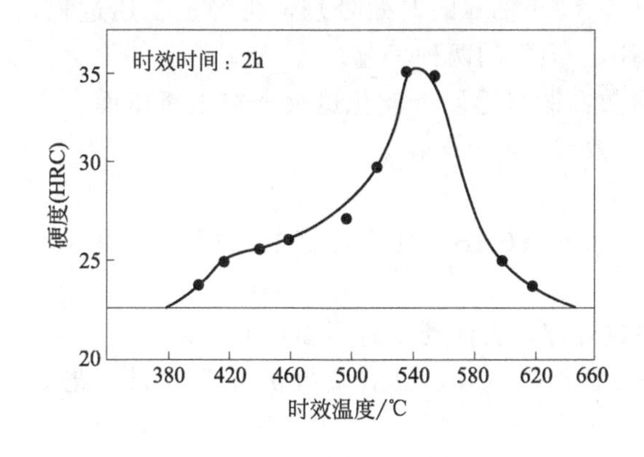

图4.15　25CrNi3MoAl钢时效温度与硬度的关系

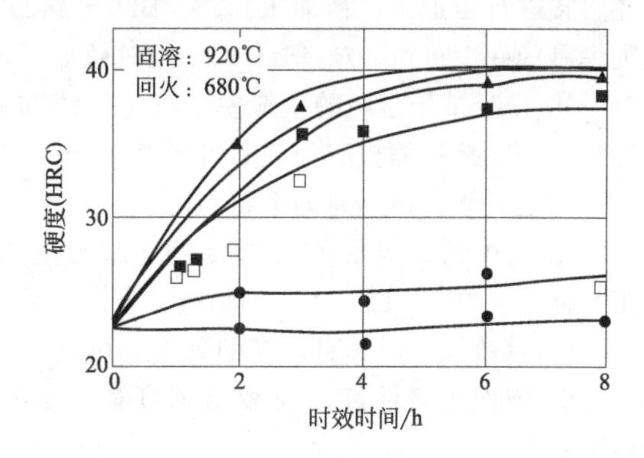

图4.16　25CrNi3MoAl钢时效时间与硬度的关系

该钢可进行回火处理，其作用为使固溶与马氏体中的碳以碳化物的形式析出，并使马氏体多变化以降低其钢的硬度，进而利于切削加工。通过650℃以上的回火处理，可获得回火索氏体组织，回火工艺对硬度的影响见图 4.17 和图 4.18。

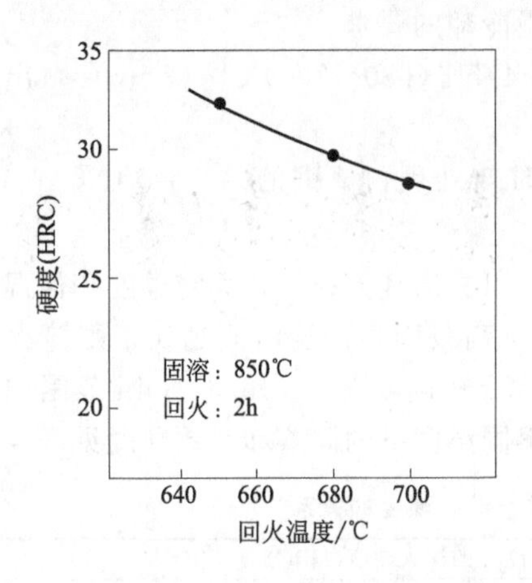

图 4.17　25CrNi3MoAl 钢回火温度与硬度的关系

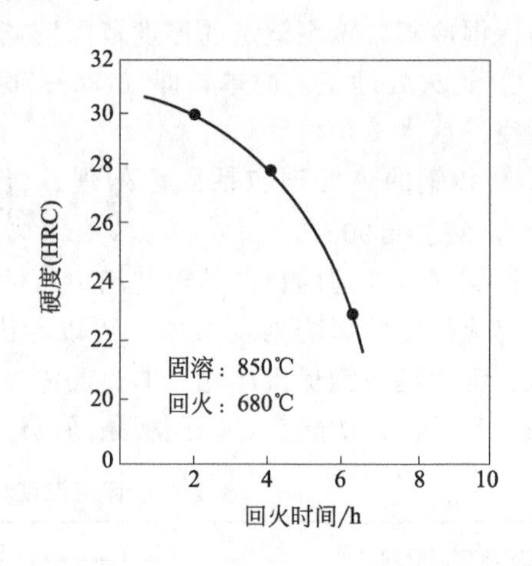

图 4.18　25CrNi3MoAl 钢回火时间与硬度的关系

根据模具的使用要求的不同应采用不同的热处理工艺方法：

① 对于制造一般的精密塑料模具，工艺路线与参数为：880℃加热后空冷或水冷（硬度为 48～50HRC)→680℃×(4～6)h 回火处理，水冷或空冷（硬度 22～23HRC）（需要注意的是 680℃的高温回火可获得 22～23HRC 的低硬度）→机械加工成形处理→时效处理(520～540)℃×(6～8)h 空冷（硬度 39～42HRC）→研磨打光或光刻花纹→装配使用。

② 作高精密塑料模，工艺路线与参数为：淬火→回火→粗加工→半精加工→去应力退火（650℃×1h)→精加工→时效处理（硬度为 39～42HRC)→研磨、抛光→光刻→装配。可见对于高精密的塑料模具则在高温回火后，进行粗加工或半精加工，再进行 650℃的保温处理，可消除加工后的残余内应力，然后进行精密加工和时效处理等，其变形更小。

③ 作为冲击韧度要求不高的塑料膜，工艺路线与参数为：锻坯退火→粗加工→精加工→时效处理（硬度 40～43HRC)→打磨研光→光刻→装配，其时效后变形率很低，经过研磨、抛光或光刻花纹后直接装配使用。而对于冲击韧性要求不高的塑料模具，对于退火的毛坯直接进行粗加工、精加工，再（520～540)℃×(6～8)h 的时效处理，再经过上述过程，则模具的硬度可达 40～43HRC，但时效变形率高于上面的两种工艺。

④ 作冷挤压型腔的塑料模，工艺路线和参数：锻造毛坯→软化退火→加工挤压面、研磨打光→冷挤压缩模腔→模具外形修整→真空时效或渗氮→装配。

综上所述，该钢有如下特点：

① 钢中的含镍量低，调质处理后硬度为 230～250HB，具有良好的切削加工和电加工性能；

② 时效处理后具有较高的硬度，可进行渗氮处理，表面硬度达到 1000HV 以上；

③ 镜面研磨性好，表面粗糙度达到 Ra0.2～0.025μm，具有良好的光刻效果、花纹清晰；

④ 具有良好的焊接性，焊缝处可进行加工；

综上所述，该钢适于制作普通和高精密的各种塑料模具。

（2）18Ni 类钢

属于低碳马氏体时效钢，其化学成分和力学性能见表 4.36［其热处理工艺规范为

(805～825)℃×1h 固溶处理，空冷，经过 (470～490)℃×3h 时效处理，空冷]。马氏体时效钢的碳含量极低（约 0.03%），目的是改善钢的韧性，为了保证钢的质量，这一组钢均采用电炉熔炼后再用真空电弧炉重熔或电渣重熔等精炼，该钢的热加工性能和焊接性能均好，焊接应采用气体保护焊，焊后进行热处理。

这类钢的屈服强度有 1400、1700 和 2100 第三个级别，可分别简写为 18Ni140 级、18Ni170 级和 18Ni210 级等，其分别对应国外的 18Ni250 级、18Ni300 级和 18Ni350 级。

国外的这类钢的牌号（或代号）有 18Ni(200)、18Ni(250)、18Ni(285)、18Ni(300)、18Ni(350)。其中括号内的数值是以 ksi（千磅每平方英寸，1ksi≈6.895MPa）为单位的屈服强度值。如 18Ni（250）的屈服强度为 250ksi，约相当于 176kgf/mm^2（1kgf/mm^2≈0.98MPa)，即 18Ni170 级，其余依次类推。

表 4.36　18Ni 类钢的化学成分和力学性能关系

级别	质量分数/%					力学性能				
	Ni	Co	Mo	Ti	Al	R_m/MPa	σ_s/MPa	A_5/%	Z/%	硬度(HRC)
140	17.5～18.5	8.0～9.0	3.0～3.5	0.17～0.25	0.05～0.15	1350～1450	1400～1550	14～16	65～70	46～48
170	17.0～19.0	7.0～8.5	4.6～5.2	0.30～0.50	0.05～0.15	1700～1900	1750～1950	10～12	48～58	50～52
210	18.0～19.0	8.0～9.0	4.6～5.2	0.55～0.80	0.05～0.15	2100～2150	2100～2150	12	60	53～55

18Ni 马氏体时效钢是超高强度钢，起时效硬化作用的合金元素为 Ti、Al、Co 和 Mo 等，故为多元合金，18Ni 中加入大量的镍可确保固溶处理后获得单一的马氏体，钢的高强度和硬度来自无碳或微碳 Fe-Ni 板条马氏体基体和时效出的弥散度大且颗粒极小的金属间化合物，如 Fe_2Mo、NiMo 和 Ni_3Ti 等。C、Si、Mn、P、S 被视为残剩元素而限制其含量，尤其是 C 和 S 是有害元素，其含量应不大于 0.03%和 0.010%，该钢主要用于航天航空工业。

其基本热处理工艺工艺为 805～825℃固溶处理、470～490℃时效处理，在时效前的金相组织为板条态马氏体，硬度在 HV350 左右，具有很好的冷变形加工和被切削加工型，热处理应在控制气氛炉内进行。时效处理后钢具有较高的屈服强度，该钢的含碳量极低，目的是改善其钢的韧性。该类钢中加入的合金元素为 Ti、Al、Co、Mo 等，是起到时效硬化作用的，而大量的镍则主要是保证固溶后获得单一的马氏体，同时它还与钼形成时效强化相 Ni_3Mo。镍的质量分数在 10%以上，同时提高了马氏体时效钢的断裂韧度。

表 4.37 为 18Ni（250）钢的热处理工艺规范与部分参数，图 4.19 为 18Ni（250）钢的

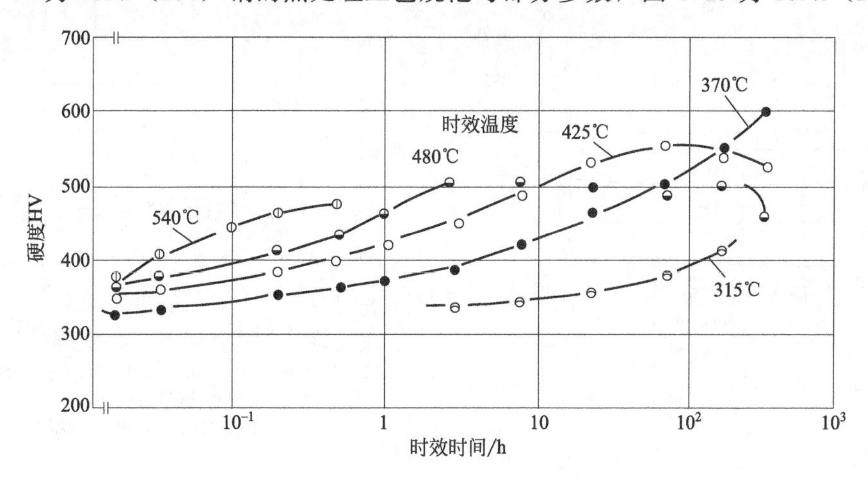

图 4.19　18Ni(250) 钢马氏体时效钢固溶处理后时效温度与时间对硬度的影响

时效温度与时间对于钢的硬度的影响，18Ni 钢的室温力学性能见表 4.38，图 4.20 为该钢的高温力学性能。

表 4.37　18Ni（250）钢的热处理工艺规范

工艺规范	固溶处理	时效处理	渗氮
加热温度/℃	805～825	460～500	445～465
保温时间/h	1～2	3～6	24～46
冷却方式	空冷至室温	空冷至室温	炉冷

注：对于压铸模可提高时效温度至 530℃，采用保护气氛加热；如模具需要进行渗氮时，可考虑与时效同时进行。

表 4.38　18Ni 马氏体时效钢的室温力学性能

钢号	热处理工艺	R_m/MPa	R_{eL}/MPa	A_5/%	Z/%	α_k/(J/cm^2)
18Ni(200) 00Ni18Co8Mo3TiAl	820℃×1h 固溶，空冷，480℃×3h 时效，空冷	1499	1401	10	60	155～198 (500～640)
18Ni(250) 00Ni18Co8Mo5TiAl		1793	1705	8	55	120(390)
18Ni(300) 00Ni18Co9Mo5TiAl		2048	1999	7	40	80.6(260)
18Ni(350) 00Ni18Co12Mo4Ti2Al		2450	2401	5	25	35.0～49.6 (113～160)

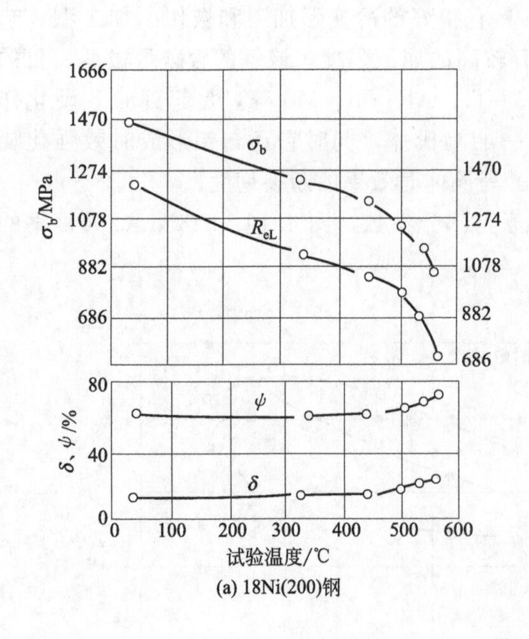

(a) 18Ni(200)钢

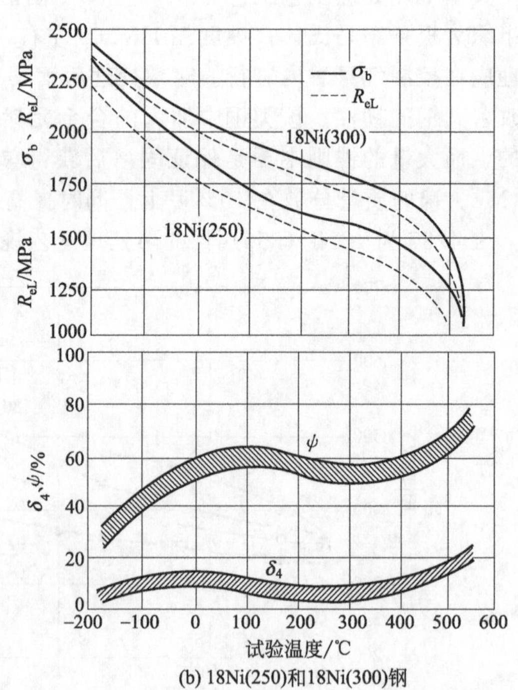

(b) 18Ni(250)和18Ni(300)钢

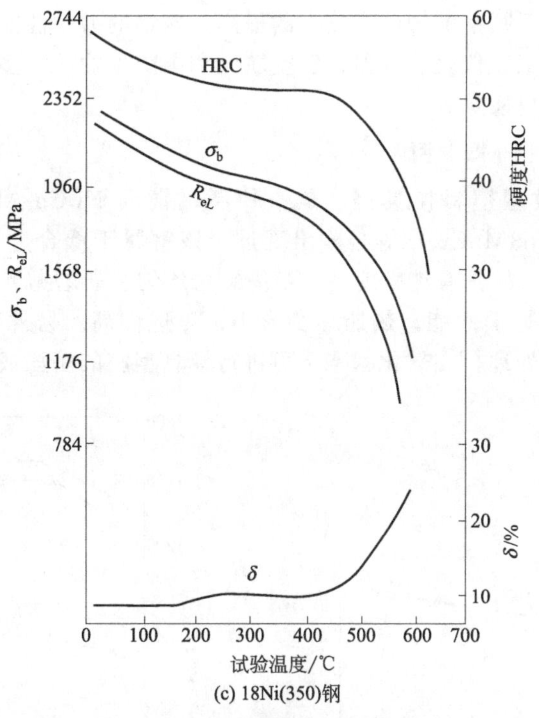

(c) 18Ni(350)钢

图 4.20 18Ni 钢的高温力学性能

该类钢主要用于制造精密锻模以及高精度、超镜面、型腔复杂、大截面以及大批生产的塑料模具。考虑到成本较高，故难以推广与应用。

（3）06Ni16MoVTiAl（06Ni）钢

为低镍马氏体时效钢，其相变点为 $A_{c_1}=705℃$、$A_{c_3}=836℃$、$A_{r_1}=425℃$、$A_{r_3}=525℃$、$M_S=512℃$、$M_f=395℃$。该钢的化学成分见表 4.39。该钢的特点是固溶处理后硬度较低，适于进行切削加工，表面粗糙度低，成形后再进行时效处理，减少了模具零件的热处理畸变；时效后硬度为 43～48HRC，具有良好的综合力学性能，热处理工艺简单，该钢是在马氏体基体中析出金属间化合物而产生硬化的。该钢的热处理工艺规范见表 4.40。

表 4.39 06Ni16MoVTiAl（06Ni）钢的化学成分（质量分数） 单位：%

C	Ni	Cr	Mo	V	Ti	Al	Mn	Si	S、P
≤0.06	5.50～6.50	1.30～1.60	0.90～1.60	0.08～0.16	0.90～1.30	0.50～0.90	≤0.50	≤0.50	≤0.030

表 4.40 06Ni16MoVTiAl（06Ni）钢的热处理工艺规范

工艺类型	热处理工艺规范
退火	(840～860)℃×(2～4)h，炉冷或油冷，硬度 20～28HRC
固溶＋时效	①850～880℃加热后油冷，硬度 20～23HRC； ②(500～540)℃×(4～8)h，空冷，硬度 43～48HRC

可见，其通常的基本热处理工艺工艺为 850～880℃的固溶处理、500～540℃的时效处理，硬度在 42～45HRC，需要注意的是固溶处理后的冷却方式对于固溶及时效处理后的硬度有很大的影响，同样的固溶温度，空冷与油冷后的硬度是存在差异的，即油冷的硬度高于水冷的，即固溶处理后的冷却速度越快，硬度越低，但时效后的硬度越高。

该钢具有较高的抗拉强度和屈服强度，时效温度升高，强度有所下降，但其韧性与塑性迅速提高，在使用状态下则钢的韧性有较大的提高。该钢的力学性能见图 4.21 和图 4.22。

该钢广泛应用于化工、仪表、电器、航空航天和国防工业等，多用于制造磁带盒、照相机和录像机等零件的塑料模具。

（4）1Ni3MnCuAl（PMS）钢

是我国研制的时效型塑料模具钢，是一种高级镜面 Ni-Cu-Al 型析出硬化钢，曾用 1Ni3Mn2CuAlMo、10Ni3MnCuAl 等名称出现过，该钢属于低合金析出硬化钢，经过电渣重熔（ESR）精炼而成，故具有纯净度高、组织致密均匀、研磨抛光性好的特点，具有良好的冷热加工性能和综合力学性能，热处理变形小、淬透性高。另外有良好的焊补及蚀刻性能，适于进行表面强化处理，在软化状态下可进行模具型腔的挤压成形。

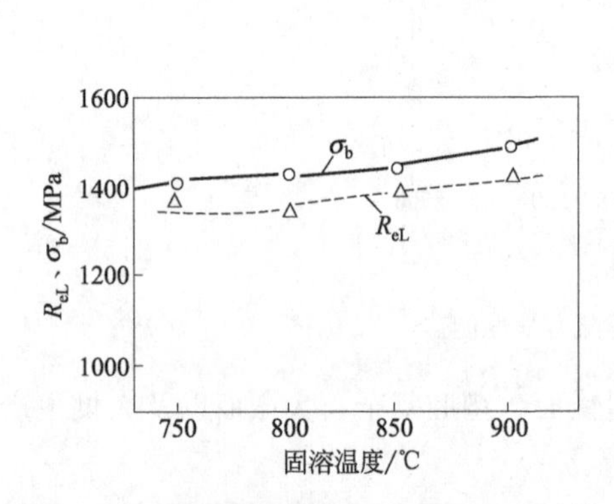

图 4.21　固溶温度对 06Ni16MoVTiAl 钢的抗拉强度、屈服强度的影响（试样固溶后在 520℃时效处理 6h）

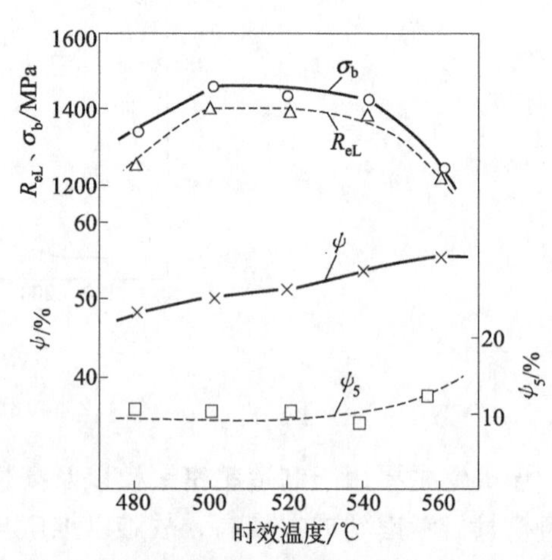

图 4.22　时效温度对 06Ni16MoVTiAl 钢的抗拉性能的影响（试样在 850℃固溶，不同温度时效处理 6h）

该钢的相变点为 $A_{c_1}=675$℃、$A_{c_3}=821$℃、$A_{r_1}=385$℃、$A_{r_3}=517$℃、$M_S=270$℃。该钢的化学成分见表 4.41。

表 4.41　1Ni3MnCuAl（PMS）钢的化学成分（质量分数）　单位：%

C	Si	Mn	Mo	Ni	Al	Cu	S、P
0.06～0.20	≤0.35	1.40～1.70	0.20～0.50	2.80～3.40	0.70～1.10	0.80～1.20	≤0.01

其碳含量控制在 0.2%以下，确保了钢的冷热加工性及热处理后的韧性，同时镍和铝的加入是保证了时效硬化后钢的硬度（40HRC 左右）。

其通常的基本热处理工艺有退火和固溶时效处理：

① 退火工艺为：退火加热温度 750～770℃保温结束后，以 40℃/h 的冷却速度冷至 600℃出炉空冷。

② 固溶和时效工艺为：固溶处理温度为 830～870℃，保温后空冷，时效处理温度为 490～510℃，保温 4～8h 后出炉空冷，硬度为 40～44HRC。该钢固溶与硬度的关系见表 4.42，其力学性能见表 4.43。

表 4.42　1Ni3MnCuAl 钢固溶温度与硬度的关系

固溶温度/℃	810	840	870	900	940
硬度(HRC)	32.4	33.1	32.7	33.1	31.0

表 4.43 1Ni3MnCuAl 钢的不同热处理状态下的力学性能

热处理状态	$R_{p0.2}$/MPa	R_m/MPa	A/%	Z/%	硬度(HRC)
830～870℃空冷	839.6	1017.1	15.4	55.1	—
830～870℃空冷，510℃回火	1026.9	1300.5	13.3	45.0	43～44
830～870℃空冷，600℃软化	699.3	798.4	21.0	60.0	25.3
回火 830～870℃空冷，600℃软化，530℃回火	991.6	1095.5	17.3	49.8	39

其热处理特点为：时效处理的变形率很小，其渗氮性能好，具有高的表面硬度、耐磨性和抗咬合能力，可用于制造注射玻璃纤维增强塑料的精密成型模具，也可用于制作光学塑料镜片、光学塑料模具和外观要求极高的光洁、光亮的各种家用电器塑料模等。

该钢制作模具的过程为通常是先进行钢的固溶处理，随后进行切削加工，包括研磨和抛光等，最后时效处理，这样则可确保模具的尺寸精度和表面粗糙度符合工艺要求。

PMS镜面塑料模具钢为含铝钢，具有良好的渗氮性能，由于时效温度与渗氮温度接近，因此在渗氮处理时也是时效处理的过程，渗氮后的模具型腔表面具有高的硬度、耐磨性和抗咬合性，故还可以制造注射玻璃纤维、增强塑料的精密成型模具等。另外该钢还具有良好的焊接性，对于损坏的塑料模具进行补焊修复，可制造高精度型腔的冷挤压成型模具。

（5）Y20CrNi3AlMnMo（SM2）钢

为时效硬化型塑料模具钢，含碳量较低，含0.1%左右的硫，故具有良好的切削加工性，为一种易切削型时效塑料模具钢。时效处理时通过析出硬化相 Ni_3Al 而硬化，该钢的相变点为 $A_{c_1}=710℃$、$A_{c_3}=795℃$、$M_S=405℃$。

该钢的钢锭退火工艺为：(740～760)℃×16h，炉冷到500℃出炉空冷，其通常的基本热处理工艺工艺为870～930℃的固溶处理，晶粒度为4～5级，硬度为42～45HRC，组织为低碳马氏体+粒状贝氏体，最佳的固溶加热温度为900℃。500～560℃的时效处理，硬度在35～40HRC，最佳的时效处理温度为500～520℃，加热时间为6～10h，硬度在40HRC左右。

该钢的化学成分见表4.44。该钢的力学性能见表4.45，该钢的热稳定为：在250℃下保持2000h，硬度不变，仍为原始硬度40.5HRC，在550℃保持50h，硬度从40.5HRC升至41.5HRC。

表 4.44 SM2 钢的化学成分（质量分数） 单位：%

C	Si	Mn	Cr	Mo	Ni	Al	S	P
0.20～0.30	0.20～0.50	0.50～0.80	1.20～1.80	0.20～0.40	3.00～4.00	1.00～1.60	≤0.10	≤0.030

表 4.45 SM2 钢的力学性能

固溶温度/℃	时效温度/℃	力学性能					
		$\sigma_{0.2b}$/MPa	R_m/MPa	硬度(HRC)	A_5/%	Z/%	α_k/(J·cm^{-2})
900	520	1058～1107	1147～1196	39～40	11.0～11.5	49.0～50.0	49.0～56.8

该钢具有一定的耐蚀性和良好的抛光性，由于含有较高量的Al、Cr、Mo等合金元素，故其渗氮工艺性能良好，气体渗氮、离子渗氮、氮碳共渗、氧氮共渗等均可获得良好的效果。

该钢产品工艺简单，性能稳定和使用寿命长，广泛应用于电子、仪表、家电、玩具和日用五金等行业。

（6）0Cr16Ni4Cu3Nb（PCR）钢

属析出硬化不锈钢，其化学成分见表 4.46。其硬度在 32～35HRC，可进行切削加工，该钢再经 460～480℃的时效处理后，合金碳化物呈弥散状析出，故可获得较好的综合力学性能，表 4.47 为 PRC 钢的力学性能。该钢的淬透性高和热处理变形小，具有良好的抛光性，同时具有优良的抗腐蚀性，故适于制造含有氟、氯的塑料成型模具。

表 4.46 0Cr16Ni4Cu3Nb（PCR）钢的化学成分

元素名称	C	Mn	Si	Cr	Ni	Cu	Nb	S、P
质量分数/%	≤0.07	<1.0	<1.0	1.5～1.7	3.0～5.0	2.5～3.5	0.2～0.4	≤0.03

表 4.47 PRC 钢的力学性能

热处理规范	R_m/MPa	σ_s/MPa	σ_b/MPa	A_5/%	Z/%	α_k/(J·cm^{-2})	硬度(HRC)
950℃固溶，460℃时效	1324	1211		13	55	50	42
	1334	1261		13	55	50	43
	1335	1273	1422	13	56	47	43
	1391	1298		15	45	41	45
	1428	1324		14	38	28	46

该钢经过时效与抛光后，如进行 300～400℃的 PVD（物理气相沉积）离子涂镀后，模具的型腔表面可获得 3～5μm 的 TiC 薄膜，具有 1600HV 的硬度，可用于高硬度、高耐磨又耐腐蚀的塑料模具。文献［59］指出对于聚三氯乙烯阀门盖模具和聚四氟乙烯微波炉板模具，原来采用 45 钢或进行表面镀铬处理模具，使用寿命不高，而改用 PCR 钢后，在相同数量的制品下，未发现任何锈蚀或磨损现象，使用寿命提高 3～10 倍。

4.3.6 耐蚀型塑料模具钢及特点

考虑到以聚氯乙烯、聚苯乙烯和 ABS 加抗燃树脂等化学腐蚀性塑料为原料，其成型的过程中会分解出腐蚀性气体，将对模具的型腔表面产生腐蚀作用，故要求模具自身具有相应的防腐蚀性能，因此选用耐腐蚀性塑料模具钢是必然的选择，即钢不仅应具有一定的硬度、强度和耐磨性，更重要的是应具有优良的耐腐蚀性。纳入冶金部标准的有 SM2Cr13、SM4Cr13、SM3Cr17Mo 三种耐蚀型塑料模具钢（耐蚀钢），其他常用的材料有高碳高铬型耐腐蚀钢，例如 9Cr18、Cr18MoV、Cr14MoV、4Cr13 等耐蚀钢，以及 1Cr17Ni2 、1Cr18Ni9Ti、0Cr17Ni4Cu4Nb（17-4PH）马氏体时效不锈耐酸钢，和 0Cr16Ni4Cu3Nb（PCR）析出硬化不锈钢等，国外塑料模具常用耐蚀钢见表 4.48。

表 4.48 国外塑料模具常用耐蚀钢

美国 ASTM 标准	瑞典 ASSAB 公司	日本 大同特钢(株)	德国 THYSSEN 公司	奥地利 BOHLER 公司	韩国 重工业(株)
420	168(290～340HBS)	S-SAR (32～37 HRC)	GS2316H (30～35HRC)	M300 (31～35HRC)	HEMS-1A (23～33HRC)
420S.S	S-136H (290～340HBS)	(SUS420J2)	GS2316 (≤250HBS)	M310 (≤225HBS)	
440C	S-136 (≤215HBS)				

注：括号内数值为出厂供货硬度。

(1) SM2Cr13 钢

该钢属于马氏体型耐蚀塑料模具钢，其具有较好的机械加工性能，热处理后有优良的耐腐蚀性和较好的强韧性等，精炼的 SM2Cr13 钢适宜制造承受高负荷并在腐蚀介质作用下的塑料模具和透明塑料模具等。

该钢的化学成分见表 4.49，其钢的临界点为：$A_{c_1}=820℃$，$A_{c_3}=950℃$，$A_{r_1}=780℃$，$M_S=300\sim350℃$。

表 4.49　SM2Cr13 钢的化学成分（质量分数）　　单位：%

C	Si	Mn	Cr	S、P
0.16～0.25	≤1.00	≤1.00	12.00～14.00	≤0.030

该钢的热处理工艺类型有四种，其工艺规范见表 4.50。

表 4.50　SM2Cr13 钢的热处理工艺规范

工序类型	软化退火	完全退火	淬火	回火
加热温度/℃	750～800	860～900	1000～1050	660～770
冷却方式和介质	炉冷到 600℃出炉空冷	炉冷到 600℃出炉空冷	油冷或水冷	油冷、水冷或空冷

该钢的力学性能见表 4.51 和表 4.52。

表 4.51　SM2Cr13 钢的室温力学性能

钢材截面尺寸/mm	热处理规范	R_m/MPa	R_{eL}/MPa	A_5/%	Z/%	α_k/(J/mm^2)	硬度(HBW)
≤60	1000～1050℃淬火(油或水冷),660～770 回火后,油冷、水或空冷	≥660	≥450	≥16	≥55	≥80	≤197
	1000～1050℃淬火(油冷或水冷),660～770℃回火	660～1155	450～975	16～33.6	55～78	80～267	126～197
	860℃退火	500	250	22	65	90	
	1050℃空淬,500℃回火	1250	950	7	45	50	
	1050℃空淬,600℃回火	850	650	10	55	70	
	1050℃油淬,660℃回火	860	710	19.9	63.5	130	
	1050℃油淬,770℃回火	820	700	18.0	66.5	150	

表 4.52　SM2Cr13 钢的高温力学性能

热处理规范	试验温度/℃	R_m/MPa	R_{eL}/MPa	A_5/%	Z/%	α_k/(J/mm^2)
1000～1020℃油淬，720～750℃回火水冷	200	720	520	21.0	68.0	65～175
	300	555	400	18.0	66.0	120
	400	530	405	16.5	58.5	205
	450	495	380	17.5	57.0	240
	470	495	420	22.5	71.0	
	500	440	365	32.5	75.0	250
	550	350	285	36.5	83.5	223

可以看出，该钢具有以下工艺特点：

① 冷冲、深拉工艺加工性良好，为消除应力可采用 730～780℃回火处理；

② 良好的焊接性，但焊后硬化倾向大，容易产生裂纹，在 250～350℃的预热后应采用 Cr202、Cr207 等焊条进行焊接，随后进行 700～730℃的高温回火处理。

(2) SM4Cr13 钢

为了满足成形零件的特殊需要（高纯净度、抛光性、蚀刻性和耐蚀性等），该钢是对普通的4Cr13钢精炼而成的，其为可硬化的马氏体不锈钢，含碳量比2Cr13钢高，热处理后具有更高的硬度和耐磨性。

该钢为国内外广泛使用的塑料模具钢，它是以美国的420钢为基础，调整成分和改进冶炼工艺而形成许多改进型产品，多用于需要耐腐蚀、高镜面表面质量塑料模具零件，如光学透镜、有腐蚀性的树脂材料制品、添加阻燃剂树脂等。

该钢的化学成分见表4.53，其钢的临界点为：$A_{c_1}=820℃$，$A_{c_m}=1100℃$，$M_S=230℃$。

表4.53　SM4Cr13钢的化学成分（质量分数）　　单位：%

C	Mn	Cr	S	P
0.36～0.45	≤0.80	12.00～14.00	≤0.030	≤0.035

4Cr13钢的热处理工艺见表4.54，钢的室温力学性能与高温力学性能见表4.55和表4.56。

表4.54　SM4Cr13钢的热处理工艺

热处理类别	退火	淬火	回火
加热温度/℃	750～800	1050～1100	200～300
冷却方式	炉冷	油冷	空冷

表4.55　SM4Cr13钢的室温力学性能

热处理工艺	R_m/MPa	R_{eL}/MPa	A_5/%	Z/%	HRC	退火后硬度(HBW)
1050～1100℃油淬，200～300℃回火					≥50	≤229
1050空冷，600℃×3h回火	1140	910	12.5	32.0		
860℃退火	480～500		20～25			

表4.56　SM4Cr13钢的高温力学性能

热处理工艺	试验温度/℃	R_m/MPa	R_{eL}/MPa	A_5/%
1030℃空冷，500℃回火空冷	200	1800～1820	1630～1650	2.5
	400	1660～1700	1450～1480	6
	450	1570～1600	1350～1420	5～6
	500	1310～1340	1250～1290	6.5
1030℃空冷，600℃回火空冷	200	1130～1160	970	9.2～10
	400	920～960	790～830	8.3～10
	450	800～820	620～650	10～12
	500	710～730	580～600	14.5～15

（3）SM3Cr17Mo钢

该钢是我国纳入标准的三个耐蚀型塑料模具钢之一，它比Cr13型马氏体不锈钢有更好的力学性能和耐蚀性，德国的冷作模具钢X36CrMo17（DIN）和不锈钢X39CrMo17（DIN）以及欧共体的X38CrMo16（EN）与此类同。目前国内市场上有德国的GS-346ERS、日本日立金属公司的HPM77（YSS）、大同特钢的G-STAR等，均与美国的不锈钢316相接近，事实证明，精炼的SM3Cr17Mo钢具有更高的纯净度、超镜面性、强的耐腐蚀性等特点，同时该钢进一步渗氮可强化上述性能，故多用于制作要求高的精密塑料模具的成形零件，其预硬化供应的硬度为33～37HRC。

该钢的化学成分见表4.57。

表 4.57　SM3Cr17Mo 钢的化学成分（质量分数）　　单位：%

C	Si	Mn	Cr	Mo	Ni	S、P
0.28～0.35	≤0.80	≤1.00	16.00～18.00	0.75～1.25	≤0.60	≤0.030

该钢的热处理工艺规范见表 4.58，该钢的回火温度与硬度的对应关系见图 4.23。

表 4.58　SM3Cr17Mo 钢的一般热处理工艺规范

热处理类型	热处理工艺规范
退火	780～820℃加热，炉冷至 550℃出炉空冷，硬度为 250HBS
淬火	1020～1050℃加热油淬，或 500～550℃分级冷却，硬度为 49HRC 左右
回火	600℃回火，硬度为 34HRC 左右

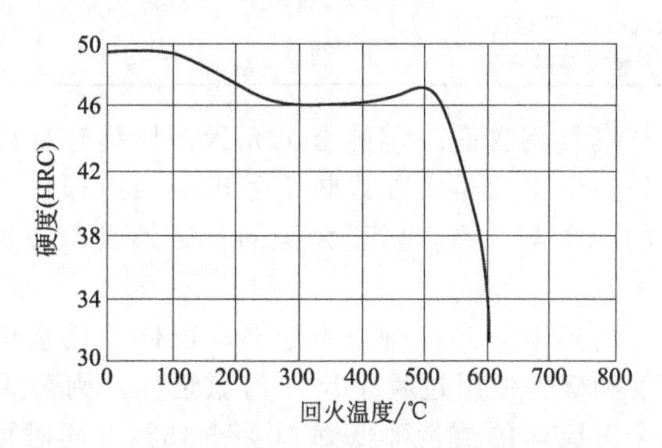

图 4.23　SM3Cr17Mo 钢的回火温度与硬度的关系

1020～1050℃油淬或 500～550℃盐浴分级淬火，硬度为 49HRC

（4）其他耐蚀性塑料模具钢

① 高碳高铬马氏体耐蚀钢　9Cr18、9Cr18Mo、Cr14Mo、Cr14MoV、Cr13 等钢为了保持其具有良好的耐蚀性，其马氏体组织必须具有 11%～12%的铬元素，为保持钢的高硬度和高的耐磨性，则钢中必须具有较高的含碳量，其具体的化学成分见表 4.59。从表中可知，钢中含有 14%～18%的铬，可确保马氏体中的铬含量。

表 4.59　高碳高铬耐蚀性塑料模具钢的化学成分

牌号	各化学成分的质量分数/%				
	C	Si	Cr	V	Mo
9Cr18	0.90～1.00	0.50～0.90	17.0～19.0	—	—
9Cr18Mo	1.17～1.25	0.50～0.90	17.5～19.0	0.10～0.20	0.50～0.80
Cr14Mo	0.90～1.05	0.30～0.60	12.0～14.0	—	1.40～1.80
Cr14MoV	0.90～1.20	0.60～0.80	12.0～14.0	—	3.30～3.70
Cr14Mo4V	1.00～1.15	0.30～0.60	13.40～15.00	0.10～0.20	3.75～4.25

9Cr18 和 9Cr18Mo 钢经过 1075～1100℃加热淬火后，马氏体中含有 11%的铬和 0.25%的碳，其余的铬均存在于碳化物中。对于碳的质量分数为 1.0%～1.2%的高铬不锈钢，钢中可以添加钼元素，以代替 $M_{23}C_6$ 型碳化物中的一部分铬，这样可以增加固溶体中铬含量，进一步改善钢的耐蚀性，有利于提高钢的二次硬化程度和热稳定性。

9Cr18 和 9Cr18Mo 钢淬火后具有高硬度、高耐磨性和耐腐蚀型，适于制造承受高耐磨、高负荷及腐蚀介质作用的塑料模具。

高碳高铬耐蚀性塑料模具钢的热处理大体分为预先热处理和最终热处理两部分，前者为球化退火处理，目的是降低模具毛坯锻造后的硬度，改善切削加工性，并为最终的热处理做好组织准备。退火后获得的组织为粒状珠光体+均匀分布的粒状碳化物，此时的硬度为197～255HBS。

高碳高铬耐蚀性塑料模具钢的最终热处理为淬火+低温回火或中温回火，具体参见表4.60。该类钢随着淬火温度的升高，其二次碳化物的溶解量增加，奥氏体中的碳和合金元素的含量提高，故淬火后可获得高的硬度。

表 4.60 高碳高铬耐蚀性塑料模具钢的最终热处理工艺规范

淬火规范			回火规范		冷处理温度/℃
淬火加热温度/℃	冷却介质	淬火硬度	回火温度/℃	回火硬度	
1050～1100	油； 空气； 100～150℃热油； 分级或等温淬火	62～65HRC	150～400	45～65HRC	−75～−80

高碳高铬耐蚀性塑料模具钢含有一定的合金元素，故具有良好的淬透性，可选用多种冷却介质进行冷却，需要注意的是空冷或热7号机械油冷却仅适用于薄壁模具的淬火冷却，目的是防止模具的变形与开裂，对于大型的复杂模具，必要时可采用分级或等温淬火处理。

高碳高铬耐蚀性塑料模具钢的淬火组织为隐晶马氏体+残余奥氏体+细粒状碳化物等，为了提高模具的硬度和确保使用过程中尺寸的稳定性，则可采用在淬火后立即进行冷处理，可使钢中的残余奥氏体的数量降低到10%～15%，同时可提高钢的硬度和抗弯强度，但须注意此时钢的冲击韧性明显降低，故对于承受高冲击载荷的模具而言，则不宜进行冷处理。

模具淬火后或淬火加热冷处理后，为了提高其组织稳定性、消除内应力，并提高综合力学性能，应进行回火处理。事实表明，高碳高铬耐蚀性塑料模具钢经过150～400℃的回火处理后，马氏体中的铬含量几乎不变，在沸水、蒸汽、潮湿空气、干燥空气和冷态的有机酸中，其耐蚀性更高。而在500～550℃的高温回火后，形成了含铬的碳化物，而降低了固溶体中的铬含量，此时的钢的耐蚀性有所下降。

② 1Cr17Ni2和1Cr18Ni9Ti等时效硬化塑料模具钢 1Cr17Ni2钢对硝酸、大部分有机酸及水溶液都有良好的耐腐蚀性能，适于制造受这些腐蚀介质作用的塑料模具。

1Cr18Ni9Ti钢具有良好的耐酸性介质的腐蚀能力和良好的抗氧化性，适于制造抗酸性腐蚀、抗氧化性的塑料模具，缺点为该钢的强度低，不能承受很大的压力作用。

需要提出的是近期开发的06Cr16Ni4Cu3Nb（PCR）钢属于马氏体时效析出硬化不锈钢，可替代0Cr17Ni4Cu4Nb（17-4PH），固溶后的硬度为32～35HRC，获得了单一的马氏体组织，具有良好的切削加工性，其含碳量很低，其成分见表4.61，该钢的相变点为A_S=710℃、A_f=795℃、M_S=385℃，M_f=300℃。

表 4.61 06Cr16Ni4Cu3Nb（PCR）钢的化学成分（质量分数） 单位：%

C	Mn	Si	Cr	Ni	Cu	Nb	S、P
≤0.07	≤1.00	≤1.00	15.00～17.00	3.00～5.00	2.50～3.50	0.20～0.40	≤0.030

该钢通常的基本热处理工艺为1040～1150℃的固溶空冷处理后，可获得单一的板条状马氏体组织，硬度为30～35HRC，随后进行450～480℃的时效处理，硬度在42～44HRC范围内。该钢性能稳定，有良好的耐蚀性、良好切削加工性、高的淬透性，有热处理变形小、回火后的总变形率很小等优点，适于制作高耐磨和耐蚀塑料模具，该类模

具广泛应用氟塑料或聚氯乙烯塑料成型模、塑料门窗、车辆把套、挤出螺杆、料筒等。

4.3.7　无磁塑料模具钢及特点

无磁模具钢 7Mn15Cr2Al3V2WMo（代号 7Mn15）是 GB/T 1299—2014 标准中的无磁模具钢钢号，国内开发研制的无磁模具钢还有 5Mn18Cr4WN（代号 50Mn）、18Mn12Cr18NiN（代号 A18）、8Mn15Cr18（代号 WCG）等，国外的无磁模具钢有日本日立金属公司的 HPM75 钢等。

7Mn15Cr2Al3V2WMo 钢是一种高 Mn-V 系无磁钢，该钢在各种状态下均能保持稳定的奥氏体组织，具有很低的磁导率，极高的硬度、强度和较好的耐磨性等，该钢采用高温退火，可改变碳化物的颗粒尺寸、形状与分布状态，从而提高钢的切削加工性。另外该钢采用气体氮碳共渗处理，可进一步提高钢表面的硬度和增加耐磨性，显著提高模具的使用寿命。

该钢适用于工作温度在 700～800℃的无磁性的粉末压铸模，该钢的化学成分见表 4.62。

表 4.62　7Mn15Cr2Al3V2WMo 钢的化学成分（质量分数）　单位：%

C	Si	Mn	Cr	Mo	W	V	Al	P	S
0.65～0.75	≤0.80	14.5～16.0	2.0～2.5	0.5～0.8	0.5～0.8	1.5～2.0	2.7～3.3	≤0.04	≤0.03

7Mn15Cr2Al3V2WMo 钢的热处理工艺参数见表 4.63，7Mn15Cr2Al3V2WMo 钢的不同固溶温度和时效处理后的力学性能见表 4.64。

表 4.63　7Mn15Cr2Al3V2WMo 钢的热处理工艺

热处理类型	工艺规范
预备热处理 高温退火	(870～890)℃×(3～6)h，炉冷 500℃以下出炉空冷，硬度为 28～30HRC
固溶处理	1150～1190℃加热透烧(盐浴炉为 15～20h，箱式炉为 30min)，水冷，硬度为 15～22HRC
时效处理	①加热温度 640～660℃，保温 20h 后空冷，硬度为 48HRC； ②加热温度 700℃，保温 2h 后空冷，硬度为 48.5HRC

表 4.64　7Mn15Cr2Al3V2WMo 钢的不同固溶温度和时效处理后的力学性能

热处理规范	R_m/MPa	A/%	Z/%	α_k/(J/mm^2)
1180℃固溶	820 720	61.0 60.0	61.5 62.5	230 240
1150℃固溶，700℃×2h 时效	1370 1370 1380	16.5 15.5 18.0	34.5 35.5 35.5	48 45 45
1165℃固溶，700℃×2h 时效	—	—	—	36 39 40
1180℃固溶，650℃×20h 时效	1510 1490	4.5 4.5	8.5 9.5	15 13

4.3.8　其他塑料模具钢及特点

① **铜合金**　用于塑料模具材料的铜合金主要为铍青铜，如 ZCuBe2、ZCuBe2.4 等，一

般采用铸造方法制模，铍青铜可通过固溶+时效处理来进行模具的强化，其工艺为：固溶处理后塑性较好，利于进行切削加工；时效处理后抗拉强度达到1100～1300MPa，硬度可达40～42HRC。该类材料适于制作吹塑模、注射模，以及一些高导热性、高强度和高耐腐蚀性的塑料模。利用铍青铜铸造模具可以复制木纹和皮革纹，以及用样品可以复制人像或玩具等不规则的成形面等。

② 铝合金 铝合金密度小、熔点低，加工性能与导热性优于钢铁材料，常用的铸造铝硅合金具有优良的铸造性能，主要牌号为ZL101、ZL102等，故可用来制造高导热性、形状复杂和制造周期短的塑料模具，通过固溶 + 时效处理来进行基体的强化，并获得要求的硬度与性能。形变铝合金LC9也是用于塑料模具制造的铝合金，其强度高于ZL101，故可制作强度要求较高且具有良好导热性的塑料模具。

③ 锌合金 用于制造塑料模具的锌合金大多为Zn-4Al-3Cu共晶型合金，其化学成分为：3.9%～4.5% Al、2.8%～3.5%Cu、0.03%～0.06%Mn和约92%～93%Zn，同时还含有少量的Pb、Cd、Sn、Fe等。可采用铸造的方法进行光洁而复杂模具型腔的制造，主要用于制作注射模和吹塑模等。其缺点为高温强度较差，且锌合金易于老化，长期使用过程中会出现变形甚至开裂。

另外铍锌合金和镍钛锌合金也可用于塑料模具的制作。铍锌合金具有较高的硬度(150HBS)，耐热性好，所制作的注射模的使用寿命可达几万至几十万件；镍钛锌合金由于镍和钛的加入而提高了强度和硬度，从而使模具的使用寿命成倍提高。

4.4 塑料模具用高性能钢的分类、特点及应用

塑料模具形状复杂，尺寸精度和表面粗糙度要求很高，故对模具材料的机械加工性能、镜面抛光研磨性能、图案蚀刻性能、热处理变形和尺寸稳定性都有很高的要求，另外还需要模具材料具有一定的强韧性、耐磨性、耐蚀性和较好的焊补性能。

以前的塑料模具材料大多为45钢和40Cr，其中45钢进行正火处理，而40Cr钢则是进行调质处理。这两种材料的缺点为淬透性差，耐磨性、抛光性等不够理想，导致模具的使用寿命低、产品质量差，因此国内外开始采用3Cr2W8V、Cr12MoV等制造塑料模具。

塑料模具及其零件用钢的范围非常广泛，但作为塑料模具的专门用钢，已经纳入国家标准和行业标准（例如GB/T 1299—2014，GB/T 3077—2015，YB/T 107—2013等）的钢号仅有10余种，即SM45、SM48、SM50、SM53、SM55、SM1CrNi3、3Cr2Mo、3Cr2MnNiMo、SM2CrNi3MoAlS、SM4Cr5MoSiV、SM4Cr5MoSiV1、SMCr12Mo1V1、SM2Cr13、SM4Cr13、SM3Cr17Mo等，这些钢是优质碳素结构钢、合金结构钢、合金工具钢、不锈钢等经特殊冶炼和加工而成的，目的是满足塑料制品的要求。

随着对于塑料质量要求的提高，国内大学、研究院和钢厂等后续研制与批量生产了20余种新型的塑料模具钢。工业发达的国家的塑料模具产值已经跃居模具制造业的首位。随着塑料产量的提高与应用领域的扩大，人们对塑料模具提出了越来越高的要求，这也促进了塑料模具的不断发展。目前模具朝着高效率、高精度、高寿命的方向推进，从而有效带动了塑料模具材料的迅速发展。我国目前用于塑料模具的钢种，可按钢材的特性和使用时的热处理状态进行分类。

4.4.1　塑料模具用高性能钢的分类

4.4.1.1　中国塑料模具钢的分类

① 预硬化型塑料模具钢　这是一类中碳低合金钢，在进行预硬化处理（调质处理）后，获得要求的使用性能，最后进行刻模加工，模具成形后可直接应用，避免了由于热处理而引起的模具淬火畸变和裂纹问题，该类代表性的钢种为 3Cr2Mo（相当于美国的 P20），另外空冷 B25、B30 等钢属于此类预硬化钢。

该类钢的使用硬度在 30～42HRC，在高的硬度区间（36～42HRC）的可加工性较差，为改善此不足，在钢中加入了 S、Ca、Pb、Se 等元素，国内先后开发和研制了一系列的切削预硬型塑料模具钢，常见的有 5CrNiMnMoSCa（简称 5NiSCa）、8Cr2MnWMoVS（简称 8Cr2S）、4CrMnVBSCa（简称 P20BSCa）、55CrNiMnMoVS（简称 SM1）等，这些材料多用于制作大型、中型的精密注塑模具，以及精密的塑料模具等。

② 时效硬化型塑料模具钢　此类钢的含碳量低，钢中含有 Ni、Al、Mo、Cu、Ti 合金元素等，经过固溶处理的硬度很低，容易进行切削加工，随后进行时效处理以获得要求的使用性能。由于时效温度低故模具的畸变极小，适于制造高镜面的热塑性塑料模具钢，近年来开发的钢中有 10Ni3MnCuAl（代号 PMS）、25CrNi3MoAl、Y20CrNi3AlMnMo（代号 SM2）、06Ni6CrMoVTi（简称 06）等，需要指出的是 SM2 的含碳量仅为 0.1%，故改善了材料的可加工性能，为一种易切削时效硬化型塑料模具钢。

③ 耐蚀型塑料模具钢　这是由于塑料工厂大批量生产聚氯乙烯、氟化塑料、阻燃塑料等塑料制品，因此塑料模具的型腔将受到氯、氟等卤族元素的强烈腐蚀，目前的措施为选用耐蚀性的塑料模具，也可进行型腔的表面镀铬、硬氮化或氮碳共渗处理等。国内开发的耐蚀塑料模具钢有 0Cr16Ni4Cu3Nb（代号 PCR），这是一种马氏体沉淀型硬化不锈钢，其耐蚀性优于 17-4PH（0Cr17Ni4Cu4）。

④ 非调质塑料模具钢　这类钢的特点为经过锻、轧加工后空冷即可获得预硬化的要求，不需要进行淬火＋回火处理，钢中加入 S、Ca 等元素后，可明显改善钢的可加工性。该类钢开发较晚，只是近年来才出现的新钢种有 25CrMnVTiSCaRE（代号 FT）、2Cr2MnMoVS、2Mn2CrCaS 等。下面将常见塑料模具钢的分类列于 4.65 表中，供参考。

表 4.65　塑料模具用钢的分类与钢种

模具类别	典型钢种
渗碳型	20、20Cr、20Mn、12CrNi3A、20CrMnMo、DT1、DT2、0Cr4NiMoV
调质型	SM45、SM50、SM55、40Cr、40Mn、50Mn、S48C、4Cr5MoSiV、38CrMoAl
淬硬型	T7A、T8A、T10A、5CrNiMo、9SiCr、9CrWMn、GCr15、3Cr2W8V、Cr12MoV、45Cr2NiMoVSi、6CrNiSiMnMoV(GD)
预硬型	3Cr2Mo、Y20CrNi3AlMnMo(SM2)、5NiSCa、Y55CrNiMnMoV(SM1)、4Cr5MoSiV、8Cr2MnWMoVS(8CrMn)
耐蚀型	3Cr13、2Cr13、Cr16Ni4Cu3Nb(PCR)、1Cr18Ni9、3Cr17Mo、0Cr17Ni4Cu4Nb(74PH)
时效硬化型	18Ni140 级 18Ni170 级 18Ni210 级 10Ni3MoCuAl(PMS)、18Ni9Co、06Ni6CrMoVTiAl、25CrNi3MoAl

从模具的制造所要求的工艺性能与模具的使用性能来看，塑料模具钢与冷作模具钢、热作模具钢等有一定的区别，故近年来形成了一个专门的塑料模具钢系列，目前已经纳入国家标准的塑料模具钢有 2 种：3Cr2Mo 钢和 3Cr2MnNiMo 钢，纳入行业标准的已有 20 多种（见表 4.66），粗略统计塑料模具钢的品种有 50 余种，我国初步形成了适合国情的塑料模具

钢系列体系。本章则重点选择有代表性和有一定推广价值的塑料模具钢进行性能的介绍，目的是为模具制造厂家根据生产条件和模具的工作条件、使用寿命，结合模具材料的基本特性等合理选择经济合理、技术先进的模具材料，同时，采用最佳的热处理工艺与表面处理技术，以提高模具的使用寿命。

表 4.66　现行塑料模具用钢标准及牌号

标准名称与编号	材料类别	钢号
JB/T 6057—2017《塑料模　塑料模用钢技术条件》	渗碳型	20、20Cr
	淬硬性	45、40Cr、T10A、CrWMn、9SiCr、9Mn2V
	预硬型	5CrNiMnMoVSCa、3Cr2Mo、3Cr2NiMnMo、8Cr2MnWMoVS
	耐蚀性	2Cr13、4Cr13、1Cr18Ni9Ti、3Cr17Mo
YB/T 094—1997《塑料模具用扁钢》	非合金钢	SM45、SM50、SM55
	合金钢	SM1CrNi3、SM3Cr2Mo、SM3Cr2NiMo、SM4Cr5MoSiV、SM2CrNi3MoAlS、SM4Cr5MoSiV1、SM2Cr13、SM3Cr13、SM3Cr17Mo
YB/T 107—1997《塑料模具用热轧厚钢板》	—	SM45、SM48、SM50、SM53、SM55、SM3Cr2Mo、SM3Cr2NiMo
YB/T 129—1997《塑料模具钢模块技术条件》	—	SM45、SM50、SM55、SM3CrMo、SM3Cr2NiMo
—	常用钢	12CrNi3A、T8A、5CrW2Si、Cr12MoV、5CrMnMo、5CrNiMo
—	新型用钢	3Cr3Mo3VNb、4Cr2MnNiMo、Y55CrNiMnMoV、Y20CrNi3AlMnMo、25CrNi3MoAl、10Ni3MnCuAl、06Ni6CrMoVTiAl、0Cr16Ni4CuNb、18Ni(250)、18Ni(300)
GB/T 1299—2014《工模具钢》	—	3Cr2Mo～3Cr2MnNiMo

4.4.1.2　美国塑料模具钢的分类

美国为最早形成以 P 表示的塑料模具专用钢系列的国家，在其标准中通常分为五大类。

① **渗碳型模具钢**　该类钢有 P1、P2、P3、P4、P5、P6 等，特点为含碳量很低，可采用挤压成形法制造模具，成形后可进行渗碳、淬火处理。

② **调质型模具钢**　该类钢有 P20、P21 等，其中以 P20 的用量最大，一般是在预硬状态下使用的。

③ **中碳合金型塑料模具钢**　该类钢有 H13、L12、S7、O1、A2 等，其特点为高温回火后均存在二次硬化现象，具有高的淬透性，在 500～600℃的温度下具有高的热硬性，抗大气腐蚀能力强，适于制作大型的高温热固性塑料模具。

④ **耐蚀型塑料模具钢**　该类钢有 420、4141、440、416 等钢，属于不锈钢的范畴，主要用于制作要求较高的耐蚀性塑料模具。

⑤ **时效型塑料模具钢**　这类钢包括低碳 Ni-Al 时效型、18Ni 马氏体时效钢，均在时效处理后使用，多用于对于力学性能、尺寸精度、耐蚀性要求较高和表面粗糙度要求较低的塑料模具。

4.4.2　我国塑料模具钢的分类、钢号和应用

为了便于了解塑料模具钢的特点、便于正确的认识与了解其作用，现将我国目前的塑料模具钢列于表 4.67 中，供参考。

表 4.67 中国塑料模具钢的分类、材质与应用特点

模具钢类别	代表钢种	特点与应用指导
渗碳型塑料模具钢	10、20、20Cr、12CrNi2、12CrNi3、12CrNi4、20Cr2Ni4、20CrMnTi、20CrMnMo、SM1CrNi3	①渗碳钢退火后的硬度低、塑性好，易采用冷挤压成形，提高了效率和降低了成本； ②渗碳淬火＋低温回火后的表面硬度高、耐磨性好，主要用于制作耐磨性良好塑料模具； ③碳钢用于型腔简单、生产批量小的小型模具，合金钢则用于制作型腔较复杂、承受载荷较高的大、中型塑料模具
非合金塑料模具钢	SM45、SM48、SM50、SM53、SM55	SM45钢价格低廉，来源比较广泛，常采用调质处理，适于制造中、低档次的中、小型塑料模具
整体淬硬塑料模具钢	①碳素工具钢如T7、T8、T9、T10、T11、T12、T13； ②低合金冷作模具钢如9SiCr、9Mn2V、CrWMn、9CrWMn、7CrSiMnMoV； ③Cr12型钢如Cr12、SMCr12Mo1V1、Cr12MoV； ④热作模具钢如5CrMnMo、5CrNiMo、SM4Cr5MoSiV、SM4Cr5MoSiV1； ⑤高速钢如W6Mo5Cr4V2； 基体钢如6Cr4W3MoVNb(65Nb) 7Cr3Mo3V2Si（LD-2） 6Cr4Mo3SiMnVAl （CG-2）、5Cr4Mo3SiMnVAl(012Al)	①碳素工具钢适于制造尺寸不大、受力较小、形状简单及畸变要求不高的塑料模具； ②低合金工具钢主要用于制造尺寸较大、形状较复杂和精度较高、生产批量大、耐磨性好的塑料模具； ③Cr12型钢适于制造要求高耐磨性(含固态粉末或玻璃纤维)的大型、复杂、高寿命的精密塑料模具； ④热作模具钢用于制造有较高强韧性、使用温度较高和一定耐磨性的塑料模具； ⑤高速钢和基体钢适于制造大型、精密、形状复杂的型腔以及嵌件，具有良好的耐磨性和耐热性等
调质硬化塑料模具钢	40Cr、42CrMo、38CrMoAl	①40Cr用于制造中型的塑料模具； ②42CrMo用于制造要求有一定强度和韧度的大、中型塑料模具； ③38CrMoAl钢渗氮后具有高的耐磨性和一定的抗蚀性，适于制作聚氯乙烯、聚碳酸酯等有腐蚀气体及耐磨的注射模具等
	3Cr2Mo、3Cr2MnNiMo	①3Cr2Mo(P20)可用于制造多种塑料的注塑、压缩或吹塑性成形模，也可用于作大型、中型和精密的塑料模具； ②3Cr2MnNiMo适于制造大型、特大型的塑料模具(模具厚度超过400mm)
	易切削预硬化塑料模具钢如5CrNiMnMoSCa（5NiSCa）、8Cr2MnWMoVS （8Cr2S）、Y55CrNiMnMoVS(SM1)、P20SRE、P20BSCa、P20S	①钢中加入S、Ca可明显改善钢的切削加工性，调质处理的硬度达35～45HRC，但仍然具有良好的加工性，且具有高的耐磨性； ②5NiSCa用于制造型腔复杂的注射模、压缩模及畸变要求极小的大型塑料模具； ③8Cr2S钢适于制造硬质塑料模具； ④SM1钢具有良好的镜面加工性和高的淬透性，用于制造大型镜面塑料模具成精密塑料模具等
时效硬化型塑料模具钢	1Ni3Mn2CuAlMo（PMS）、25CrNiMoAl、06Ni6CrMoTiAl、25CrNi5MnMoAl(SM2)	①PMS是高级镜面Ni-Cu-Al析出硬化钢，具有优异的镜面抛光性，良好的图案蚀刻性，冷热加工性和综合力学性能，用于制造各种光学塑料镜片、外观质量要求极高的光洁、光亮家用电器塑料模具； ②25CrNi3MoAl钢用于制造高精密塑料模具； ③06Ni6CrMoVTiAl钢用于制造高精度的塑料模具

续表

模具钢类别	代表钢种	特点与应用指导
耐蚀型 塑料模具钢	SM2Cr13、SM4Cr13、SM3Cr17Mo、9Cr18、9Cr18Mo、1Cr17Ni2、1Cr18Ni9Ti、0Cr17Ni4Cu4Nb（17-4PH）、0Cr16Ni4Cu3Nb（PCR）	①2Cr13、4Cr13钢用于制造一般的腐蚀条件下的塑料模具和透明塑料模具； ②9Cr18、9Cr18Mo适于制造高耐磨性、高负荷及腐蚀介质中工作的塑料模具； ③1Cr17Ni2对于硝酸、大部分有机酸及其水溶液有良好的抗腐蚀性，适于制造受这些介质腐蚀作用的塑料模具； ④1Cr18Ni9Ti适于制作抗酸腐蚀、抗氧化的塑料模具； ⑤17-4PH及PCR适于制作成形氟塑料、聚氯乙烯或添加阻燃剂的塑料树脂模具
无磁型 塑料模具钢	7Mn15Cr2Al3V2WMn、18Mn12Cr18NiN（A18）、8Mn15Cr18（WCG）	用于制造无磁模料模具，无磁轴承等
非调质预硬 型塑料模具钢	25CrMnVTiCaRE（FT）采用锻轧后空冷或控制空冷而硬化（30～40HRC）； B20、B20H、B25、B30、B30H	已经供应B20、B25、B30的模块

4.4.3 塑料模具材料的性能要求

塑料模具的失效形式主要以磨损、腐蚀、变形和断裂为主，塑料模具的选材及热处理应考虑模具的尺寸、形状、工作条件和失效特点所提出的性能要求，包括对材料的使用性能和工艺性能两方面的要求。对于塑料模具材料的性能要求，是依据其服役条件和失效方式来确定的，塑料制品结构复杂，要求的尺寸精确，接缝密合和表面光滑，使用的模具材料要求的强度和韧度虽不比冷热模具高，但为确保塑料模具的正常工作和塑料制品的尺寸精度等符合要求，塑料模、胶木模、粉末冶金模和胶木模等属于成型模，它们被用来使塑料、胶木、金属粉末在一定温度下加压成型的一种工具，承受一定的压力，有时受到剧烈的摩擦和腐蚀。

（1）基本性能要求

① 具有一定的综合力学性能（足够的强度、韧性和疲劳强度） 考虑到塑料模具在工作过程中，要承受温度、压力、侵蚀和磨损的作用，因而要求有一定的强度、塑性和韧度。目的是防止模具工作过程中的塑性变形和冲击损坏。对于模具材料的性能要求主要取决于模具的工作压力、工作频率、冲击负荷和模具本身的尺寸和复杂程度。

② 高的表面硬度和耐磨性 目的是防止模具工作过程中的磨损和抵抗塑性变形的抗力。塑料件的尺寸公差和表面粗糙度与成形零件的耐磨性有关，尤其是成形含有硬质填料的塑料，更要求模具具有很高的耐磨性。

③ 有一定的耐热性，且低的线胀系数（或热胀系数）小 由于模具是在较高的温度下长期工作，故模具材料必须具有相当的耐热性和导热性，而过大的热变形将影响成形塑料件的质量，以使塑料制品尽快地在模具中冷却变形。

④ 有较高的耐腐蚀性 作为成形聚氯乙烯和氟塑料时，它们在受热后要析出腐蚀性气体，对模具的型腔具有强烈的腐蚀作用，故应具有较高的耐腐蚀性。

⑤ 加工性好和热处理后变形小 由于模具零件结构一般比较复杂，而在热处理后的加工比较困难，或根本无法加工，而其加工成本占到模具的绝大部分，因此在选择模具材料时，应尽量选用组织致密、切削加工性好、热处理变形小的材料。具体体现在模具的硬度要

适中（35～45HRC），有良好的电加工性，钢中加入了 S、Ca、Pb、Se 等元素等，从而得到易切削预硬化钢。

⑥ 具有良好的热加工和焊接工艺性　塑料模具的热处理畸变小，尺寸稳定性好，有足够的淬透性和淬硬性，变形开裂倾向小，工艺质量稳定。在 200～300℃的温度下长期工作不变形，要求材料能采用表面处理工艺改善表面的相应性能，同时也应具有良好的焊接性。

⑦ 镜面抛光性能好　不少塑料制品要求有很高的表面质量，故模具的加工成形包括研磨、抛光等，在硬化状态下具有良好的镜面抛光性。塑料制品的表面粗糙度主要取决于模具型腔的表面粗糙度，它与模具材料的纯净度、硬度和显微组织等因素有关，这要求材料的冶金质量高、非金属夹杂物少、组织均匀细致，硬度较高而且均匀。目的是使成形面的表面粗糙度低于塑料制品的表面粗糙度 2～3 级，从而确保塑料制品的外观质量及顺利脱模。需要注意的是镜面模具钢大多是经过电渣熔炼、真空熔炼或真空除气的超洁净钢。图 4.24 为常见塑料模具钢的抛光性对比，可见抛光性性能最好的为是合金渗碳钢和不锈钢，最差的为高碳高铬钢。

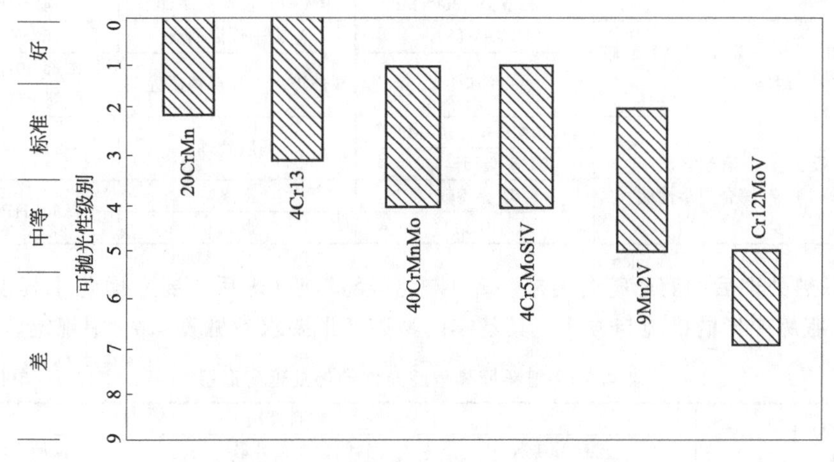

图 4.24　不同种类模具材料的可抛光性对比

⑧ 花纹图案光蚀性能　考虑到不少塑料制品出于表面美化的需要，在表面增加了花纹图案，故要求模具材料应具有较好的精细花纹、图案光刻蚀性，即利于进行图案的加工。

（2）热处理基本要求

① 具有合适工作硬度和足够的韧性　根据塑料模具的工作条件与寿命的要求，选用的模具材料经过淬火＋回火的热处理工艺后，可获得符合要求的硬度和韧性，这与不同种类的塑料模具有关，主模具的硬度要求具体参见表 4.68。

表 4.68　不同类型塑料模具材料的工作硬度要求

模具类型	推荐工作硬度范围	应用范围
形状简单、压制加工无机填料的注塑塑料模	56～60HRC	在高的压力下要求耐磨的模具
形状简单的高寿命小型塑料模	54～58HRC	在保证较好耐磨性的前提下，具有适当的强韧性
形状复杂、精度较高、要求淬火微变形的塑料模	45～50HRC	用于易折断的型芯等部件
一般软质塑料注射模	280～320HBW	无填充剂的软质塑料
一般压铸模、高强度热塑性塑料注射模	52～56HRC	包括尼龙、聚甲醛、聚碳酸酯等硬性塑料及光学塑料

通常而言塑料模具的结构比较复杂，成本较高，为了确保模具的使用寿命，防止出现意外断裂与破损，除了进行正确的热处理与表面处理外，选择模具的材料的品种十分重要。

塑料模具其他零件的材料选用与技术要求较低，如抛光性、耐蚀性等要求较低，故选用常用的模具材料钢材，经过适当的热处理后，即可完全满足性能要求（硬度、韧性等、耐蚀性、表面粗糙度等），表4.69为常见部分模具零件的材料选用与技术要求，供参考。

表4.69 部分塑料模具选用材料与热处理技术要求

模具零件种类	主要性能要求	选用材料	热处理方式	使用硬度
导向柱、导向套	表面耐磨，心部有较好的韧性	20,20Cr,CrMnTi	渗碳＋淬火＋回火	54～58HRC
		T8A,10A	淬火＋回火	54～58HRC
型芯、型腔件等	较高的强度，有好的耐磨性和一定的耐蚀性，淬火后变形小	9Mn2V,CrWMn,9SiCr,Cr12	淬火＋低温或中温回火	56HRC以上
		3Cr2W8V,35CrMo	淬火＋高温回火＋渗氮	42～44HRC,1000～1100HV
		T7A,T8A,T10A	淬火＋低温回火	55HRC以上
		45,40Cr,40VB,40MnB	调质处理	240～320HBW
		球墨铸铁	正火	55HRC以上
主流道衬套	表面耐磨，有时具有耐蚀性和热硬性	20	渗碳＋淬火＋低温回火	55HRC以上
		T8A,T10A	淬火＋低温回火	55HRC以上
		9Mn2V,CrWMn,9SiCr,Cr12	淬火＋低中温回火	55HRC以上
		3Cr2W8V,35CrMo	淬火＋高温回火＋渗氮	42～44HRC
顶杆、拉杆和复位杆	有一定强度和比较耐磨	T7A,T8A	淬火＋低温回火	52～55HRC
		45	端部淬火＋杆部调质处理	端部40HRC以上，杆部225HBW以上
各种模板、顶出板、固定板支架等	有较好的综合力学性能	45,40MnB,46,40MnVB	调质处理	225～240HBW
		Q235,Q255,Q275		
		球墨铸铁	正火	205HBW以上
		HT200	退火	

② 确保热处理后的变形符合要求 塑料模具经过热处理后，要考虑防止其模具的型腔发生翘曲、胀缩变形的措施与方法，其基本的型腔变形要求参见表4.70中规定。

表4.70 塑料模具型腔允许的热处理变形量 单位：mm

模具尺寸	材料类别		
	碳素工具钢	低合金工具钢	优质渗碳钢
260～400	$^{+0.20}_{-0.30}$	$^{+0.14}_{-0.20}$	$^{+0.14}_{-0.08}$
110～250	$^{+0.14}_{-0.20}$	$^{+0.10}_{-0.15}$	$^{+0.10}_{-0.05}$
≤100	±0.10	±0.06	±0.04

③ 型腔表面无缺陷和易于抛光 由于塑料制品的表面有高的表面粗糙度要求，因此要在热处理过程中加以保护模具的型腔，避免表面出现各种缺陷，如加热时淬火时产生氧化皮、型腔表面氧化或腐蚀，表面磕碰伤以及表面脱碳等。这些外观缺陷将造成抛光工序难以进行，严重的导致模具的报废，因此模具的淬火加热过程应在具有保护性的脱氧彻底的盐浴炉、可控气氛炉以及真空炉内完成，从而满足模具型腔表面状态良好。

④ 具有足够的抗变形抗力 对于热固性塑料模具而言，在服役过程中承受的负荷较重和时间长，受热温度高，属于周期性受压作业，因此要求模具热处理后应保证有足够的抗压塌和抗起皱能力，即足够的抗变形能力。

4.4.4 塑料模具的热处理特点

塑料模具的型腔比较复杂，外观与光洁度要求高，热处理时应控制和避免表面氧化脱碳，有些模具并不要求淬透，只要求有一定的淬硬层，模具的淬火温度的选择的基本依据是钢的化学成分、共析或过共析钢的淬火加热温度 A_{c_1} +(30～50)℃，这样的温度范围内奥氏体晶粒较细并能溶入足够的碳，过共析钢奥氏体中的含碳量的多少与淬火温度有关，通过淬火温度的选定得以控制马氏体的形态，从而减少马氏体的脆性和淬火后残余奥氏体量，如加热温度过高，将会形成粗大的马氏体组织，使模具的性能恶化并增加淬火变形开裂的倾向，考虑到以上影响，因此热处理过程中应注意以下几点：

① 为了减少模具的热处理变形，应尽可能采用减少变形的工艺方法，采用预热（不超过 400℃）和预冷（在 A_{r_1} 附近）措施，并应注意充分预热。淬火时要力求加热均匀和冷却均匀，模具的预冷可减少模具与冷却介质的温差，能有效减少热应力，要会利用淬火温度的选择来调节残余奥氏体量的多少，控制淬火变形和改善模具的强韧性。预冷既可在空气中、炉中进行，也可在油中预冷以及在危险部位擦水、擦油等预冷等方法。

② 在确保硬度的前提下，采用冷却缓慢的淬火介质，如用热油淬火，采用分级淬火或等温淬火，可减少模具的热处理变形。分级淬火或等温淬火介质温度的选择取决于钢种的淬透性、要求的性能以及模具的尺寸、形状与变形等要求，应根据具体的条件来合理选择。

③ 为保持模具的表面清洁，采用盐浴炉、真空炉或可控气氛炉等进行淬火与回火处理，模具淬火后应及时回火以降低和消除淬火应力，避免开裂。采用箱式炉或井式炉回火时，应封箱进行，并将模具用纸包好，周围添加少量木炭，用土砸实即可。

模具的回火应正确选择回火温度、确定回火时间与以及适当的冷却方法，因回火不充分而引起磨削裂纹、线切割变形和开裂，有时因回火不及时而出现自行开裂的现象时有发生，因此应充分及时的回火，这是消除热处理缺陷的重要程序，应引起热处理工作者的高度重视。对于高合金钢模具，要在淬火后及时低温时效处理，可有效避免应内应力过大而造成的模具的开裂。另外淬火后的模具应在回火前清洗，目的是清除干净表面的附着物，防止在回火温度下发生表面的腐蚀，文献［53］指出 3Cr2W8V 制内燃机气门锻模在盐浴中加热，热油冷却后，因未擦净其表面与型腔内的残盐，在 600～620℃ 的高温回火过程中产生了严重的腐蚀。

④ 对于合金钢模具可根据其硬度要求，采用等温淬火，对于模具厚度超过 30mm 以上，可先在 M_S 点温度以下分级 2～3min，随后转入到 M_S 以上的硝盐浴中等温处理若干时间。

⑤ 对硬度要求在 53～57HRC 的部分模具，其回火温度处于或接近回火脆性区，要避开回火脆性温度区回火处理，以免造成模具冲击韧性的降低。

下面分别讲述几类塑料模具钢的热处理特点，供参考。

（1）渗碳型塑料模具钢的热处理特点

① 渗碳型塑料模具钢也称为低碳马氏体渗碳型塑料模具钢，主要用于冷挤压成形的塑料模，为了便于冷挤压成形，这类钢退火后须有高的塑性和低的变形抗力，故要求具有低的含碳量，为提高模具的耐磨性，低碳钢、低碳合金钢模具在冷挤压成形后进行渗碳、淬火和低温回火，使模具表面得到高碳细针状回火马氏体+颗粒状碳化物+少量残留奥氏体，心部组织主要为低碳马氏体，从而保证了模具表面具有高的硬度（58～62HRC）、高的耐磨性，而心部具有较高的强韧性（30～45HRC），用于制造各种要求耐磨性良好、形状复杂、承受载荷较高的塑料成形模具。国外常用的牌号有瑞典的 8416、美国的 P2、P4 等，国内则采用工业纯铁（DT1、DT2）、20、20Cr 等。

② 对于具有高硬度、高耐磨性和高韧性要求的塑料模具，要选用渗碳钢制造，并进行渗碳、淬火和低温回火处理；

③ 对于渗碳层的要求，一般为渗碳层厚度在0.8～1.5mm，当压制含硬质填料的塑料时，模具的渗碳层厚度在1.3～1.5mm，而压制软性的塑料模具时，则厚度控制在0.8～1.2mm是适宜的，而渗碳层的碳含量控制在0.7%～1.0%为最佳。如果进行碳氮共渗则模具型腔表面的耐磨性、耐腐蚀性以及抗氧化性和防粘性更好。

④ 渗碳温度控制在900～920℃之间，保温时间为1～10h，渗碳工艺为分级渗碳为宜，即高温阶段（900～920℃）以快速渗碳为主，而中温阶段（820～840℃）以增加渗层厚度为主，从而在渗碳层内建立了均匀合理的碳浓度梯度分布，便于进行直接淬火处理。作为复杂的型腔的小型模具可取840～860℃的中温碳氮共渗。

渗碳的工艺方法应尽量采用分级渗碳，目的是在渗碳层内建立均匀合理的碳浓度梯度分布，并且便于进行直接淬火。分级渗碳在高温加热温度为900～920℃，保温1～1.5h，以快速将碳渗入零件表层为主，在中温阶段的加热温度为820～840℃，此阶段保温2～3h，以增加渗碳层厚度为主，有助于避免表层含碳量过高，图4.25和图4.26为20Cr钢恒温渗碳和分级渗碳的碳浓度分布情况。

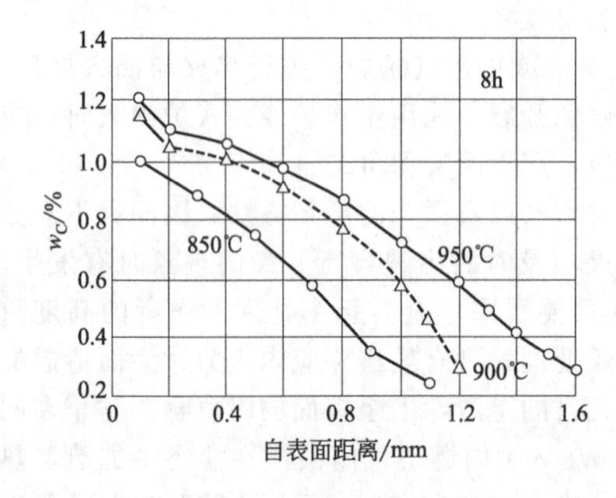

图4.25 20Cr钢不同渗碳温度的碳浓度分布

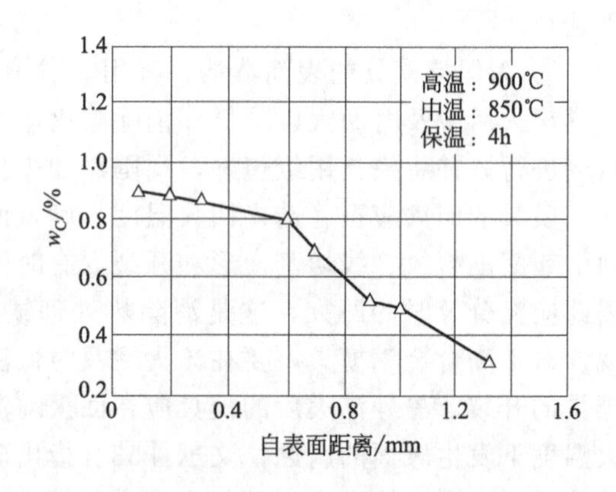

图4.26 20Cr钢分级渗碳的碳浓度分布

⑤ 渗碳后的淬火工艺种类较多，渗碳后的选用原则为：重新加热淬火；分级渗碳后直接淬火（如合金渗碳钢等）；中温碳氮共渗后直接淬火处理（如工业纯铁或低碳钢冷挤压成形的小型精密模具等）；渗碳后空冷淬火（高合金渗碳钢制造的大、中型模具等）。

(2) 淬硬钢塑料模具钢的热处理特点

对于要求表面耐磨、抗拉和抗弯强度要求又高的塑料模具，应采用淬硬型塑料模具钢。故在热处理时应当考虑以下几点：

① 对于形状复杂的模具，在粗加工后进行热处理，随后进行精加工，才能确保模具的热处理变形小，对于精密模具的变形应小于0.05%。

② 塑料模具的型腔要求十分严格，保护型腔面高的表面粗糙度要求，力求通过热处理使金属内部组织达到均匀一致。故要求模具在热处理过程中要确保型腔表面不氧化、不脱碳、不浸湿、不过热等，通常选择脱氧彻底的盐浴炉加热，也可根据模具的实际技术要求，选用箱式炉加热，但需要在模腔表面涂保护剂。另外在确保淬火硬度合格的要求下，冷却时应选择比较缓和的冷却介质，可有效避免淬火过程中的变形、开裂等，采用热浴淬火为佳。如果表面脱碳则造成淬火硬度不足，耐磨性下降，如表面增碳则在抛光时出现橘皮状，既不容易抛光，也不易耐腐蚀，故为防止上述弊端的出现，应采用保护加热。

③ 淬火后应及时回火处理，回火温度应高于模具的工作温度，回火时间应充分，应以模具的材料与截面尺寸大小选定，但至少应在40～60min。

④ 钢中合金元素较多、传热速度较慢的高合金钢以及形状复杂、截面厚度变化大的模具零件，故淬火加热时，为减少热应力，要控制加热速度，必要时进行2～3次的预热处理；

⑤ 为确保淬火冷却时的冷却变形，在控制冷却大于该钢的临界淬火冷却速度的前提下，应尽量缓冷，对于合金模具钢应采用热浴等温淬火、分级淬火或预冷淬火等。表4.71为常见淬硬型塑料模具钢淬火加热温度，其推荐的冷却介质见表4.72。

表4.71 淬硬型塑料模具钢淬火加热温度

钢号	预热温度/℃	淬火加热温度/℃	恒冷预冷温度/℃
T7A	未入盐浴加热前均应在箱式炉中经过250～300℃的烘烤1～1.5h；若采用箱式炉加热淬火，则加热温度应比普通加热9Mn2V温度提高10～20℃	780～800℃淬火，810～830℃淬硷浴	730～750
40Cr		820～860	760～780
T10A		760～780℃淬水，800～820淬硷浴	730～750
Cr2、GCr15		820～840℃	730～750
9Mn2V		780～800	730～750
9CrWMn MnCrWMn		800～820	730～750
5CrNiMo		840～860	730～750
5CrMnMo		860～880	
Cr12MoV	800～820(注意型腔保护)	960～980	830～850

表4.72 淬硬型塑料模具钢淬火冷却介质

钢种	硬度HRC范围要求	淬火介质
Cr12MoV，Cr6WV	56～60	二元硝盐，气冷
合金工具钢，合金结构钢	52～56	中温碱浴，热油，二元硝盐，气冷
碳素工具钢	45～50	三元硝盐
	52～56	低温碱浴

（3）预硬钢塑料模的热处理特点

① 广泛采用超低碳钢冷挤压成形工艺方法来制造塑料模具，由于需要冷挤压成形，故除含碳量较低外，经过软化退火后硬度较低（≤160HBW，挤压复杂型腔时则≤130HBW），特别适用于冷塑性变形。该类钢在冷挤压成型后进行渗碳处理、淬火、回火等，该类钢具有生产效率高、制造周期短和模具精度高等优点，其具有代表性的钢种为美国的P系列低碳模具钢、德国X6CrMo4钢和国产的08Cr3NiMoV钢等。

② 作为低碳马氏体钢强韧性型塑料模具钢，该类钢包括低碳碳素钢和低碳合金钢，经过低碳马氏体强烈淬火处理后，得到强韧性较高的低碳马氏体组织，可代替中碳钢调质处理或低碳钢渗碳、渗氮处理，适用于制造各种塑料模具，可显著缩短模具的制造周期，降低制造成本，提高使用寿命，在塑料模具热处理中得到了广泛应用。

③ 预硬钢是以预硬态供货，一般不再进行热处理，根据形状需要改锻的模具毛坯则需要进行热处理。

④ 预硬钢的热处理采用球化退火处理，目的时消除毛坯锻造的应力，获得均匀的球状珠光体组织，降低硬度、提高塑性和改善毛坯的切削加工性和冷挤压成形性能。

⑤ 预硬钢的预硬处理工艺简单，多数采用调质处理，获得回火索氏体组织。高温回

火的范围较大，因此可满足模具的各种工作硬度的要求。考虑到这类钢具有良好的淬透性，淬火时可采用油冷、空冷或硝盐分级或等温淬火，表4.73为部分预硬钢的预硬处理工艺规范。

表4.73 部分预硬钢的预硬处理工艺规范

钢号	淬火工艺规范		回火工艺规范	
	加热温度/℃	冷却方式	回火温度/℃	预硬硬度 HRC
SM3Cr2Mo	830～840	油冷或160～180℃硝盐分级	580～650	28～36
5NiSCa	880～930	油冷	550～680	30～45
8Cr2MnWMoVS	860～900	油冷或空冷	550～620	42～48
P4410	830～860	油冷或160～180℃硝盐分级	550～650	35～41
SM1	830～850	油冷	620～660	36～42

(4)时效硬化钢塑料模的热处理特点

① 时效硬化钢的热处理工艺的基本工序为固溶处理和时效处理，前者时将钢加热到奥氏体高温状态，使各种合金元素溶入奥氏体中，冷却后获得马氏体组织，后者则为利用时效强化达到模具所需要的硬度、强度等力学性能。

② 时效硬化钢的固溶处理一般在盐浴炉、燃气炉、箱式炉或多用炉中完成的，其加热时间则取1min/mm、1.5～2min/mm、2～2.5min/mm和1.8～2.3min/mm。冷却介质为油，淬透性好的则选用空冷即可。如果在锻造毛坯时，可准确控制终锻温度在固溶温度区域，则可在锻造结束后直接进行固溶处理，可降低重新加热的费用。

③ 建议其时效处理选择在真空炉中进行，如无条件则在箱式炉、井式炉或多用炉中完成该时效工序，为了防护模具型腔的表面出现氧化现象，应向炉内通入保护性气体（如氮气、甲醇、酒精或其他气体），也可采用氧化铝粉、石墨粉、铸铁屑或保护性涂料等，采用封箱进行时效处理。需要注意的是封箱保护加热的时间要适当延长，否则很难达到时效的目的和要求。

④ 低碳马氏体时效硬化型塑料模具钢，包括低碳马氏体时效硬化钢和低碳马氏体析出硬化钢，其具体热处理特点为：

a. 低碳马氏体时效硬化钢具有较高的屈强比，良好的切削加工性和焊接性，热处理工艺简单等特点。其典型的钢种为超低碳18Ni系列，近年来研发的06Ni6CrMoVTiA（简称06钢），属于低镍、低碳马氏体时效硬化钢，经过800～880℃加热后，进行水或油冷固溶处理，在500～540℃保温4～8h的时效处理后，其组织为低碳马氏体+析出强化相（Ni_3Al、Ni_3Ti、TiC和TiN等），硬度在42～45HRC，屈服强度达到1100～1400MPa。06钢通常制作收录机磁带盒模具，其平均寿命达110万件。

b. 国产低碳马氏体析出（沉淀）硬化钢。其典型钢种有25CrNi3MoAl和10Ni3MnCuAl（简称PMS），适用于制作对于变形要求严格、镜面要求或表面要求光刻花纹工艺的精密镜面塑料磨具，其中25CrNi3MoAl钢经过830℃的加热固溶处理后，硬度可达50HRC，540℃×4h时效处理后，硬度在39～42HRC；PMS钢经过870℃×1h的固溶处理，510℃×4h的时效处理后，金相组织为低碳马氏体基体上弥散分布大量的细小金属间化合物，其硬度为40～43HRC，抗拉强度为1000～1300MPa，可见具备模具钢的性能要求。

部分时效硬化型塑料模具钢的热处理规范见表4.74。

表 4.74　部分常见时效硬化型塑料模具钢的热处理规范

钢号	固溶处理工艺	固溶硬度(HRC)	时效处理工艺	时效硬度(HRC)
06Ni6CrMoTiAl	800～850℃油冷	≤31	(510～530)℃×(6～8)h	43～48
PMS	800～850℃空冷	≤28	(510～530)℃×(3～5)h	41～43
25CrNi3MoAl	870～890℃水冷或空冷	≤34	(520～540)℃×(6～8)h	39～42
SM2	(890～910)℃×2h 油冷+(690～710)℃×2h	≤27	(500～520)℃×10h	39～40
PCR	1040～1060℃空冷	≤30	(460～480)℃×(3～5)h	42～44

(5) 低碳马氏体耐蚀型塑料模具钢的热处理特点

① 低碳马氏体不锈钢　主要的钢种有 2Cr13 钢（0.16%～0.25%C）和 1Cr17Ni2 钢（0.11%～0.17%C），适用于制造在腐蚀性介质作用下的塑料模具，透明塑料制品等。

② 低碳马氏体析出（沉淀）硬化型不锈钢　其典型钢种为国产 07Cr16Ni4Cu3Nb 钢（简称 CR），该钢经过 1050℃淬火后可获得单一的低碳马氏体组织，硬度在 32～35HRC，可以直接进行切削加工，经过（460～480)℃×3h 的时效处理后，硬度达 42～44HRC，具有良好的力学性能与抗蚀性。

4.4.5　塑料模具的表面处理技术

为了提高塑料模具的表面耐磨性和耐蚀性，适用于塑料模具的表面处理方法有：镀铬、渗氮、氮碳共渗、化学镀镍、离子镀氮化钛、碳化钛或钛化钛、物理气相沉积法（PVD）、化学气相沉积法（CVD）沉积硬质膜或超硬膜等，总之，可根据塑料模具的具体服役条件以及零件的精度要求，来最终确定最佳的表面处理方法。因此为提高塑料模具表面的耐磨性和耐蚀性，延长其使用寿命，常对其进行适当的表面处理：

(1) 模具表面镀铬后可获得一定厚度的铬层，镀铬层在大气中具有强烈的钝化能力，在多种酸性介质中均不发生化学反应，能长久保持金属光泽，镀铬层硬度在 1000HV 以上。另外镀铬层还具有优良的耐磨性和较高的耐热性，在空气中加热到 500℃其外观与硬度无明显变化，这是一种应用最多的表面处理方法。

(2) 渗氮具有处理温度低（一般为 500～570℃）、模具变形小和渗层硬度高（可达 1000～1200HV）等优点，塑料模具渗氮（包括硬氮化与软氮化等）后，无组织转变的发生，含有铬、钼、铝、钒和钛等合金元素的钢种比碳钢具有更好的渗氮能力，渗氮处理后的模具的耐磨性大大提高。

① 塑料模具的镀铬处理　塑料模具的镀铬是应用最为广泛的表面处理方法，镀铬层在大气中具有强烈的钝化能力，能够长久保持金属光泽，在多种酸性介质中均不发生化学反应。镀层硬度达到 1000HV，因而具有良好的耐磨性，另外镀铬层还具有较高的耐热性，在空气中加热到 500℃时，其外观和硬度仍无明显的变化，因此该工艺应用十分广泛。

② 塑料模具的渗氮处理　渗氮具有处理温度低（一般为 500～570℃）的特点，处理的模具变形甚微和渗层硬度高的特点（850～1200HV），故非常适合塑料模具的表面处理。含有铬、钼、铝、钒、钛等合金元素的钢种具有很好的渗氮性能，经过渗氮处理的塑料模具可大大提高耐磨性。

4.5 塑料模具用高性能钢的发展趋势

对于塑料模具的需求，塑料模具用高性能钢的发展的最终目标是以低成本制造出满足使用要求的高质量产品，目前我国塑料模具钢的发展方向主要体现在以下几个方面。

① 对无变形的预硬化塑料模具钢和大规格、大吨位模具钢的需求不断增加。

② 缩短塑料模具加工周期，要求模具钢的生产企业能提供经过机械加工或热处理后的模具钢，满足客户的发展需要。

③ 向模具钢的系列化和个性化方向发展，对于模具钢的性能（如工作温度、耐腐蚀性能、切削性能、蚀刻性能、抛光性能等）提出了更高的要求，因此使模具钢根据工作状态形成系列化，不断满足个性化的需求。

④ 发展超大规格汽车保险杠预硬化塑料模具钢，开发厚度≥400mm 的大规格沉淀硬化型超镜面塑料模具钢模块，开发新型耐腐蚀塑料模具钢，满足特种塑料对模具钢的耐腐蚀性要求。

⑤ 对降低塑料模具钢制造成本和缩短模具制造周期的要求将日益提高。

围绕此目标，塑料模具向高性能钢的发展方向如图 4.27 所示。

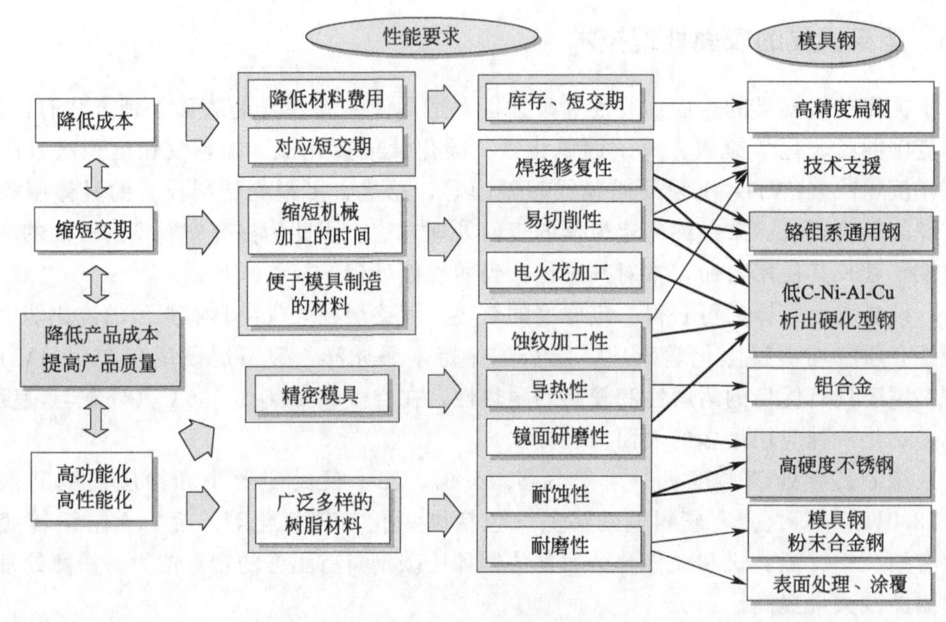

图 4.27 塑料模具高性能钢的发展方向

高性能钢是一类具有综合力学性能，且具有高寿命的一类模具用钢，近年来国内已经研制成功专用的冷挤压成形塑料模具钢 0Cr4NiMoV（代号 LJ，前面已有介绍）。LJ 钢与国外同类钢种的化学成分和退火硬度列于表 4.75。

表 4.75 冷挤压成形高性能塑料模具钢的化学成分和退火硬度

钢种代号	各元素化学成分/%							退火硬度
	C	Mn	Si	Cr	Ni	Mo	V	(HBW)
P2(美国)	0.07	0.30	0.30	2.00	0.50	0.20	—	113
P4(美国)	0.07	0.30	0.30	5.00	—	—	—	122

续表

钢种代号	各元素化学成分/%							退火硬度(HBW)
	C	Mn	Si	Cr	Ni	Mo	V	
ASSAB8416(瑞典)	0.05	0.15	0.10	3.90	—	0.50	−0.12	95～110
LJ(中国)	≤0.08	<0.30	<0.20	3.50	0.50	0.40	—	87～105

此类钢中C的质量分数较低，目的是降低退火硬度，挤浅型腔时，退火硬度应低于160HBW，挤复杂型腔时退火硬度应低于100HBW。在钢中可加入能提高淬透性而固溶强化效果又小的合金元素，铬是比较理想的加入元素，铬的质量分数应尽可能低。这类钢的模具在冷挤压成形后进行渗碳淬火和低温回火，表面硬度为58～62HRC。

LJ钢热处理后表面得到回火马氏体＋少量残余奥氏体基体上分布着颗粒状碳化物组织，心部则是针状铁素体、M-A和多边形铁素体的混合组织，表面的高硬度和心部的强韧性得以良好的配合，是一类高性能的冷挤压塑料模具钢。

这是新型的冷成形模具钢，也是专用冷挤压成形塑料模具钢，在成分的设计上采取了微碳主加Cr，附加Mo、V、Ni及限制Si与Mn含量的合金化方案，使钢具有优良的退火软化性能，确保了冷挤压成形制模工艺的要求。可以看出该钢的含碳量很低，故其具有优异的塑性和良好的变形能力，钢中主要元素为铬，辅助元素则为镍、钼、钒等，合金元素的主要作用是提高钢的淬透性和渗碳能力，增加渗碳层的硬度和表面耐磨性，以及赋予心部良好的强韧性。

第5章

汽车轻量化，助推高性能 Al、 Mg、 Ti 轻合金结构材料发展

5.1 汽车轻量化发展趋势与 Al、 Mg、 Ti 轻合金材料

21 世纪汽车制造业呈现电动化、网联化、智能化和共享化的发展趋势，在此大背景下，汽车轻量化是实现汽车四化的重要战略举措之一。推动汽车轻量化发展，对于环境保护工作的开展有着非常大的意义。因此，汽车的轻量化发展是未来汽车产业发展的重要方向，也是一项重要的系统性工程。

5.1.1 汽车轻量化概述

（1）何谓“汽车轻量化”“轻量化材料”？

① 汽车轻量化 就是指在保证汽车强度和安全性能前提下，降低汽车的整体质量，从而提高汽车的动力性，减少燃料消耗，降低排气污染，实现节能减排的目的。

实验证明，汽车质量降低一半，燃料消耗也会降低将近一半。美国铝业协会的数据显示，汽油车减重 10%，可减少 3.3%的油耗，柴油车减重 10%则可减少 3.9%的油耗。由于环保和节能的需要，汽车的轻量化已经成为世界汽车发展的潮流。汽车轻量化有利于主动安全，可有效增加操作稳定性，缩短制动距离；减重 10%，制动距离可减少 5%，转向力减少 6%。汽车制造业是国民经济的支柱产业，我国是汽车产销第一大国，随着能源短缺和环境污染问题的凸显，汽车轻量化尤显重要。

② 轻量化材料 指的是具有较高比强度（材料强度/密度）的新型材料。通过研发和突破汽车轻量化材料等节能关键技术，有效做到节能减排，降低环境污染，提高资源利用率，推动汽车产业整体向节能高效化、排放低污染化转型。

由于传统的钢材工艺优化空间有限，加工设备也难以适应新的车身材料，因此采用新型材料和工艺是实现汽车轻量化的主要途径。新型轻量化材料主要可以分为低密度和高强度两类材料，当前应用较为广泛的低密度轻质材料主要有高性能有色轻金属合金材料（Al 合金、Mg 合金、Ti 合金及其复合材料等），而高强度的材料主要指高强度与超高强度钢。

（2）开展汽车轻量化研究的意义

汽车工业节能减排的实现主要是通过轻量化升级改造传统燃油汽车和增加新能源汽车的

发展来实现的。燃油汽车仍然是当前使用范围最广的车辆，材料轻量化是实现汽车整体轻量化最便捷、最有效的途径之一，整个汽车工业实现车辆轻量化的重要性如表5.1所示。

表5.1 整个汽车工业实现车辆轻量化的重要性

序号	名称	重要性
1	减少材料使用，节约资源	一辆汽车由2万多个零部件构成，制造过程中，需使用到约4000多种材料，其中金属材料占80%左右。通过使用轻量化材料，可在保证安全前提下，最大限度减少在制造过程中的资源消耗；若使用铝合金、镁合金等可回收金属，将会更进一步减少资源消耗，使汽车工业更进一步向绿色制造发展
2	减少石油产品消耗，降低尾气排放污染	车辆在运行过程中，使用和消耗的汽柴油、润滑液等运行材料多为石油产品。据统计，汽车工业消耗了全球近46%石油产品。汽车运行过程中有约75%的油耗与车身重量有关；降低车身总重量可降低50%的能源消耗，优化车身设计减少行驶阻力可减少30%能源消耗，提高发动机效率可降低20%能源消耗。传统燃油汽车整车总重若减轻10%，燃油消耗降低5%～10%，CO_2尾气排放可降低4%左右，实现汽车轻量化，能有效减少石油产品消耗，减低尾气排放污染，保护环境
3	大幅提升行驶安全性能	轻量化可大大提高车辆的机械操作性、安全性和稳定性，使驾驶体验更加舒适。美国铝业协会指出，使用铝合金制作轮胎，不仅可有效降低整车重量，还可有效减振；若减轻1/4整车重量，则加速到100km/h的时间将由10s减至6s，有效缩短瞬间加速和制动距离，极大提升驾驶的安全性，车辆的牵引负荷得以调整到更加良好的状态，驾驶时的稳定性和安全性更好
4	有效减轻整车和电池组重量	这可使新能源汽车的续航能力得到大幅提高。新能源汽车中电池组的重量约为传统燃油发动机重量的2倍左右，降低整车重量对增加续航里程极其重要，研究表明，新能源汽车整车总重若减轻10%，续航里程可增加10%，可节约15%～20%电池成本，提高新能源使用效率，大幅增加续航里程，助推新能源汽车的快速发展

（3）汽车轻量化的发展趋势

汽车是复杂的机械系统，通过对核心零部件进行轻量化结构优化设计和高强度钢、铝合金、镁合金及复合材料等轻量化材料以及先进的制造成形工艺的应用，预计到2030年，汽车轻量化零部件将占市场的40%。

实现汽车轻量化主要有3种途径（见图5.1）：材料应用轻量化、结构设计轻量化和制造工艺轻量化，而每个领域的轻量化发展都已演化成多项技术的支撑。在“中国制造2025”对汽车轻量化的要求中，强调汽车轻量化重点工作领域包含推广应用整车轻量化材料和车身轻量化、底盘轻量化、动力系统及核心部件的轻量化设计。由此可见，对轻量化材料的研究在汽车轻量化工作领域中具有重要意义。

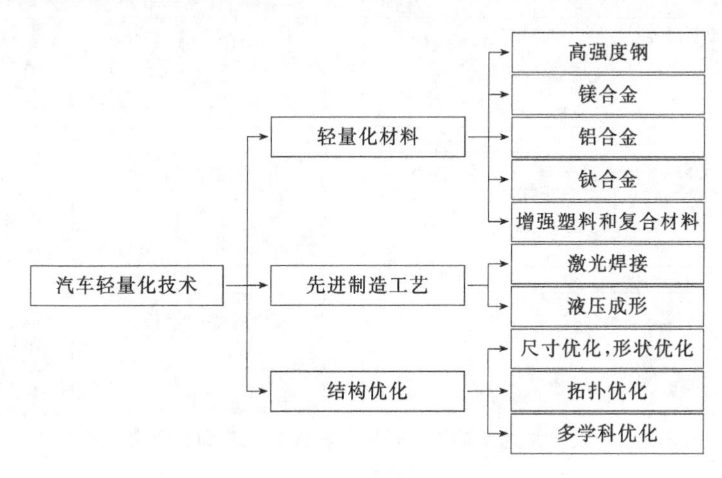

图5.1 汽车轻量化技术的类型

汽车的轻量化并不是盲目的减重，在降低汽车重量的同时还须保证汽车的碰撞安全性能。追求燃油经济性与碰撞性的平衡，是车身开发的最重要控制点之一。新型低密度、高强度材料的应用，可有效减轻车重量，目前最为有效的做法是使用铝合金、镁合金等轻金属材料。按国内汽车轻量化水平来看，多材料选择将进一步发展，铝、镁、钛合金依然是未来汽车轻量化材料发展方向，研究体系逐步深化。成本和轻量化技术研究储备依然是左右轻量化技术应用的两个主要因素。

按照汽车轻量化技术路线发展，估计会在 2025 年实现整车减重 12%～20%轻量化目标，整车大量应用铝镁合金，实现全铝车身应用（发展高压成形、铝合金激光拼焊、液态模锻、真空压铸技术）和部分零部件碳纤维等复合材料的应用。

5.1.2 汽车轻量化与高性能 Al、 Mg、 Ti 有色轻合金结构材料

不同材料的使用对汽车自重的影响很大，合理选材至关重要。在选择汽车材料时通常需要考虑以下 3 点：a. 保证汽车的各种使用性能，如动力性、NVH（噪声、振动与声振粗糙度）性能、安全性、舒适性、操作稳定性等；b. 能够充分发挥加工工艺的性能，如成形性、焊接性等；c. 使用寿命长、低成本、可回收等。合理选择材料是推动汽车技术进步的关键，轻量化材料的使用既能保证汽车的使用性能又可以降低汽车自重。

通过优化材料而实现汽车轻量化的思想在实施时可归纳为 2 点：a. 选用低密度材料代替钢铁材料，例如采用低密度的 Al、Mg、Ti 合金材料等；b. 使用高强度材料，比如高强度钢，然后降低钢板厚度实现减轻质量。Al、Mg、Ti 有色轻合金是常用的低密度金属材料，也是汽车减轻质量、节能环保的首选材料。

在汽车工业快速发展的今天，推行汽车轻量化技术应牢牢掌握高性能材料应用、先进成形工艺、结构优化设计三个重点，设计是龙头、材料是基础、工艺是桥梁，实际开发中往往是这三方面综合应用的结果。轻量化也是一多学科、多领域交叉的系统工程，不仅为实现汽车减重，还应同时兼顾产品的成本、质量、功能和可回收性等要素。相信在政府部门、汽车生产企业、零部件供应商和消费者群体的共同努力下，汽车轻量化会朝着更加节能、环保、智能化、信息化、系统化方向发展。以下三节，将分别就高性能铝合金、高性能镁合金和高性能钛合金材料的特点、应用与发展趋势等加以概略介绍。

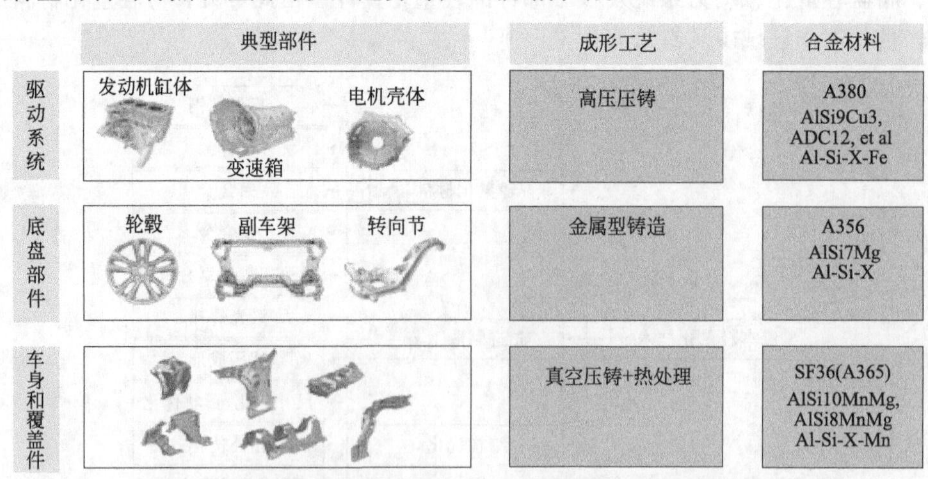

图 5.2 汽车关键子系统的轻质材料成形工艺和主要合金类型

汽车关键子系统的轻质材料成形工艺和主要合金类型见图 5.2。随着汽车智能化的推

进，对传统的轻质合金及其成形工艺提出了新的挑战，也产生了大量的新机遇。我国具有全球最全的汽车工业的产业链体系，随着供给侧结构性改革的推进，我国的汽车轻质部件供应链体系也会在汽车工业 2.0 时代发挥积极重要的作用。

5.2　高性能 Al 合金在汽车轻量化领域的应用

Al 是应用较早且技术日趋成熟的轻量化材料，它在汽车中的用量呈现不断增长的趋势。汽车中应用的 Al 以 Al 铸件为主，约占汽车用铝量的 80%。汽车轻量化既可为汽车提供更大的动力支持，又能有效避免汽车对于能源材料的使用，还可减少汽车排放的污染气体，具有百利而无一害的作用。目前，在汽车轻量化的带动下，Al 合金及其应用技术得到了迅猛发展。各大汽车厂商不断推出了采用全 Al 车身及铝密集型的新款汽车，这些新车中 Al 的用量不断增加。现在，Al 合金在汽车中的应用正朝车身零件及结构件的方向发展，其应用范围将会不断扩展，成为仅次于钢的第二大汽车材料。

5.2.1　Al 合金分类与高性能 Al 合金的强韧化

纯 Al 力学性能不高，不适宜作承受较大载荷的结构零件。为提高 Al 的力学性能，在纯 Al 中常加入主要合金元素如 Cu、Mg、Si、Zn、Mn、Li 等，附加的微量元素如 V、Ti、B、Ni、Cr、RE 等及杂质元素 Fe 等，形成 Al 合金。Al 合金既能保持纯铝的密度小和抗腐蚀性能好的特点，而且力学性能比纯铝高得多。经热处理后 Al 合金的力学性能可和钢铁材料媲美。Al 合金与钢铁材料的相对力学性能比较列于表 5.2。可以看出，Al 合金的相对抗拉强度接近甚至超过了合金钢，而其相对比刚度则大大超过钢铁材料，故对于质量相同的结构零件，若用 Al 合金制造时，可保证得到最大刚度。由于 Al 合金具备上述特性，因此其广泛应用于交通运输业，尤其是在航空工业上应用更为广泛。

表 5.2　Al 合金与钢铁材料的相对力学性能比较

力学性能	材料名称				
	低碳钢	低合金钢	高合金钢	铸铁	铝合金
相对密度	1.0	1.0	1.0	0.92	0.35
相对比抗拉强度	1.0	1.6	2.5	0.60	1.8～3.3
相对比屈服强度	1.0	1.7	4.2	0.70	2.9～4.3
相对比刚度	1.0	1.0	1.0	0.51	8.5

（1） Al 合金的分类

工程上常用的 Al 合金大都具有如图 5.3 类似的相图。由图可见，凡位于相图上 *D* 点成分以左的合金，在加热至高温时能形成单相固溶体组织，合金的塑性较高，适用于压力加工，故称为变形铝合金；凡位于 *D* 点成分以右的合金，因含有共晶组织，液态流动性较高，适用于铸造，故称为铸造铝合金。Al 合金的分类及性能特点列于表 5.3。变形 Al 合金又可分为可热处理强化和不可热处理强化的铝合金，溶质成分位于 *F* 点以左的合金，其固溶体成分不随温度

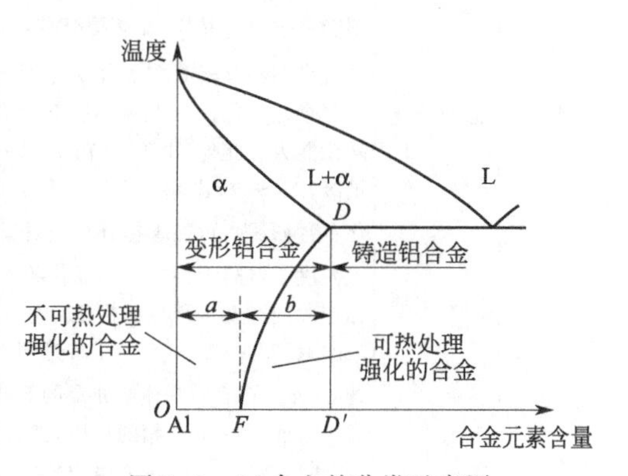

图 5.3　Al 合金的分类示意图

而变化，不能借助时效处理强化，称为不可热处理强化的 Al 合金；溶质成分位于 *F*、*D* 两点之间的合金，其固溶体成分随温度发生变化，可进行时效沉淀强化，称为可热处理强化的 Al 合金。

表 5.3　Al 合金的分类及性能特点

<table>
<tr><th colspan="2">分类</th><th>合金名称</th><th>合金系</th><th>性能特点</th><th>编号举例</th></tr>
<tr><td colspan="2" rowspan="9">铸造铝合金</td><td>简单铝硅合金</td><td>Al-Si</td><td>铸造性能好，不能热处理强化，力学性能较低</td><td>ZL102</td></tr>
<tr><td rowspan="4">特殊铝硅合金</td><td>Al-Si-Mg</td><td rowspan="4">铸造性能良好，能热处理强化，力学性能较高</td><td>ZL101</td></tr>
<tr><td>Al-Si-Cu</td><td>ZL107</td></tr>
<tr><td>Al-Si-Mg-Cu</td><td>ZL105，ZL110</td></tr>
<tr><td>Al-Si-Mg-Cu-Ni</td><td>ZL109</td></tr>
<tr><td>铝铜铸造合金</td><td>Al-Cu</td><td>耐热性好，铸造性能与耐蚀性能</td><td>ZL201</td></tr>
<tr><td>铝镁铸造合金</td><td>Al-Mg</td><td>力学性能高，耐蚀性好</td><td>ZL301</td></tr>
<tr><td>铝锌铸造合金</td><td>Al-Zn</td><td>能自动淬火，易于压铸</td><td>ZL401</td></tr>
<tr><td>铝稀土铸造合金</td><td>Al-RE</td><td>耐热性能好</td><td>ZL207</td></tr>
<tr><td rowspan="6">变形铝合金</td><td rowspan="2">不可热处理强化的铝合金</td><td rowspan="2">防锈铝</td><td>Al-Mn</td><td rowspan="2">耐蚀性、压力加工性与焊接性能好，但强度低</td><td>3A21</td></tr>
<tr><td>Al-Mg</td><td>5A05</td></tr>
<tr><td rowspan="4">可热处理强化的铝合金</td><td>硬铝</td><td>Al-Cu-Mg</td><td>力学性能高</td><td>2A11，2A12</td></tr>
<tr><td>超硬铝</td><td>Al-Cu-Mg-Zn</td><td>室温强度最高</td><td>7A04</td></tr>
<tr><td rowspan="2">锻铝</td><td>Al-Mg-Si-Cu</td><td>锻造性能好</td><td>2A50，2A14</td></tr>
<tr><td>Al-Co-Mg-Fe-Ni</td><td>耐热性能好</td><td>2A80，2A70</td></tr>
</table>

（2）高性能 Al 合金的强韧化（见表 5.4）

表 5.4　高性能 Al 合金的几种主要强韧化方法

<table>
<tr><th>序号</th><th>名称</th><th>进一步说明</th></tr>
<tr><td>1</td><td>微合金化</td><td>微合金化是改善 Al 合金结构材料综合力学性能、挖掘合金潜力最为高效的方法之一。借助飞速发展的先进实验探测手段与计算模拟方法，人们得以在更深层次理解微合金化机理，更科学设计微合金化机制，更高效调控微合金化效果。众所周知，稀土（RE）元素与过渡金属（TM）元素在 Al 合金中扮演重要的微合金化角色。这类元素化学性质活泼，在 α-Al 基体中往往具有较低的固溶度和扩散速率，所形成金属间化合物具较强的抗粗化/抗溶解能力。以下仅以 Sc 为例简要说明之。
Sc 是 Al 合金中最典型的、微合金化效果最为高效的元素之一，极少 Sc 添加即可引起铝合金组织性能的显著优化。Sc 在 α-Al 固相中的室温固溶度极低，因而初生 Al_3Sc 颗粒可作为晶粒的异质形核质点而显著细化晶粒，并改善枝晶网胞。此外，铸锭在均匀化或热轧阶段析出的 Al_3Sc 弥散相则能有效钉扎晶界，显著提升其再结晶温度。而在时效阶段析出的细小弥散、共格的次生 Al_3Sc 纳米析出相具有极高数量密度（$10^{23}m^{-3}$），见图 5.4，能强烈钉扎位错，大大提高位错滑移阻力，从而引起合金强化。Sc 加入 Al-Mg 系等合金，可使原本不可时效强化型铝合金额外获得广义上的时效强化能力。此外，由于 Sc 在 α-Al 基体中的扩散速率低于传统主合金化元素（如 Cu、Zn 等）1～2 个量级，Al_3Sc 析出相具有极为优秀的热稳定性，在 300℃ 持续热暴露 300h 以上均不呈现明显的粗化/溶解行为，可显著提升合金材料的高温服役性能。然而，Al_3Sc 析出相通常需＞300℃ 以上的时效温度。这高于传统析出强化相的析出温度 100℃ 以上，不可避免地会导致绝大部分传统析出强化相与此同时发生严重的粗化/溶解。进一步研究指出，在 Sc 微合金化的 Al-Cu 合金中，固溶温度由 520℃ 提升到 590℃ 有助于将过剩 Al_3Sc 弥散相重新溶入基体，使 Al-Cu-Sc 合金时效峰值硬度提升约 30%。固溶后基体中充足的 Sc 原子可在时效早期形成 Cu-Sc-空位复杂团簇，得以促进 G.P. 区形核率和 θ'-Al_2Cu 相的析出，大大提高了析出密度，改善合金时效硬化行为。同时，籍由 3D-ATP（三维原子探针）分析手段，发现峰值浓度为约 0.8%（原子百分数）的 Sc 原子偏聚在盘片状 θ'-Al_2Cu 析出相的两侧盘片面，见图 5.5(a)～(d)，极大改善了在时效过程中 θ'-Al_2Cu 的热稳定性，优</td></tr>
</table>

续表

序号	名称	进一步说明
1	微合金化	化了合金抗时效软化能力，更进一步研究表明，Sc 的微合金化效果呈现典型的晶粒尺寸依赖性。在超细晶尺度下，析出动力学将极大加快，二元 Al-Cu 超细晶合金在室温下停放即可晶界析出平衡 θ 相，见 TEM(transmission electron microscope，透射电子显微镜)图 5.5(e)。微量 Sc 添加则可将快扩散的 Cu 原子通过 Cu-Sc-空位团簇化而禁锢在晶内，将 Al-Cu 合金的晶界析出行为扭转为 Al-Cu-Sc 合金的晶内 θ'-Al_2Cu 析出，见图 5.5(f)。进一步提升超细晶材料的强度与位错储集能力，进而同步改善延性。 故调整合金中的主要合金元素含量及各组元的比值，添加微量 TM 及 RE 元素，从而改变合金中各种化合物比例和合金的物理性能，可以开发出对应各种不同需要的新型合金。如，利用有模低频电磁铸造技术可开发更高强度的新型高强铝合金，这可使基体固溶更多合金元素，使 Al-Zn-Mg-Cu 合金中的 Zn 含量超过 10%，总合金元素含量超过 15%，达到开发出强度稳定超过 700MPa 的新型超高强铝合金。在 Al-Zn-Mg-Cu 合金中添加 Sc 元素，既可细化晶粒，又能显著提高合金强度。研究表明，添加 0.1%Sc，Al 合金强度可提高 10～20MPa。另外，Sc 对 Al 合金的耐腐蚀性能、焊接性能均起有益作用
2	提高合金纯净度	进一步减少 Fe、Si 等各种杂质含量，提高合金的纯净度，研究控制杂质含量的方法和技术，改善高强铝合金的断裂韧度，抗疲劳性能和抗应力腐蚀开裂性能及抗铸造裂纹能力。当 Fe、Si 含量均小于 0.1%时，上述性能会大幅度提高
3	应用热处理，提高综合性能	研究和采用高温均匀化退火(在过烧温度以上)工艺，目的是使残留的非平衡相和时效强化相最大限度地固溶到基体中，并均匀分布，提高固溶处理后固溶体过饱和度，从而提高时效强化效果。研究和开发热变形＋中间高温均匀化＋高温固溶处理工艺，主要是针对 7175-T736(后改为 T74)合金大型锻件而开发的新工艺，它使 7175-T74 合金强度接近 7075-T6，抗应力腐蚀性能接近 7075-T73
4	开发先进熔体净化和变质处理技术	重点解决铸锭冶金质量不高的问题。熔体净化和变质处理方法可明显影响合金性能，尤其是断裂韧度和电导率。目前，熔体净化处理方法有：炉内的熔体静置＋溶剂处理、氯气处理、N_2+Cl_2 处理、$Ar+Cl_2$ 处理、C_2Cl_6 处理、N_2+Cl_2+CO 处理、喷粉精炼处理、动态和静态真空处理等。炉外净化处理方法有：在线处理的 SNIF 法、Alpur 法、CFF(泡沫陶瓷过滤)法等。美国 Almex 公司在 20 世纪 90 年代中期研制开发的新型铝熔体净化系统 LARS，具有巧妙构思与独特结构，除氢、去渣效果更好，除氢率可达 75%以上，可除去 99%的粒度＞20μm 的夹杂物，是目前最先进的 Al 熔体精炼技术，可为高性能 Al 合金厚板生产提供大规格优质铸锭。此外，微量元素和 Ti、B 等变质剂的加入，及它们在 Al 合金中与其他元素的交互作用也是值得关注的重要课题之一，因它们会影响铸锭中一次粗晶化合物的形成，进而影响其在组织中的存在形态和分布，并对合金性能产生严重影响
5	开发先进和特殊加工技术	以此来提高合金的综合及特殊性能，如超塑成形，精密，等温，半凝固模锻，等温挤压，厚板锻轧等。先进的铸造技术也是保证和提高高强铝合金强韧化性能的重要手段。电磁铸造技术既可获得细晶组织，又可强化合金元素的固溶，同时改善高强铝合金的铸造性能，因此被列为重点研究方向。另外，振动铸造、超声波铸造、同水平铸造、热顶铸造技术等都是值得重视和深入研究的技术

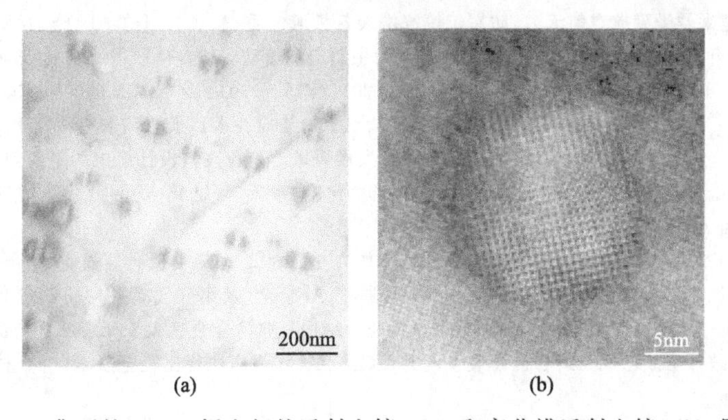

图 5.4　典型的 Al_3Sc 析出相的透射电镜 (a) 和高分辨透射电镜 (b) 图像

故通过强韧化技术挖掘现有 Al 合金的潜力，及研究和开发新型高强 Al 合金甚至超高

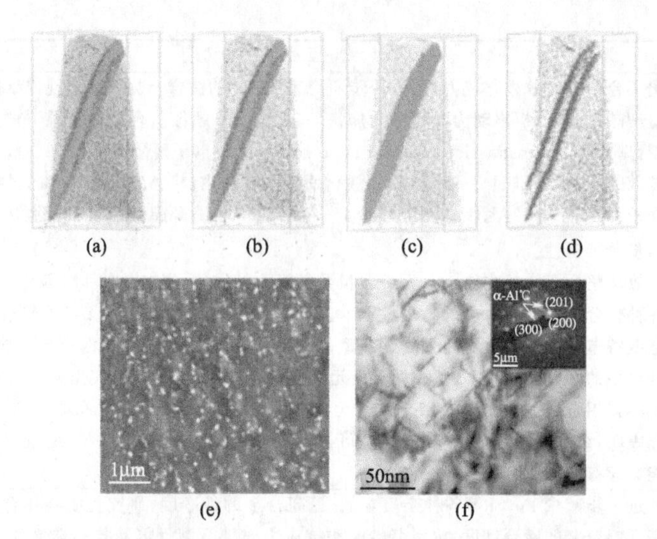

图 5.5　Sc 界面偏聚的 θ′析出相的 3D-ATP 元素分布图(a)～(d)，超细晶的 Al-Cu 晶界析出（e）及超细晶的 Al-Cu-Sc 晶内析出（f）的代表性的 TEM 照片

强 Al 合金的工作还任重而道远，大量基础研究工作有待深入开展。研究开发新型高强高韧 Al 合金应特别重视两点：a. 一种新的合金不仅仅是改变合金成分，还应包括加工工艺和应用，只有这三者结合起来，才能成为一种优良的合金材料；b. 新合金材料的研制不能仅仅停留在实验室里，最重要的是要能够在工业化生产条件下进行批量生产。

5.2.2　高强铝合金成分、组织与性能的关系及其发展历程

(1) 高强铝合金的概念、发展历程、强化机制与热处理形式（见表 5.5）

表 5.5　高强铝合金的概念，发展历程，强化机制与热处理形式

名称	详细说明
高强 Al 合金的概念	按强度特征，一般可分为中强(400 MPa 以下)、高强(400～600 MPa)、超强(600 MPa 以上)三个强度级别。故将 400 MPa 以上 Al 合金统称为“高强 Al 合金”。高强 Al 合金一般指含铜 2×××、含锌 7×××合金，7×××Al 合金又可细分为低 Cu 或无铜 7×××系(Al-Zn-Mg)和高铜 7×××系(Al-Zn-Mg-Cu)，强度涵盖中强、高强和超强范围
发展历程	广泛应用于航空工业的 Al 合金主要涉及 2××× 和 7×××，进入 21 世纪以来，将 Li、Sc、Er 作为合金化元素的工程铝合金(俗称铝锂合金、铝钪合金、铝铒合金) 材料不断涌现，其高比强度、比模量、高耐热、高耐蚀等优异性能越来越受到航空航天、国防军工等高端装备领域的重视，成为当前 Al 合金开发的前沿方向之一。自 20 世纪 60 年代开始，轨道交通行业以 Al 合金为主制造高速动车组车体取得成功，经近 60 年发展，铁路车辆制造领域形成了包括 7××× 系(如 7004、7204、7N01、7B05、7050)、6×××系(6005、6005C、6N01、6A01、6060、6082)和 5××× 系(5083、5052) Al 合金体系。高强 Al 合金主要以航空需求为背景不断发展，百年 Al 材百年航空，铝合金满足了不同时代飞机和尖端装备的发展要求。随着飞机设计思想的不断创新，先进飞机的制造对 Al 合金提出越来越高要求，特别是现代飞机的轻量化、宽敞化、舒适化、长寿命、高可靠和低成本的发展需求，推动了高强 Al 合金的发展。 按成分-工艺-组织-性能特征，其发展历程大体划为 5 个阶段，即第一代高静强度 Al 合金，第二代高强耐蚀 Al 合金，第三代高强高韧耐蚀 Al 合金，第四代高耐损伤 Al 合金，及第五代高强高韧低密度、低淬火敏感性 Al 合金。各阶段 Al 合金的特征性能、关键技术与特征微结构及典型合金见表 5.6。在现代装备高效、节能、环保发展趋势下，减重增效已成为所有高端装备的共性特征，Al 作为高性价比轻金属，其合金材料科技与产业赢得空前发展机遇。 我国高强 Al 合金的研发，经 70 余年发展，与国际差距逐渐缩小(见表 5.7)。自主研制和生产的铝合金支撑了不同时代各种类型高端装备的研制与批产，在高强 Al 合金研发生产方面积累了丰富的生产技术与工艺，为

续表

名称	详细说明
发展历程	保障国家安全做出了贡献。几十年来，通过不断深化改革开发，从国外引进与消化吸收并结合国内制造，基本建成了具有国际先进水平的高强 Al 合金生产装备和加工基地。现应：a. 加强大规格高性能材料及其工艺原理与技术研究，确保产品质量的一致性、稳定性能满足批量使用要求；b. 重视新一代 Al 合金的前沿性、基础性研究
强化机制	①高强 Al 合金的强化机理、应用特点及理论模型见表 5.8。 ②高强 Al 合金的基本断裂方式　对于不同成分和热处理状态的 Al 合金，基本断裂方式有四种(见图 5.6)：粗大金属间化合物引起的断裂、穿晶剪切断裂、穿晶韧窝断裂和沿晶断裂。实际上各种断裂韧度样品的断裂方式都是其中三种或四种基本方式组成的混合断裂。 ③裂纹优先沿大角度晶界扩展　图 5.7 是 7050 合金的金相显微组织，可看出其中裂纹是优先沿再结晶晶界扩展的。这是因再结晶晶粒为大角度晶界，在淬火和时效过程中晶界上析出较大的沉淀相，易导致沿晶断裂，从而降低合金断裂韧度。小尺寸亚晶的存在可降低应变集中，从而增加裂纹扩展阻力，对断裂韧度有利
热处理形式	热处理是改善铝合金组织和提高综合力学性能的有效途径。高强 Al 合金常见的热处理形式见表 5.9

表 5.6　Al 合金发展的特征性能、关键技术与特征微结构及典型合金

阶段时间	特征性能	关键技术与特征微结构	典型合金
第一代(20 世纪 30—50 年代)	高静强度	峰值时效；晶内弥散共格，半共格纳米时效相	2024—T4，2414—T6，7075—T6，7178—T6
	耐热		2618
第二代(20 世纪 50—60 年代)	高强、耐蚀	过时效，晶界析出相不连续分布	7075—T74/T76
第三代(20 世纪 70—80 年代)	高强、高韧、耐蚀	纯净化过时效；减小杂质相数量与尺寸，调控晶界相不连接分布及晶界无沉淀析出带 PFZ 宽度	7475—T74，7050—T74，2519—T87
	高强、低密度	锂降密度，锂强化，含锂强化相	1420，8090，8091，2090，2092
	高强、耐热	快速凝固、喷射沉积；高熔点耐热相，复合增强相	8000，8100 铝基复合材料
第四代(20 世纪 80—90 年代)	高强、高韧、耐蚀、耐损伤	三级时效，时效析出粗晶界不连续及晶内高密度分布，无沉淀带窄	7150—T77，7055—T77
		形变热处理；胞状组织，原子团簇、GP 区提高位错运动阻力	2524—T39
	高强、高韧、低密度	锂降密度、锂强化，微合金化；新型含锂强化相	2095/2195，2098/2198
第五代(2001 年至今)	高强、高韧、耐蚀、低淬火敏感性	控制再结晶，控冷淬火；低能相界与晶界，多尺度微结构，综合性能协调	2085—T76/T74
	高强、高韧、耐蚀、耐损伤、低密度	铝锂合金，微合金化；新型含锂强化相	2099/2199，2050/2060
	高强、耐热	微合金化，新型耐热相	2039/2139，2040

表 5.7　我国高强 Al 合金材料的发展概况

阶段时间	特征性能	关键技术	典型合金①
20 世纪 50—70 年代	高静强度	峰值时效，Cr、Mn 微合金化	2A50LC10 2A120LY123 2014LC97
20 世纪 70—80 年代	高强、耐蚀	过时效	2A094LY239—T93/T94 2A042LY239—T93/T94 8210LY103

续表

阶段时间	特征性能	关键技术	典型合金①
20 世纪 90 年代	高强、高韧、耐蚀，中强低密度	高强化，Zr 微合金化，次级时效，锂强密度	7475，Z124，2306，7660 7B04，2D70，2D12，2B24 5A54，D450，AED3
2001 年至今	高强、高韧、耐蚀，耐损伤，高耐低密度	多锂时效，锂得密度，锂强化	YB50，7A62，2E12 ZA06ALB3
2010 年至今	晶综合性能	降低的密度，控制再结晶，断拉时效	7A85，7B85，2A10

①含典型、转化和自主创新牌号。

表 5.8　高强 Al 合金的强化机理、应用特点及理论模型

强化类型	强化机理	应用特点	理论模型①
固溶强化	合金元素强溶于基体金属中引起的晶格畸变阻碍位错运动，使合金强度和硬度提高	通过淬火保留过饱和固溶体；合适的强溶制度提高过饱和度	e 为质子强溶度
第二相强化	过饱和固溶体脱溶析出弥散的第二相颗粒阻碍位错运动，使合金强度和硬度提高	通过相变热处理获得的时效强化；通过机械或化学手段获得的弥散强化	Orowan 关系； $\Delta\sigma_p=\alpha f^{1/3}r^{-1}$ （f 为粒子体积分数；r 为粒子半径）
细晶强化	细化晶粒后晶界增多，对位错运动的阻碍更大，从而提高合金强度和硬度	采用电磁搅拌、添加剂或提高过冷度等方法细化晶粒；形变再结晶细化晶粒	Hall-Petch 关系； $\Delta\sigma_r=\sigma_i+k_i d^{1/2}$ （d 为晶粒直径）
形变强化	金属在塑形变形过程中位错密度增加，形成阻碍位错运动的弹性应力场，使材料得到强化，又称加工硬化	在高强铝合金中应用有限，可以通过预形变的方式为其他强化方式做组织准备	Bailey-Hirsch 关系； $\Delta\sigma_0=\sigma_0+m\rho^{1/2}$ （ρ 为位错密度）

①理论模型的公式中，未注明的量均为材料常数。

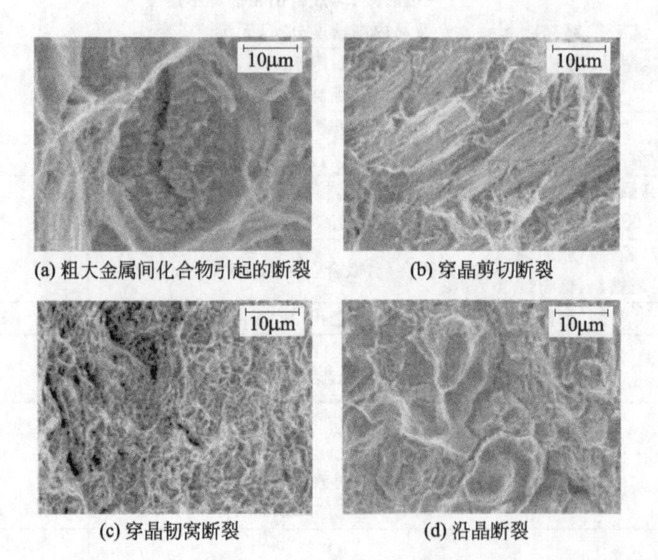

(a) 粗大金属间化合物引起的断裂　(b) 穿晶剪切断裂

(c) 穿晶韧窝断裂　(d) 沿晶断裂

图 5.6　四种基本的断裂方式

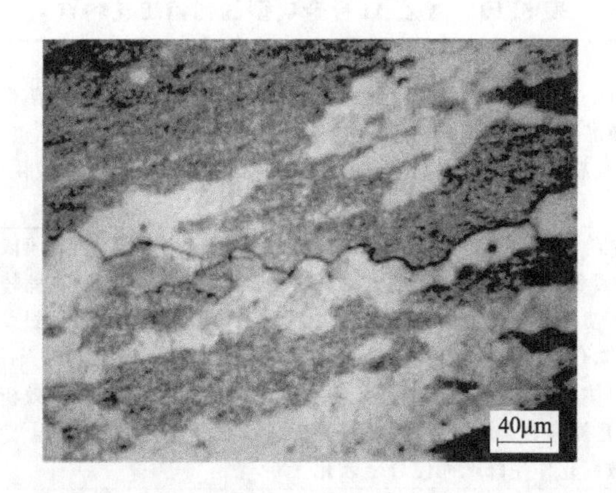

图 5.7　7050 高强 Al 合金金相显微组织中观察到裂纹优先沿再结晶晶界扩展

表 5.9　高强 Al 合金常见的热处理形式

序号	名称	进一步说明
1	固溶处理	把合金加热到高温单相区并保持恒温，使过剩相充分溶解到固溶体中后快速冷却，以得到过饱和固溶体的热处理过程称为固溶处理。高强 Al 合金时效前形成的固溶体过饱和度越高，在后续时效过程中形成的强化数量就越多，材料强度越高。一般而言，固溶温度越高、固溶保温时间越长，Al 元素溶解越充分。但其负面影响却是 Al 合金的再结晶比例会增加，这会对材料的后续耐蚀性、韧性等带来不利影响。典型的固溶工艺特点见表 5.10
2	淬火	热处理可强化铝合金存在淬火敏感性(淬火敏感性系指在冷却速度降低时，合金力学性能下降的现象)，淬火工艺会影响其时效后的综合性能。厚板材在固溶淬火时会因心部与表层的冷却速度不同而造成内外性能不均匀和整体性能下降。在冷却速率较低的情况下，合金会不断析出粗大平衡相，降低基体的过饱和固溶度从而使后续时效析出的强化相数目减少，这不仅会导致铝合金强度下降，而且会导致其综合性能变差
3	时效处理	将固溶处理后的铸件加热到某一温度，保温一定时间后出炉，在空气中缓慢冷却至室温的工艺称为时效处理。时效处理进行着过饱和固溶体分解的自发过程，从而使合金基体的点阵恢复到比较稳定的状态。有些合金在常温下即可发生脱溶现象，称为自然时效；有些合金则需在一定温度下加热、析出，称为人工时效。时效温度与时间决定了析出相的状态，从而决定了铝合金的性能。同一种 Al 合金，可按其时效状态进行分类，见图 5.8。把 Al 合金在时效之后达到最高强度的时效工艺称为峰值时效；把未达到峰值时效状态之前的时效制度称为欠时效；把合金达到峰值时效状态后继续延长时效时间而使强度逐渐下降后的状态称为过时效。 按时效温度的不同，可分为单级、双级及多级时效等，见表 5.11。时效的目的是从过饱和固溶体中析出第二相以达对合金基体的强化作用。析出相的大小、数量和分布等决定了合金的强度、韧性及抗应力腐蚀性能。典型的时效工艺特点见表 5.12。 随着高技术装备轻量化需求的不断发展，以及服役环境的恶化，高强 Al 合金的性能需求基本上沿着高强度→高强度、耐腐蚀→高强度、高韧性、耐腐蚀→高强度、高韧性、耐腐蚀、抗疲劳、高综合性能的趋势发展。随之热处理状态则是沿着单级峰值时效→双级时效→多级高强、高综合性能时效的技术路线发展
4	形变热处理	它是通过冶金途径改善合金力学性能的有效方法，即将形变强化(锻、轧等)与热处理(相变)强化结合起来，使金属材料同时经受变形和相变，从而使晶粒细化，位错密度增加，细小碳化物弥散强化，晶格发生畸变，达到提高综合力学性能的目的
5	退火热处理	将 Al 合金铸件加热至较高的温度(一般为 300℃左右)，保温一定时间后随炉缓慢冷却至室温的热处理工艺称为退火。在退火过程中固溶体发生分解，第二相质点发生聚集，可以消除铸件的内应力，稳定铸件尺寸，减少变形，增大铸件的塑性

表 5.10 高强 Al 合金典型的固溶工艺特点

序号	名称	工艺特点
1	单级固溶	即采取单一的温度和时间进行的固溶处理，是目前最常用的固溶工艺。单级固溶须避免因生成过渡液相而使晶界弱化的过烧现象，这需将固溶温度控制在多相共晶点之下，会导致残留结晶相的固溶不易完全，从而降低了合金的断裂韧度。因此，单级固溶在工业应用中不能满足人们对材料性能的需求
2	强化固溶	分为3个阶段。第1阶段，在相对较低温度下保温一段时间，此阶段的固溶是影响合金力学性能的主要因素；第2阶段，以一定速度升到一个较高温度；第3阶段，在此较高温度下保温一段时间。逐步升温处理可使极限固溶温度高于多相共晶温度，同时能避免组织过烧，并有效强化残留结晶相的固溶，显著提高合金的力学性能。显然，强化固溶与单级固溶相比，在不提高合金元素总含量的条件下，提高了固溶体的过饱和度，同时减少了粗大未溶结晶相，对提高时效析出程度和改善抗断裂性能具有积极意义，是提高合金综合性能的一种有效途径。但把握好较高温度是关键，否则会导致晶粒粗大、第二相弥散强化作用降低而使合金软化
3	高温预析出	指先在高温下充分固溶，然后在略低于固溶温度下保温，即通过两步固溶来改善晶界和晶内的析出状态，使合金具有良好的综合力学性能，尤其使抗应力腐蚀开裂性能得到显著提高

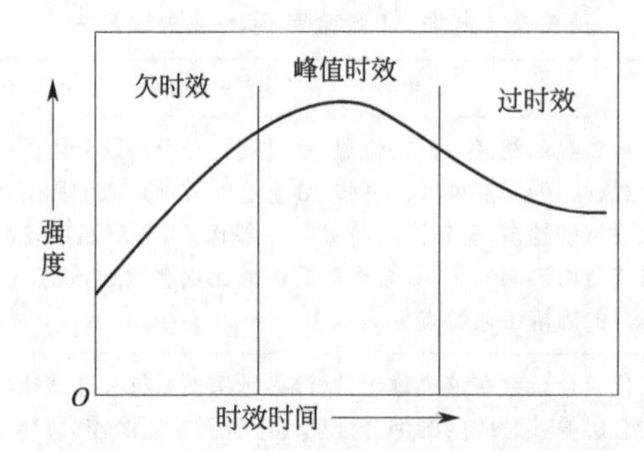

图 5.8 7×××Al 合金不同时效状态

表 5.11 单级时效、双级时效和多级时效的特点

序号	名称	特点
1	单级时效	系指时效保温温度为一种的时效工艺。当时效温度较低（20～100℃）时，析出相主要是 GP 区；当时效温度较高（120～170℃）时，析出相主要是细小弥散 $\eta'(MgZn_2)$ 非平衡相；当时效温度更高（170～250℃）时，析出相主要是粗大 $\eta(MgZn_2)$ 平衡相
2	双级时效	指时效保温温度为两种的时效工艺。与单级时效相比，它不仅可提高析出相的密度从而提高强度，还能调控晶界析出相的分布形貌从而改善腐蚀性能；它一般可缩短达到峰值时效的时间，进入过时效阶段也较快
3	多级时效	它指时效保温温度多于两种的时效工艺。三级或更多级温度的多级时效制度，与单级、双级时效的组织性能相比，通过对铝合金中晶内、晶界时效析出微结构进行更加精细的调控，在保持或提高强度的同时，还兼备高韧性、耐蚀性和抗疲劳性能

表 5.12 高强 Al 合金典型的五种时效工艺特点

序号	名称	特点
1	峰时效（T6）	即一级时效，是目前最常见的时效工艺。时效后，合金晶内析出细小的半共格弥散相，晶界分布较粗大的连续链状质点，这种晶界组织对 SCC（应力腐蚀开裂）和剥落十分敏感。合金经此处理后，虽强度达峰值，但抗 SCC 性能较差，故在很大程度上限制其工业应用。现常采用在峰时效后于 150～170℃之间进行短时高温时效，以获较好的晶间结构。如美国使用的 7050 厚板在 120℃/24h 峰时效后，又在 150℃处理 11～12h，使合金具较高强度，抗应力腐蚀性也得到改善
2	双级时效	分 2 个阶段。a. 低温预时效，相当于成核阶段；b. 高温时效，为稳定化阶段。它是目前较为常用的时效工艺。该工艺是为获得 MPt（基体沉淀相）、GBP（晶界沉淀相）和 PFZ（晶界无析出带）的最佳组合而制定的时效工艺。它在低温下主要获得以 GP 区为主的细小沉淀相；而在 150～180℃范围内，通过过渡

续表

序号	名称	特点
2	双级时效	相的沉淀和晶界结构的变化，获得均匀弥散的 MPt 和较大而不连续的 GBP 结构，同时 PFZ 也增宽。双级时效后合金晶界上分布着断续的粗大沉淀相，此晶界组织提高了抗 SCC 性能，但基体中强化相同时长大粗化，使合金强度约下降 10%～15%，同时也导致塑性和韧性不同程度的下降。有研究者认为，先高温后低温的双级时效制度将更有利于材料综合性能的提升。对 2214 合金的研究表明，基体中的针状 S′相（AlCuMgSi）和片状 θ 相（Al_2Cu）与晶界处的平衡相（Al_2Cu）在高温中短时间时效即能同时出现，在低温时效阶段，则有更多的 MPt 析出。所以，先高温后低温与先低温后高温的双级时效制度相比，前者得到的综合性能更好
3	回归再时效（RRA）	包括 3 个阶段（见图 5.9）。**a. 预时效**，对固溶处理后的合金在较低温度下进行时效处理。**b. 回归处理**，对预时效态合金在高于预时效温度但低于固溶温度的温度下进行短时回归处理。**c. 再时效**，在预时效温度下进行再时效或峰值时效处理
4	特种峰时效	分为 2 个阶段。a. 在较低温度下进行峰值预时效，显微组织与峰时效状态相同；b. 在较高温度下进行短时回归处理。这种时效制度和三级时效相比少了第 3 阶段。通过合理选择高温回归温度及时间能使合金的强度和韧性同时达到较高的峰值
5	双峰时效	研究者把这种超长时间且强度、硬度等性能出现两个时效硬化峰且两个峰的强度相差不大即"双峰"的时效工艺，称为双峰时效。该工艺可使合金具有高强度、高韧性及高的抗应力腐蚀性能，而且工艺参数容易控制

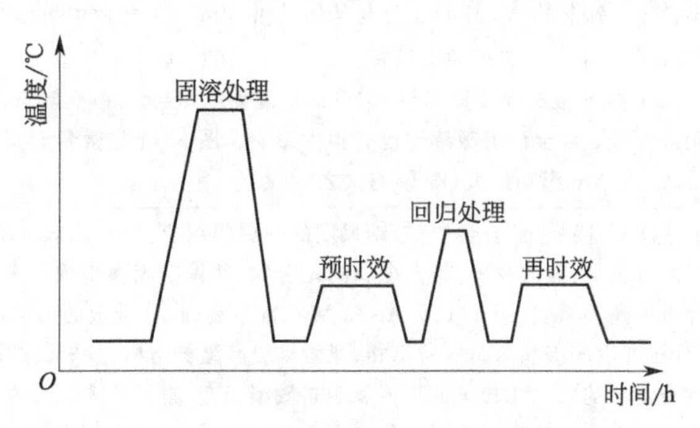

图 5.9 回归再时效（RRA）处理工艺示意图

（2）高强铝合金的微合金化及组织与性能的关系（见表 5.13）

表 5.13 高强铝合金的微合金化及组织与性能的关系

名称	内容
微合金化	微量元素能提高 Al 合金的综合力学性能。常用的微量元素包括 Zr、Li、Cr、Mn、Sc、Yb、Ag、Er、Sn、Ti、Ge 等。其中强化效果较好和研究热点是向合金中加入 Sc、Li 等。随着 Al 微合金化机理研究的不断深入，开发了一系列的 2×××、7×××高强铝合金，并在航空航天和汽车、交通运输等高端装备中得到应用。 ① Al-Cu 系合金的微合金化　其添加微量元素如 Sc、Zr 和 Ag 等，能起到调控组织、提升性能的作用。添加微量 Sc 的 Al-Cu-Mg 合金相对于不含 Sc 的同类合金，强度更高、塑性更好、抗腐蚀性能更好。添加微量 Zr，一般要控制在 0.15%以下，以免降低合金塑性，能显著细化晶粒使合金实现细晶强化。添加微量 Ag 能增强合金的时效硬化效应，从而提高合金的强度。添加 RE 元素如很少量 Y 能使合金的耐热性得到明显提高；添加微量 La 能提高合金热加工和抗腐蚀性能；添加微量 Ge 能使 Al-Cu-Mg 合金的析出相更细小且均匀，从而提高合金强度；添加微量 Ce 则能使合金的抗疲劳裂纹性能有所提高。其主要强化方式是通过阻碍位错运动达到强化效果，图 5.10(a)中的原子 2 为位移的中心，拥有较高能量，当受到外力(τ)作用时，滑移面上部和下部发生了相对运动，如图 5.10(b)所示，所有原子均发生移动。由于原子 2 具有较高能量，因此移动的距离也是最大的，原子 4 与原子 3 的距离越来越远而与原子 2 的距离则越来越近，因此原子 4 与原子 3 分离而与原子 2 结合成原子对，见图 5.10(c)，完成了一个原子的移动，位错线按这种方式运动，贯穿整个晶体后，形成了一个原子间距滑移台阶。当很多这样移动发生时，就会产生宏观台阶，合金则发生了塑性变形。若能阻碍位错的运动或消除位错，便能阻止合金的塑性变形从而提高合金强度。另外，微量元素的添加也会使 Al-Cu-Mg 合金的主要强化相产生变化，以产生新的强化析出相为主。如在 Al-2.5Cu-0.5Mg-0.5Ag 合金时效过程中出现了一种新相，它是

续表

名称	内容
	在基体{111}面析出而不是θ'相通常析出的{001}A1面，它实际是θ相的畸变形式，研究者将其称为Ω相。Ω相是六角盘状，属面心斜方晶系，晶格参数$a=0.496$nm，$b=0.859$nm，$c=0.848$nm。由于Ω相的滑移面是{111}A1面而不是{001}A1面，因此Ω相具有比θ相更好的强化效果。故在Al-Cu-Mg基础上，开发出Al-Cu-Mg-Ag合金。 ② Al-Zn系合金的微合金化　为进一步改善Al-Zn系合金性能，除调整主合金元素外，还加入适量微合金元素进行微合金化，常加入的微量元素有Mn、Cr、Zr、Sc、Co等，主要作用见表5.14。对比分析Zr、Cr和Mn对合金淬火敏感性的影响可知，Zr对合金淬火敏感性的影响较小，Cr对合金淬火敏感性有较强影响，而Mn对合金淬火敏感性的影响介于Zr和Cr之间，见图5.11。图5.12系7×××Al合金中Mn、Cr、Zr和Ti微量元素含量的变化趋势图，可见，Mn、Cr和Ti含量总体呈逐年降低的趋势，这三种微量元素在7075合金中含量较高，含量分别为0.3%、0.22%和0.2%。自7075合金之后，三种元素的含量较低，Mn和Ti的含量分别控制在0.02%和0.03%以下，Zr含量增加后基本稳定在0.12%左右。图5.13为不同类型的微量元素对Al-5.7%Zn-2.5%Mg-1.4%Cu合金性能的影响。可以看出在不同淬火速率下，7×××Al合金添加不同微量元素对力学性能影响存在明显差异。不添加任何微量元素，淬火速率对合金力学性能的影响不明显，加入Zr、Mn、V、Cr后，慢速淬火时合金硬度降低程度依次增加，这说明7×××Al合金厚板添加Zr、Mn、V、Cr后淬透性依次减小。Cr和Mn加速固溶体分解，提高合金淬火过程中的临界冷速，降低淬透性。相比之下，Zr可提高主合金元素的固溶体稳定性，提高淬透性。在使用Zr代替Mn和Cr的7×××Al合金中，可显著提高厚板淬透性。含Zr合金均匀化后可析出细小、均匀、弥散的Al_3Zr粒子且与基体共格，而含Cr合金中析出非共格的E($Al_{18}Cr_2Mg_3$)相。慢速淬火时，E相更有利于粗大平衡相的形核析出。在2～40℃/s冷速范围内，含Zr合金的性能更好。采用Zr代替Cr可使125mm厚的板材强度提高约50MPa，断裂韧度相当。因此，淬透性好的合金中，Cr含量均是严格限制的。微量元素含量对合金淬火敏感性也有很大影响。图5.14是微量元素对Al-Zn-Mg-Cu合金淬火敏感性影响。可看出，Cr和Mn影响最大，Zr影响次之
微合金化	
组织与性能的关系	材料的组织决定其性能，高强Al合金中微/纳尺度的主要组织有：原子团簇、GP区、无沉淀析出带、沉淀相、晶界析出相及无沉淀析出带、弥散粒子、粗大金属间化合物、基体组织和织构。高强铝合金的强度、塑韧性、抗疲劳性能等与各种组织间关系，见表5.15。Al-Zn-Mg-Cu系高强Al合金的组织示意图，见图5.15。可看出，在Al合金基体上分布着纳米级晶内时效析出相、亚微米级高温析出相、微米级结晶析出相和晶界析出相。Al-Zn-Mg-Cu高强Al合金中的第二相粒子的形成属于扩散型相变，原子扩散速率的大小主要受温度控制，故第二相粒子的大小对温度很敏感。晶内时效析出相在合金时效时析出，发生相变时，温度最低，故形成的粒子尺寸最小；亚微米级高温析出相在合金凝固后的逐步冷却中形成，形成温度较高，故形成的粒子尺寸较大；微米级结晶析出相是合金凝固时直接从液态中而来的，形成温度最高，故形成的粒子尺寸最大。第二相粒子在基体中阻碍位错的运动，位错无论是绕过不可变形粒子还是切过可变形粒子均能起到强化作用。在热处理过程中可通过控制热处理工艺调控纳米级时效析出相的体积分数和粒子的尺寸，根据第二相强化理论，第二相粒子体积分数越大，粒子尺寸越小，对合金的强化越有利，故纳米级的时效析出相主导合金的强化。研究表明，晶界时效析出相呈不连续、弥散分布时，有利于提高合金的抗应力腐蚀能力；而晶界时效析出相呈连续分布时，将降低合金的抗应力腐蚀能力。晶界析出相呈连续状分布时，往往伴随晶界无沉淀析出带(PFZ)产生。国外学者的研究表明，晶界特征影响晶界时效析出相和PFZ的形成。晶界按两晶粒间的取向差大小分为小角度晶界和大角度晶界，其晶界能的大小随取向差的变化示意图见图5.16。由图可知，晶界能随取向差的增大逐渐增大，然后逐渐趋于平稳，可明显看出大角度晶界的界面能大于小角度晶界的界面能。大角度晶界有足够位置接纳扩散来的原子，而小角度晶界能接纳晶内扩散来的原子的位置不如大角度晶界多，这造成大角度晶界处迁移速率大于小角度晶界处的迁移速率。大角度晶界处的迁移速率和驱动力均大于小角度晶界处的迁移速率和驱动力，这表明大角度晶界处的时效析出相易粗化甚至呈连续状，促进PFZ形成，易使Al合金发生腐蚀；小角度晶界处的时效析出相不易粗化，不易形成PFZ，有利于提高合金的腐蚀抗力。研究表明，含Mn和含Zr弥散粒子对7×××Al合金疲劳裂纹扩展的影响，包括含Mn合金有更低的临界应力强度和更高的裂纹扩展速率，且晶间断裂的比例更大；而含Zr粒子会使滑移更加均匀，减少晶界应力集中，从而减小晶间断裂倾向。含Mn合金较含Zr合金的断裂韧度低。晶界上含Mn粒子较含η相粒子的分布更加连续，使得空洞更易萌生并促使裂纹扩展，因此降低了合金的断裂韧度；而含Zr粒子不产生这种不利影响。一些主要7×××Al合金中的弥散粒子和粗大金属间化合物见表5.16

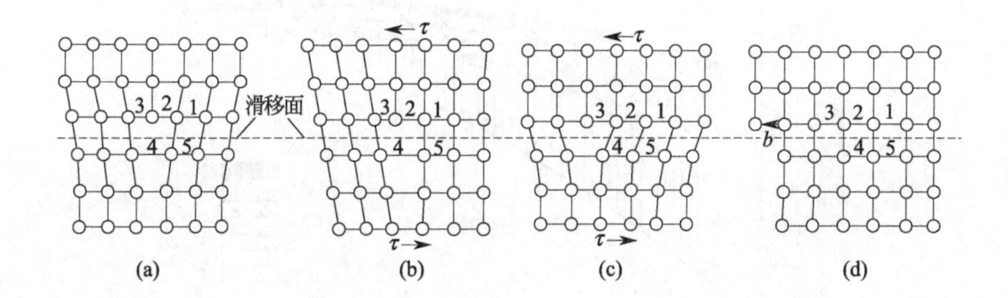

图5.10 Al合金位错运动微观示意图

表5.14 Al-Zn系合金中微合金元素的作用

微量元素	微合金元素的作用
Mn与Cr	提高再结晶温度，抑制再结晶的形核长大，细化晶粒，提升合金时效强化速率，改善时效强化程度。其在改善合金抗应力腐蚀性能和韧性方面也表现良好。但在合金中添加Mn和Cr对过饱和固溶体的稳定性很不利，提高了合金的淬火敏感性
Zr	Zr在Al-Zn-Mg-Cu合金中添加量一般为0.05%～0.15%。Zr在合金中主要有四种不同存在形式：a. 固溶在铝基体中；b. 形成平衡Al_3Zr(D023)相；c. 形成亚稳β′相；d. 形成粗大的初生Al_3Zr相。其中亚稳β′相与基体共格良好，且颗粒呈细小弥散分布，具有良好稳定性，有利于合金性能的改善。Zr对改善合金性能的作用：a. 在合金均匀化过程中析出细小弥散的Al_3Zr粒子，起弥散强化作用；b. 与基体共格的Al_3Zr粒子能有效抑制合金再结晶，产生亚结构强化作用。与Mn、Cr相比，Zr可更加明显增加合金再结晶温度和抑制再结晶，可在合金挤压及固溶处理后得到完全未再结晶组织。含Zr合金的断裂韧度比不含Zr合金的要高，因为Al_3Zr粒子尺寸小、分布弥散且与基体共格，界面结合强度更高。Zr抑制了合金再结晶，使合金中保留了大量的变形组织和小角度晶界，从而提高了合金的抗应力腐蚀性能。Zr还对Al-Zn-Mg-Cu系合金的时效行为有一定影响。当Zr含量＜0.06%时，合金的时效硬化效果不佳；而在0.10%～0.16%时，时效硬化效果较好；Zr含量基本不影响合金在135℃时效达峰值的时间；Al_3Zr粒子之所以对合金时效产生影响，是因该粒子与合金中的位错缠结增加了位错密度
Sc	向Al-Zn-Mg-Cu系合金中加入千分之几的Sc，对合金组织和性能将产生明显作用。在合金熔炼凝固时，只有少部分Sc元素以初生Al_3Sc粒子形式析出，这些粒子能细化铸锭组织，消除枝晶偏析；大部分Sc会进入过饱和固溶体，其在随后的加热及热变形过程中以次生Al_3Sc粒子形式析出，对合金的成品、半成品的性能都有一定影响。Sc在Al-Zn-Mg-Cu系合金中形成弥散细小的Al_3Sc粒子不仅能提高合金再结晶温度，有效抑制合金再结晶，还能弥散强化，提高合金的塑性和强度。Sc与Zr配合加入合金时的效果比单独加更好，因Zr更易溶于Al_3Sc粒子，形成$Al_3(Sc,Zr)$粒子，$Al_3(Sc,Zr)$粒子与Al_3Sc粒子的点阵参数、晶格类型基本无差别，这不仅能发挥Al_3Sc粒子优良性能，还拥有在高温加热下聚集倾向小的热稳定性能。 Sc还能显著改善合金的抗应力腐蚀开裂性能和焊接性能。与Zr、Mn和Cr等类似，Sc也降低了Al-Zn-Mg-Cu系合金过饱和固溶体的稳定性，导致合金的淬火敏感性增加。在7085铝合金中添加Sc可有效保留大量变形组织。在淬火过程中，这些保留的(亚)晶界、亚结构和$Al_3(Sc,Zr)$粒子为淬火析出相($MgZn_2$)提供了形核位置，导致7085合金的淬透性降低。提高合金中Sc的含量，导致非再结晶组织含量增加，亚晶尺寸减小，亚晶界增多。在慢速淬火时，η平衡相形核的位置增多，因此合金淬火敏感性增加，抗剥落腐蚀性能降低
Co	在Al-Zn-Mg-Cu合金中添加0.11%的Co时，合金的淬火敏感性显著降低。通过在含Zr的Al-Zn-Mg-Cu合金中添加一定量的Co元素，可提高主合金元Zn和Mg的溶解度，并大大提高合金的淬透性。在7085合金中添加0.095%的Co，淬透层深度提高3%，而Co添加量过少(0.05%)或过多(≥0.2%)时，合金淬透性降低。这是因为添加适量的Co可减少再结晶体积分数，有利于保留亚晶组织，减少慢速淬火时平衡相的形核核心，从而提高合金的淬透性

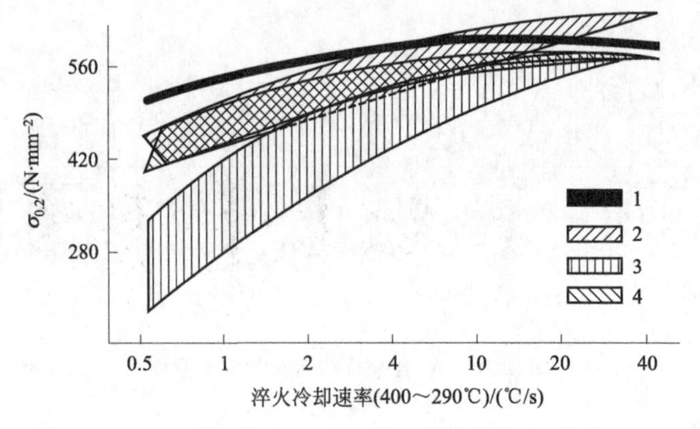

1—基础成分（Al-6.7Zn-2.5Mg-1.2Cu）；2—Al-6.7Zn-2.5Mg-1.2Cu-（0.08～0.18）Zr；3—Al-6.7Zn-2.5Mg-1.2Cu-（0.04～0.12）Cr；4—Al-6.7Zn-2.5Mg-1.2Cu-（0.10～0.39）Mn

图 5.11　Cr、Zr 和 Mn 对 Al-Zn-Mg-Cu 系合金淬火敏感性的影响

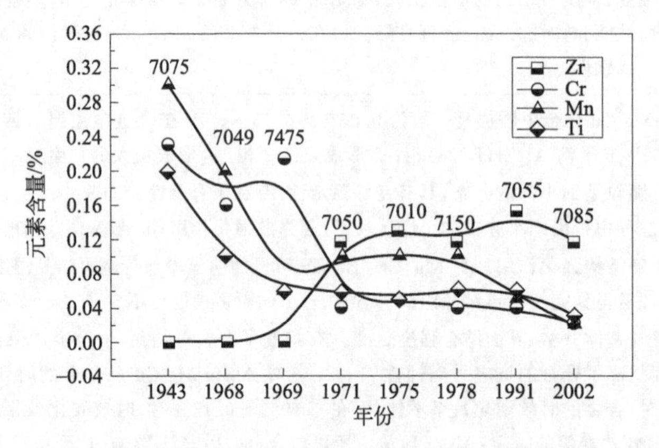

图 5.12　7×××Al 合金中 Mn、Cr、Zr 和 Ti 微量元素含量的变化趋势图

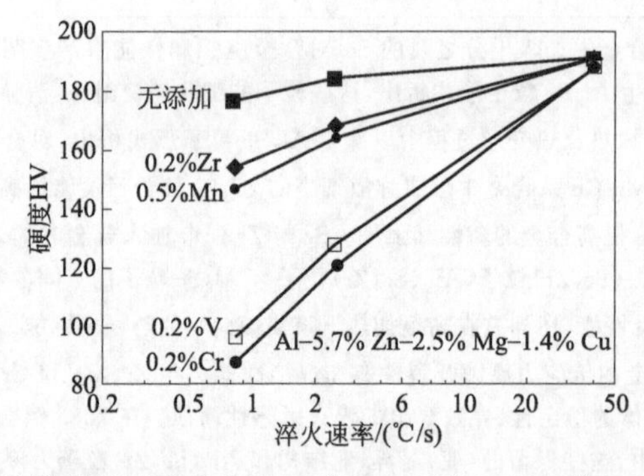

图 5.13　不同种类微量元素对 Al-5.7%Zn-2.5%Mg-1.4%Cu 合金性能的影响

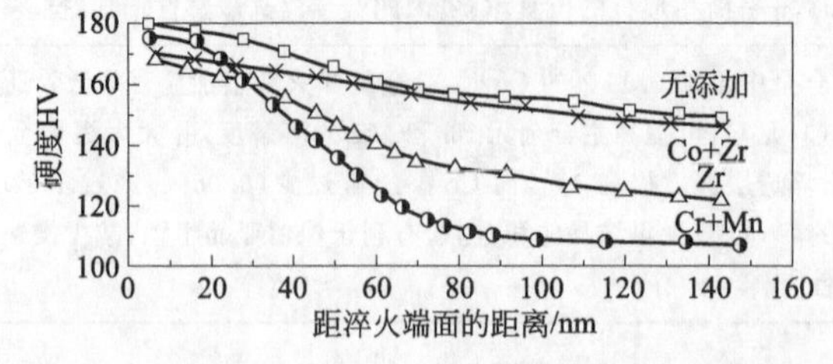

图 5.14　微量元素对 7×××Al 合金淬火敏感性的影响

表5.15 一般高强Al合金中组织与性能之间的关系

合金的性能	组织结构	作用
强度	晶粒细小，晶内分布着均匀、细小、弥散的强化相粒子	阻碍位错运动
塑性及韧性	组织细小均匀，晶界上无杂质、析出相，无大粒子，无可切过的沉淀相	有利于变形的均匀性和加工硬化，阻碍空洞的形成和长大
抗蠕变性能	晶粒内部和晶界上存在稳定的第二相粒子	阻碍晶界的滑动和组织粗化
抗疲劳裂纹萌生能力	晶粒细小，无可切过第二相粒子，无表面缺陷	减少应变局部化和应力集中，及表面滑移台阶
抗疲劳裂纹扩展能力	大的晶粒，存在可切过第二相粒子，无阳极相和氢陷阱	有利于裂纹的封闭、分支、转向和滑移的可逆性
点蚀	无阳极相	减少阳极相的优先溶解
应力腐蚀开裂和氢脆	无阳极相，无连续分布的粒子(氢陷阱)	阻碍阳极相的溶解和氢脆导致的裂纹扩展，使变形均匀

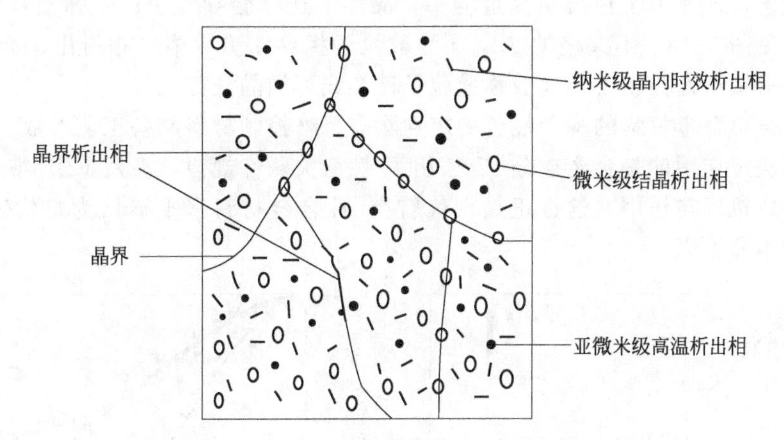

图5.15 Al-Zn-Mg-Cu系高强Al合金组织示意图

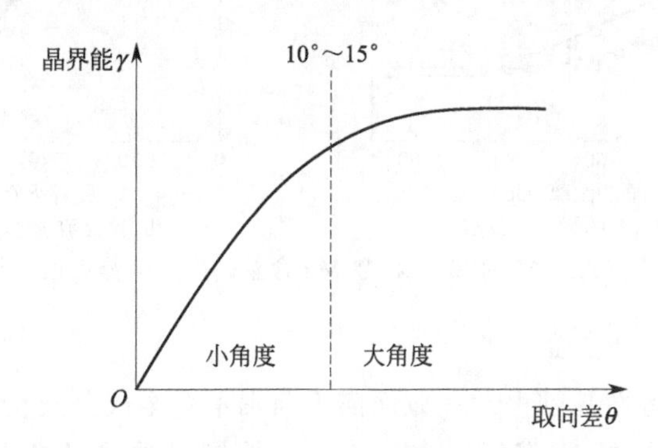

图5.16 晶界能随取向差的变化示意图

表5.16 一些主要7×××Al合金中的弥散粒子和粗大金属间化合物

合金	弥散粒子	粗大金属间化合物
7×75	Al_3Mg_2Cr	Al_3Cu_2Fe，$Al_5(Fe,Mn)$，$Al_{12}(Fe,Mn)_4Si$，Mg_2Si
7×50	Al_3Zr	Al_2Cu_2Fe，Mg_2Si，Al_2CuMg
7055	Al_3Zr	Al_2Cu_2Fe，Mg_2Si

5.2.3 典型的第五代高综合性能 Al 合金简介

(1) 高强 7×××Al 合金

在发挥其高强特性基础上，探索成分、析出相对强韧性和淬透性协同的作用规律与机理。见图 5.17，通过改变 Al-8Zn-xMg-1.6Cu 合金的镁含量（$1^{\#}$ 为 1.0%，$2^{\#}$ 为 1.4%，$3^{\#}$ 为 2.0%），可调控合金硬度与淬火敏感性。通过调整微量元素 Cr、Mn、Ti、Zr、Sc 等在高强 7×××Al 合金中的含量和种类，改善合金的晶粒结构、韧性和抗应力腐蚀性能及淬火敏感性。例如，以 Zr 为微量元素的铝合金（如 7050、7055、7085 等）比以 Cr、Mn 为微量元素的铝合金（如 7075、7049 等）具有更好的抗应力腐蚀性能。更重要的是，含 Zr 高强 Al 合金具有较低的淬火敏感性，故这类合金能广泛应用于大规格承力构件。研究表明，含 Cr、Mn 的弥散粒子与基体不共格，从而使得淬火析出平衡相能够优先在这种粒子与基体的相界面上析出；而含 Zr 的弥散粒子（Al_3Zr）具有与基体共格的界面，大幅降低了淬火过程中平衡相在含 Zr 弥散粒子界面上析出的可能性。部分 Al_3Zr 弥散粒子也能诱导淬火过程中平衡相的析出，这是由于在再结晶过程中，晶界的迁移会导致 Al_3Zr 弥散粒子发生共格-不共格转变。见图 5.18，不共格的 Al_3Zr 弥散粒子相界面诱导第二相析出，会增大淬火敏感性。所以淬火敏感性控制可转换成弥散粒子种类或再结晶分数控制。

综之，高强铝合金材料的均匀性、稳定性除需严格控制材料制备工艺参数、加强工艺过程管理外，起决定作用的是合金成分-工艺-组织-性能关联性规律，涉及了宏/细/微观多尺度组织的复杂形成机理与作用。这也正是现代航空 Al 合金材料水平被认为是代表 Al 合金材料科技实力的本质原因。

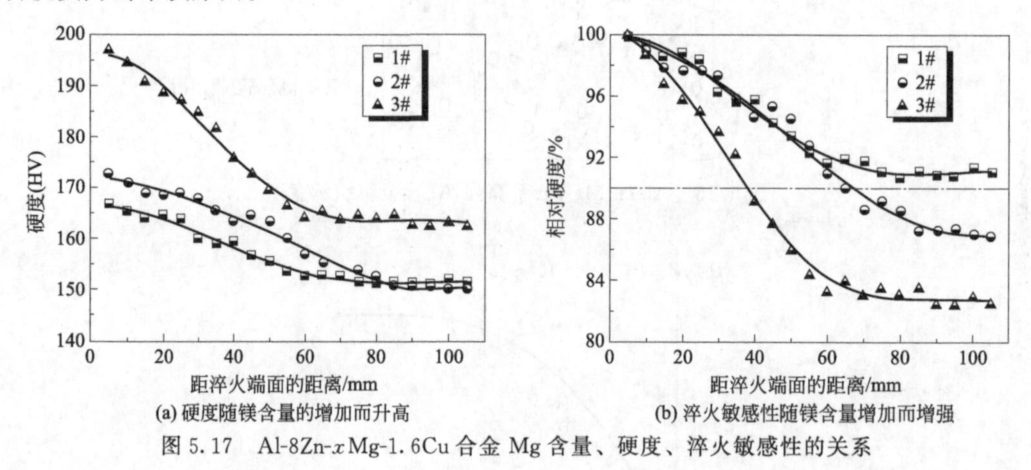

(a) 硬度随镁含量的增加而升高　(b) 淬火敏感性随镁含量增加而增强

图 5.17　Al-8Zn-xMg-1.6Cu 合金 Mg 含量、硬度、淬火敏感性的关系

(2) 2×××高强 Al 合金

在其强韧与抗疲劳特性基础上，一方面需不断揭示合金成分及析出相种类对强韧性作用规律与机理，见图 5.19，当 Cu/Mg 比达 4.9 时，可同时析出 S 相和 ω 相，有利于提高韧性；另一方面通过降低与优化杂质含量，控制塑性变形和再结晶，发展新的 TMCP 技术，可提高该类合金的强韧性和耐损伤性能。对具有高强、高韧、耐蚀、可焊等高综合性能特性的 2519 合金的成分进行优化设计后得到的 2519A 合金，经采用 TMCP、间断二次时效等技术，细化了第二相，提高了时效析出相的分布密度，大幅提高了合金的力学性能与抗弹性能，见图 5.20，2519A 合金采用合适的间断二次时效制度，可获得比 T87 状态更细小弥散的析出相，从而提升力学性能。2519A 合金已正式列为国产铝合金牌号 2A19。在提高 2524

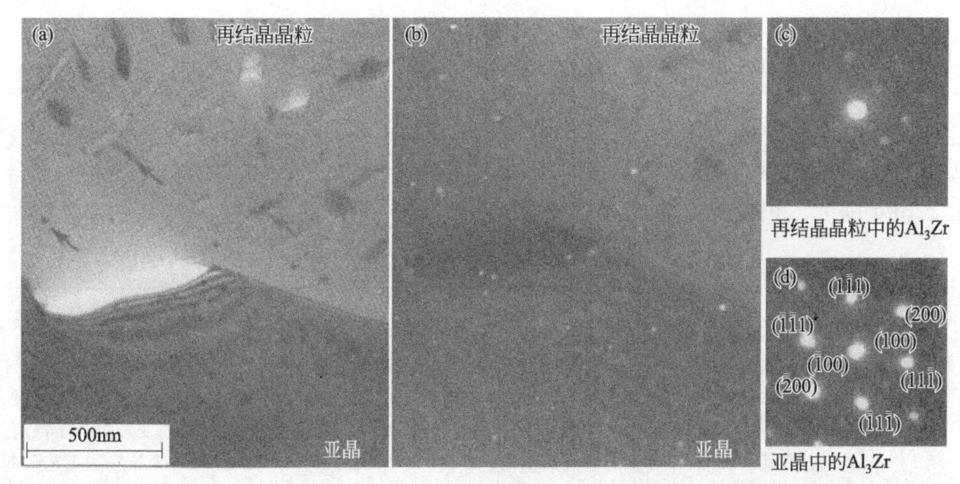

图 5.18 Al_3Zr 弥散粒子再结晶发生共格-不共格转变从而诱导第二相析出

图 5.19 Al-3.48Cu-0.71Mg 合金中析出相的 S 与 ω 相

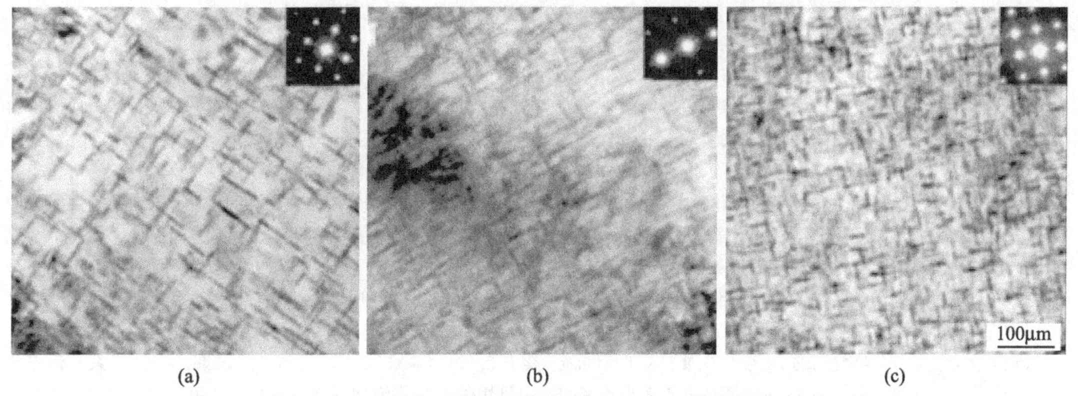

图 5.20 不同工艺处理后的 2519A 合金析出相分布

合金材料耐损伤性能基础上，针对其强度偏低的缺点，通过 Cu 和 Mg 主成分优化设计和降低 Fe、Si 和 Ti 杂质含量，美铝和法铝又相继研发出具高强高损伤容限特性的 2026 和 2027 合金。其挤压件（12～82 mm 厚）和板材（12～55 mm 厚）较 2024 合金的力学性能分别提高 20%～25%和 10%。在 20 世纪 90 年代中期，由于 Ag 在 2×××系 Al 合金中微合金化形成新相的原子团簇或新相作用机理和效应的发现，成功研制了原型合金 C415 和 C417。该系含 Ag 合金具良好塑性、韧性和耐热性能，可在 200℃高温下长期使用。含 0.15%～0.6%的 Ag，厚度达 152 mm 的高损伤容限 2139-T8×板材性能优于 2×24-T3×，在超声速飞机上得到应用。

5.2.4 高强Al合金在汽车轻量化领域的应用

当前，汽车工业的平均用Al量在150～180kg，全Al车身和新能源车型可达400kg以上。据2018年的报道，Al合金在汽车中的应用年增长率超过8%，到2025年平均每车用铝有望达220kg以上。铝合金在汽车领域中的应用，详见表5.17。

表5.17 Al合金在汽车领域中的应用

序号	名称	应用
1	发动机零件	就活塞而言,Al合金活塞不仅可降低自身重量,还可改善曲轴配重以及活塞的惯性,从而将活塞的使用效率不断提升,并且Al合金具有极强导热性,可在超高温下工作,同时保持较高的力学特性,还可有效改善汽车噪声、油耗以及振动等问题,对提高汽车的舒适度具有一定促进作用。压延和挤型等变形Al在汽车部件中主要是生产散热器、Al制车门和覆盖件、防撞梁等部件。目前,变形类产品特别是压延类铝板是新增长点,具有良好的发展空间。作为汽车用第二大材料,随着Al合金技术和工艺不断发展,在2025年汽车的用铝量达220kg/车(乘用车)。 众泰汽车开发完成了某大型SUV车型的Al合金发动机盖,具有成形性好、耐蚀性强、强度高和耐高温等性能,所开发的Al合金发盖较钢制发动机盖的质量降低10.5kg,减重率达42.2%。Al合金在冲压成形中较钢板更易产生开裂和起皱,在产品设计中要尽可能增大产品R角和降低零件结构断面高低差。研究者提出一种新策略来制定合理的压边力加载方案,并设计了多点压边力加载系统,以提高黏性介质压力成形中Al合金发动机盖成形性能,有利于促进黏性介质压力成形工艺在汽车Al合金覆盖件成形中应用。 从材料角度看,车用Al板主要包括成形性好的5×××系(例如5182和5754),这类Al合金无热处理强化特性,主要生产门内板复杂成形部件;另一类6×××系Al板(例如6016和6061)由于具有良好时效硬化特性,适于成形四门两盖的外板。由于汽车外板的生产和涂装工艺较为复杂,需完美匹配6×××系合金固溶态或预时效态的自然时效特性(一般有效期为半年),因此,6×××系合金对铝板生产企业和使用厂商具有较高要求。用Al合金板材做汽车冲压件,在工业化过程中要解决抗时效稳定性、烘烤硬化性、成形性、翻边延性、抗凹性、油漆的兼容性等技术难题。图5.21为神龙汽车有限公司最新开发的Al合金在汽车上的应用实例,某车型发动机机罩外板使用6016-T4、内板使用5182-O,后横梁使用6351-T6。图5.22所示为长城和奇瑞车型的Al合金发动机罩盖样件
2	车身零件	车身占据整车质量的三成以上,对能源的消耗占全部耗能七成以上,车身是能源消耗最大位置,若想实现能源减少,就将车身轻量化。有效利用铝合金进行车身制作,不仅可将车辆整体质量降低,还可降低车辆成本投入。现铝合金广泛应用于新能源乘用车车身中,相对于传统钢制车身,可实现减重率30%～40%,国内蔚来汽车ES8、奥迪A8-D3(见图5.23)、国外的特斯拉等都采用全铝车身(见图5.24)。铝合金构件作为结构件,其刚度较高,且价格明显低于铝合金冲压件,故在汽车行业被广泛使用。铝合金型材构件采用薄壁化、中空化可实现30%～50%的减重效果;吸能性好,用作防撞梁等碰撞件时可吸收大量冲击;耐蚀性强,用作车身骨架功能件和结构件时,一般无需电泳。路虎揽胜运动版采用全铝轻量化车身及轻量化悬架,较上一代车型减重420kg(从2535 kg减重到2115kg)。白车身应用铝合金达到94%,B柱也采用了铝合金制造,其中铝合金板材应用达到78%,铸造铝合金构件应用了15%,型材构件为6%。使用AC300T61高吸能性铝合金型材制造了吸能盒,质量为6kg,相比上一代减重20%。 车身使用的Al合金主要是变形铝合金,其中2×××系、5×××系、6×××系、7×××系与汽车相关。例如2036可用于汽车车身钣金件,5252可用于汽车装饰性零部件,6010可用于汽车车身,7005可用于高强度高断裂韧性的焊接结构。目前使用全铝车身的汽车全部都是各大豪华品牌的顶级汽车。铝合金与钢材相比有更好的吸能性,这也是它能替代钢材的明显优势。在碰撞试验中具有更为突出的安全性,当汽车头部发生碰撞时,更易形成褶皱和变形,会吸收一部分冲击力,从而保护驾驶员和乘客的人身安全。汽车使用铝合金后,整体质量减轻,相同速度下的动能减少,在发生撞击时能减少伤害。根据碰撞试验,在56km/h速度下,车头正碰撞后的车门依旧可开启。国产汽车应加大对铝合金的使用,部分汽车的铝合金型材车身构件的应用案例见表5.18。 在2015年后新上市车型中,出现了一批铝材在车身用材中有较大占比的典型车型,如奇瑞eQ1、蔚来ES6、蔚来ES8、北汽LITE、东风全铝车身客车、中通全铝车身客车等,其中奇瑞eQ1、蔚来ES6、蔚来ES8、北汽LITE等4款车型车身铝合金用量分别达64%、87.95%、91.5%、52.7%。研发者针对某电动汽车用车身结构件减振塔的轻量化要求,开发了适合于铝合金减振塔的高真空压铸工艺,实验结果表

续表

序号	名称	应用
2	车身零件	明，对减振塔采用铝化设计后在满足性能要求前提下，实现了从5.5kg减重至3.6kg；又有研发者从提高汽车发生后撞时车身的耐撞性和轻量化效果出发，对真空高压铸造铝合金后撞梁进行研究，以耐撞性为出发点，通过拓扑优化，结合压铸成形和连接工艺等要求，设计出的铝合金后纵梁质量约为9.3kg，比原件减轻31%；还有研发者对铝合金轮毂低压铸造易产生缩孔和气孔的问题进行了研究，模拟了模具填充和凝固过程中温度场和应力场的变化，根据实验和响应面分析，最终利用NSGA-Ⅱ算法完成了多目标优化，得出合理的砂壁厚值，实现了模具的轻量化设计，提高了压铸件质量
3	底盘零件	底盘的悬挂系统中铝合金动盘与传统铁质动盘相比，质量明显下降了70%左右，尽管铝合金的成本较高于铁质成本，但将汽车使用寿命提升了两倍，整体来看铝合金的性价比是很高的，因此将铝合金应用于汽车底盘之中不仅满足了汽车轻量化要求，还延长了配件的使用寿命
4	车轮类零件	在整车重量中，车轮占比相对较高，可通过减少车轮质量方式来降低车辆的整体重量，铝合金车轮的制造会比传统车轮更加简单，且具减振、抗蚀性能及耐久性等优点，通常情况下，车轮重量降低1kg，车辆就会多行驶800m左右，减少燃油的使用既可降低能源消耗，又可降低污染气体的排放，完全满足节能、环保需求
5	轻量化铝合金的焊料	汽车轻量化向全铝车过渡过程中，将涉及大量铝零部件的焊接，而含钪铝合金焊料在解决铝件的焊接难题方面将开辟一大市场。目前，开发的钪铝合金焊丝，可将铝合金的焊接强度、抗疲劳性能提高3倍，并减少热开裂。塑性与可焊性俱佳的含钪铝合金成为制造轻量化汽车、轨道交通车辆的理想材料，Al-Mg-Zn-Sc等5系焊料合金在运输业轻量化中将大有作为

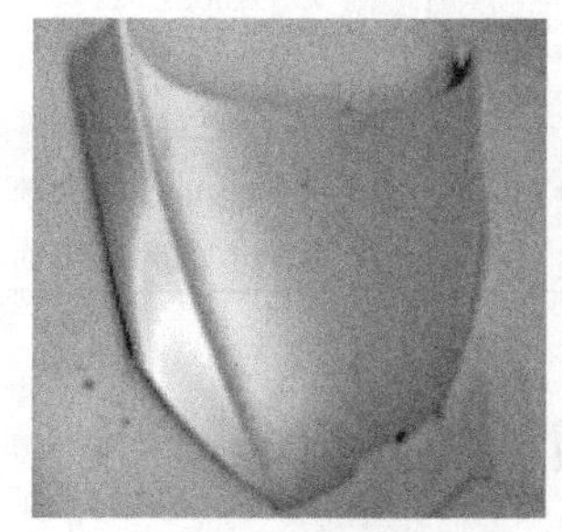

(a) 发动机机罩外板

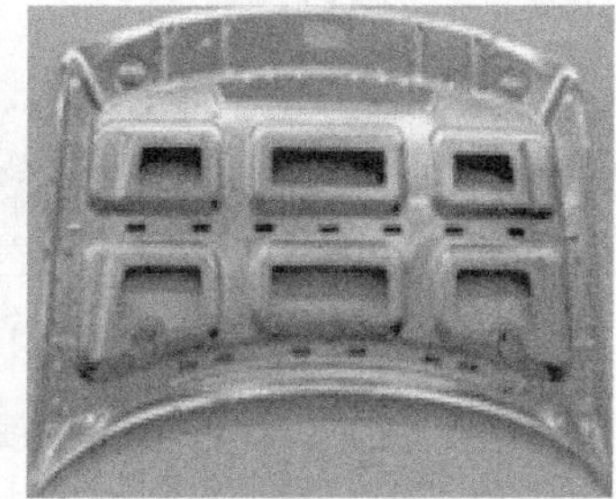

(b) 发动机机罩内板

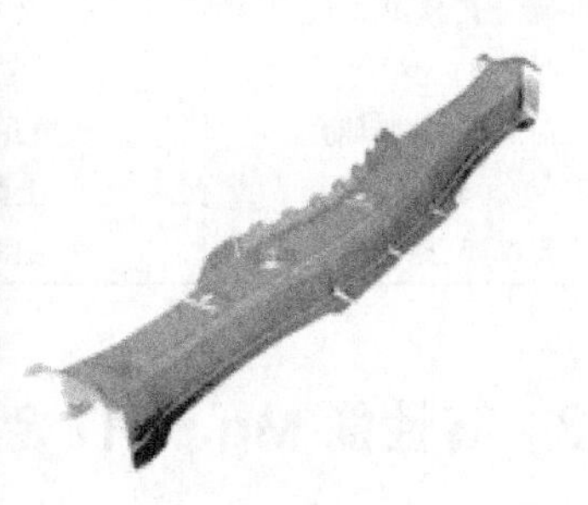

(c) 铝制后横梁

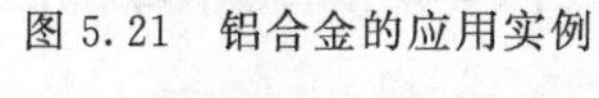

图5.21　铝合金的应用实例

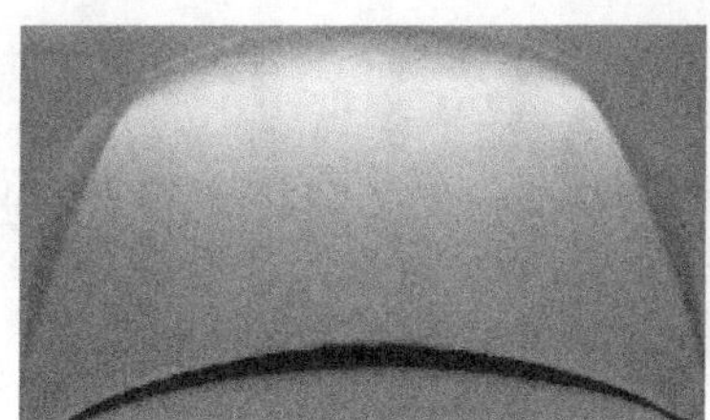

(a) 长城汽车

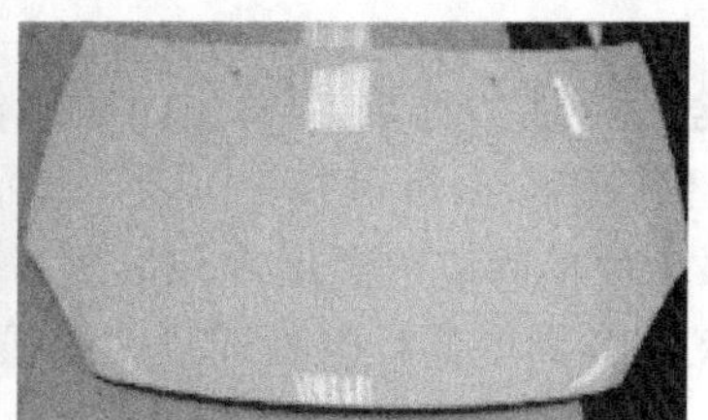

(b) 奇瑞汽车

图5.22　我国自主开发的铝合金发动机罩盖样件

图5.23　奥迪A8-D3车身

图 5.24　特斯拉电动汽车铝合金车身

表 5.18　铝合金型材车身构件应用案例

零部件	零部件供应商	使用车型	牌号
仪表板加强梁支架	上海友升	凯迪拉克 CT6	6063T6A
前纵梁	上海友升	凯迪拉克 CT6	7003T6
地板横梁	上海友升	凯迪拉克 CT6	6063T6A
前端框架	上海友升	凯迪拉克 CT6	6063T6A
副车架	宝敏科	蔚来 ES8	7003T6
门槛梁	上海友升	蔚来 ES8	6082T6
防撞梁	宝敏科	蔚来 ES8	7003T6
前防撞梁、吸能盒	星乔威泰克	长安 CX55	6082T6、6 系
衬套、连杆	上海友升	大众	6060、6063、6061 等
行李架、座椅导轨	上海友升	奔驰	6082-T6、6063-T66

5.3　高性能 Mg、Ti 合金及其在汽车轻量化领域的应用

5.3.1　高性能 Mg 合金及其在汽车轻量化领域的应用

（1）概述

① Mg 合金的特性　见表 5.19。如常规镁合金 AZ91 密度为 1.81g/cm^3，约为钢材的 1/4，用镁合金代替铝合金可再减少 15%～20%的质量。镁合金的熔点为 650℃，比热容为 1.03kJ/m^3，具有较低的锻造温度和热容量；表面加工性能和铸造精度较高，不侵蚀铁模；凝固速度快、动力学黏度低；电磁屏蔽性能强，散热性良好且回收方便。

表 5.19　镁合金的特性

序号	特性	进一步说明
1	密度小	它是最轻的工程结构材料之一，其密度约为钢的 1/4，铝的 2/3
2	比强度、比刚度高	它的熔点比铝合金低，压铸成形性能好。比强度、比刚度高。镁合金铸件的比刚度与铝合金和钢相当，而远远高于工程塑料，为一般塑料的 10 倍，其比强度高达 133，可和钛的比强度相媲美
3	减振性能好	在相同载荷下，减振性是铝的 100 倍，是钛合金的 300～500 倍
4	电磁屏蔽性佳	电磁屏蔽性能，防辐射性能可达到 100%
5	散热性好	镁合金的热传导性略低于铝合金及铜合金，远高于钛合金；比热则与水接近，是常用合金中最高者。其广泛用于电器产品上，可有效地将内部的热散发到外面，如发动机罩盖、内部产生高温的计算机和投影仪的外壳及散热部件等

续表

序号	特性	进一步说明
6	质感佳	其外观及触摸质感极佳，使产品更具豪华感
7	可回收性好	只要花费相当于新料价格的 4%，就可将镁合金制品及废料回收利用
8	优良的工艺性	具有优良的铸造、挤压、轧制、切削和弯曲加工等工艺性能

Mg-Al 系合金是汽车产业中应用最为广泛的一类合金。为改善镁合金的韧性、耐高温性、耐腐蚀性，以 Mg-Al 系为基础发展形成了 AZ（Mg-Al-Zn）、AM（Mg-Al-Mn）、AS（Mg-Al-Si）、AE（Mg-Al-RE）系列合金。

② Mg 合金的分类　主要按三种方式分类：化学成分（主要元素差异）、加工工艺、是否含锆（Zr）。按照化学成分划分，以 Mn、Al、Zn、Zr 和 RE 为基础，组成基本合金系；按照加工工艺划分，镁合金可分为铸造镁合金和变形镁合金两大类（见图 5.25）；按照是否含 Zr 划分，可分为含 Zr 合金和不含 Zr 合金，Zr 的主要作用是细化镁合金晶粒。

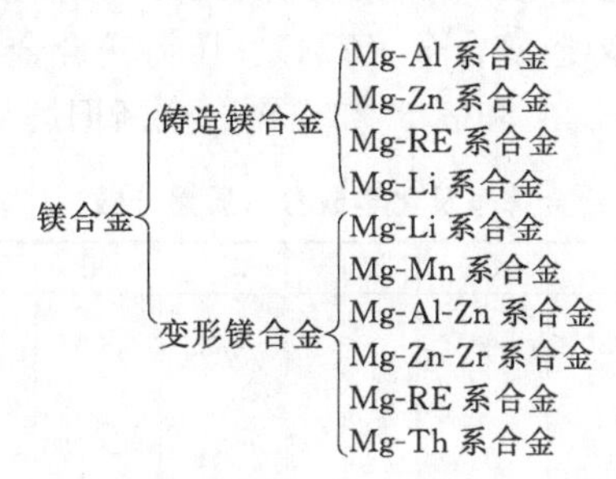

图 5.25　镁合金依据加工工艺的分类

③ Mg 合金的牌号及状态代码表示方法

a. Mg 合金牌号。目前，国际上倾向于采用美国试验与材料协会（ASTM）使用的方法来标记镁合金，其合金元素代号见表 5.20。镁合金牌号中两位数字表示主要合金元素的名义质量分数（%）。这种方法的局限性是不能表示出有意添加的其他元素。后缀字母 A、B、C、D、E 等是指成分和特定范围纯度的变化。如 AZ91E 表示主要合金元素为 Al 和 Zn，其名义含量分别为 9%和 1%，E 表示是该合金系列的第五位。

表 5.20　Mg 合金中合金元素代号

元素代号	元素名称	元素代号	元素名称
A	铝(Al)	M	锰(Mn)
B	铋(Bi)	N	镍(Ni)
C	铜(Cu)	P	铅(Pb)
D	镉(Cd)	Q	银(Ag)
E	稀土(RE)	R	铬(Cr)
F	铁(Fe)	S	硅(Si)
G	钙(Ca)	T	锡(Sn)
H	钍(Th)	V	钆(Gd)
J	锶(Sr)	W	钇(Y)
K	锆(Zr)	Y	锑(Sb)
L	锂(Li)	Z	锌(Zn)

b. Mg 合金状态代码表示方法。ASTM 镁合金命名方法还包括表示镁合金状态的代码系统（见表 5.21），合金代码后为状态代码，以连字符分开，即由字母外加一位或多位数字组

成，如 AZ91C-F 实为铸态 Mg-9Al-Zn 合金。

表 5.21　镁合金牌号中状态代码

代码		状态	代码		状态
一般分类	F	铸态	T细分	T1	冷却后自然时效状态
	O	退火、再结晶(对锻制产品而言)		T2	退火状态(仅指铸件)
	H	应变硬化状态		T3	固溶处理后冷却加工状态
	T	热处理获得不同于 F、O 和 H 的稳定状态		T4	固溶处理状态
	W	固溶处理(不稳定状态)		T5	冷却和人工时效状态
H细分	H1 或 H1×××	近应变硬化状态		T6	固溶处理和人工时效状态
				T61	热水中淬火和人工时效状态
	H2 或 H2×××	应变硬化和部分退火		T7	固溶处理和稳定化处理状态
				T8	固溶处理、冷加工和人工时效状态
	H3 或 H3×××	应变硬化稳定化处理		T9	固溶处理、人工时效和冷加工状态
				T10	冷却、人工时效和冷加工状态

c. 我国 Mg 合金的标记方法。由两个汉语拼音和阿拉伯数字组成，前面汉语拼音将镁合金分为变形镁合金（MB）、铸造镁合金（ZM）、压铸镁合金（YM）和航空镁合金。两大类镁合金的化学成分分别见表 5.22 和表 5.23；镁合金新旧牌号对比见表 5.24。

表 5.22　主要变形 Mg 合金牌号及化学成分（质量分数）（摘自 GB/T 5153—2016） 单位：%

新牌号	原牌号	Al	Mn	Zn	Cu	Zr	Co	Ni	Si	Fe	Be	杂质	Mg
M2M	MB1	0.20	1.3～2.5	0.30	—	—	0.05	0.007	0.10	0.05	0.01	0.20	余量
AZ40M	MB2	3.0～4.0	0.15～0.50	0.20～0.80	—	—	0.05	0.005	0.10	0.05	0.01	0.03	余量
AZ41M	MB3	3.7～4.7	0.30～0.60	0.80～1.40	—	—	0.05	0.005	0.10	0.05	0.01	0.03	余量
AZ61M	MB5	5.5～7.0	0.15～0.50	0.50～1.50	—	—	0.05	0.005	0.10	0.05	0.01	0.03	余量
AZ62M	MB6	5.0～7.0	0.20～0.50	2.0～3.0	—	—	0.05	0.005	0.10	0.05	0.01	0.03	余量
AZ80M	MB7	7.8～9.2	0.15～0.50	0.20～0.80	—	—	0.05	0.005	0.10	0.05	0.01	0.03	余量
ME20M	MB8	0.20	1.3～1.2	0.30	0.15～0.35	—	0.05	0.007	0.10	0.05	0.01	0.03	余量
ZK61M	MB15	0.05	0.10	5.0～6.0	—	0.30～0.90	0.05	0.005	0.05	0.05	0.01	0.03	余量

表 5.23　压铸 Mg 合金的化学成分（质量分数）（摘自 GB/T 25748—2010）　单位：%

序号	合金牌号	合金代号	Al	Zn	Mn	Si	Cu	Ni	Fe	RE	杂质总量	Mg
1	YZMgAl2Si	YM102	1.9～2.5	≤0.20	0.2～0.6	0.70～1.20	≤0.008	≤0.001	≤0.004	—	≤0.01	
2	YZMgAl2Si(B)	YM103	1.9～2.5	≤1.25	0.05～0.15	0.70～1.20	≤0.008	≤0.001	≤0.004	0.06～0.25	≤0.01	
3	YZMgAl2Si(A)	YM104	0.7～1.8	≤0.30	0.23～0.48	0.60～1.40	≤0.010	≤0.010	—	—	—	余量
4	YZMgAl2Si(B)	YM105	0.7～1.8	≤0.20	0.34～0.60	0.60～1.40	≤0.015	≤0.001	≤0.004	—	≤0.01	
5	YZMgAl2Si(S)	YM106	3.5～5.0	≤0.20	0.18～0.70	0.5～1.5	≤0.01	≤0.002	≤0.004	—	≤0.02	

续表

序号	合金牌号	合金代号	Al	Zn	Mn	Si	Cu	Ni	Fe	RE	杂质总量	Mg
6	YZMgAl2Mn	YM202	1.6～2.5	≤0.20	0.33～0.70	≤0.08	≤0.008	≤0.001	≤0.004	—	≤0.01	余量
7	YZMgAl5Mn	YM203	4.5～5.3	≤0.20	0.28～0.50	≤0.08	≤0.008	≤0.001	≤0.004	—	≤0.01	
8	YZMgAl6Mn(A)	YM204	5.6～6.4	≤0.20	0.15～0.50	≤0.20	≤0.250	≤0.010	—	—	—	
9	YZMgAl6Mn	YM205	5.6～6.4	0.4～1.0	0.26～0.50	≤0.08	≤0.005	≤0.001	≤0.004	—	≤0.01	
10	YZMgAl8Zn1	YM302	7.0～8.1	0.45～0.90	0.13～0.35	≤0.30	≤0.10	≤0.010	—	—	≤0.30	
11	YZMgAl9Zn1(A)	YM303	8.5～9.3	0.45～0.90	0.15～0.40	≤0.20	≤0.080	≤0.010	—	—	—	
12	YZMgAl9Zn1(B)	YM304	8.5～9.3	0.40～0.90	0.15～0.40	≤0.20	≤0.250	≤0.010	—	—	—	
13	YZMgAl9Zn(D)	YM305	8.5～9.5	0.45～0.90	0.15～0.49	≤0.08	≤0.025	≤0.001	≤0.004	—	≤0.01	

表5.24 中国Mg合金新旧牌号对比

种类	新牌号	旧牌号
变形镁合金	M2M	MB1
	AZ40M	MB2
	AZ41M	MB3
	AZ61M	MB5
	AZ62M	MB6
	AZ80M	MB7
	ME20M	MB8
	ZK61M	MB15
	Mg99.50	Mg1
	Mg99.00	Mg2
铸造镁合金	ZK51A	ZM1
	ZE41A	ZM2
	EZ30M	ZM3
	EZ33A	ZM4
	AZ91B	ZM5
	EZ30Z	ZM6
	ZQ81M	ZM7
	AZ91S	ZM10

d. 部分新增的高性能Mg合金牌号。近几年我国研发了一系列适合商业应用的新型高性能镁合金，发展了20多个正式的国家牌号合金，其中部分新增的镁合金牌号见表5.25。

表5.25 部分新增的高性能Mg合金牌号

种类	牌号
变形镁合金	Mg99.80、AZ30M、AZ31N、AZ33M、AE90M、AQ80M、AM41M、AM81M、AW90M、AJ31M、AT61M、AL32M、AT11M、M1A、ZK40A、ZA73M、ZE90M、ZE20M、ZM21M、ZM51M、ZW62M、ZW62N、ZC20M、VE81M、VW64M、VW75M、VW84M、VK41M、EZ22M、WE43B、WE54A、WE71M、WE83M、WE91M、WE93M、WZ52M、LA43M、LA85M、LA86M、LA91M、LA93M、LA103M、LA103Z、LA141M、LZ112M

续表

种类	牌号
铸造镁合金	AZ91A、AZ91B、AZ91C、AZ91E、AZ92A、ZA81M、ZA84M、AM60A、AS21B、AS41A、AE44S、AE81M、AJ52A、AJ62A、ZQ81M、EZ30Z、EZ30M、WE43B、WV115Z、VW76S、VW103Z、VQ132Z、EV31A

④ Mg 合金的化学成分及性能特点 主要镁合金的标准化学成分和典型室温力学性能见表 5.26。

表 5.26 主要 Mg 合金的标准化学成分和典型室温力学性能

合金(砂型和永久型铸件)	化学组(质量分数)/%						抗拉强度/MPa	屈服强度			50mm 伸长率/%	剪切强度/MPa	硬度(HRE)
	Al	Mn	Th	Zn	Zr	其他		拉伸/MPa	压缩/MPa	承载/MPa			
AZ81A-T4	7.6	0.13	0.7	—	—	—	275	83	83	305	15	125	55
AZ91C 和 AZ91E-T6	8.7	0.13	—	—	—	—	275	145	145	360	6	145	66
WE43A-T6	—	—	—	—	0.7	4.0Y3.4RE	250	165	—	—	2	—	75～95
WE54A-T6	—	—	—	—	0.7	5.4Y3.0RE	250	172	172	—	2	—	75～95
ZK61A-T5	—	—	—	6.0	0.7	—	310	185	185	—	—	170	68
ZK51A-T5	—	—	—	6.0	0.7	—	310	195	195	—	10	180	70
压铸件 AZ91A,B,C,D-F	9.0	0.13	—	0.7	—	—	250	160	160	—	7	20	70
锻件 ZK60A-T5	—	—	—	5.0	0.46	—	305	215	160	285	16	165	65
挤压件 AZ31B 和 AZ31C-F	3.0	0.2	—	1.0	—	—	255	200	97	230	12	130	49

(2) Mg 合金的强韧化

① 合金元素的作用 合金元素对镁合金组织和性能有着重要影响。加入不同合金元素，可改变镁合金共晶化合物或第二相的组成、结构以及形态和分布，因而可得到性能完全不同的镁合金。镁合金的主要合金元素为 Al、Zn 和 Mn 等，有害元素有 Fe、Ni 和 Cu 等，见图 5.26。大多数情况下，合金元素的作用大小与添加量有关，在固溶度范围内作用大小与添加量呈正比关系，见图 5.26、图 5.27。

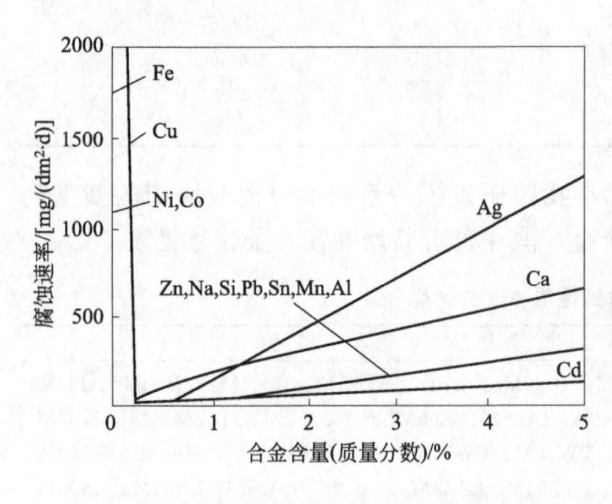

图 5.26 合金元素和有害金属对镁的腐蚀速率的影响（3%NaCl 溶液）

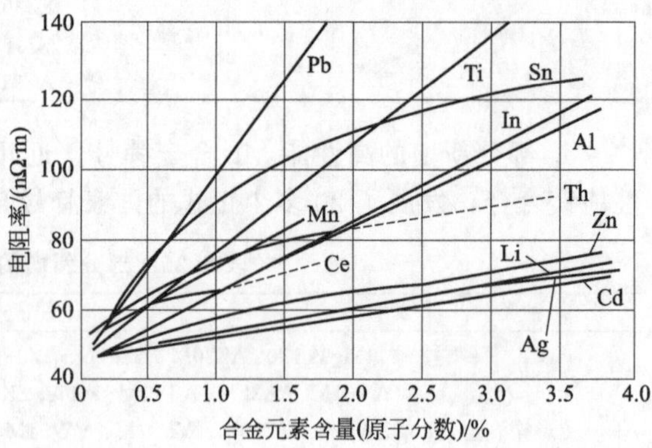

图 5.27 合金元素添加量对镁合金电阻率的影响

② 合金化强化 铸造镁合金的力学性能一般较低，可通过选择合适的合金元素，并利用固溶强化、细晶强化、沉淀强化、弥散强化和热处理强化来提高合金的常温和高温力学性能，因此依据合金化元素对二元镁合金力学性能的影响，可将合金化元素分为三类。a. 提高强度、韧性的（以合金元素作用从强到弱排序），如Al、Zn、Ag、Ce、Ga、Ni、Cu、Th（以强度为评价指标），Th、Ga、Zn、Ag、Ce、Ca、Al、Ni、Cu（以韧性为评价指标）。b. 能增强韧性而强度变化不大的，如Cd、Ti、Li等。c. 明显增强强度而降低韧性的，如Sn、Pb、Bi、Sb等。除固溶强化、沉淀强化、弥散强化和细晶强化外，热处理强化的特点见表5.27。

表5.27 热处理强化方法的特点

名称	特点
热处理强化	多数镁合金都可通过热处理来改善或调整材料的力学性能和加工性能。其能否通过热处理强化完全取决于合金元素的固溶度是否随温度变化。当合金元素的固溶度随温度变化时，镁合金可进行热处理强化。根据合金元素的种类，可热处理强化的镁合金有三大系列，即Mg-Al-Zn系（如AZ80A）、Mg-Zn-Zr系（如ZK60A）和Mg-RE-Zr系（如WE43）。 ①热处理类型　其基本热处理种类及其符号列于表5.28中。各种热处理的名称及适用范围等，详见表5.29。 ②不同镁合金系的热处理工艺　见表5.30。 ③不同类型工件的热处理和性能　见表5.31。 ④热处理对铸造镁合金性能的影响　热处理最常见的缺陷见表5.32和表5.33。大多数铸造镁合金的力学性能可通过热处理来加以改善。部分铸造镁合金的热处理工艺规范见表5.34。铸造镁合金热处理后，可消除铸造内应力和铸造缺陷，减少宏观和显微偏析，从而提高镁合金的力学性能。表5.35给出了部分铸造镁合金热处理后的力学性能。在镁合金中，通过添加一些有益的合金元素，将极大提高镁合金的力学性能。表5.36就列出了部分添加Ca或Ti的铸造Mg-Al系镁合金热处理后的力学性能。 ⑤热处理对变形镁合金性能的影响　见表5.37和表5.38。注意应符合变形镁合金热处理工艺规范：a. 变形镁合金消除内应力的热处理推荐温度和时间，见表5.39。b. 常采用退火工艺来消除镁合金在塑性变形过程中产生的加工硬化，恢复和提高塑性，以便进行后续变形加工。表5.40列出了几种变形镁合金的完全退火工艺规范。由于镁合金的大部分成形是在高温下进行的，故对其进行完全退火处理。表5.41列出了几种变形镁合金的时效和固溶处理工艺规范，供参考

表5.28 Mg合金的各种热处理名称及适用范围

序号	名称	适用范围
1	退火	它可显著降低镁合金制品的抗拉强度并增加其塑性，对某些后续加工有利。依据使用要求和合金性质，变形镁合金可采用高温完全退火(O)和低温去应力退火(T2)。当镁合金含RE元素时，其再结晶温度升高。RE能减小再结晶倾向、晶粒长大及晶界变形能力
2	完全退火(O)	它可消除镁合金在塑变过程中产生的加工硬化效应，恢复和提高其塑性，以便进行后续变形加工。对MB8合金，当要求其强度较高时，退火温度可定在533～563K；当要求其塑性较高时，则退火温度可以稍高一些，一般可定在593～623K
3	去应力退火(T2)	它可最大限度地消除镁合金工件中的应力。若将镁合金挤压件焊接到镁合金冷轧板上，应适当降低退火温度并延长保温时间，从而最大限度地降低工件的变形程度，如应选用423K×60min退火
4	固溶处理	它需先产生一个过饱和固溶体。形成过饱和固溶体的过程称为固溶处理。固溶处理可提高镁合金抗拉强度和断后伸长率，并获得最大的韧性和抗冲击性。由于镁合金中原子扩散较慢，因而需较长的加热(或固溶)时间以保证强化相充分固溶。为获得最大的过饱和固溶度，固溶加热温度通常只比固溶线低5～10K。Mg-Al-Zn合金经固溶处理后$Mg_{17}Al_{12}$相溶解到镁基体中，合金性能得到较大幅度提高
5	人工时效(T5)	由于具有较低扩散激活能，镁合金不能进行自然时效。部分镁合金经铸造或加工成形后不进行固溶处理而是直接进行人工时效。该工艺既简单又可获得相当高的时效强化效果。特别是Mg-Zn系合金，重新加热固溶处理将导致晶粒粗化，时效后的综合性能反而不如T5态。故通常在热变形后直接人工时效以获得时效强化效果

续表

序号	名称	适用范围
6	固溶＋人工时效(T6)	它可提高镁合金的屈服强度，但会降低部分塑性，该工艺主要应用于 Mg-Al-Zn 和 Mg-RE-Zr 合金。此外，含 Zn 量高的 Mg-Zn-Zr 合金也可选用此工艺以充分发挥时效强化效果。一般，镁合金在空气、压缩空气、沸水或热水中都能进行淬火。进行 T6 处理时，固溶处理获得的过饱和固溶体在人工时效过程中发生分解并析出第二相。对 Mg-Al 合金，Al 在 Mg 中过饱和固溶体分解时析出呈弥散的薄片状、非共格的平衡相 $Mg_{17}Al_{12}$，其惯析面平行于基面，提高了合金的强度。Mg-Zn 合金具有典型的时效动力学特征，当合金中加入 Zr 时，热加工后进行人工时效，其强度大大提高。对 Mg-RE 合金，含 Ce、Nd 和 La 的合金在时效过程中都有一定的强化效果，这主要是由于合金时效时形成了与基体共格的亚稳过渡相。表 5.30 列出了几种典型镁合金在时效各个阶段的析出相及其特点
7	热水中淬火＋人工时效	镁合金淬火时通常采用空冷，也可采用热水淬火来提高强化效果。特别是冷却速度敏感性较高的 Mg-RE-Zr 系合金常常采用热水淬火。例如，Mg 含量 2.2%～2.5%、Nd 含量 0.4%～1.0%、Zr 含量 0.1%～0.7%的 Zn 合金经 T61 处理后其强度可提高 60%～70%且断后伸长率仍保持原有水平

表 5.29　几种典型 Mg 合金在时效各个阶段的析出相及其特点

合金系	时效初期(GP 区等)	时效中期(中间相)	时效后期(稳定相)
Mg-Al	—	—	β 相：$Mg_{17}Al_{12}$(立方晶) 连续析出和不连续析出
Mg-Zn	GP 区：板状(共格)	β_1'相：$MgZn_2$(六方晶，共格) β_2'相：$MgZn_2$(六方晶，共格)	β 相：Mg_2Zn_3(三方晶，非共格)
Mg-Mn	—	—	α-Mn(立方晶)棒状
Mg-Y	β″相：DO_{19} 型规则结构	β′相：底心单斜晶	β 相：$Mg_{24}Y_5$(体心立方晶)
Mg-Nd	GP 区：棒状(共格) β_1''相：DO_{19} 型规则结构	β′相：面心立方晶	β 相：$Mg_{12}Nd$(体心正方晶)
Mg-Y-Nd	β″相：DO_{19} 型规则结构	β′相：$Mg_{12}NdY$(底心单斜晶)	β 相：$Mg_{14}NdY$(面心立方晶)
Mg-Ce	—	中间相(?)	β 相：$Mg_{12}Ce$(六方晶)
Mg-Gd Mg-Dy	β″相：DO_{19} 型规则结构	β′相：单斜晶	β 相：$Mg_{24}Dy_2$(立方晶)
Mg-Th	β″相：DO_{19} 型规则结构	—	β 相：$Mg_{23}Th_6$(面心立方晶)
Mg-Ca Mg-Ca-Zn	—	—	Mg_2Ca(六方晶)， 添加 Zn 微细析出
Mg-Ag-RE(Nd)	GP 区：棒状及椭圆状	γ 相：棒状(六方晶，共格) β 相：等轴状(六方晶，半共格)	$Mg_{12}Nd_2Ag$，复杂板状 (六方晶，半共格)
Mg-Se	—	—	MgSe

注："?" 表示存在中间相，但其晶体结构尚不明晰。

表 5.30　不同 Mg 合金系的热处理工艺特点

序号	镁合金系	热处理工艺特点
1	Mg-Mn 系	其变形镁合金有 MB1 和 NB2 两种，通常以板、带、棒和锻件形式供应。其时效析出过程：α→α-Mn(立方晶)，中间没有生成亚稳定相，其中 α-Mn 相呈棒状。由于 Mg 和 Mn 不形成化合物，因此固溶体中析出的 α-Mn 相实际上是纯 Mn，强化作用很小，故 Mg-Mn 系合金无明显的时效强化效果。通常在 Mg-Mn 合金中添加一些 Al 以形成 MnAl、$MnAl_6$ 和 $MnAl_4$ 等化合物粒子，它们在时效过程中析出后将起到强化作用
2	Mg-Al-Zn 系	由于 Al、Zn 等合金元素的扩散速率十分低，故该合金系达到平衡态所需均匀化退火时间很长。长时间均匀化退火可消除镁合金铸锭中的枝晶偏析和内应力，提高塑性。但长时间加热将导致镁合金铸锭表面严重氧化，晶粒过分粗大，所以一些情况下 Mg-Al-Zn 系合金铸锭可不进行均匀化处理而直接进行热变形。研究者发现，接近共晶点的高温短时加热既能消除偏析，又能防止严重表面氧化和晶粒长大。其中的关键是精确控制加热温度，以防温度波动引起过烧。 Mg-Al 二元系的时效析出过程为：α→β- $Mg_{17}Al_{12}$，即从过饱和固溶体中直接析出稳定性较高的 β 相，β 相可在晶粒内连续析出，也可在晶界上不连续析出，从而形成球状或网络状组织。通常此两种析出同

续表

序号	镁合金系	热处理工艺特点
2	Mg-Al-Zn系	时存在，时效初期以非连续析出为主，然后再发生连续析出。而Mg-Al-Zn三元合金，由于Zn含量比Al含量低，从而该三元合金的基本时效析出过程与Mg-Al二元合金相同，且由于Zn的作用使得该三元合金的时效过程比Mg-Al合金更显著，时效强化效果更好。随Zn含量增加，β相的成分会变成$Mg_xZn_yAl_z$三元金属间化合物。 MB2、MB3和MB5合金中的合金元素含量较低，β强化相数量较少，故无法通过热处理强化。这些合金的唯一热处理方式是退火。MB6和MB7合金中的合金元素含量较高，强化相数量较多，可进行热处理强化
3	Mg-Zn-Zr系	在Mg-Zn合金中添加少量Zr后能显著细化晶粒，提高合金强度。Mg-Zn-Zr系合金(MB15)是目前应用最多的变形镁合金之一。它与国外的ZK60A成分相近。MB15合金的热处理强化方式有两种，分别为热变形＋人工时效和固溶处理＋人工时效，两种方法处理后合金的强度相差不多，但经固溶＋人工时效的塑性低于热变形＋人工时效的。由于热加工温度一般为573～673K，此温度下合金的强化相已大部分溶入基体，冷却后获得相当的过饱和度。故实际生产中一般采用热变形后直接人工时效的制度，仅在个别情况下才选择固溶处理＋人工时效的处理方式。 MB15中含有Zr，能显著细化晶粒，并能降低合金中原子的扩散能力，提高再结晶程度。故在573～673K温度下挤压的棒材或型材具有细晶组织，人工时效后方可获得较高综合性能。对锻件，因变形方式不同，其变形量不及挤压变形，力学性能通常比挤压件会低一些
4	耐热镁合金	普通镁合金的长期使用温度一般不超过393K，极大地限制了其应用范围。提高其耐热性能较显著的合金元素有：RE、Th和Ca等。现有镁合金系中只有HM21、HM31、WE43和WE54等合金具较高的高温性能，而HM21、HM31合金由于含有对人体有害元素Th而无法得到广泛使用
5	Mg-RE系	RE元素在Mg中的固溶度较大，且固溶度随温度降低而急剧减小，在470K附近仅为最大固溶度的1/10。稀土镁合金的固溶和时效强化效果随RE元素原子序数的增加而增加。稀土镁合金在773～803K固溶处理后可得到过饱和固溶体，然后在423～523K附近时效时均匀弥散地析出第二相，获得显著时效强化效果。其时效析出的一般规律是在时效初期形成六方DO19型结构；时效中期析出β′相，并可获得最高强度；时效后期的析出相为平衡析出相。由于RE在Mg中扩散速率较低，析出相的热稳定性很高，故Mg-RE合金具优异耐热性和高温强度。 研究者研究了Mg-4Y-3RE合金经热挤压＋人工时效后的组织性能，发现在573K挤压后，再在473K人工时效2h后晶内有针状析出物析出且有大量位错胞存在，室温强度高达370MPa。合金经673K挤压变形后获得尺寸1.5μm细小晶粒，析出物呈球状、细小分布，在室温到473K温度范围内强度高达300MPa。在673K和$4\times10^{-1}s^{-1}$高应变速率下呈现超塑变行为，断后伸长率为358%。另外由于晶粒组织细小，经673K挤压变形后的材料在室温下同时具有良好的强度和韧性
6	Mg-Ca系	添加Ca的目的有二：a.减轻金属熔体和铸件热处理过程中的氧化；b.细化晶粒，提高高温蠕变抗力，改善镁合金薄板的可轧制性。在Mg-1%Ca中添加1%Zn后时效强化效果显著增强。当合金中含有Al时，Ca与Al反应生成Al_2Ca相

表5.31　不同类型工件的热处理和性能特点

序号	工件类型	热处理和性能特点
1	锻件	在机械加工前后，均需进行热处理。锻件的热处理主要是软化退火及淬火(固溶)＋时效处理。 ①对不能热处理强化的变形镁合金锻件　采用软化退火处理，其退火温度须高于合金的再结晶温度而低于过剩相强烈溶解温度，例如MB1合金软化退火温度为613～673K，保温时间2～3h.。但应注意，镁合金在高温下再结晶长大倾向大，故退火温度不宜过高，否则会造成晶粒粗大，降低力学性能及耐蚀性。例如MB8的退火温度>673K时，会发生聚集再结晶，使晶粒长大，从而降低合金力学性能。退火后的冷却，一般在空气中冷却，当要求具有较高塑性时可采用随炉冷却。 ②对能通过热处理强化的镁合金锻件　锻后常采用淬火＋时效处理。淬火(固溶)的目的是改善合金的塑性和韧性，并为进一步时效处理做好组织准备。时效处理是把过饱和固溶体或经冷加工变形后的合金置于室温或加热至某一温度，保温一定时间，使先前溶解于基体内的物质，均匀弥散地析出。镁合金一般采用人工时效，如MB15锻件锻后通常采用不同温度进行人工时效处理。这是因MB15的锻造多半是在573～673K进行的，这时强化相大体已溶入固溶体内，于空气中冷却，实际上已进行了淬火处理，故只需采用不同温度进行人工时效处理即可

续表

序号	工件类型	热处理和性能特点
2	挤压件	挤压件脱模后需采用强制气冷或水冷淬火以获得微细均匀的显微组织。但应注意，在淬火过程中，禁止冷却水与热模具直接接触，否则将导致模具开裂。挤压的镁合金材料其状态主要有T5(在线淬火＋人工时效)、T6(固溶＋人工时效)、F(原加工状态即挤压状态)。固溶处理可提高强度，使韧性达到最大并改善抗振能力。固溶后再进行人工时效，可使硬度和强度达最大值，但韧性略有下降。 镁合金材料在热加工、成形、矫直和焊接后会留有残留应力。因此还应进行消除应力退火。若将挤压镁材与轧制硬化态板材焊在以其，为最大限度减小扭曲变形必须消除应力，最好在423K处理60min
3	板材	镁合金板材在轧制后要进行退火处理，退火过程中会发生再结晶。如要获得最佳的常温综合力学性能，则退火温度应靠近完全再结晶温度范围。退火温度过高，易导致镁合金晶粒长大，从而降低镁合金性能。再结晶温度取决于压下量、始轧温度和终轧温度。合金在热轧态下的硬度值较高，随退火温度的升高，硬度逐渐下降。板材热轧后的退火软化过程不像冷轧合金板材那样剧烈。因热轧过程中的动态回复使合金的储能获得释放的原因，当在523～573K温度下退火1h后，硬度值约下降至热轧态的一半，由硬度的变化可知此时合金已发生了完全再结晶。 退火后材料的强度有所下降，但断后伸长率显著提高。热加工使铸态晶粒破碎后，控制随后的再结晶温度和时间，可使合金产生大量细小等轴晶，从而激活晶界滑动、移动和转动等塑变机制，使其塑性得到提高

表 5.32 锻件热处理的目的

序号	热处理的目的
1	调整锻件的硬度，以利于锻件进行切削加工
2	消除内应力，消除加工硬化，恢复塑性
3	改善锻件内部组织，细化晶粒，为最终热处理做好组织准备
4	提高尺寸稳定性，以免在机械加工时变形
5	降低腐蚀倾向和应力集中中的敏感性，减小或消除各向异性
6	对于不再进行最终热处理的锻件，应保证达到规定的力学性能要求

表 5.33 铸造Mg合金热处理最常见的缺陷及其对性能的影响

序号	缺陷名称	对性能的影响
1	未淬透	由加热温度过低，保温时间不足引起。对Mg-Nd合金，还可能由冷却速度过慢引起。未淬透，会导致强度降低，且在微观分析中可以发现，加热规程不正确会引起强化相溶解不足。研究表明，M5、M10合金要想获得最高力学性能，其铸态中的强化相须有85％以上溶解在固溶体内
2	晶粒长大	可用金相试片进行检查，对含Al量＞7.5％的Mg-Zn合金，可根据机械加工后零件表面上的亮斑来判断。淬火加热时的晶粒剧烈变大是局部性的，它与铸件在结晶过程中由于冷铁引起的局部快冷而产生的内应力有关。若在淬火加热前快冷，增加退火工序或采用分级加热方法，就可防止晶粒长大和力学性能降低
3	表面氧化	在淬火加热过程中，由于空气或水汽进入炉内，减少了炉内二氧化硫含量而产生了表面氧化。其结果是使铸件表面形成灰褐色或淡黄色粉末，当这些粉末去除后，便留下许多细小的砂眼
4	过烧	它系指铸件在热处理过程中由于淬火温度过高而引起的共晶体局部熔化。a. 对于厚截面M5铸件，若快速升温至淬火温度，由于Zn的偏析会形成熔点为360℃的易熔晶体时，并会引起过烧。b. 当合金内含Zn量＞1％时，易出现共熔晶体。 为防止局部熔化，可采用低限Zn含量的M5或淬火采用二次加热，缓慢升温到淬火温度，使Zn能扩散到固溶体中，过烧是很容易发现的，铸件表面上会析出被氧化的小粒子，其断口颜色随氧化程度不同，从白色到金黄色；还可根据微观组织判断。倘若温度继续升高，则共晶体数量增加，且沿晶界析出而形成“骨架”。热处理后的微观组织与铸态近似，不同之处是前者沿晶界析出物是连续的，在晶界熔化的后期，还会形成气孔，气孔附近往往有残留的不熔化相。 轻度过烧时，不仅不会降低力学性能，且可能使其达到该合金强度的最大值(因为强化元素获得完全溶解，并在固溶体内均匀分布)。但过烧则使固溶体严重贫化，晶界结合力降低并脆化，最后导致力学性能剧烈降低
5	变形	引起变形的因素是多种的。a. 淬火时不均匀加热、升温过快；b. 铸件在炉膛内堆放位置不正确；c. 具不同壁厚的复杂形状的铸件，需采用专用夹具或特殊底板；d. 当加热至高温时，铸件的自重也会引起变形等

表 5.34　部分铸造 Mg 合金的热处理工艺规范

合金	最终状态	时效处理			固溶处理			固溶处理后的时效		
		温度		时间/h	温度		时间/h	温度		时间/h
		℃	℉		℃	℉		℃	℉	
镁-铝-锌铸件										
AM100A	T5	232±6	450±10	5	—	—	—	—	—	—
	T4	—	—	—	424±6	795±10	16～24	—	—	—
	T6	—	—	—	424±6	795±10	16～24	232±6	450±10	5
	T61	—	—	—	424±6	795±10	16～24	218±6	425±10	25
AZ63A	T5	260±6	500±10	4	—	—	—	—	—	—
	T4	—	—	—	385±6	725±10	10～14	—	—	—
	T6	—	—	—	385±6	725±10	10～14	218±6	425±10	5
AZ81A	T4	—	—	—	413±6	775±10	16～24	—	—	—
AZ91C	T5	168±6	335±10	16	—	—	—	—	—	—
	T4	—	—	—	413±6	775±10	16～24	—	—	—
	T6	—	—	—	413±6	775±10	16～24	168±6	335±10	16
AZ92A	T5	260±6	500±10	4	—	—	—	—	—	—
	T4	—	—	—	407±6	765±10	16～24	—	—	—
	T6	—	—	—	407±6	765±10	16～24	218±6	425±10	5
镁-锌-铜铸件										
ZC63A	T6	—	—	—	440	825±10	4～8	200±6	390±10	16
镁-锆铸件										
EQ21A	T6	—	—	—	520±6	970±10	4～8	200±6	390±10	16
EZ33A	T5	175±6	350±10	16	—	—	—	—	—	—
QE22A	T6	—	—	—	525±6	980±10	4～8	204±6	400±10	8
QE23A	T6	—	—	—	525±6	980±10	4～8	204±6	400±10	8
WE43A	T6	—	—	—	525±6	980±10	4～8	250±6	480±10	16
WE54A	T6	—	—	—	527±6	980±10	4～8	250±6	480±10	16
ZE41A	T5	329±6	625±10	2	—	—	—	—	—	—
ZE63A	T6	—	—	—	480±6	895±10	10～72	141±6	285±10	48
ZK51A	T5	177±6	350±10	12	—	—	—	—	—	—
ZK61A	T5	149±6	300±10	48	—	—	—	—	—	—
	T6	—	—	—	499±6	930±10	2	129±6	265±10	48

注：1. 时效处理是由原加工状态（F）时效处理为 T5 状态。

2. 固溶处理后和随后的时效处理前，用高速风扇将铸件冷却到室温。

表 5.35　部分铸造 Mg 合金热处理后的力学性能

合金	状态	固溶处理		时效处理		力学性能		
		温度/K	时间/h	温度/K	时间/h	屈服强度/MPa	抗拉强度/MPa	断后伸长率/%
AM100A	F					83	150	2
	T4	698	16～24			90	275	10
	T51	698	16～24	503	5	150	275	1
AZ63A	F					97	200	6
	T4	658	10～14			97	275	12
	T5			533	4	105	200	4
	T6	658	10～14	493	5	130	275	5
AZ81	T4	686	18			83	275	15
AZ91C	F					97	165	2.5
AZ91D	T4	688	16～24			90	275	15
	T5	688	16～24	443	16	145	275	6
AZ92A	F					97	170	2
	D4	678	16～24			97	275	10
	T5			503	5	115	170	1
	T6	678	16～24	533	4	150	275	3

续表

合金	状态	固溶处理		时效处理		力学性能		
		温度/K	时间/h	温度/K	时间/h	屈服强度/MPa	抗拉强度/MPa	断后伸长率/%
EQ21A	T6	793	8	473	16	170	235	2
EZ33A	T5			485	5	110	160	3
QE22A	T6	798	4～8	478	8～16	195	260	3
WE48A	T6	798	8	523	16	165	250	2
WE54A	T6	798	8	523	16	172	250	2
ZC63A	T6	713	8	463	16～24	125	210	4
ZE41A	T5			603K×3h+453K×16h		140	205	3.5
ZK51A	T5			493K×8h		140	205	3.5
ZK61A	T5			503K×8h		185	310	
	T6	773	2	403K×48h		195	310	10

表 5.36 部分铸造 Mg-Al 系镁合金热处理后的力学性能

合金	固溶处理 T4		时效处理 T6		力学性能	
	温度/℃	时间/h	温度/℃	时间/h	抗拉强度/MPa	断后伸长率/%
AM50+0.5Ca	375	20			149.68	8.54
	395	20			160.08	9.18
	415	20			157.02	9.60
	415	20	150	20	159.39	7.47
	415	20	200	20	164.39	8.33
AM50+1Ca	375	20			173.33	6.42
	395	20			130.33	5.24
	415	20			184.81	13.09
	415	20	200	20	132.66	3.34
AM50+1.5Ca	375	20			135.42	5.54
	395	20			183.20	7.62
	415	20			152.13	9.55
	415	20	150	20	177.01	7.01
	415	20	200	20	195.24	10.50
AM50+0.01Ti	375	20			205.46	13.25
	395	20			211.30	13.78
	415	20			203.58	14.61
	415	20	150	20	198.37	13.14
	415	20	175	20	216.43	12.04
	415	20	200	20	204.98	12.98
AM50+0.1Ti	375	20			209.84	13.17
	395	20			209.38	14.28
	415	20			207.30	15.60
	415	20	150	20	216.49	13.61
	415	20	175	20	216.43	12.04
	415	20	200	20	204.98	13.03

表 5.37 热处理对变形 Mg 合金性能的影响

名称	对变形镁合金性能的影响
半成品的热处理	其目的是提高强度，减少或消除冷作硬化，提高塑性，消除内应力，稳定合金性能。镁合金具有缓慢的扩散过程，在较低冷却速度下，能使过饱和固溶体固定下来。因此，镁合金在静止空气、压缩空气、沸水或热水中都能进行淬火。这样可大大减少成品或半成品的残留内应力。淬火的温度和时间，根据半成品的壁厚决定，而时效规范则根据过饱和固溶体达到完全分解的温度和时间确定。淬火时在水中的持续时间不应超过 5min，直到完全干燥为止。

续表

名称	对变形镁合金性能的影响
半成品的热处理	热处理不能强化的变形镁合金半成品，一般采用高温(再结晶)退火或低温(去应力)退火。退火温度和保温时间根据合金的特征及对性能和工艺的要求进行选择。再结晶退火会降低镁合金的强度，但可以提高其塑性，并大大减少力学性能的各向异性。变形镁合金半成品低温退火的目的是消除其残留内应力。因内应力不仅是引起零件变形原因，而且增加了应力腐蚀倾向和对缺口的敏感性。低温退火规范为150～300℃，0.5～1h，也可把退火保温时间减少到15min，但须升高退火温度
形变热处理	它是提高可时效的变形镁合金强度的方法之一，它不仅可提高瞬期试验的纵向强度，还可提高其横向强度，特别是强度极限的提高尤为显著，但断后伸长率有所降低。它还可提高镁合金的耐蚀性，这与合金中腐蚀敏感相的分布特征有关。它不仅沿晶界分布，而且沿孪晶界析出。故孪晶的形成促使腐蚀向着晶粒内部扩散。 形变热处理有三种类型：变形温度低于再结晶极限温度的低温形变热处理，变形温度高于再结晶极限温度进行加工硬化的高温形变热处理，以及同时使用上述两种方法而达到强化目的的复合形变热处理。其组织与性能的变化见表5.39

表5.38 三种形变热处理的组织与性能的变化

类型	组织与性能的变化
低温形变热处理	它包括在固溶温度下淬火，冷变形或温变形和时效，其对于纵向和横向的压缩屈服强度有所提高。不论材料是否经冷作变形，随时效时间的增加，其电导率都下降，这证明了镁基过饱和固溶体中有强化相析出。X射线分析说明，固溶+时效会导致镁基固溶体晶格的强烈歪扭且此歪扭在较高温度下，仍保持稳定
高温形变热处理	它包括加热到过饱和固溶体状态、热塑性变形和时效。经高温形变热处理的MA11、MA12合金显微组织具有细小的再结晶晶粒和拉长的变形晶粒，有些晶界呈犬齿形；在MA5合金中可看到大量$Mg_{17}Al_{12}$相，也是沿变形方向被拉长，合金组织是再结晶组织，在晶粒的对接处固溶体发生分解的部位出现细小的弥散相质点，这是富Al的镁合金发生断续分解的结果，即粗大镁合金固溶体晶粒呈拉长的变形组织，晶体内出现孪晶，固溶体强烈分解，在固溶体分解处出现大量弥散的强化相质点且分布在固溶体晶粒之间呈暗色的条带状
复合形变热处理	它包括把坯料(仅对MA11合金而言)加热至490～530℃保温2h，转移到300～360℃的空气介质里变形50%～90%，然后冷变形5%～10%，再用175℃人工时效24h。它能使合金获得更高的强度，显然它比低温和高温形变热处理产生了更大的晶格畸变和更复杂的位错组织，使得镁基固溶体发生更完全的分解

表5.39 变形Mg合金消除内应力热处理推荐的温度和时间

合金	温度		时间/min
	℃	℉	
薄板和厚板			
AZ31B-O	345	650	120
AZ31B-H24	150	300	60
挤压材			
AZ31B-F	260	500	15
AZ61A-F	260	500	15
AZ80A-F	260	500	15
AZ80A-T5	200	400	60
ZC71A-T5	330	625	60
ZK21A-F	200	400	60
ZK60A-F	260	500	15
ZK60A-T5	150	300	60

注：仅当合金中的铝含量超过1.5%时，焊接后才需要进行消除应力处理，以防止产生应力腐蚀断裂。

表5.40 几种变形Mg合金的完全退火工艺规范

合金牌号	温度/K	时间/h	合金牌号	温度/K	时间/h
MB1	613～673	3～5	MB8	553～593	2～3
MB2	623～673	3～5	MB15	653～673	6～8

表 5.41　几种变形 Mg 合金的时效处理和固溶处理工艺规范

合金	最终状态	时效处理			固溶处理			固溶处理后的时效		
		温度		时间/h	温度		时间/h	温度		时间/h
		℃	℉		℃	℉		℃	℉	
ZK60A	T5	150±6	300±10	24	—	—	—	—	—	—
AZ80A	T5	177±6	350±10	16～24	—	—	—	—	—	—
ZC71A	T5	180±6	355±10	16	—	—	—	—	—	—
ZC74A	T6	—	—	—	430±6	805±10	4～8	180±6	355±10	16

(3) 几种典型高性能 Mg 合金（见表 5.42）

表 5.42　几种典型高性能镁合金的特点与应用

序号	名称	应用
1	耐热镁合金	耐热性是阻碍现有镁合金广泛应用的主要原因之一，当温度升高时，镁合金的强度和抗蠕变性能大幅度下降，使它难以作为关键零件(如发动机零件)材料在汽车行业中得到更广泛的应用。美、日、加拿大、以色列等国均将耐热镁合金的研究开发作为重要的突破方向，其目标是在不大幅度增加成本的前提下，提高镁合金在 150～350℃时的强度和抗蠕变性能，开发具有良好压铸性能和耐蚀性的耐热镁合金。上海交大丁文江院士团队开发了超高强耐高温镁合金 JDM2，该合金在工作温度达 300℃时，铸造和变形 JDM2 合金仍具 275MPa 左右的抗拉强度。300℃的高温疲劳强度也超过高温性能最好 AC8A 合金。该合金是替代 AC8A 合金成为新一代活塞制造的理想材料，还被美国通用汽车公司、日本日立制作所、德国大众、美国波音等国外跨国企业分别选为新一代发动机缸体、活塞、轮毂和航空座椅骨架的研制材料，并为他们成功研制出合格样件，见图 5.28。 **①主要以 Mg-Al、Mg-Zn 系镁合金为基础的耐热镁合金。**基于镁合金的蠕变机理，通过引入高熔点、热稳定性高的第二相，单独或复合添加 Si、RE、Ca、Sn 等合金元素，形成具有抗高温蠕变性能的新型耐热镁合金系列[AE(Mg-Al-RE)系，AXE(Mg-Al-Ca-RE)系等]。例如，AE42 合金具有优良的高温蠕变性能是因为 RE 元素加入后，形成 Al-RE 中间化合物而抑制高温不稳定相 $Mg_{17}Al_{12}$ 的形成，Al-RE 金属间化合物具有良好的高温稳定性。研究发现，引起铸态 AE42 合金在 200℃时效后高温蠕变性能恶化的 $Mg_{17}Al_{12}$ 相，是由凝固过程中 Al 元素在凝固基体中形成的过饱和固溶体在 200℃析出 $Mg_{17}Al_{12}$ 所致。图 5.29 为 AE42 合金在 200℃时效 2 个星期以后的透射电镜图片，图中箭头所指的即为时效处理后析出的 $Mg_{17}Al_{12}$ 相。进一步研究发现，Al 在 Mg 基体中形成的过饱和固溶体在 150℃以上就会析出 $Mg_{17}Al_{12}$，从而恶化合金的蠕变性能。 **②Mg-RE 系耐热镁合金。**其主要合金元素是 RE 元素，在 200～300℃的使用温度下，使原子扩散速率较低，从而有效地阻止了高温下晶界迁移并减小了扩散性蠕变变形。典型的合金包括美国牌号 WE43，近年来比较关注高强耐热 Mg-Gd-Y 合金系(稀土元素 Y，具有较大的固溶度，可实现固溶强化，又可通过 Mg_xY_y 阻碍晶界扩散来提高镁合金的高温蠕变性能)。尽管成本高昂，但在一些有特殊要求的场合下具有不可替代的作用，也成为未来镁合金研发和应用的主要方向之一
2	高性能变形镁合金	与压铸镁合金相比，变形镁合金可获得更高强度、更好延展性及更多样化的力学性能，可满足不同场合结构件的使用要求。因此，高性能变形镁合金及其成形工艺的开发，已受到国内外材料工作者的高度重视。例如，美国成功研制了各种系列的变形镁合金产品，通过挤压＋热处理后的 ZK60 高强变形镁合金，其强度及断裂韧度相当于时效状态的 Al7075 或 Al7475 铝合金；采用快速凝固(RS)＋粉末冶金(PM)＋热挤压工艺生产的 Mg-Al-Zn 系 EA55RS 变形镁合金，其性能不但大大超过常规镁合金，比强度甚至超过 7075 铝合金，且具有超塑性(300℃，436%)，腐蚀速率与 2024-T6 铝合金相当，还可同时加入 SiC 等增强相，成为高性能镁合金材料的典范。韩国浦项采用独创的"薄带连铸"技术，大量生产了各种尺寸的镁板材产品。2014 年 9 月，POSCO 镁板材在全球首次用于雷诺三星汽车推出的 SM7 Nova 车型上，主要作为内装材用于 VIP 后座板及后备厢的框架部位，重量可减轻约 61%。2015 年 3 月，镁板材作为外装材首次用于保时捷 911 GT3 RS 的车顶，与铝材相比，车顶重量减轻了 30%以上，减轻了车身中部的重量，还可确保车体的安全性。2015 年 4 月，镁板材又用于法国雷诺汽车公司概念车 Eolab 的车顶，车身重量可减轻 130kg

(4) 高性能 Mg 合金在汽车轻量化中的应用

将镁合金应用于汽车，可大幅度减轻汽车的自重。汽车质量每降低 100kg，每 100km

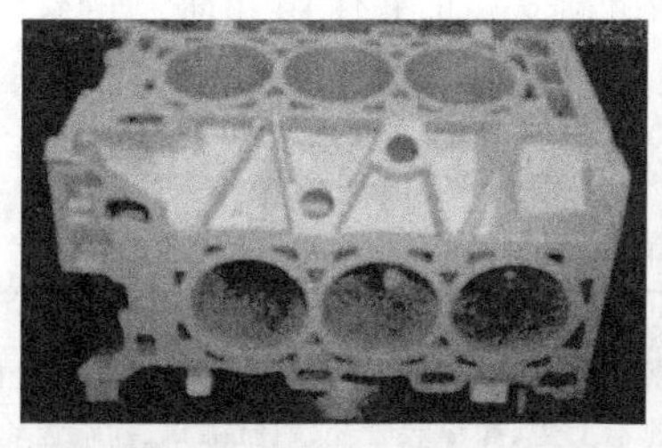
(a) 美国通用的全球首款全镁低压铸造缸体

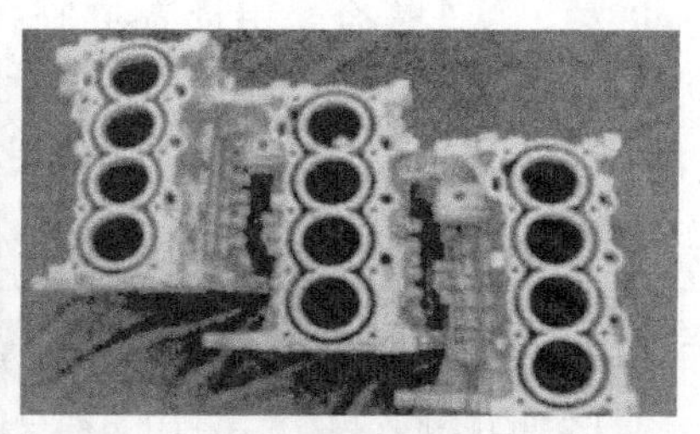
(b) 高压铸造缸体

(c) 德国大众的镁轮毂

(d) 日本日立的镁活塞

图 5.28　超高强耐高温镁合金零部件

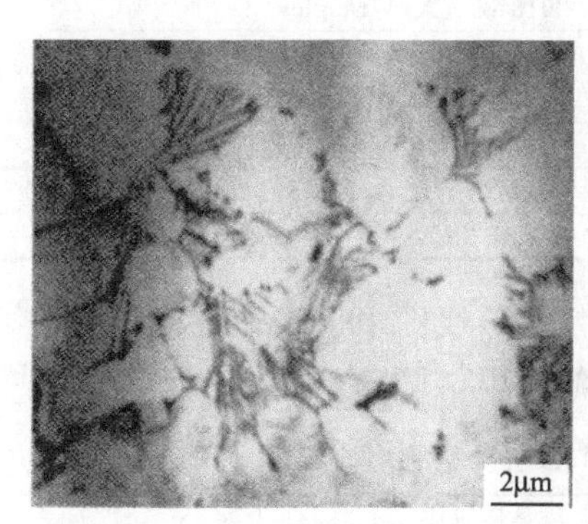

(a) 低倍

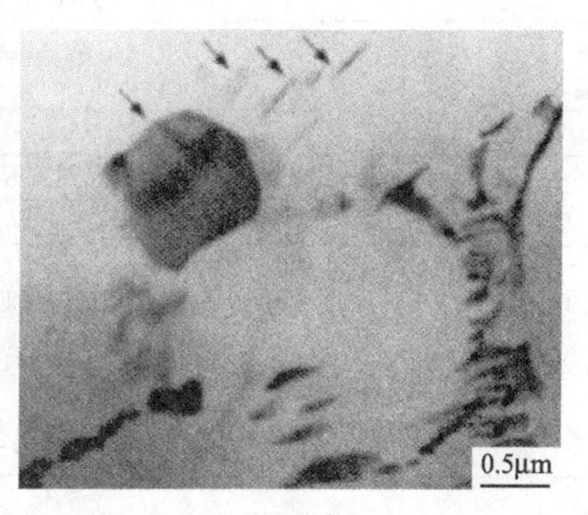

(b) 高倍

图 5.29　AE42 合金在 200℃时效 2 星期后的透射电镜图片（箭头所指为 $Mg_{17}Al_{12}$）

油耗可减少 0.7L；汽车自重每降低 10%，燃油效率可提高 5.5%。至 1980 年，德国大众汽车公司共生产了 1900 万辆“甲壳虫”汽车，用镁合金铸件 38 万吨。近年来，世界各国尤其是发达国家对汽车的节能和尾气排放等提出了越来越严格的限制，迫使汽车制造商采用更多高新技术，生产质量小、耗油少、符合环保要求的新一代汽车。世界各大汽车公司已经将采用镁合金零部件作为重要发展方向。镁合金主要用来制造离合器壳体、转向柱架、制动器踏板支架、阀盖、阀板、仪表板支架、变速器体、车窗电动机壳体、油滤接头、发动机前盖、进气支管、镜子外罩、辅件托架及照明灯夹持器等零部件。中国汽车行业镁合金用量见表 5.43。

表 5.43　中国汽车行业 Mg 合金用量

产品	1999 年产量/万辆	2005 年产量/万辆	产品用镁合金比例/%	单件镁合金用量/kg	2005 年镁合金用量/t	2010 年镁合金用量/t
摩托车	1103	1800	40	2.2	15840	67500
汽车	159	250	20	14	7000	57600

汽车产品中镁合金用量较多的主要是北美、欧洲。目前，欧洲使用和研制的镁合金汽车

零部件已超过60种，单车镁合金用量为9.3～20.3kg；北美使用和研制的镁合金汽车零部件已超过100种，单车镁合金用量为5.8～26.3kg。汽车常用镁合金及其零部件见表5.44。表5.45系镁合金部件于各大汽车品牌中的使用状况。

表5.44 汽车常用Mg合金及其零部件

镁合金牌号	汽车典型零部件
AZ91D	手动变速器壳体、进气歧管、后窗框、门内框、辅助转动支架、离合器壳、反光镜支架、机油滤清器壳体、气门罩和凸轮轴罩、脚踏板、转向柱支架、变速器上盖、操纵装置壳、汽缸盖罩、前端齿轮室
AZ61	行李架骨架、立柱梁
AZ31	车轮/轮毂
AM50	座椅骨架
AM60B	转向盘骨架、电器支架、仪表板骨架、转向盘、散热器支架、前照灯托座、座椅骨架、车轮/轮毂
AS41B	离合器壳体、变速器壳体
AE44	变速器壳体、油底壳、发动机托架

表5.45 Mg合金部件于各大汽车品牌中的使用

部件	制造商的名称和相应的汽车型号
车顶	保时捷911 GT3 RS
发动机支架	雪佛兰Z06
车后备厢门	Jeep新款2018牧马人(Wrangley)
仪表盘支架及前端模块框架	蔚来(NIO)ES8，凯迪拉克SLS
行李箱盖板	奇瑞
仪表板横梁	山东省科学院新材料研究所与山东沂星电动汽车有限公司共同研发型号
车身骨架	SDL6832EVG

我国的镁资源储量丰富，2018轻量化材料发展路线图中也明确指出2030年中国单车镁合金将达到45kg。镁合金在汽车各主要系统中的应用，见表5.46。

表5.46 Mg合金在汽车各主要系统中的应用

序号	系统名称	具体应用
1	引擎系统	引擎系统的轻量化对降低零部件的惯性力，提高转动速度，降低噪声和油耗有显著效果。镁合金制造的汽缸盖可以减小发动机的质量、提高压缩比，由一汽集团等共同研发的高性能稀土镁合金，解决了稀土镁合金压铸、熔炼工艺的系列难题，这种稀土镁合金制造的汽缸盖被应用在重卡汽车460马力(约343kW)的发动机上，具有轻质、绿色的特点；奥迪汽车在很早便开始探索镁合金在发动机中的应用，并在2005年推出了由镁、铝合金混合制造的涡轮增压发动机，采用的镁合金汽缸体相比普通铸铁汽缸体可减轻23kg。在汽车运行中，发动机支架主要起到固定、减振和缓冲的作用，研究者针对某款车型的镁合金发动机支架压铸工艺进行优化设计，采用商用镁合金AZ91压铸成形，实验结果表明：抗拉强度为254.44MPa、屈服强度为232.71MPa、伸长率为7.33%；底座最大压缩变形量为0.08mm，性能达到了汽车发动机支架检验标准。镁合金在汽车引擎系统中的应用案例见表5.47
2	传动系统	传动系统是汽车的重要组成部分，传动系统的轻量化，可带来更强的动力输出，减小噪声和降低油耗。长安汽车在研发的微型汽车上应用了压铸镁合金，以AZ91D镁合金代替ADC12铝合金，实现了变速箱由原来的12.62kg减重为7.95 kg；大众汽车在帕萨特和奥迪A4/A6上使用了镁合金变速箱(12.7kg/个)，在中国制造的桑塔纳车型也使用了镁合金变速箱；蔚来汽车开发了镁合金减速器壳，质量8.8kg减重效果达30%，导热性能与铝相当，可实现840N·m的高扭矩传输；YOON等在数值模拟的基础上，研究了Mg-8Al-0.5Zn合金差速器箱的温锻工艺，分析了镁合金差速器箱的微观结构、组织演变和力学性能，与传统球墨铸铁相比，温锻差速器箱可降低约50%的质量。在传动系统中应用的镁合金零部件还有齿轮箱外壳、分动器壳、电机支架、叶片导向器、离合器活塞等
3	车体系统	在汽车座椅的组成中，骨架的质量占到整个座椅的60%～70%，是实现轻量化的首要选择。在国外，奔驰最先将镁合金座椅骨架安装在SEL型敞篷车上，随后福特汽车、日本丰田汽车、韩国现代汽车等也开始采用镁合金代替传统的钢制座椅骨架。在国内，长安汽车的一款纯电动车型，采用正向开发压铸镁

续表

序号	系统名称	具体应用
3	车体系统	合金座椅骨架，结合座椅骨架结构特点及法规性能要求，采用强度中等、塑性较高及成形性较好的AM50镁合金材料，结合工艺分析和CAE分析结果对座椅骨架结构进行优化设计，前排镁合金座椅骨架平均减重9kg，最终实现了正向镁合金座椅骨架设计。山东省科学院为首研发的“电动客车镁合金轻量化车架原型”项目中，这种电动客车车身长8.3m，24座，车架采用200kg以上的挤压型材镁合金制造，比铝合金还轻约110kg，可减少约27%的制动距离，降低约13%和7%的车内、外噪声，相比钢制车架续航里程提高4%左右。镁合金在车体系统中的应用还有安全气囊外壳、加油箱盖、空调机外壳、车门内衬、仪表板、车灯外壳、引擎盖、车身骨架、前端模块框架、仪表板骨架、行李架骨架、电器支架、车顶框架等
4	底盘系统	研究表明采用镁合金轮毂替代铝合金轮毂，可有效降低对环境的不利影响。镁合金轮毂强度高，抗冲击性和抗疲劳性强；质量轻，可提高操纵性，节省燃油消耗；高温依赖性低，散热性好，可延长轮胎使用寿命。河南德威科技股份有限公司镁合金汽车轮毂项目，使用国际先进专利技术，现已达年产100万只目标，见图5.30。 镁合金的性能非常适合采用压铸工艺生产，可将某些支架、附属结构较多的零部件进行集成设计，以达减少零部件和模具数量的目的。见图5.31，某汽车用仪表板转向支承，采用镁合金压铸，可集成仪表板骨架周边30～40个支架类零部件，降低了人工成本，减少了模具数量且提高了总成的尺寸稳定性，质量3.6kg，相对于钢制质量减轻了50%以上。镁合金在汽车底盘系统中的应用案例见表5.48

表5.47　Mg合金在引擎系统中的应用案例

整车企业	镁合金零部件
通用	气门室罩盖、汽缸座、发动机支架、滤油器、发动机罩格栅、发动机阀盖、阀壳等
长安汽车	发动机油底壳、发动机气缸罩盖
大众	正时齿轮罩盖、曲轴箱、增压器壳、油底壳等
沃尔沃	节气门连杆等
宝马	汽缸罩、曲轴箱、发动机、进气支管等

图5.30　镁合金轮毂

图5.31　镁合金转向支承

表 5.48 Mg 合金在汽车底盘系统中的应用案例

镁合金	汽车零部件
AZ91B	刹车及离合器踏板托架、操纵杆零部件、ABS 框架、托架
AZ91D	脚踏板、转向柱支架、辅助转动支架、操纵装置壳、液压泵
AZ31	轮毂
AM60B	电器支架、仪表梁骨架、方向盘骨架、散热器支架
AS41A	电机支架

受成本和技术的限制，目前我国镁合金用量还十分有限，国内平均单车用量不足 1.5kg，应用最成熟的是压铸镁合金转向盘骨架。个别车型已应用镁合金座椅骨架、合金仪表板骨架等。部分镁合金汽车零部件见图 5.32。图 5.33 为神龙汽车有限公司开发的镁合金在汽车上的典型应用，图(a) 为采用变形镁合金 AM50A 制造的方向盘骨架，硬度为 61～63 HB，金相组织为 α 镁基体＋β 相，应用在全部车型上；图(b) 为用压铸镁合金 AZ91D 制造的用于某车型手制动操纵臂和基座，金相组织为 α 镁基体＋β 相（$Mg_{17}Al_{12}$），硬度为 58～60HB，屈服强度 162MPa，抗拉强度 235 MPa，延伸率 4%，各向强度验证合格，仅操纵臂就可减重 190g。

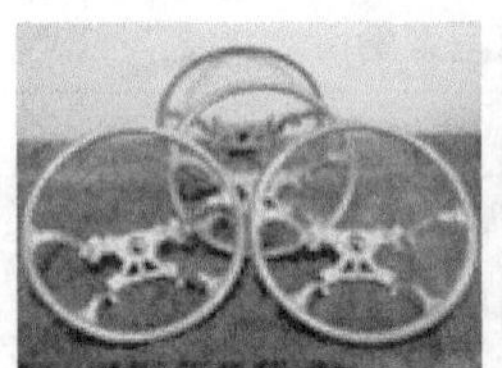

转向盘骨架

变速器客体

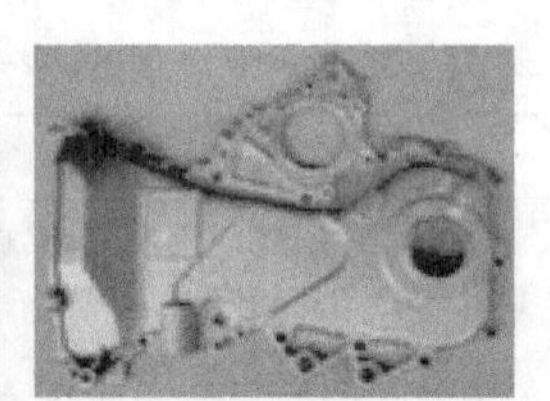

链轮室罩

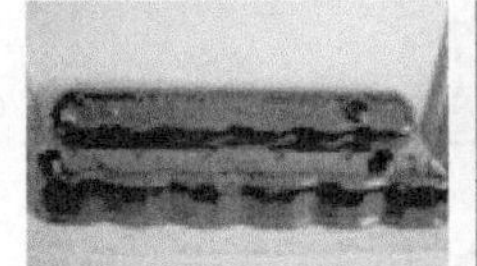

EQ6105柴油发动机镁合金气阀室盖(1500g)

镁合金变速器上盖(1500g)

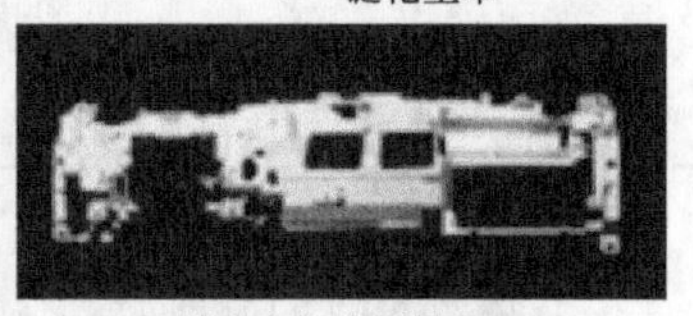

镁合金仪表板骨架

图 5.32 镁合金汽车零部件

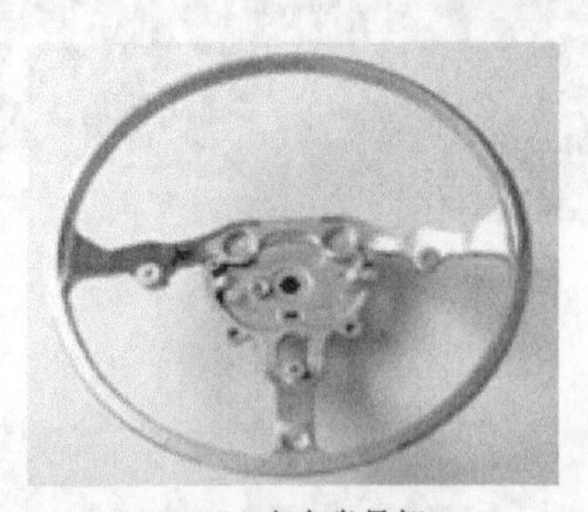

(a) 方向盘骨架

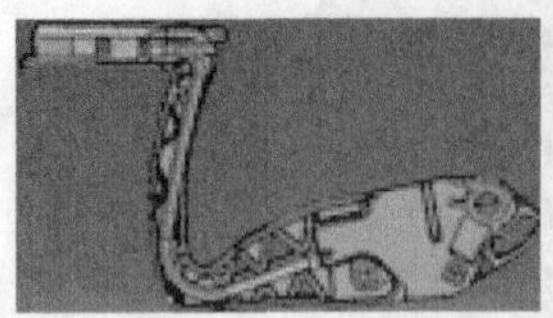

(b) 手制动操纵臂及基座

图 5.33 镁合金在神龙汽车上的应用实例

5.3.2 高性能Ti合金及其在汽车轻量化领域的应用

钛及钛合金具有耐蚀性好、生物相容性好、比强度、疲劳强度高等优异性能，工作温度区间比较宽，与镁、铝合金相比，其耐热性要明显高于它们，享有“战略金属”“太空金属”“海洋金属”及“生物金属”等美誉。近年钛及钛合金技术被广泛应用在石油能源工业、冶金工业、船舶工业、汽车工业、航空航天及食品、医疗设备等工程中，其中发展潜力最大的领域是航天领域，可用于飞机的紧固件、发动机配件、机翼、飞机的起落架以及机载设备等部位，还可用在火箭、人造卫星、导电、坦克等高端军用设备上，进而提高设备使用性能。

（1） Ti合金概述

① **Ti合金的特性**见表5.49。

表5.49 Ti合金的特性

序号	名称	优良的特性
1	比强度高	其强度与一般高强度结构钢和高温合金相当，但其密度只有钢的57%、高温合金的55%左右，故比强度高。其比强度远高于高强度铝合金、镁合金、高温合金和高强度结构钢，与超高强度钢相当
2	耐腐蚀性强	其具有优异的抗腐蚀性能，在很多环境中都有着和不锈钢相当的抗腐蚀作用。钛合金中所含有的化学成分会与空气中的氮气和氧气发生化学反应，这会使材料的表皮生成一种细密而又坚固的保护层，这层保护膜是提升其抗腐蚀性能的关键因素。在众多恶劣条件下，其耐腐蚀性也优于许多生活中常见的合金材料。这项特性使得其被广泛应用于机械制造领域。在钛中添加Ta或Pd可提高合金的耐腐蚀性，避免缝隙腐蚀。但钛合金有热盐应力腐蚀倾向
3	耐热性好	Ti的熔点为1668℃，比Fe和Ni高100℃左右，比Al和Mg高1000℃以上。因此，与铝和镁合金相比，钛合金的热强性要高得多，其主要受抗氧化能力相对较差的限制，最高使用温度达600℃，而铝合金一般只有200℃。钛合金的比强度在400～600℃以下大大优于不锈钢和耐热钢
4	低温性能好	其在低温和超低温下，具有良好的低温性能。它能在保持高强度同时，仍具有足够的低温韧性和延展性，加上低温下热导率低、膨胀系数小、无磁性等特点，成为宇航、超导等领域备受关注的低温工程材料。由于α型和近α型钛合金的韧脆转变温度较低，故低温钛合金基本上都属于这两种类型。此外间隙元素O、C、N等会显著降低钛合金在低温下的断裂韧度和延展性，故低温钛合金须是超低间隙级
5	弹性模量和热导率低	其弹性模量较低，只有钢的1/2左右，且呈现出明显的各向异性。钛合金的刚性差、回弹大、易变形，不适宜制作对刚性要求高的结构件。钛合金的弹性效应更加明显，可用来制作螺旋弹簧、高尔夫球棒、网球拍和台球弹击棒等体育用品。钛合金的热导率低，约为Ni的1/4、Fe的1/5、Al的1/14，在切削加工过程中容易引起局部温度升高，冷却较困难，故切削速度不能太快
6	化学活性高	Ti是一种化学性质非常活泼的金属，在较高温度下容易与C、N、O、H等发生强烈的反应。Ti在室温下就与O发生反应形成一层致密的氧化膜，可阻止O进一步向基体扩散，但当加热至500℃以上时，Ti的氧化膜会变得疏松且易剥落，甚至变硬变脆。Ti在使用过程中极易吸H，在300℃时的吸氢量就很高。当含H的β-Ti共析分解及含H的α-Ti冷却时，均可析出TiH而使合金变脆，称为氢脆。Ti与C和N也容易发生强烈的化学反应，当碳含量＞0.2%时，会在钛合金中形成坚硬的TiC，温度较高时，与N作用也会形成TiN硬质表层

② **常用Ti合金的分类、牌号及特点** 一般将钛合金划分为α型、α+β型和β型三类。近年来，随着钛合金研究与应用的迅速发展，特别是热处理强化钛合金，常遇到的是非平衡状态组织，因此按亚稳定状态的相组成进行钛合金的分类更为可取。钛合金自β相区淬火后的相组成与β稳定元素含量关系的示意图，见图5.34。钛合金划分为表5.50所示的六种类型。

表5.50 Ti合金可划分为的六种类型

序号	名称	说明
1	α型钛合金	它包括工业纯钛和只含α稳定元素的合金
2	近α型钛合金	β稳定元素含量小于C_1的合金

续表

序号	名称	说明
3	马氏体 α+β 型钛合金	β稳定元素含量从 C_1 到 C_k 的合金，该合金可简称为 α+β 型钛合金
4	近亚稳定 β 型钛合金	β稳定元素含量从 C_k 到 C_3 的合金，该合金可简称为近 β 型钛合金
5	亚稳定 β 型钛合金	β稳定元素含量从 C_3 到 C_β 的合金，此类合金简称为 β 型钛合金
6	稳定 β 型钛合金	β稳定元素含量超过 C_β 的合金，此类合金可简称为全 β 型钛合金

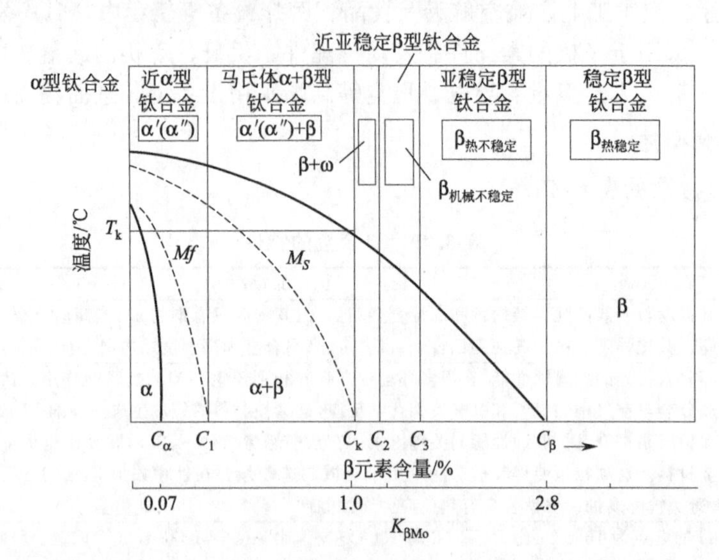

图 5.34　钛合金自 β 相区淬火后的相组成与 β 稳定元素含量关系的示意图

$K_{\beta Mo}$—β 相条件系数

a. 按照亚稳定状态下的相组织和 β 稳定元素含量对钛合金进行分类。可将钛合金 α 型、α+β 型、β 型三大类进一步细分为近 α 型和亚稳定 β 型钛合金，这种分类见图 5.35。我国钛合金牌号表示方法，分别以 TA、TB 和 TC 开头，即 TA 表示 α 型钛合金；TB 表示 β 型钛合金；TC 表示 α+β 型钛合金。其后的数字表示顺序号。

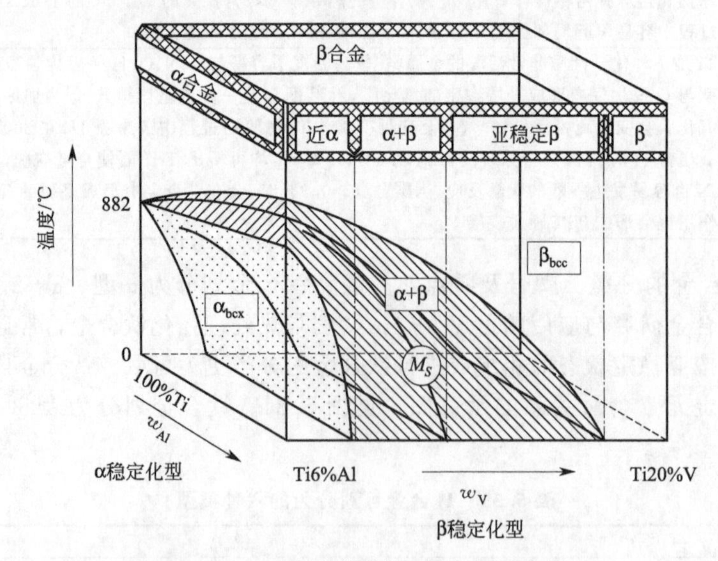

图 5.35　Ti 合金分类的三维相图示意图

b. 按照β相稳定系数对钛合金进行分类。β相稳定系数系指合金中各β稳定元素浓度与各自的临界浓度的比值之和，即$K_\beta=\frac{C_1}{C_{k1}}+\frac{C_2}{C_{k2}}+\frac{C_3}{C_{k3}}+\cdots+\frac{C_n}{C_{kn}}$

常用钛合金的β稳定元素的临界浓度见表5.51。

表5.51 常用钛合金的β稳定元素的临界浓度

元素	Mo	V	Cr	Nb	Ta	Mn	Fe	Co	Cu	Ni	W
C_k	10	15	7	33	40	6.4	5	7	13	9	20

根据β相稳定系数划分合金类型：α型钛合金K_β为0～0.07，近α型钛合金K_β为0.07～0.25，α+β型钛合金K_β为0.25～1.0，近β型钛合金K_β为1.0～2.8，β型钛合金K_β>2.8。

（2） Ti合金的强韧化

① Ti的合金元素 钛合金主要强化元素有Al、Sn、V、Cr、Mo、Mn等。钛合金化发展趋势是向高含量多元化的方向发展，主要是多元固溶强化，有时配合时效弥散强化。

② Ti合金热处理原理 如Ti-Cu系等少数钛合金，可进行时效析出金属间化合物（如Ti_2Cu）强化，其强化方式是淬火+时效。

a. Ti合金在淬火时的组织转变。钛合金自高温淬火冷却时，视合金成分和合金种类的不同，高温β相可能发生马氏体转变，也可能发生固溶转变（详见表5.52）。

表5.52 Ti合金在淬火时的组织转变特点

转变名称	特点
马氏体转变	TA类钛合金和含β相稳定元素数量少的TC类钛合金，自β相区进行淬火时，将发生马氏体转变，其转变产物有α′和α″两种马氏体。α′为HCP(密排六方)结构，呈板条状或针状；α″为斜方结构，也呈针状。由于α″相所固溶的合金元素浓度更高，故发生马氏体开始转变的温度更低，因而α″相更细。α′相的强度随所固溶的合金元素的浓度升高而增加。但对于某一固定成分的合金而言，α′相仅比退火状态的等轴α相具有稍高的强度。α″相的硬度比α′相的还低，故α″相是一性能比α′相还软的相。这是因它所固溶的元素为金属元素，且以置换原子形式存在。由于置换原子对位错运动的阻碍能力小，故仍保持α相软而韧的性能
固溶转变	当钛合金含有较高的β相稳定元素时，例如TB类钛合金和大部分TC类钛合金，自高温β相区淬火时，将发生部分固溶转变[β→β_m+α′(α″)或β→β_m+ω]或完全固溶转变(β→β_m)。其转变产物β_m是一个介稳定的固溶体；ω相则是一个超显微过渡相，为六方晶格，晶格常数为：$a=0.46$nm，$c=0.282$nm，$c/a=0.613$。ω相与母相的取向关系为：$\{0001\}_\omega//\{110\}_\beta$，$<1120>_\omega//<111>_\beta$。β→ω相变属于改组式位移型相变，即只须沿[111]方向，原子做一微小的协调位移u，就可完成β→ω相变。u值小于$1/6c_\omega$（c_ω表示ω相值的大小）。形成固溶转变的条件是，合金中必须含有β相稳定元素且其含量应足够高

b. 时效时的组织转变。淬火获得的α′、α″、ω、β_m相均为介稳定相，在时效时，这些相将发生分解，向平衡状态转变。分解过程较复杂，但最终分解产物为平衡状态的α+β。若合金有共析反应，则最终产物为α+ Ti_xM_y，即：α′（α″、ω、β_m）→α+β（或α_x+ Ti_xM_y）钛合金的热处理强化原理就是依靠淬火时所获得的介稳相，在随后时效时，分解成弥散的α+β，通过弥散强化机制使合金强化。

现将介稳相α′、α″、β_m的分解顺序介绍如下。

在350～500℃加热时，介稳β_m相的分解顺序为：

$\beta_m\rightarrow\beta_n+\omega\rightarrow\beta_n+\omega+\alpha\rightarrow\beta+\alpha$ 或（α+ Ti_xM_y）

其中β_n是指比β_m相所固溶的合金元素更为富集的介稳β相。

在500～650℃加热时，其时效过程可不经第一和第二阶段，平衡的α相将直接自β_m中脱溶出来，其分解顺序为：$\beta_m \rightarrow \beta_n + \alpha \rightarrow \beta + \alpha$

α'、α''的分解次序为：$\alpha' \rightarrow \alpha'_n + \alpha \rightarrow \beta_n + \alpha \rightarrow \beta + \alpha$

$\alpha'' \rightarrow \alpha''_n + \alpha \rightarrow \beta_n + \alpha \rightarrow \beta + \alpha$

式中，α'_n、α''_n 分别为比 α'、α''更富集合金元素的介稳相。

③ Ti 合金的热处理工艺 钛合金热处理主要分为改善组织及综合性能的热处理、表面热处理和扩散热处理 3 类，具体见表 5.53。

表 5.53 Ti 及 Ti 合金热处理的分类与含义

类别		含义
改善组织及综合性能的热处理	形变热处理	对于纯钛、α钛合金、β钛合金，加热到β相变点以上时，仅靠热处理得不到细小等轴晶组织。β钛合金若加热到β相变点之上时，晶粒也会快速长大。要得到细小晶粒，必须要先进行热或冷加工，使之产生应变后进行热处理再结晶
	消除应力退火	使产品残余应力减少又不引起组织再结晶的热处理
	退火	钛在加工时会产生加工硬化，塑性降低。通过消除加工引起的应变硬化、再结晶或析出物聚集，使钛金属软化的热处理
	再结晶退火	加热到再结晶温度以上进行的退火，依靠再结晶消除加工硬化或调节组织
	β退火	合金在β转变点以上适当温度进行的退火
	等温退火	为了稳定合金组织的一种热处理，在β转变点以下某一温度加热。随炉冷或转炉冷到规定的温度，并在该温度下保温一定时间，然后空冷到室温
	双重退火	分两阶段加热，每次都进行空冷的热处理，第一阶段空冷时使亚稳定相保留下来，而第二阶段保温时亚稳定相发生分解
	三重退火	三次退火的热处理，三重退火时第一次为固溶处理，主要目的是调整初生α相和转变β相之间的比例，第二次处理为获得稳定组织，第三次为时效强化处理。通过三重退火，可同时获得稳定组织和提高强度的效果
	固溶	将合金加热到适当温度，并在这一温度保持足够时间，使可溶组分完全溶入固溶体，在淬火以后能保持一种不稳定状态的热处理。对于β钛合金，是将合金加热到β相变点之上，使α相消失而成为β单相。α+β钛合金，一般是加热到β相变点稍低一点的温度，使β相的比例增加
	淬火	将加热的合金与冷却介质接触，从一定温度以足够快的速度冷却，使可溶组分部分或全部保留在固溶体中的过程
	时效	经固溶处理后在适当温度保持足够时间，使其从不稳定固溶体中析出第二相而引起强化的热处理。也可使合金中的金属间化合物析出达到高强化
	真空热处理	为去除氢或防止氧、氮等有害气体的污染，使钛及钛合金在真空条件下进行的热处理，如真空退火等
表面热处理		对于钛合金最终成品零件的表面化学或物理热处理，主要改善表面耐磨、耐蚀、抗氧化等性能，化学气相沉积(CVD)、物理气相沉积(PVD)等涂层技术也包括在内
扩散热处理		扩散焊接时为提高强度、粉末冶金中在烧结后为消除凝固偏析使其均匀化，都要通过热处理促使原子间的扩散

(3) 几种典型高性能 Ti 合金的特点

① 低成本高性能 Ti 合金　由于钛合金具有化学活性高、热导率低、变形困难、热处理控制要求高等特点，导致其提取、熔炼和加工都十分困难，使得钛合金产品生产成本高，价格昂贵，限制了其在汽车工业上的大规模应用。钛合金的价格通常是钢的 100 倍、铝合金的 10 倍左右。除了生产及真空熔炼和加工困难等主要因素外，较高的合金元素成本也是导致钛合金成本居高不下的重要原因之一。图 5.36 为美国波音公司给出的钛合金产品的成本构成图。可以看出，钛合金产品的成本主要来自原料、熔炼和变形加工等环节。为了实现钛合金产品的低成本，必须从原材料与加工制造工艺两方面出发。

a. 降低 Ti 合金产品成本的主要途径。采用廉价合金元素替代昂贵的合金元素设计合金成分，改善合金加工性能和制备加工工艺设计，详见表 5.54。

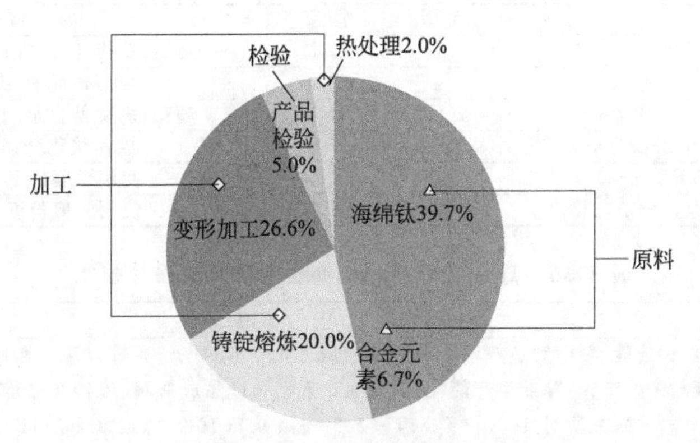

图 5.36　钛合金产品成品构成图

表 5.54　降低 Ti 合金产品成本的主要途径

序号	主要途径	详细说明
1	采用廉价合金设计合金成分	表 5.55 展示了目前已研制成功的典型低成本高性能钛合金。例如，表中列举的 Timetal 62S 针对合金目标为 TC4，该合金采用廉价的 Fe 元素代替 TC4 当中昂贵的 V 元素，而且能够在保证其强度和刚度基本不变情况下，使其生产成本较 TC4 降低 15%～20%。我国西北有色金属研究院针对 TC4 钛合金采用 Fe-Mo 中间合金代替昂贵的 V 元素，研制出近 β 型 Ti12LC (Ti-4.5Al-Fe-6.8Mo)及近 α 型 Ti8LC (Ti-6Al-1Mo-1Fe)，这两种低成本钛合金的性能与 TC4 钛合金相近，但小规格棒材生产成本可较 TC4 钛合金降低 30%左右。北京有色金属研究院针对 TC4 钛合金采用 Fe-Cr 中间合金代替昂贵的 V 元素研制出新型亚稳 β 型钛合金 Ti-3Al-3.7Cr-2.0Fe，其棒材的强度与 TC4 钛合金相当，而且塑性略优于 TC4 钛合金。 这些钛合金设计的主要思路是在确保合金性能基本不变的前提下，以价格较低的廉价合金元素如 Fe、Si、Al、Sn 等代替 V、Mo、Nb、Ta 等价格较高合金元素，从而实现降低原材料本身成本的目的
2	改善钛合金加工性能	其主要是通过添加合金元素，一方面改善钛合金的冷热变形能力，提高合金的变形能力，提高合金的成材率，从而降低成本；另一方面改善合金的机械加工性能，使合金机械加工效率和表面质量得到改善，从而降低成本。 目前，为改善钛合金加工性能而设计成功的钛合金较多，例如日本的 SP700 钛合金(Ti-4.5Al-3V-2Mo-2Fe)，其具有良好的超塑性；日本的 DAT52F 钛合金(Ti-3Al-2V-0.2Si-0.47Ce-0.27La)，具有优异的切削加工性能；美国的 β21s 合金(Ti-15Mo-2.7Nb-3Al-0.2Si)，具有优异的冷加工性能；等等。SP700 钛合金通过增加同晶型 β 相稳定元素 Mo、V 和共析型稳定元素 Fe 的含量，在达到降低其相变点的同时提高 β 相的扩散能力从而实现合金的超塑性，SP700 钛合金在 770～800℃时就能够呈现超塑性，伸长率可达 2 000 %，SP700 钛合金与 TC4 钛合金相比，其强度和塑性更高、疲劳性能更优异、冷热加工性更好，冷加工率可达 70%；DAT52F 合金加入了稀土元素，使其具有优异的切削加工性。 使用合理的加工设计可使合金具有良好的加工性能，并可获得巨大的效益。如美国 Timet 公司以 Fe-Mo 代替 Al-Mo 中间合金研制而成的 Timetal 62S，其成本为 Ti-6Al-4V 的 75%～80%，而且具备优异的冷热加工性，可用于加工成航空航天钣金产品。又如采用凝壳炉在放宽氧含量的情况下制备出富氧的 Ti-6Al-4V-0.25O，其抗弹能力、力学性能、可加工性优于 Ti-6Al-4V，但成本却较低
3	制备加工工艺设计	见表 5.56

表 5.55　已经研制成功的部分低成本高性能 Ti 合金

钛合金	类型	国家	特点
Til2LC (Ti-Al-Fe-Mo)	近 β	中国	采用廉价 Fe-Mo 中间合金
Ti-6Al-1.7Fe-0.1Si(Timetal 62S)	α+β	美国	廉价元素
Ti-4.5Al-6.8Mo-1.5Fe	α+β	美国	采用廉价 Fe-Mo 中间合金
Ti-4.5Fe-6.8Mo-1.5Al(Timetal LCB)	β	美国	廉价元素，极好的强度、延展性和抗疲劳性
Ti-4Al-2.5V-1.5Fe-0.25O	α+β	美国	廉价元素，装甲板或军用车辆部件的首选材料

续表

钛合金	类型	国家	特点
Ti-0.05Pd-0.3Co	α	日本	Co元素替代Ti-0.2Pd合金中部分Pd元素
Ti-1.5Fe-0.5O-0.05N	α	日本	廉价元素，并易于加工
Ti-4.5Al-3V-2Mo-2Fe(SP700)	α+β	日本	超塑性，降低合金制造成本和减少损耗
Ti-3Al-2V-0.2Si-0.47Ce-0.27La(DAT52F)	α+β	日本	生成片状化合物易切削、钻孔等
Ti-4.3Fe-7.1Cr(TFC alloy)	β	日本	使用了廉价Fe-Cr中间合金
Ti-4.3Fe-7.1Cr-3.0Al(TFCA alloy)	β	日本	使用了廉价Fe-Cr中间合金

表5.56 Ti合金所采用的制备加工工艺设计技术

序号	技术名称	应用
1	连铸连轧	采用连铸连轧、精密铸造等近净成形工艺是降低成本的一条有效方法。连铸连轧技术已广泛应用于钢、铝板材的生产，对降低生产能耗、提高生产效率和产品成材率、改善产品均匀性等具有显著的作用。日本国立材料研究所对Ti-15-3 (β)、Ti-6242 (近α)、Ti-10-2-3 (近β)和NiTi进行了连铸连轧基础试验研究，研究表明：钛在1 200 K以上热塑性好、强度低，在热加工适宜区间，只要保证其在T_β以上温度不发生弯曲变形，保证平整度，就能够利用传统的连铸连轧工艺制备出钛及钛合金板材
2	精密铸造	钛及钛合金的精密铸造技术主要包括：冷坩埚+离心浇铸技术、真空吸铸和真空压铸技术。冷坩埚感应熔炼+离心浇铸工艺是先采用冷坩埚熔炼而后再进行离心浇铸，该法制得的产品成本低，尺寸精度高，适用于从几克到几千克铸件的生产，产品的壁厚最小可达0.5 mm。这些产品通常在离心浇铸后进行热等静压，内部基本无疏松及缩孔等缺陷。真空吸铸法是把真空吸铸与悬浮熔炼相结合的精密铸造方法，其具有铸造速度快且铸造过程中无气泡带入等优点。真空吸铸法已广泛应用于高尔夫球杆等薄壁型产品的生产。真空压铸法与传统压铸法相比最大的区别是把陶瓷模更换为金属模，其优点为：产品质量稳定且较好，表面不会形成α相层，无须后续酸洗过程，成本降低。在美国，真空压铸法已进入实用化
3	粉末冶金	粉末冶金高温合金(P/M)技术更适合于金属零件的生产。作为一项成熟技术，已被广泛应用于其他金属，但在钛及钛合金上的应用受到限制。目前，在钛粉末冶金领域，主要有金属注射成形 (MIM)、直接粉末轧制(DPR)和热等静压(HIP)。MIM是利用黏结剂来将钛及钛合金粉末黏结在一起，并在加热过程中除去黏结剂；DPR是把粉末轧成片状，然后再进行烧结；HIP是将粉末在模具中加压烧结成具一定形状产品，属于近净成形的一种方式。钛粉末冶金与真空电弧重熔(VAR)、电子束冷床炉熔炼(EB-CHM)和等离子冷床炉熔炼(PACHM)熔炼相比，可直接制备成任何形状或成品，产量更高，还可生产接近最终形状的零件和组件，减少浪费，从而降低生产成本；但钛粉末冶金容易造成粉尘污染，钛粉容易燃烧具有危险性；而且钛粉易受污染，使得粉末冶金获得的钛合金产品不能够在航空航天领域应用。为确保钛粉不被污染，钛粉末冶金需在干净的环境下进行而且难以制造大型零件
4	后续加工	钛及钛合金因弹性模量低，切削加工性能较差，变形抗力大，用传统锻造变形方法来生产或制备形状复杂的零部件十分困难，成品率很低。为解决钛合金复杂零件或结构件成品率低这一问题，各国在降低钛合金变形抗力方面做了大量研究，研究发现：钛及钛合金在一定内部条件(如晶粒形状、尺寸和相变等)和外部条件(如温度、应变速率等)下，会出现异常低的流变抗力及异常高的流变性能(例如百分之几百以上的伸长率)的现象(超塑性)，而这一现象的出现正好解决其变形抗力高的问题。在此项研究中超塑性成形(SPF)和扩散连接(DB)技术目前最引人瞩目，因为能够利用此方法直接制备航空航天用的结构件，大大降低生产成本。该技术是在一定温度、压力下，采用低应变速率钛及钛合金的成形和连接，与传统的加工工艺相比，能制造形状复杂的零件且生产成本较低

b. 典型的低成本高性能Ti合金简介。见表5.57。

表5.57 典型的低成本高性能Ti合金简介

序号	名称	特点
1	Ti12LC	它采用廉价合金元素(如Fe)代替TC4(Ti-6Al-4V)中昂贵的V，以降低合金原材料的成本，同时在熔炼过程中添加纯钛的残废料(如钛屑)，以降低使用海绵钛的量，并再次降低材料的成本，这是设计低成本钛合金的思路。采用炼钢使用的Fe-Mo中间合金及添加10%纯Ti的切削料，通过真空两次熔炼获得Ti12LC铸锭，经热加工开坯获得不同规格的材料。其为Ti-Al-Mo-Fe系合金，具有良好的热加工性，容易获得细小的等轴状组织(见图5.37)。热处理后具较高的强度、塑性及疲劳性能的匹配。其典型室温性能为$R_m \geqslant 1100$MPa，$R_{p0.2} \geqslant 1000$MPa，$A \geqslant 10\%$。目前已制备出Ti12LC的自行车零部件及航天固体火箭发动机用尾喷管

续表

序号	名称	特点
2	Ti5322	它是针对装甲应用开发的一种低成本高强度钛合金(添加 2% Fe 代替昂贵元素 V)。该合金比 TC4 钛合金具有更优的热加工性,适于板材轧制,热处理后强塑性匹配良好,其成本低于 TC4 钛合金。Ti5322 钛合金 10～40mm 厚板材经强化热处理后室温强度为 1050～1300 MPa,$\delta=7\%\sim14\%$(见表 5.58)。该合金已获得应用

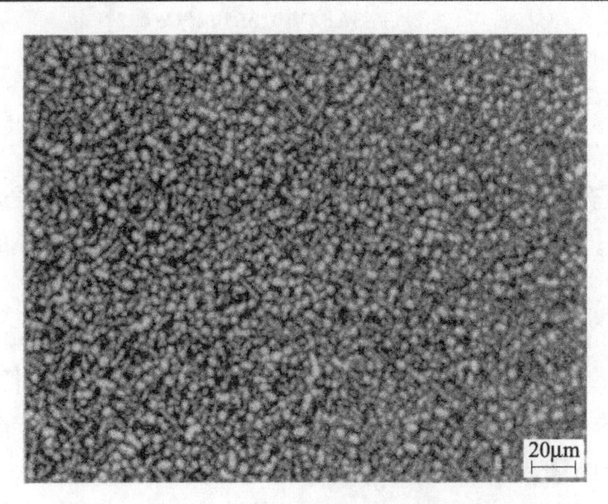

图 5.37　Ti12LC 钛合金典型组织状态

表 5.58　Ti5322 Ti 合金板材性能与 TC4 性能对比

合金	热处理	R_m/MPa	$R_{p0.2}$/MPa	A/%	Z/%
Ti5322	退火	990～1080	940～1050	13～19	40～55
	固溶时效	1100～1200	1040～1160	11～16	30～50
Ti-6Al-4V	固溶时效	1200～1330	1140～1250	7～12	15～35
	退火	900～993	830～924	12～18	30～50

c. 低成本高性能 Ti 合金在汽车工业中的应用。随着汽车工业的发展，中国现在已成为一个汽车生产和消费大国。目前年产汽车近千万辆，汽车已成为国民经济的支柱产业，但随之带来了城市污染的烦恼。研究表明：汽车轻量化是实现节能、减排的有效措施。轿车每减重 10%，可节能和减少废气排放量各约 10%。汽车零部件采用钛材制备后，可大大减轻汽车重量，降低能耗，改善环境，降低噪声并提高汽车的工作效率。但由于钛材价格较高，因此钛在汽车领域中的应用较为滞缓，只有部分商家在赛车和高级轿车上试用钛零件，如赛车的气门座、轿车的连杆及周边的气门弹簧座、消声器、尾气管系统、排气阀等，现已有较多低成本钛合金应用于汽车工业。表 5.59 为一些适用于汽车上的低成本高性能钛合金。日本丰田公司采用粉末冶金＋压力加工的工艺至制备出和 Ti-6Al-4V/10TiB 吸气阀和 Ti-4.5Fe-7Mo-1.5Al-1.5V/ 10TiB 排气阀，并安装在 Altezza 家用轿车上；日本用低成本 DAT52F 钛合金制备汽车连杆；美国研制的低成本 Timetal 62S 钛合金已在汽车工业上应用；低成本 Ti-4.5Fe-6.8Mo-1.5Al 合金已经用于制备汽车弹簧。随着钛材低成本制造技术的发展，会有越来越多的汽车制造企业选择用钛材来制造汽车零部件，钛材将在汽车生产工业中占有重要的地位。

表 5.59　适用于汽车上的低成本高性能 Ti 合金

序号	成分
1	Ti-6Al-1.7Fe-0.18O-0.1Si
2	Ti-3Al-2V

续表

序号	成分
3	Ti- 6Al-2. 7Sn-4Zr-0. 4Mo-0. 45Si
4	Ti-4. 5Fe-6. 8Mo-1. 5Al
5	Ti-4. 5Al-Fe-6. 8Mo
6	Ti- 6Al-2Fe-0. 1Si
7	Ti-3Al-2V-0. 2S-0. 47Ce-0. 27La
8	Ti-3Al-8V-6Cr-4Mo-4Zr
9	Ti-4. 5Fe-7Mo-1. 5Al-1. 5V
10	Ti-4. 5Al-3V-2Mo-2Fe

② **高温 Ti 合金** 它是随着航空发动机的需求而发展的，随着发动机性能的提升，要求钛合金的服役温度更高。目前，代表常规高温钛合金发展最高水平的钛合金分别为英国的IMI834，美国的 Ti1100 及俄罗斯的 BT36，最高使用温度可达 600℃。它不但具有良好的高温强度，还应具备优异的高温蠕变、持久、疲劳等综合性能以满足先进航空发动机对材料的需求。近 20 年，国内自主研发的高温钛合金主要有 550℃ 使用的 Ti55、Ti633G、Ti53311S，600℃使用的 Ti60、Ti600 及 TG6 钛合金等。

我国的高温钛合金的研制采取的是仿制、改造＋创新的方式。西北有色金属研究院在国外 IMI892 基础上开发研制了 Ti633G 和 Ti53311S 两种耐 550℃高温钛合金，其静强度高于国外 IMI892 合金，已在卫星姿态控制发动机喷注器及神舟飞船上应用了；他们还研制了 600℃的 Ti600 合金，它通过加入 RE 细化 β 相晶粒，提高了高温使用性能。北京航空材料研究院通过加入元素 Ta，使钛合金中弱 β 相得到稳定，使钛合金的使用温度提高到 600℃。Ti55 及 Ti60 合金中添加 RE 元素 Nd 后，活性高，熔炼过程内氧化形成弥散分布的富 Nd 第二相，细化了铸锭晶粒，改善了合金的热加工性，并提高了合金热稳定性。TG6 钛合金是在 IMI834 钛合金基础上，研制出的一种高性能高温钛合金，由该合金制备出的模锻件具有良好的力学性能（见表 5.60）。典型高温钛合金 Ti60 和 Ti600 的特点见表 5.61。

表 5.60 TG6Ti 合金盘锻件双态组织的典型力学性能

<table>
<tr><th colspan="4">室温拉伸性能</th><th colspan="4">600℃拉伸性能</th></tr>
<tr><td>R_m/MPa</td><td>$R_{p0.2}$/MPa</td><td>A/%</td><td>Z/%</td><td>R_m/MPa</td><td>$R_{p0.2}$/MPa</td><td>A/%</td><td>Z/%</td></tr>
<tr><td>980～1070</td><td>860～980</td><td>8～12</td><td>12～20</td><td>590～670</td><td>480～570</td><td>10～16</td><td>20～40</td></tr>
<tr><td colspan="3">热稳定性能
(600℃暴露 100h 后拉伸)</td><td colspan="2" rowspan="2">持久时间 t/h
(600℃持久拉伸 310MPa)</td><td colspan="3" rowspan="2">残余应变 ε_p/%
(600℃,160MPa,100h 条件下蠕变)</td></tr>
<tr><td>R_m/MPa</td><td>A/%</td><td>Z/%</td></tr>
<tr><td>≥1000</td><td>≥3</td><td>≥6</td><td colspan="2">≥100</td><td colspan="3">≤0.2</td></tr>
</table>

表 5.61 典型高温 Ti 合金 Ti60 和 Ti600 的特点

序号	合金牌号	高温钛合金 Ti60 和 Ti600 的特点
1	Ti60	它是自 20 世纪 90 年代末开始研制的一种近 α 型 600℃高温钛合金，是在 Ti55 基础上进行成分优化而来的。该合金在吸收 IMI834 等高温钛合金设计理念后，对成分进行了调整。目前该合金已进入工程化阶段，制备出直径 300mm 大规格棒材，该合金主要力学性能见表 5.62
2	Ti600	在“九五”期间开始研制的 600℃高温钛合金，该合金以美国 Ti1100 为基础，其特色为使用一般认为对钛合金有害元素的 Y 来提高钛合金高温性能，尤其是蠕变性能。国外研究测试结果表明，在 760℃条件下，该性能超过 IMI834 钛合金 20%。该钛合金制备的汽车发动机气阀（见图 5.38）已提交国外某公司用于新型跑车发动机试验。钛合金铸态组织经热等静压处理后也具备较好的性能（见表 5.63）

表5.62 Ti60高温Ti合金棒材的主要力学性能

室温拉伸性能				600℃拉伸性能			
R_m/MPa	$R_{p0.2}$/MPa	A/%	Z/%	R_m/MPa	$R_{p0.2}$/MPa	A/%	Z/%
980～1070	860～980	8～12	12～20	590～670	480～570	10～16	20～40

热稳定性能(600℃暴露100h后拉伸)			持久时间 t/h (500℃持久拉伸310MPa)	残余应变 c_n% (600℃,160MPa,100h条件下蠕变)
R_m/MPa	A/%	Z/%		
≥1000	≥3	≥6	≥100	≤0.2

图5.38 Ti600钛合金制备的汽车发动机气阀

表5.63 铸造Ti600高温Ti合金室温及高温拉伸性能

热处理	室温拉伸性能				600℃拉伸性能			
	R_m/MPa	$R_{p0.2}$/MPa	A/%	Z/%	R_m/MPa	$R_{p0.2}$/MPa	A/%	Z/%
950℃/103MPa/2h	≥980	≥860	≥8	≥15	≥590	≥180	≥8	≥15

5.4 高性能Al、Mg、Ti轻合金结构材料在汽车工业领域中的应用

5.4.1 现代汽车Al、Mg、Ti轻合金结构材料应用效果

汽车轻量化目前效果比较显著的是轻量化材料和结构优化两大方面，见表5.64。

表5.64 汽车轻量化目前效果比较显著的两大方面

序号	名称	详细说明
1	轻量化材料模块	主要是对镁合金、铝合金、钛合金、纤维增强材料等，及不同轻质材料创新性的合成(如金属和塑料的合成)等的发展。 先进制造工艺模块，在激光焊接方面，绿色焊接工艺的应用将更加广泛，远程焊接、自动化水平、新成分焊接材料的开发及适合新型轻质材料的焊接方式有待进一步开发；液压成形的应用将扩大，对复杂曲面及复杂异型结构件的成形待加强开发
2	结构优化模块	结构优化模块中的尺寸优化、形状优化以及连续体拓扑优化日趋成熟。对多目标、多学科、离散结构的优化还有待深一步研究，需要对包括遗传算法、量子粒子群算法等算法进行改进，以便用于结构优化技术的发展

轻量化也是一个多学科、多领域交叉的系统工程，不仅为实现汽车减重，还应同时兼顾产品的成本、质量、功能和可回收性等要素。相信在政府部门、汽车生产企业、零部件供应商和消费者群体的共同努力下，汽车轻量化工作会朝着更加节能、环保、智能化、信息化、系统化的方向发展。

5.4.2 高性能Al、Mg、Ti轻合金材料在汽车工业领域中应用趋势

高性能有色金属轻合金结构材料在汽车工业领域中的应用趋势，见表5.65。

表5.65 高性能Al、Mg、Ti轻合金结构材料在汽车工业领域中的应用趋势

序号	名称	应用趋势
1	铝合金	铝合金在不断向高强度、高韧性方向发展，如铸造铝合金的屈服强度＞350MPa，锻后伸长率达20%以上。同时，国内外均在加快开发高性能铝合金材料，提升铝合金材料的高稳定性，如6系铝合金屈服强度＞400MPa、铸造铝合金拉伸强度提高至600MPa，其屈服强度波动在±15MPa内、疲劳强度＞150MPa。相比于钢材，铝合金的热导率更高且具有更好的抗腐蚀性，极大提高了生产、加工、制造的便利性，虽然铝合金的强度要低于钢材料，但是经现代生产技术改造后，其强度也可达到汽车轻量化要求。更为重要的是，铝合金吸收碰撞能的能力要远高于钢材，极大提高了汽车的安全性。研究表明，在汽车制造中运用铝合金取代低碳钢等，能有效控制汽车污染物的排放量。总之，扩大铝合金材料在汽车生产制造中的应用范围，是汽车轻量化发展的重要方向。在汽车轻量化制造中铸造铝合金应用更广，包括了汽车车轮、保险杠、缸盖等多处位置的应用。此外随着我国技术研发速度的加快，铝合金材料种类不断增加，包括粉末冶金铝合金与泡沫铝等逐渐进入研发进程中。就目前而言，我国在汽车轻量化材料铝合金的实际应用中的最大问题在成本控制与焊接工艺等方面，有效解决问题，是提升我国汽车轻量化发展水平的重要途径。 在成形工艺方面，未来的发展主要集中在薄壁化铝合金成形工艺和产业化技术开发、成形过程中铝合金流动特性及其仿真分析以及拓展粉末冶金、半固态成形、液态模锻、温热成形、辊压技术等多种铝合金成形工艺等方面
2	镁合金	现阶段镁合金应用主要以铸造工艺和小尺寸零件应用为主，未来的趋势：a. 丰富工艺手段，向锻造工艺、冲压工艺和挤压成形工艺发展；b. 向大尺寸、薄壁化复杂结构零件的应用发展；c. 开发高强度镁合金材料应用于轮毂等受力件，开发耐高温镁合金材料应用于变速箱壳体、发动机支架、减振器支架等部件。基于以上需求，急需解决强度低、耐腐蚀性差和成本高这3大影响镁合金材料产业化应用的技术难题，国内外的科学家和工程师均在为此而努力。例如，美国能源部在2013—2018年期间组织汉高等企业，联合开发低成本耐蚀镁合金材料。经这些年努力，我国在解决镁合金耐蚀性方面形成2条并行技术路线：加强镁合金涂层技术研发与应用；从基体层面解决镁合金腐蚀问题。低成本材料制备及成形工艺开发也更加重视
3	钛合金	①铸造钛合金应提高其性能的稳定性，消除偏析现象；研制新型联合的钛合金铸造技术，以开发出高强度钛合金铸件，使其应用范围更广泛。 ②钛合金管材的研制向高性能低成本方向发展，利用有限元软件对工艺进行模拟，建立材料性能与工艺参数数据库，为开发高性能钛合金管材提供理论基础及数据支撑。 ③对钛合金复合材料应加强对粉末黏结剂、润滑剂的研究；开发复合成形技术，如注射成形＋HIP、激光＋模具成形技术等。进而开发出满足现代社会所需高质量、高精度的钛合金复合材料；同时利用计算机、增材技术等新科技开发更为先进的粉末成形技术，从而制备高质量、高性能的钛合金复合材料。 ④对于高温钛合金材料应加强对α、β、硅化物和α_2相大小、形态及含量占比的研究，以提高高温钛合金组织稳定性，建立时效温度、时效时间等热处理条件下各相尺寸、分布、形态及含量变化的有限元模型，确定高温钛合金中平衡热强性和热稳定性的α_2相尺寸、含量的临界转变值，为开发高性能高温钛合金材料提高理论支持。 ⑤对钛合金加工产业要区别对待。鼓励国企技术改造，着重解决国家大型工程所需大规格、高性能钛材规模化生产问题，鼓励中小企业开发多样化钛产品，促进钛的应用推广，以满足国民经济各部门和生活领域对钛材或钛深加工产品需求。建议设立"钛新技术新产品开发专项基金"，以鼓励钛加工技术创新和扩大钛市场。同时，鉴于中小钛加工企业对活跃市场、促进钛应用起着重要作用，建议设立"中小钛加工业企业专项发展基金"，重点支持中小企业做精、做专、做强，提升行业整体水平

第6章

心血管疾病及治疗领域中高性能生物金属血管支架材料的发展

6.1 心血管疾病的危害及金属血管支架的研发进展

6.1.1 心血管疾病的危害及机理

近年来，随着人们生活水平的不断提高，各种心血管疾病的发病率正呈逐年升高趋势。世界卫生组织预计，到2030年，每年将会有约2360万人死于心血管疾病，届时心血管疾病将成为人类健康的头号杀手。冠心病是冠状动脉粥样硬化性心脏病的简称，该病通常因冠状动脉粥样硬化导致血管腔狭窄或阻塞，或因冠状动脉功能性改变（痉挛）导致心肌缺血缺氧或坏死而引起。

近年来我国心脑血管疾病发病率逐年升高，冠心病是一种严重威胁人们健康的心血管类疾病，据《中国心血管病报告2016》概要显示，截止到2016年底我国冠心病发病人数为2.9亿人次，其死亡率高于肿瘤和其他疾病，居我国首位，占居民疾病死亡构成比的40%以上，已成为健康的头号杀手。目前，腔内支架植入是治疗心脑血管疾病最常用的方法。

冠状动脉支架则是一种由金属或高分子材料制成的血管内支撑器，植入能够起到恢复病变部位血流的作用，减少冠心病对病人生命的危害。支架可在闭合状态下经导管送至冠脉病变部位，再通过球囊扩张使之展开，从而起到支撑血管壁，恢复病变部位血流的作用（见图6.1）。2017年我国冠脉支架植入量超过110万枚，并且以每年10%左右的速度增长。冠心病具有较高致死率和致残率。随着人口老龄化，我国老年冠心病患者人数急剧增加。经皮冠状动脉支架植入术是治疗冠心病的重要手段。

进入21世纪，伴随着我国经济水平快速提高，人们生活方式的改变和老龄化进程加速，这是导致心血管疾病增加的主要原因。具体来讲，高血压、吸烟、血脂异常、糖尿病、超重、肥胖、体力活动不足、不合理膳食和大气污染是影响心血管健康的主要因素。据推算，我国心血管疾病人数达2.9亿人，其中冠心病为1100万。

冠心病治疗方法主要包括药物治疗、冠状动脉搭桥手术和介入手术三大类。药物治疗是冠心病治疗的基础，但当血管中因斑块形成再狭窄时，患者仍需冠状动脉血管重建来实现病变处血液畅通，改善生活质量及延长寿命。血管支架植入后发挥着支撑血管，保持血液畅通的功能，然而，作为外来物的血管支架，在服役过程中，与生理环境间存在宿主反应和材料

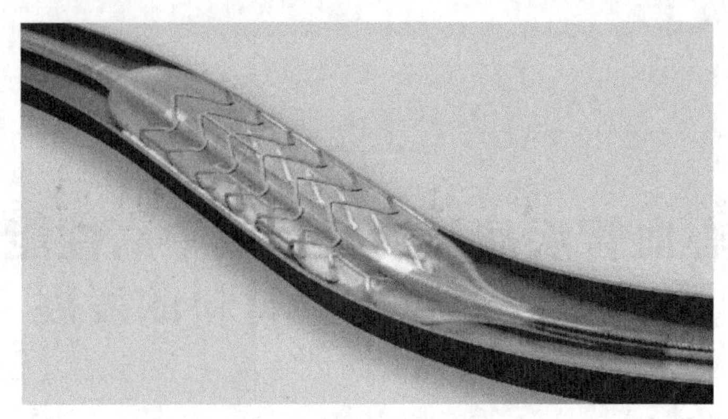

图 6.1　冠状动脉支架安放及作用示意图

反应，会产生一系列不良的生物学反应。血管支架与生理环境间的作用发生在材料表面与血液或血管壁的界面，通过对血管支架材料与血液或血管壁界面行为的研究，提高血管支架材料的血液相容性，有助于改善血管支架长期服役的安全性和有效性，对提高植入血管支架患者生活质量具有现实意义。

6.1.2　金属血管支架类型及其特点

血管植介入治疗是指在血管管腔病变部位置入血管支架、封堵器和静脉过滤器等植入物，以达到支撑狭窄闭塞血管保持血流畅通、封堵心脏房室间隔缺损、捕获脱落血栓等目的，其中最具代表性的就是血管支架介入治疗。血管支架包括冠脉支架、外周动脉支架和静脉支架等，自 Gruentzing 完成第一例经皮冠状动脉腔内成形术后，心脏冠状动脉介入治疗经历了球囊扩张、金属裸支架、药物洗脱支架和可降解支架 4 个阶段，各阶段的特点比对见表 6.1。

表 6.1　冠状动脉介入治疗手术的发展阶段

发展阶段	器材	存留体内时间	服药时间	手术安全性	血管再狭窄率	致血栓率	对血管功能的影响	对后期诊疗的影响
第 1 阶段	球囊	无	无	低	高	无	大	小
第 2 阶段	金属裸支架	终生	终生	中	中	高	大	大
第 3 阶段	药物洗脱支架	终生	终生	高	低	低	大	大
第 4 阶段	可降解支架	0.6～3.5 年	0.6～3.5 年	高	很低	很低	小	小

金属血管支架是将生物医用金属或合金作为原材料，经过特殊的工艺精制而成的用于治疗人体血管管腔病变的医用器械。目前，在临床上金属血管支架类型主要有金属裸支架、金属覆膜支架、药物洗脱（金属药物涂层）支架以及可降解金属支架材料等，其特点见表 6.2。

表 6.2　金属血管支架类型及其特点

序号	名称	特点
1	金属裸支架	早期的球囊扩张术存在疗效不佳、易再狭窄、易产生血管撕裂等缺点，金属裸支架提高了手术的安全性，可降低再狭窄率至 20%～30%。用于制作支架的金属材料主要有不锈钢、钛及钛合金、记忆合金等，见表 6.3

续表

序号	名称	特点
2	金属覆膜支架	它是在金属裸支架基础上，通过缝制或其他特殊工艺固定的组织相容的薄膜，能将病变血管隔绝于血流之外，建立起人工的血流通道。覆膜材料有可降解材料和不可降解材料两种，临床上多用不可降解材料，如聚四氟乙烯(PTFE)、尼龙、涤纶或真丝织物等。金属覆膜支架既保留了金属裸支架的支撑功能，又能通过覆膜改变病变血管的异常血流动力学，从而在血管扩张性病变和急慢性血管损伤等病变的治疗中得到广泛应用。1991年金属覆膜支架率先在国际上用于治疗腹主动脉瘤。从此，金属覆膜支架治疗腹主动脉瘤在国际上迅速得到推广与应用。1997年国内开始将金属覆膜支架用于治疗腹主动脉瘤，目前已经广泛使用。2015年刘威对国内金属覆膜支架治疗腹主动脉瘤的有效性和安全性进行探讨，发现手术成功率最低91.35%，多数接近100%，主要不良事件发生率1.74%～9.80%，内漏发生率4.65%～19.61%；患者30d病死率最高7.89%。最终对金属覆膜支架在国内应用于腹主动脉瘤疗效相对肯定。 与金属裸支架相比，金属覆膜支架具有一定优势，但也存在一定问题，如金属覆膜支架系统柔顺性差，对于极其迂曲的血管容易造成血管损伤，同时存在覆盖重要侧支的风险，这也阻碍了金属覆膜支架在外周血管的广泛应用。美国戈尔生产的Viabahn覆膜支架既可用于修复外周性血管破裂损伤引起的瘤样血肿，同时也可治疗下肢动脉闭塞。然而金属覆膜支架在下肢狭窄处经受重复屈曲和极度屈曲等临床状况会造成支架性能不良，不能作为治疗的第一选择
3	药物洗脱支架	它主要针对支架内再狭窄发生机制而设计，可将血管再狭窄率降低至3%～20%。它实现了对药物的控释能力，保证了支架的有效性；也可抑制血管平滑肌细胞增殖，提高支架的抗血栓性；又可增加支架的耐腐蚀性，防止金属离子溶出，避免金属裸支架与宿主发生复杂的血液反应、免疫反应和组织反应等。药物洗脱支架由支架基体、载药聚合物和药物3个部分组成。对于药物而言根据其作用机制可采用免疫抑制剂类如西罗莫司、抗增生类如紫杉醇、抗血栓类如肝素、抗炎性药物如地塞米松等。早期载药涂层材料为不可降解的聚合物，因此可能出现炎症和超敏等副作用。近些年不可降解聚合物逐渐被可降解聚合物[如聚乳酸(PLA)、聚羟基乙酸(PGA)、聚乙酸丙酯(PCL)、聚乙酰谷氨酸(PAGA)等]取代。支架基体材料技术的创新是目前冠状动脉支架技术发展的重点。 我国冠脉金属支架的发展主要集中在药物洗脱支架方面。北京中科益安医疗科技股份有限公司与中科院金属研究所合作，成功开发出了高氮无镍不锈钢药物洗脱支架。支架材料是中科院金属研究所开发，并且拥有自主知识产权的新型高氮无镍不锈钢(BIOSSN4)，其性能与美国Carpenter公司的BioDur108合金相当。高氮无镍不锈钢支架具有更薄的网丝结构，表现出更优异的柔顺性、支撑力和生物相容性。现已获得高氮无镍不锈钢冠脉支架的产品注册检验合格报告，并完成了冠脉支架的30例一期临床试验。中科院金属研究所还在国际上率先提出医用金属材料生物功能化的创新概念。体内外实验结果显示，在传统316L不锈钢和L605合金中适量加入具有特定生物功能的Cu元素，支架显示出促进内皮化、抑制平滑肌细胞增殖和抗凝血等效果，为解决冠脉支架内再狭窄和晚期血栓问题提供了新的思路。2018年9月，《柳叶刀》杂志全文刊登了上海微创医疗器械公司自主研发的Firehawk(火鹰)冠脉西罗莫司靶向洗脱支架系统在欧洲大规模临床试验(TARGETAC)的研究结果。结果显示，以微包裹槽靶向洗脱为设计特点的火鹰支架，是全球所有药物支架中药剂量最少和副作用最小的产品，兼具了金属裸支架的更安全优点和药物支架更有效性优点这两个看似矛盾的特性，避开了金属裸支架"易产生血管术后再狭窄"和药物支架"易引发晚期和极晚期血栓"各自固有的特征性缺陷。自2002年美国食品药品监督管理局(FDA)批准美国强生公司(Johnson & Johnson)研制的第一个药物洗脱支架(Cypher)上市以来，药物洗脱支架得到了广泛应用。2018年，我国经皮冠状动脉介入治疗手术为85.85万例，每例手术平均植入1.47支冠脉支架，冠脉支架市场规模达到114.68亿元，且每年以10%～15%的增速增长。 综上所述，永久性支架置入狭窄血管后，由于其作为异物与血管之间存在长期的生物不相容性，患者通常需要长期服用抗血小板药物预防血栓的形成，但仍存在其他潜在的风险，如晚期支架血栓、过敏性反应、支架内再狭窄等。研究表明：狭窄血管一般在6～12个月内，将完成血管的修复和重塑。血管支架作为一种支撑装置，在血管扩张完成重塑之后也没有长期存在的必要。因此，研究者们提出可降解支架的概念：即在扩张时，为血管提供足够的径向支撑力，早期尽可能地减少血管回弹，而当血管完成重构时，血管支架则可逐渐进行生物降解，最终血管支架完全降解，同时血管随着调节实现新的平衡
4	可降解支架	全降解冠脉支架的设计理念是支架在达到扩张狭窄血管和释放抗再狭窄药物效果后，可逐渐降解并被组织完全吸收，以使血管恢复到自然状态。全降解支架有可能避免传统非降解支架引起的血管内再狭窄和晚期血栓等问题，为病人提供更好的长期临床效果，已成为冠脉支架领域的重要发展方向。可降解支架材料的类型、特点详见表6.4

表 6.3 金属裸支架材料的类型及特点

序号	名称	特点
1	医用不锈钢	它具有优良的综合力学性能和耐蚀性能，是较早得到应用的血管植入材料，早期的冠脉支架材料主要为 316L 不锈钢，之后由于 L605 钴铬合金和 MP35N 钴镍合金具有更加优异的力学性能而被大量应用。钴铬合金和钴镍合金作为支架材料具有更高的强度，这使得冠脉支架可获得更优异的力学安全性和更小的网丝直径。L605 合金冠脉支架的应用比例正逐年升高，并有可能完全取代 316L 不锈钢。 近年来，加拿大 TrendyMED 公司利用美国 Carpenter 公司生产的高氮无镍不锈钢（BioDur108）开发冠脉支架。高氮无镍不锈钢相比 316L 不锈钢具有更加优异的力学性能和生物相容性，使支架具有更细的网丝，使临床试验效果明显改善
2	镍钛形状记忆合金	其具有奇特的形状记忆效应和超弹性，以及优异的耐磨耐腐蚀性能和生物相容性。其单程形状记忆效应与超弹性应变量都能达 8%，而一般金属应变量仅在 5%以下。其形状记忆效应主要依靠温度的变化来实现马氏体与奥氏体的塑性变形，因此它能够满足人体植入物的要求；除此之外，镍钛合金还具非铁磁性，磁化系数较低，在磁共振成像中只形成微小的伪影。由于其具良好生物相容性和抗腐蚀性，常被制作成自膨式金属裸支架，用于治疗颅内动脉、颈动脉、胸腹主动脉、下肢动脉等狭窄性病变。实验表明自膨式金属裸支架与其他不同种自膨式金属裸支架混合植入治疗下肢动脉狭窄闭塞性病变时具有较高生物相容性与保肢率，近中期临床疗效较好。记忆合金多孔材料、3D 打印材料、超细丝将拓展其在医用领域中的应用。 但镍钛合金支架在狭窄血管内释放后可对端部血管产生较高内应力，造成病变处血管损伤，引起支架内血栓和内膜增生，引起再狭窄甚至闭塞等缺陷
3	钛和钛合金	其具有优良综合性能，包括 α+β 型钛合金（如 Ti-5Al-3Mo-4Zr、Ti-6Al-7Nb、Ti-15Zr-4Nb-4Ta 等）、β 钛合金（Ti-15Mo、Ti-13Nb-13Zr、Ti-12Mo-6Zr-2Fe、Ti-29Nb-13Ta-4.6Zr 等），近年来研发的新型钛合金减少或消除了有毒元素 Al 和 V 的影响，并采用了 Zr、Ta、Nb 等相对稳定的强化元素

表 6.4 可降解支架材料的类型及特点

序号	名称	内容
1	类型	主要包括聚合物类可降解支架（包括聚乳酸、聚酸酐、聚碳酸酯等）和金属类可降解支架（包括镁合金、铁合金、锌合金等）
2	可降解聚合物支架特点	近年来，可降解聚合物（聚乳酸等）支架的开发取得了显著进展，其中美国雅培公司开发的 Absorb BVS 支架发展得最快。2016 年 10 月雅培公司的第一代全降解聚合物冠脉支架被美国 FDA 批准上市。这是全球首个能完全被人体吸收的药物涂层冠脉支架产品，患者无需终身服药，该技术被划为人类冠状动脉介入史上的第四个里程碑事件。然而在 2017 年 3 月美国 FDA 发出警告，指出 Absorb BVS 会增加靶病变失败率风险，同年 9 月美国雅培公司宣布停止第一代 Absorb BVS 的销售。Absorb BVS 支架存在的问题主要是支架的支撑力不够，需要更粗的支架梁来达到所需径向支撑，另外支架的延展性差限制了支架的后扩能力，并且聚乳酸降解太慢（2～4 年），其崩解会刺激局部血管引起炎症反应
3	可降解金属支架特点	国际上完全可降解金属支架以德国百多力公司的全降解镁合金支架为突出代表，基体材料采用了目前商用 WE43 镁合金。全降解金属冠脉支架已发展了 AMS、DREAMS 1G 和 DREAMS 2G 系列支架，并进行了多项临床试验研究。DREAMS 2G 支架的 BIOSOLVE-2 临床试验结果证实，其能够满足理想支架的性能要求。2016 年 6 月，DREAMS 2G 支架获得了 CE 认证，可在欧洲上市销售。DREAMS 2G 的 Magmaris BRS 支架的临床结果显示，镁合金支架的临床效果不仅比可降解聚乳酸支架（Absorb）要好，而且可以与药物洗脱支架（Xience）相比。2018 年 4 月 Magmaris BRS 镁合金支架被香港医院成功引入。 我国冠脉支架技术发展起步时落后于发达国家，但是近年来取得了快速进步。2016 年，国家重点研发计划生物医用材料研发与组织器官修复替代重点专项在可降解高分子支架和金属支架方向也给予了项目支持。目前国产品牌冠脉支架约占 80%的国内市场，其中微创医疗、乐普医疗和吉威医疗分别占据前三位。在关系冠脉支架产业发展的支架材料和技术方面，国内研究机构和医疗器械企业取得了引人瞩目的成绩。但是与国际知名企业相比，我国企业研发实力明显薄弱，研发投入明显要少，尤其是新材料和技术的原始创新仍然不够。 我国有上海微特生物技术、上海微创医疗器械、乐普医疗器械、北京阿迈特医疗器械、山东华安生物科技等多家医疗器械企业在开发全降解聚合物支架。例如山东华安生物科技有限公司的 Xinsorb 支架用于治疗简单冠脉病变的初步临床结果显示，其能有效抑制内膜增生，维持植入部位管腔通畅，展示出与金属 DES 相似的安全有效性，但随访时间较短，尚需更长期的观察

续表

序号	名称	内容
4	小结	可降解支架的出现，对于支架介入治疗技术的发展具有重要意义。 ① 可降解支架避免了晚期血栓困扰。 ② 可降解支架不会作为异物长时间存在于血管内，避免了炎症反应。 ③ 可降解支架可被完全吸收，没有永久性异物的干扰，使同一病变部位的多次治疗成为可能。 然而，由于可降解支架材料性能的限制，支架在服役过程中出现支撑力不够、降解过快等力学性能不足的问题，使其尚未在临床手术中广泛应用。因此，除了材料选择外，通过设计和优化可降解支架的几何结构来提升支架的力学性能，推动可降解支架的临床应用，是目前可降解支架研究的重要方向

6.1.3　生物可降解金属血管支架的研发方向

（1）金属支架材料的研发方向

目前研究的生物可降解材料主要包括聚合物材料、铁合金、镁合金、锌合金，其中聚合物材料因X射线下不显影、径向支撑强度不足、变形能力差而被限制应用。对于可降解支架金属合金材料已有研究报道和性能对比，见表6.5。

表6.5　可降解金属合金支架的材料性能研究

材料	研究的材料属性
镁合金材料	机械性能不足，降解速率过快，生物相容性良好，轻度炎症反应
铁合金材料	机械性能良好，生物安全性良好，降解速率过慢，降解产物堆积
锌合金材料	机械性能良好，血液相容性良好，无毒性，无炎症反应，降解速率适中

镁合金材料是目前可降解支架研究中的常用材料，但镁合金在体内降解速度过快，导致其支撑性能不能满足血管正常功能重建的需要。可降解铁合金材料的力学性能虽然较为优异，但其降解速率过慢，生物相容性还有一些争议，因而应用于血管支架还较为困难。锌合金支架由于其良好的生物相容性、适中的体内降解性能，在可降解支架的材料研究中具有较好前景。

关于可降解支架材料降解速率的研究，除了改变材料成分和微结构（包括晶粒大小和组织结构）外，也可通过表面改性或者在其表面制备涂层（如形成陶瓷膜、高分子聚合物膜或者复合膜层等）实现降解速率的调节。可降解聚合物涂层由于可以作为药物载体，深受生物材料研究者青睐，如PLLA（左旋聚乳酸）、PLGA（聚乳酸－羟基乙酸共聚物）和壳聚糖等涂层为可降解支架提供初期的保护，并随时间逐渐降解。这些可降解涂层都表现出了减缓可降解支架的腐蚀降解，以及良好的细胞相容性。在可降解支架涂层设计中，若涂层太薄则导致腐蚀降解仍然过快，血管修复未完成则丧失支撑性能；若涂层太厚则导致腐蚀降解过慢，将引起病变血管晚期血栓等问题。因此，结合聚合物的分子量、血流动力学、支架几何结构等因素，优化可降解支架材料涂层的厚度、扩散系数等，增加涂层的有效作用时间，也是支架结构设计及优化研究的重要内容。

（2）可降解金属支架结构设计及优化的研究

① 可降解支架结构设计　根据加工方式不同，心血管支架主要分为编织支架和激光切割的管网结构支架，图6.2(a) 和(b) 所示分别为编织支架和管网结构支架。随机试验研究表明，编织支架置入血管后，不足的支撑刚度将导致较大的径向回弹和血管组织脱落，其支架内再狭窄的发生率也明显高于管网结构支架。因此，目前商用支架结构大多是基

于管网结构设计而成，即设计正弦状结构为支撑筋，相邻支撑筋之间均匀分布连接筋结构。图 6.2(c) 所示为 Boston Scientific 公司的 Liberte 支架，其支撑筋和连接筋采用了一体化设计。

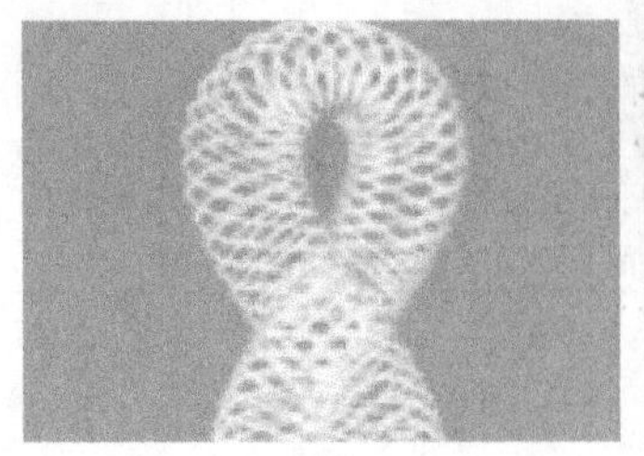

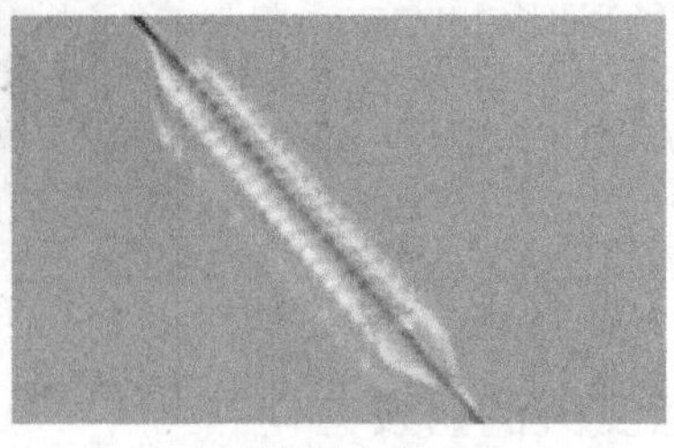

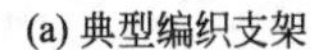

(a) 典型编织支架　(b) 管网结构支架　(c) Boston Scientific公司的Liberte支架

图 6.2　典型支架结构

近几年支架结构设计主要有两个方向。第一个方向为基于管网结构支架设计，仅修改和设计支撑筋和连接筋的几何结构，提升支架的力学性能。图 6.3(a)～(c)为设计者通过设计支架连接筋为编织支架结构或者多弯曲结构，从而保证支架支撑刚度的同时提高支架的柔顺性，减小轴向短缩率；通过设计支架的支撑筋为多弯曲和开环结构（即连接筋只连接一部分支撑筋的花冠），使支架扩张后应力分布均匀，从而减小可降解支架服役过程中应力腐蚀速率；见图 6.3(d) 和(e)，设计者在管网结构支架环向和轴向添加具有单向滑动的齿结构，从而减小了支架的径向回弹和轴向短缩，是目前管网结构支架结构上设计中较为新颖和实用的支架结构设计。

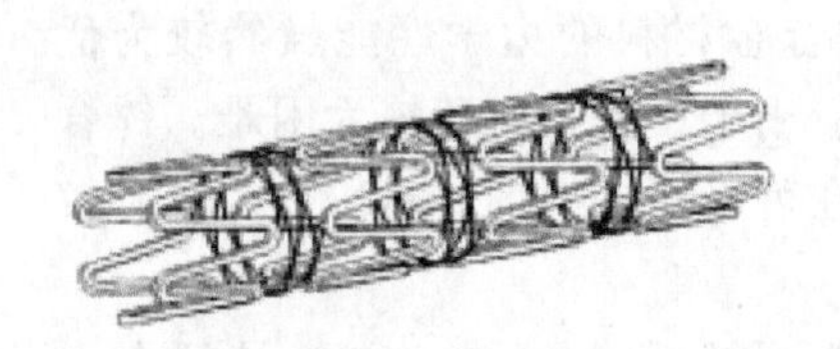

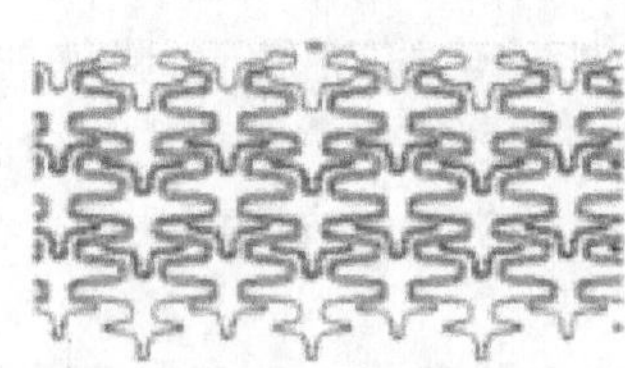

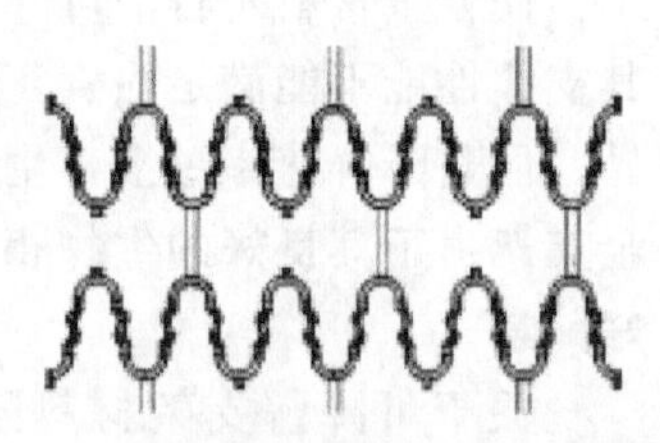

(a) 编织支架与管网结构支架组合　(b) 新型连接筋支架设计　(c) 新型支撑筋支架设计

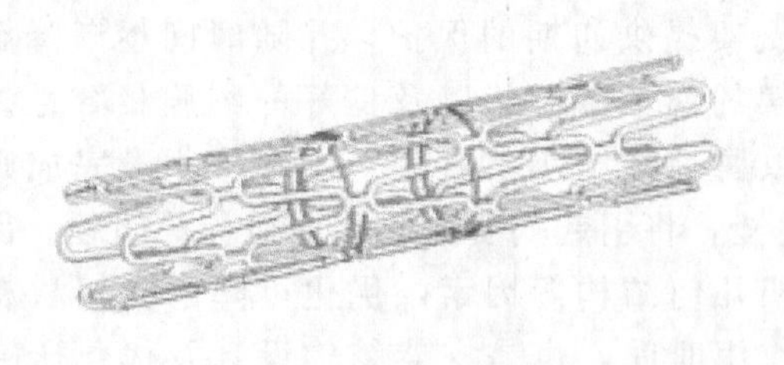

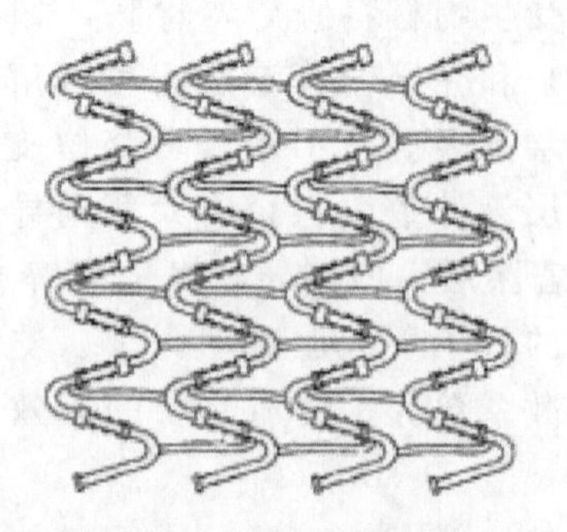

(d) 带有环向支撑条的支架设计　(e) 带有齿状结构支撑筋支架

图 6.3　5 种新结构支架设计

支架结构设计第二个方向为其他结构支架设计［见图 6.4(a) 和(b)］，设计者分别基于铰接、闭锁齿这类机械结构，设计新型结构支架，提升支架力学性能。然而，目前此类全新支架结构设计仍然较少，并且此类全新支架设计时大多致力于提高支架的力学性能，普遍存在结构复杂、与病变血管接触不良、血流干扰较大等问题，因此尚未实际应用于临床。

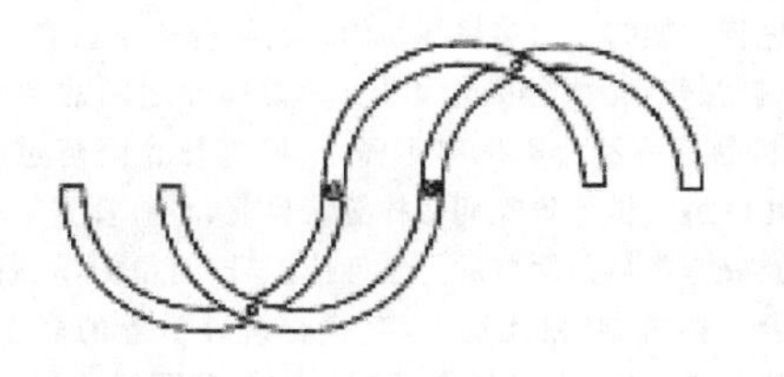

(a) 铰接结构血管支架设计

(b) 一种滑动锁紧支架结构设计

图 6.4 两种新支架结构设计

② 其他结构优化设计简介 有基于固体力学的可降解支架结构优化设计，基于血流动力学的可降解支架结构优化设计，以及基于降解腐蚀模拟的可降解支架结构优化设计等（见表 6.6）。

表 6.6 基于其他几种结构优化设计简介

序号	名称	特点
1	基于固体力学的可降解支架结构优化设计	应考虑提高支架支撑力、减小扩张后最大主应变、避免应力集中等的多目标优化。设计新型的支架结构，对支架质量在空间上进行全新分布，实现可降解支架支撑性能等多种力学性能的提升
2	基于血流动力学的可降解支架结构优化设计	支架在血管病变部位的服役过程中，血流、血管、斑块、支架这 4 个部分相互作用，相互影响。对于可降解金属材料支架，在支架置入部位一定会引起局部血液流动的分离和非生理性扰动流的产生。这将导致不同部位降解后金属离子（Zn^{2+}、Mg^{2+}、Fe^{2+}等）浓度不同，可能会影响可降解支架的局部降解速率和支架在血管内的疲劳寿命，关系到支架的安全性。 较小的涂层介质扩散系数有利于血管壁对药物的吸收。以最大化 MRT（即血管壁内药物物质的量或质量高于初始药物物质的量或质量一定比例的最大时间）为优化目标，对药物洗脱支架进行结构优化设计，提高药效作用时间
3	基于降解腐蚀模拟的可降解支架结构优化设计	通过计算机建模，模拟可降解支架在服役过程中的全降解，为其提供重要理论依据。结合材料属性和临床实际，主要考虑支架在体内服役过程中的降解行为包括均匀腐蚀、应力腐蚀、斑点腐蚀等。均匀腐蚀模型目前已被证明是支架降解过程中最理想情况。因此，分析可降解支架在服役过程中支撑性能的动态变化，实现可降解支架结构设计及优化，使得可降解支架在服役过程中的支撑性满足临床需求，对推动其临床应用具有重要意义

（3）面临的挑战与研发方向

虽然可降解支架的结构设计和优化研究取得一定进展，对于推动第四代心血管支架的发展和临床应用具有重要意义，但现阶段其研究仍面临诸多挑战（详见表 6.7）。

表 6.7 可降解金属血管支架结构设计和优化研究面临的挑战与研究方向

序号	名称	特点
1	结构设计缺少新意	目前不论是永久性支架还是可降解支架，其结构大多数是管网状支架结构。在固定的结构设计类型下，支架结构优化设计具有较大局限性，对支架力学性能的提高是有限的。从已有研究中看出，虽有少数新颖的支架结构设计，但这些设计致力于力学性能的提升，忽略了置入后贴壁性不良、对血流干扰较大等与血管、斑块、血流的不良相互作用，因此很难应用于临床。因此，目前临床上急需力学性能和临床表现均优秀的新支架结构设计，推动可降解支架的临床应用

续表

序号	名称	特点
2	结构优化缺少多因素考虑	与永久性支架相同,可降解支架在结构优化过程中应考虑力学性能之间的相互制约关系,进行支架结构的多目标多学科的结构优化研究。例如:如何平衡支撑刚度与扩张性、最大等效应力应变、柔顺性之间的相互制约关系;如何保证支架降解速率符合临床实际需求,既能防止降解过快导致支撑力丧失,又能防止降解过慢导致晚期血栓等。目前,心血管支架结构设计及优化研究面临的挑战,不再是简单的力学性能提升,而是力学性能平衡的多目标优化,是结合固体力学、血流动力学、生物统计学等的多学科优化。此外,在优化参数的选择方面,不应局限于支架支撑筋宽度,应考虑支架的支撑筋厚度、支架直径、支撑筋圆环半径等多优化参数的结构优化设计
3	结构优化缺少血流动力学因素考虑	可降解支架在病变部位的服役过程中,血液、血管、斑块、支架等各部分相互作用,相互影响。支架的结构设计和优化研究不仅考虑血管、斑块、支架的相互作用,更应结合血流对支架降解时间和支撑性能变化的影响,设计和优化支架结构
4	结构优化缺少涂层优化设计的考虑	可降解支架涂层设计是缓解可降解支架降解腐蚀、提高生物相容性的重要方法之一。不同的涂层厚度、扩散系数等的设计,将导致不同的作用时间,对调节可降解支架降解速率的效果不同。因此,在可降解支架结构优化中,可基于支架几何结构,实现可降解支架涂层的优化设计,使支架服役过程降解状态满足临床实际需求:在服役初期,涂层降解速率较慢,支架完整性较好,对血管有足够支撑力;在服役末期,血管修复完成,涂层降解结束,支架发生快速降解,被身体代谢吸收
5	结构优化缺少离体或在体模型实验的检验	虽已有研究关于可降解支架的在体动物实验,但此类研究仅仅关注可降解支架的降解程度,并未分析可降解支架降解过程中的力学性能及其变化情况。因此,可结合离体或在体模型实验,考虑可降解支架动态服役过程中力学性能的变化情况,优化支架结构,使得可降解支架的力学性能满足临床实际需求
6	研究方向	今后的研究应结合这些问题,对可降解支架的结构设计及优化开展更深入研究,使可降解支架的力学性能满足临床实际需求,实现支架的可控降解,这对支架介入治疗具有重要意义。总之,开发安全有效的新型可降解血管支架材料是必然趋势,目前有金属裸支架,聚合物支架,还有正在开发应用的镁、铁及锌合金等高性能可降解金属血管支架材料,今后还会出现新的可降解材料。 对材料在血管内降解行为和影响因素的研究及代谢产物对局部血管和人体远期影响的研究还仅仅是个开始,需进一步大量的体内和体外数据来揭示其规律,以开发出新一代血管内可降解支架,满足医学发展需求和人类的健康事业

6.2 可降解镁合金血管支架的特点与应用

作为新一代高性能可降解医用金属材料，镁合金具有良好的力学性能、生物可降解性以及生物相容性。镁合金用作血管支架材料时，可在狭窄的血管内经过一段时间支架支撑和药物治疗完成正性重构后，自行降解消失，从而降低再狭窄的风险。因此镁合金作为可降解医用材料具有很广阔的临床应用前景，在血管支架等领域有巨大的应用潜力。

6.2.1 概述

支架在血管内的主要作用是提供力学支撑，防止血管弹性回缩和负性重构，病变动脉一般在 6～12 个月内完成血管重塑和修复，超过该时间，支架对人体已无益处，反而对血管壁的压迫和刺激会产生一系列不利影响，因此血管支架作为一种支撑装置，没有长期存在的必要。理想的血管支架在血管修复后可被降解吸收。

与金属裸支架和药物洗脱金属支架相比，可降解支架优势明显：首先，支架降解吸收后，无异物残留，减少促发血栓形成的危险因素；其次，缩短双重抗血小板治疗时间，减少出血等相关并发症发生。从生理学角度看，坚硬支架的消失有利于恢复血管张力和扩张重构。长期来看，可降解支架不会影响冠心病的后续治疗，如经皮冠脉介入术（PCI）、冠脉搭桥或药物溶解斑块。此外，可降解支架不会干扰CT（计算机断层扫描术）或MR（磁共振）成像，还可消除少数患者终身携带植入物的焦虑情绪。理想的支架材料应有适当的弹性、可塑性、柔顺性和强度，X射线下显影、低磁、无毒，具有血液相容性、生物降解性，可携带药物涂层等。因其良好的生物相容性和降解性，金属镁成为目前可降解支架材料的研究热点。

近十余年来，以可降解医用镁合金为代表的新一代医用金属材料发展迅速，并受到广泛关注。这类可生物降解的医用金属材料不同于传统的惰性医用金属材料和可降解医用高分子材料，它巧妙地结合了惰性医用金属材料和可降解医用高分子材料的优点，不仅具有较高的强度，还具有良好的生物相容性和生物可降解性，因而更适合于临床医用。

（1）镁合金作为可降解医用材料的优势（见表6.8）

表6.8　镁合金作为可降解医用材料的优势

序号	内容	进一步的说明
1	具有更好的强度、塑性和可加工性	与现有的聚乳酸等可降解高分子材料相比，镁合金具有金属材料所共有的特性——更好的强度、塑性和可加工性，可满足承重部位骨修复和心血管支架径向支撑力的需求
2	密度和杨氏模量更小	对比现有的惰性医用金属材料，镁合金的密度和杨氏模量更小，与人体的皮质骨十分接近，可有效避免应力遮挡效应以及由此引发的骨质疏松
3	具有优异的生物可降解性和良好的生物相容性（对比传统惰性医用金属材料）	① 镁合金性能更活泼，具有优异的生物可降解性。镁的标准电极电位较低（−2.372V），在腐蚀介质（尤其是含氯离子的溶液）中极易发生腐蚀，这极大地削弱了镁合金作为结构材料的潜力。但是可降解医用材料巧妙地利用了镁合金的这一"缺点"，使其在含有氯离子的体液环境中逐渐降解，从而避免进行二次手术取出植入物，极大地缓解了病人的生理痛苦和经济负担。 ②镁合金具有良好的生物相容性。镁是人体必需的营养元素，可催化和激活300多种已知的酶反应，在细胞内DNA和蛋白质的合成以及能量的储存与运输过程中起到重要的作用
4	参与细胞间信号传递，可协助完成肌肉收缩等复杂生理活动	对比传统惰性医用金属材料：体重为70 kg的健康成年人体内约储存有21～28g的镁元素，其中约55％储存在骨骼中，45％储存在细胞内液尤其是肌肉组织和肝脏中，剩余部分主要在细胞外液中；人体内镁的吸收和排泄之间存在动态平衡，食物中25％～60％的镁由肠胃吸收
5	具有良好的生物安全基础	肾脏中的肾小球会过滤血浆中的自由镁离子和镁盐，然后由肾小管再吸收。通过对肾小管再吸收量的控制，可将血浆中的镁浓度控制在一定范围内，进而维持人体内镁含量的动态平衡

（2）可降解医用镁合金生物支架研究与应用状况（见表6.9）

表6.9　可降解医用镁合金生物支架的研究与应用

序号	名称	内容
1	完全可生物降解的镁合金材料	镁合金是最早被用于研制可吸收血管支架的金属材料之一，也是目前研究最多且唯一被植入人体的可吸收支架用金属，其具有很低的标准电极电位，在含有氯离子的人体血液中容易反应生成体内正常的，有抗栓塞、抗心律失常以及抗增生作用的镁离子，副产物为氢气，生成的镁离子易被周围组织吸收或通过尿液排出体外，因此镁合金可在人体内被完全降解

续表

序号	名称	内容
2	可降解镁合金生物支架的主要优势	镁合金支架最有利的一面是其与血管壁具有良好的一致性，支架植入数月后，动脉能够恢复到原来的形状和生理特性。与聚合物支架相比，镁合金支架具有以下特点：a. 径向支撑力好，有实验表明，同样规格的可吸收血管支架，镁合金支架的径向支撑力为聚合物支架的 1.5～3.0 倍；b. 血管壁覆盖面积小，更有利于血液的流动和血管自有功能的恢复；c. 支架与血管壁的契合度更高，不易产生类似聚合物支架的局部疲软和塌陷；d. 植入过程易于控制，镁合金支架与其他金属支架类似，其 X 射线显影性使得支架植入过程可视、准确。因此这些成为了镁合金支架优于大多数刚性聚合物支架的主要优势
3	典型示例分析	AE-21 是一种特定的镁合金，其主要成分除了镁以外还包括 2%铝和 1%稀有金属，不仅具有类似金属支架的机械性能，还具有血管移植物所需的降解性能。WE-43（93%镁，7%其他金属，按重量计算）也是一种常用的制造血管支架的镁合金，但早期由百多力公司制造的 AMS-1 和 AMS-2 镁合金支架，仍存在降解速度过快而不能满足支撑力的问题，研究者为了进一步减慢降解速度，在支架丝表面添加聚合物涂层（聚乳酸-羟基乙酸共聚物，左旋聚乳酸），这样就延长了有效支撑时间，同时涂层能作为抗增殖药物的载体，防止血管内膜增生，如改进后的 DREAMS-2G 镁合金可吸收支架表面附着西罗莫司洗脱涂层，取得了较为可靠的效果，目前正在进一步研究中

(3) 可降解医用镁合金支架存在的主要问题和挑战

尽管镁合金具有良好的生物相容性，但其临床应用还面临一些挑战。主要表现在如表 6.10 中的几个方面。

表 6.10　可降解医用镁合金支架存在的主要问题和挑战

序号	名称	进一步的说明
1	强韧性不足	对于心血管支架材料，要求其具有高塑性、中等强度，屈服强度不低于 150MPa，拉伸延伸率不低于 20%，大部分镁合金难以同时达到强度和塑性的要求
2	降解速度太快，局部腐蚀严重，降解行为不可控	过高的腐蚀速率会产生大量的氢气，在植入物周围或皮下形成气泡，引发炎症。镁合金的腐蚀模式主要是局部腐蚀，这会导致腐蚀部位应力集中引发断裂，过早丧失其支撑功能。只有通过均匀腐蚀才能实现镁植入物在人体内的受控降解，进而指导结构设计。因此，如何降低镁合金的腐蚀速率并改变镁合金的腐蚀方式是当前研究的热点和难点
3	生物安全性需进一步改进	一些镁合金中含有有毒元素，例如 AZ 系列镁合金中含有的 Al 具有慢性神经毒性，研究表明 Al 与老年痴呆症有关。稀土是镁合金常用合金元素，可有效提高强度、耐热性能和耐蚀性能，但部分稀土元素（如 Y，Ce，Pr）可能存在潜在毒性。这类材料植入人体后，有害离子在降解过程中不断释放，对患者的健康构成一定威胁
4	其他需考虑的因素	可降解医用镁合金在降解产物转化代谢途径方面的研究极少，尤其是除镁以外合金元素降解产物在体内的最终去向。对于这些降解产物是否会在植入部位沉积而引发病变，又是否会随体液、血液的流动在组织或器官中富集而引发潜在的不利影响等问题均有待进一步的研究和澄清

6.2.2　可降解镁合金血管支架的特点

(1) 常见的腐蚀形式

镁的标准电极电位为－2.37V，镁极易氧化和发生电化学腐蚀。在模拟体液中常见的腐蚀形式主要为点蚀，属于局部腐蚀。其腐蚀过程和合金的微观组织表面状态有很大关系。在体外腐蚀行为的研究中，常用的模拟体液有0.9%的NaCl生理盐水和Hank's模拟体液，其研究手段主要有电化学腐蚀试验和静态浸泡实验。

镁合金在水中发生腐蚀的反应方程为：

$$Mg+2H_2O = Mg(OH)_2+H_2\uparrow$$

反应生成的Mg（OH）$_2$疏松多孔，很难对合金起到实质的保护作用。

当存在Cl^-时，附着在合金表面的腐蚀产物Mg（OH）$_2$会被Cl^-侵蚀而发生破坏，其反应如下：

$$Mg(OH)_2+2Cl^- = MgCl_2+2OH^-$$

这一反应（见图6.5）使镁合金的腐蚀加速，从而导致降解加快。

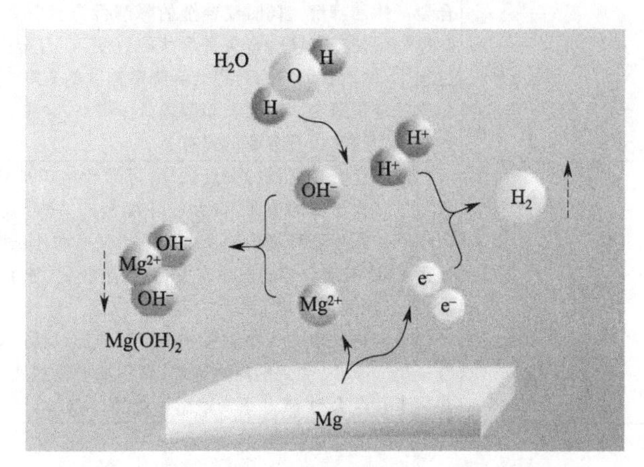

图6.5 镁合金在水溶液中的电化学反应示意图

大量研究表明，镁合金最常见的腐蚀形式及特点见表6.11。

表6.11 镁合金最常见的腐蚀形式及其特点

序号	名称	特点
1	电偶腐蚀（接触腐蚀，或双金属腐蚀）	它系指两种不同金属于溶液中直接接触，因其电极电位不同构成腐蚀电池，致使电极电位较低的金属发生的溶解腐蚀。 镁合金是易发生电偶腐蚀的合金。镁基体与邻近区域接触时，通常是作为阳极出现，造成严重的腐蚀。阴极金属既有可能是杂质金属或者镁合金接触的其他外部金属，也有可能是镁合金中分布在晶界处的第二相。一般情况下，镁合金中的析出相和杂质电位比基体高得多，称为阴极相，形成合金内部大阳极包围着小阴极的状态。镁合金与外界金属接触时发生腐蚀与阴阳极电位差、阴阳极之间的距离有关
2	局部腐蚀	它是镁合金最常见的腐蚀类型，也是对镁合金应用造成重大危害的一类腐蚀。其中包括点蚀和丝状腐蚀。 ① 点蚀。它是由腐蚀形成的闭塞电池引发的蚀孔内自催化造成的。腐蚀过程中，由于出现氧浓度差造成局部区域酸度增加，于是Cl^-、SO_4^{2-}等进入此区域与阳离子形成可溶性盐，这使新的基体露出并继续发生腐蚀，从而形成蚀孔。多数镁合金都会发生点蚀，点蚀对镁合金的危害很严重，常常造成镁合金材料的失效，需提前预防。 ② 丝状腐蚀。它是另一种局部腐蚀类型，腐蚀金属表面呈发丝状。此腐蚀多发生在具有腐蚀保护膜的金属上，并很有可能促成点蚀的发生。点蚀开始发生在很少的点上，并且腐蚀很轻，丝状腐蚀则由这些点逐步发展起来。丝状腐蚀的形貌往往受合金的微观结构所左右，比如晶体学参数影响，于是可以通过改善微观结构来阻止丝状腐蚀的发生

续表

序号	名称	特点
3	疲劳腐蚀	它系指金属在腐蚀介质和循环应力的共同作用下发生的脆性断裂。而且相对于空气条件，腐蚀介质中更易发生腐蚀疲劳。目前，由于镁合金植入人体还不太成熟，没有办法直接进行腐蚀疲劳的实验，只能通过外部模拟来实现局部的测定。外加应力对镁合金降解速度的影响机制包括两个方面： ① 力化作用。外加应力增加镁合金的表面能，降低其固体结合能，从而改变降解反应的活化能，加速降解。 ② 膜层破裂。降解过程中，镁合金表面生成 $Mg(OH)_2$ 膜层，但是 $Mg(OH)_2$ 不稳定，外加应力会诱导和促进膜层表面微裂纹扩展，由于 $Mg(OH)_2$ 膜层与镁合金基体之间存在电位差，可能形成电偶，从而加速镁合金基体的降解。同时镁合金的降解行为与应力大小密切相关，并且在降解过程中伴随着镁合金自身形状的改变，镁合金受到的应力处于动态变化过程中，然而目前应力对镁合金降解速度的影响主要集中于定性研究，缺乏相应的定量研究。同时在动态载荷作用下，除应力大小外，镁合金降解行为还与应力频率以及载荷形式有关
4	应力腐蚀开裂(SCC)	它造成镁合金器械的突然破坏，可导致组织炎症及需要二次手术取出失效器械。大量实验表明，与大气环境相比，镁合金在生理环境中对 SCC 更为敏感。在生理环境中镁合金的抗拉强度和伸长率会出现显著下降。一般认为 SCC 与镁合金的点蚀有关，降解过程中，外加应力作用下，点蚀坑发生扩展，当深度达一定值时则会诱发 SCC。 SCC 与外加应力大小直接相关。在外加载荷一定时，随着降解的进行，镁合金尺寸减小，受到的应力增加，腐蚀坑加速扩展，因而与恒位移相比，恒定载荷下镁合金对 SCC 更为敏感。此外，SCC 还与镁合金表面沉积产物有关

（2）降解机制

镁合金支架在体内的降解过程见图 6.6。

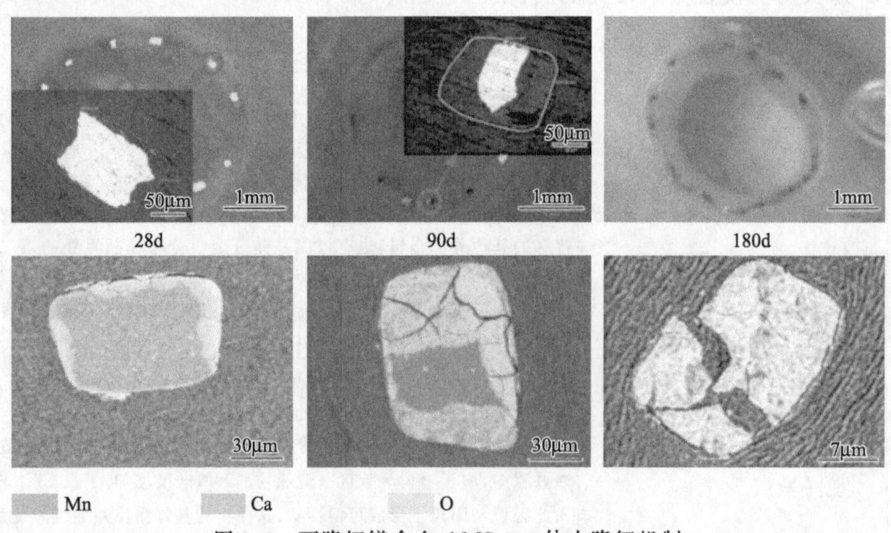

图 6.6 可降解镁合金 AMS-3.0 体内降解机制

① 植入体内 28d 时，镁合金支架外层被富含 O 的腐蚀层包裹，该物质主要为 $Mg(OH)_2$，反应方程式如下：

$$Mg+2H_2O \longrightarrow Mg(OH)_2+H_2 \quad (6.1)$$

② 到 90d 时，可观察到支架梁大部分已经转化为腐蚀产物。富含 O 的腐蚀产物区域部分被富含 Ca 的腐蚀产物取代，该物质为非晶态的钙磷复合物，主要反应方程式为：

$$Mg(OH)_2 + HPO_4^{2-} + Ca^{2+} + H_2O \longrightarrow Ca_x(PO_4)_y \cdot nH_2O + H_3O^+ + Mg^{2+} \quad (6.2)$$

③ 到180d时，支架已经完全转化为钙磷复合物。此时，镁合金基体的腐蚀已经完成，被非晶的钙磷复合物所替代。支架在OCT（光学相干断层成像）下已经观察不到，但是通过超声仍能发现支架梁外形的残留物。镁合金支架降解产物的完全代谢吸收目前尚未见报道，钙磷复合物是否会引起钙化也尚不可知。

（3）提高镁合金耐蚀性的方法（见表6.12）

表6.12　提高镁合金耐蚀性的方法

序号	名称	特点
1	高纯镁合金的开发	提高合金的阴极极化度，就可降低其腐蚀速率。具体做法： ① 减少合金或金属的活性阴极面积，如合金的高纯净化处理。镁合金中的杂质主要是Fe、Ni、Cu。杂质元素与Mg形成网状的晶界相，而杂质元素的自腐蚀电位往往高于纯镁的。于是就构成以第二相为阴极、镁基体为阳极的电偶腐蚀，加速了合金的腐蚀速度。选用高纯镁锭作为原料，即可有效减少杂质元素的影响，提高镁合金的耐蚀性。 ② 采用金属热还原法。它是深度净化镁合金中的杂质元素最完善的办法。其机理为加入一些高活性金属（如Ti、Zr、Mn）等的卤化物与Mg反应，产生难溶于Mg且难熔的金属化合物，然后使这种金属化合物沉淀下来。如Mn与合金中杂质Fe形成MnFe相，此相会在浇注前沉淀到坩埚底部，故使合金中的Fe含量降低。Zr能与合金中的Fe、Si、Ni等杂质形成高熔点的金属间化合物颗粒并从Mg中析出沉淀，即可使合金中的杂质元素减少，微电偶腐蚀程度降低，镁合金的耐蚀性得到提高
2	镁的合金化	加入合金元素可一定程度地细化合金晶粒，减小第二相体积，从而减小合金的活性阴极面积，与基体之间形成了大阳极、小阴极的结构，可有效降低合金发生局部腐蚀的概率，减小合金的电偶腐蚀，从而降低合金的腐蚀速率。加入析氢过电势高的合金元素，可提高合金的阴极析氢过电势，从而降低合金在酸中的腐蚀速率。同时合金化的方法还可用来降低合金的阳极活性，例如在合金中加入易钝化元素，从而提高合金的自钝化能力，使合金表面形成完整、致密的钝化膜，从而降低合金的腐蚀速率
3	表面处理技术	表面处理技术是指通过对材料基体表面加涂层或改变表面形貌、化学组成、相组成、微观结构、缺陷状态，达到提高材料抵御环境作用能力或赋予材料表面某种功能特性的工艺技术。应用于医用镁合金的表面处理技术主要有化学转化处理、离子注入、阳极氧化、金属镀层、有机涂层等。其相同之处都是在基体金属的表面上形成了新的表面层，只不过所用的形成表面层的方法不同
4	热处理	它是一种较好的提高合金性能的方法，常用的热处理方法有固溶处理、固溶+时效处理以及时效处理等。 ① 固溶处理。它是将合金加热到适当温度，恒温保持一定时间，使可溶相溶入基体中，然后快速冷却至室温的一种热处理工艺。其往往为后面的时效处理做准备。 ② 时效处理。它是将固溶体中的溶质沉淀析出的热处理工艺，分为自然时效和人工时效。由于时间原因，实验中一般采用的是人工时效。 ③ 固溶+时效处理。其对合金的影响主要有：a. 固溶处理可减小第二相及偏析对合金腐蚀性能的影响；b. 时效处理可通过弥散析出的第二相组织来增加镁合金的强度；c. 由于时效处理后的第二相通常较为细小，当其弥散分布于基体中时，可与基体形成大阳极、小阴极的腐蚀微电池，起到保护基体的作用。虽然并非所有热处理都可提高镁合金的腐蚀性能，但合理的热处理确实是提高镁合金腐蚀性能的重要方法
5	变形处理	常规的变形工艺包括挤压、轧制、锻造等。镁合金通过变形工艺处理，晶粒得到细化、第二相进一步被切割破碎、大量位错孪晶在晶界处堆积、均匀分布的弥散相析出。这些对合金的耐腐蚀性能都有显著的影响

(4)镁合金材料的生物相容性

① 何谓"生物相容性"? 它系指材料在宿主的特定环境和部位，与宿主直接或间接接触时所产生相互反应的能力。材料的生物相容性优劣，是生物医用材料研究设计中要考虑的重要因素。

② 生物相容性的评价方法 见表 6.13，它主要从体外细胞毒性试验、遗传毒性、致癌性以及血液相容性等方面进行研究。因此，体外细胞毒性试验是评价生物材料体外生物相容性的一项重要指标。

表 6.13 生物相容性的评价方法

序号	名称	特点
1	细胞毒性	它系指在细胞级别上引起的毒性作用(死亡、细胞膜渗透性的改变及镁的抑制等)
2	永久细胞	它生存期延长，传代次数增加，不同代细胞增殖差异小，使用不同代细胞产生的误差小，有利于细胞长期使用，以及获得可靠重复数据
3	细胞毒性试验	通常用永久细胞系来定性或定量分析细胞与材料直接或间接接触后细胞损伤和形态学变化
4	毒性测试分析	其主要有：噻唑蓝四氮唑溴化物(MTT)测试，细胞增殖试剂盒Ⅱ(XTT)测试和细胞增殖酶联免疫吸附测定(ELISA)-化学发光(BrdU)测试等
5	MTT 比色法测试	其特点是灵敏度高，重复性好，操作简单，经济，快速，易自动化，无放射性污染。实验可参照有关国标来研究试样的生物毒性。用显微镜检查细胞(使用细胞化学染色)，评价诸如一般形态、空泡形成、脱落、细胞溶解和膜完整性等方面的变化。细胞形态学变化观察评价材料的评价标准为：a. 无毒，细胞形态正常，呈梭形或不规则三角形，贴壁生长良好；b. 轻度毒性，细胞贴壁生长好，但可见少数细胞圆缩，偶见悬浮细胞；c. 中度毒性，细胞贴壁生长差，细胞圆缩较多，大 1/3 以上，见悬浮死细胞；d. 重度毒性，细胞基本不贴壁，90%以上为死细胞
6	XTT 测试	它是按产品说明运用细胞增殖试剂盒进行测试。简言之，将 XTT 标记试剂和电子耦合试剂混合后加入细胞培养基中，培养 24h 后稀释比例达 1∶3，用 ELISA 酶标仪对形成的黄色甲臜含量进行测试，所用波长为 492nm 和 655nm 参考波长
7	BrdU 测试	它是将细胞在含有 BrdU 标记溶液的培养基中培养 2h，去除标记溶液，在室温下将细胞固定并加入 FixDenat 进行 DNA 变性 30min，向细胞中加入抗 BrdU-POD 溶液培养 30min，之后用 PBS 进行冲洗 3 次，每次 5min，从而除去未结合的抗体以及由于某些非特异性结合造成的高本底发光。将发光氨、4-碘苯酚和双氧水的混合基体加入细胞中，立即通过微孔板对荧光进行测定

③ 动物活体内试验 镁及镁合金生物材料由于具有良好的力学性能、耐腐蚀性和生物相容性，受到越来越多科研工作者的重视和关注。

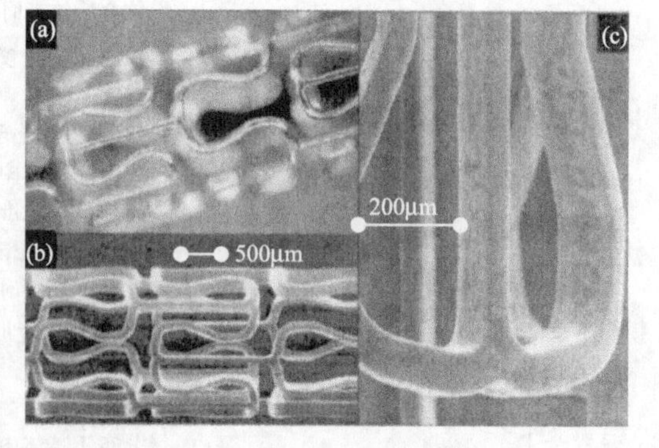

图 6.7 Biotronik 公司研制的 WE43 可降解镁合金支架检测结果

(a)，(b) 为低倍电子显微镜图像；(c) 为高倍电子显微镜图像

研究者们正通过临床试验积极调查可降解镁合金支架在心血管支架的应用。支架移植已经在治疗先天性心脏病上发挥着重要的作用，同时它在治疗肺动脉、分支狭窄和阻塞静脉系统方面也功不可没。而可降解支架现在成为研究热点，尤其是可降解镁合金支架，这是一种有望提供暂时的支撑狭窄的动脉血管直到血管成形后又缓慢消失的材料。近年来许多研究结果表明，WE 系列镁合金就是以稀土元素作为合金元素的代表材料，并且 WE43 镁合金血管

支架临床实验也同样显示 Nd、Y 与 Zr 在人体内没有明显的毒性。将 Biotronik 公司研制的吸收血管支架（WE43，见图 6.7）植入到猪的冠状动脉，四周后可以看出血管造影最小腔内径（1.49mm）高于不锈钢（1.34mm）。另外，他们还进行了初步的临床试验研究，将 WE43 植入 20 个平均年龄为 76 岁的病人下肢（10 个为糖尿病患者），这些病人都下肢严重缺血。核磁共振图像图像表明其具有较好的生物相容性，同时试验过程中没有任何病人出现过敏反应和中毒症状。但是，这种支架也存在使用的局限性，X 射线对人体的可完全穿透性使得要探测支架的栓塞情况变得很困难。

6.2.3 镁合金血管支架的临床应用基础研究进展

人体内植入支架是一种治疗冠心病、急性心肌梗死、周围末梢动脉栓塞等血管疾病的有效方式。血管植介入治疗是指在血管管腔病变部位置入血管支架、封堵器和静脉过滤器等植入物，以达到支撑狭窄闭塞血管保持血流畅通、封堵心脏房室间隔缺损、捕获脱落血栓等目的，其中最具代表性的就是血管支架介入治疗（支架植入过程，见图 6.8）。由图 6.8 可以看出，支架植入术是经导管将收缩的血管支架放入狭窄或堵塞处，在球囊辅助作用下扩张，伸开后支架停留在病变处，用于输送支架的导管和球囊从患者体内取出。

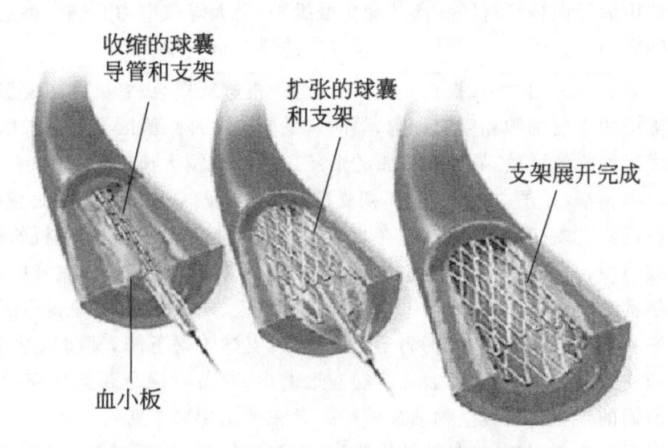

图 6.8 血管支架植入过程示意图

使用镁合金作为血管支架的研究始于 2003 年，研究者首次将 AE21 材料制成的血管支架植入到 11 只猪的冠状动脉中。植入过程中没有发生支架破损或血栓栓塞等不良事件，后期的观察结果也显示，支架周围的炎症反应和血栓维持在较低的水平。该实验证实了镁合金血管支架的有效性和安全性。

血管支架包括冠脉支架、外周动脉支架和静脉支架等，自 Gruentzing 完成第一例经皮冠状动脉腔内成形术后，心脏冠状动脉介入治疗经历了球囊扩张、金属裸支架、药物洗脱支架和可降解支架 4 个阶段，各阶段的特点比对见表 6.14。

表 6.14 冠脉介入治疗手术的发展阶段

发展阶段	器材	存留体内时间	服药时间	手术安全性	血管再狭窄率	致血栓率	对血管功能的影响	对后期诊疗的影响
第 1 阶段	球囊	无	无	低	高	无	大	小
第 2 阶段	金属裸支架	终生	终生	中	中	高	大	大
第 3 阶段	金属药物支架	终生	终生	高	低	低	大	大
第 4 阶段	可降解支架	0.6～3.5 年	0.6～3.5 年	高	很低	很低	小	小

镁合金血管支架的临床应用基础研究进展，见表 6.15。

表 6.15　镁合金血管支架的临床应用基础研究进展

序号	名称	内容
1	综合力学性能	血管支架在制作过程中需经较大的塑性变形，并且支架植入病变血管后需经球囊压握与扩张。因此，制作支架的材料需更高的塑性。上海交通大学研究中心针对支架的这一临床应用要求，研发出中等强度、高塑性的 JDBM 合金(命名为 JDBM-2)，其力学性能见图 6.9
2	微细管材加工	大部分镁合金的基体是密排六方(HCP) 结构，塑性变形能力差，难以通过简单的加工制备出高质量的微细管材，因此，微细管材的加工工艺是血管支架制作过程中的首个挑战。上海交大的研制者采用中等强度高塑性的 JDBM-2 材料，通过挤压、轧制、拉拔等一系列复合加工工艺制备出血管支架用微细管材，见图 6.10。其外径为 3.00mm，壁厚 0.18mm，尺寸误差控制在 2.8%以内。在该实验中，AZ31 用作对照组，成品管的拉伸结果显示：JDBM-2 组微细管材具有较高的屈服强度(230MPa)和优异的断裂伸长率(26%)，远优于 AZ31 组(屈服强度为 172 MPa，断裂伸长率为 16%)，可满足支架用微细管材对力学性能的需求
3	支架结构设计	获得具有高塑性和高耐蚀性的微细管材后，就需进行支架的结构设计。支架的结构与它的性能密切相关，结构上微小的改动可能会使其性能发生较大的变化。与不降解血管支架相比，可降解镁合金血管支架的设计重点要考虑以下几点： ① 支架压握和扩张后的应力分布应尽可能均匀化，避免局部过高的应力集中以免加速局部降解； ② 要保证足够的径向支撑强度； ③ 兼顾支架的柔顺性。 研究者采用有限元辅助设计来研究支架结构对其力学性能的影响。分析结果显示，支架力学性能中的径向强度对结构参数变化最敏感，最大等效应力和轴向缩短率变化趋势相同，且与径向回弹率相反。图 6.11 为初步优化设计的镁合金支架
4	载药涂层	大量研究表明，植入裸金属支架后，由于机械磨损，血管壁的内皮层受损并引发炎症反应，吸引血液中的淋巴细胞和巨噬细胞，同时刺激生成各种细胞因子和生长因子，这激活并加速支架周围平滑肌细胞的增殖，导致新内膜的形成。如果内膜生长过度，将导致内膜增生，血管闭塞，引发支架内再狭窄(见图 6.12)。金属裸支架的另一问题是金属材料在血液中的腐蚀会引起宿主反应和材料反应。支架作为外来物，在与活体接触过程中，会引起血小板的黏附、激活等凝血反应；在血液环境中，血浆中氯离子对金属造成腐蚀，金属离子的释放使血液中局部离子浓度比正常值高几十倍甚至上百倍，可引起局部组织的过敏反应、局部坏死，甚至是致癌反应，影响病人的远期生活水平；同时金属材料本身的力学性能降低，支撑效果下降，其耐腐蚀性和血液相容性也限制了金属裸支架的使用。至此，表面涂层应运而生，即在原裸金属支架表面形成另外一层物质，以达临床所需的生物惰性或生物活性。研究者在裸 JDBM-2 支架上覆盖一层载雷帕霉素(RAPA，抑制平滑肌细胞的增殖)的外消旋聚乳酸(PDLLA)涂层，通过控制药物释放来抑制支架周围平滑肌细胞的增殖，从源头上阻止支架内再狭窄的发生；研究者又使用降解速率可控的聚乳酸-羟基乙酸共聚物 (PLGA) 作为药物载体，在氢氟酸预处理后的支架表面制备一层结合力良好的 PLGA/RAPA 载药涂层。图 6.13 为最终优化后 JDBM 载药涂层镁合金支架压握和扩张后的形貌，可见药物涂层与镁合金支架基体结合良好，压握扩张过程中未见明显的裂纹。图 6.14 为 PLGA/RAPA 与平滑肌细胞的共培养实验结果，由图可知，空白对照组(玻璃板) 完全铺满培养板时，JDBM 组(不带涂层)细胞铺展面积约为 90%，JDBM-PLGA 组细胞铺展面积接近 100%(带涂层但不载药)，而 JDBM-PLGA/RAPA 组(带涂层并载药) 的细胞铺展面积小于 40%，这说明载药涂层对平滑肌细胞的增殖具有明显的抑制作用。将 PLGA/RAPA 载药支架植入兔的髂动脉，结果见图 6.15。植入过程中一切正常，血管通畅，支架贴壁良好，3 个月随访期内支架周围没有明显的内膜增生，表现出良好的生物相容性。DREAMS 系列镁基药物洗脱支架(DES) 临床试验的成功表明镁基 DESs 可被用作永久支架的替代物，以解决其在人体内长期存在所引发的如晚期血栓及炎症等问题。然而，关于镁基 DES 基体、药物以及载药涂层之间的相互关系以及在生物体内的相互作用会对支架的临床应用产生重大的影响

概言之，镁合金具有良好的生物相容性、体内可降解性和优异的物理力学性能，可降解镁合金材料可成为血管支架应用的新候选者，极大提高血管内支架植入手术的运用效果。但可降解镁合金材料也会面临一些挑战，如是否能改善镁及镁合金极高的降解速率等。相信随着对可降解生物医用镁合金材料研究的不断深入，人们会找到能改善材料性能运用于临床的处理方法，使该新型生物金属材料惠及人类健康。

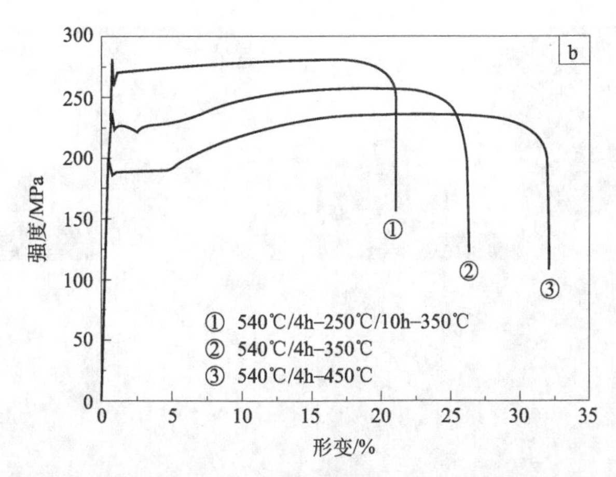

图 6.9 血管支架用高塑性、中等强度医用镁合金 JDBM-2 的力学性能

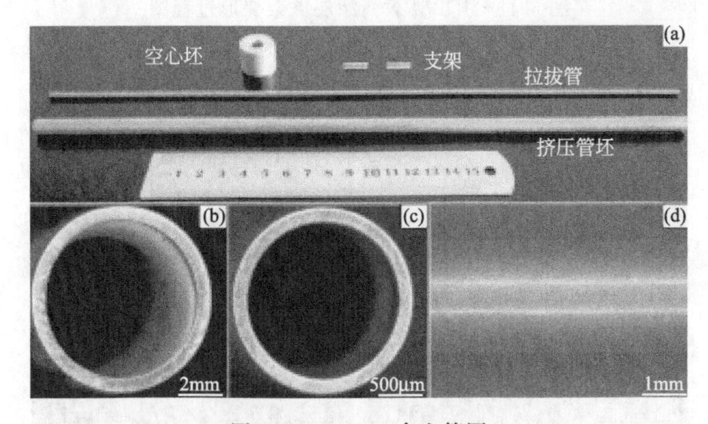

图 6.10 JDBM 合金管图

(a) 从空心坯到支架；(b) 挤压管坯的横截面；(c) 拉拔管的横截面；(d) 拉拔管的侧表面

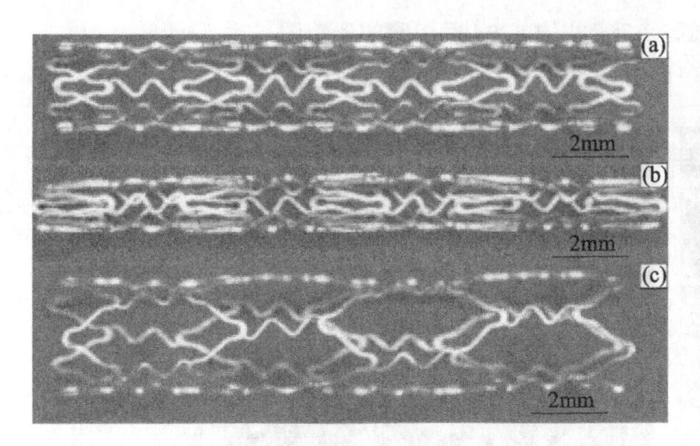

图 6.11 JDBM 镁合金支架图

(a) 抛光后；(b) 压握到 1.3mm；(c) 扩张到 4.0mm

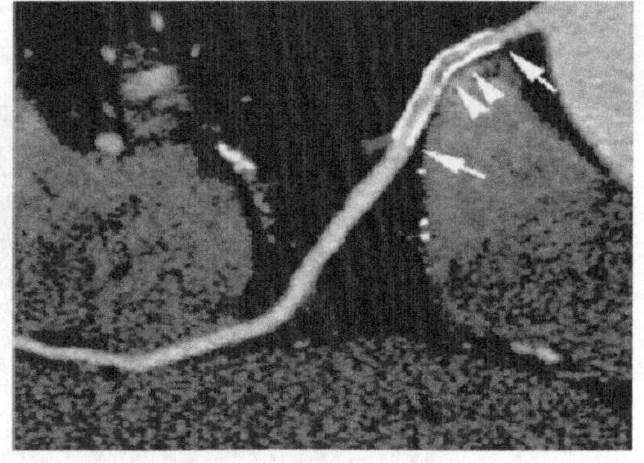

图 6.12 支架内再狭窄（图中箭头所指处）

6.2.4 可降解镁合金血管支架的局限性

镁合金虽然是最早被用于生物可降解支架研究的金属，其生物、力学相容性也优于不锈钢，但制作支架的高质量微细镁合金管材极难制备，密排六方的晶体结构使得镁合金的冷加

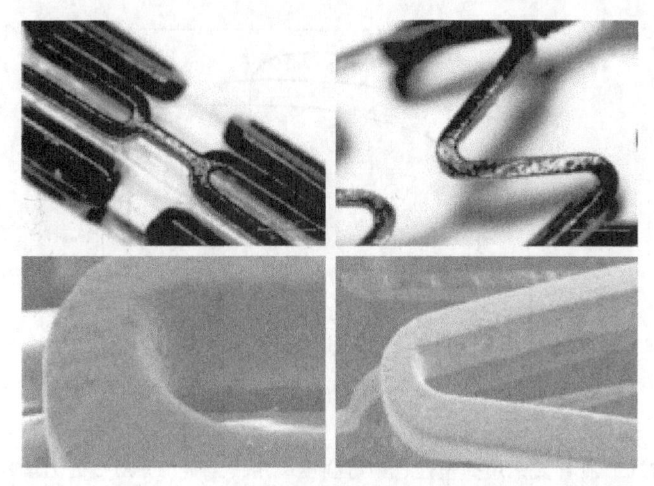

图 6.13　JDBM 载药涂层支架变形过程图

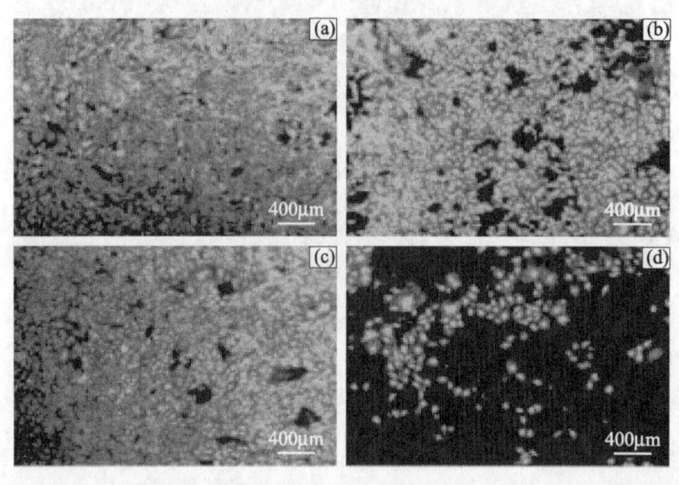

图 6.14　不同支架与平滑肌细胞 A7r5 共培养 6d 后细胞的形貌图
(a) 空白对照组；(b) 不带涂层；(c) 带涂层不载药；(d) 带涂层并载药

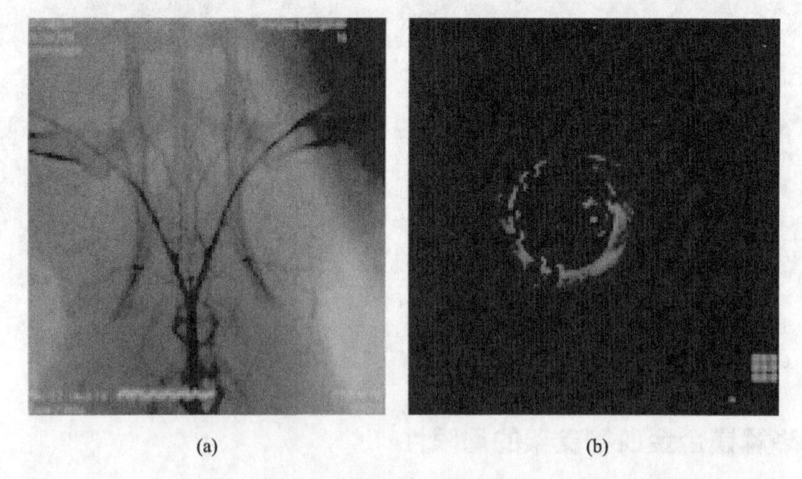

图 6.15　PLGA/RAPA 涂层 HF-JDBM 基药物洗脱支架植入新西兰大白兔髂动脉即刻 X 射线造影图 (a) 和 OCT 图 (b)

工塑性很差，因此，国内外镁合金微细管加工企业少之又少，适合血管支架加工的外径2.0mm以下的高质量镁合金管材售价高达2000～6000美元/m。更重要的是镁合金支架在生物体内降解速率过快，裸支架植入动物体内1～2周就失去支撑效力，随之形变塌陷，与临床要求的支架服役周期相距甚远。对镁合金支架的研究主要围绕延长支架的降解时间和高性能镁合金微细管制备技术开展，如新型镁合金研发（添加稀土元素、含硅镁合金等），表面涂层技术研发（微弧氧化涂层）等。

6.2.5 可降解医用镁合金血管支架的临床应用与研究进展

可降解医用镁合金血管支架的临床应用与研究进展，见表6.16。

表6.16 可降解医用镁合金血管支架的临床应用与研究进展

序号	名称	内容
1	脑血管领域	镁作为生物体中必不可少的元素，与脑血管疾病联系异常紧密。硫酸镁($MgSO_4$)在不同脑卒中动物模型中具有可靠的脑保护作用，既可舒张脑血管，又可直接保护神经细胞和神经胶质细胞。研究者回顾分析1990～2016年1275例患者被诊断为颅内动脉瘤后1d内血清镁数据，多变量分析表明低血清镁与动脉瘤破裂呈正相关。研究人员分析7项前瞻性试验研究共6477例脑卒中患者，结果发现膳食中镁摄入量与脑卒中风险负相关，缺血性脑卒中患者每日摄入100mg镁使总脑卒中风险降低8%。 临床前实验研究表明，Mg-BMAS降解特性可提高出血性脑卒中动脉瘤辅助治疗效果。支架辅助栓塞的技术的发展，为复杂颅内动脉瘤血管内治疗提供了更多选择。生物可吸收支架(BRS)依其特性在辅助栓塞基础上，还可减少载瘤动脉炎性反应，避免多种术后并发症，也可使患者免于终生抗血小板凝聚治疗。有研究者在84只雄性小鼠腹主动脉建模形成侧壁囊状动脉瘤，分为单独brMAS组($n=23$)、brMAS+阿司匹林组($n=19$)、brMAS+弹簧圈+阿司匹林组($n=7$)、单独阿司匹林组($n=6$)、常规钴铬支架(CoCrS)+弹簧圈+阿司匹林组($n=6$)和不治疗组($n=23$)，brMAS为可降解聚乳酸聚合物涂层的镁合金支架(Biotronik公司)，长度为6mm、直径为2.5mm；术后第4周观察显示，brMAS治疗后动脉瘤表现出明显愈合，同时伴有新生内膜形成和支架降解，brMAS+弹簧圈、CoCrS+弹簧圈治疗后动脉瘤均完全愈合，无残余灌注，可见新生内膜形成，两组支架外膜周围炎症、动脉瘤壁炎症、血栓中中性粒细胞差异均无统计学意义($P>0.99$)；术后1～6个月随访未发现brMAS出现不良反应，brMAS+弹簧圈+阿司匹林组动脉瘤治疗后愈合快，新生内膜形成迅速。上海交大自主研发的交大生物镁合金系列(JDMS)支架共植入7只兔颈总动脉偏侧动脉瘤，结果显示JDMS可有效治愈兔颈总动脉偏侧动脉瘤。 Mg-BMAS可行性及生物安全性动物实验研究均基于健康血管，而鲜见缺血性脑卒中相关研究报道。但鉴于Mg-BMAS具有良好的径向支撑力、生物安全性及抗血小板凝集等特性，其在脑血管领域具有广阔的研究及应用前景
2	周围血管领域	周围血管病变多聚焦于狭窄、闭塞，血管内支架治疗禁忌证也无特别严格，因此生物可吸收支架在周围血管内应用比较广泛。研究者2005年报道采用可吸收金属支架治疗20例下肢严重缺血患者，术后3个月下肢血管通畅率68.4%(13/19)，保肢率100%；术后6个月支架尚未完全降解。该研究作为首次Mg-BMAS临床试验研究报道具有里程碑式意义，但纳入患者不多，缺少远期随访数据，未能很好地证明Mg-BMAS的有效性。2009年又有研究者报道，AMS INSIGHT临床随机对照试验研究，117例下肢严重缺血患者随机分为经皮腔内血管成形术(PTA)组(50例，64个病灶)、AMS组(59例，72个病灶)和AMS+PTA组(7例，11个病灶)，术后1个月、6个月临床特征和术后6个月血管造影结果显示，AMS治疗膝下严重缺血具有优越性。术后1个月AMS组并发症发生率(5.3%)与PTA组(5.0%)的差异无统计学意义($P=1.0$)；术后6个月量化血管分析(QVA)显示AMS组血管造影通畅率(31.8%)低于PTA组(58.0%)($P=0.013$)。PTA组靶病变血运重建(TLR)率(16.0%)低于AMS组(31.1%)($P=0.052$)。该研究中AMS安全性得到证实，但QVA结果显示术后6个月AMS组疗效低于PTA组；血管通畅率远期结果与最初小样本研究阳性结果不一致，表明支架内再狭窄成为AMS植入后的关键问题

续表

序号	名称	内容
3	循环大动脉领域	Mg-BMAS研发初期已应用于心肺大动脉疾病，研究者于2005年报道1例结扎动脉导管时意外结扎肺动脉6周的女婴：通过复合手术于狭窄处植入直径3mm、长10mm AMS支架，即刻造影显示肺左上叶动脉过度支架化，以致灌注稍减少；术后7天复查造影显示肺左上叶完全灌注，术后33天右心室收缩压下降至小于外周收缩压的一半；初步验证镁基合金降解时对人体具有安全性，血清镁略微升高(2.5mmol/L)，肾功能轻度下降，但无不良反应。同年，有研究者报道1例4周龄主动脉瓣狭窄伴室间隔缺损(VSD)男婴接受AMS治疗，结果显示植入晚期AMS径向支撑力不足，但基本能满足早期血管扩容，血清镁升高但也未造成相关并发症。由此表明，Mg-BMAS应用于儿童循环大血管可行，但安全性尚需进一步探究。2019年，还有研究人员报道研制出一种新型心脏瓣膜镁合金支架并做急性实验体内功能研究，植入4只约克猪体内12h后，心脏多普勒超声检查显示血管内为非湍流顺行血流，未发现肺动脉反流，活体解剖检查显示瓣膜小叶完整，无结构破损和损伤迹象，未见与小叶相关血栓形成，这表明急性实验期支架力学功能和瓣膜生物相容性均可接受。 Mg-BMAS在心肺大动脉狭窄治疗中安全有效。但临床研究显示，由于受径向支撑力、降解速度和长度限制，Mg-BMAS植入后远期降解过程中未能提供良好的径向支撑力。目前该领域临床研究均为个案报道，为验证Mg-BMAS相关特性，需进行更多动物实验和临床研究
4	冠状动脉领域	2007年，有研究者进行了一项AMS(可吸收金属支架)多中心非随机前瞻性研究，将71个镁合金支架(WE43，直径3～3.5mm、长10～15mm)植入到63例患者冠状动脉中，血管狭窄程度由术前61.5%降至术后12.6%，血管直径扩大1.41mm。4个月后造影显示血管狭窄程度升至48.4%，支架内晚期管径丢失1.08mm，再狭窄率为47.5%。2年后随访结果显示：4个月血管超声发现仅少许支架残留，随访期间无心肌梗死、支架内血栓及死亡病例，但是血管远期通畅率低于预期。这主要是因为镁合金支架过早降解，径向支撑力下降而引起了内膜增生和血管弹性回缩。 为降低降解速度，在AMS基础之上，通过表面添加抗增殖药物紫杉醇，改良支架设计和纯化合金成分，Biotronik公司推出新一代镁合金可降解药物涂层支架。2013年在欧洲5大研究中心首次在人体内对46名患者47处冠状动脉血管病变进行安全性和有效性评估，与AMS晚期管径丢失(1.08±0.49)mm相比，DREAMS1G在第六个月管径丢失为(0.65±0.5)mm，12个月为(0.52±0.39)mm，但DREAMS1.0仍未达到目前药物洗脱支架的最佳效果。第二代药物涂层可降解血管支架(DREAMS2G)仍由镁合金WE43构成，支架二端加入不透射线标记物钽，增加支架植入和扩张时的准确性，抗增殖药物由紫杉醇改为更强效的雷帕霉素，支架表面涂有7μm厚可吸收聚乳酸。与第一代相比，第二代支架临床前实验证实炎症反应更轻，内皮化速度更快，在植入一年后的随访结果显示新生内膜面积、晚期管腔丢失、靶病变血运重建(TLR)和支架血栓形成率都低于之前型号DREAMS1G，更符合临床要求。基于以上临床结果，DREAMS 2G于2016年取得欧盟CE认证，成为目前唯一被官方机构认证的镁合金血管支架。在2018年欧洲心血管与介入放射学会议上，Stefan Verheye博士介绍了Biotronik公司Magmaris支架最新的临床结果。该临床实验BIOSOLVE-4包含200名志愿者，来自世界各地。支架植入后6个月和12个月的随访结果显示支架未发生异位等不良情况，并且其TLR值可与第二代药物洗脱支架相媲美，这表明可降解镁合金血管支架具有良好的生物安全性和可期待的临床应用前景

总之，血管内支架是治疗心血管狭窄性疾病最有效的方法之一，裸金属支架易导致血管再狭窄，药物洗脱支架面临迟发性支架内血栓和延长双重抗血小板治疗的问题。生物可降解血管支架理论上克服了永久性支架的缺点，提供临时血管支撑，在完成治疗任务后降解吸收。镁合金因其良好的生物相容性和可降解性成为目前可降解血管支架的研究热点。基础和临床研究证实镁合金支架安全、有效，有望替代永久性支架。

6.3 可降解铁与锌合金血管支架材料的研发

6.3.1 生物可降解铁基合金血管支架材料的研发状况

铁元素是人体必需的元素之一，参与人体血红蛋白合成等过程；铁合金具有更高的强度、塑性、径向支撑力和较少的弹性回缩；然而铁合金的降解偏慢，铁合金支架存在晚期血栓风险。

由于镁合金血管支架存在着在生物体内降解速率过快而不易维持有效支撑血管壁的作用，以及表层药物控释时间的问题，因此纯铁血管支架进入了研发人员的视线。纯铁血管支架的铁含量高于 99.5%，支架降解的主要产物为铁离子。

生物可降解铁基合金血管支架的研发，见表 6.17。

表 6.17 生物可降解铁基合金血管支架的实验、降解机制与面临的挑战

序号	名称	内容
1	Fe^{2+}与心血管	Fe是构成人体必需的微量元素之一。在人体内共有 5g 左右的 Fe，其中约 75%的 Fe 以络合物的形式存在于血液中的血红蛋白内，参与 O_2 的转运。Fe 也是众多酶促反应的辅助因子，直接影响 DNA 合成以及氧化还原酶活性，成人每天需补充约 1mg Fe。血液中的 Fe 质量浓度约为 447mg/L，由于铁支架有缓慢的降解速率且支架本身有较低的质量(约 40mg)，Fe 的系统毒性是相对较低的。铁支架释放 Fe^{2+} 能通过影响与生长相关的基因表达来降低平滑肌细胞增殖率，在 30mg/mL 的葡萄糖酸铁溶液中培养 12h 后，血管平滑肌细胞的增殖率只有对照组的 64%，DNA 合成只有对照组的 20%；培养 24h 后，增殖率只有对照组的 65%，DNA 合成只有对照组的 30%。该实验证实来自铁支架降解产物的 Fe^{2+} 能抑制血管平滑肌细胞的增殖。而对于人脐静脉内皮细胞，当 Fe^{2+} 质量浓度小于 10mg/mL 时，能促进内皮细胞的增殖；而当 Fe^{2+} 质量浓度大于 50mg/mL，内皮细胞的增殖明显降低。这表明较高的 Fe^{2+} 质量浓度对细胞产生了较大毒性。另外，由于 Fe 较高的弹性模量和径向支撑力，铁支架的支架丝可做得非常薄(约 53mm)
2	在体实验	纯铁作为血管支架的制备材料可极大地延长其在生物体内的降解时间，其生物体内有效作用时间较镁合金支架提高了数倍，并且纯铁支架的生物和力学相容性也更加优异，同时降解产物对人体安全。有研究者在可降解纯铁支架表面涂覆抗增生的紫杉醇涂层，该涂层可有效抑制支架植入生物体后产生的组织增生，提高支架生物性能。而医用可降解铁基合金具有如表 6.18 所示的优势。 但研究发现铁基合金降解速度很慢，作为可降解医用金属材料，铁基合金还有待进一步发展。可降解铁基合金用于支架的材料体系主要有纯 Fe 和注氮 Fe，其涂层体系由 Zn 内层和载有西罗莫司的外消旋聚乳酸(PDLLA)外层构成。可降解铁基合金的动物实验模型主要为兔腹主动脉和猪的冠状动脉、髂动脉，体内实验周期从 28d 到 53 个月不等。在动物研究中，研究者在猪冠状动脉内成功植入铁基合金支架，28d 后观察发现冠脉内铁基合金支架开始降解，相较于传统的钴铬合金支架，具有无阻塞、血栓及炎症反应的发生，管径大小与对照组无统计学差异等优势。但在随后的 4 个月随访期间中发现支架在体内的降解速率较慢，仍有支架结构残留。在随后的临床研究中发现通过添加不同金属，可促进支架的降解速率，从而改善合金支架的性能。如在铁基合金支架内加入一定比例的锰后，相比于传统的合金支架机械性能相似，且能用于核磁共振的检查。而其最大的优势在于此时冠脉内支架的降解速率是纯铁支架的两倍。 在可降解铁基合金支架体系中，研究较为深入的是深圳先健科技有限公司，它研发了注氮铁支架。通过在铁支架表面制备一层厚约 600nm 的镀锌层，支架在体内可以保持 3 个月不降解，并提供约 125 kPa 的径向支撑力，随后在 3～13 个月快速完成降解。整个降解过程可通过微计算机断层扫描(Micro-CT)、OCT、核磁共振成像(MRI)进行观察。支架植入 3 个月后完成内皮化，植入期间只有轻度炎症产生，未发生组织坏死和系统毒性。在随后的长期体内观察中，注氮铁支架在 36 个月时质量损失约 76%，在兔和猪体内均表现出优异的生物相容性，腐蚀产物在体内很稳定。其吸收途径是先被巨噬细胞吞噬，然后被转移到血管外膜，再通过淋巴系统代谢。动物实验证实了铁支架的体内安全性
3	降解机制	Fe 在体液环境中首先被氧化为金属离子，反应式如下： $Fe \longrightarrow Fe^{2+} + 2e^-$ $2H_2O + O_2 + 4e^- \longrightarrow 4OH^-$ 游离的 Fe^{2+} 与 OH 反应生成难溶的氢氧化物： $2Fe^{2+} + 4OH^- \longrightarrow 2Fe(OH)_2$ 或 $2FeO \cdot 2H_2O$ $4Fe(OH)_2 + O_2 + 2H_2O \longrightarrow 4Fe(OH)_3$ 或 $2Fe_2O_3 \cdot 6H_2O$ 体内实验结果显示(见图 6.16)，铁支架在体内的降解产物主要由内层的 Fe_3O_4 和中层的 $Fe(OH)_3$ 或其脱水产物 FeOOH 和 Fe_2O_3 以及外层的 $Ca_3(PO_4)_2$ 组成

续表

序号	名称	内容
4	面临的挑战	早期Fe支架面临的最主要的一个问题是降解过慢，且短期实验显示降解产物在体内稳定，很难被组织代谢吸收。通过不断的成分设计和改良，最新的注氮铁支架已经能够在13个月内完成Fe基体的降解，与DREAMS 2G镁合金支架12个月的降解周期相近。目前，可降解铁基合金支架面临的问题见表6.19
5	下一步研究的重点	铁基合金支架材料下一步研究的重点见表6.20

表6.18　医用可降解铁基合金的优势

序号	名称	内容
1	优异的力学性能	与镁合金相比具有较高强度、弹性、塑性。弹性模量高于316L不锈钢和镁合金，应用于血管支架，能够提供更好的径向支撑
2	可降解性	铁的标准电极电位是0.44V，易被腐蚀。但与镁相比，腐蚀降解速率很慢。降解时不会释放气体，不会造成血液碱性化
3	良好的生物相容性	铁是人体必需的营养元素之一，能够合成人体血红蛋白、肌红蛋白、细胞色素及多种酶

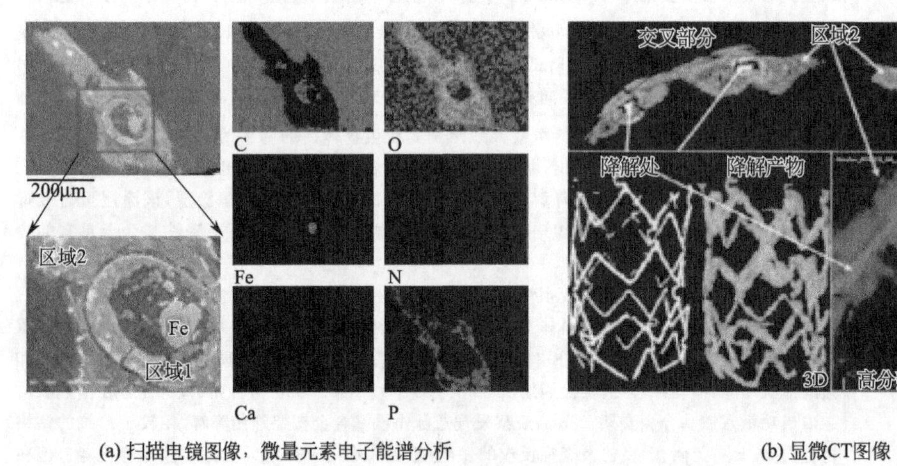

(a) 扫描电镜图像，微量元素电子能谱分析

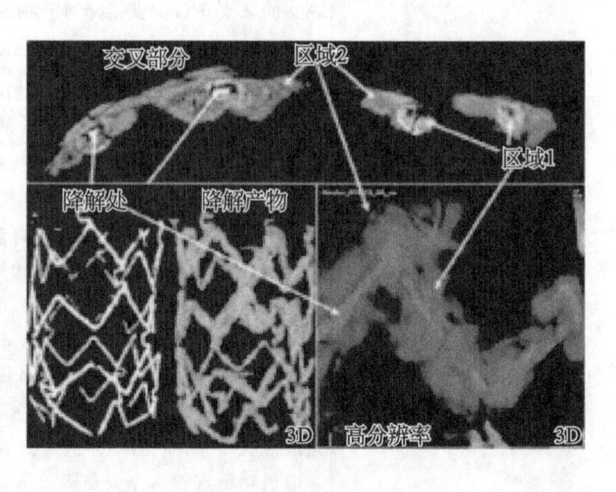

(b) 显微CT图像

图6.16　可降解注氮铁支架体内降解机制（SEM，EDS）

表6.19　可降解铁基合金支架面临的问题

序号	面临的问题
1	支架抗磁性能很差，很容易受外界磁场干扰，如铁磁性对核磁共振成像的干扰，支架临近组织受到射频引发的局部加热影响，以及磁场对支架产生的力的影响
2	局部支架丝可在12月就完全转化为降解产物，同时也可在53个月依然保持完整，降解的不均匀性将直接影响完全吸收周期
3	腐蚀产物需漫长的时间才能被代谢吸收，即使观察到巨噬细胞对其产物的吞噬作用，53个月时，依然有大量产物留存在血管壁中
4	研究结果主要还停留在动物实验阶段，暂时未见临床安全性和有效性的实验数据，还需要通过一系列的临床实验来进一步验证可降解铁基合金支架的可行性

表6.20　铁基合金支架材料下一步研究的重点

序号	下一步研究的重点
1	调整铁基合金中的各成分和配比
2	制作工艺的改良
3	增加支架的降解速度
4	获得良好的力学性能

6.3.2 生物可降解锌基合金血管支架材料的研发状况

Zn可在人体内降解吸收，其降解速率最适合血管支架的临床要求。同时Zn^{2+}本身也是人体必要的营养元素，参与体内200多种酶的活动与代谢，并具有修复和提升血管内皮的完整性和抗动脉粥样硬化的功能，具有作为血管支架材料的天然优势。生物可降解锌合金血管支架的研发，见表6.21。

表6.21 生物可降解锌合金血管支架的实验、降解机制与面临的挑战

序号	名称	内容
1	Zn^{2+}与心血管	Zn是人体中仅次于Fe的第二丰富的金属元素，对维持正常人体生理功能有重要作用。人体含Zn总量约占体重0.003%，其中90%存在于肌肉和骨骼，10%存在于血液中。根据年龄段不同，每日建议Zn摄取量在2～13mg不等。Zn通过小肠被人体吸收，主要储存在肝脏和肾中，在细胞内主要与金属蛋白结合。Zn还是多种酶的激活因子，并通过促进吞噬功能和产生免疫球蛋白来提高免疫能力。Zn是人体内300多种酶的组成成分，参与人体免疫功能维持、生长发育、基因调节，促进胰岛素分泌，增强记忆力。Zn可以保护心肌细胞免受急性氧化应激损伤，在心肌损伤时预防炎症反应，促进伤口愈合，并在心肌恢复的过程中促进心肌干细胞的存活。动脉粥样硬化一般伴随着内皮细胞损伤。体外细胞实验显示，Zn^{2+}在低浓度时能够促进内皮细胞和平滑肌细胞的增殖、黏附和迁移，而高浓度时则作用相反。受Zn^{2+}影响的相关基因与细胞黏附、损伤、生长、成血管、炎症和凝血有关。 Zn不仅参与人体信号传导、基因表达、核酸代谢，还是生长发育与生殖遗传的重要元素。纯Zn拥有接近于镁的生物相容性和良好的延展性，Zn的腐蚀电位介于镁合金和纯铁之间，只需改变纯Zn的拉伸强度，就可作为冠脉支架的材料
2	在体实验	见表6.22
3	降解机制	纯Zn在体液环境中首先发生降解并释放出Zn^{2+}，反应式如下： $Zn \longrightarrow Zn^{2+} + 2e^-$ $O_2 + 2H_2O + 4e^- \longrightarrow 4OH^-$ 随着局部pH值升高，当pH值超过8.3时，根据Zn-H_2O体系，生成ZnO，反应式如下： $Zn^{2+} + 2OH^- \longrightarrow Zn(OH)_2 \longrightarrow ZnO + H_2O$ 随着ZnO的形成，体液中的HCO_3^-与Zn^{2+}形成$ZnCO_3$： $2Zn^{2+} + 2HCO_3^- \longrightarrow 2ZnCO_3 + H_2$ 根据热力学稳定性，$Zn_3(PO_4)_2$也是腐蚀产物的主要成分之一。纯Zn植入物在血管环境中的腐蚀产物主要由ZnO、$ZnCO_3$和少量的非晶钙磷复合物组成。组织学分析发现纯Zn丝周围新生内膜厚度较薄，细胞密度较低，材料降解的同时伴随着组织修复。在20个月的研究中，虽然腐蚀产物不断增厚，同时可观察到致密的纤维组织包裹，但纯Zn丝降解速度稳定(25mm/a)，未发现严重的局部毒性。2017年，研究者报道了纯Zn血管支架植入日本大耳兔腹主动脉为期1年的体内实验研究结果。研究表明：纯Zn支架在体内能够维持至少6个月的力学完整性，12个月时降解41.75%的支架体积。纯Zn支架植入早期，在血液环境中，传质以对流为主。这个阶段支架腐蚀较为均匀，降解速度相对较快，降解产物以磷酸锌为主。内皮化后，在新生内膜中，传质以扩散为主。这个阶段支架转变为局部腐蚀，降解速度减慢，腐蚀产物内层为ZnO，外层为钙磷盐。植入1个月时，纯Zn支架表面即可观察到内皮化。内皮细胞形态健康，随植入时间延长，内皮层逐渐变得完整而致密。平滑肌细胞无过度增生，新生内膜可正常分泌胶原和弹力纤维。炎症反应轻微，且随时间减轻。12个月时，血管支架段管腔通畅，无狭窄发生。纯Zn支架植入期间，无支架内血栓形成
4	面临的挑战	对于处于起步阶段的Zn基支架，其降解过程更符合人们对降解冠状动脉支架的期待，即Zn在血管环境中的降解行为比较接近可降解支架的降解要求。但Zn基支架也存在问题，见表6.23

表 6.22 可降解锌及锌合金、锌基复合材料血管支架的在体实验及其特点

序号	名称	在体实验及其特点
1	纯锌	大量研究表明，Zn 作为新一代可降解金属具有广阔应用前景。在体实验主要以丝材植入小鼠腹主动脉为模型。纯 Zn 在体内的实验周期为 6～20 个月不等。最新研究表明，在纯 Zn 丝长期植入实验中，Zn 丝显示有持续的体内降解，腐蚀产物和纤维层持续增厚。植入 10～20 个月，慢性炎症逐渐减轻，平均降解速率约(25±10) mm/a。腐蚀产物主要有 ZnO、$ZnCO_3$ 和 $Zn_3(PO_4)_2$，实验证明纯 Zn 能够在体内长期安全降解
2	锌合金	合金化可克服纯 Zn 力学性能差的缺陷，合金元素的加入在有效改善 Zn 基合金力学性能的同时也能给合金带来一定生物性能改变：Mg 的添加提高了 Zn 的细胞相容性，Cu 和 Ag 能够增强合金抗菌性能，Cu^{2+} 还能对血管内皮化产生积极作用。研究者发现，Zn 含量为 50% 的 Zn-Mg 基合金，具有优异的力学性能、良好的耐腐蚀性、较低的析氢率、良好的生物相容性等优点。通过研究不同 Mg 含量 (0～3%) 的 Zn 合金的力学性能和耐腐蚀性能，发现通过添加一定量 Mg 元素能明显提高合金的硬度、强度及塑性。随着 Mg 含量的增加，硬质 Mg_2Zn_{11} 相逐渐增多，合金硬度逐渐增大。加入 1% 的 Mg 时具有最优的综合力学性能。 研究者将 Zn 与 0.1% 的 Li 熔融制备成一种新型合金，保留了纯 Zn 的延展性并提高了其抗拉强度。该合金的体内外降解研究显示，体外经模拟体液(SBF)浸泡后，使用元素图谱及 FT-IR(傅里叶变换红外光谱仪)分析共同证明腐蚀产物为磷酸钙、氧化锌、氢氧化锌和碳酸锌。体内降解以 4N Zn 材料为对照，植入到大鼠腹主动脉 2～12 个月，4N Zn 和 Zn-Li 几乎相同的氧化进程表明两种材料的腐蚀速率非常相似，Zn-Li 合金在体内 11 个月时的生物相容性结果表明中度炎症，无阻塞性新内膜。上述结果表明，Zn-Li 合金是一种有前途的可降解冠脉支架材料。 以德国为主的部分国家的科研医疗机构以 Zn 含量＞95% 的 Zn 合金制成的可降解血管支架已进入动物实验评价阶段。国内部分高新技术企业，如西安九洲生物材料有限公司、西安爱德万思医疗科技有限公司等也投入大量精力用于生物医用 Zn 合金细径薄壁管材及可降解支架的研发，研发数据显示：Zn 合金裸支架的降解速率更能满足临床需要，支架的径向支撑力、血管顺应性、支架植入时的显影性等关键性能也有了进一步提高。有报道称，国外部分公司正着手于开发 Zn 合金混合药物洗脱支架，其显著的特色就是以西罗莫司为活性成分，降低 Zn 合金支架植入生物体后发生再狭窄的概率。同时，可降解 Zn 合金支架的生物相容性也令人满意，在降解过程中产生的 Zn 离子亦可作为人体 Zn 元素流失的有效补充
3	锌基复合材料	采用复合的方式，通过控制加入第二相的种类和含量来调控纯锌的腐蚀行为、改善生物相容性并提高力学性能。例如： ① 采用放电等离子烧结的方法。制备出 Zn-Mg 复合材料，其压缩强度相比纯 Zn 显著提高，但塑性随 Mg 含量增大而降低。Mg 的加入能形成富 Mg 相，XRD(X 射线衍射)结果显示，在 Zn-Mg 复合材料中出现了 $MgZn_2$ 和 Mg_2Zn_{11} 两种新相。富 Mg 相与 Zn 基体构成腐蚀原电池，加速 Zn-Mg 复合材料在体内外的降解速率。由于 Mg 作为阳极优先腐蚀，能抑制 Zn^{2+} 的释放，降低 Zn^{2+} 的浓度，显著改善纯 Zn 的细胞相容性。体内实验中，Zn-Mg 复合材料的骨整合能力相比纯 Zn 得到显著改善。 ② 羟基磷灰石粉末(HA)加入到纯锌粉末中。将其进行烧结，Zn-HA 复合材料在体内外的降解速率加快．相比纯锌，Zn-HA 复合材料的细胞相容性得到显著改善，植入大鼠股骨髁可观察到明显的促成骨作用

表 6.23 Zn 基支架存在的问题

序号	Zn 基支架存在的问题
1	可降解锌基合金在体研究仅限于丝材和小鼠模型，对于可降解锌基合金支架的认识十分有限
2	Zn 的机械强度相比于 Mg 和 Fe 的较弱，降解时过早失去支撑力而影响血管修复
3	目前的 Zn 基支架在降解时无法做到支架的腐蚀速率与降解时间相平衡，降解产物局部浓度过高，对周围组织是否真的不产生毒性反应还没被验证；降解速率的测量和降解机制的研究在动物体内还有待进一步探索
4	Zn 基支架的降解机制以及后期降解产物的代谢还需研究

综上所述，生物可降解血管支架特有的可降解性可避免在人体内置入永久性异物，随着时间的推移，支架被人体完全降解吸收，除了潜在的生理学益处之外，还能让血管逐渐恢复

原状，就像从未植入过支架一般，这对年轻患者具有更大的益处。据不完全统计，2013年我国实施植入支架手术的患者超过40万例，支架的使用量在60万枚以上，而且这个数字还正以每年3%的幅度不断递增。粗略估算，冠心病患者中至少两成需要进行支架植入治疗，但我国实施经皮冠状动脉植入治疗的患者仅为欧美国家的5%，因此，我国需进行支架植入手术的患者数量在未来具有相当大的增长空间，可降解血管支架的发展前景广阔。

随着科技的进步与人类对健康的追求，可降解冠脉支架的研究越发火热。可降解金属支架大概分镁、铁、锌合金3类，其中发展最早的是镁基支架，研究成果也最多；发展最晚但潜力最大的是锌基支架，其降解行为最符合支架需求；铁基支架发展较为平缓，较有成果的是渗氮铁支架。

6.4 生物医用金属材料的发展

生物医用金属材料又称医用金属材料或外科用金属材料，是在生物医用材料中使用的合金或金属，属于一类惰性材料，除了需要具有较高的抗疲劳性能、机械强度，良好的生物力学性能及相关物理性质外还需具有优良的抗生理腐蚀性、生物相容性、无毒性和简单可行及确切的手术操作技术。其在临床中是应用最广泛的承力植入材料。由于其具有较高强度和韧性，已经成为骨和牙齿等硬组织修复和替换、心脑血管、软组织修复以及人工器官制造的主要材料。

6.4.1 高性能生物医用金属材料的基本要求、性能与制备

（1）基本要求

理想的生物医用金属材料应具备的基本要求见表6.24。

表6.24 生物医用金属材料应具备的基本要求

序号	基本要求
1	良好的生物相容性，材料无毒、不致癌、不致畸、无热源反应，不引起人体细胞病变、组织细胞反应，不发生溶血凝血、过敏等现象
2	化学性质稳定，有抗体液、血液及酶的作用
3	具有与人体组织相适应的物理力学特性，包括强度、弹性、耐磨性、耐蚀性及稳定性
4	材料易于加工成形及生产制造，价格适中

（2）性能特点

生物医用金属材料一般用于外科辅助器材、人工器官、硬组织、软组织等各个方面，应用极为广泛。但是，无论是普通材料植入还是生物金属材料植入都会给患者带来巨大的影响，因而生物医用金属材料应用中的主要问题是由于生理环境的腐蚀而造成的金属离子向周围组织扩散及植入材料自身性质的退变，前者可能导致毒副作用，后者常常导致植入的失败。因此，除了良好的力学性能及相关的物理性质外，优良的抗腐蚀性和生物相容性也是其必须具备的条件（详见表6.25）。

表6.25 生物医用金属材料的性能特点

序号	名称	性能特点
1	力学性能	一般应具有足够的静态强度（如抗弯、抗压、拉伸、剪切等）和韧性，适当的弹性和硬度，良好的抗疲劳、抗蠕变性能以及必需的耐磨性和自润滑性等

续表

序号	名称	性能特点
2	抗腐蚀性	其发生的腐蚀主要有:植入材料表面暴露在人体生理环境下发生电解作用,属于一般性均匀腐蚀;植入材料混入杂质而引发的点腐蚀;各种成分以及物理化学性质不同引发的晶间腐蚀;电离能不同的材料混合使用引发的电偶腐蚀;植入体和人体组织的间隙之间发生的磨损腐蚀;有载荷时,植入材料在某个部位发生应力集中而引起的应力腐蚀;长时间的反复加载引发植入材料损伤断裂的疲劳腐蚀;等等
3	生物相容性	它系指人体组织与植入材料相互包容和相互适应的程度,即植入材料是否会对人体组织造成破坏、毒害和其他有害的作用。它们之间的相互作用将产生各种不同的反应。 ① 宿主反应。指生物医用金属材料植入人体后,主要引起的组织反应(材料植入人体后与血液外生物组织接触时,材料本身的性能满足使用要求而对物体无刺激性,不使组织和细胞发生炎症、坏死和功能下降,并能按需进行增殖和代谢)、血液反应(指植入材料与血液接触时,不发生溶血或凝血)和免疫反应(指体液免疫反应如抗原-抗体反应、细胞免疫反应等)等三种生物学反应。 引起宿主反应的主要原因是:材料中残留有毒性的低分子物质;材料聚合过程残留有毒性、刺激性的单体;材料及制品在灭菌过程中吸附了化学毒剂和高温引发的裂解产物;材料和制品的形状、大小、表面光滑程度;材料的酸碱度;等等。残留在材料中的引发剂、催化剂、添加剂及中间产物、单体等,在材料植入体内后逐渐溶出或渗出,对局部的组织、细胞乃至全身产生毒性、刺激性、致敏性、局部炎症,长期接触产生致突变、致畸、致癌作用,与血液接触产生凝血和形成血栓。 ② 材料反应。指生物医用金属材料及制品植入人体内,所引起的材料变化。材料反应的结果可能使材料出现变形、老化、降解等情况。 产生的主要原因是生物医用金属材料植入人体内,在人体复杂的内环境中,长期受到体内的物理、化学、生物学等多种综合因素的作用,多数材料很难保持植入时的形状和物理、化学性能。如生理活动中骨骼、关节、肌肉的力学性动态运动;细胞生物电、磁场和电解、氧化作用;新陈代谢过程中生物化学和酶、细胞因子、蛋白质、氨基酸、多肽、自由基对材料的生物降解作用。 生物医用材料必须具备优异的生物相容性,具体体现在:对人体无毒、无刺激、无致癌、无突变等作用;人体无排异反应;与周围的骨骼及其他组织能够牢固结合,最好能够形成化学键合以及具有生物活性;无溶血、凝血反应,即具有抗血栓性。生物相容性是衡量生物材料优劣的重要指标
4	加工性能	具体体现在:a. 容易成形和加工,使用操作方便,而且价格适中;b. 良好的空隙度,体液及软硬组织易于长入;c. 热稳定好,高温消毒不变质等

(3)制备方法

① 表面强化(表面改性) 常用的强化方式有两种,表面涂层强化(见表6.26)和表面结构强化(见表6.27)。

表6.26 表面涂层强化方法的类别及特点

序号	类别	主要特点
1	电化学法	它是常用的保护阴极金属的方法。磷酸钙是骨组织中的主要无机成分,是镁合金的常见涂层,具有良好的生物相容性、生物活性、骨诱导性且无毒性,可提高镁合金的抗腐蚀性,羟基磷灰石是最常用的涂层
2	微弧氧化法	它是一种依靠弧光放电产生的瞬时高温高压作用,生长出基体金属氧化物涂层的技术,现广泛用于镁金属的耐腐蚀研究中。微弧氧化形成的膜层具有优异的耐磨和耐腐蚀性能,是减轻镁合金腐蚀的有效手段
3	化学转化法	即通过化学转化法在合金表面形成一层能显著降低镁合金腐蚀速率的钝化层。研究较多的化学转化膜有稀土转化膜、氟化物转化膜等
4	使用高分子涂层(有机涂层)	为防止金属基材在环境下的腐蚀,有机涂层必须是均匀无孔的,和基体有良好的结合力,且具一定的自修复能力。常用的高分子涂层材料有聚乳酸、壳聚糖等。聚乳酸是一种可完全降解的植物性高分子材料,可被人体完全吸收,同时还具有良好的生物安全性

表 6.27 表面结构强化方法的类别及特点

序号	类别	主要特点
1	离子注入法(金属注入镀层、喷涂)	它是一种提高镁合金耐腐蚀性的有效方法,其优点有:a. 生成分布均匀的新表层;b. 在表面强化的同时能保持合金本身性质不变;c. 消除了涂层与合金之间的附着问题。镁合金通过热喷铝还能消除镁合金基体与涂层间的孔隙,起到封闭保护层作用
2	激光表面熔融法	它具有传统工艺无可比拟的优势:能源清洁、经济、非接触加工、对基体热影响小和便于自动控制等。此法在提高镁合金表面耐腐蚀、耐磨性,延长材料使用寿命等方面发挥的作用越来越明显。它可有效提高合金表面性能,如耐磨、耐蚀性和生物相容性等
3	表面纳米结晶法	由塑性变形引起的表面纳米结晶化,其表面硬度高、抗腐蚀性能较好,同样是表面强化措施之一

② 增材制造 (AM) 技术 见表 6.28。

表 6.28 增材制造技术的概念、分类、工艺特点、基本原理及应用

序号	名称	进一步说明
1	概念	增材制造(AM)是一种与传统材料去除型(对原材料采用去除-切削-组装)加工方法截然相反的方法,基于三维CAD模型数据,按照挤压、烧结、熔融、光固化、喷射等方式逐层堆积,通过增加材料制造出与相应数学模型完全一致的三维物理实体物品的制造方法。AM的概念有广义和狭义之说,见图6.17。广义的AM是以材料累加为基本特征,以直接制造零件为目标的大范畴技术群;而狭义的AM则是指不同的能量源与CAD/CAM技术结合、分层累加材料的技术体系
2	分类及工艺特点	见表 6.29
3	基本原理	首先将三维模型模拟切成一系列二维的薄片状平面层,然后利用相关设备分别制造各薄片层,与此同时将各薄片层逐层堆积,最终制造出所需的三维零件,见图 6.18
4	应用	据统计,我国大型航空钛合金零件的材料利用率非常低,平均不超过10%;同时,模锻、铸造还需大量工装模具,由此带来研制成本的上升。通过高能束流AM技术,可节省材料2/3以上,数控加工时间减少一半以上,同时无须模具,因而能将研制成本尤其是首件、小批量的研制成本大大降低,节省国家宝贵的科研经费。利用AM技术提升现有制造技术水平的典型的应用是铸造行业。利用快速原型技术制造蜡模可将生产效率提高数十倍,而产品质量和一致性也得到大大提升;利用快速制模技术可三维打印出用于金属制造的砂型,大大提高了生产效率和质量。在铸造行业采用AM快速制模已渐成趋势。 通过AM技术可制备多种个性化医疗器械及模型,例如假肢、牙齿矫正器、齿科手术模板、人体组织模型、个性化导航模板等。术前可根据患者的计算机断层扫描、核磁共振等影像学资料,利用AM技术打印出需要的人体器官、骨骼等,并通过有效观察,仿真操作和模拟复杂手术过程来提高实际手术的精确性和安全性等

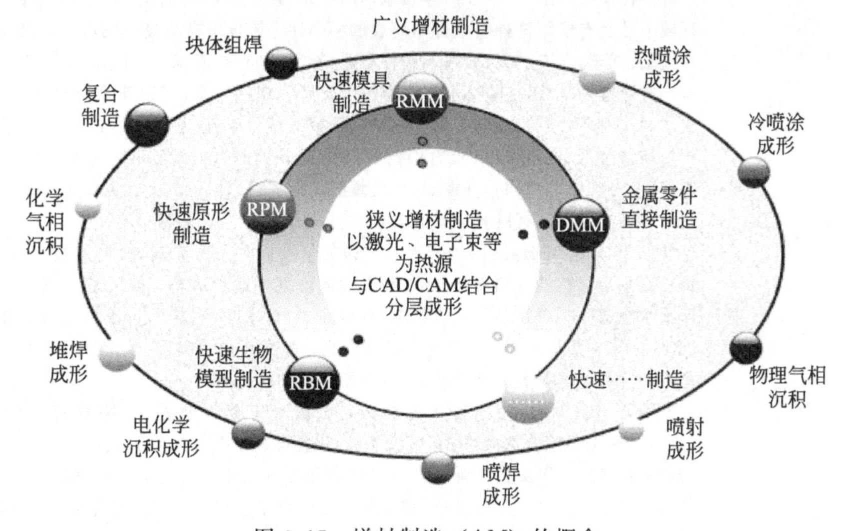

图 6.17 增材制造(AM)的概念

表 6.29 增材制造技术的分类及工艺特点

增材制造技术分类	优点	缺点
光固化成型	成型尺寸精度高，表面光滑，原料利用率高	成本高，力学强度低
熔融沉积成型	力学性能好，表面光滑	高温成型，材料受限，精度差
选择性激光烧结	成型速度快，可用材料广泛	高温成型，表面粗糙，精度差
选择性激光熔融	原料节省可回收，成型尺寸精度高	成型尺寸小，表面需再加工
电子束熔融成型	成型速度快，原料可回收	成型尺寸受粉床和真空室限制
三维喷印	成型速度快，可以打印细胞和凝胶结构	力学强度低，精度差，粉尘污染
分层实体制造	成型速度快，可成型大尺寸零件	材料浪费，表面质量差

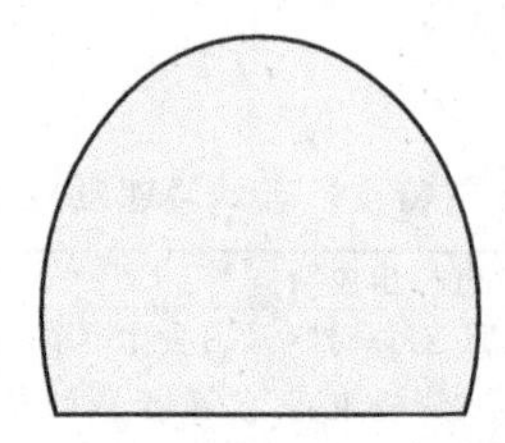
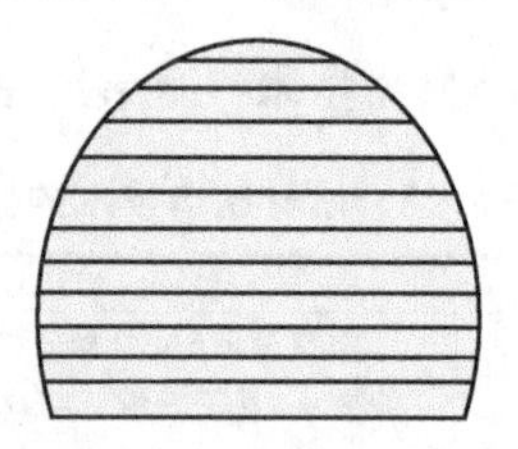

图 6.18 增材制造的基本原理

③ 3D 打印技术（见表 6.30）

表 6.30 3D 打印技术

序号	名称	进一步说明
1	概念	3D 打印(3DP)即快速成形技术的一种，又称增材制造(AM)，它是一种以数字模型文件为基础，运用粉末状金属或塑料等可黏合材料，通过逐层打印的方式来构造物体的技术
2	医用 3D 打印技术与材料	指在计算机控制下，根据物体计算机辅助设计(CAD)模型或计算机断层扫描(CT)等数据，通过材料的精确 3D 堆积，快速制造出任意复杂形状 3D 物体的新型数字化成形技术。当前应用较多的 3D 打印技术主要包括光固化成形(SLA)、熔融沉积成形(FDM)、选择性激光烧结(SLS)和三维喷印(3DP)等。 用于医用生物 3D 打印的金属材料主要有钛合金、钴铬合金、不锈钢、镁合金和铝合金等。与医用高分子材料相比，金属材料具有比聚合物材料更好的力学强度、导电性及延展性，使其在硬组织修复研究领域具有天然的优越性。由于金属具有熔融度较高、打印难度大的特点，金属 3D 打印一般采用 SLA 和 SLS 方式加工，由金属粉末在紫外线或高能激光束的照射下产生的高温来实现金属粉末的熔合，逐层叠加从而得到所需的零部件
3	应用	首先在模具制造、工业设计等领域被用于制造模型，后逐渐用于一些产品的直接制造，该领域中已经有使用这种技术打印而成的零部件。该技术在珠宝、鞋类、工业设计、建筑、工程和施工、汽车，航空航天、牙科和医疗产业、教育、地理信息系统、土木工程、枪支以及其他领域都有所应用。3D 打印技术与生物医用金属材料的结合，可以实现个性化治疗，降低医疗成本，减少对人体的伤害，必将引领医疗领域的革命潮流(见图 6.19)。以生物医用材料及细胞为新型离散材料，利用 3D 打印技术，不仅能快速制造出满足不同个性化需求的组织、器官等，还能对其微观结构精确控制，大大缓解组织器官紧缺的问题。因此，医用 3D 打印技术及材料在医疗领域具有巨大的临床需求和科学意义
4	典型示例	2019 年 1 月 14 日，美国加州大学圣迭戈分校首次利用快速 3D 打印技术，制造出模仿中枢神经系统结构的脊髓支架，成功帮助大鼠恢复了运动功能。据报道，科学家们利用 3D 打印技术制造了一种钛制的胸骨和胸腔(见图 6.20)。这些 3D 打印部件的幸运接受者是一位 54 岁的西班牙人，他患有一种胸壁肉瘤，这种肿瘤形成于骨骼、软组织和软骨当中。医生不得不切除病人的胸骨和部分肋骨，以此阻止癌细胞扩散。 2020 年 5 月 5 日，中国首飞成功的长征五号 B 运载火箭上，搭载着 3D 打印机(见图 6.21)。这是中国首次太空 3D 打印实验，也是国际上第一次在太空中开展连续纤维增强复合材料的 3D 打印实验。科研人员将这台我国自主研制的复合材料空间 3D 打印系统安装在试验船返回舱中。飞行期间，该系统自主完成了连续纤维增强复合材料的样件打印，并验证了微重力环境下复合材料 3D 打印的科学实验目标

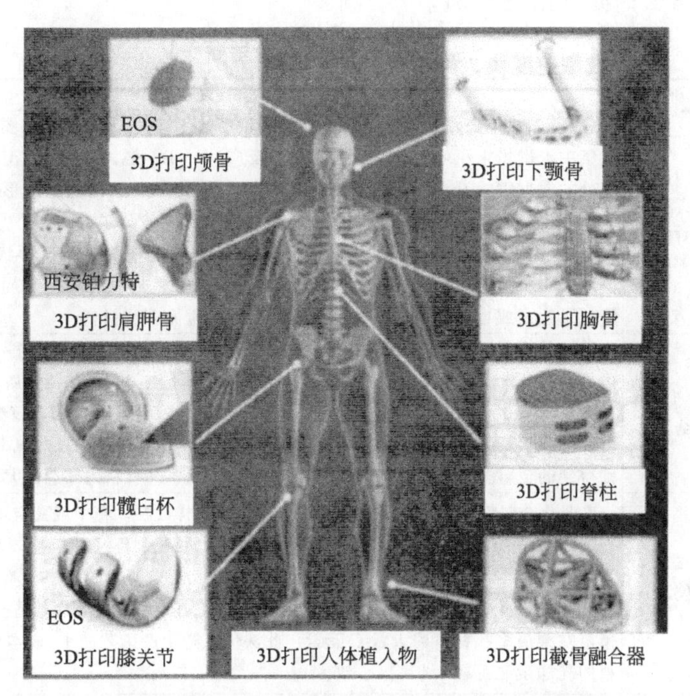

图6.19 3D打印制造植入人体的部位示意图

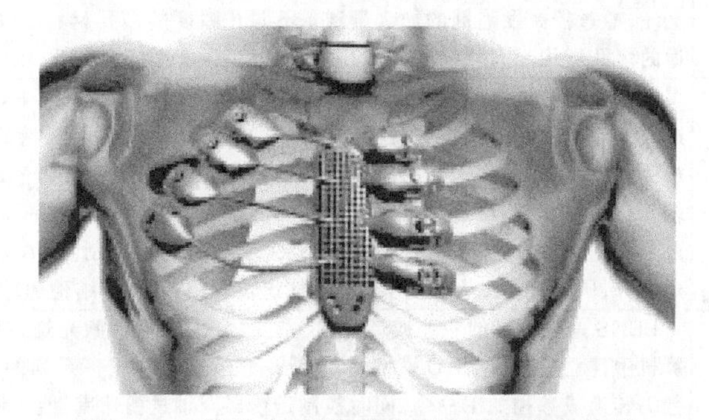

图6.20 利用3D打印技术打印的胸腔和胸骨

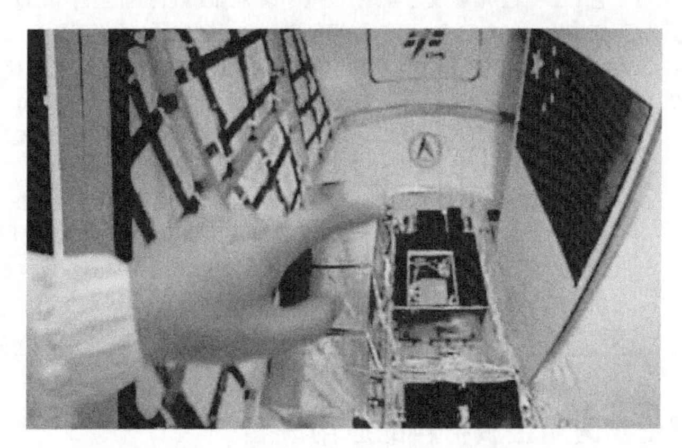

图6.21 中国首飞成功的长征五号B运载火箭上搭载的3D打印机本体

④ **其他制备方法简介**（见表 6.31）

表 6.31 其他几种制备方法简介

序号	方法名称	进一步说明
1	自蔓延高温烧结法(SHS)	它是近 20 年来发展迅速的一种材料制备新技术。其工作原理为(图 6.22):在一定温度和气氛中点燃粉末压坯使之产生剧烈化学反应(A+B═AB),反应放出的热量使邻近粉末坯层处的温度骤然升高而引起新的化学反应,这些化学反应以燃烧波形式蔓延至整个粉末压坯而产生新物质。 SHS 最大的优点是产品纯度高,研究表明该法制备的多孔 NiTi 形状记忆合金在植入动物体内的生长过程中无排斥反应;该法还能有效弥补其他制备法生产周期长、能耗大的缺点,降低了生产成本。但该法只能制备成分有限的金属多孔材料
2	有机海绵浸渍烧结法	此法是将有机海绵切割成所需形状后浸泡在用金属粉末制备的浆料中,干燥浸渍海绵除去溶剂后在一定温度下加热使海绵挥发,在更高温度下进一步加热使金属粉末烧结,冷却后即可得到具有高孔隙结构的金属多孔材料。此法的工艺流程见图 6.23。该法的优点是可通过控制海绵的形状及涂覆的涂层厚度来控制所需金属多孔材料的孔径及孔隙率,若海绵挥发不完全,则得到的金属多孔材料纯度就会有所降低,使金属多孔材料内部遗留大量的 C 元素
3	空间占位法	它是将金属粉末与造孔剂混合均匀,成形后将试样放在烘箱中或真空电阻炉中预处理去掉造孔剂,最后进行高温烧结。其工艺流程见图 6.24。该法制备过程中,金属粉末尺寸要比造孔剂的平均尺寸小且金属粉末和造孔剂混合物的压制压力要足够大,使结构具有足够的力学强度。 常用的造孔剂有碳酸氢铵、尿素及金属镁等。在烧结过程中,若造孔剂挥发不完全,就会遗留在金属多孔材料内大量 C 元素。此法优点是生产工艺简单、成本低,能控制金属多孔材料的孔隙度和孔径
4	浆料发泡法	它是将一定的分散剂、表面活性剂和发泡剂加入去离子水中配成溶液;加入金属粉末充分搅拌,得到均匀浆料。将制备好的浆料倒入模具中在 40～60℃下发泡并干燥制得多孔材料毛坯,通过控制发泡剂的加入量制备不同孔隙度的多孔材料。此法优点是能制备出三维贯通的多孔结构和高孔隙率的多孔材料,但其强度和精度较低,难以获得孔径均匀的多孔材料
5	固-气共晶定向凝固法(GASAR)	它基于在金属氢体系内出现的气体共晶转变。在这个反应中,液体分解为固体和气相,通过改变熔体内的氢含量和凝固时熔体上的气压,改变去除热量的方向和速率及合金的化学成分,可控制孔隙率、孔径大小及形状,可在较宽范围制备所需的多孔材料。GASAR 制备多孔材料过程中,可通过改变气体压力、熔体过热度、凝固速率和方向、温度梯度及熔体化学成分等工艺参数,实现对气孔率、气孔大小和分别的控制。GASAR 的优点是可得到孔隙连通性好、圆形度高的孔,但对工艺条件比较敏感,对孔隙结构的控制比较困难
6	激光近形制造技术(LENS)	LENS 是一种新的快速成形技术。它融合了选择性激光烧结和激光熔覆技术,利用在计算机中建立的三维 CAD 模型,将三维信息逐层转换成一系列的二维平面信息,将这些平面数据转换成数控加工命令,同时控制送粉器同轴送粉速率,使材料进行逐点、逐层堆积,最终垒加出三维零件
7	电子束快速成形技术(EBM)	它基于离散-堆积成形原理,以电子束为加工热源,先通过 CAD 建模,然后将模型按一定厚度切片分层离散成一系列二维轮廓信息,并以此二维截面数据驱动电子束偏转系统选区熔覆沉积并直接制造出任意复杂形状的三维实体零件,该法制备梯度孔分布材料的结构原理见图 6.25。EBM 制备的多孔材料具有渐变孔隙结构,内核致密,疏松多孔的外表具有较高的生物骨质相容性。与 LENS 中的激光束相比,EBM 具有更大的能量密度,从而使其在制备金属多孔材料过程中减少了构建时间和降低了制造成本
8	气相沉积法	其主要原理是在真空下将液态金属挥发出金属蒸气,然后沉积在一定形状的基底上,形成一定厚度的金属沉积层,冷却后采用化学或热处理方法将基底材料去除,这样即得到金属多孔材料工艺流程,见图 6.26。基底材料可为聚酯、聚丙烯等合成树脂,以及天然纤维、纤维素等组成的有机材料,也可为玻璃、陶瓷等无机材料。该法制备出的金属多孔材料孔隙率高,孔隙贯通性好,但具有操作条件要求严格、沉积速度慢、投资大等缺点

6.4.2 不可降解生物医用金属材料的应用进展

目前，根据生物医用金属材料在生物体内活性不同可分为两类：一类为不可降解生物医

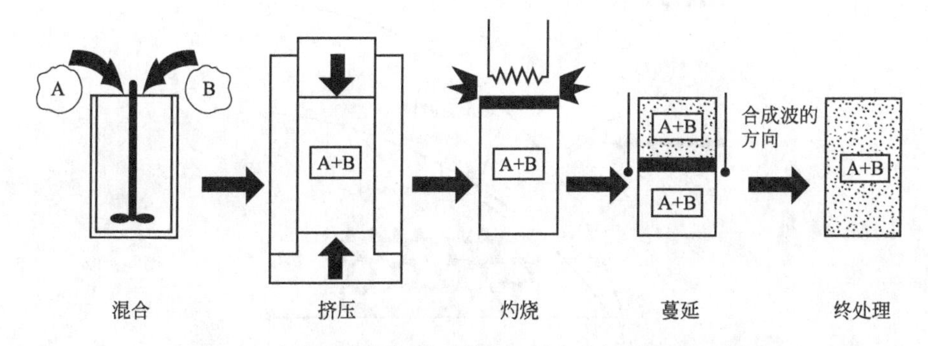

图 6.22　自蔓延高温烧结法制备金属多孔材料过程示意图

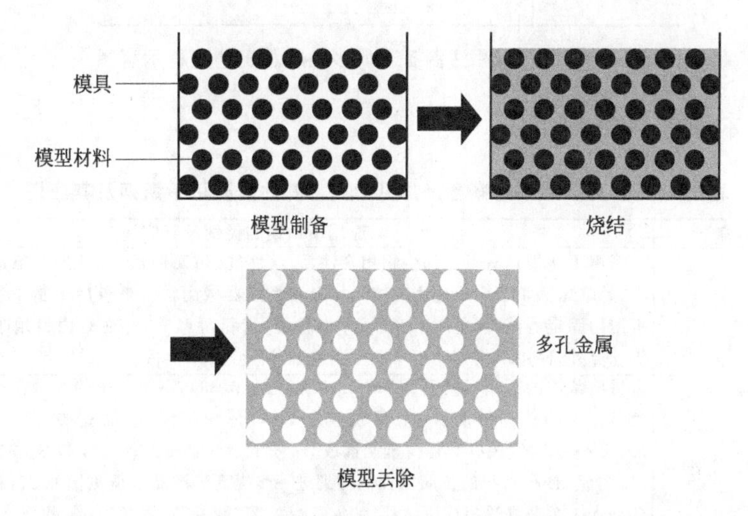

图 6.23　有机海绵浸渍烧结法制备金属多孔材料过程示意图

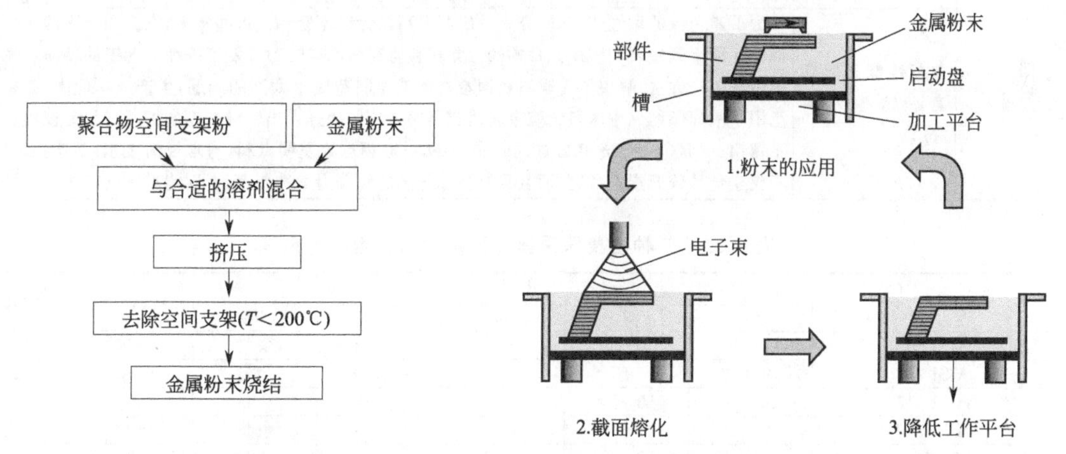

图 6.24　空间占位法制备金属多孔材料的工艺流程示意图

图 6.25　EBM 制备多孔材料结构原理示意图

用金属材料，主要包括：医用不锈钢、钛及钛合金、钴基合金、稀有难熔及贵金属、形状记忆金属等；另一类为可降解生物医用金属材料，主要包括：医用镁及镁合金、铁基合金及锌合金等。以下，仅简要介绍不可降解生物医用金属材料的应用进展。

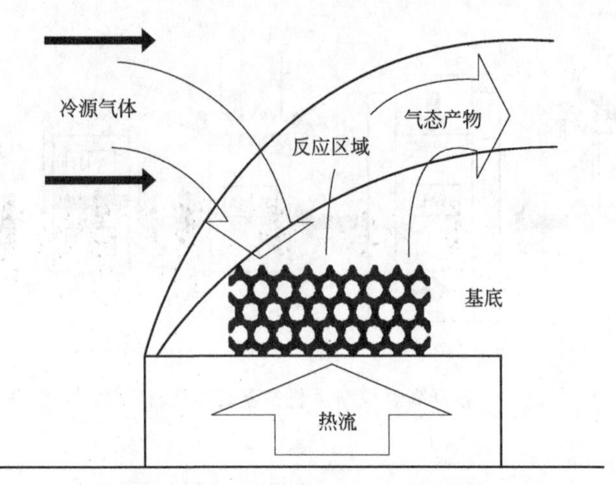

图 6.26　气相沉积法制备金属多孔材料工艺流程示意图

(1) 医用不锈钢（见表 6.32）

表 6.32　医用不锈钢的概念、常见钢种、高性能医用不锈钢及其应用

序号	名称	医用不锈钢的类别及其应用
1	概述	医用不锈钢具有良好的生物相容性、力学性能、耐腐蚀性，优良的加工成形性及较低的成本，是临床医学上广泛应用的植入材料和医疗器械用材。骨科用于制作各种人工关节和骨折用内固定器械；齿科用于镶牙、牙根种植、齿科矫形等；心血管内科用于制作心血管支架等。此外，医用不锈钢还用于加工制造各种医疗手术器械
2	常用钢种及应用	目前常用的医用不锈钢为 316L、317L（见表 6.33），不锈钢中的 C 质量分数≤0.03%可避免其在生物体内被腐蚀，主要成分为 Fe 60%～65%，添加重要合金 Cr 16%～20%和 Ni 12%～15%，还有其他少量元素成分，如 N、Mn、Mo、P、Cl、Si 和 S。316L 不锈钢增加了 Mo 含量，使得材料的抗腐蚀性能得到进一步提高。产品示例见图 6.27，在骨科常用来制作各种人工关节和骨折内固定器，如人工髋关节、膝关节、肩关节，各种规格加压扳、鹅头骨螺钉等；在口腔科常用于镶牙、矫形和牙根种植等各种器件的制作，如各种牙冠、固定支架、卡环、基托等；在心血管系统常用于传感器的外壳与导线、介入性治疗导丝与血管内支架等
3	高性能高氮无镍不锈钢及其应用	为了避免镍的毒性作用，研究人员研制出高氮无镍不锈钢。近些年来，低镍和无镍的医用不锈钢逐渐得到发展和应用。日本的国立材料研究所（筑波市）开发了一种不含镍的硬质不锈钢的简易生产方法，解决了无镍不锈钢难以加工而制造成本太高的问题，生产成本低廉，有望广泛用于医疗领域。中国科学院金属研究所率先在国内开发出一种新型的医用高氮无镍奥氏体不锈钢 Fe-17Cr-14Mn-2Mo-(0.45～0.7)N，并获得国家发明专利，与常规的 316L 不锈钢相比，不仅避免了镍元素的危害，而且具有更加优异的综合力学性能，两者性能对比见表 6.34

表 6.33　几种主要医用奥氏体不锈钢的组成与性能

名称	组成/%					σ_b/MPa	δ/%
	Cr	Ni	Mo	C	Fe		
AISI 302	17～19	8～10	—	≤0.15	余量	530	68
AISI 304	18～29	8～10.5	—	≤0.08	余量	590	65
AISI 316	16～18	10～14	2～3	≤0.08	余量	590	65
AISI 317	18～20	11～13	3～4	≤0.08	余量	620	65
AISI 316L	16～18	12～15	2～3	≤0.03	余量	590	50
AISI 317L	18～20	12～15	3～4	≤0.03	余量	620	60

表 6.34　中科院金属研究所开发的高氮无镍不锈钢与 316L 不锈钢力学性能对比

材料	屈服强度/MPa	抗拉强度/MPa	伸长率/%	断面收缩率/%	冲击韧度/(J·cm^2)	维氏硬度(HV)
常规 316L 不锈钢，固溶	225	555	64	72	290	164
高氮无镍不锈钢，固溶	537	884	52	71	193	262

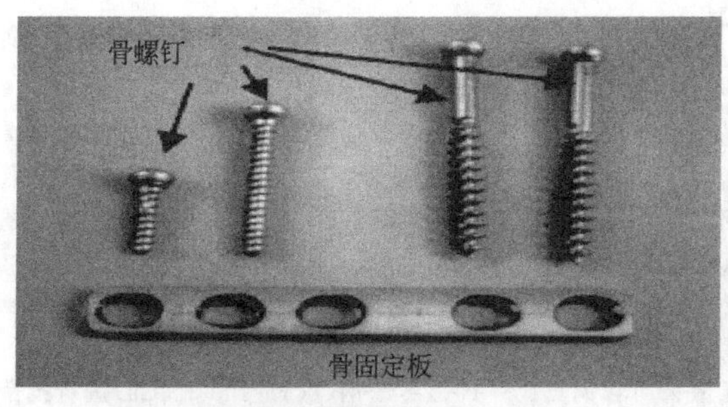

(a) 不锈钢骨固定板及骨螺钉

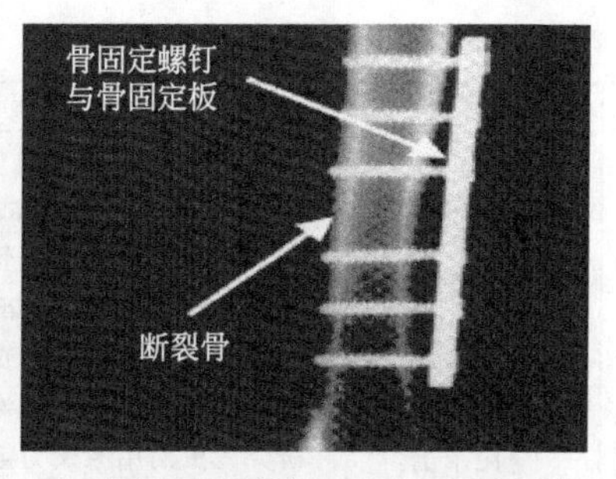

(b) 断裂骨及不锈钢骨固定板与骨固定螺钉

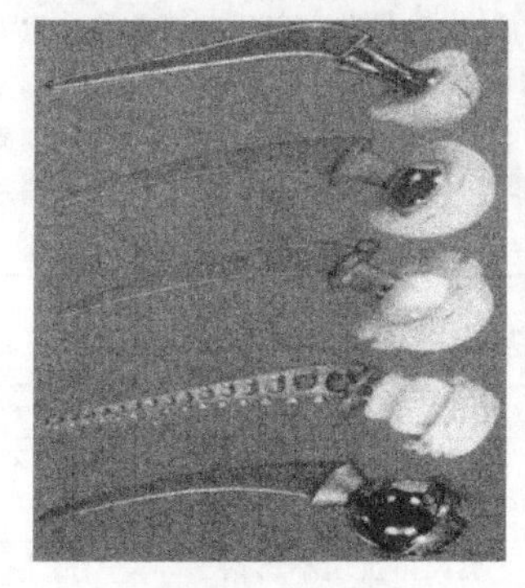

(c) 不锈钢人工髋关节

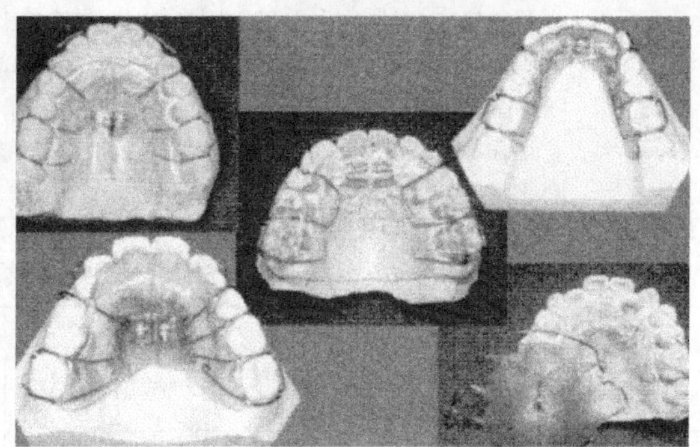

(d) 不锈钢牙齿固定器

图6.27　不锈钢产品示例

(2) 高性能抗菌不锈钢（见表6.35）

表6.35　高性能抗菌不锈钢的概念、在我国研发状况、类型、工艺特点及其应用示例

序号	名称	高性能抗菌不锈钢的概念、在我国的研发状况、类型、工艺特点及应用示例
1	含义	在普通不锈钢内添加一定量抗菌金属元素（如银、铜）等，控制冶炼、铸造、锻压、轧制及热处理过程，使抗菌金属元素在不锈钢基体内以一定大小、形态均匀析出，并保证析出相的体积占比，在不降低普通不锈钢力学性能和抗腐蚀性能的前提下，赋予其优异的抗菌性，此即抗菌不锈钢。它是一种新型结构与功能一体化材料，既如普通不锈钢一样作为结构材料使用，还具有装饰和美化功能，同时又具有抗菌功能
2	抗菌机制简介	抗菌不锈钢主要利用不锈钢表面的光触媒或金属离子对细菌的抑制或杀灭作用来实现抗菌
3	在我国的研发状况	中科院金属研究所等从2003年开始研发抗菌不锈钢（见表6.36），是国内较早从事该研究且有影响力的研究单位，相继开发了铁素体、奥氏体、马氏体等多种类型抗菌不锈钢，这些新型抗菌不锈钢，不仅力学性能、耐蚀性能、加工性能等均与普通不锈钢相当，且还可强烈抑制其表面上细菌生物膜的产生，能有效缓解金属植入人体后发生内感染这一不良情况。同时，他们还对临床上广泛应用的心血管支架用316L不锈钢为基础，开发了含铜不锈钢，用于心血管支架制造。这种不锈钢不仅能增加力学支撑作用时间，还能抑制支架内部再狭窄。新冠肺炎疫情以来，抗菌不锈钢开始成为不锈钢市场的明星产品，宝钢德盛不锈钢有限公司等多家不锈钢企业开始研发并推出不同品牌的抗菌不锈钢产品（见表6.37）
4	类型及工艺特点	它主要包括涂层型抗菌不锈钢、表面改性型抗菌不锈钢、复合型抗菌不锈钢、合金型抗菌不锈钢等，其技术工艺及特点见表6.38。含铜抗菌不锈钢的类型、牌号及用途见表6.39
5	应用示例	在常用不锈钢（如304、317L、0Cr18Ni9等）中加入适量Cu，可赋予不锈钢优异的抗菌性（见表6.40）。在骨科等领域广泛应用的317L不锈钢中添加4%～5%的Cu可制备出具备强烈抗菌能力的317L-Cu抗感染不锈钢，但Cu需经时效处理以ε-Cu形式析出才具备抗菌性。此外，体外试验发现含铜抗菌不锈钢可促进骨细胞分化及成骨细胞的黏附和增殖，而体内试验发现含Cu不锈钢植入体周围的成骨量较对照不锈钢增多，骨与植入物的结合更紧密，说明Cu的添加不仅可赋予不锈钢抗菌性，还能促进成骨能力提高。研究者将含铜317L不锈钢（Cu含量4.46%）在1100℃下固溶处理0.5h，使Cu均匀分布在317L不锈钢中，然后水淬，最后在700℃

续表

序号	名称	高性能抗菌不锈钢的概念、在我国的研发状况、类型、工艺特点及应用示例
5	应用示例	下时效处理6h。抗菌试验发现，含铜317L不锈钢对金黄色葡萄球菌的抗菌率在培育24h后可达98.3%，与之前的试验结果相似。通过透射电镜对金黄色葡萄球菌的细胞结构观察见图6.32，可见在317L不锈钢上培育12h后的细胞结构[图6.28(a)]，与健康细胞一样具有未改变的内部结构和完整的外部弯曲膜，当细胞在含铜317L不锈钢上培育24～72h时[图6.28(b)、(c)]发现细胞膜有部分或完全的破坏，透射电镜的结果有力支撑了含铜317L不锈钢对金黄色葡萄球菌的优良抗菌性能是通过破坏细胞的细胞膜而达到的这一结论。 研究人员使用原子力显微镜对含铜奥氏体抗菌不锈钢(0Cr18Ni9-3.8Cu)进行抗菌结果观测。结果发现，正常大肠杆菌看起来像短棍，其细胞壁紧凑而完整；培育9h后，发现大肠杆菌外膜塌陷，而细胞内部仍保持完整，当培育24h后，大肠杆菌变得稀薄而萎缩。但大肠杆菌在奥氏体不锈钢(0Cr18Ni9)上作用时间延长至24h，其细胞形态几乎没有发生改变。这说明，在与含铜奥氏体抗菌不锈钢中 Cu^{2+} 离子作用下，细菌的细胞膜或细胞壁被破坏，细胞的渗透性增加，内部物质大量泄漏，导致细菌死亡。研究者开发的抗菌不锈钢制骨针及外科手术器械分别见图6.29及图6.30

表6.36　国内主要抗菌不锈钢研发及生产单位

单位名称	开发时间	抗菌不锈钢类型	
中国科学院金属研究所	2003年	合金型抗菌不锈钢	奥氏体抗菌不锈钢，铁素体抗菌不锈钢，马氏体抗菌不锈钢
浙江天宝实业有限公司	2004年	合金型抗菌不锈钢	奥氏体抗菌不锈钢
太钢集团	2005年	合金型抗菌不锈钢	铁素体抗菌不锈钢(TKJF系列)，奥氏体抗菌不锈钢(TKJA系列)
常州佳得顺抗菌材料科技有限公司	2007年	抗菌氧化膜不锈钢	适用于铁素体、奥氏体和马氏体等各种不锈钢
宝钢集团	2009年	合金型抗菌不锈钢	铁素体抗菌不锈钢
浙江华仁科技有限公司	2011年	合金型抗菌不锈钢	奥氏体抗菌不锈钢，铁素体抗菌不锈钢，马氏体抗菌不锈钢

表6.37　新冠肺炎疫情以来开发出抗菌不锈钢产品的企业

单位名称	抗菌不锈钢类型
宝钢德盛不锈钢有限公司	节镍型抗菌奥氏体不锈钢
广东广青金属科技有限公司	300系抗菌不锈钢
酒钢集团	J430抗菌铁素体不锈钢
宏旺集团	离子溅射型抗菌不锈钢
阳江市阳东区凯利德制刀有限公司	300系列抗菌不锈钢

表6.38　抗菌不锈钢的类型、技术工艺及特点

工艺类型	技术工艺	工艺特点
涂层型抗菌不锈钢	在不锈钢表面涂层中添加抗菌剂。涂层主要分无机涂层和有机涂层两类	无机涂层是在不锈钢表面或表面一定厚度内，以铜、银、锌及它们与其他元素(如稀土类金属)形成的合金，或者具有光催化活性的钛形成的氧化物作为涂层赋予不锈钢抗菌性能。 有机涂层的抗菌不锈钢是在不锈钢表面涂覆含有有机抗菌剂或有光催化活性的涂料，可赋予不锈钢抗菌性能
表面改性型抗菌不锈钢	通过离子溅射或其他特殊处理，将铜、银等抗菌元素渗入到不锈钢中，使不锈钢表层具有抗菌性能	抗菌氧化膜不锈钢是将不锈钢材料置于含银的酸性溶液介质中，通过特殊电流(正负交变)在40～50℃的温度下通电约6～10min，材料表面即形成一层厚度约200～300nm的大分子结构氧化膜，这种结构就是典型的宝石型尖晶石型结构
复合型抗菌不锈钢	由不锈钢板与具有抗菌元素金属板复合制成	复合型抗菌不锈钢同时结合了抗菌材料(铜或铜合金)优异的抗菌性能和不锈钢材料良好的力学性能和工艺性能

续表

工艺类型	技术工艺	工艺特点
合金型抗菌不锈钢	在不锈钢材料中添加金属元素(如 Ag、Cu、Zn 等)并经过特殊处理而获得的具有抗菌功能的不锈钢	含铜抗菌不锈钢的制备方法与常规的不锈钢相同，只是比常规不锈钢冶炼过程多添加 0.5%～1%的铜，再进行特殊的热处理，热处理后使铜在不锈钢中均匀析出高度弥散分布的 ε-Cu 相，从而具有抗菌特性。 含银抗菌不锈钢的制作工艺不需要进行特殊的热处理即可保持抗菌效果，但是银很难固溶到不锈钢中的其他合金元素中，容易在晶界析出，使不锈钢难以成形，所以向不锈钢中加入银还有一定的困难

表 6.39 含铜抗菌不锈钢的类型、牌号及用途

类型	序号	牌号	特性和用途
奥氏体	1	06Cr18Ni9Cu2	抗腐蚀性能好，可用于食品设备、卫生间用品、公共设施、手术室器具等
	2	06Cr18Ni9Cu3	
铁素体	3	06Cr17Cu2	色彩光亮、抛光性能好、焊接性能好，可用于室内装饰、家电内外壳、餐具、食品容器等
	4	022Cr12Cu2	
马氏体	5	20Cr13Cu3	耐腐不锈、硬度高，可用于手术刀具、菜刀等
	6	30Cr13Cu3	

表 6.40 抗菌不锈钢的抗菌性能

不锈钢种类	杀菌率/%				反复摩擦后的杀菌率/%			
	大肠杆菌	金黄色葡萄球菌	白念珠菌	枯黑菌	大肠杆菌	金黄色葡萄球菌	白念珠菌	枯黑菌
铁素体抗菌不锈钢	≥99.9	≥99.5	≥99.0	≥80.0	≥99.9	≥99.5	≥99.0	≥80.0
奥氏体抗菌不锈钢	≥99.9	≥99.9	≥99.9	≥80.0	≥99.9	≥99.5	≥99.9	≥80.0

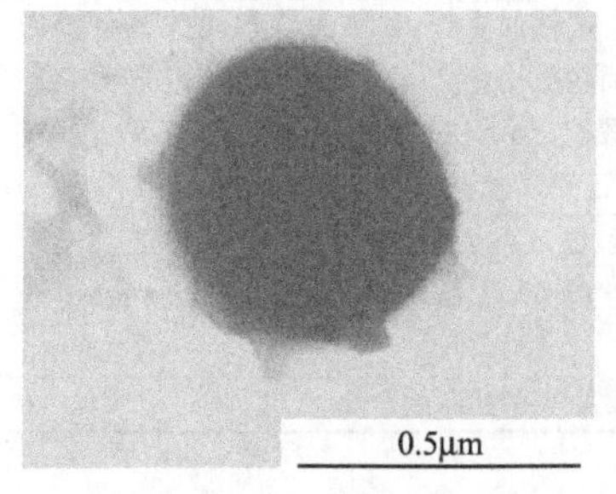

(a) 培育 12h 后的完整清晰细胞

(b) 培育 24h 后细胞开始裂解

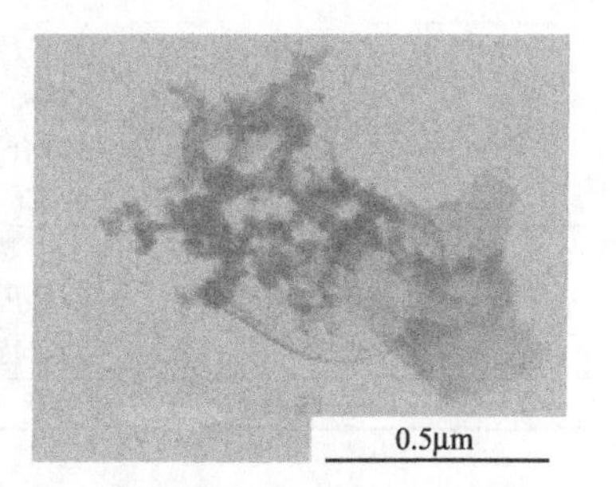

(c) 培育 72h 后细胞完全解体

图 6.28 含铜 317L 不锈钢中金黄色葡萄球菌的变形过程形貌图像（投射电子显微镜 TEM）

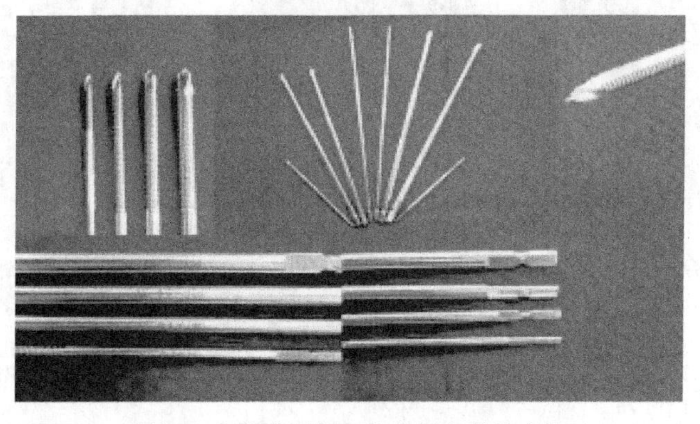

图 6.29 抗菌不锈钢内外固定骨针产品

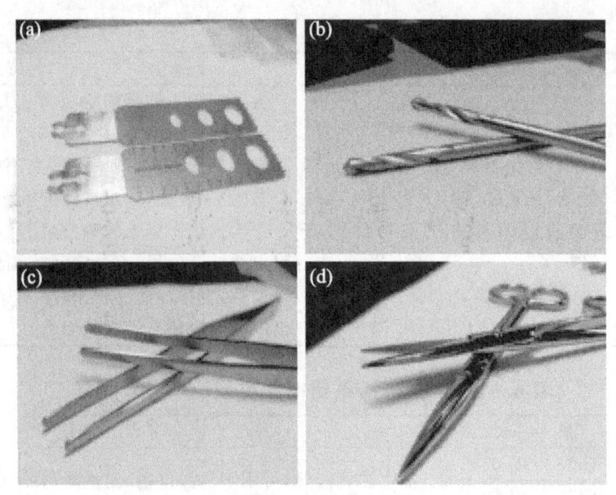

图 6.30　抗菌不锈钢外科手术器械

(a) 骨锯；(b) 骨钻；(c) 组织镊；(d) 手术剪

(3) 医用钴基合金（见表 6.41）

表 6.41　医用钴基合金概述、高性能锻造钴基合金、存在问题与发展方向

序号	名称	内容
1	概述	钴基合金通常是指 Co-Cr 合金，分为两类：一类是 Co-Cr-Mo 合金，一般通过铸造加工获得，主要用于制造人工关节连接件（见图 6.31）；另一类是 Co-Ni-Cr-Mo 合金，一般通过热锻加工获得，主要用于制造关节替换假体连接件的主干。从耐腐蚀性和力学性能进行综合衡量，锻造 Co-Ni-Cr-Mo 合金是目前医用金属材料中最优良的材料之一，已列入 ISO 国际标准。两者性能差异见表 6.42
2	高性能锻造钴基合金	它是一种新型材料，用于制造关节替换假体连接件的主干，如膝关节和髋关节替换假体等。美国试验与材料协会推荐了 4 种可在外科植入中使用的钴基合金：锻造 Co-Cr-Mo 合金（F76）、锻造 Co-Cr-W-Ni 合金（F90）、锻造 Co-Ni-Cr-Mo 合金（F562）、锻造 Co-Ni-Cr-Mo-W-Fe 合金（F563），F76 和 F562 已广泛用于植入体制造
3	存在问题	主要问题有：与人骨弹性模量不匹配；密度大，植入件质量大，容易下沉；铸造钴基合金常出现气泡、空洞等缺陷，使韧性降低，综合性能变差；晶粒粗大是铸造 Co-Cr-Mo 合金有待解决的最大问题
4	发展方向	进一步进行合金强化（加入 N、W 元素），以得到强度更高的合金

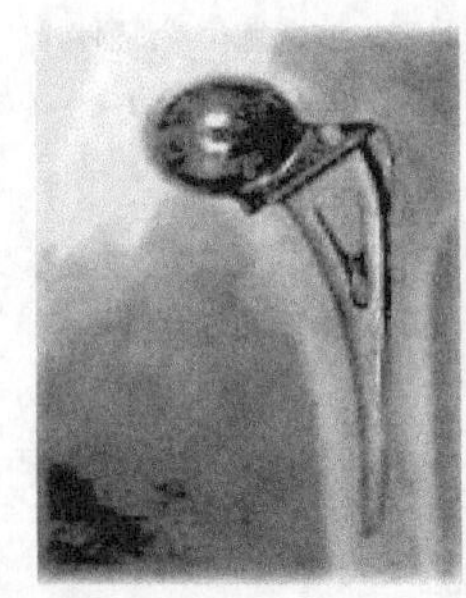

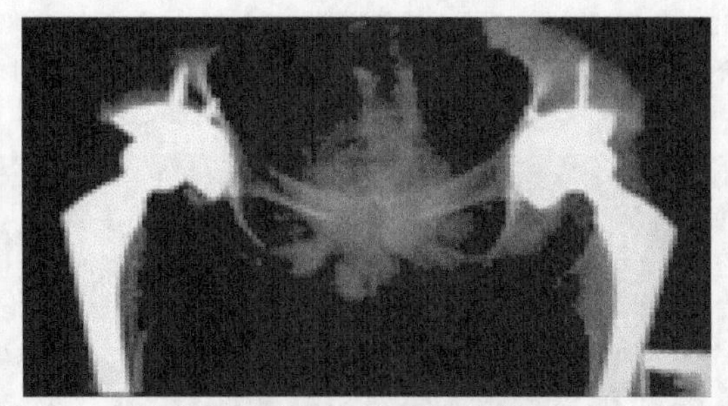

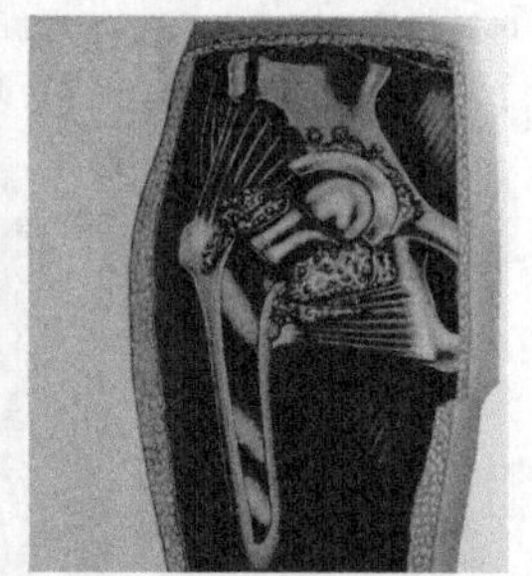

图 6.31　钴合金人造髋关节及在人体中所处位置示意图

图示为人造髋关节的头杆部分。从股骨上端插进金属杆，杆头有一个金属头，它嵌在粘于髋骨窝中的一个塑料臼中

表 6.42　钴基合金性能对比表

类型	标准	抗拉强度/MPa	屈服强度/MPa	伸长率/%	断面收缩率/%	弹性模量/GPa
铸造合金	ASTM F76	450	655	8	8	220～234
锻造合金	ASTM F562	240～655	795～1000	50	65	220～234

(4) 医用钛及钛合金（见表6.43）

表6.43　医用钛及钛合金、镍钛形状记忆合金的特点及发展方向

序号	名称	内容
1	纯钛	它具有优异的耐蚀性及很高的比强度，密度为4.5 g/cm^3，其力学性能较低，但有较好的延展性。纯钛具有无毒、质量轻、强度高、生物相容性好等优点。20世纪50年代美国和英国开始把纯钛用于生物体。钛的密度与人骨近似，强度为390～490MPa。实验证明，钛相比于钴基合金和不锈钢，其抗疲劳性和耐蚀性能更优越，钛的表面活性好，组织反应轻微，容易与氧发生反应建立致密氧化膜，钛的氧化层比较稳定
2	医用钛合金	① 概述。它是用于生物医学工程的一类功能结构材料，常用于外科植入物和矫形器械产品的生产和制造。钛合金医疗器械产品如人工关节、牙种植体和血管支架等用于临床诊断、治疗、修复、替换人体组织或器官，或增进人体组织或器官功能，其作用是药物不能替代的。其研究方向包括：医用金属材料的合金设计与评价体系，材料的加工-组织-性能关系与人体软、硬组织的相容性匹配，材料的表面改性（生物相容性、生物功能性、生物活性、耐磨性和耐蚀性等），及材料基体与表面（界面）的相互作用规律等。尽管钛合金的综合性能优良，但随着临床应用的不断深入，传统钛合金生产的植入件会出现提前松动、炎症反应等不良现象，这些主要是由于钛合金植入件与人体骨组织弹性模量不匹配，以及植入件化学性质不稳定造成的。 ② 高性能医用钛合金。近些年发展起来的有新型β钛合金，2005年，西北有色金属研究院新开发了两种近β型钛合金TLE和TLM，在保持合金的中、高强度和高韧性的同时，又具有很好的冷、热加工性、生物及力学相容性等优良性能（见表6.44）。另外，北京有色金属研究总院、哈工大和东北大学等也在开展新型β钛合金的研究工作。钛合金在人体植入材料方面的研究获得了较快发展。在近十年中，随着新型高强度、低模量的β型钛合金研究以及传统钛合金的多孔化、微纳化、非晶化、3D打印和表面强化等新技术的开发，进一步提高了钛合金的生物及力学相容性，极大地促进了医用钛合金材料在外科植入及矫形器械中的应用和推广。 抗菌钛合金的研究与应用：2013年，研究者对Ti-6Al-4V合金表面涂覆银涂层的抗菌性能进行了深入研究，充分提高了传统钛合金的生物相容性及抗菌性能。2015年，研究人员对钛合金表面抗菌涂层的生物力学相容性也进行了系统的分析，提出抗菌涂层的研究重点是增强涂层与基体的结合力及深入研究抗菌相的结构和分布对抗菌性能造成的影响等。研究者开发的抗菌钛合金骨针见图6.32
3	镍钛形状记忆合金	这是一种在一定温度下经过处理能够塑性变形为另一种形状，而在一定条件下又能自动恢复成原有形状的形状记忆合金。其疲劳极限较高，耐腐蚀性良好，具有的独特的形状记忆恢复温度与人体温度相适宜，具有良好的生物相容性，因此在医学领域得到广泛应用。近年来，镍钛形状记忆合金开始应用于心血管治疗领域，镍钛形状记忆合金支架可应用于冠心病的治疗，具有较大发展前景
4	发展方向	a. 单晶生物医用钛合金，沿某一方向生长获得的单晶材料可获得接近人体骨骼的弹性模量，制作的植入体也会具有更好的弹性模量匹配；b. 超细晶低弹性模量、高强度钛合金的生物相容性及产业化；c. 超弹性和形状记忆功能医用低弹性模量钛合金的组织性能调控

表6.44　生物医用钛合金的分类和典型性能

类型	分类	典型性能	典型合金
α	α	低强度，较好的加工性能和最好的生物相容性	TA1-TA3
	近α	中强度，良好的加工性能和生物相容性	Ti-3Al-2.5V
α+β	α+β	高强度，良好的综合性能，可通过时效增加强度和良好的生物相容性	Ti-6Al-4V，Ti-6Al-7Nb
β	β	中强度，低模量，良好的加工性能和生物相容性	Ti-30Mo
	亚稳β	中高强度，更低模量，更好的综合性能	Ti-15Mo，Ti-12Mo-6Zr-2Fe
	近β	可时效加强，更好的加工性能和生物相容性	Ti-1Nb-13Zr

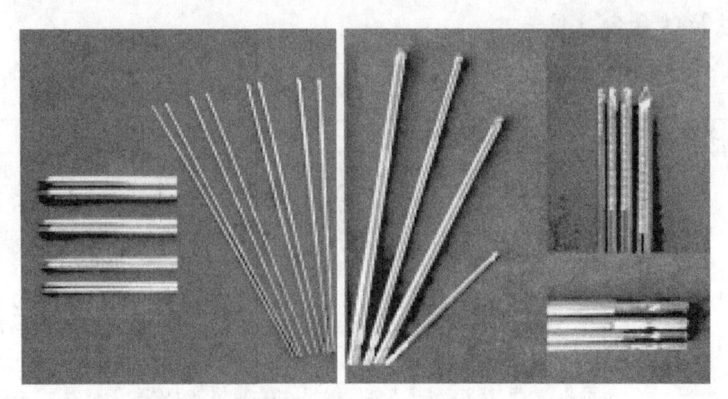

图 6.32 抗菌钛合金内外固定骨针产品

(5) 其他生物医用金属材料(见表 6.45)

表 6.45 其他生物医用金属材料的特点及应用

序号	名称	特点及应用
1	医用铝合金	铝及其合金材料具有良好的性能,可塑性和生物相容好,作为植入材料早在 20 世纪 40 年代就已广为使用,目前可承受高负荷的部件也多用铝及其合金制成。铝具有较高的耐蚀性,除在氢氟酸、苛性碱、热的浓硫酸、盐酸和硝酸的混合液中溶解外,其他试剂对铝都发挥不了腐蚀作用,体液不影响铝的交变疲劳强度,良好的生物相容性使得铝植入材料不刺激人体。另外,相比于不锈钢,铝的抗缺口裂纹扩展能力很高
2	医用锆基合金	锆(Zr)基医用合金因其强度高、韧性好、抗腐蚀性好且具有良好生物相容性等优点而被广泛应用于医疗领域。Zr 是一种拥有优良耐腐蚀性能、组织相容性好、无毒性金属,常被用作合金化元素添加进 Ti 合金中,以提高 Ti 合金的力学性能。近年来,通过添加无毒副作用的合金元素对 Zr 合金进行强化及性能优化开发出了新型生物医用合金。Zr 基合金因其弹性模量低、强度高、在生理环境中耐腐蚀性能好、生物相容性好等优点逐渐引起人们的关注,被用作人体硬组织替代材料。 Zr 基合金的发展方向:a. 研究逐渐从单一的关注材料力学性能转到关注材料的力学性能和生物相容性能和谐发展,未来 Zr 基合金的研究将以不断提高其使用安全性为主。b. 科研工作者应致力于建立 Zr 基合金体系的基础数据库,比如体系的相图、热力学数据、对人体毒性的系统化研究、人体环境中的腐蚀机理等。随着现代科学技术的发展,从分子水平上展开 Zr 基合金的研究,深入了解其对人体的影响,使基础数据库日益完善。c. 为推动 Zr 基合金在生物医用材料领域的应用,还应从材料设计与制备方面加强研究,例如采用 3D 打印技术完成 Zr 基生物医用合金植入体的定制化打印,以满足不同患者的需求等
3	金属钨(W)	W 是除 C 之外熔点最高元素,由于其较好辐射不透过性和致血栓性,纯 W 机械可脱性微弹簧圈被用于介入手术治疗脑动脉瘤,并表现出良好生物相容性,但 W 的可降解性往往导致被堵塞的血管再通及血清中 W 离子浓度增大
4	医用贵金属铂、银、金	用作生物医用材料的金、银、铂及其合金总称为医用贵金属。贵金属价格比较昂贵,但具较好生物相容性,因此,类贵金属得以发展,例如仿金材料等。医用贵金属(金、银、铂等)具有独特的生物相容性、良好的延展性,且对人体无毒,是人类最早应用的医用金属材料之一。 ① 铂族金属。是医学上重要的镶牙材料;另外,铂族催化剂对氧化作用来说具有极好的催化活性,还有良好的电导率和抗蚀性,可用作人工心脏的能源。 ② 纳米银。因独特的光学、电学、生物学特性而引起科技界和产业界的广泛关注,成为近年来的研究热点之一。纳米银的波长低于光的临界波长,这赋予其透明特性,故被广泛应用在化妆品、涂层及包装上。银纳米粒子具有表面效应、小尺寸效应、宏观隧道效应、量子尺寸效应,开创了在催化剂材料、防静电材料、低温超导材料、导电涂层、导电油墨等领域的应用。银纳米粒子能横穿血管,到达目标器官,而且能附在 DNA 单链中,促使其出现了在生物传感、生物标记、生物成像、医疗诊断及治疗等生物医学领域上的应用。纳米银具有良好的广谱抗菌能力,被应用在药膏和面霜中,防止烧伤及开放性伤口表面被细菌感染。银纳米材料也应用于医疗器械及设备、水净化装置、运动设备、抗菌类医药、植入体、抗菌涂料等领域

续表

序号	名称	特点及应用
5	大块非晶合金	其具有不同于晶态合金的独特性质,如高强度、高硬度、高耐磨耐蚀性、高疲劳抗力、低弹性模量等,有可能用于接骨板、螺钉、起搏器等方面。因此对其开展大量的有关研究,其中尤以钛基、锆基、铁基、镁基、钙基为主
6	高熵合金	它是另一类具有研究前途的新型金属材料,这是基于大块非晶合金具有超高玻璃化形成能力的合金。它一般由5种以上的元素按照原子比或接近于等原子比合金化,其混合熵高于合金的熔化熵。五元合金相图中,在中间位置存在固溶体相区。其具有一些传统合金所无法比拟的优异性能,如高强度、高硬度、高耐磨耐蚀性、低弹性模量、良好的生物相容性等。另外,通过添加不同的元素,如银、铜等还可具有抗菌性能

6.4.3　可降解生物医用金属材料的研究进展(见表6.46)

表6.46　可降解生物医用金属材料的研究进展

序号	名称	研究进展
1	未来发展趋势	生物医用可降解金属材料的研究将集中在: ① 通过合金化、冷加工、热处理和表面处理等方法改善镁、铁合金的腐蚀速率; ② 合金化后添加元素对于材料生物相容性的影响; ③ 为了避免植入物在早期失效,对于腐蚀过程中材料力学性能变化的分析; ④ 生物可降解医用金属材料腐蚀产物的成分分析以及生物安全性评价; ⑤ 寻找新的生物医用可降解合金体系,挖掘潜在的应用可能; ⑥ 建立更为完善的体外评价标准,使体外实验对于体内实验结果的预测更加精确。 随着生物医用可降解性金属材料研究的不断深入,可以预见材料的性能将逐渐完善以满足临床应用的需求,这类新材料有望部分取代部分传统的生物医用金属材料在临床上获得实际应用
2	可降解镁合金	镁合金的安全性和降解速率是其能否成为标准商用的可降解生物医用材料主要影响因素。可降解镁合金在生理环境下的腐蚀降解过程和机制、过程控制方法、生物相容性等问题还亟待进一步研究阐明。可降解镁合金材料的未来研究方向: ① 通过合金化、冷加工、热处理和表面处理等方法改善镁合金的耐腐蚀性能; ② 添加合金元素对于材料生物相容性的影响; ③ 对腐蚀过程中材料力学性能变化的分析; ④ 可降解镁合金材料腐蚀产物的成分分析以及生物安全性评价。 相信在不久的将来,镁合金必定会在医用金属植入材料领域得到更为广泛的应用
3	可降解锌基合金	大量研究表明,Zn作为新一代可降解金属具有广阔的应用前景。合金化可以克服纯锌力学性能差的缺陷,另外合金化元素的加入在有效改善锌基合金力学性能的同时也能够给合金带来一定的生物性能改变:Mg的添加提高了Zn的细胞相容性,Cu和Ag能够增强合金抗菌性能,Cu^{2+}还能对血管内皮化产生积极作用。 有关生物可降解锌合金的研究处于探索阶段,主要以Zn-Mg合金为研究对象。2009年,研究者等发现,Zn含量为50%的Zn-Mg基合金,具有优异的力学性能、良好的耐腐蚀性、较低的析氢率、良好的生物相容性等。2011年,研究人员研究了不同Mg含量(0～3%)的锌合金的力学性能和耐腐蚀性能,试验发现通过添加一定量Mg元素能明显提高合金的硬度、强度及塑性。2014年,研究者还研究了不同Mg含量对Zn-Mg合金显微组织及硬度的影响。结果发现,随着Mg含量的增加,硬质Mg_2Zn_{11}相逐渐增多,合金硬度逐渐增大。他们还提出了作为生物可降解金属材料,塑性较好的亚共晶Zn-Mg合金是进一步的研究对象
4	可降解铁基合金	铁元素是人体必需的元素之一,参与人体血红蛋白合成等过程;铁基合金具有更高的强度、塑形、径向支撑力和较少的弹性回缩;然而铁基合金的降解偏慢,铁基合金支架存在晚期血栓风险。研究发现,纯铁在Hank's溶液中的腐蚀降解速率刚开始较大,之后由于表面磷酸盐的形成有所下降,铁的降解并没有引起pH值的显著增加。研究者在研究纯铁的体外降解时发现,在动态模拟体液环境下铁的降解速率逐渐增加,最大降解速率约40μg/(cm^2·h),

续表

序号	名称	研究进展
4	可降解铁基合金	平均速率为20.4μg/(cm^2·h)。假设支架在体内以相同的速度降解，约20mg的铁支架在1个月内就可完全降解。但实际上在体内由于血浆的钝化等作用，铁的降解会变慢，植入兔子体内的支架18个月后还未完全消失。 作为医用可降解金属材料，铁基合金具有以下几方面的优势： ① 优异的力学性能。与镁合金相比具有较高强度、弹性、塑性。弹性模量高于316L不锈钢和镁合金的，应用于血管支架，能够提供更好的径向支撑。 ② 可降解性。铁的标准电极电位是0.44V，易被腐蚀。但与镁相比，腐蚀降解速度很慢。降解时不会释放气体，不会造成血液碱性化。 ③良好的生物相容性。铁是人体必需的营养元素之一，能够合成人体血红蛋白、肌红蛋白、细胞色素及多种酶。但研究发现铁基合金降解速度很慢，作为可降解医用金属材料，铁基合金还有待进一步发展

第7章

打破传统合金设计理念，走近高熵合金新世界

7.1 传统合金设计理念与高熵合金新概念

高熵合金（HEAs）材料作为一种新型、高性能金属合金结构材料，不仅具有高强度、高硬度，良好耐磨性及耐腐蚀性等优良性能，还表现出优异的磁学性能、催化性以及抗辐射性能等优异特性。由于高熵合金独特的微观结构而使其相较于传统的金属材料具有更优异的综合性能。因此，多主元高熵合金逐渐成为新型金属材料领域中备受关注的研究热点，其在核工业、航空航天、石油化工、生物医学、精密机械、电子信息等领域都具有广泛的应用前景。随着对高熵合金材料研究的深入，其应用前景会越来越广，对各行各业的影响也会变得越来越大。

7.1.1 传统合金设计理念的局限性

（1）传统合金的设计理念

自从进入钢铁时代，金属材料便成为人类生产工具和生活用品的主要原料。金属材料主要是以合金为主，合金材料的走向决定了整个金属材料的发展方向，所以合金材料在材料领域里有着举足轻重的地位。合金是由两种或者两种以上的金属单质或者金属与非金属单质，经过一定温度熔炼、烧结，或者机械合金化等方法制备而成的且具有金属特性的物质。

传统合金设计理念通常是以一种金属元素为主，并以添加微量的其它元素或者改变合金元素的含量等方法来形成不同的合金，例如以 Fe 为基的钢铁材料，以 Al 为基的铝合金，以 Cu 为基的铜合金，以 Ti 为基的钛合金等。

一般传统合金的显微组织和性能都取决于主要元素的性质。有时为使合金达到某种特定的组织结构或者性能要求，人们通常通过向合金中加入少量的其他元素来达到其所需的要求，但是当添加多种合金元素时，容易导致合金中产生多种复杂的化合物尤其是脆性的金属间化合物，从而导致传统合金性能恶化，同时也不利于提高合金的综合性能和分析微观组织及合金元素的分布。

（2）传统合金设计理念的局限性

随着科学技术的高速发展，人们对金属材料性能的要求越来越高，传统合金已经不

能满足社会的要求，传统合金合成方式带来如表 7.1 所示的问题。例如航空航天等产业对具有优异高温力学性能合金的需求越来越迫切。目前应用最广泛的就是镍基高温合金，其虽然在温度高达 1000℃ 时仍具优良的力学性能，但熔点相对较低，这限制了其进一步发展。但研究与开发合金的思维方式单一，始终没有摆脱以一种合金元素为主的传统理念。

表 7.1　传统合金合成方式带来的主要问题

序号	传统合金合成方式带来的主要问题
1	金属的结构变得越来越复杂，使我们难以分析和研究
2	过多添加其他元素，使组织中出现了脆性金属间化合物，使合金性能下降
3	限制了合金成分的自由度，从而限制了材料的特殊微观结构及性能的发展

7.1.2　高熵合金概念呼之欲出

（1）高熵合金 —— 一个全新的设计理念

“高熵合金”的概念是由我国台湾学者叶均蔚（Yeh）在 Advanced Engineering Materials 第一次提出的，高熵合金含有多种主要元素，每种元素介于 5%到 35%之间，没有一种元素含量能占有 50%以上。高熵合金是由多种元素共同作用的结果。高熵合金的主要元素种类大于 5 小于 13，每一种多主元合金系统既可设计成简单的等原子物质的量之比的合金，也可设计为非等原子摩尔比合金，还可添加次要元素来改良合金性能。通过这种构成方式，高熵合金形成了简单结构的面心立方、体心立方固溶体结构，而并非复杂的金属间化合物，这使得高熵合金往往具有优异的性能；同时元素种类较多这一特点提高了合金体系的混乱程度，增加了合金体系的熵值。

高熵合金的出现，打破了传统合金的发展框架，是一种创新的合金，具有学术研究意义和很大的工业发展潜力。“高熵合金”是一个全新的设计理念：多组员，4 或 5 种及以上；多主元，即每种合金元素的原子占比相等或近似相等，每种元素都是主要元素，构成纳米尺度的材料复合，产生“鸡尾酒”效应见图 7.1(b)。由图可以看出，由原纯金属的体心立方晶格转变为严重晶格畸变的高熵合金体心立方晶格。

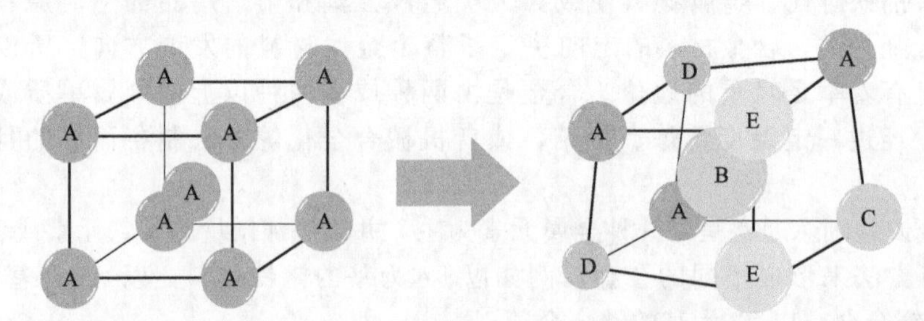

(a) 纯金属的体心立方晶体结构　　(b) 五元AlCoCrFeNi高熵合金体心立方晶格结构

图 7.1　纯金属元素体心立方结构向五元 AlCoCrFeNi 高熵合金结构转变的示意图

Yeh 分析了 CuNiAlCoCrFeSi 合金的 X 射线衍射峰的矮化、宽化数据，同一层原子面的高低不平，使得 X 射线在衍射过程中，在不平整的布拉格面上产生明显的散射，衍射峰出现矮化、宽化，计算的理论值与实验数据基本吻合，证明了晶格畸变的存在。2013 年，Tsai 通过 FeCoNiCrMn 体系中不同的高温扩散偶实验，发现 5 个组元元素在该高熵合金基体中的扩散速率都要远低于其他单主元合金，这由在高熵合金中的畸变晶格应力场对扩散的阻碍以及大量不同原子困难的协调扩散导致。

“鸡尾酒”效应，即将多种主元高熵合金看作是原子尺度的复合材料，多种元素的本身特性和元素之间相互作用使高熵合金呈现的一种复杂效应。印度的科学家最早提出了“鸡尾酒”效应。如果合金有较多的抗氧化元素，如 Al、Si，则合金的高温抗氧化能力就会提高。

（2）高熵合金的热力学体系

“熵”是用来度量体系进行自发过程的不可逆程度，是体系的一个状态函数。随着量子力学和统计力学的发展，人们对“熵”有了更进一步的认识：对于原子型为组态的体系，“熵”是混乱程度的量度。确切地说，组成体系的粒子混乱度越大，则熵值越大。由于多种主要元素形成固溶体合金的高混合熵加强了元素间的相溶性，从而避免发生相分离以及金属间化合物或复杂相的形成，因此高熵合金具有普通合金所不具备的高熵值。从热力学知识可得：

$$\Delta G = \Delta H - T\Delta S \tag{7.1}$$

式中，ΔG、ΔH、ΔS、T 分别代表系统吉布斯自由能变、焓变、熵变和热力学温度。在理想熔液中，$\Delta H=0$，但是，实际上，ΔH 通常含有较小的值。当 $\Delta H>0$ 时，非随机分布的原子呈现相分离的趋势，此时合金体系不稳定；当 $\Delta H<0$ 时，其表现出化学短程有序，合金体系能够处于稳定状态。由式（7-1）可知，在高熵合金的系统中，合金元素种类越多，就会导致 ΔS 越大，因此，系统的混乱程度就越高，

根据式（7-1）可知，ΔS 越大，ΔG 就越小。自由能决定了系统内的混乱程度，当系统的自由能很低时，系统就处于一个较稳定状态，而高熵合金系统组成元素众多，故自由能很高，这也导致其内部比较混乱。当其混合熵变得远远大于金属间化合物时，金属间化合物就不再存在，而这种高混合熵也导致了体心立方固溶体（BCC）和面心立方固溶体（FCC）的产生。

（3）高熵合金的相结构特点（见表 7.2）

表 7.2 高熵合金的相结构特点

序号	名称	相结构特点
1	相结构简单	传统合金中随着组元含量的不断增加，往往会出现硬而脆的第二相，然而高熵合金却会形成简单的 BCC 或者 FCC。现有的理论可知，当系统恒压时，依据吉布斯相率 n 种元素所组成的合金系统，平衡状态下形成相数 $p=n+1$，非平衡状态下形成相数 $p>n+1$，高熵合金形成相 $p<n+1$。主要是因为：首先，多种组元形成固溶体合金时，高的混合熵减少了原子之间的电负性差，加强了合金元素间的互溶，从而抑制相分离以及金属间化合物的形成。其次，高熵合金形成固溶体时的原子排列有序度要比形成金属间化合物时的有序度低。最终导致高熵合金的相结构简单
2	纳米相	高熵合金在铸态下的组织多为典型的树枝晶且时常析出纳米相结构（完全回火态时多见）。这主要与结晶动力学有关，因高熵合金熔炼时，各种融化后的元素原子混乱排列，在冷却凝固过程中，由于众组元原子的扩散和再分配及晶格扭曲的影响，高熵合金的有效扩散率大幅降低，最终将阻碍晶体的形核和生长，有利于纳米相的形成
3	非晶相	高熵合金有别于传统合金的又一个特点是易出现非晶相。这是由于高熵合金就如同一个“超级固溶体”，所有的原子既可看作溶质原子，也可以视为溶剂原子，各个原子尺寸大小不一、元素种类较多，且多按等摩尔或者接近等摩尔的比例，从而导致晶体结构发生严重畸变。严重晶格畸变将产生强大的畸变能。如果晶格畸变能太高，将无法保持晶体的构型，畸变的晶格将会坍塌形成非晶相。若制备高熵合金采用快速凝固、真空镀膜等方法，更容易出现非晶相

7.1.3 高熵合金与众不同的特点（见表 7.3）

表 7.3 高熵合金与众不同的特点

序号	名称	内容
1	成分特点	高熵合金采用多主元混合方式引入“化学无序”，其主要特点是没有主导元素。相对于传统合金，设计高熵合金时不再以一种合金元素未主要组元，而是包含多种主要合金元素的多基元合金。因此，高熵合金在成分设计时，具有以下两个特点：合金组成元素等于或多于 5 个组元；每个元素原子百分比大于 5%但小于 35%
2	合金发展的特点	随着高熵合金的发展，高熵合金的概念不断被完善。到目前为止，高熵合金的发展主要经历了 3 个阶段。从合金组成元素、相结构等角度出发，高熵合金的发展特点可归纳如下：a. 第一代高熵合金系由 5 种或 5 种以上的合金元素组成，组成元素含量配比为等原子比，是相结构为单一相的成分复杂合金；b. 第二代高熵合金系由 4 种或 4 种以上的合金元素组成，组成元素含量配比可为非等原子比，是相结构为双相或多相的复杂固溶体合金；c. 高熵薄膜或高熵陶瓷、高熵硬质合金等
3	相结构特点	虽然高熵合金组成元素较多，但在凝固后往往能形成相对简单的相结构。随机互溶的固溶体是高熵合金典型组织，包括 FCC、BCC 以及 HCP 结构（见图 7.2）。此外，非晶态相也会在合金中生成
4	性能上的五大效应	高熵合金具有众多优于传统合金的优异性能。其在性能上的五大效应已被证实，其分别为低层错能、热稳定性、抗辐照、抗腐蚀及易于克服性能上的“权衡效应”

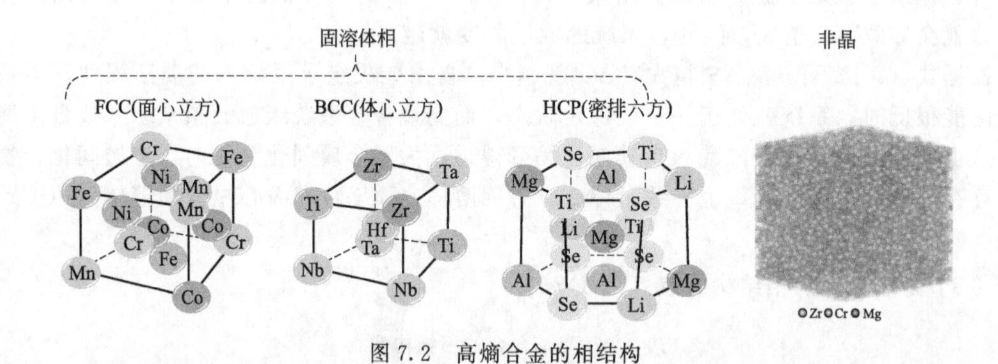

图 7.2 高熵合金的相结构

7.1.4 高熵合金——发展前景广阔

对于高熵合金，现阶段已对其微观组织结构进行相分析及电化学性能、磁性能的测定，对合金元素选择理论、凝固结晶理论以及热处理理论等进行进一步的研究。目前研究最多的高熵合金一般为多主元，经熔炼、烧结等方法制成具有金属特性的合金。主要有 FCC、BCC 和 HCP（密排六方晶体结构）三大类固溶体高熵合金，其中 HCP 高熵合金较为鲜见。高熵合金还可通过不同分元素配制获得种类繁多的新型高熵合金。如今，高熵合金的研究深入到合金元素对高熵合金微观组织与性能的影响、HCP 高熵合金等方面，高熵合金已研究方向的深入与未研究方向的拓展成为了关注的热点。

制备高熵合金的方法：用熔铸、锻造、粉末冶金、喷涂法及镀膜法来制作块材、涂层或薄膜。除上述几种传统制作加工法外，高熵合金还可通过快速凝固、机械合金化等方法获得。

高熵合金具高强度、高塑性、耐磨性、耐腐蚀性、软磁性、高电阻率和耐高温性等性能，随着高熵合金理论研究的深入和科技发展，必然会给其研究提供更加广阔的发展空间。

因此，多主元高熵合金作为一种采用新合金设计理念而设计的新型合金体系，其理论研究及发展和工业应用都具有非常深远的意义，其发展前景必将更加广阔。

7.2 高熵合金的分类

用于制备金属类高熵合金的金属主要包括第3周期的Mg、Al；第4周期的Ti、V、Cr、Mn、Fe、Co、Ni、Cu、Zn；第5周期的Zr、Nb、Mo、Sn；第6周期的Hf、Ta、W、Pb，另外还有类金属元素Si、B等。根据这些元素的不同特点，按照不同配比形成具有“鸡尾酒”性能的高熵合金包括轻质高熵合金、难熔金属高熵合金等，根据目前的文献资料总结，研究制备的高熵合金主要以AlCrFeCoNiCu体系为主，同时也有难熔金属构成的VNbMo-TaW体系以及其他金属体系的高熵合金等。统计得到目前研究的所有类型高熵合金体系中不同金属的添加频率见图7.3，可以看出，Al、Ti、Cr、Fe、Co、Ni、Cu等元素在高熵合金研究中应用较多。

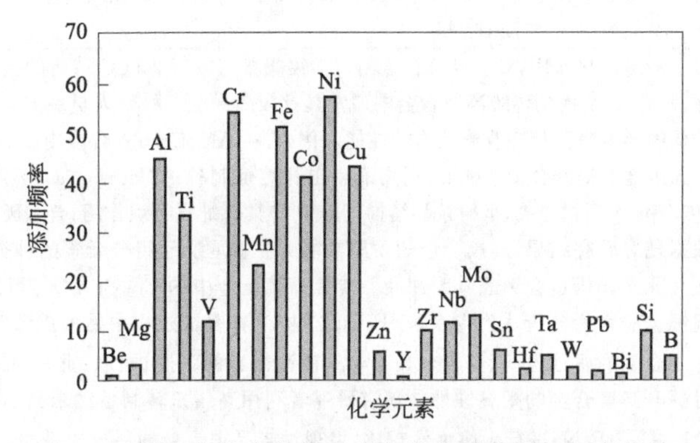

图7.3　所有高熵合金体系中各类金属的添加频率统计

7.2.1 根据高熵合金研究进展时期进行分类

（1）传统（过渡族）高熵合金体系

主要以Al、Co、Cr、Fe、Ni、Cu、Mg、Mn、Ti、Sn和Zn等为主元素，由图7.3和图7.4可知，其在高熵合金的研究制备中的添加频率较高。Co、Cr、Fe、Ni、Mn、Ti、Sn、Zn、Cu等都是第四周期的过渡元素，虽然Al是第三周期元素，但和它们的性质相似。其特点见表7.4。

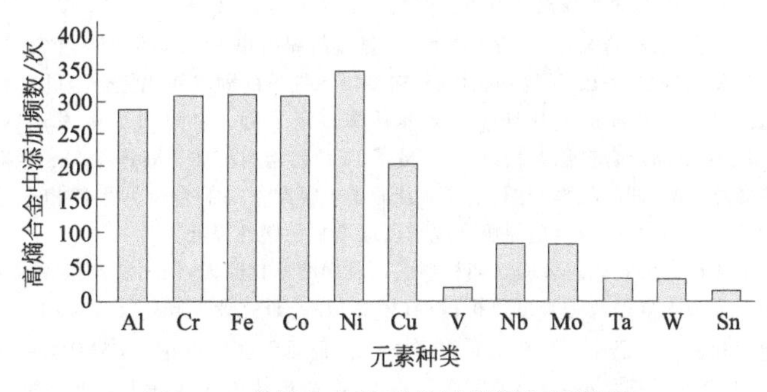

图7.4　高熵合金体系各元素添加频数图

表 7.4 传统高熵合金体系的特点

序号	名称	特点
1	组织结构	传统高熵合金的相结构基本上都是BCC结构相(脆性相)或FCC结构相(塑性相)的固溶体合金。早期研究的高熵合金基本都是过渡元素高熵合金。其典型代表有FCC结构的CoCrFeNiCu和BCC结构的AlCoCrFeNi,Co、Ni、Cu有利于合金形成FCC相,Al、Cr有利于合金形成BCC相。研究者通过研究AlCoCrFeNiCu高熵合金,分析了Fe、Al等组分元素对合金组织性能影响。Fe对高熵合金的微观结构影响小,不会使其发生结构变化。Al的原子半径和电负性与其他组分元素差异较大,往往会影响合金相结构。在AlCoCrFeNiCu中,随着Al含量的增加,FCC相减少,BCC相增加。 传统高熵合金通常呈树枝晶结构。在AlCoCrFeNiCu中,Al均匀分布在晶间和基体中,Co、Cr、Fe、Ni偏聚在基体相内,Cu富集在晶间。一些学者在研究AlCrCoFeCu时发现,Al和Cu存在一定程度的偏析。在显微仪器下,可观察到白色Al的元素偏聚区和黑色Cu的偏聚区
2	合金元素对组织结构的影响	通过在传统高熵合金体系中加入某些合金元素如Ti、Zr、Y,来研究其对合金组织结构的影响。研究者在CoCrFeNiCu中添加Ti来研究其对合金组织形貌的影响。实验发现,Ti可使合金的晶体结构变复杂,产生FCC相、Laves相和少量非晶相。研究人员在AlCoCrFeCu中添加Zr后,发现合金生成了富集Co、Fe、Zr的HCP相;合金还析出了含有Cr和Fe的BCC相和富含Cu的FCC相。研究者研究并制备了YCoCrFeNi和GdCoCrFeNiCu,发现在添加Y后,CoCrFeNi会生成富集Ni和Y的Laves相;在添加Gd后,CoCrFeNiCu在基体内会生成富含Co、Cr、Fe的FCC相,在晶间会形成富含Gd、Ni、Cu的Laves相
3	力学性能	由于固溶强化作用,传统高熵合金的力学性能普遍较好。FCC结构的传统高熵合金通常具有较高塑性,而BCC结构的传统高熵合金则通常具有较高强度。科研人员一般通过研究元素组分对合金组织结构的影响来分析并改善其力学性能。例如,在AlCoCrFeNi合金中添加Nb,通过增加FCC和BCC相的固溶度来提升合金的硬度;利用真空电弧熔炼制备AlCoCrFeNiCuV系列高熵合金,该合金主要由FCC和BCC相组成,呈树枝晶结构。由于V具有细化组织作用,合金硬度和强度普遍较好。 根据现有研究结果,高熵合金的耐腐蚀能力主要取决于组分元素的种类,且高熵合金的组织结构变化和元素偏析也会影响其耐蚀性。传统高熵合金中的Co、Cr等元素可形成致密氧化膜,抑制合金腐蚀。研究者分析认为,AlCoCrFeCuTi的Cr在腐蚀过程中易形成致密的Cr_2O_3保护膜,有效地降低了合金的腐蚀速率,使合金具有与不锈钢相当的耐腐蚀性。此外,非晶、微晶和纳米晶等结构也可提升高熵合金的耐腐蚀性。还有研究者利用高压扭转制备纳米晶$Al_{0.3}$CoCrFeNi,并将其与粗晶$Al_{0.3}$CoCrFeNi进行耐腐蚀性对比,发现纳米晶中大量的晶界以及位错有利于钝化膜的形成,从而有效提升了合金的耐腐蚀性。 过渡元素高熵合金的力学性能与316不锈钢相当,部分高熵合金的综合力学性能已经接近Inconel 600高温合金
4	过渡族高熵合金的成分-组织-力学性能之间的关系	表7.5统计了目前常见的高熵合金晶体结构和室温、高温力学性能。研究者系统研究了Al含量对CuCoNiCrAl_xFe高熵合金系的组织性能影响:随Al元素含量的增加,CuCoNiCrAl_xFe高熵合金的晶体结构逐渐由FCC结构固溶体演变为FCC+BCC双相固溶体,当$x>2.8$时,合金成为简单BCC结构固溶体;而且随着x的变大,由于固溶强化作用,合金硬度由133HV增至655HV。研究者又对轧态$Al_{0.5}$CoCrCuFeNi高熵合金的室温、高温力学性能进行了研究,合金的室温屈服强度为1292MPa,伸长率为6%,与轧制304不锈钢和热加工TC4合金相比,具有更好的室温综合力学性能,但在300～700℃时该合金从饱和固溶体相会析出一新BCC结构相,析出相的存在导致合金在300℃到700℃时出现脆化现象。研究人员系统研究了铸态$Al_x(CoCrFeMnNi)_{100-x}$高熵合金的力学性能变化:随合金中Al含量的增加,显微组织由单FCC相演变为FCC+BCC双相结构,最后形成BCC或BCC+B2结构;同时晶格畸变增大导致的固溶强化使合金硬度和抗拉强度逐渐增加,而脆性BCC结构相的增加导致合金伸长率逐渐下降。又有研究者发现Nb元素添加改变了AlCoCrFeNi高熵合金原始相组成,形成了BCC结构固溶体+有序Laves两相,合金组织也从亚共晶变成过共晶,同时根据相图、混合熵及原子半径差对高熵合金的生成相进行了预测。而且随着Nb含量的增加,高熵合金的屈服强度和硬度增加而塑性降低。 上述理论可有效解释固溶体相形成以及固溶强化原因,但无法定量预测BCC晶体结构形成的添加元素临界量以及是否出现析出相(第二相)。研究者发现$Al_{0.5}CrCuFeNi_2$高熵合金具有很好的组织和机械稳定性,700℃长时间退火后合金屈服强度可达1085MPa,在1100℃长时间退火处理后,合金晶粒长大不明显,硬度变化不大,但铸造缺陷和有序$L1_2$析出相会降低合金的力学性能。通过研究Al含量对AlxCrCuFeNi$_2$高熵合金相稳定性的影响发现,价电子浓度(VEC)是控制FCC

续表

序号	名称	特点
4	过渡族高熵合金的成分-组织-力学性能之间的关系	和BCC固溶体相的稳定性物理参数，高熵合金在高VEC时FCC相稳定，低VEC时BCC相稳定。研究者根据VEC和相稳定性的关系，系统研究了$(CoCrCuFeNi)_{100-x}Mo_x$和$(AlCoCrFeNi)_{100-x}Ni_x$两种高熵合金添加元素，VEC值和合金晶体结构之间的关系，并认为低VEC值还会抑制低原子密度结构相的形成。通常认为随着添加元素的增加，合金晶体结构发生改变的原因是：添加元素的原子与其他金属原子的结合力很强，同时大原子半径添加元素的合金化会引入晶格畸变能和形成较低的原子堆积结构，从而形成如固溶体结构、金属间化合物结构、非晶结构及其复合结构等，随着原子半径和不同元素间的交互作用变化，合金的晶体结构可发生显著变化

表7.5　过渡元素高熵合金力学性能及晶体结构

合金成分	结构	T/℃	$\sigma_{0.2}$/MPa	σ_b/MPa	δ/%	硬度(HV)
$Al_{0.3}CoCrFeNi$	$FCC+L1_2$，铸造	23	310	525	44	480
$Al_{0.5}CoCrCu_{0.5}FeNi_{0.2}$	$FCC+L1_2$，铸造	23	215	489	39	
		500	215	248	6	
$AlCoCrCuFeMo_{0.5}Ni$	BCC，铸造	23	1880	2820	1.4	496
$Al_{20}TiVCrMnFeCoNiCu$	BCC+FCC，铸造	23	1465	2010	2.4	560
$AlCoCrFeNiTi_{0.5}$	BCC，铸造	23	2260	3140	22	200
$Al_{0.5}CoCrCuFeNi$	$FCC+L1_2$，铸造	23	360	707	19	208
	FCC+FCC，HT+冷轧	23	650	790	25	399
		300	460	600	6	420
		400	500	590	4	440
		500	430	450	2	490
		600	270	310	3	460
		700	170	190	13	450
$Al_{0.5}CrCuFeNi_2$	FCC+FCC，冷轧+退火	23	704	1088	5.6	
AlCoCrCuFeNi	$BCC+FCC，B2+L1_2$ 铸造	20	790	790	0.2	440
		600	551	648	0.4	
		700	350	360	4.7	
		800	161	180	12.1	
		900	88	100	30	
		1000	37	44	77	
$AlCoCrFeNb_{0.25}Ni$	FCC+BCC，铸造	23	1959	3008	10.5	
$Al_xCoCrFeMnNi$	BCC+FCC，铸造	23	800	1150	6	400
CoCrFeMnNi	FCC，冷轧+退火	−196	571	1099	72	
		23	362	651	51	170
		400	267	493	32	
		600	241	423	42	
		800	127	145	51	
CoCrFeNi	FCC，冷轧+退火	−196	473	1170	50	
		−70	328	917	44	
		23	273	714	38	200
		200	213	582	34	115
		400	195	496	28	
CoCrMnNi	FCC，冷轧+退火	−196	499	1283	62	
		−70	357	1006	54	
		23	280	699	43	
		200	215	582	36	
		400	186	555	28	
CoFeMnNi	FCC，冷轧+退火	−196	300	835	48	
		−70	210	656	44	
		23	175	551	41	
		200	135	488	36	
		400	116	465	37	
CuCoNiCrFe	FCC，铸造	23	230			133
$TiZrNbMoV_x$	铸态	23	1500	3500	20	

（2）高性能高熵合金体系

难熔高熵合金、高熵高温合金、高熵金属间化合物以及高熵非晶合金等，详见表7.6。

表7.6　依据高熵合金组元种类和晶体结构特点的分类及特点

序号	分类名称	特点
1	过渡元素高熵合金	过渡元素高熵合金即传统高熵合金，其特点详见表7.4
2	难熔高熵合金	①概述。Nb、Mo、Ta、W的熔点都接近或超过2500℃，远超过Fe、Cu等元素的熔点，因此将这些元素称为难熔金属元素。难熔高熵合金主要是以难熔金属元素Mo、Ti、V、Nb、Hf、Ta、Cr、W、Zr以及Al等为主元素，这类高熵合金具有优异的高温性能。随着航空航天飞行器飞行速度的提高，高温承载结构和热防护结构对耐高温材料使用温度和性能的要求也越来越高，难熔高熵合金以其独特的组织结构和优异的高温性能成为重要的候选材料之一。其大体分为两类：a. 是单相BCC结构的固溶体难熔高熵合金，其铸态组织呈树枝晶状；b. 是在BCC固溶体基体上析出第二相金属间化合物的难熔高熵合金体系（主要包括Laves相析出强化和BCC与BCC2共格析出强化的难熔高熵合金）。 可通过添加Cr来改变难熔高熵合金的相结构，使其易产生Laves相和BCC2相。V也能促使Laves相的生长。研究发现，添加Al或Si可有效抑制Laves相生成，且随Al含量增加，合金往往会生成BCC2与BCC共格的超结构。为改进难熔高熵合金的性能，可用Hf、Zr、Ti等元素代替Mo、W，使合金的室温塑性得到明显提高，但其高温强度下降。在难熔高熵合金中添加Al使合金中出现了BCC和BCC2相共格结构，从而达到共格强化的效果，使得难熔高熵合金在室温和高温环境下都具用较好的力学性能。例如，$AlNbMo_{0.5}Ta_{0.5}ZrTi$在室温下和800℃下的压缩屈服强度分别为2000MPa和1597MPa。 在高温环境下，合金需具备良好的高温力学性能和优异的抗高温氧化性。难熔高熵合金中的Nb在高温下会形成Nbss（Nb基固溶体）和Nb氧化物。Nbss相粗化和鳞片状氧化物变形受限，导致合金内部迅速氧化。此外，Mo的氧化物在氧化过程中容易挥发，这是合金抗氧化性弱的另一个原因。Geng等在研究$Al_5NbMo_{18}Si_5Cr_5$、$Al_5Nb_{24}MoTi_{18}Si_5Cr_5$、$Al_5Nb_{24}MoTi_{18}Si_5Cr_2$和$Al_5HfNb_{24}Mo_5Ti_{18}Si_5Cr_2$时发现，这些合金中的Ti和Si在高温下会形成致密的氧化膜，从而提高合金的抗氧化性。但在添加Hf后，硅化物内部会形成针状Hf氧化物，使合金氧化性下降。也有通过添加Ti和Al，使合金在Ti氧化物下形成致密Al氧化膜来提高其抗氧化性。 ②轻质难熔高熵合金。为进一步降低难熔高熵合金的密度、改善高温力学性能以及抗高温氧化性，近年来含低密度元素和抗氧化元素的难熔高熵合金逐渐成为研究热点。研究者在HfNbTaTiZr难熔高熵合金的基础上，系统研究了Al元素对难熔高熵合金组织和性能的影响，进一步降低了难熔高熵合金的密度，研制出密度$9.05g/cm^3$的单一BCC相等轴晶组织$Al_{0.4}Hf_{0.6}NbTaTiZr$合金。由于Al元素的添加，$Al_{0.4}Hf_{0.6}NbTaTiZr$难熔高熵合金的室温硬度和屈服强度与HfNbTaTiZr难熔高熵合金相比分别提升了29%和98%，且在1200℃时具有相同效果。研究人员研究了氧、氮对难熔高熵合金强度和塑性的影响，发现氧、氮的加入促使难熔高熵合金TiZrHfNb中形成了纳米尺寸的有序（O，Zr，Ti）间隙化合物，研究人员阐明了基于这种有序间隙化合物的新应变强化机制，在这种机制作用下，位错钉扎和增殖与亚结构均匀化之间达到平衡，大幅度提高了合金的强度和伸长率，其抗拉强度达到1.2GPa，与TiZrHfNb难熔高熵合金基体相比，提高50%以上，同时还具优异塑性，研究人员选择低密度的难熔元素研制出了密度为$6.57g/cm^3$的CrNb-TiVZr难熔高熵合金，硬度为4.72GPa，且这种难熔高熵合金是由富Nb和Ti的无序BCC相和富Cr和V的有序Laves相组成，由于脆性Laves相存在，其压缩应变仅3%。通过热力学研究发现Laves相在高温下会分解，因此CrNbTiVZr难熔高熵合金在高温下具有优良的综合力学性能，但需通过分解和控制Laves相析出改善室温脆性。目前难熔高熵合金已形成了最小密度达$5.59g/cm^3$和使用温度达1400K的多种元素系列，与传统高温合金相比，难熔高熵合金在使用温度和综合力学性能方面具有独特的优势，表7.7统计了部分难熔高熵合金的综合性能

续表

序号	分类名称	特点
3	共晶高熵合金	传统高熵合金都是FCC结构或BCC结构的单相合金，难以兼具高强度和高塑性，研究者在研究不含Co的$Al_xCrCuFeNi_2$高熵合金过程中发现，高熵合金中的FCC/B2组织与传统高熵合金明显不同，存在大量亚微米棒状B2相，表现出典型的共晶合金组织特征，而且在过共晶合金中存在类似向日葵形貌的显微组织，但其力学性能没有提及。 高熵合金的铸造性能差，铸造宏/微观偏析严重，限制了高熵合金的工业化应用。为解决这些问题，2014年研究者根据共晶合金的概念提出了一种具有塑性FCC相和高强度BCC相交替的片层或棒状显微组织共晶高熵合金设计方法。共晶高熵合金兼具了共晶和高熵合金的优点，具有优异的强度和塑性、良好的高温蠕变抗力、低能相界且组织可控。研究者采用传统铸造方法成功研制出具有共晶结构的$AlCoCrFeNi_{2.1}$共晶高熵合金，具有很好的铸造性能，显微组织为均匀细小的FCC/B2双相片层组织。这种规则的片层结构易于位错的堆积和软硬相的更替，因此其共晶高熵合金的室温抗拉强度为944MPa，伸长率为25.6%；在600℃700℃时该共晶高熵合金的抗拉强度和伸长率分别达到806MPa、33.7%和538MPa、22.9%，而且经过热处理后强度更高，综合力学性能显著高于NiAl基高温合金。研究人员对$AlCoCrFeNi_{2.1}$共晶高熵合金进行低温轧制和退火处理后，在FCC片层内部形成了纳米尺寸的再结晶FCC晶粒和片状B2有序结构，由于层状复合组织的协同效应显著强化了合金的力学性能，使合金的拉伸屈服强度达到1437MPa，伸长率在14%左右。研究者根据元素的混合焓和等原子率，用Zr、Nb、Hf和Ta元素取代$AlCoCrFeNi_{2.1}$共晶高熵合金中的Al元素，设计出一系列的共晶高熵合金，显微组织均为细小的片层，并且具有很好的结构稳定性。研究者研究具有BCC相和HCP相的片层结构$Nb_{25}Sc_{25}Ti_{25}Zr_{25}$四元共晶高熵合金，铸态条件下具有很好的强度和塑性，但在高温退火时，α相发生粗化，合金性能降低。又有研究者研究了一种具有共晶枝晶凝固模式的铸态CoCrFeNiMnPd共晶高熵合金，由富CoCrFeNiPd的FCC相和Mn_7Pd_9四方相组成，这主要是由于高熵合金的缓慢扩散效应有助于非平衡凝固组织的稳定。研究者根据具有共晶点的二元相图，设计了预期具有高强度和伸长率的CoCrFeNiNbx共晶高熵合金并研究了Nb含量的影响，$CoCrFeNiNb_x$共晶高熵合金的显微组织是塑性FCC相和脆性Laves相组成的细小片层结构，$CoCrFeNiNb_{0.5}$共晶高熵合金具有优异的综合力学性能，压缩断裂强度达到2300MPa，伸长率达到23.6%
4	高熵非晶合金	根据Inoue的非晶形成经验判据，由三种以上元素组成是一条重要的标准，这与高熵合金的多主元设计准则相符。2002年，研究者在TiZrHfCuM(M=Fe,Co,Ni)合金的非晶形成能力研究中参考Greer的“混淆准则”制备出了等含量的$Cu_{20}Hf_{20}Ni_{20}Ti_{20}Zr_{20}$非晶合金。根据后来提出的高熵合金的概念，可以认为$Cu_{20}Hf_{20}Ni_{20}Ti_{20}Zr_{20}$是第一种报道的高熵非晶合金(HE-BMG)。因此高熵非晶合金被定义为由五种或者五种以上元素等/近等原子比形成的非晶合金，与传统单一主元素的非晶合金相比，高熵非晶合金具有更高的混合熵。高熵合金中固溶体相和非晶相的生成主要取决于原子尺寸分散性和混合焓两个物理参数，研究发现当原子尺寸分散性大于0.064，混合焓小于−12.2kJ/mol时，高熵合金会形成高熵非晶合金。高熵非晶合金的出现，极大地扩展了非晶合金的应用，其在磁制冷、软磁性、生物医用、比强度等方面具有显著的优势。 近十年来，对高熵非晶合金也有了广泛的研究。2011年研究者将高熵的概念引入非晶合金领域，并基于高熵合金的设计准则研制出一系列的非晶合金，与传统非晶合金相比，所研制的$Sr_{20}Ca_{20}Yb_{20}Mg_{20}Zn_{20}$，$Sr_{20}Ca_{20}Yb_{20}(Li_{0.55}Mg_{0.45})_{20}Zn_{20}$和$Sr_{20}Ca_{20}Yb_{20}Mg_{20}Zn_{10}Cu_{10}$等高熵非晶合金仍具有优异的非晶形成能力。由于其多主元元素的成分，在元素成分以及性能混合准则的影响下，表现出很多独特的物理和力学性能，如$Sr_{20}Ca_{20}Yb_{20}(Li_{0.55}Mg_{0.45})_{20}Zn_{20}$高熵非晶合金的$T_g$已经接近室温，表现出优异的橡皮泥机械性能，在压缩过程中出现明显的稳定塑性变形阶段，且其弹性模量仅为16GPa。FeSiBAlNiNb高熵非晶合金具有更好的热稳定性(Nb和B元素的作用)和低矫顽力的软磁性能(Fe和Ni元素的作用)，$Pd_{20}Pt_{20}Cu_{20}Ni_{20}P_{20}$高熵非晶合金在Pd和Pt元素的作用下具有很高的非晶形成能力，而$Ti_{20}Zr_{20}Cu_{20}Ni_{20}Be_{20}$高熵非晶合金在Ti、Zr和Ni的作用下表现出高达2315MPa的断裂强度，在$Ga_{65}Mg_{15}Zn_{20}$中加入Sr和Yb可获具优异骨生长和新骨形成能力的CaMg-ZnSrYb高熵非晶合金，这种新高熵非晶合金具与皮质骨相近的弹性模量，且Sr和Yb的加

续表

序号	分类名称	特点
4	高熵非晶合金	入大大改善合金的耐腐蚀性能。 研究证明加入化学性质相似的元素可增强高熵非晶合金的非晶形成能力，如在 $Ti_{20}Zr_{20}Cu_{20}Ni_{20}Be_{20}$ 高熵非晶合金中加入与Zr化学性质相似的Hf元素，可形成TiZrHf-CuNiBe六元高熵合金，显著降低合金的玻璃转化温度，使六元高熵非晶合金具有更大的非晶形成能力。在FeSiBAlNi高熵合金中加入适量Co和Cu可使固溶体结构的高熵合金转变成完全的高熵非晶合金
5	高熵高温合金	单相高熵合金虽具优异的室温力学性能，但其高温强度却无法令人满意。早期难熔高熵合金的密度较高，无法满足航空航天领域对轻质耐高温结构材料的要求，随着轻金属元素Al、Ti等的加入，难熔高熵合金的密度显著降低，但在单相基体上形成了析出相。基于传统高温合金的析出相增强设计方法研究者于2015年提出了高熵高温合金的概念。高熵高温合金是一类以FCC或BCC固溶体为基体，在基体上均匀分布着晶体结构相似的有序第二相的高熵合金，第二相起到析出强化作用。研究人员基于非等摩尔比的Al-Co-Cr-Fe-Ni-Ti合金设计了一种密度低于 $8g/cm^3$ 的高熵高温合金体系，并利用定向凝固制备出了多种枝晶组织的高熵高温合金，密度为 $7.64g/cm^3$。这种高熵高温合金是以固溶FCC结构的 γ 相为基体，$L1_2$-γ' 析出相均匀分布在基体上且其体积分数达到46%，这种 γ' 相的高温稳定性比传统Ni-Fe基高温合金好，这种高温稳定的析出相可有效地强化高熵高温合金的室温和高温性能。同时由于Cr和Al的加入，可有效提高合金的高温抗氧化能力。研究者系统研究了FCC-FeCoNiCr高熵高温合金显微组织和室温力学性能，由于Al和Ti加入使高熵高温合金的基体上形成了大量的纳米尺寸 $L1_2$ 析出相，通过热处理和显微组织控制，合金的拉伸屈服强度可达1GPa以上并保持17%的伸长率，其中纳米析出相（$L1_2$）的析出强化是主要强化机制。陈瑞润等设计出一种纳米尺度析出相增强的双FCC晶体结构 $Co_9Cr_7Cu_{36}Mn_{25}Ni_{23}$ 高熵合金，这种高熵合金具有优异的综合力学性能，通过计算发现由于纳米颗粒与基体之间的剪切模量失配和晶格畸变，高熵合金的强度提高了419MPa，同时由于晶界强化和固溶强化，这种高熵合金的拉伸屈服强度为401MPa，伸长率达到36%。 此外，元素添加和热处理也会影响高熵高温合金的显微组织和析出相的形成，研究者研究了C、Mo和Ti元素的添加对 $Al_{0.3}CoCrFeNi_x$（x=C、Mo、Ti）高熵合金显微组织和时效强化的影响。铸态 $Al_{0.3}CoCrFeNi_x$ 高熵合金为单一FCC相固溶体或FCC+共晶碳化物，当合金在700℃经长时间时效处理后析出了不同结构第二相，硬度显著增加。研究者又系统研究了 $L1_2$-γ' 析出相对 $Ni_{47.9}Al_{10.2}Co_{16.9}Cr_{7.4}Fe_{8.9}Ti_{5.8}Mo_{0.9}Nb_{1.2}W_{0.4}C_{0.4}$ 高熵高温合金高温拉伸和蠕变行为的影响，由于 γ' 析出相的高体积分数和高反相畴界能，这种高熵高温合金具有优异的室温和高温性能，其高温强度接近CMSX-2高温合金，通过析出相尺寸和错配度优化进一步强化性能，且高温蠕变寿命也与部分常规高温合金相近。 2016年由美国空军实验室研究人员在 $CrMo_{0.5}NbTa_{0.5}TiZr$ 难熔高熵合金基础上，用Al元素代替Cr元素，制备出密度 $7.40g/cm^3$ 的双BCC相的针状纳米层状组织 $AlMo_{0.5}NbTa_{0.5}TiZr$ 高熵高温合金。$AlMo_{0.5}NbTa_{0.5}TiZr$ 高熵高温合金室温压缩屈服强度达2000MPa，压缩塑性10%，弹性模量达178.6GPa，即使在1000℃条件下，这种高熵合金的压缩屈服强度也达745MPa。由于这种高熵高温合金的主元素为难熔元素，因此又称难熔高熵高温合金。基于Al-Zr二元体系金属间化合物的形成能力，系统研究了Al和Zr含量的变化对难熔高熵高温合金相组成的影响，随着Al含量的降低，析出相的形状发生明显变化，而且Zr含量的降低导致了有序六方相的析出，合金的室温和高温性能也显著降低。研究者根据价电子浓度理论设计了一种BCC固溶体为基体的 $Al_{0.7}CoCrFe_2Ni$ 高熵高温合金，弥散分布在BCC基体上的纳米析出相（B2）可起到析出相强化的作用，使其具优异的室温和高温力学性能
6	高熵金属间化合物	高熵合金的高混合熵虽然抑制了金属间化合物的形成，但在部分高熵合金中仍存在少量金属间化合物析出相，细小的金属间化合物析出相可有效改善高熵合金的力学性能。研究者通过控制有序无序相变和元素分配实现了纳米尺寸析出物的形成，在FCC结构高熵合金中引入韧性多组元金属间化合物纳米析出相，充分发挥了纳米金属间化合物析出相的强化作用，使高熵合金具有较高的强韧性。在高熵高温合金中 $L1_2$-γ'、B2等金属间化合物析出相

续表

序号	分类名称	特点
6	高熵金属间化合物	的强化作用使高熵高温合金具有优异的综合力学性能，而且在一些高熵高温合金中金属间化合物析出相的比例可达到 46%，这使其抗拉强度可以超过 Inconel 617。金属间化合物比强度和比刚度高、抗氧化性能好、高温力学性能优异，然而金属间化合物的室温脆性严重制约了其作为结构材料的工程应用。借鉴高熵材料的设计理念，研究者在 2017 年首次提出高熵金属间化合物的概念，将高熵金属间化合物定义为一类至少某一亚点阵由 3 种或 3 种以上原子按(近)等摩尔比随机占据的具有长程有序晶体结构的金属间化合物，其金属间化合物相(主相)的体积分数至少为 75% 以上。传统金属间化合物原子排列高度有序，其组态熵近似为 0，而多主元化后金属间化合物的某一亚点阵存在着多种原子随机占位，混乱度得到提高，此时组态熵值不再为 0。因此，高熵金属间化合物是由金属间化合物的亚点阵多主元化而得到，这样的多主元化会导致其熵值显著增加。高熵金属间化合物中同一亚点阵上各主元含量多为(近)等摩尔比，异类亚点阵上各总主元含量比依化学式的化学计量比而定，且主元存在特定亚点阵占位倾向，与高熵合金晶格中各主元的随机占位完全不同。 基于第三组元的占位规律和伪二元相形成条件并结合休姆-罗瑟里定则，对高熵金属间化合物进行成分设计，提出了高熵金属间化合物元素的基本选择规律，建立了高熵金属间化合物组态熵(ΔS_{conf})、价电子浓度(VEC)、混合焓(ΔH_{mix})和原子半径差(δ)等参量的计算模型，设计出一系列主相为简单晶体结构的高熵金属间化合物，如 X_3Al(X=Fe、Co、Ni 和 Cr)系高熵金属间化合物(主相为 B2 结构)、Ni_3X(X=Al、Si、Ti、Mn、Fe、V 和 Cr)系高熵金属间化合物(主相为 $L1_2$ 结构)以及 $(Co,Ni)_3X$(X=Al、Si、Ti、Mn、Fe、V 和 Cr)系高熵金属间化合物(主相为 $L1_2$ 结构)。研究发现，几种成分的铸态高熵金属间化合物不但强度较高，而且室温塑性不低。金属间化合物强度和塑性不能兼得的难题，有可能在特定成分的高熵金属间化合物中获得解决，这必会极大促进金属间化合物结构材料的工程应用

(3) 高熵合金复合材料体系

为进一步提高高熵合金的力学性能，通常在高熵合金基体中添加增强相以形成高熵合金复合材料。这些复合材料综合了高熵合金和增强相的性能，具有广阔的应用前景。弥散分布的细小硬质陶瓷相的引入可进一步增强多主元高熵合金的力学性能。常见的增强相有：陶瓷增强相 TiC，TiB，TiB_2，B_4C；金属间化合物 TiAl，Ti_3Al，Ti_5Si_3；氧化物 $A1_2O_3$，RE_2O_3（RE 为稀土元素）以及氮化物 AlN，TiN 等。

例如，通过高温自蔓延-熔铸改善的原位自生成法制备了成分为 AlCrFeCoNiCu-10%（体积分数，下同）的 TiC，CrFeCoNiCuTi-10%TiC 的 TiC 增强多主元高熵合金基复合材料，进一步提高了合金力学性能。又如，利用原位自生成法制备了 TiC 增强多主元复合材料 $Al_{0.5}$CoCrCuFeNi-y%TiC（y=5，10，15），发现在加入一定量的 TiC 后，合金会出现一定量的 BCC 相和大量的富 Cu 纳米析出相，使其强度增加。但是当 TiC 超过一定量后，合金体系中会出现空洞缺陷，使其强度降低。再如在 CoFeNiCu 中分别添加 TiC、WC、Al_2O_3、B_4C 增强相，TiC、WC、Al_2O_3 都有明显的细化晶粒作用，B_4C 会使合金析出富集 Cu 的复杂相，增强其强度，另外添加 TiC 增强相的高熵合金复合材料具有最优的高温力学性能。

7.2.2 根据高熵合金组元种类和晶体结构特点进行分类

可将高熵合金分为过渡元素（传统）高熵合金，难熔高熵合金，共晶高熵合金，高熵非晶合金，高熵高温合金以及高熵金属间化合物等（详见表 7.6）。

表 7.7　部分难熔高熵合金的组织结构、密度及力学性能

合金成分	结构	$\rho/(g\cdot cm^{-3})$	T/℃	$R_{p0.2}$/MPa	δ/%
$Al_{0.4}Hf_{0.6}NbTaTiZr$	BCC	9.05	23	1841	10
			800	796	>50
			1000	298	>50
$AlMo_{0.5}NbTa_{0.5}TiZr$	BCC+B2	7.40	23	2000	10
			800	1597	11
			1000	745	>50
			1200	255	>50
$Al_{0.25}NbTaTiV$	BCC	8.80	23	1330	>50
$Al_{0.5}NbTaTiV$	BCC	8.46	23	1012	>50
AlNbTaTiV	BCC	7.89	23	991	>50
$Al_{0.3}NbTa_{0.8}Ti_{1.4}V_{0.2}Zr_{1.3}$	BCC	7.78	25	1965	5
			800	678	>50
			1000	166	>50
$AlNb_{1.5}Ta_{0.5}Ti_{1.5}Zr_{0.5}$	BCC	6.88	25	1280	3.5
			800	728	30
			1000	403	>50
AlNbTiV	BCC	5.59	22	1020	5
			600	810	12
			800	685	>50
			1000	158	>50
HfMoNbTiZr	BCC	8.69	23	1575	9
			800	825	>50
			1000	635	>50
			1200	187	>50
HfNbTaTiZr	BCC	9.94	23	929	>50
			600	675	>50
			800	535	>50
			1000	295	>50
			1200	92	>50
	BCC,Cold rolling+HT		25	1145	9.7
HfNbTiVZr	BCC	8.06	25	1170	30
HfNbTiZr	BCC	8.40	25	879	14.5
MoNbTaVW	BCC	12.36	23	1246	1.7
			600	862	13
			800	846	17
			1000	842	19
			1200	735	7.5
			1400	656	18
			1600	477	13
NbTiVZr	BCC	6.5	25	1105	>50
			600	248	>50
			800	187	>50
			1000	58	>50
$NbTiV_2Zr$	BCC	6.38	25	918	>50
			600	571	>50
			800	240	>50
			1000	72	>50
CrNbTiVZr	BCC+相	6.52	25	1298	3
			600	1230	20
			800	615	>50
			1000	259	>50
CrNbTiZr	BCC+相	6.67	23	1280	
$CrMo_{0.5}NbTa_{0.5}TiZr$	BCC+相	8.23	23	1595	5
			800	983	5.5
			1000	546	>50
			1200	170	>50
TiZrHfNbCr	BCC+相	8.24	23	1375	

7.3 高熵合金的强韧化，及其成分、结构与性能关系，以及制备方法

7.3.1 高熵合金的四大效应

与传统合金相比，高熵合金能具有性能上的独特性和优越性，与其背后的形成机理休戚相关。由于其成分的复杂性，研究人员总结了有关高熵合金的四大效应（详见表7.8）。

表7.8 高熵合金的四大效应

序号	名称	四大效应的具体内容
1	热力学的高熵效应	熵，在热力学中代表一个体系的混乱程度，混乱度越高，熵值也就越大。根据玻尔兹曼公式及熵的可加性，可得到固溶体合金混合熵为： $$\Delta S_{mix}=-R\sum_{i}^{N}c_i\ln c_i \quad (7\text{-}2)$$ 式中，R为气体常数，为8.314J/（K·mol）；c_i为第i种组元的物质的量；N为组成合金的组元数。当合金组元为等物质的量之比时，体系具有最大混合熵，故这种按等摩尔比组成并具有简单结构的新型合金被命名为“高熵合金”。 高熵效应主要是用于解释高熵合金中多组元互溶生成简单相的原因：a. 高温条件下的高混合熵能有效降低体系的自由能，从而稳定生成的简单相；b. 高混合熵可能减小电负性差，抑制组元的偏聚甚至化合物的形成，促进组元间的混合，形成简单FCC或BCC相。 这是高熵合金最重要的特性，不同组元数目的合金在等物质的量时的混合熵见表7.9。$\Delta S_{mix}=1.50R$是高温时抵抗原子强键合力的必要条件，因此认为5个主元是必要的，高温条件下高的混合熵能有效降低合金吉布斯自由能，稳定形成的简单多元固溶相。高熵合金是固溶强化的典型合金，固溶强化效应能够明显提高合金的强度与硬度
2	动力学的迟滞扩散效应	扩散是材料中一个重要现象，金属的凝固、组织形貌形成及固态相变等都与之密切相关。相的形成离不开原子的协同作用。不同原子的扩散激活能及原子间结合力都大相径庭，这些因素会阻碍原子扩散，从而降低扩散速率。高熵合金凝固的过程一般可分为两个阶段：a. 高温阶段。相分离由于高熵效应受到抑制，形成相相对稳定。b. 凝固阶段。需要借助各元素协同扩散才能达到相分离平衡，扩散速率受限抑制了新相的形核和晶粒长大。因此，迟滞扩散效应对高熵合金固溶体从高温保持到低温功不可没。 由于高熵合金元素种类较多，其原子尺寸相差较大，内部结构相对复杂，因此容易凝固时产生致密的纳米级析出颗粒和非晶相，有可能大大增强合金的耐腐蚀性。目前多是利用机械合金化来制备含有非晶相的高熵合金。例如，冷变形后的$Al_{0.3}CoCrFeNi$高熵合金经退火后可获得超细晶结构，具有良好的热稳定性，使材料具有良好的强韧性
3	结构上的晶格畸变效应	高熵合金中的原子已失去传统合金中溶质和溶剂的意义，所有的构成原子互为溶质或溶剂，因此，每一个原子都有随机占据晶格结点的可能性。由于原子尺寸的差别，导致合金中的晶格会发生畸变（见图7.5），进而影响合金的宏观性能，太大的原子尺寸差甚至可能使晶格畸变能过高，无法保持晶体结构构型，从而使晶格坍塌形成非晶相。晶格畸变对材料的热学、力学、电学、光学等方面的性能都会产生影响。严重的晶格畸变增加位错运动阻力，显著增加合金硬度、强度。例如，2016年研究者通过在FCC-HCP双相FeMnCoCr高熵合金中引入C原子方式对其进行间隙原子强化，同时利用孪晶增韧（TWIP）和相变增韧（TRIP），获得抗拉强度近1GPa、伸长率＞50％的超强度、超韧性的高熵合金。又如，2018年研究者在BCC型TiZrHfNb高熵合金中添加适量氧，使氧原子与高熵合金基体形成有序间隙原子复合体，使位错由平面滑移转向波浪滑移，促进了位错的滑移和增殖，从而显著提高了BCC结构材料中位错的滑移能力，以达提高合金强度与塑性的目的。所得材料的屈服强度达1.1Gpa，伸长率近30％
4	性能上的“鸡尾酒”效应	“鸡尾酒”效应，是指元素的一些基本特性会影响合金的整体性能。高熵合金的“鸡尾酒效应”是指不同元素有各自不同的特性，高熵合金的性能不只是各元素性质简单叠加或平均，还有不同元素的相互作用，最终使高熵合金呈现出复合效应。即高熵合金虽能形成

续表

序号	名称	四大效应的具体内容
4	性能上的“鸡尾酒”效应	简单的固溶体结构，但其也是由多种不同元素共同构成的，因此每一种元素各自的特性会相互作用、彼此影响，最终复合出一种协同的性能效果。例如，如使用较多高熔点元素则易获得难熔高熵合金；若使用含 Ti、Co、Cr 等元素高熵合金，有良好抗腐蚀性能，甚至比传统不锈钢还耐腐蚀。 对高熵合金来说，各组元共同影响合金的整体性能。通过选取各种特定元素，以等摩尔比或近等摩尔比制备高熵合金，以元素的性质来对合金的性质进行复合，或许能够得到具有不同特性的高熵合金。“鸡尾酒”效应对探索设计具有优异性能的高熵合金有重要指导意义。例如，通过调节 Ta_xHfZrTi 中的 Ta 含量可以在 FCC 基体中引入 HCP 相，使合金具有相变诱发塑性(TRIP)，在保持高强度的情况下显著提高材料的塑性

表 7.9　不同组元数目的等物质的量合金的混合熵

N	1	2	3	4	5	6	7	8	9	10	11	12	13
$\Delta S_{mix}/R$	0	0.69	1.1	1.39	1.61	1.79	1.95	2.08	2.2	2.3	2.4	2.49	2.57

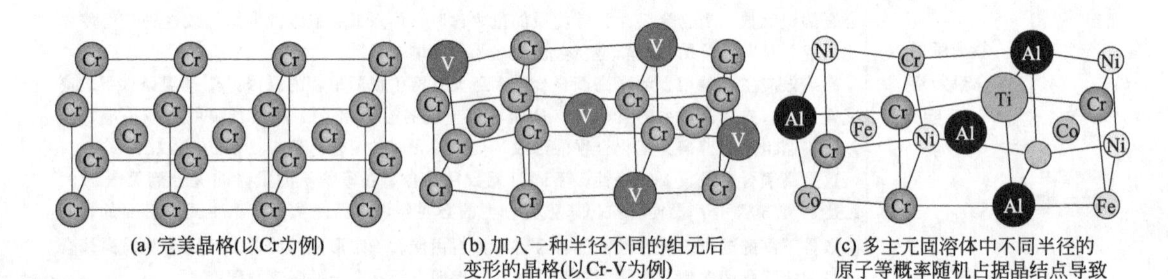

(a) 完美晶格(以Cr为例)　(b) 加入一种半径不同的组元后变形的晶格(以Cr-V为例)　(c) 多主元固溶体中不同半径的原子等概率随机占据晶结点导致的严重变形的晶格

图 7.5　BCC 晶体结构的示意图

7.3.2　高熵合金的强韧化特点

金属的强韧化方法有很多，一方面可根据组织决定性能的关系，通过改变内部组织结构来实现强韧化。其内在机理可以传统地划分为四类：固溶强化、位错强化、细晶强化和第二相强化。另一方面，除了从内部改善高熵合金性能之外，近年来通过表面处理方式来实现高熵合金强韧化的方法也逐渐涌现，如渗碳、渗氮、镀膜等。详见表 7.10。

表 7.10　高熵合金的各类强韧化特点

序号	名称	强韧化特点
1	固溶强化	它是金属材料常用的强化机理，利用溶剂原子固溶于溶质引起晶格畸变，从而产生一定的晶格应力场，增大位错运动的阻力。按照溶质原子所处的位置，固溶体可分为置换固溶体和间隙固溶体。通常溶质原子与溶剂原子半径相差 Δr＜15%时容易形成置换固溶体，反之则容易形成间隙固溶体。 研究者通过给 CoCrFeMnNi 基体中添加不同含量的 Al 来研究其拉伸性能。对 FCC 结构的 CoCrFeMnNi 基体来说，Al 元素起到了重要的强化作用。随着 Al 含量的增加，合金的屈服强度由 209MPa 增加到 832MPa，抗拉强度从 496MPa 增加到 1174MPa，而伸长率从不含 Al 时的 61.7%降低到 Al 含量为 11%时的 7.7%。这个过程中 $Al_x(CoCrFeMnNi)_{100-x}$ 经历了两次相变，当 Al 含量(原子分数)小于 8%时，合金表现出单相 FCC 结构；Al 含量介于 8%～16%之间时表现出 FCC＋BCC 双相结构；当 Al 含量大于 16%时，合金表现为单相 BCC 结构。研究者研究了 Al_xCoCrFeNi 系列的高熵合金的硬度随着 Al 含量的变化。结果表明，当 x＜0.5 时，合金表现出单相的 FCC 结构，其晶格常数是随 Al 含量增加而增加的，硬度上没有明显的变化，大约为 120HV；当 $0.5 \leqslant x < 0.9$ 时，合金由 FCC＋BCC 两相构成，

续表

序号	名称	强韧化特点
1	固溶强化	由于成分稳定，其各自的晶格常数保持不变，而硬度由于BCC相的生成而急剧提升；当$x \geqslant 0.9$时，合金完全由BCC相构成，其晶格常数先是迅速增加而后随Al浓度提高有小幅的增加，此时，合金的硬度基本达到了最大值527HV，且不会再因为Al含量的增加而有大的改变。可见，添加主元引起的固溶强化与原始固溶体的固溶度饱和引发新的固溶体的生成密切相关。研究者又另辟蹊径，设计出单相FCC结构的$Fe_{40.4}Ni_{11.3}Mn_{34.8}Al_{7.5}Cr_6$高熵合金，给合金中加入小半径的C原子以求能形成含C的间隙固溶体。XRD结果表明，即使是1.1%(原子分数)含碳量的合金也没有碳化物出现，且晶格常数是随含碳量线性增加的，这就意味着所有C原子都固溶到了晶格的间隙，因此也就能够得到C含量变化对力学性能的影响。从$Fe_{40.4}Ni_{11.3}Mn_{34.8}Al_{7.5}Cr_6$高熵合金的拉伸真实应力-应变曲线上可以很清楚地看到，含碳量为0时合金的屈服强度约为170MPa，含碳量为1.1%(原子分数)时屈服强度就达到了375MPa。同时含碳量的增加延迟了颈缩进而提高了合金的塑性
2	位错强化	通常都是依靠锻造、轧制之类的压力加工方式来实现。压力加工可以改善铸态高熵合金中诸如缩孔疏松的铸造缺陷，改善内部组织，是常用的预加工方式。经过塑性变形的合金，晶粒内部会产生大量的位错，变形严重的还会引起严重的晶格畸变，进一步加强固溶强化效应。2015年研究人员研究了不同轧制量对$Al_{0.25}CoCrFe_{1.25}Ni_{1.25}$力学性能的影响。结果发现，轧制并没有改变其FCC结构的单相组成，随着轧制量的增大，枝晶破碎，晶粒沿轧制方向变形拉长，合金的屈服强度也随之大幅提高。当晶粒沿轧制方向的变形量为80%时，合金的屈服强度可达650MPa，但这是以损失大量塑性为代价的。2017年Hou等又通过研究$Al_{0.25}CoCrFeNi$得到了轧制量与晶粒尺寸之间关系。Ma等则通过透射电镜证实了轧制后$Al_{0.5}CrCuFeNi_2$强度急剧增加是源于晶粒内部位错的大量增殖。虽然位错强化可以快速提高合金的强度，但它很难使合金既强又韧(无孪晶生成的情况下)，尤其是在大塑性变形的条件下。通常经过冷加工的合金还需进行退火处理，消除残余应力，细化晶粒，调整组织才能进行后续的切削加工工作
3	细晶强化	它是所有强化方式中唯一可同时提高材料强度和塑性的强化方式，因此，人们常希望合金能以该方式得到强韧化。研究者对$Al_{0.3}CoCrFeNi$预先轧制90%后在973～1373K进行1h的退火，结果发现其在1073K完全再结晶后从晶界析出的微小第二相抑制了晶粒的长大，因此获得了超细晶，也由此证明了获得超细晶未必只能依靠大塑性变形。Wani等也从对$AlCoCrFeNi_{2.1}$共晶高熵合金的研究中得到了类似结论。除了退火能够引发细晶之外，孪晶也可作为一种细化晶粒的结构。Bönisch等发现了$Al_{0.5}CoCrFeNi$在拉伸变形过程中的加工硬化率非常高，其中FCC基体在变形过程中产生了大量的变形孪晶，此时孪晶界的作用与晶界是类似的，它满足类霍尔-佩奇关系，能够在一定程度上细化晶粒，同时提高合金的强度和塑性
4	第二相强化	通常，工程上使用的合金多为两相或多相合金，合金中第二相的存在无疑会对基体相产生不同程度的影响。 ①聚合物合金。第二相的尺寸与基体相是同一数量级时的两相合金为聚合型合金。Rao等利用原位透射电镜研究了热锻后的$Al_xCoCrFeNi$(x=0.3，0.5，0.7)高熵合金中第二相对力学性能的影响。当x=0.3时，FCC相的体积分数为99.9%，BCC的体积分数为0.1%；当x=0.5时FCC的体积分数为98%，BCC的体积分数为2%；当x=0.7时，BCC的体积分数可达到36%。第二相体积增加带来的直接后果就是晶粒尺寸从大于600μm迅速减小到26.6μm，此外合金内部因为塑性变形产生的大量变形孪晶也会对合金起到强韧化的作用。 ②析出强化与弥散强化。第二相尺寸远小于基体并均匀分布于基体中时的两相合金为弥散分布型合金。特别地，根据这些细小的第二相是固溶体饱和析出的还是人为机械添加进合金的可以细分为析出强化和弥散强化。 a. 析出强化。研究者研究了$(FeCoNiCr)_{94}Ti_2Al_4$经两种不同的热机械处理之后微观结构的变化及其对力学性能的影响。结果表明，经P1(冷轧30%+1273K退火2h+1073K时效18h)处理后的合金除了FCC基体之外，还包含了两类析出相，一类是不到40nm的球形纳米析出相，另一类是尺寸大于100nm的条形析出相，它们都是$Ni_3(Ti,Al)$型的$L1_2$相。

续表

序号	名称	强韧化特点
4	第二相强化	经 P2(70%冷轧+923K 时效 4h)处理后合金基体中均匀分布着细小的 $L1_2$ 纳米析出相。根据第二相的尺寸确定这些析出相与位错是以切过机制进行强化的。由拉伸应力-应变曲线可很清楚地看到，P1 和 P2 处理的合金的抗拉强度分别达 1GPa 和 1.3GPa，塑性能达 40%和 20%，可见析出强化也是非常有效的强韧化机制。研究者还对 $Al_{0.2}CrFeCoNi_2Cu_2$ 分别进行 700℃/20h 和 800℃/1h 的退火处理后发现前者的 FCC 基体中析出了许多均匀的 $L1_2$ 纳米沉淀，而后者仍保持着单相 FCC 结构。表现到力学性能上，前者比后者屈服强度高 260MPa，但塑性保持在相同水平(约为 30.4%)。 b. 弥散强化。研究者通过机械合金化和放电等离子烧结的方法将 5%(质量分数)的纳米级 Y_2O_3 颗粒加入 CoCrFeNi 高熵合金中实现弥散强化。强化后的合金压缩屈服强度从 654MPa 提升到了 1754MPa。Y_2O_3 颗粒的加入不仅能阻碍位错的运动还细化了晶粒，引起细晶强化。尽管如此，合金压缩塑性还是从 50%以上降低至 5.8%，这种大幅降低也源于硬质颗粒对合金的影响。可见该纳米级颗粒的添加不能使 CoCrFeNi 合金的综合力学性能达到最佳。研究者还利用 3%(质量分数)的 Y_2O_3 纳米颗粒来增强 CoCrFeMnNi 高熵合金，结果发现无论是室温还是 800℃条件下，纳米颗粒强化的 CoCrFeMnNi 的拉伸屈服强度都比无添加的单相合金要高至少 300MPa、但塑性至少降低 50%，而压缩屈服强度大约比无添加的单相合金高 200MPa，仍能保持良好塑性。故通过添加硬质颗粒方法来强韧化高熵合金时还需对硬质颗粒的大小、数量、硬度等属性对力学性能的影响进行进一步研究
5	渗碳、渗氮表面强化	通常，对材料基体进行一定的化学热处理可使其表面达到特定要求。从合金强韧化角度来说，渗碳、渗氮是一种有效方法，其工艺是在一定温度介质中将碳、氮原子渗入工件表层以获得表硬内韧材料，并提高金属耐磨性和使用寿命的方法。 ①固体渗碳。研究人员研究了固体渗碳对等原子比 CoCrFeNi 高熵合金形貌和力学性能的影响。经 920℃、10h 的渗碳，合金表面形成了约 185μm 的渗碳层。距离表层约 45μm 的区域形成了很多短棒状的 M_7C_3 析出相，剩余的 140μm 的区域内分布着细小的 $M_{23}C_6$ 析出相，随渗碳层深度的增加，析出相尺寸增加、数量减小，而基体中则没有任何沉淀生成。合金的表面硬度比基体提高了 220HV，耐磨损系数也得到大幅提升。研究者对 FCC 结构的 CoCrCuFeNi 在 850℃、5h 进行了固体渗碳，合金表面附近析出了许多细小碳化物，合金密度随渗碳层深度的增加而减少，尺寸却相应增大。渗碳后合金表面硬度比内部提高了 50%。 ②等离子渗氮。研究者研究了 623～823K 条件下等离子渗氮对 CoCrFeMnNi 组织、力学性能和腐蚀性能的影响。623～723K 下氮原子会溶入晶格形成 FCC 过饱和固溶体，723～823K 下则会有 CrN 形成，723～823K 下渗氮处理的渗层深度和硬度比 623～723K 下的要更高。经过渗氮处理的合金硬度可达 1300HV 以上，且其耐磨损性也得到了明显的提高。研究者对 $Al_{0.5}CrFe_{1.5}MnNi_{0.5}$ 这一新成分进行渗氮处理，合金在 600～800℃表现出非常明显的时效硬化现象，渗氮层中的氮化物有 AlN、CrN 和 $(Mn,Fe)_4N$，深度可达 75μm 左右，表层硬度可达 1250HV，其耐磨性是传统合金的 25～54 倍
6	镀膜强化	2016 年研究者使用 Ni-P 非晶薄膜去镀单相 FCC 结构 $Al_{0.25}CrCoFe_{1.25}Ni_{1.25}$ 高熵合金。发现在 35μm 薄膜作用下，该合金屈服强度提升了 160%，塑性约 50%，仍和基体塑性保持在同一水平。又有研究者用 Ni-P 薄膜去镀非晶态高熵合金 $Ti_{20}Zr_{20}Hf_{20}Be_{20}Cu_{20}$。对非晶合金来说，高强低韧是其最大的力学性能特点。 $Ti_{20}Zr_{20}Hf_{20}Be_{20}Cu_{20}$ 的屈服强度可达 2.3GPa，但塑性仅 1%～2%，10μm 的镀膜就可使合金的塑性提高约 5.7%，这主要归因于薄膜与合金基体间的紧密结合力

对于高熵合金的研究，决不能仅仅停留在获取简单固溶体结构和设计新成分的层次。以强化机理为依据，研究人员尝试了许多不同的方法来激发合金的强韧化潜能，如：通过改变组元含量或添加其他种类组元的方法，使合金的固溶强化达到最大化；通过 TMCP 技术让合金发生位错强化和细晶强化；通过控制第二相的析出让合金发生第二相强化；通过渗氮、镀膜等表面处理手段对高熵合金强韧化，获得较理想的强韧化效果。

应当说明的是，目前高熵合金的强韧化通常是以激发多种强化机制使它们产生共同作用而实现的。但是如何使高熵合金的强度和塑性达到最佳的匹配关系目前还处于研究阶段，所以未来高熵合金的强韧化仍是高熵合金领域的研究重点和热点。

7.3.3 高熵合金的成分与结构特点

（1）高熵合金的化学成分组成

通常高熵合金由 5 或 6 个元素组成，已报道的高熵合金有 408 组，这些高熵合金涉及 37 个元素，包括 1 个碱金属元素（Li），2 个碱土金属元素（Be、Mg），22 个 B 族元素（Ag，Au，Co，Cr，Cu，Fe，Hf，Mn，Mo，Nb，Ni，Pd，Rh，Ru，Sc，Ta，Ti，V，Y，W，Zn，Zr）；2 个主族金属元素（Al，Sn）；6 个镧系金属元素（Dy，Gd，Lu，Nd，Tb，Tm）；3 个准金属元素（B，Ge，Si）和 1 个非金属元素（C）。

其中 Al、Co、Cr、Cu、Fe、Mn、Ni、Ti 及难熔金属（Mo、Nb、V、Zr）在公开报道的高熵合金中经常出现。第四周期 B 族 3d 元素构成的高熵合金含 Al、Co、Cr、Cu、Fe、Mn、Ni、Ti、V 等。其中 Cantor 合金包括 5 个元素 Co、Cr、Fe、Mn、Ni，96%的第四周期高熵合金包括 Fe 元素，29%包括 Mn 元素。

高熔点难熔炼金属元素形成的高熵合金由 Cr、Hf、Mo、Nb、Ta、Ti、V、W 和 Zr 元素构成，少数的合金中还加入 Al 元素等。

低密度高熵合金由 Al、Be、Li、Mg、Sc、Si、Sn、Ti、Zn 相对较轻的元素组成。黄铜或青铜基高熵合金主要有 Al、Cu、Mn、Ni、Sn、Zn 等，按 $Al_xSn_yZn_z(CuMnNi)_{(1-x-y-z)}$ 配方形成合金。应用于催化剂的高熵合金系列至少包括以下金属中的 4 个：Ag、Au、Co、Cr、Cu、Ni、Pd、Pt、Rh 和 Ru。

（2）以固溶体为主的高熵合金（见表 7.11）

表 7.11 以固溶体为主的高熵合金的类型及特点

序号	结构名称	应用
1	FCC（面心立方）	早期的高熵合金体系多以 CoCrFeNi 四元 FCC 固溶体为基体，加入其他元素提高性能。研究者加入 Cu 形成以 CoCrCuFeNi 为代表的 FCC 固溶体结构的高熵合金；Cantor 等加入 Mn 形成以 CoCrFeMnNi 为代表的 FCC 固溶体结构的高熵合金。例如 $Al_xCoCrFeNi_{10}$（$x \leqslant 0.3$）、CoCrCuFeMnNi 等都是单相 FCC 结构的高熵合金
2	BCC（体心立方）	研究者在 CoCrFeNi 四元面心立方固溶体基体中加入 Al 元素，形成以 AlCoCrFeNi 为代表的 BCC 固溶体结构的高熵合金。第四周期 3d 副族元素及高熔点难熔炼金属元素形成的高熵合金基本都是 BCC 高熵合金，例如 TaNbHfZrTi、TaNbVTi、$TaNbVTiAl_{0.25}$、$TaNbVTiAl_{0.5}$、$TaNbVTiAl_{1.0}$、TaWNbMoi、TaWNbVMo、TaNbHfZrTi 等
3	FCC 和 BCC 双相固溶体	研究人员在研究 CuNiAlCoCrFeSi 七元合金系发现，该合金系中 Cu、Ni 及二元 CuNi 均由 FCC 单相固溶体组成，而三元的 CuNiAl、四元 CuNiAlCo、五元 CuNiAlCoCr、六元 CuNiAlCoCrFe 以及七元系的 CuNiAlCoCrFeSi 均是 FCC+BCC 双相固溶体结构
4	HCP（密排六方）	其多由具有 HCP 结构的镧系重稀土金属元素 Dy、Gd、Lu、Tb、Tm、Y 等形成，如 DyGdLuTbY、DyGdLuTbTm、GdTbDyTmLu、HoDyYGdTb、YGdTbDyLu、YGdTbDyLu、MoPdRhRu 等。其余元素构成的 HCP 高熵合金有 $Al_{20}Li_{20}Mg_{10}Sc_{20}Ti_{30}$ 等
5	非晶结构	对于传统合金而言，特殊的热处理条件才能析出纳米结构相。但对于高熵合金而言，铸态和完全回火态就能析出纳米相甚至非晶组织，结合相关研究推测此现象是由晶格畸变效应和缓慢扩散效应综合影响的。 研究者合成了直径为 10mm 的高熵态非晶合金棒。研究人员还制备了 $Zn_{20}Ca_{20}Sr_{20}Yb_{20}(Li_{0.55}Mg_{0.45})_{20}$ 高熵态非晶合金，研究表明该合金具有超大的压缩塑性。PdPtCuNiP 为非晶高熵合金

7.3.4 高熵合金的性能特点

FCC 固溶体高熵合金有良好延展性但是强度较低，BCC 固溶体高熵合金强度高但延展性差，为获得既有较高强度又有良好延展性能的合金，故采用：a. 强化单相 FCC 固溶体高熵合金，如固溶强化、形变强化、渗氮处理、退火处理等；b. 提高单相 BCC 固溶体高熵合金的塑韧性，但较为困难；c. 制备共晶高熵合金。除室温下高熵合金表现出优异力学性能外，极端条件（如高温、低温）下，高熵合金也表现出良好性能。

（1）耐高温性，高强度、高硬度、高的疲劳强度与塑韧性

①高温性能　高熵合金具有较高的混乱度，且其混乱度会随温度的增加而增加，而自由度也就越来越低，合金的稳定性就越高。由于高温状态下，高熵合金依旧有高的熵值，其结构依旧稳定，固溶强化依然存在，因此高熵合金在高温时依旧保持着较高的强度。

对于耐高温高熵合金的研究，一是选择 V、Nb、Mo、Ta、W 等难熔金属元素制备高熵合金，如 $Nb_{25}Mo_{25}Ta_{25}W_{25}$ 与 $V_{20}Nb_{20}Mo_{20}Ta_{20}W_{20}$ 两种高熔点高熵合金，在 1400℃下，两种合金仍能保持单相 BCC 结构，600℃以上屈服强度下降较缓慢，优于传统高温合金；二是研究制备双相结构高熵合金，双相结构往往有更高的高温强度。

②室温性能　高熵合金的结构一般是简单 FCC 和 BCC 的固溶体。合金组元之间原子半径和晶体结构等方面有着不同，合金的固溶强化效应也使得合金中位错运动也难以进行。由于其特殊的结构特征，分子间不易发生变动、位移，因此在铸态下，比钢硬度更高，更加稳定。故此，高熵合金有着较高硬度与强度；当高熵合金处于无位错存在的非晶态时，其强度将会变得更高。

例如，通过机械合金化、热等静压烧结法制备等原子比的纳米晶 CuNiCoZnAlTi 高熵合金，其维氏硬度和压缩强度达到 8.79HV 和 2.76GPa。

研究者研究 $Al_{0.5}CuCoNiFeCr$ 高熵合金的疲劳性能，结果表明：疲劳极限介于 540～945MPa 之间，疲劳强度极限与抗拉强度极限比则介于 0.402～0.703 之间；与 4340 钢、15-5PH 不锈钢、钛合金、镍基高温合金与非晶合金等相比，其疲劳性能较为优异。

高熵合金本身就是一种固溶体合金，固溶强化作用使之铸态就表现出高强度、高硬度的特点，部分高熵合金与传统合金硬度对比见图 7.6。为获得室温下既有较高强度又有较好延展性的合金，共晶高熵合金的概念被提出，并成为目前一个研究热点。包含双相（如软的 FCC 相与硬的 BCC 相）的层片状或棒状共晶结构，具有高温蠕变抗性较高、相界能低、微观结构易调控的特点，具有高强度和良好延展性，如 FCC＋BCC 层状双相 $AlCoCrFeNi_{2.1}$ 共晶高熵合金，真实抗拉强度达到 1186MPa，伸长率为 22.8%。此外，利用亚稳态工程的方法，在不损失合金韧性的前提下提高合金强度，成功设计出具有孪晶增韧（TWIP）和相变增韧（TRIP）的双相高熵合金。

③低温力学性能　低温下材料性能的研究是目前材料研究的一大热点，低温材料在航空航天、民用工业、超导技术中有日益广泛的应用，低温钛合金、低温铝合金、低温镁合金等已被相继开发。许多传统金属和合金会发生低温冷脆转变，延展性与韧度急剧下降。但对高熵合金低温性能的研究有令人惊喜的新发现，CrMnFeCoNi 单相 FCC 固溶体结构高熵合金表现出越低温越坚韧的特点，合金低温下（77K），断裂韧度值大于 $200MPa \cdot m^{1/2}$，超过目前已知的所有纯金属及合金，抗拉强度也大于 1GPa，这是因为合金低温下特殊的变形机制产生了纳米孪晶，故具有良好塑性且导致连续的加工硬化。

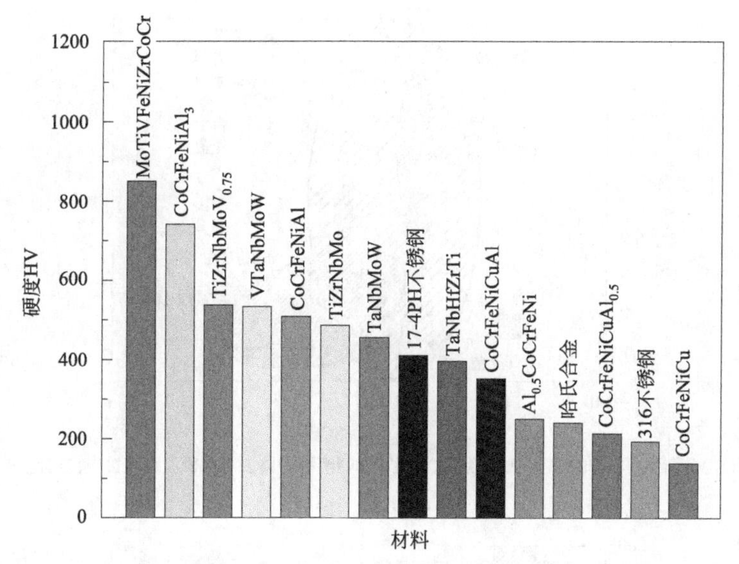

图 7.6 高熵合金与17-4PH不锈钢，哈氏合金和316不锈钢硬度对比图

研究者还研究了BCC结构的AlCoNiFeCr高熵合金的低温力学性能，在－196℃环境下，其压缩屈服强度由室温的1450MPa升至1880MPa，断裂强度则由室温的2960MPa升至3550MPa；而压缩塑性则由室温的15.5%降至14.3%。

（2）较好的耐磨性能

高熵合金的一系列强化效应使其具有较好的耐磨性能，合金元素的加入还可改变其磨损机制（如Al元素的增加，使分层磨损转化为氧化磨损，摩擦系数降低）。

一些学者对高熵合金耐磨性展开了相关研究，目前大多数是选择主要含过渡金属元素的高熵合金为研究对象。$Co_{1.5}CrFeNi_{1.5}Ti$和$Al_{0.2}Co_{1.5}CrFeNi_{1.5}Ti$高熵合金在相似硬度条件下，耐磨损性能至少是传统耐磨钢（如SUJ耐磨钢、SKH-51耐磨钢）的两倍，两种高熵合金高耐磨性能主要归功于合金良好的抗氧化性及抗高温软化性。耐磨损性与合金成分、组织结构、组元含量密切相关。因为有硼化物的形成，$CuCoNiCrAl_{0.5}FeB$高熵合金具有优良的耐磨性，合金抗磨损能力要优于传统的SUJ2耐磨钢。

（3）耐腐蚀性更好

高熵合金在凝固时，有些元素如Al、Cr、Co、Ni、Ti、Mo等钝化元素促进钝化膜形成（如形成致密的氧化膜），并且合金还具有微晶、非晶、单相及低自由焓等多种结构，故高熵合金的耐腐蚀性能极好。所以在日常使用中，多适用于制造船舰等长期被浸泡的工具。

例如，$Co_{1.5}CrFeNi_{1.5}Ti_{0.5}Mo_{0.1}$高熵合金有良好的抗点蚀性能；在Q235钢表面分别涂CoCrFeNiW和$CoCrFeNiW_{0.5}Mo_{0.5}$高熵合金层，浸泡质量分数为3.5%的氯化钠（NaCl）溶液，与基体相比，高熵合金涂层有更好的耐腐性，尤其是Mo元素的添加，使耐腐蚀性显著增强。可以预见，高熵合金抗腐蚀涂层在未来将有广泛应用。

在质量分数为3.5%NaCl溶液中，高熵合金点蚀电位E_{pit}比铝合金、铜合金和部分钛合金更高，与不锈钢和镍合金相近，展现出优异的局部腐蚀抗性，腐蚀电流密度i_{coor}比铜合金和钛合金更低，有更低的腐蚀速率。高熵合金局部腐蚀抗性与全面腐蚀抗性可比得上甚至超过传统耐腐蚀合金；在0.5mol/LH_2SO_4溶液中，高熵合金有更高腐蚀电位E_{corr}与更低腐蚀电流密度i_{coor}，相比传统合金，展现出优异的全面腐蚀抗性，见图7.7。

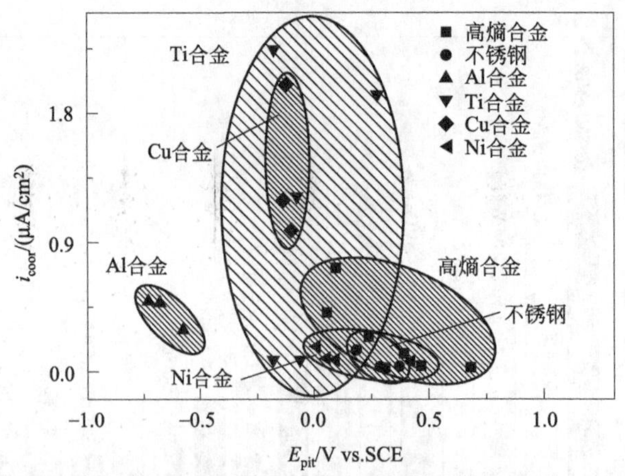

(a) 高熵合金与其他材料在质量分数为3.5%NaCl溶液中腐蚀电流密度和点蚀电位对比图

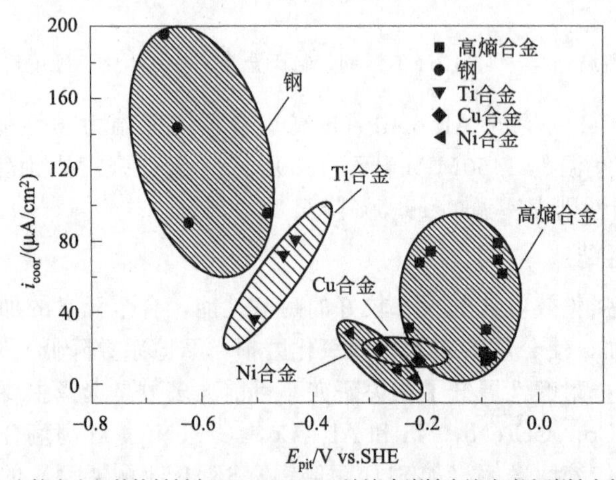

(b) 高熵合金与其他材料在0.5mol/L H_2SO_4溶液中腐蚀电流密度和腐蚀电位对比图

图 7.7　高熵合金与其他材料耐腐蚀性能对比图

(4) 高温抗氧化能力强

多主元高熵合金的熵值较高，在高温条件下会更加稳定，从而有很好的抗高温能力，所以常常被用来做一些工业精密模具，能耐受住高温环境；由于合成高熵合金的材料为各种金属材料，这些金属材料，长期暴露在空气中，会与空气中的氧反应，形成一层氧化膜，所以其抗氧化能力也比较强。

高熵合金具有优异的抗高温氧化性。研究发现，高熵合金的抗高温氧化性主要与温度和所含元素有关。高熵合金在不同的条件下也可被分为两级：氧化级和抗氧化级。

①温度的影响　在 $Al_xCo_yCr_zFeNi$（x、y、z 表示元素物质的量，$x=0.5$，1，1.5；$y=1$，1.5，2；$z=1$，1.5，2）高熵合金的抗高温氧化性能试验中发现，该高熵合金在 800℃、900℃、1000℃时表现出良好的抗高温氧化性，属于抗氧化级。当温度升高到1100℃时，表层氧化物大量脱落，便失去了抗高温氧化性。

②与所含元素有关　通过改变某种元素（如 Al、Cr、Si 等）的含量，能够提高高熵合金的抗氧化性能。研究者发现，随着 Al 元素含量的提高，$Al_xCrFeCoCuNi$ 高熵合金的抗氧化能力增强；同样，还发现 MoFeCrTiW 高熵合金中 Si、Al 的添加可进一步提高其抗高

温氧化性能。这与 Al、Cr、Si 等可生成保护性的 Al_2O_3、Cr_2O_3、SiO_2 钝化膜，能阻止基体进一步氧化，降低合金氧化速率有关。

对高温合金来说，耐高温氧化是关键性能，开发耐高温氧化的高温高熵合金显得十分必要。添加原子分数为 1%Si 的 NbMoCrTiAl 高熔点高熵合金展现出较好抗高温氧化性；Nb-$CrMo_{0.5}Ta_{0.5}TiZr$ 高熔点高熵合金比普通商业铌合金有更好的抗高温氧化性。

总之，与其他合金相比，高熵合金具有高强度、高硬度、高加工硬化、高耐磨性、高温稳定性和耐蚀性等优异性能。作为一种潜在的功能材料与工程材料，高熵合金（HEAs）在高速切削刀具、模具和核电工程、船舶材料及电池材料等方面具有广阔的应用前景。

7.3.5 合金元素对高熵合金组织、性能的影响

利用真空电弧熔铸法制备高熵合金技术比较成熟，研究较多的是 AlCoCrFeNiCu 高熵合金体系，该合金体系具有高强韧性。研究发现，高熵合金中 FCC 和 BCC 固溶体种类、原子半径差异造成的晶格畸变、纳米或 Laves 等增强相形成是决定性能的主要原因。由于合金元素较多，元素的种类和含量对材料组织及性能影响很大。添加原子半径较大的 Al、Ti、Cr、W 和 V 等可促进 BCC 固溶体生成，但脆性增加；相反，添加 Cu、Ni、Mn 和 Co 等有助于形成 FCC 固溶体，但硬度降低（见表 7.12）。由于高熵合金的元素含量可在较大范围内进行调整，其相结构及力学性能受合金种类、含量的影响显著。深入研究各个体系单一或多元对高熵合金组织与性能影响非常重要。这也是当前及今后高熵合金的研究热点之一。

表 7.12 几种 FCC（fcc）和 BCC（bcc）相高熵合金的相关参数

合金	相	ΔS_{min}(kJ・mol^{-1})	硬度(HV)
CuNiCoFeCr	fcc	13.38	133
$CuNiCoFeCrAl_{2.5}$	bcc	14.01	655
$CuNi_2FeCrAl_{0.5}$	fcc	12.60	200
$CuNi_2FeCrAl_{2.5}$	bcc	12.68	600
$NiCoFeCrMo_{0.5}$	fcc	12.83	210
$NiCoFeCrAl_{1.5}$	bcc	13.25	580
$NiCoFeCrAl_{3.0}$	bcc	12.26	740

7.3.6 高熵合金的制备方法

对于高熵合金来说，其制备有着诸多方法，以下以“试样形态”作为分类思路，将高熵合金的制备方法对象划分成高熵合金块、粉、涂层、薄膜、箔材及高熵合金基复合材料等（见表 7.13）。

表 7.13 高熵合金的各种制备方法及其特点

序号	名称	制备方法及其特点
1	高熵合金块	现阶段主要采用真空电弧熔炼法和粉末冶金法制备块状高熵合金。 ①真空电弧熔炼法。其应用最为广泛。真空电弧熔炼法是将合金或单质的块料或粉料置于熔炼炉(熔炼炉温度可达 3000℃)的两电极之间,利用两电极之间产生的电弧来熔炼物料。其工作原理为:阳极与锥形阴极接触瞬间,阴极产生热电子发射,热电子冲向阳极,在两极间碰撞气态分子使之电离,产生更多的正离子和二次电子,在电场作用下,分别撞击阴极和阳极,产生电弧,之后将两极短距离分开,此弧光仍然维持。两极由于受到正离子或电子的撞击而产生高温,极间也因正离子与电子的相互作用而产生高温,产生耀眼白光,熔化金属。

续表

序号	名称	制备方法及其特点
1	高熵合金块	实现电弧熔炼的装置有直接加热式非真空三相电弧熔炼炉、直接加热式真空电弧熔炼炉、间接加热式电弧熔炼炉,使用最多的是直接加热式真空电弧熔炼炉。这是因为高熵合金成分复杂,直接加热式真空电弧熔炼炉可避免活泼金属成分被氧化的同时极大地减少气体和易挥发杂质。 研究人员利用该法制备出了 AlFeCrCoCu 高熵合金块体,并对其在不同温度下的高温氧化性和硬度进行了研究。图 7.8 为电弧熔炼法制备的 AlFeCrCoCu 高熵合金扫描电镜组织图,可以看出合金的微观组织呈现典型的枝状结构。目前基于熔炼法制备高熵合金的工艺已比较成熟,熔炼法具有各种熔点的金属都可以熔化的优点。然而,电弧炉坩埚大小限制了样品的形状、大小,且对于一些易挥发元素如 Mn,易导致合金比例无法控制,熔炼过程高熔点金属偏聚,存在许多空隙等缺陷无法避免,这是真空电弧熔炼法的主要缺点。此外,熔炼法制备的高熵合金一般脆性较大,从而限制了高熵合金的性能与发展。研究者又采用真空感应熔炼浇铸工艺制备 $Al_{0.26}CoCrFeNiMn$ 高熵合金,并对其进行均匀化退火、轧制与再结晶退火处理。 ②粉末冶金法。其具备在烧结过程中可低温度烧结避免偏析,可提升材料的利用率等传统熔铸法所不具备的特点。研究者通过此法对 CrFeNiCuMoCo 高熵合金块进行了制备并对其组织结构和性能进行了研究
2	高熵合金粉	主要为机械合金化制备法。机械合金化(机械球磨),是将不同的粉料置于装有一定量磨球的球磨罐中,在长时间和高速旋转下将回转机械能传递给粉料,粉料在与磨球和罐壁的撞击过程中发生反复的破碎与冷焊后,从而在固态下实现的合金化。机械合金化是粉末冶金中制粉的常用方法之一。通过机械合金化法制备高熵合金时使用最多的是行星式球磨机,因为行星式球磨机具有其他形式球磨机不具备的优点,即它可使磨球以大于数十倍重力加速度的向心加速度冲击粉料,从而可极大提高冲击破碎效率。行星式球磨机制备高熵合金首先将不同规格和数量的磨球与配置好的高熵合金单质粉体以及一定比例的过程控制剂混合于球磨罐中,然后对球磨罐进行抽真空和通入惰性保护气体,最后放置于行星式球磨机上进行球磨。 该法在获取分布均匀组分的非晶颗粒或纳米晶时有着较好的应用优势,印度研究者在制备高熵合金粉时,应用机械合金化法,制备出 AlFeTiCrZnCu 与 CuNiCoZnAlTi 系高熵合金粉并对其组织结构和性能进行了研究。还有研究者也利用此法,对 AlFeCrCoNi 高熵合金粉进行了制备,并分析了退火温度不同情况下的各项性能。
3	高熵合金涂层	①热喷涂法。研究者利用热喷涂法在 Mg 基体上制备了 FeCrNiCoCu(B)的高熵合金涂层,并对其内部组织结构及其性能进行了分析。 ②激光熔覆法。它是利用激光束使金属粉末和基体表面薄层熔凝到一起的新型表面改性技术,它可使金属粉末和基体表面间产生冶金结合。激光熔覆最主要的特点是起到表面改性的作用,它可使材料达到使用性能的同时极大地降低成本。温立哲等使用此法分别在 304 不锈钢片和 40Cr 钢表面熔覆了 $Al_2CoCrCu_{0.5}FeMoNiTi$ 高熵合金涂层,实验验证了除了断口附近有涂层脱落的现象外,其他位置的涂层均具有良好的附着性能。邱星武等通过激光熔覆法在 Q235 钢基体上对 $Al_2CrFeCoxCuNiTi$ 系高熵合金涂层进行了制备,并分析了其内部组织结构及性能。 激光熔覆法是制备涂层材料最常用的方法之一,它是将激光技术、控制系统和计算机辅助制造(CAM)结合在一起的一种跨学科技术。在激光熔覆中使用激光束热源,在其作用下,预先放置或同步进给的粉末以及基底的薄层将快速熔化和固化,与基底形成冶金结合。激光熔覆具有许多优点,例如使材料加热和冷却速度快、与基板的黏附力强、形状变化很小、显微组织细小均匀、基体的固溶性提高等,且由于熔覆过程中激光辐射的能量影响区较小,基体材料的熔化量很小,所以使得熔覆层的稀释率较小,这样既能使原包层材料获得优良性能,又能使基板的热效应降到最低。因此,既能满足材料表面使用的要求,又不改变材料的整体特性。有研究者采用激光熔覆技术,通过控制激光功率、扫描速度、光斑直径成功在 TC4(Ti-6Al-4V)钛合金表面制备出与基体结合良好,无明显缺陷的 $AlCoCrFeNiTi_{0.5}$ 高熵合金熔覆层。

续表

序号	名称	制备方法及其特点
3	高熵合金涂层	③ 冷喷涂法。研究者在制备高熵合金涂层时应用冷喷涂法在Mg基体上制备了AlCrFe-CoNi高熵合金涂层,并分析了其内部组织结构及其性能。 ④ 脉冲激光沉积法。脉冲激光沉积与磁控溅射类似,不同之处在于所用的轰击能量源为脉冲激光。它的沉积效率比磁控溅射更高,并且具有对沉底温度和靶材种类没有限制的优点。研究者在铝合金的表面沉积了AlCrFeCoNiCu高熵合金涂层,涂层硬度是基材的5倍,显著改善了铝合金的腐蚀性和综合性能
4	高熵合金薄膜	主要包括磁控溅射法、电化学沉积法、等离子体基离子注入法等。法国奥尔良大学的研究者利用直流磁控溅射法制备了AlCoCrCuFeNi高熵合金薄膜并分析了其内部组织结构及性能。 ① 磁控溅射法。此法常用来制备高熵合金薄膜,磁控溅射是用高能粒子或离子束来轰击物质表面(靶材),使靶材表层中的金属以原子态或离子态形式溅射出去,在碰撞到基板后附着于基板之上。此法一般用于制备合金薄膜,其成膜均匀致密、成材率高;但需复杂的磁控溅射设备,制备成本也较高。研究者用磁控溅射法制备出了FeNiCoCrAl高熵合金薄膜,所制备的薄膜厚度均匀,表面光滑,内外部均无明显缺陷。溅射的高熵合金为非晶结构,在1000℃退火后发生了晶化转变,形成了BCC单相固溶体结构。 ② 电化学沉积法。研究者利用电化学沉积法制备了NdFeCoNiMn非晶纳米晶高熵合金薄膜并对其内部组织结构及性能进行了相关研究。研究者还采用电化学法制备了BiFe-CoNiMn高熵合金薄膜,薄膜表现出软磁性,而经退火后,表现出硬磁各向异性。研究者通过湿化学法合成了彼此独立的多组元NiFeCrCuCo高熵合金,纳米颗粒球的平均尺寸为26.7nm,具有FCC结构。多主元同时沉积在基体上,可制备复杂形状薄膜,由于不同离子的电位差异,有可能存在成分偏析,需热处理使成分均匀。 ③ 等离子体离子注入法。研究者采用多靶磁控溅射与等离子体基注N法在Ti-6Al-4V合金表面分别制备了四元TaNbTiW合金薄膜、(TaNbTiW)N氮化物薄膜、五元ZrTaN-bTiW合金薄膜和(ZrTaNbTiW)N氮化物薄膜
5	高熵合金箔材	高熵合金在焊接领域应用研究较少,西安理工大学的徐锦锋课题组采用单辊快速凝固法在铜辊表面制备了TiFeCuNiAl等体系高熵合金箔材,用于钛/钢焊缝接头的焊接或过渡焊接
6	高熵合金基复合材料	主要为自蔓延高温合成法(SHS),李邦盛课题组致力于高熵合金基复合材料的研究,他的博士研究生王艳苹便利用"SHS+熔铸"方法制备AlCrFeCoNiCu-10%TiC,CrFeCoNiCuTi-10%TiC高熵合金基复合材料,并对其结构和性能进行了研究

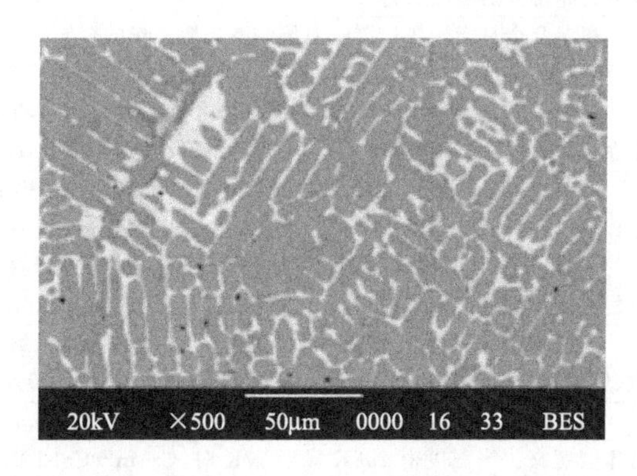

图7.8 电弧熔炼法制备的AlFeCrCoCu高熵合金扫描电镜（SEM）图

7.4 高熵合金的应用与发展

7.4.1 高熵合金的应用

作为近几十年来合金化理论的一大突破，高熵合金的出现无疑为整个合金领域的发展注入了全新的动力。高熵合金优异而独特的性能，使其在军事、工业等领域都表现出巨大的应用潜力（见表7.14）。

表7.14 高熵合金在各大领域中的应用

序号	制作名称	应用说明
1	工模具和焊接材料	高熵合金因为具有耐高温、高硬度、耐磨等性能，因此可用做工模具。常被用做焊接材料和各种耐火工具等，在很多方面已经替代了传统合金材料。 具有较高硬度、优良的耐磨性以及较好塑性的高熵合金优于普通高速钢，可用于制作高速切削刀具；厨房中使用的刀具，多由高熵合金制成，传统的合金由于硬度和韧度不够，在使用时容易发生断裂的现象，而高熵合金正好弥补了这一缺陷，因此在刀具方面有了很好的使用。在一些大型工厂里，有各种的精密模具等，由于高熵合金硬度高、韧度好，常被制成精密模具。在进行压模的时候能够更精确，这一材料也正在逐步代替传统合金制成的模具。 还可利用高熵合金的高强度、高耐磨、低弹性模量等特性，制作高尔夫球头
2	耐腐蚀船只等	高熵合金具耐腐蚀性能，制造船只时正好可用。由于船只整日在水里泡着，会被腐蚀，使用寿命变短。高熵合金很自然地代替传统材料，增强了耐腐蚀性，极大地延长了船只的使用期限。通过激光表面合金化法，在304不锈钢上制备了具有良好冶金结合性能的FeCoCrAlNi高熵合金涂层，试验结果表明FeCoCrAlNi涂层的显微硬度是304不锈钢的3倍，在3.5%NaCl溶液中，其抗空蚀性能是304不锈钢的7.6倍，电流密度比304不锈钢降低了一个数量级。研究者采用激光表面合金化法制备了CrMnFeCoNi高熵合金涂层，并在3.5% NaCl和0.5mol/L H_2SO_4 溶液中进行了电位动态极化试验，结果表明高熵合金涂层的耐蚀性能均优于A36钢基体，腐蚀电流甚至低于304不锈钢。高熵合金作为一种新开发的多主元合金，超越了基于单一多数主体元素的传统合金的设计限制，具有提高耐腐蚀性的潜力。这表明这些具有优异的内在耐腐蚀性的新型合金，在恶劣环境的应用中具有巨大的经济和安全效益
3	楼房外防火装置，耐火材料	由于高熵合金的耐高温、耐腐蚀性，还被建筑行业用来做楼房外防火装置，使防火效果更好。利用其优异的高温强度，可制作耐火材料。例如，大楼耐火骨架等
4	软磁材料	典型的软磁材料可用最小外磁场实现最大磁化强度。软磁材料易于磁化，也易于退磁，广泛应用于电工设备和电子设备中。研究表明，一些高熵合金体具有优异的软磁性能，可解决目前常规软磁材料的力学性能差、铸造性能不稳定的缺陷，在电机、变压器等工业领域也展现出非常大的发展潜力
5	高温合金材料	高温合金是指能在一定应力条件下长期工作的金属材料，需具有优异的高温强度、良好的抗氧化和抗热腐蚀性能，良好的疲劳性能、断裂韧度等综合性能，是发动机热端部件不可替代的关键材料。经研究表明，高熵合金在高温条件下具有非常优异的高温稳定性和抗氧化性，这为一些在极端环境服役下的器件研发提供了新的方向
6	高熵光热转换材料	光热转换是指通过反射、吸收或其他方式把太阳辐射集中起来，转换成足够高的温度的过程，可以有效地满足不同负载的要求。特殊的服役环境要求材料在具有良好的高温稳定性的同时，需要具有优异的耐蚀性能、较低的膨胀率及耐候性。研究表明，高熵合金薄膜具有优异的耐蚀性能及耐高温性能，这为提高光热转换效率提供了新的发展潜力
7	硬质合金涂层	它系指在硬质合金刀片表面上涂覆一层高硬度、高耐磨的合金薄涂层，作为常用的车、铣、刨、磨工具、刀具的保护涂层。高熵合金高硬、高强的特点恰好可满足这一材料的需求
8	断裂韧度的应用	脆性断裂无塑性变形的迹象，通常以灾难性方式发生，开发具有卓越性能的高熵合金具有重要意义。当温度由298K降到77K时，CrMnFeCoNi高熵合金的断裂韧度几乎保持恒定，而CrCoNi的断裂韧度略微增加。$Al_{0.1}CoCrFeNi$ 和 $Al_{0.3}CoCrFeNi$ 高熵合金的冲击能量随温度下降而降低，且以近似线性的方式，较为缓和。在这些高熵合金中，没有出现像钢、非晶合金、

续表

序号	制作名称	应用说明
8	断裂韧度的应用	镁合金等许多传统合金那样尖锐的韧脆转变，这表明这些合金可能是极端寒冷条件下应用的优良候选材料，例如用于船体、飞机和低温储存罐的材料等
9	轻质合金器件	轻量化是未来材料发展的一个重要方向，近年来高熵合金也开展了轻质合金的研究，并开始实现商业化应用。常见的有手机壳精密铸造件等精密器件
10	其他用途	高熵合金还可用作生物材料、储氢材料、超导材料、抗辐照材料等

7.4.2 多主元高熵合金的发展前景

多主元高熵合金是一种新型高性能材料，是最近几十年来合金化理论的三大突破之一(另外两项为大块金属玻璃和金属橡胶)，有巨大发展空间。其独特的设计理念及高混合熵效应，使其有丰富的应用潜能。但还有很多研究工作要做，如对于高熵合金形成机理仍需进一步研究；开发低成本高熵合金显得尤为迫切；高熵合金机械和物理化学性能仍然需要不断的研究探索；更多具有优异性能的新合金体系需要继续开发。因此，只有选择正确的研究方向，才能事半功倍，让高熵合金更好地应用到我们日常生活乃至国防工程中。最值得关注的发展方向如下。

（1）寻求材料发展的高“性价比”区域

从传统合金到高熵合金，材料的发展呈现了一个“熵增加”的发展趋势。但实验结果表明，混合熵于材料性能之间为非线性关系。

并非是合金材料的混合熵值越高，合金性能就越好。一味地追求“高熵”并不能使材料的性能得到无限地优化。此外，随着合金材料熵值的增加，合金的构成元素数目也逐步增加，这意味着合金的造价成本也要随之升高。故而一味追求高的混合熵非但不会使材料的性能得到提升，反而增加了合金的成本，造成“赔了夫人又折兵”的局面。根据统计获得的合金“性价比”图可以发现，最具“性价比”的区域不是高熵合金区域，而是位于中熵合金和高熵合金的交界处，例如高温合金、非晶合金、不锈钢、中熵合金等更具成本效益。所以，这一区域将会是未来材料发展的关键区域。

（2）开发高效率的材料研发方式——“高通量技术”模式

相较于传统合金材料，高熵合金成分复杂，且性能与熵值不存在线性关系，无法仅利用混合熵设计出具有优异性能的多组分材料。然而，材料的设计和制备是一个漫长的过程，如何提高效率也是推进高熵合金发展的关键问题。在此情况下，实现“高通量技术”是非常有必要的。

何谓“高通量技术”呢？为什么它可以加速材料的研发进程呢？如果把合金材料比喻成海洋，把开发新的合金体系比喻成海洋里各种各样的鱼类，从传统制备方法的角度出发，科研工作者就是“垂钓者”，一次只能获得一个合金体系，这样“单次一个”的模式无疑降低了材料的研发效率。若我们的科研工作者可以变成“撒网者”，单次即可获得多个合金体系，此即高通量技术模式。这种模式，在很大程度上可加快材料的研发进程。因此，高通量技术其实是一种并行制备技术，可以在单次制备条件下，同时完成多个合金体系的制备，从而推动高熵合金的快速发展。

参考文献

[1] 李元元．新型材料科学与技术 金属材料卷［M］．广州：华南理工大学出版社，2012.
[2] 李云凯，薛云飞．金属材料学［M］．3版．北京：北京理工大学出版社，2019.
[3] 尚成嘉．中国战略性新兴产业——新材料 关键钢铁材料［M］．北京：中国铁道出版社，2017.
[4] 崔崑．钢的成分、组织与性能 第三分册：合金结构钢［M］．2版．北京：科学出版社，2019.
[5] 刘宗昌，任慧平，等．金属材料工程概论［M］．2版．北京：冶金工业出版社，2018.
[6] 刘锦云．工程材料学［M］．哈尔滨：哈尔滨工业大学出版社，2016.
[7] 王晓敏．工程材料学［M］．4版．哈尔滨：哈尔滨工业大学出版社，2017.
[8] 薛云飞，等．先进金属基复合材料［M］．北京：北京理工大学出版社，2019.
[9] 强文江，吴承建．金属材料学［M］．3版．北京：冶金工业出版社，2016.
[10] 韩维建．汽车材料及轻量化趋势［M］．北京：机械工业出版社，2017.
[11] 王渠东，王俊，吕维洁．轻合金及其工程应用［M］．北京：机械工业出版社，2015.
[12] 齐宝森，张琳，刘西华，等．新型金属材料——性能与应用［M］．北京：化学工业出版社，2015.
[13] 王忠诚，齐宝森．典型零件热处理工艺与规范［M］．北京：化学工业出版社，2017.
[14] 韩雅芳，潘复生．走近前沿新材料1［M］．合肥：中国科技大学出版社，2019.
[15] 侯利锋，吕仁杰，刘宝胜，等．耐磨材料理论与生产实践［M］．北京：冶金工业出版社，2017.
[16] 张勇．非晶和高熵合金［M］．北京：科学出版社，2010.
[17] 钟平，肖葵，董超芳，等．材料腐蚀丛书：超高强度钢组织、性能与腐蚀行为［M］．北京：科学出版社，2014.
[18] 李志，贺自强，金建军，等．先进航空材料与技术丛书：航空超高强度钢的发展［M］．北京：国防工业出版社，2012.
[19] 伍玉娇．金属材料学［M］．北京：北京大学出版社，2011.
[20] 赵丽萍．金属材料学［M］．北京：北京大学出版社，2012.
[21] 郑子樵．新材料概论［M］．2版．长沙：中南大学出版社，2013.
[22] 邵旭东，等．桥梁工程［M］．5版．北京：人民交通出版社股份有限公司，2019.
[23] 周俐俐，王汝恒．钢结构［M］．3版．北京：知识产权出版社，2019.
[24] 吉伯海，傅中秋．钢桥［M］．2版．北京：人民交通出版社股份有限公司，2019.
[25] 郝际平．钢结构进展［M］．北京：中国建筑工业出版社，2017.
[26] 国际桥梁与结构工程协会，高性能钢材在钢结构中的应用［M］．施刚译．北京：中国建筑工业出版社，2010.
[27] 何延宏，高春．建筑钢结构设计原理［M］．北京：机械工业出版社，2019.
[28] 韩轩．钢结构材料标准速查与选用指南［M］．北京：中国建材工业出版社，2011.
[29] 王若林．钢结构原理［M］．南京：东南大学出版社，2016.
[30] 陈志华．钢结构［M］．北京：机械工业出版社，2019.
[31] 张津，等．镁合金选用与设计［M］．北京：化学工业出版社，2017.
[32] 赵永庆，陈永楠，张学敏，等．钛合金相变及热处理［M］．长沙：中南大学出版社，2012.
[33] 林翠，杜楠．钛合金选用与设计［M］．北京：化学工业出版社，2014.
[34] 赵永庆，辛杜伟，陈永楠，等．新型合金材料——钛合金［M］．北京：中国铁道出版社，2017.
[35] 王渠东．镁合金及其成形技术［M］．北京：机械工业出版社，2017.
[36] 张新明，邓运来．新型合金材料——铝合金［M］．北京：中国铁道出版社，2018.
[37] 马鸣图，王国栋，王登峰，等．汽车轻量化导论［M］．北京：化学工业出版社，2020.
[38] 宋仁国，祁星．高强铝合金热处理工艺、应力腐蚀与氢脆［M］．北京：科学出版社，2020.

[39] 刘宁．高熵合金的凝固组织与性能研究［M］．镇江：江苏大学出版社，2018.
[40] 张勇，陈明彪，杨潇，等．先进高熵合金技术［M］．北京：化学工业出版社，2018.
[41] 王志云．钢结构工程常用图表手册［M］．2 版．北京：机械工业出版社，2020.
[42] 潘复生，吴国华，等．新型合金材料——镁合金［M］．北京：中国铁道出版社，2017.
[43] 节能与新能源汽车技术路线图战略咨询委员会，中国汽车工程学会．节能与新能源汽车技术路线图［M］．北京：机械工业出版社，2016.
[44] 赵晴，王帅星．铝合金选用与设计［M］．北京：化学工业出版社，2017.
[45] 齐宝森，张刚，肖桂勇．机械工程材料［M］．4 版．哈尔滨：哈尔滨工业大学出版社，2018.
[46] 袁志钟，戴起勋．金属材料学［M］．3 版．北京：化学工业出版社，2018.
[47] 刘云旭，王淮，吴化，等．实用钢铁合金设计　合金成分-工艺-组织-性能的相关性［M］．北京：国防工业出版社，2012.
[48] 于永泗，齐民．机械工程材料［M］．9 版．大连：大连理工大学出版社，2012.
[49] 彭秋明，任立群，杨猛．生物医用金属［M］．北京：中国建材工业出版社，2020.
[50] 贾红敏．新型生物医用镁合金的制备与性能［M］．北京：中国石化出版社，2020.
[51] 崔崑，谢长生编著．钢的成分、组织与性能　第六分册：耐热钢与高温合金［M］．2 版．北京：科学出版社，2019.
[52] 韩雅芳，潘复生．走近前沿新材料 2［M］．合肥：中国科技大学出版社，2020.
[53] 王忠诚，李杨，尚子民．钢铁热处理 500 问［M］．北京：化学工业出版社，2009.
[54] 陈志刚．模具失效与维护［M］．北京：机械工业出版社，2008.
[55] 曾珊琪，丁毅．模具寿命与失效［M］．北京：化学工业出版，2005.
[56] 姚艳书，唐殿福．工具钢及其热处理［M］．沈阳：辽宁科学技术出版社，2009.
[57] 王忠诚，李杨，尚子民．模具热处理实用手册［M］．北京：化学工业出版社，2011.
[58] 金荣植．模具热处理及其常见缺陷与对策［M］．北京：机械工业出版社，2014.
[59] 黄立宇．模具材料选择与制造技术［M］．北京：冶金工业出版社，2009.
[60] 吴兆祥．模具材料及表面热处理［M］．2 版．北京：机械工业出版社，2008.
[61] 王忠诚，王东．汽车零部件热处理实用技术［M］．北京：机械工业出版社，2013.
[62] 王国栋，等．轧制技术的创新与发展——东北大学 RAL 研究成果汇编［M］．北京：冶金工业出版社，2015.
[63] 马鸣图．先进汽车用钢［M］．北京：化学工业出版社，2008.
[64] 崔崑．钢的成分、组织与性能　第二分册：非合金钢、低合金钢和微合金钢［M］．2 版．北京：科学出版社，2019.
[65] 沙罗兹·纳菲思，雷扎·高马仕奇．铝合金半固态加工技术［M］．山东省科学院新材料研究所译．北京：化学工业出版社，2019.
[66] 李成栋，赵梅，刘光启，等．金属材料速查手册［M］．北京：化学工业出版社，2018.
[67] 刘胜新．金属材料力学性能手册［M］．2 版．北京：机械工业出版社，2018.
[68] 曾正明．实用钢铁材料手册［M］．3 版．北京：机械工业出版社，2015.
[69] 崔崑．钢的成分、组织与性能　第一分册：合金钢基础［M］．2 版．北京：科学出版社，2019.
[70] 保罗·格克．汽车轻量化用先进高强度钢［M］．魏巍,杨文明译．北京：北京理工大学出版社，2017.
[71] 轧制技术及连轧自动化国家重点实验室（东北大学）．高强塑积汽车钢的研究与开发［M］．北京：冶金工业出版社，2021.
[72] 王利刚,李军．我国汽车轻量化材料“十三五”时期发展回顾及未来展望［J］．新材料产业，2020（6）．
[73] 卢晓亮．汽车轻量化材料及制造工艺研究现状［J］．时代汽车，2019（13）．
[74] 任丽宏，徐英．浅谈金属材料在汽车轻量化中的应用与发展［J］．时代汽车，2021（4）．
[75] 黄海广,肖寒，熊汉城，等．钛材低成本生产技术的开发和应用［J］．云南冶金，2020，49（6）．
[76] 王帅．汽车轻量化现状和发展趋势分析［J］．汽车实用技术，2019（11）．
[77] 林荣会，宋晓飞．汽车轻量化研究进展［J］．青岛理工大学学报，2018，39（6）．
[78] 李阳，沈扬，杨建军，等．浅谈汽车新材料的发展和冲压成形技术［J］．锻压装备与制造技术，2020，55（3）．
[79] 赵宇龙．汽车轻量化材料技术综述［J］．汽车工艺师，2018（2）．
[80] 高阳．汽车轻量化技术方案及应用实例［J］．汽车工程学报，2018，8（1）．
[81] 杨甄鑫，廖抒华．轻质合金在汽车轻量化中的应用［J］．汽车零部件，2021（1）．

[82] 杨洋，林森，朱明清．车用轻量化材料现状及发展趋势 [J]. 黑龙江科学，2020，11 (18)．

[83] 杜行．新型材料和工艺在汽车轻量化中的应用 [J]. 科技创新与应用，2019 (5)．

[84] 林荣会，宋晓飞．汽车轻量化研究进展 [J]. 青岛理工大学学报，2018，39 (6)．

[85] 王小兰．近5年中国汽车轻量化进展探究 [J]. 汽车文摘，2021 (2)．

[86] 胡斌．汽车行业发展对轻质结构部件的需求与展望 [J]. 精密成形工程，2020，12 (3)．

[87] 汽车工艺师编辑部．我国汽车核心零部件轻量化技术路线图 [J]. 汽车工艺师，2017 (12)．

[88] 赵宇龙．2019年汽车轻量化技术跟踪 [J]. 汽车工艺师，2020 (6)．

[89] 王正科．铝合金汽车轻量化及其焊接新技术 [J]. 内燃机与配件，2021 (1)．

[90] 庾莉萍，阮鹏跃．高性能铝合金厚板的生产技术及应用 [J]. 中国材料进展，2011，30 (3)．

[91] 高一涵,刘刚，孙军．铝合金析出强化颗粒的微合金化调控 [J]. 中国材料进展，2019，38 (3).

[92] 邓运来，张新明．铝及铝合金进展 [J]. 中国有色金属学报，2019，29 (9)．

[93] 燕云程，黄蓓，李维俊，等．Al-Zn-Mg-Cu系超高强度铝合金的研究进展 [J]. 材料导报，2018，32 (S2)．

[94] 张思平．含Sc铝合金的应用研究新进展与前景展望 [J]. 铝加工，2019 (2)．

[95] 郭鲤,何伟霞，周鹏，等．我国钛及钛合金产品的研究现状及发展前景 [J]. 热加工工艺，2020，49 (22)．

[96] 胡志杰，冯军宁，马忠贤，等．我国钛及钛合金热处理标准现状 [J]. 金属热处理，2021，46 (3)．

[97] 李洺君，王明明，吕文静．汽车轻量化材料的应用及现状 [J]. 时代汽车，2020 (8)．

[98] 尹玉霞，李茂全，周超，等．植入性医疗器械的研究进展 [J]. 中国医疗设备，2018，33 (7)．

[99] 史冬梅，李丹．冠状动脉支架技术发展现状及建议 [J]. 科技中国，2019 (5)．

[100] 尹林，黄华，袁广银，等．可降解镁合金临床应用的最新研究进展 [J]. 中国材料进展，2019，38 (2)．

[101] 张迎增．抗菌不锈钢及其在建筑中的应用展望 [J]. 城乡建设，2020 (15)．

[102] 陶寿晨，徐吉林，罗军明，等．含铜医用金属抗菌材料的研究现状 [J]. 特种铸造及有色合金，2019，39 (11)．

[103] 张文毓．抗菌不锈钢的应用进展 [J]. 装备机械，2016 (2)．

[104] 张永涛，刘汉源，王昌，等．生物医用金属材料的研究应用现状及发展趋势 [J]. 热加工工艺，2017，46 (4)．

[105] 任玲，杨春光，杨柯．抗菌医用金属材料的研究与发展 [J]. 中国医疗设备，2017，32 (1)．

[106] 马巧，宋文静，冀慧雁，等．血管支架材料的应用及研究现状 [J]. 临床医药实践，2018，27 (11)．

[107] 聂毛晓，赵全明．生物可吸收支架临床研究进展及应用前景 [J]. 中国循证心血管医学，2018，10 (3)．

[108] 彭坤，李婧，王斯睿，等．可降解血管支架结构设计及优化的研究进展 [J]. 中国生物医学工程学报，2019. 38 (3)．

[109] 刘青，崔淑君，赵庆洪，等．生物可吸收支架研究进展 [J]. 中国医疗器械杂志，2017，41 (5).

[110] 崔晓珊，周超，张海军．可降解血管支架材料降解行为研究进展 [J]. 材料导报，2018，32 (S1)．

[111] 杨广鑫,栾景源．生物可降解金属血管支架研究进展 [J]. 中国微创外科杂志，2018，18 (8)．

[112] 易雷，周倩，蒋小莹，等．镁合金可降解血管支架发展历史与研究现状 [J]. 医学与哲学，2015，36 (3)．

[113] 孔令华，贺迎坤，李天晓，等．镁基合金可生物降解支架血管内的应用研究进展 [J]. 介入放射学杂志，2020，29 (6)．

[114] 任昊，黎荣克，王刃．血管内生物可吸收支架现状与挑战 [J]. 中国生物医学工程学报，2017，36 (03)．

[115] 张永强，赵建宁，包倪荣．医用镁合金表面处理的研究与应用 [J]. 中国组织工程研究，2018，22 (22)．

[116] 缪卫东．血管植入生物医用材料发展现状及前沿方向 [J]. 新材料产业，2019 (12)．

[117] 钱漪,袁广银．可降解锌合金血管支架的研究现状、面临的挑战与对策思考 [J]. 金属学报，2021，57 (03)．

[118] 李敏,付步芳，于浩，等．可降解冠脉支架的体内外降解研究进展 [J]. 中国药事，2021，35 (02)．

[119] 皇甫强，袁思波，韩建业，等．生物可降解血管支架研究进展 [J]. 中国材料进展，2015，34 (05)．

[120] 郑玉峰，杨宏韬．锌基可降解金属研究进展与展望 [J]. 天津理工大学学报，2021，37 (01)．

[121] 郑玉峰，杨宏韬．血管支架用可降解金属研究进展 [J]. 金属学报，2017，53 (10)．

[122] 李洺君，王明明，吕文静．汽车轻量化材料的应用及现状 [J]. 时代汽车，2020 (08)：31-33.

[123] 刘张全，乔珺威．难熔高熵合金的研究进展 [J]. 中国材料进展，2019，38 (08)．

[124] 郑景泉，操振华．高熵合金的研究进展 [J]. 安阳工学院学报，2018，17 (06)．

[125] 王康康，王荣峰，吴瑞瑞，等．高熵合金的研究进展 [J]. 中国重型装备，2017 (03)．

[126] 刘靖达，关宇昕，夏雪辰，等．高熵合金——打破传统的新型高性能多主元合金 [J]. 中国资源综合利用，2020，38 (08)．

[127] 姜浩，徐兴凯，杜克泽，等．多主元高熵合金的研究进展 [J]. 产业科技创新，2019，1 (06)．

[128] 贾云柯，杜艳晶，孙翠娟．高熵合金的优良性能和应用研究 [J]. 世界有色金属，2018 (21)．
[129] 梁栋，周文博，龚学磊，等．高熵合金的概念及其特点 [J]. 中国金属通报，2019 (04)．
[130] 卜颖宏．高熵合金制备及其性能研究进展 [J]. 信息记录材料，2019，20 (05)．
[131] 陈永星，朱胜，王晓明，等．高熵合金制备及研究进展 [J]. 材料工程，2017，45 (11)．
[132] 贺毅强，徐虎林，任昌旭，等．多组元高熵合金制备方法的研究现状 [J]. 有色金属工程，2020，10 (06)．
[133] 王晓鹏，孔凡涛．高熵合金及其他高熵材料研究新进展 [J]. 航空材料学报，2019，39 (06)．
[134] 谭雅琴，王晓明，朱胜，等．高熵合金强韧化的研究进展 [J]. 材料导报，2020，34 (05)．
[135] 刘谦，王昕阳，黄燕滨，等．高熵合金设计与计算机模拟方法的研究进展 [J]. 材料导报，2019，33 (S1)．
[136] 隋艳伟，陈霄，戚继球，等．多主元高熵合金的研究现状与应用展望 [J]. 功能材料，2016，47 (05)．
[137] 王雪姣，乔珺威，吴玉程．高熵合金：面向聚变堆抗辐照损伤的新型候选材料 [J]. 材料导报，2020，34 (17)．
[138] 方秦汉，高宗余，李加武．中国铁路钢桥的发展历程及展望 [J]. 建筑科学与工程学报，2008，25 (04)．
[139] 潘际炎．中国钢桥 [J]. 中国工程科学，2007.9 (7)．
[140] 胡晓萍，温东辉，李自刚．高性能桥梁用钢的发展 [J]. 热加工工艺，2008，37 (22)．
[141] 邹德辉，郭爱民．我国铁路桥梁用钢的现状与发展 [J]. 钢结构，2009，24 (09)．
[142] 郭爱民，邹德辉．我国桥梁用钢现状及耐候桥梁钢发展 [J]. 中国钢铁业，2008 (09)．
[143] 易伦雄，高宗余，陈维雄．沪通长江大桥高性能结构钢的研发与应用 [J]. 铁路建设，2015，45 (06)．
[144] 黄琦，夏勐，彭林，等．桥梁结构用钢的现状及发展 [J]. 安徽冶金科技职业学院学报，2018，28 (01)．
[145] 闫志刚，赵欣欣，徐向军．沪通长江大桥 Q500qE 钢的适用性研究 [J]. 中国铁道科学，2017，38 (03)．
[146] 高宗余．沪通长江大桥主桥技术特点 [J]. 桥梁建设，2014，44 (02)．
[147] 吴智深，刘加平，邹德辉，等．海洋桥梁工程轻质、高强、耐久性结构材料现状及发展趋势研究 [J]. 中国工程科学，2019，21 (03)．
[148] 孙晓霞．"超级工程"港珠澳大桥背后的材料元素 [J]. 新材料产业，2018 (12)．
[149] 郑凯锋，张宇，衡俊霖，等．高强度耐候钢及其在桥梁中的应用与前景 [J]. 哈尔滨工业大学学报，2020，52 (03)．
[150] 田志强，孙力，刘建磊，等．国内外耐候桥梁钢的发展现状 [J]. 河北冶金，2019 (02)．
[151] 董瀚，廉心桐，胡春东，等．钢的高性能化理论与技术进展 [J]. 金属学报，2020，56 (04)．
[152] 程鹏，黄先球，庞涛，等．耐候桥梁钢的研究现状与发展趋势 [J]. 材料保护，2020，53 (07)．
[153] 苏宝滕．"以锈防锈"的耐候钢——访北京创氮材料科技有限公司总工程师张旭 [J]. 中国高新科技，2018 (19)．
[154] 王春生，张静雯，段兰，等．长寿命高性能耐候钢桥研究进展与工程应用 [J]. 交通运输工程学报，2020，20 (01)．
[155] 翟晓亮，袁远．我国耐候钢桥发展及展望 [J]. 钢结构（中英文），2019，34 (11)．
[156] 王亚东，邓伟．Q420qENH 高性能耐候桥梁钢板的研制与生产 [J]. 南钢科技与管理，2017 (03)．
[157] 范建文，廉心桐，陆恒昌，等．经济型耐蚀耐候稀土钢的研制 [J]. 上海金属，2020，42 (06)．
[158] 廉心桐，满延慧，陈龙，等．国内外耐大气腐蚀钢常用标准比较 [J]. 上海金属，2020，42 (06)．
[159] 徐向军，陈振中．现代钢桥制造对桥梁钢的更高要求 [J]. 焊接，2016 (08)．
[160] 李军堂，潘东发．沪通长江大桥主航道桥施工关键技术 [J]. 桥梁建设，2019，49 (05)．
[161] 陈楠枰．跨山越海的中国大桥 [J]. 交通建设与管理，2019 (04)．
[162] 张雷，张航．中国铁路 70 年桥梁技术发展与进步（上）[J]. 铁道知识，2019 (4)．
[163] 张雷，张航．中国铁路 70 年桥梁技术发展与进步（下）[J]. 铁道知识，2019 (5)．
[164] 刘浩印．浅谈中国桥梁的成就与发展 [J]. 中外企业家，2019 (18)．
[165] 李文杰，赵君黎．发展中的中国桥梁——张喜刚谈中国桥梁的现状与展望 [J]. 中国公路，2018 (13)．
[166] 孟几超，李贞新．桥梁大国的钢铁之路 [J]. 中国公路，2017 (13)．
[167] 何建中．钢结构用钢及钢结构产品的发展与应用 [J]. 包钢科技，2018，44 (03)．
[168] 刘民．从我国桥梁技术看华夏钢构辉煌 [J]. 中国建筑金属结构，2019 (10)．
[169] 贾良玖，董洋．高性能钢在结构工程中的研究和应用进展 [J]. 工业建筑，2016，46 (07)．
[170] 赵天野，赵博文．钢结构在桥梁上的应用及实例分析 [J]. 城镇建设，2019 (9)．
[171] 孙艳坤，张威．民机起落架用材料的发展与研究现状 [J]. 热加工工艺，2018，47 (20)．

[172] 胡春东，孟利，董瀚．超高强度钢的研究进展 [J]．材料热处理学报，2016，37（11）．
[173] 梁静宇，石增敏，谢镐，等．汽车用超高强度钢的合金化方式及组织控制 [J]．金属热处理，2021，46（04）．
[174] 陶丽君．超高强度钢在飞机零件上的应用与机械加工 [J]．黑龙江科技信息，2016（08）．
[175] 陈永新．飞机起落架系统简介 [J]．大众科技，2014，16（06）．
[176] 庄敏．C919 用了哪些新材料 [J]．大飞机，2017（08）．
[177] 邢宏伟．超高强度钢材钢结构的工程应用 [J]．四川水泥，2018（02）．
[178] 侯兆新，龚超，张艳霞，等．钢结构高强度螺栓连接技术新进展．钢结构 [J]（中英文），2021，36（01）．
[179] 张玉文，贾丽慧．方矩形客车骨架钢管用超高强度钢带开发 [J]．焊管，2018，41（05）．
[180] 熊成林，王华，王孝来．超高强度钢在全承载客车上的应用分析 [J]．客车技术与研究，2016，38（06）．
[181] 邸洪双，王晓南，梁冰洁．轻量化材料在重型卡车上的应用现状 [J]．河南冶金，2010，18（03）．
[182] 饶庶，刘霞．铁路货车轻量化应用研究与分析 [J]．中国铁路，2015（01）．
[183] 刘华祥，袁玉洁，曾靖波，等．导管架平台用钢现状及展望 [J]．中国海上油气，2020，32（04）．
[184] 李华文，张宝玲，陈磊．赵振业院士访谈 [J]．航空发动机，2009，35（03）．
[185] 白若水．起落架：飞机安全起降的支柱 [J]．大飞机，2014（06）．
[186] 周成，叶其斌，田勇，等．超高强度结构钢的研究及发展 [J]．材料热处理学报，2021，42（01）．
[187] 王亚东，刘宏亮，王亚芬，等．Q&P 钢的研究现状及前景展望 [J]．金属世界，2018（03）．
[188] 周人俊，林肇杰，陶家驹．化学成分及热处理对 4Cr9Si2 钢室温机械性能的影响 [J]．钢铁，1965（04）．
[189] 李广田，孙振岩，左秀荣，等．新型阀门钢 5Cr8Si2 组织与性能 [J]．特殊钢，2001（01）．
[190] 柯翼铭．8Cr20Si2Ni 钢热处理工艺的选择 [J]．金属热处理，1987（10）．
[191] 刘光辉，叶长青，李立新，等．新型节阀门钢铬 5Cr8Si2 性能试验研究 [J]．黑龙江冶金，1999（03）．
[192] 夏晓玲，李玉清．5Cr21Mn9Ni4N 钢中碳化物层状析出与晶界沉淀 [J]．特殊钢，1993（06）．
[193] 李玉清，关云，夏晓玲．5Cr21Mn9Ni4N 奥氏体耐热钢中的晶界 Cr-2N [J]．电子显微学报，1998（01）．
[194] 张保议．3Cr23Ni8Mn3N 作为大功率柴油机排气阀用钢的可行性研究 [J]．热加工工艺，2001（05）．
[195] 黄武．高负荷风冷柴油机排气阀钢 $5Cr_{21}Mn_9Ni_4Nb_2WN$（21-4N＋WNb）工艺和性能研究 [J]．特殊钢，1985（05）．
[196] 程世长，刘正东，杨刚，等．铌对 21-4N 气阀钢性能影响的研究 [R]．北京：钢铁研究总院，2005.
[197] 罗尔夫．米尔巴赫．ResisTEL 一种新的廉价耐热气门材料 [J]．内燃机配件，1990（2）．
[198] 李光霁，刘新玲．汽车轻量化技术的研究现状综述 [J]．材料科学与工艺，2020，28（05）．